Mechanische Verfahrenstechnik

Berechnung und Projektierung

Von

Hansjürgen Ullrich

Mit 232 Abbildungen

Springer-Verlag

Berlin/Heidelberg/New York

1967

Dipl.-Ing. Dr. techn. HANSJÜRGEN ULLRICH VDI
Frankfurt/Main

ISBN 978-3-642-87453-6   ISBN 978-3-642-87452-9 (eBook)
DOI 10.1007/978-3-642-87452-9

Vorwort

Die Verfahrenstechnik umfaßt die industrielle Herstellung und Verarbeitung beliebiger Stoffe. In den einzelnen Stufen eines Verfahrens laufen nacheinander verschiedene aufeinander abgestimmte Verfahrensschritte ab. Nach dem jeweils beabsichtigten Grundvorgang kann man — unabhängig von den verarbeiteten Substanzen — mechanische, thermische, chemische, elektrochemische, biologische und andere Verfahrensschritte unterscheiden.

Die mechanische Verfahrenstechnik beschäftigt sich mit allen Verfahrensschritten, bei denen mechanische Vorgänge als beabsichtigte Grundprozesse vorherrschen. Da alle Verfahren mechanische Schritte enthalten, kommt diesem Teilgebiet der Verfahrenstechnik eine besondere Bedeutung zu. Die gleiche Allgemeinheit kann daneben nur noch die Projektierung verfahrenstechnischer Anlagen für sich in Anspruch nehmen. Das vorliegende Buch faßt diese beiden für alle Zweige der Verfahrenstechnik gültigen Teilgebiete zusammen. Es soll nicht nur den Studenten in diese Gebiete einführen, sondern auch dem beruflich tätigen Ingenieur beim Lösen praktischer Probleme helfen und ihm in vielen Fällen die Zuhilfenahme weiteren Schrifttums bzw. die zeitraubende Suche nach einschlägigen Fachaufsätzen ersparen.

Im ersten Kapitel werden die allgemeinen Grundlagen (Maßsysteme und Umrechnungsfaktoren, Grundgleichungen, Modellähnlichkeit, Wärme- und Stoffaustausch) erörtert. Das zweite Kapitel beschäftigt sich mit dem Aufbau der Materie und den Eigenschaften von Gasen, Flüssigkeiten, Feststoffen sowie heterogenen Gemischen. Die folgenden Kapitel sind den einzelnen mechanischen Verfahrensschritten (Speichern, Fördern, Mischen, Trennen, Zerkleinern und Kompaktieren) gewidmet; sie gliedern sich jeweils in Abschnitte über die theoretischen Grundlagen sowie über die Behandlung gasförmiger, flüssiger, fester und heterogener Güter. Das achte Kapitel geht auf die mit der Projektierung zusammenhängenden Probleme näher ein. Es enthält Abschnitte über Verfahrens- und Anlagenprojektierung, Terminplanung und -überwachung sowie Vorkalkulation und Wirtschaftlichkeitsanalyse. Im letzten Kapitel ist eine Auswahl des für Verfahrenstechniker bedeutsamen Schrifttums zusammengestellt.

Bei meiner Arbeit wurde ich von zahlreichen Firmen durch Überlassen von Unterlagen, Konstruktionszeichnungen, Photos usw. unterstützt, wofür ich ihnen hiermit bestens danke. Weiter danke ich Herrn

Dipl.-Ing. CH. GNABS für seine Hilfe bei der Durchsicht des Manuskripts und beim Korrekturlesen. Dem Springer-Verlag gebührt mein besonderer Dank für die Sorgfalt bei der gesamten Ausstattung des Buches und für sein bereitwilliges Eingehen auf meine Wünsche.

Frankfurt/Main, im Mai 1967

H. Ullrich

Inhaltsverzeichnis

1. Grundlagen

1.1 Maßsysteme

Der Verfahrenstechniker muß eng mit Naturwissenschaftlern verschiedener Fachrichtungen zusammenarbeiten; er muß Stoffdaten und sonstige Angaben von Chemikern und Physikern übernehmen sowie zum Ausführen einer verfahrenstechnischen Anlage Architekten und Ingenieure heranziehen. Daher ist für ihn die Kenntnis der üblicherweise verwendeten Einheiten und Einheitensysteme sowie der eventuell nötigen Umrechnungen von einem Maßsystem in ein anderes besonders wichtig [*1.1—1.3*].

1.11 Einheiten und Einheitensysteme

Jeden in der Natur ablaufenden Vorgang bestimmen Einflußgrößen, die sich durch (auf Grund von Versuchen oder theoretischen Überlegungen gefundene) Gleichungen miteinander verknüpfen lassen. Jede Größe G läßt sich in ein Produkt

$$G = \{G\}\ [G] \tag{1.1}$$

aus dem Zahlenwert $\{G\}$ und der zugehörigen Einheit $[G]$ aufspalten. Die Einheit kennzeichnet die Größenart oder die Qualität, d. h. den naturwissenschaftlichen Begriffsinhalt, und den Maßstab für die Quantitätsbestimmung. Der Zahlenwert legt zusammen mit der Einheit die Quantität fest. Eine Gleichung zwischen verschiedenen Größen stellt Zusammenhänge zwischen ihren Größenarten einerseits sowie ihren Einheiten und Zahlenwerten andererseits her. Die Gesamtheit der weitgehend miteinander verflochtenen Gleichungen eines Fachgebiets bildet ein Gleichungssystem, das entsprechend unserem jeweiligen Wissensstand die diesem Gebiet angehörenden Vorgänge beschreibt, gleichzeitig aber auch ein System von Meß- bzw. Berechnungsvorschriften für einen großen Teil der Größen darstellt.

Einige Größen kann man nur begrifflich durch die Gesamtheit der über sie vorliegenden Erfahrungen definieren. Zum quantitativen Erfassen dieser sogenannten Grundgrößen wählt man willkürlich zweckmäßige Grundmeßverfahren und Grundeinheiten. Die Gesamtheit der Grundeinheiten für ein Fachgebiet nennt man Einheiten- oder Maßsystem. Damit lassen sich unter Zuhilfenahme des Gleichungssystems die Dimensionen der übrigen, „abgeleiteten" Einflußgrößen und deren „kohärente" Einheiten herleiten. Die Dimension kennzeichnet die zum Beschreiben einer Größenart nötige multiplikative Verknüpfung der gewählten Grundgrößenarten, die kohärenten Einheiten ergeben sich durch eine der Dimension entsprechende, multiplikative Verknüpfung der Grundeinheiten. Nicht kohärente Einheiten unterscheiden sich davon durch einen von eins abweichenden Umrechnungsfaktor.

Mißt man alle Größen einer Gleichung in kohärenten Einheiten, so enthält diese keine Umrechnungsfaktoren, sondern nur noch aus dem Naturgesetz oder von mathematischen Operationen herrührende Zahlenwerte. Eine solche Beziehung heißt „Größengleichung"; sie gilt unabhängig von der Wahl der Grundeinheiten. Enthält die Gleichung dagegen Umrechnungsfaktoren zwischen nicht kohärenten Einheiten, so ändert sie sich beim Übergang von einem auf ein anderes Maßsystem; eine derartige Beziehung nennt man „Zahlenwertgleichung". Naturgesetze müssen von der willkürlichen Wahl des Maßsystems unabhängig sein. Größengleichungen erfüllen diese Forderung und eignen sich daher zum allgemein gültigen Beschreiben von Naturgesetzen. Zahlenwertgleichungen genügen dieser Bedingung dagegen nicht. Daher sollte man die Größengleichungen vorziehen.

1.12 Technisches, physikalisches und internationales Maßsystem

In der Verfahrenstechnik findet man vorwiegend das von Ingenieuren bevorzugte technische Maßsystem, das bei den Physikern übliche physikalische oder CGS-System und neuerdings das von G. GIORGI vorgeschlagene und nach entsprechender Erweiterung für alle naturwissenschaftlichen Disziplinen geeignete internationale Einheitensystem oder MKSAKC-System. Das technische Maßsystem baut auf den Grundgrößen Länge, Kraft und Zeit mit den Grundeinheiten Meter, Kilopond und Sekunde auf. Im physikalischen oder CGS-System dienen Länge, Masse und Zeit mit den Grundeinheiten Centimeter, Gramm und Sekunde als Grundgrößen. Das internationale Einheitensystem oder MKSAKC-System weist folgende Grundgrößen (Grundeinheiten) auf: Länge (**Meter**), Masse (**Kilogramm**), Zeit (**Sekunde**), Stromstärke (**Ampere**), Temperatur (**Grad Kelvin**) und Lichtstärke (**Candela**). In der Mechanik benötigt man nur Länge, Masse und Zeit und spricht dann kurz vom MKS-System [*1.1—1.3*].

1.13 Umrechnungsfaktoren

Die Tab. 1.1 enthält die genormten Vorsätze für dezimale Vielfache von Einheiten. Aus den Grundeinheiten oder den abgeleiteten Einheiten

Tabelle 1.1. *Genormte Vorsätze für dezimale Vielfache von Einheiten*

Bezeichnung	Kurzzeichen	Bedeutung
Tera	T	10^{12} mal Einheit
Giga	G	10^{9} mal Einheit
Mega	M	10^{6} mal Einheit
Kilo	k	10^{3} mal Einheit
Hekto	h	10^{2} mal Einheit
Deka	da	10^{1} mal Einheit
Dezi	d	10^{-1} mal Einheit
Zenti	c	10^{-2} mal Einheit
Milli	m	10^{-3} mal Einheit
Mikro	μ	10^{-6} mal Einheit
Nano	n	10^{-9} mal Einheit
Pico	p	10^{-12} mal Einheit

mit selbständigen Namen bildet man die neuen Einheiten durch Voransetzen einer Vorsatzbezeichnung und kennzeichnet sie durch ein Vorsatz-Kurzzeichen vor dem Kurzzeichen der Einheit. Die Grundeinheiten Kilopond (kp) und Kilogramm (kg) sind bereits mit dem Vorsatz „Kilo" (k) versehen; für andere Vielfache der Einheiten Pond (p) oder Gramm (g) ist daher das Kurzzeichen „k" durch das entsprechende zu ersetzen (Beispiele: 1000 kp = 1 Mp; 10^{-6} kg = 1 mg). Bei Winkeleinheiten, sm, min, h, d, kn, k, at, atm, PS, °C, °K, grd sind keine Vorsätze zulässig.

Die Tab. 1.2 gibt die Umrechnungsfaktoren zwischen verschiedenen Winkel-, Längen-, Flächen-, Volum-, Massen-, Dichte-, Druck-, Energie- bzw. Arbeits-, Viskositäts-, Kraft-, Leistungs- und thermischen Einheiten an. Die englischen (UK-) und die entsprechenden amerikanischen (US-)Maßeinheiten stimmen bis zu der letzten angegebenen (auf- bzw. abgerundeten) Stelle überein.

Die Masse von Perlen und Edelsteinen gibt man üblicherweise in Karat an; es sei jedoch darauf hingewiesen, daß neben dem 1907 von der 4. Generalkonferenz für Masse und Gewicht empfohlenen metrischen Karat (1 k = 200 mg) in einzelnen Ländern voneinander verschiedene Karateinheiten gebräuchlich sind. Außerdem kennzeichnet Karat auch den Goldgehalt von Legierungen: x-karätiges Gold ist eine Legierung, die $x/24$ reines Gold enthält.

Die Einheiten Newton-Meter (Nm) für die mechanische Arbeit, Joule (J) für die Wärmeenergie und Wattsekunde (Ws) für die elektrische Energie sind im MKSAKC-System gleich (es gilt also 1 Nm = 1 J = 1 Ws), so daß Umrechnungsfaktoren zwischen mechanischer, thermischer und elektrischer Energie entfallen.

Tabelle 1.2. *Dimensionen und Umrechnungsfaktoren verschiedener Maßeinheiten*

Größenart	Dimension im MKSAKC-System						Umrechnungsfaktoren
	m	kg	s	A	°K	Cd	
Winkel	0	0	0	0	0	0	$1 \text{ rad} = 57{,}296° = 63{,}662^g$ $1° \ = 60' = 3600''$ $1^g \ = 100^c = 10000^{cc}$
Länge	1	0	0	0	0	0	$1 \text{ m} = 100 \text{ cm} = 10^{10}$ Å $= 39{,}75$ inch $= 3{,}281$ feet $= 1{,}0936$ yards $= 0{,}6214 \cdot 10^{-3}$ miles
Fläche	2	0	0	0	0	0	$1 \text{ m}^2 = 1550$ sq. inch $= 10{,}764$ sq. feet $= 1{,}196$ sq. yards $= 0{,}3861 \cdot 10^{-6}$ sq. miles
Volum	3	0	0	0	0	0	$1 \text{ m}^3 = 1000 \text{ l} = 61023$ cu. inch $= 35{,}314$ cu. feet $= 2114$ US-pints $= 1760$ UK-pints $= 264{,}2$ US-gallons $= 220{,}1$ UK-gallons $= 8{,}386$ US-barrels $= 6{,}11$ UK-barrels $= 28{,}37$ US-bushels $= 27{,}51$ UK-bushels $= 4{,}13$ US-quarters $= 3{,}44$ UK-quarters $= 0{,}3532$ reg. tons
Masse	0	1	0	0	0	0	$1 \text{ kg} = 1000 \text{ g} = 5000$ k (metr. Karat) $= 15432$ grains $= 35{,}273$ ounces $= 2{,}2046$ pounds (lbs.) $= 1{,}102 \cdot 10^{-3}$ US-short tons $= 0{,}9842 \cdot 10^{-3}$ UK-tons (US-long tons) $= 0{,}0220$ US-cwt $= 0{,}0197$ UK-cwt
Dichte	−3	1	0	0	0	0	$1 \text{ kg/m}^3 = 0{,}001 \text{ g/cm}^3 = 0{,}10197 \text{ kps}^2/\text{m}^4$ $= 0{,}06242$ lbs./cu.ft. $= 0{,}01002$ lbs./UK-gallon $= 0{,}008344$ lbs./US-gallon
Druck	−1	1	−2	0	0	0	1 kg/ms^2 (N/m²) $= 0{,}10197 \text{ kp/m}^2$ (mmWS) $= 10 \text{ g/cm s}^2$ (dyn/cm²) $= 10^{-5}$ bar $= 0{,}10197 \cdot 10^{-4}$ at (techn.) $= 0{,}09694 \cdot 10^{-4}$ atm (phys.) $= 750{,}1 \cdot 10^{-5}$ Torr (mm QS) $= 1{,}4504 \cdot 10^{-4}$ lbs./sq. inch $1 \text{ at} = 14{,}22$ lbs./sq. inch $= 28{,}96$ inch Hg $= 10000 \text{ kp/m}^2$ (mmWS) $= 735{,}6$ Torr
Arbeit, Energie	2	1	−2	0	0	0	$1 \text{ kg m}^2/\text{s}^2$ (Nm, J, Ws) $= 10^7 \text{ g cm}^2/\text{s}^2$ (erg) $= 0{,}10197$ kpm $= 2{,}3884 \cdot 10^{-4}$ kcal $= 9{,}4782 \cdot 10^{-4}$ BTU $= 0{,}37767 \cdot 10^{-6}$ PSh $= 0{,}27778 \cdot 10^{-6}$ kWh $= 6{,}2422 \cdot 10^{18}$ eV

Tabelle 1.2. (Fortsetzung)

Größenart	Dimension im MKSAKC-System m kg s A °K Cd	Umrechnungsfaktoren

Arbeit, Energie (Fortsetzung)		1 kcal = 1 kcal IT (1956) = 1,0003 $\text{kcal}_{15°}$
		      = 3,9683 BTU = 426,94 kpm = 4186,8 J
		1 kWh = 859,85 kcal = 1,3596 PSh
		      = 1,3415 HP hr. = 3411 BTU
		1 J = 1 J_abs = 1,00019 J_int

Dynamische Viskosität	-1 1 -1 0 0 0	1 kg/m s (Ns/m^2) = 10 g/cm s (Poise)
		      = 0,10197 kps/m^2 = 0,6721 lbs. mass/ft. s
		      = 0,020885 lbs. force s/sq. ft.

Kinematische Viskosität	2 0 -1 0 0 0	1 m^2/s = 10^4 cm^2/s (Stokes) = 10,764 sq.ft./s
Winkelgeschwindigkeit	0 0 -1 0 0 0	1 rad/s = 30/π Umdrehungen/min

Kraft	1 1 -2 0 0 0	1 kg m/s^2 (Newton, N) = 10^5 g cm/s^2 (dyn)
		      = 0,1019716 kp = 7,23301 poundal
		      = 0,224809 pound-weight (lb.wt.)
		      = 1,124045 · 10^{-4} short ton-weight
		      (sh.tn.wt.)

Leistung	2 1 -3 0 0 0	1 kg m^2/s^3 (W, J/s, Nm/s) = 10^7 g cm^2/s^3 (erg/s)
		      = 0,101972 kpm/s = 2,38844 · 10^{-4} kcal/s
		      = 1,35962 · 10^{-3} PS
		1 PS = 735,5 W = 75 kpm/s = 632,3 kcal/h
		      = 0,987 HP

Heizwert, Umwandlungswärme	2 0 -2 0 0 0	1 m^2/s^2 (J/kg, Ws/kg) = 2,3884 · 10^{-4} kcal/kg 1 kcal/kg = 1,8 BTU/lb. 1 kcal/Nm^3 = 0,1066 BTU/cu.ft. 60 °F 30″ dry = 0,1046 BTU/cu.ft. 60 °F 30″ moist
Temperatur	0 0 0 0 1 0	$X/[°\text{K}] = 273,16 + X/[°\text{C}]$ $X/[°\text{F}] = 1,8\ X/[°\text{C}] + 32$
Wärmedurchgangszahl	0 1 -3 0 -1 0	1 kg/s^3 grd (J/m^2 s grd, W/m^2 grd) = 0,859824 kcal/m^2 h grd 1 kcal/m^2 h grd = 0,204 BTU/sq.ft.hr.°F
Wärmeleitzahl	1 1 -3 0 -1 0	1 kg m/s^3 grd (W/m grd) = 0,859824 kcal/m h grd 1 kcal/m h grd = 8,0645 BTU inch/sq.ft.hr.°F
Spezifische Wärme	2 0 -2 0 -1 0	1 m^2/s^2 grd (J/kg grd) = 2,3884 · 10^{-4} kcal/kg grd = 2,3884 · 10^{-4} BTU/lb.°F

Als Maße für die kinematische Viskosität von Flüssigkeiten verwendet man neben den in Tab. 1.2 angegebenen Viskositätseinheiten auch die Ausflußzeit aus einem Meßgefäß unter bestimmten Bedingungen (Redwood- und Saybolt-Sekunden; in England und Amerika gebräuchlich) oder das Verhältnis der Ausflußzeit zu der von Wasser bei 20 °C (Engler-Grade; in Deutschland üblich). Gleichwertige Angaben der in Centistokes (cSt), in Engler-Graden (°E), in Saybolt-Universal-Sekunden (SUS) und in Redwood-Sekunden (R. I) gemessenen kinematischen Viskosität sind in Tab. 1.3 zusammengestellt [1.4].

Tabelle 1.3.

Gleichwertige Angaben der kinematischen Viskosität in Centistokes cSt (= 10^{-6} m²/s), Engler-Graden °E, Saybolt-Universal-Sekunden SUS und Redwood-Sekunden R. I (nach L. UBBELOHDE [1.4])

$cSt = 10^{-6} \frac{m^2}{s}$	°E	SUS bei 100 °F	R. I bei 70 °F	$cSt = 10^{-6} \frac{m^2}{s}$	°E	SUS bei 100 °F	R. I bei 70 °F
1	1,000	—	—	60	7,95	278,3	244,3
2	1,119	32,62	30,36	70	9,26	324,4	284,7
3	1,217	36,03	32,70	80	10,58	370,8	325,1
4	1,307	39,14	35,30	90	11,89	417,1	365,6
5	1,394	42,35	37,97	100	13,20	463,5	406,0
6	1,480	45,56	40,59	120	15,84	556,2	487,2
7	1,566	48,77	43,30	140	18,48	648,9	568,4
8	1,653	52,09	46,12	160	21,12	741,6	649,6
9	1,742	55,50	48,95	180	23,76	834,2	730,8
10	1,834	58,91	51,85	200	26,40	926,9	812,0
12	2,022	66,04	58,00	220	29,04	1019,6	893,2
14	2,222	73,57	64,51	240	31,70	1112,3	974,4
16	2,432	81,30	71,21	260	34,30	1205,0	1055,6
18	2,650	89,44	78,05	280	36,95	1297,7	1136,8
20	2,876	97,77	85,17	300	39,60	1390,4	1218,0
22	3,105	106,4	92,51	320	42,25	1483,1	1299,2
24	3,345	115,0	100,1	340	44,90	1575,8	1380,4
26	3,585	123,7	107,8	360	47,50	1668,5	1461,6
28	3,830	132,5	115,6	380	50,2	1761,2	1542,8
30	4,080	141,3	123,5	400	52,8	1853,9	1624,0
32	4,330	150,2	131,4	420	55,4	1946,6	1705,2
34	4,585	159,2	139,4	440	58,1	2039,3	1786,4
36	4,840	168,2	147,4	460	60,7	2132,0	1867,6
38	5,09	177,3	155,4	480	63,4	2224,7	1948,8
40	5,35	186,3	163,5	500	66,0	2317,4	2030,0
42	5,61	195,3	171,6	600	79,2	2781,0	2436,0
44	5,87	204,4	179,7	700	92,4	3244,5	2842,0
46	6,13	213,7	187,7	800	105,6	3708,0	3248,0
48	6,39	222,9	195,8	900	118,8	4171,5	3654,0
50	6,65	232,1	203,9	1000	132,0	4635,0	4060,0

1.2 Allgemeine Grundgleichungen

Bei vielen Problemen der mechanischen Verfahrenstechnik muß man
auch thermodynamische, chemische oder andere Vorgänge berücksichtigen, wenn man zu einem befriedigenden Ergebnis kommen will. Daher
sei vor der eingehenden Behandlung mechanischer Verfahrensstufen ein
Überblick über verschiedene in der Verfahrenstechnik häufig verwendete
Grundgleichungen gegeben.

1.21 Massenbilanzgleichungen

Die Masse ist eine Grundeigenschaft aller Stoffe, die sich im Schwere-
feld als Gewicht, allgemein als Trägheit bemerkbar macht (d. h. zum
Ändern des Bewegungszustands ist eine Kraft erforderlich) und von
anderen Eigenschaften oder Zustandsgrößen nicht beeinflußt wird. Nach
der speziellen Relativitätstheorie ist sie mit der Energie durch das 1905
von A. EINSTEIN angegebene Äquivalenzprinzip

$$\Delta E = c^2 \, \Delta m \tag{1.2}$$

verknüpft, jede Energieänderung ΔE entspricht also einer Massen-
änderung Δm und umgekehrt. Der Proportionalitätsfaktor c^2 ist das
Quadrat der Lichtgeschwindigkeit ($c = 3 \cdot 10^8$ m/s). Bei den meisten
technischen Prozessen — kernphysikalische Vorgänge ausgenommen —
sind die aus dem Äquivalenzprinzip folgenden Massenänderungen jedoch
unmeßbar klein, daher darf man sie auch bei sehr genauen Berechnungen
ohne weiteres vernachlässigen und somit die Gesamtmasse der an einem
Prozeß beteiligten Materie als unveränderlich ansehen.

Grenzt man einen beliebigen „Bilanzraum" (also einen Behälter,
einen Reaktor, ein Rohrsystem oder dgl.) durch eine geschlossene „Bilanzfläche" ab, so ist die Änderung Δm der eingeschlossenen Gesamtmasse
gleich der Differenz zwischen zu- und abgeführten Massen m_{zu} bzw. m_{ab}:

$$\Delta m = \sum j \, m_{zu,\, j} - \sum j \, m_{ab,\, j}. \tag{1.3}$$

Man nennt diesen Zusammenhang Massenbilanzgleichung oder Massenerhaltungssatz. Besteht die Masse in dem Bilanzraum aus verschiedenen
Substanzen und treten keine chemischen Reaktionen oder Kernumwandlungen auf, so gilt für jede Atom- bzw. Molekülart — unabhängig vom
jeweiligen Aggregatzustand — die Beziehung (1.3). Das Aufstellen
mehrerer Massenbilanzgleichungen für verschiedene Aggregatzustände
eines Stoffs ist dagegen nicht möglich, da sich die verschiedenen Phasen
durch Zustandsänderungen jederzeit ineinander überführen lassen.

Bei homogenen Flüssigkeiten und Gasen kann man den Bilanzraum beliebig klein wählen. Nach Dividieren der Massenbilanzgleichung durch das Volum V des Bilanzraums erhält man für den Grenzfall $V \to 0$ die allgemeine, für beliebige Kontinua gültige Kontinuitätsgleichung

$$\frac{\partial \varrho}{\partial t} + V(\varrho \mathfrak{w}) = 0, \qquad (1.4)$$

in der $\varrho = \lim\limits_{V \to 0} m/V$ die Dichte des Mediums, V den Differentialoperator Nabla und $\mathfrak{w}$ den Vektor der Strömungsgeschwindigkeit bedeuten. Den Ausdruck $\varrho \mathfrak{w}$ bezeichnet man als Stromdichte; ihre Feldableitung oder „Divergenz" $V(\varrho \mathfrak{w})$ gibt den Überschuß der aus einem Volum ausströmenden gegenüber der einströmenden Masse pro Zeit- und Volumeinheit an. Die örtliche Dichtezunahme mit der Zeit $\partial \varrho / \partial t$ macht sich in kontinuierlich betriebenen Verfahrensstufen nur beim Anfahren, beim Abstellen oder bei Regeleingriffen bemerkbar; bei stationären Strömungsvorgängen verschwindet sie.

Besteht ein Teil der Bilanzfläche aus einer stoffdurchlässigen Grenzfläche (z. B. freie Flüssigkeitsoberfläche), so muß man den diese Grenzfläche durchsetzenden Massenstrom in der Bilanzgleichung natürlich ebenfalls berücksichtigen. Die Intensität des Stoffdurchgangs hängt von zahlreichen Einflüssen ab und läßt sich gemäß Abschnitt 1.4 (S. 24 ff.) erfassen.

1.22 Energiebilanzgleichungen

Als Energie bezeichnet man das Vermögen materieller Teilchen, sich gegen den Einfluß einer Kraft zu bewegen. Wie die Erfahrung auf allen Teilgebieten der Naturwissenschaften immer wieder bestätigt, bleibt die Gesamtenergie in jedem abgeschlossenen System konstant:

$$E_{\mathrm{mech}} + E_{\mathrm{therm}} + E_{\mathrm{chem}} + E_{\mathrm{el}} + \cdots = E_{\mathrm{ges}} = \mathrm{const}. \qquad (1.5)$$

E_{mech}, E_{therm}, E_{chem}, E_{el} und E_{ges} sind die mechanische, die thermische, die chemische, die elektrische bzw. die Gesamtenergie des abgeschlossenen, nicht mit seiner Umgebung in Masse- oder Energieaustausch stehenden Systems. Bereits 1840 hatte R. MAYER die Gleichwertigkeit von Wärme und mechanischer Energie erkannt und einen Wert für das Umrechnungsverhältnis von Wärme in Arbeit, also für das mechanische Wärmeäquivalent angegeben (1 kcal $= 426{,}94$ kpm $= 4186{,}8 \cdot 10^7$ erg $= 4186{,}8$ J). In voller Allgemeinheit wurde der Energieerhaltungssatz oder Energiesatz erstmalig 1847 von H. v. HELMHOLTZ ausgesprochen. Er schließt alle Erscheinungsformen der Energie ein. Das EINSTEINsche Äquivalenzprinzip von Masse und Energie (1.2) vereinigt die Gesetze von der Erhaltung der Energie und der Masse zu einem einzigen Erhaltungssatz als physikalischem Grundgesetz. Aus dem Energiesatz folgt die Unmöglichkeit eines „Perpetuum mobile 1. Art": Es ist nicht möglich, eine Maschine zu bauen, die ohne Energiezufuhr von außen dauernd Arbeit verrichtet.

In der Verfahrenstechnik rechnet man meist nicht mit der Gesamtenergie, sondern mit den Energieänderungen pro Masseneinheit:

$$dE_{\mathrm{mech}} + dE_{\mathrm{therm}} + dE_{\mathrm{chem}} + dE_{\mathrm{el}} + \cdots = d\left(\frac{w^2}{2}\right) + d\left(\frac{p}{\varrho}\right) +$$
$$+ \, du + dE_{\mathrm{pot}} + \cdots. \tag{1.6}$$

Die Glieder auf der linken Seite der Gleichung kennzeichnen die dem Stoff pro Masseneinheit mechanisch, thermisch, chemisch, elektrisch usw. zugeführte Energie; die Glieder auf der rechten Seite geben die Zunahme der Masseneinheit an kinetischer Energie $d(w^2/2)$, Volumsenergie $d(p/\varrho)$, innerer Energie du, potentieller Energie dE_{pot} usw. an.

Bestimmen ausschließlich mechanische Größen einen Vorgang und treten keine Reibungseinflüsse, Volumsänderungen, Temperaturänderungen usw. auf, so liefert Gl. (1.6) den Energiesatz der Mechanik

$$dE_{\mathrm{mech}} = d\left(\frac{w^2}{2}\right) + dE_{\mathrm{pot}}. \tag{1.7}$$

Beschränkt man sich ausschließlich auf thermisch bedingte Energieänderungen, so erhält man aus Gl. (1.6) nach Berücksichtigen der Zusammenhänge

$$di = c_p\, dT = du + d\left(\frac{p}{\varrho}\right) = c_v\, dT + d\left(\frac{p}{\varrho}\right) \tag{1.8a—c}$$

den 1. Hauptsatz der Wärmelehre

$$dE_{\mathrm{therm}} = du + p\, d\left(\frac{1}{\varrho}\right) = di - \frac{1}{\varrho}dp \tag{1.9a, b}$$

mit i als Enthalpie, u als innerer Energie, $\dfrac{dp}{\varrho}$ als technischer (im Dauerbetrieb geleisteter) Arbeit, $p\,d\left(\dfrac{1}{\varrho}\right)$ als äußerer (durch Volumänderung eines Stoffs bei konstantem Umgebungsdruck geleisteter) Arbeit, c_p und c_v als spezifischen Wärmen bei konstantem Druck p bzw. bei konstantem Volum V sowie T als absoluter Temperatur.

Für stationäre Gasströmungen ohne Wärme- oder sonstigen Energieaustausch mit der Umgebung folgt aus Gl. (1.6) nach Vernachlässigen der verhältnismäßig geringen potentiellen Energie

$$d\left(\frac{w^2}{2}\right) + di = 0, \qquad (1.10)$$

die Enthalpieabnahme ist also gleich dem Zuwachs des Gases an kinetischer Energie. Bei stationären Flüssigkeitsströmungen muß man noch die potentielle Energie und in manchen Fällen die Oberflächenenergie in Rechnung stellen. Berücksichtigt man nur die potentielle Energie $g\,h$ infolge des Erdschwerefelds (g Erdbeschleunigung, h geodätische Höhe), so liefert Gl. (1.6) die bekannte, erweiterte BERNOULLIsche Gleichung

$$d\left(\frac{w^2}{2}\right) + \frac{1}{\varrho}\,dp + d(gh) + du = 0; \qquad (1.11)$$

du erfaßt die Erwärmung durch innere Strömungsverluste (Wandreibung, Turbulenz usw.).

Die in einem System gespeicherte chemische Energie (Reaktionswärme) übertrifft seine mechanische und thermische Energie häufig um ein Vielfaches; sie wird bei exothermen chemischen Reaktionen frei und bei endothermen Reaktionen gebunden. Erfolgt bei einem verfahrenstechnischen Prozeß keine chemische Reaktion, so braucht man auch die chemisch gebundene Energie nicht zu berücksichtigen.

Die höchsten bisher bekannten Energieumsetzungen pro Masseneinheit sind bei Kernumwandlungen zu beobachten. Bei den Einzelvorgängen muß man das EINSTEINsche Äquivalenzprinzip zum Vermeiden großer Fehler berücksichtigen. Bezüglich näherer Ausführungen sei auf die einschlägige Literatur verwiesen [9.22.1—10].

Elektromagnetische Felder lassen sich mit Hilfe der MAXWELLschen Gleichungen beschreiben. Der Verfahrenstechniker zieht diese Zusammenhänge jedoch kaum jemals für seine Berechnungen heran; für ihn ist meist nur die im Betrieb leicht meßbare elektrische Leistung $N_{el} = dE_{el}/dt$ bedeutsam, die bei Gleich-, Wechsel- und Drehstrom aus den zeitlichen Mittelwerten der Stromstärke I (gemessen in Ampere) und der Spannung U (gemessen in Volt) sowie der Phasenverschiebung φ zwischen Strom und Spannung gemäß

$$N_{el,=} = I\,U, \quad N_{el,\sim} = I\,U\cos\varphi, \quad N_{el,3\sim} = \sqrt{3}\,I\,U\cos\varphi \qquad (1.12\,\mathrm{a}-\mathrm{c})$$

folgt. In einem gleichstromdurchflossenen Leiter mit dem OHMschen Widerstand $R = U/I$ wandelt sich nach dem Energiesatz die elektrische Leistung

$$N_{el,=} = I^2\,R \qquad (1.12\,\mathrm{d})$$

in Wärme um (JOULEsches Gesetz).

1.23 Zustandsgleichungen

Der Zustand eines Stoffs ist durch die Gesamtheit seiner form- und mengenunabhängigen Eigenschaften gekennzeichnet. Er läßt sich mit Hilfe der Zustandsgrößen beschreiben, die durch Zustandsgleichungen miteinander verknüpft sind. Dem empirisch ermittelten Zusammenhang

$$F(p, T, \varrho) = 0 \qquad (1.13)$$

zwischen den thermischen Zustandsgrößen Druck p, absolute Temperatur T und Dichte ϱ kommt eine besondere Bedeutung zu, da technische Vorgänge nie völlig „verlustlos" ablaufen, sondern sich immer ein Teil der Energie in Wärme umwandelt und man deshalb auch bei Problemen der mechanischen Verfahrenstechnik die thermischen Zustandsänderungen beachten muß.

Die Gl. (1.13) liefert für die Abhängigkeit der Dichte von der Temperatur und vom Druck im allgemeinen (abgesehen von den sogenannten Umwandlungspunkten) eine eindeutige Funktion $\varrho = \varrho(T, p)$, aus der man durch Differenzieren unter Berücksichtigung des Massenerhaltungssatzes $m = \varrho V = \text{const}$ (V ist das Volum einer vorgegebenen Masse) die Beziehungen

$$-\frac{d\varrho}{\varrho} = \frac{dV}{V} = \frac{1}{V}\left(\frac{\partial V}{\partial T}\right)_p dT + \frac{1}{V}\left(\frac{\partial V}{\partial p}\right)_T dp, \quad \frac{\left(\frac{\partial V}{\partial T}\right)_p}{\left(\frac{\partial V}{\partial p}\right)_T} = -\left(\frac{\partial p}{\partial T}\right)_v \qquad (1.14\,\mathrm{a-c})$$

herleiten kann. Führt man als thermische Materialkonstanten den isobaren Volumsausdehnungskoeffizienten γ_p, die isotherme Kompressibilität $\varkappa_T$ und den isochoren Spannungskoeffizienten β_v gemäß

$$\gamma_p = \frac{1}{V}\left(\frac{\partial V}{\partial T}\right)_p, \quad \varkappa_T = -\frac{1}{V}\left(\frac{\partial V}{\partial p}\right)_T, \quad \beta_v = \frac{1}{p}\left(\frac{\partial p}{\partial T}\right)_v \qquad (1.15\,\mathrm{a-c})$$

in die Gln. (1.14a, b) ein, so erhält man die Zustandsgleichung in der Form

$$-\frac{d\varrho}{\varrho} = \frac{dV}{V} = \gamma_p\, dT - \varkappa_T\, dp; \qquad (1.16)$$

aus Gl. (1.14c) folgt die Beziehung [9.22.3]

$$\frac{p\,\beta_v\,\varkappa_T}{\gamma_p} = 1. \qquad (1.17)$$

An den Umwandlungspunkten ändert sich der Aggregatzustand (Übergang fest—flüssig bzw. flüssig—fest: Schmelzpunkt bzw. Erstarrungspunkt; Übergang flüssig—gasförmig bzw. gasförmig—flüssig: Siedepunkt bzw. Kondensations- oder Taupunkt; Übergang fest—gasförmig bzw. gasförmig—fest: Sublimationspunkt) oder die Struktur (Gefügeumwandlungen in Feststoffen), so daß verschiedene Zustandsformen oder Phasen eines Stoffs (z. B. Flüssigkeit und Dampf) mit unterschiedlicher Dichte nebeneinander bestehen können. Die Zustandsformen unterscheiden sich voneinander durch die im Gefüge als kinetische und potentielle Energie der Gefügebausteine (Atome, Moleküle) gespeicherte innere Energie. Gefügeumwandlungen und Aggregatzustandsänderungen sind daher mit einer „Wärmetönung" verbunden, deshalb lassen sich die Mengenanteile der einzelnen Phasen mit Hilfe der Energiebilanzgleichungen ermitteln.

Die absolute Temperatur ist der mittleren Translationsenergie der Atome bzw. Moleküle proportional. Der Energieaustausch beim Zusammenstoß zweier Teilchen hängt von den Stoßbedingungen des Einzelfalls ab; im statistischen Mittel geben jedoch energiereiche Teilchen dabei Energie an energieärmere ab. Das macht sich im Makrobereich als Temperatur-Ausgleichsvorgang bemerkbar: Temperaturdifferenzen zwischen verschieden temperierten Körpern verschwinden allmählich. Dies ist der Inhalt des 2. Hauptsatzes der Wärmelehre, der sich mit Hilfe der Entropie S als weiterer thermischer Zustandsgröße folgendermaßen formulieren läßt: Die Gesamtentropie $\Sigma^i S_i$ eines abgeschlossenen, mit seiner Umgebung weder in Stoff- noch in Energieaustausch stehenden Systems aus s Stoffen mit den Entropien $S_1, \ldots, S_i, \ldots, S_s$ kann nie abnehmen; sie strebt mit wachsender Zeit einem Maximalwert zu. Es gilt somit

$$\frac{d}{dt}\left(\sum_1^s {}^i S_i\right) \begin{cases} > 0 & \text{(irreversible Vorgänge)} \\ = 0 & \text{(reversible Vorgänge)}, \end{cases} \qquad \lim_{t\to\infty}\left(\sum_1^s {}^i S_i\right) = \text{Max!}$$

$$(1.18\,\mathrm{a-c})$$

S folgt mit dQ als Differential der zugeführten Wärme unter Berücksichtigung des NERNSTschen Wärmetheorems (3. Hauptsatz der Wärmelehre), wonach sich die Entropie jedes chemisch homogenen, kristallisierten Stoffs beim Annähern an den absoluten Nullpunkt ($T = 0$) unbegrenzt dem Wert Null nähert, aus dem CLAUSIUSschen Integral

$$S = \int_0^T \frac{dQ}{T}.$$

$$(1.19)$$

Man kann zeigen, daß die Beziehungen (1.18 a—c) bei allen in der Natur ablaufenden Vorgängen gelten, daß also die Gesamtentropie eines abgeschlossenen Systems immer wächst (irreversible Prozesse) oder günstigstenfalls gleichbleibt (reversible Prozesse). Beim Anwenden dieser Zu-

sammenhänge muß man jedoch immer sorgfältig prüfen, ob das gerade
betrachtete System abgeschlossen ist, ob die Rechnung also wirklich alle
an dem Vorgang beteiligten Körper erfaßt (die Erfinder eines „Perpetuum
mobile 2. Art" berücksichtigen zwar die Massen- und Energie-Bilanz-
gleichungen, beachten aber die Entropieänderung entweder überhaupt
nicht oder bestimmen sie für ein nicht abgeschlossenes System).

Betrachtet man die atomaren bzw. molekularen Vorgänge statistisch,
so läßt sich jeder „Makrozustand" eines Körpers als Summe aller durch
die räumlichen Lagen und Impulse seiner Teilchen gekennzeichneten
„Mikrozustände" deuten. Als thermodynamische Wahrscheinlichkeit
eines Zustands bezeichnet man die auf die Gesamtzahl aller Kombinationsmöglichkeiten verschiedener Mikrozustände bezogene Zahl der Kombinationen, die gerade den betrachteten Makrozustand ergibt. Infolge
des zufallsbedingten Impuls- bzw. Energieaustauschs stellt sich nach
ausreichend langer Zeit mit einer an Sicherheit grenzenden Wahrscheinlichkeit der Makrozustand mit der größtmöglichen thermodynamischen
Zustandswahrscheinlichkeit ein; andere Makrozustände können theoretisch zwar auch auftreten, ihre Häufigkeit ist jedoch wegen der ungeheuer
vielen bei technischen Prozessen beteiligten Teilchen verschwindend
klein. Bei einem aus mehreren Körpern bestehenden, geschlossenen
System ergibt sich die Gesamtentropie als Summe der Einzelentropien,
die thermodynamische Wahrscheinlichkeit aber als Produkt der Einzel-
wahrscheinlichkeiten; zwischen der Entropie S und der thermodynamischen Zustandswahrscheinlichkeit W muß also ein logarithmischer
Zusammenhang bestehen:

$$S = k \ln W. \tag{1.20}$$

Diese Beziehung wurde erstmalig von S. BOLTZMANN aufgestellt. Der Proportionalitätsfaktor k heißt BOLTZMANNsche Konstante und hat den Wert
$k = 1{,}3797 \cdot 10^{-16} \text{erg/grd} = 3{,}2964 \cdot 10^{-27} \text{kcal/grd} = 1{,}3802 \cdot 10^{-23} \text{J/grd}$.

1.24 Bewegungsgleichungen

Die Mechanik baut auf dem dynamischen Grundgesetz auf, das zum
ersten Mal von I. NEWTON in seinem Werk „Principia mathematica
philosophiae naturalis" formuliert wurde: Die zeitliche Änderung der
Bewegungsgröße $m\mathfrak{w}$ eines Körpers ist gleich der Resultierenden aller
auf ihn einwirkenden äußeren Kräfte $\mathfrak{P}_i$:

$$\frac{d(m\mathfrak{w})}{dt} = \sum \mathfrak{P}_i. \tag{1.21}$$

Durch äußere Multiplikation der Gl. (1.21) mit dem Ortsvektor $\mathfrak{r}$ erhält
man den Impulsmomentensatz oder Drallsatz: Die zeitliche Änderung

des Impulsmoments (Schwungmoment, Drall) $\mathfrak{r} \times m\mathfrak{w}$ ist gleich der
Summe der auf einen Körper einwirkenden Drehmomente $\mathfrak{M}_i$:

$$\frac{d}{dt} (\mathfrak{r} \times m\mathfrak{w}) = \sum (\mathfrak{r} \times \mathfrak{P}_i) = \sum \mathfrak{M}_i. \qquad (1.22\,\mathrm{a, b})$$

Die Gln. (1.21) und (1.22a, b) liefern für den Fall verschwindender Impulsänderung $[d(m\mathfrak{w})/dt = 0]$ die Gleichgewichtsbedingungen der Statik
für ruhende bzw. gleichförmig bewegte Körper.

Wendet man das dynamische Grundgesetz der Mechanik auf Kontinua, also auf Flüssigkeiten oder Gase, an und bezieht die Impulsänderung sowie die äußeren Kräfte auf die Masseneinheit des Stoffs, so
ergibt sich

$$\frac{d\mathfrak{w}}{dt} = \frac{\partial\mathfrak{w}}{\partial t} + \mathfrak{w}\,\nabla, \mathfrak{w} = \mathfrak{k} + \frac{1}{\varrho}\,\nabla\mathfrak{p}. \qquad (1.23\,\mathrm{a, b})$$

Darin bedeuten $d\mathfrak{w}/dt$ die substantielle Geschwindigkeitsänderung,
$\partial\mathfrak{w}/\partial t$ die (nur bei instationären Vorgängen, also im allgemeinen beim
Anfahren und Abstellen sowie bei Regeleingriffen auftretende) lokale
Geschwindigkeitsänderung, $\mathfrak{w}\nabla, \mathfrak{w}$ die konvektiven Glieder, $\mathfrak{k}$ den Vektor
der eingeprägten Kräfte pro Masseneinheit (Gewicht, Auftrieb usw.)
und $\mathfrak{p}$ den Spannungstensor zum Kennzeichnen des Spannungszustands
innerhalb des Mediums. Bei NEWTONschen Flüssigkeiten (Gase, die
meisten niedrigviskosen Flüssigkeiten) sind die Schubspannungen den
Formänderungsgeschwindigkeiten proportional, und der Flüssigkeitsdruck p ist gleich dem negativen Mittelwert der Normalspannungen.
Damit geht Gl. (1.23b) in die Bewegungsgleichung von STOKES-NAVIER

$$\frac{\partial\mathfrak{w}}{\partial t} + \mathfrak{w}\,\nabla, \mathfrak{w} = \mathfrak{k} - \frac{1}{\varrho}\,\nabla p + \frac{1}{3}\,\nu\nabla, \nabla\mathfrak{w} + \nu\nabla^2\mathfrak{w} \qquad (1.24)$$

über, die man auch als Grundgleichung der Strömungslehre bezeichnet.
ν ist die kinematische Viskosität der Flüssigkeit.

Elektromagnetische Vorgänge verursachen ebenfalls mechanische
Kraftwirkungen. Zwei Massenpunkte im Abstand $\mathfrak{a}$ (Vektor mit dem
Betrag a) mit den gleichnamigen elektrischen Ladungen Q_1 bzw. Q_2
stoßen sich gegenseitig mit der COULOMBschen Kraft

$$\mathfrak{P} = \frac{Q_1 Q_2}{a^2} \left(\frac{\mathfrak{a}}{a}\right) \qquad (1.25)$$

ab. Bei ungleichnamigen Ladungen ziehen sie sich gegenseitig mit der
gleichen Kraft an. In einem elektrischen Feld mit der Feldstärke $\mathfrak{E}$ wirkt
auf die Ladung Q die Kraft

$$\mathfrak{P} = Q\,\mathfrak{E}. \qquad (1.26)$$

Ein stromdurchflossener Leiter ist in einem Magnetfeld der Kraft

$$\mathfrak{P} = \int_l i\, dl \times \mathfrak{B} \tag{1.27}$$

ausgesetzt. i ist die Stromstärke (Skalar), $\mathfrak{B}$ die magnetische Induktion (Vektor) und dl das Längenelement des elektrischen Leiters (Vektor). Die „Linke-Hand-Regel" liefert in anschaulicher Weise die Kraftrichtung: Bildet man aus Zeigefinger, Mittelfinger und Daumen der linken Hand ein rechtwinkeliges Achsenkreuz, so gibt der Daumen die Kraftrichtung an, wenn der Zeigefinger in Feldrichtung und der Mittelfinger in Stromrichtung weisen.

1.3 Ähnlichkeitsbetrachtungen

Ähnlichkeitsbetrachtungen erleichtern die Lösung vieler verfahrenstechnischer Probleme [*1.5—1.10*]. Die Dimensionsanalyse eignet sich zum Überprüfen von Gleichungen und Rechenoperationen sowie zum Ermitteln der Dimension einzelner, in Kennzahlen enthaltener Einflußgrößen. Wenn man anstelle der Einflußgrößen dimensionslose Kennzahlen verwendet, läßt sich der Versuchsaufwand experimenteller Untersuchungen wesentlich reduzieren. Die Kennzahlen bilden die Grundlage von Modellversuchen, die das technische und finanzielle Risiko neuartiger Apparate bzw. Verfahrensstufen vermindern.

1.31 Dimensionsanalyse

Die Naturgesetze lassen sich durch Gleichungen beschreiben, welche die Größenarten der beteiligten Einflußgrößen sowie deren Einheiten und Zahlenwerte miteinander verknüpfen (vgl. Abschn. 1.11, S. 1ff.). Beim Bemessen von Verfahrensstufen, Apparaten usw. ermittelt man üblicherweise die Quantitäten der gesuchten Einflußgrößen (also die Zahlenwerte in Verbindung mit den gewählten Einheiten) und setzt voraus, daß ihre Qualitäten (d. h. ihre Dimensionen) von den Gleichungen richtig erfaßt sind. Die Dimensionsanalyse untersucht dagegen die Zusammenhänge zwischen den Dimensionen der Einflußgrößen ohne Rücksicht auf deren quantitative Zuordnung. Sie beschäftigt sich somit nur mit der Qualität der Größen und unterscheidet nicht zwischen Problemen, die sich durch dieselben Einflußgrößen beschreiben lassen.

Bei der Dimensionsanalyse einer Gleichung setzt man anstelle der Einflußgrößen deren Dimensionen ein und ermittelt so die Dimension der einzelnen Summanden. Reine Zahlenwerte haben die Dimension 1. Alle Summanden einer Gleichung zwischen verschiedenen Einflußgrößen müssen nach Einführen eines beliebigen Maßsystems die gleiche Dimension bezüglich der gewählten Grundgrößen aufweisen. In Zahlenwertgleichungen ist es zum Erreichen dieser Dimensionsgleichheit nötig, einem oder mehreren Zahlenwerten eine von eins abweichende Dimension zuzuordnen. Zahlenwertgleichungen liefern daher nur dann richtige Resultate, wenn man alle Einflußgrößen in den vorgeschriebenen Einheiten einsetzt und beim Übergang auf ein anderes Maßsystem auch die dimensionsbehafteten Zahlenwerte entsprechend ändert; sie beschreiben die Naturgesetze demnach nicht unabhängig vom Maßsystem. Ergibt die Dimensionsanalyse bereits ohne Berücksichtigung der Zahlenwerte durchwegs dimensionsgleiche Summanden und gelten die Zahlenwerte bei Verwendung kohärenter Einheiten für alle beteiligten Einflußgrößen, so liegt eine allgemeingültige, vom Maßsystem unabhängige Größengleichung vor (die Dimensionsgleichheit aller Summanden ist zwar ein notwendiges, aber kein hinreichendes Kennzeichen für allgemeine Größengleichungen, da die Zahlenwerte noch Umrechnungsfaktoren zwischen verschiedenen Einheiten der gleichen Größenart enthalten können, z. B. den Faktor 60 s/min zum Umrechnen von Minuten in Sekunden).

Ergibt die Dimensionsanalyse für die Summanden einer Gleichung die Dimension 1, so bezeichnet man diese als dimensionslos. Eine solche Beziehung liefert entweder Aussagen rein mathematischen Inhalts (wie z. B. der trigonometrische Zusammenhang $\sin^2 x + \cos^2 x = 1$), oder sie beschreibt ein Naturgesetz mit Hilfe dimensionsloser Kennzahlen. Bei dimensionsbehafteten Gleichungen kann man durch eine Dimensionsanalyse verschiedene Fehler finden (Vergessen dimensionsbehafteter Faktoren, falsche Exponenten usw.). Die Argumente transzendenter Funktionen (Exponential-, Kreis- und Hyperbelfunktion, Logarithmus usw.) müssen grundsätzlich reine Zahlenwerte sein. Durch Weglassen einzelner Summanden verursachte Fehler weist die Dimensionsanalyse nicht aus.

Als weitere Möglichkeit zum Überprüfen einer Gleichung sei neben der Dimensionsanalyse der Vergleich des Matrix-Charakters erwähnt: Alle Summanden einer Gleichung müssen Matrizen des gleichen Typs sein, d. h. aus gleich vielen Zeilen und Spalten bestehen.

1.32 Kennzahlen

Jeder Zusammenhang zwischen dimensionsbehafteten Einflußgrößen läßt sich durch einen beliebigen Summanden dividieren und dadurch in eine Beziehung zwischen dimensionslosen Ausdrücken umwandeln. Die so entstehenden dimensionslosen Potenzprodukte der Einflußgrößen (einschließlich der gegebenenfalls implizit in Zahlenwerten enthaltenen Größen) sind Kennzahlen des Problems. Auch beliebige Potenzprodukte dieser Kennzahlen eignen sich ihrerseits als Kennzahlen. Kann man jedes dimensionslose Potenzprodukt der an einem Problem beteiligten Einflußgrößen durch die Kennzahlen identisch darstellen, aber keine Kennzahl identisch durch die übrigen ausdrücken, so bilden diese Kennzahlen einen vollständigen Satz. Jede dimensionsrichtige Gleichung läßt sich in eine Beziehung zwischen den dimensionslosen Kennzahlen eines vollständigen Satzes umformen. Dies ist der Inhalt des BUCKINGHAMschen (Π-) Theorems.

Das Produkt aus den k_{ji}-ten Potenzen n verschiedener Einflußgrößen G_i mit den Dimensionen $[G_i] = A^{\alpha_i} B^{\beta_i} C^{\gamma_i} \cdots$ ergibt eine dimensionslose Kennzahl K_j

$$K_j = G_1^{k_{j1}} G_2^{k_{j2}} \cdots G_i^{k_{ji}} \cdots G_n^{k_{jn}} \equiv \prod_{i=1}^{n} G_i^{k_{ji}}, \qquad (1.28)$$

wenn die Bedingung

$$[K_j] = [\prod_{i=1}^{n} G_i^{k_{ji}}] = A^{\Sigma k_{ji} \alpha_i} B^{\Sigma k_{ji} \beta_i} C^{\Sigma k_{ji} \gamma_i} \cdots = 1 \qquad (1.29)$$

erfüllt ist, d. h. wenn die Exponenten aller Grundgrößen $A, B, C, \ldots$ verschwinden:

$$\sum_{i=1}^{n} k_{ji} \alpha_i = 0, \quad \sum_{i=1}^{n} k_{ji} \beta_i = 0, \quad \sum_{i=1}^{n} k_{ji} \gamma_i = 0, \ldots \qquad (1.30)$$

Beispielsweise ergibt sich für die Einflußgrößen des dynamischen Grundgesetzes (Masse m, Geschwindigkeit w, Zeit t und Kraft P) mit den Dimensionen $[m] = \mathrm{g}$, $[w] = \mathrm{cm/s}$, $[t] = \mathrm{s}$, $[P] = \mathrm{g\,cm/s^2}$ aus Gl. (1.29) $[K] = \mathrm{g}^{k_1} \mathrm{cm}^{k_2} \mathrm{s}^{-k_2} \mathrm{s}^{k_3} \mathrm{g}^{k_4} \mathrm{cm}^{k_4} \mathrm{s}^{-2k_4} = \mathrm{g}^{k_1+k_4} \mathrm{cm}^{k_2+k_4} \mathrm{s}^{-k_2+k_3-2k_4} = 1$. Die Bedingungsgleichungen (1.30) lauten in diesem Fall $k_1 + k_4 = 0$, $k_2 + k_4 = 0$ und $-k_2 + k_3 - 2k_4 = 0$, woraus man $k_1 = k_2 = -k_3 = -k_4$ erhält. Nach willkürlicher Wahl von $k_1 = 1$ liefert Gl. (1.28) die dimensionslose Kennzahl $K = m^{k_1} w^{k_2} t^{k_3} P^{k_4} = \dfrac{m\,w}{t\,P}$ [vgl. dazu Gl. (1.33a)].

Sind r Bedingungsgleichungen (1.30) und n Einflußgrößen linear voneinander unabhängig, so umfaßt der vollständige Kennzahlsatz $(n - r)$ dimensionslose Kennzahlen, also eine um r kleinere Zahl unabhängiger Variabler. Dadurch sinkt der Kosten- und Zeitaufwand für experimentelle Untersuchungen ganz erheblich: Ist die Abhängigkeit einer Einflußgröße von den $(n - 1)$ übrigen durch je x Meßpunkte zu belegen, so benötigt man $x^{(n-1)}$ Messungen bzw. Versuche. Gelingt es dagegen, durch Einführen dimensionsloser Kennzahlen die Zahl der problemeigenen Einflußgrößen um r zu vermindern, so genügen hierfür bereits $x^{(n-1-r)}$ Messungen; der Versuchsaufwand verringert sich also bereits bei $r = 1$ auf den x-ten Bruchteil des ursprünglichen Werts! Meß- und Rechenergebnisse lassen sich infolge der kleineren Zahl von Variablen auch wesentlich einfacher und übersichtlicher darstellen. Darüber hinaus braucht man nicht mehr ein Maßsystem zum Auswerten der gesamten Gleichung beizubehalten, sondern es genügt, beim Berechnen der einzelnen Kennzahlen kohärente Einheiten zu verwenden. Man vermeidet also Umrechnungen einzelner Einflußgrößen von einem Maßsystem in ein anderes und damit eine der häufigsten Fehlerquellen bei technischen Rechnungen.

1.33 Modellähnlichkeit

Das Verhalten einer technischen Anlage hängt von sehr vielen Einflüssen ab, deren Auswirkungen man vielfach nicht theoretisch vorhersagen kann. Oft sind die Zusammenhänge zwischen den Einflußgrößen nicht bekannt, oder die Gleichungen lassen sich nicht mit vertretbarem Aufwand lösen. In solchen Fällen kann man die interessierenden Vorgänge in einem der Hauptausführung ähnlichen, in der Regel jedoch wesentlich kleineren und entsprechend billigeren Modell bei verschiedenen Betriebsbedingungen experimentell untersuchen. Damit man die Versuchsergebnisse auf die Hauptausführung übertragen kann, müssen die Vorgänge beim Modell und bei der Hauptausführung ähnlich ablaufen. Sie müssen sich mit denselben Gleichungen beschreiben lassen, und die einander entsprechenden Kennzahlen eines den Einflußgrößen zugeordneten, vollständigen Kennzahl-Satzes müssen bei Modell und Hauptausführung gleiche Zahlenwerte aufweisen.

Bei mechanisch ähnlicher, reibungsfreier Bewegung zweier Massenpunkte sind die Verhältnisse einander entsprechender Massen $m_H/m_M = f_m$, Geschwindigkeiten $\mathfrak{w}_H/\mathfrak{w}_M = f_w$, Zeiten $t_H/t_M = f_t$ und Kräfte $\mathfrak{P}_H/\mathfrak{P}_M = f_P$ von Ort und Zeit unabhängige Konstante, und es gilt

$$\frac{f_m\,f_w}{f_t\,f_P} = 1 \tag{1.31}$$

(Index M Modell, Index H Hauptausführung). Nur in diesem Fall läßt sich nämlich die NEWTONsche Grundgleichung (1.21) für das Modell gemäß

$$\frac{d(m_H\mathfrak{w}_H)}{dt_H} = \sum \mathfrak{P}_H = \frac{f_m\,f_w}{f_t}\,\frac{d(m_M\mathfrak{w}_M)}{dt_M} = f_P \sum \mathfrak{P}_M \tag{1.32}$$

in die entsprechende Beziehung für die Hauptausführung umformen. Die aus Gl. (1.21) herleitbare Kennzahl kann man unter Berücksichtigung der Zusammenhänge $[l] = [w]\,[t] = [b]\,[t^2]$ zwischen den Dimensionen der Länge l, der Geschwindigkeit w und der Beschleunigung b in folgenden Formen angeben:

$$K = \frac{mw}{tP} = \frac{mb}{P} = \frac{ml^2}{Pt^2}. \qquad (1.33\,\text{a}-\text{c})$$

Die Beziehung zwischen der Masse m, dem Weg l, der Zeit t und der Kraft P nennt man Ähnlichkeitsgesetz von BERTRAND.

Stationäre Strömungsvorgänge NEWTONscher Flüssigkeiten hängen nach Gl. (1.24) von der Strömungsgeschwindigkeit w, dem Strömungsweg l, der kinematischen Viskosität ν, der Dichte ϱ, der Druckdifferenz Δp und den eingeprägten Kräften ab, wobei für letztere im allgemeinen die Erdschwere (gekennzeichnet durch die Fallbeschleunigung g) und die Kräfte an freien Oberflächen (gekennzeichnet durch die Oberflächenspannung σ) in Betracht kommen. Daraus lassen sich folgende Kennzahlen bilden:

$$Re = \frac{lw}{\nu}, \quad Eu = \frac{\Delta p}{\varrho w^2}, \quad Fr = \frac{w^2}{gl}, \quad We = \frac{l\varrho w^2}{\sigma}. \qquad (1.34\,\text{a}-\text{d})$$

Die Reynoldszahl Re gibt das Verhältnis der Trägheitskräfte zu den Viskositätskräften an, die Eulerzahl Eu bestimmt das Verhältnis der Druckkräfte zu den Trägheitskräften, und die Froudezahl Fr sowie die Weberzahl We erfassen das Verhältnis der Trägheitskräfte zur Erdschwere bzw. zu den Oberflächenkräften. Bei Gasen muß man auch die mittlere freie Weglänge Λ der Teilchen, die Zahl ihrer Freiheitsgrade (gekennzeichnet durch das Verhältnis $\varkappa$ der spezifischen Wärmen bei konstantem Druck c_p bzw. bei konstantem Volum c_v) und ihre mittlere Geschwindigkeit $\overline{w}$ oder die Schallgeschwindigkeit im Gas w_s berücksichtigen. Aus diesen Einflußgrößen gewinnt man die Kennzahlen

$$Kn = \frac{\Lambda}{l}, \quad \varkappa = \frac{c_p}{c_v}, \quad Ma = \frac{w}{\overline{w}} \sqrt{\frac{8}{\pi\varkappa}} = \frac{w}{w_s} = \sqrt{\frac{\varrho w^2}{\varkappa p}}. \qquad (1.35\,\text{a}-\text{e})$$

Die Knudsenzahl Kn ist das Verhältnis der mittleren freien Weglänge zu einer geometrischen Abmessung des Strömungswegs, die Machzahl gibt das Verhältnis der Strömungsgeschwindigkeit zur Schallgeschwindigkeit an.

Besonders fruchtbar erwiesen sich die Ähnlichkeitsbetrachtungen unter Verwendung dimensionsloser Kennzahlen auf dem Gebiet der Stoff- und Wärmeübertragung. Nur dadurch war es überhaupt möglich, den bei einem großen Teil aller technischen Verfahren wichtigen Stoff- und Wärmeaustausch durch Grenzflächen zu erfassen, Meßergebnisse systematisch zu ordnen und damit diese Vorgänge einer Vorausberechnung zugänglich zu machen. Infolge ihrer auch für die mechanische Verfahrenstechnik großen Bedeutung sei darauf im nächsten Abschnitt 1.4 besonders eingegangen.

Chemische Reaktionen verlaufen im Modell und in der Hauptausführung dann ähnlich, wenn die entsprechenden Damköhlerzahlen Da_I bis Da_{IV} die gleichen Zahlenwerte aufweisen. Da_I kennzeichnet das Verhältnis der Massenzunahme durch eine chemische Reaktion zu der Massenzunahme infolge der Konvektion. Da_{II} gibt das Verhältnis der Massenzunahmen durch eine chemische Reaktion bzw. durch Diffusion an. Da_{III} setzt die bei einer Reaktion entstehende Wärme zur konvektiven Wärmeabfuhr ins Verhältnis, und Da_{IV} bezieht die chemische Wärmeentwicklung auf die Wärmeableitung durch molekulare bzw. atomare Vorgänge.

Die für ähnliche Vorgänge bei Modell und Hauptausführung erforderliche Konstanz aller Kennzahlen eines vollständigen Kennzahlsatzes läßt sich praktisch aus verschiedenen Gründen nur sehr selten verwirklichen. Beispielsweise gelingt es bei Strömungsvorgängen nicht, gleichzeitig die REYNOLDSsche und die FROUDEsche Ähnlichkeit einzuhalten, wenn man das gleiche Strömungsmittel verwenden, aber das Modell in einem anderen geometrischen Maßstab ausführen will oder muß. Glücklicherweise überwiegt in dem technisch wichtigen Bereich vielfach der Einfluß einer Kennzahl, so daß man sich auf das Einhalten der entsprechenden Ähnlichkeitsforderung beschränken kann. Vielfach sind nicht alle wirksamen Einflußgrößen bekannt, und man muß sich deshalb mit den Ähnlichkeitsbedingungen für die bekannten Größen begnügen. Gelegentlich kennt man zwar die Ähnlichkeitsgesetze und kann sie auch theoretisch verwirklichen, doch lassen sich kleinere Modelle nicht geometrisch ähnlich herstellen (dies betrifft vor allem die Oberflächenqualität). In allen diesen Fällen verlaufen die Vorgänge beim Modell — vorausgesetzt, daß die Haupteinflüsse richtig erfaßt sind — nur näherungsweise ähnlich denen bei der Hauptausführung. Die Abweichungen berücksichtigt man evtl. durch empirisch ermittelte Aufwertungsformeln. Die Bezeichnung „Aufwertungsformel" deutet an, daß durch Wandeinflüsse bedingte „Verluste" (Entropiezunahmen) beim Übergang auf geometrisch größere Ausführungen im allgemeinen relativ zur umgesetzten mechanischen Energie abnehmen, daß also der Wirkungsgrad mit wachsender Maschinengröße steigt. Bei Grenzleistungsmaschinen führen jedoch die Maßnahmen zum Bewältigen von Festigkeits- und anderen Problemen wieder zu einer Abnahme des Wirkungsgrads.

1.4 Wärme- und Stoffaustausch

Bringt man Stoffe mit verschiedenen thermodynamischen Zuständen (unterschiedliche Temperatur bzw. Zusammensetzung) miteinander in Verbindung, so treten Wärme- bzw. Stoff-Austauschvorgänge auf. Das Gesamtsystem strebt dem durch die größte thermodynamische Zustandswahrscheinlichkeit (maximale Gesamtentropie) gekennzeichneten Zustand zu. Der folgende Abschnitt gibt einen kurzen Überblick über Wärme- und Stoffaustauschvorgänge. Bezüglich näherer Einzelheiten sei auf das umfangreiche Schrifttum verwiesen [*9.25.1—15*].

1.41 Wärmeübertragung

Voraussetzung für das Zustandekommen eines Wärmestroms zwischen zwei Körpern ist eine Temperaturdifferenz. Erfolgt die Wärmeübertragung durch Energieaustausch zwischen den einzelnen, in thermischer Bewegung befindlichen Gefügebestandteilen (Atome, Moleküle), so bezeichnet man dies als *Wärmeleitung*. Die so an ein Volum übertragene Wärme dQ ist der Zeit dt, der Übertragungsfläche F (gekennzeichnet durch den nach außen gerichteten Flächennormalen-Vektor $\mathfrak{f}$) und dem Temperaturgradienten ∇T proportional, es gilt also

$$\left(\frac{dQ}{dt}\right)_L = \lambda \int_F \nabla T \, d\mathfrak{f}. \tag{1.36}$$

Der Proportionalitätsfaktor λ heißt Wärmeleitzahl und ist eine Stoffkonstante. Bei Flüssigkeiten und Gasen kommt zu der Wärmeübertragung durch Wärmeleitung noch der mit dem Stoffaustausch verbundene Wärmetransport hinzu. Diesen Anteil nennt man *Konvektion*:

$$\left(\frac{dQ}{dt}\right)_K = -\int_F \varrho \, c_p \, T \mathfrak{w} \, d\mathfrak{f} \tag{1.37}$$

(c_p spezifische Wärme, ϱ Dichte, T Temperatur, $\mathfrak{w}$ Geschwindigkeitsvektor).

Durch Zufuhr der Wärme dQ steigt die Temperatur in dem Volum V gemäß

$$\left(\frac{dQ}{dt}\right)_V = \frac{\partial}{\partial t} \int_V \varrho \, c_p \, T \, dV. \tag{1.38}$$

Sind bei dem Vorgang keine anderen Energieformen zu berücksichtigen (z. B. Volumsenergie, Wärmestrahlung, Reibungswärme), so ist der Zuwachs an innerer Energie des Stoffs nach dem Energiesatz gleich der Wärmezufuhr durch Wärmeleitung und Konvektion. Die Wärmebilanz liefert nach kurzer Zwischenrechnung [Summieren der Gln. (1.36) und (1.37), Gleichsetzen der Summe mit (1.38), Anwenden des Satzes von GAUSS, Division durch V und Grenzübergang $V \to 0$] die Wärmeleitungsgleichung für strömende Flüssigkeiten

$$\frac{dT}{dt} = \frac{\partial T}{\partial t} + \mathfrak{w} \nabla, T = \frac{\lambda}{\varrho \, c_p} \, \nabla^2 T. \tag{1.39a, b}$$

Der Faktor $a = \lambda/\varrho c_p$ heißt Temperaturleitzahl. Für Feststoffe entfallen die konvektiven Glieder $\mathfrak{w}\nabla_r T$, und Gl. (1.39a, b) geht in die FOURIERsche Wärmeleitungsgleichung über.

Ersetzt man in Gl. (1.36) ∇T durch das endliche Temperaturgefälle $(T_1 - T_2)/l_{1,2}$ (gemessen in Wärmestromrichtung), so fließt durch die Querschnittsfläche F die Wärme

$$\left(\frac{dQ}{dt}\right)_L = \frac{\lambda}{l_{1,2}}\,(T_1 - T_2)F\,. \tag{1.40}$$

Lineare, stationäre Wärmeleitvorgänge durch Grenzflächen lassen sich mit Hilfe der zu Gl. (1.40) analogen Beziehung

$$\left(\frac{dQ}{dt}\right) = K_w(T_1 - T_2)F \tag{1.41}$$

beschreiben, die statt des Verhältnisses $\lambda/l_{1,2}$ die Wärmedurchgangszahl K_w enthält. Den Reziprokwert $1/K_w$ der Wärmedurchgangszahl nennt man Wärmedurchgangswiderstand; er setzt sich additiv aus den Wärmedurchgangswiderständen $1/K_{wi}$ der einzelnen, hintereinandergeschalteten Schichten zusammen:

$$\frac{1}{K_w} = \sum_i \frac{1}{K_{wi}}\,. \tag{1.42}$$

l/λ ist der Wärmedurchgangswiderstand einer homogenen Festkörperschicht (l Schichtdicke, λ Wärmeleitzahl). Bei Flüssigkeiten und Gasen bildet sich an Grenzflächen eine Strömungsgrenzschicht mit dem Wärmedurchgangswiderstand $1/\alpha$ aus. Die Wärmeübergangszahl α läßt sich im allgemeinen aus empirisch ermittelten Zusammenhängen zwischen Kennzahlen der thermischen und der Strömungsvorgänge bestimmen.

Durch *Wärmestrahlung* kann Energie auch ohne Trägermedium von einem auf einen anderen, räumlich davon getrennten Körper übergehen. Jeder warme Körper sendet Wärmestrahlen aus, die sich von den sichtbaren Lichtstrahlen einerseits und den Radiowellen andererseits nur durch die Wellenlänge λ_s unterscheiden. Strahlt die Körperoberfläche pro Flächen- und Zeiteinheit in dem Wellenlängenbereich $d\lambda_s$ die Energie $I\,d\lambda_s$ ab, so ergibt sich die gesamte Wärmeabgabe durch Integration über die Fläche und über alle vorkommenden Wellenlängen von null bis unendlich gemäß

$$\left(\frac{dQ}{dt}\right)_S = \int\limits_F \left(\int\limits_0^\infty I\,d\lambda_s\right) dF\,. \tag{1.43}$$

Zwischen der Strahlungsintensität I_s eines „schwarzen Körpers" (praktisch realisierbar in einem Hohlraum), der absoluten Temperatur T und der Wellenlänge λ_s läßt sich auf Grund quantenstatistischer Überlegungen der Zusammenhang

$$I_s = \frac{c_1}{\lambda_s^5 \, (e^{c_2/\lambda_s \cdot T} - 1)} \tag{1.44}$$

herleiten ($c_1 = 3{,}74 \cdot 10^{-8}\,\mathrm{W\,m^2} = 3{,}21 \cdot 10^{-16}\,\mathrm{kcal\,m^2/h}$, $c_2 = 1{,}438\,\mathrm{cm\,grd}$). Daraus folgt durch Differenzieren ($\partial I_s/\partial \lambda_s = 0$) das WIENsche Verschiebungsgesetz für das Intensitätsmaximum

$$\lambda_{s,\,\mathrm{max}}\, T = 0{,}29\,\mathrm{cm\,grd}; \tag{1.45}$$

$\lambda_{s,\,\mathrm{max}}$ kennzeichnet die Wellenlänge mit der größten Strahlungsintensität. Das Intensitätsmaximum verschiebt sich also mit steigender Temperatur zu kleineren Wellenlängen. Setzt man Gl. (1.44) in (1.43) ein und führt die Integration aus, so erhält man das STEFAN-BOLTZMANNsche Gesetz für die Gesamtstrahlung

$$\left(\frac{dQ}{dt}\right)_S = \int_F \sigma_s \cdot T^4 \, dF = \int_F E_s \, dF \tag{1.46a, b}$$

mit dem Beiwert $\sigma_s = 5{,}77 \cdot 10^{-8}\,\mathrm{W/m^2 grd^4} = 4{,}96 \cdot 10^{-8}\,\mathrm{kcal/m^2 h\,grd^4}$. E_s ist die Gesamtemission des „schwarzen Körpers" bei der absoluten Temperatur T, d. h. die von ihm pro Zeit- und Flächeneinheit abgestrahlte Wärmemenge.

Die Strahlungsintensität I und die Gesamtemission E natürlicher Stoffe sind bei gleicher Temperatur im allgemeinen kleiner als die entsprechenden Werte I_s, E_s eines „schwarzen Körpers", es gilt also mit A_λ als Emissionsverhältnis und A_Σ als Schwärzegrad

$$I = A_\lambda I_s, \quad E = A_\Sigma E_s. \tag{1.47a, b}$$

Bei den meisten Feststoffen ist A_λ unabhängig von λ_s und somit gleich A_Σ („graue Strahlung"), bei Gasen hängt A_λ von λ_s ab („selektive Strahlung"). Mit abnehmender Dicke l der strahlenden Gasschicht sinkt der Schwärzegrad von Gasen gemäß

$$A_\Sigma = A_{\Sigma\infty}(1 - e^{-a^* l}). \tag{1.48}$$

a^* ist die Absorptionszahl, $A_{\Sigma\infty}$ der Schwärzegrad bei sehr großer Schichtdicke ($l \to \infty$). Gl. (1.48) gibt auch die Emission einer gaserfüllten Halbkugel vom Radius l im Kugelmittelpunkt an. Für andere Gasräume sind im einschlägigen Schrifttum Angaben über gleichwertige Kugelradien zu finden [9.25.9].

Die Emission einer strahlenden Fläche verteilt sich unterschiedlich auf die verschiedenen Richtungen des Raums. Für die Hohlraumstrahlung und näherungsweise auch für die meisten technischen Körper gilt das LAMBERTsche Cosinusgesetz

$$E_\varphi = \frac{E}{\pi} \cos \varphi \qquad (1.49)$$

mit E als Gesamtemission, E_φ als Emission in der betrachteten Strahlrichtung und φ als Winkel zwischen der Strahlrichtung und der Flächennormalen.

Jeder Körper reflektiert einen Teil der auftreffenden Wärmestrahlung, absorbiert einen weiteren Teil und läßt den Rest durch. Weiße Körper reflektieren alle auffallenden Strahlen, graue nur einen von der Wellenlänge unabhängigen Teil davon und schwarze gar nichts. Bei farbigen Körpern hängt der reflektierte Anteil der Strahlung von der Wellenlänge ab. Das Verhältnis der absorbierten zur gesamten auftreffenden schwarzen Strahlung heißt Absorptionsverhältnis; es ist nach dem Gesetz von KIRCHHOFF gleich dem Schwärzegrad.

1.42 Stoffübertragung

Örtliche Zusammensetzungsunterschiede in einem Körper lösen Stoffaustauschvorgänge aus. Erfolgt der Stoffaustausch durch die thermische Bewegung der Gefügebestandteile, so spricht man von *Diffusion*. Die in ein Volum hineindiffundierende Masse $(dm)_D$ bzw. Molzahl $(dn)_D$ $= (dm)_D/M$ (M Molukulargewicht) ist der Zeit dt, der Fläche F (gekennzeichnet durch den nach außen gerichteten Flächennormalen-Vektor $\mathfrak{f}$) und — bei überall gleicher Temperatur und Gesamtdichte — dem Konzentrationsgefälle ∇c^* bzw. ∇c proportional, es gilt also mit D als einer stoffabhängigen Diffusionskonstanten sowie c^* und c als Massen- bzw. Molkonzentration (Masse/Gemischvolum bzw. Molzahl/Gemischvolum) analog zu Gl. (1.36) das 1. FICKsche Gesetz

$$\left(\frac{dm}{dt}\right)_D = D \int_F \nabla c^* \, d\mathfrak{f}, \qquad \left(\frac{dn}{dt}\right)_D = D \int_F \nabla c \, d\mathfrak{f}. \qquad (1.50\,\mathrm{a,b})$$

Beruht der Stofftransport auf einem statistischen Austausch makroskopischer Flüssigkeits- bzw. Gasballen (Strömungsturbulenz), so ersetzt man die Diffusionskonstante D durch die größere „scheinbare Diffusionskonstante" D^*, rechnet aber weiterhin mit dem FICKschen Gesetz (1.50a,b). D^* hängt im Gegensatz zu D auch vom Strömungszustand ab.

Der durch Strömungsvorgänge bedingte, konvektive Stoffaustausch führt dem Volum V innerhalb eines Zeitintervalls dt die Masse $(dm)_K$

bzw. die Molzahl $(dn)_K = (dm)_K/M$ zu. Man erhält dafür mit der Strömungsgeschwindigkeit $\mathfrak{w}$ des Flüssigkeitsgemischs

$$\left(\frac{dm}{dt}\right)_K = -\int_F c^* \mathfrak{w}\, d\mathfrak{f}, \quad \left(\frac{dn}{dt}\right)_K = -\int_F c\, \mathfrak{w}\, d\mathfrak{f}. \qquad (1.51\,\mathrm{a,b})$$

Durch Zufuhr der Masse dm bzw. der Molzahl dn steigt die Massen- bzw. Molkonzentration in dem Volum V gemäß

$$\left(\frac{dm}{dt}\right)_V = \frac{\partial}{\partial t}\int_V c^*\, dV, \quad \left(\frac{dn}{dt}\right)_V = \frac{\partial}{\partial t}\int_V c\, dV. \qquad (1.52\,\mathrm{a,b})$$

Treten keine chemischen Reaktionen oder Kernumwandlungen auf, so ist die gesamte Massen- bzw. Molzahlsteigerung gleich der Massen- bzw. Molzahlzufuhr infolge Diffusion und Konvektion. Durch Summieren der Zusammenhänge (1.50a, b) und (1.51a, b) sowie Gleichsetzen der Summen mit den aus (1.52a, b) folgenden Ausdrücken für $(dm/dt)_V$ bzw. $(dn/dt)_V$ erhält man nach kurzer Zwischenrechnung (Anwendung des GAUSSschen Satzes, Division durch V und Grenzübergang $V \to 0$):

$$\frac{dc^*}{dt} = \frac{\partial c^*}{\partial t} + \mathfrak{w}\nabla,c^* = D^*\nabla^2 c^*, \quad \frac{dc}{dt} = \frac{\partial c}{\partial t} + \mathfrak{w}\nabla,c = D^*\nabla^2 c. \qquad (1.53\,\mathrm{a,b})$$

Für Feststoffe entfallen die konvektiven Glieder, und die Gln. (1.53a, b) gehen in das 2. FICKsche Gesetz über.

Für lineare, stationäre Stoffaustauschvorgänge in Feststoffen lassen sich analog zu der für den Wärmeaustausch geltenden Gl. (1.40) die Beziehungen

$$\left(\frac{dm}{dt}\right)_D = \frac{D}{l_{1,2}}(c_1^* - c_2^*)F, \quad \left(\frac{dn}{dt}\right)_D = \frac{D}{l_{1,2}}(c_1 - c_2)F \qquad (1.54\,\mathrm{a,b})$$

herleiten, in denen $c_1^* - c_2^*$ bzw. $c_1 - c_2$ die Massen- bzw. Molkonzentrationsdifferenzen zweier diskreter Punkte und $l_{1,2}$ deren Abstand voneinander (gemessen in Richtung des Stoffstroms) bedeuten. Der Stofftransport durch Grenzflächen folgt — lineare, stationäre Verhältnisse vorausgesetzt — aus den zu Gl. (1.41) analogen Gleichungen

$$\left(\frac{dm}{dt}\right) = K_s(c_1^* - c_2^*)F, \quad \left(\frac{dn}{dt}\right) = K_s(c_1 - c_2)F, \qquad (1.55\,\mathrm{a,b})$$

die formal genauso aufgebaut sind wie die Gln. (1.54a, b), aber statt des Verhältnisses $D/l_{1,2}$ die Stoffdurchgangszahl K_s enthalten. Der Reziprokwert $1/K_s$ der Stoffdurchgangszahl ist der Stoffdurchgangswiderstand; er setzt sich aus den Stoffdurchgangswiderständen $1/K_{si}$ der einzelnen, hintereinandergeschalteten Schichten additiv zusammen:

$$\frac{1}{K_s} = \sum i \, \frac{1}{K_{si}}. \tag{1.56}$$

l/D ist der Stoffdurchgangswiderstand einer homogenen Feststoffschicht (l Schichtdicke, D Diffusionskonstante). Bei Flüssigkeiten und Gasen tritt an Grenzflächen eine Strömungsgrenzschicht mit dem Stoffdurchgangswiderstand $1/\beta$ auf. Die Stoffübergangszahl β läßt sich aus Zusammenhängen zwischen Strömungs- und Stoffübertragungs-Kennzahlen ermitteln.

Die Beziehungen (1.50 a, b) bis (1.54 a, b) gelten nur für einphasige Stoffgemische mit überall gleicher Temperatur und Gesamtdichte. Bei diesen erreicht die Entropie ihren Maximalwert, wenn die Konzentration der einzelnen Komponenten in allen Volumteilen des Gemischs gleich ist. Ändert sich die Temperatur und gegebenenfalls auch die Gesamtdichte jedoch von Ort zu Ort, so muß man die Massen- bzw. Molkonzentration c^* bzw. c durch die freie Enthalpie oder die Fugazität ersetzen. Das trifft auch für alle Stoffaustauschvorgänge durch Phasen-Grenzflächen zu: Wäre bei diesen das Konzentrationsgefälle maßgebend für den Stoffaustausch, so gäbe es zwischen einer reinen Flüssigkeit und ihrem Sattdampf entgegen der Erfahrung kein Gleichgewicht, solange ihre Massen- bzw. Molkonzentration in der Dampfphase unter der in der flüssigen Phase liegt.

Bei idealen Gasen ist die Fugazität mit dem Partialdruck p_i (s. S. 42) der betreffenden Gemischkomponente identisch. Bei konstanter Temperatur kann man die Konzentration einer Komponente in der Gasphase durch ihren Partialdruck ausdrücken und erhält dann aus den Gln. (1.55 a, b)

$$\frac{dm}{dt} = M \frac{dn}{dt} = \frac{(K_s)_c}{R^* T} \, (p_{i1} - p_{i2}) F = (K_s)_p (p_{i1} - p_{i2}) F \tag{1.57 a, b}$$

mit $(K_s)_c$ als auf die Konzentration und $(K_s)_p$ als auf den Partialdruck bezogenen Stoffdurchgangszahlen sowie R^* als spezieller Gaskonstante. Das HENRYsche Gesetz

$$c_{fi} = H_c \, p_i, \qquad x_{fi} = H_x \, p_i \tag{1.58 a, b}$$

mit den HENRYschen Konstanten H_c bzw. H_x verknüpft die Molkonzentration c_{fi} bzw. den Molanteil x_{fi} der i-ten Komponente in der Flüssigkeit mit ihrem Partialdruck p_i in einem Gasgemisch bei thermodynamischem Gleichgewicht und idealen Verhältnissen (keine Wechselwirkung zwischen den Molekülen der betrachteten Komponente und ihren Nachbarn, keine chemischen Reaktionen, keine Assoziation zu Doppelmolekülen, niedrige Konzentration). Das RAOULTsche Gesetz

$$x_{fi} = \frac{p_i}{p_{si}} \tag{1.59}$$

gilt für thermodynamisches Gleichgewicht idealer Flüssigkeits/Dampf-Gemische. p_i und p_{si} sind der Partialdruck bzw. der Sättigungsdampf-druck der i-ten Komponente in der Dampfphase, x_{fi} ist ihr Molanteil im Flüssigkeitsgemisch. Zum Berechnen des Stoffdurchgangs durch eine Phasengrenzfläche kann man somit die Fugazitätsdifferenz zwischen der Dampf- und der Flüssigkeitsphase, die Differenz zwischen dem Partialdruck im Gas bzw. Dampf und seinem Maximalwert bei thermodynamischem Gleichgewicht gemäß den Gln. (1.58a,b) bzw. (1.59), oder die Differenz zwischen der tatsächlich vorhandenen und der maximal möglichen (Sättigungs-) Konzentration in der Flüssigkeit bzw. im Dampf anstelle der Differenz der Massen- bzw. Molkonzentrationen in die Gln. (1.55a,b) einsetzen. Da diese Beziehungen jedoch die Stoffdurchgangs-zahl definieren, muß man bei numerischen Rechnungen den entsprechenden, d. h. auf die gleiche Differenz bezogenen Wert von K_s einsetzen. Zwischen den auf die Flüssigkeitskonzentration (Index f), den auf die Gas- bzw. Dampfkonzentration (Index g) und den auf die Partialdruck-differenz (Index p) bezogenen Stoffübergangszahlen gilt

$$\beta_f = \frac{\beta_g}{H_c\,R^*\,T} = \frac{\beta_p}{H_c}. \tag{1.60a,b}$$

Im Schrifttum bezieht man Zahlenangaben für Stoffübergangszahlen meist auf Konzentrationsdifferenzen.

1.43 Kennzahlen des Wärme- und Stoffaustauschs

Die Massenbilanzgleichung, der Energiesatz, die Zustandsgleichung und die Bewegungsgleichung bestimmen zusammen mit den Beziehungen für den Wärme- und Stoffaustausch sowie den Gln. (1.42), (1.56) das Geschwindigkeits-, das Temperatur- und das Konzentrationsfeld sowie alle übrigen abhängigen Einflußgrößen. Leider läßt sich dieses Gleichungs-system nur in wenigen Fällen lösen. Praktisch benötigt man jedoch nur selten das ganze Geschwindigkeits- bzw. Temperaturfeld zum Bewältigen technischer Probleme; meist braucht man lediglich die Wärme- bzw. die Stoffübergangszahl an Grenzflächen. In diesen Fällen gelangt man mit Hilfe von Ähnlichkeitsbetrachtungen zum Ziel.

Die STOKES-NAVIERsche Bewegungsgleichung (1.24) läßt sich als Beziehung zwischen der Reynoldszahl gemäß Gl. (1.34a) und der Grashofzahl

$$Gr = \frac{g\,\gamma_p\,\vartheta\,l^3}{v^2} \tag{1.61}$$

darstellen, wenn man sich auf stationäre Vorgänge beschränkt und von den eingeprägten Kräften nur den thermischen Auftrieb berücksichtigt (g Fallbeschleunigung, γ_p Volumsausdehnungskoeffizient, ϑ Übertemperatur über der Bezugstemperatur). Die Wärmeleitungsgleichung (1.39a, b) liefert für stationäre Vorgänge als einzige Kennzahl die Pecletzahl

$$Pe = \frac{w\,l}{a} = \frac{w\,l\,\varrho\,c_p}{\lambda}, \tag{1.62a, b}$$

an deren Stelle man auch die nur von Stoffwerten abhängige Prandtlzahl

$$Pr = \frac{Pe}{Re} = \frac{v}{a} = \frac{v\,\varrho\,c_p}{\lambda} \tag{1.63a—c}$$

einführen kann, und aus Gl. (1.42) für den Wärmedurchgangswiderstand folgt die Nusseltzahl

$$Nu \equiv Nu\left(\frac{l_i}{l},\ Re,\ Gr,\ Pe\right) = \frac{\alpha\,l}{\lambda} \tag{1.64}$$

als Funktion der geometrischen Abmessungen l_i/l, der Reynoldszahl Re, der Grashofzahl Gr und der Pecletzahl Pe (bzw. der Prandtlzahl Pr).

Bei Stoffaustauschvorgängen sind die durch Konzentrationsänderungen bedingten Dichteunterschiede im allgemeinen so klein, daß der dadurch verursachte Auftrieb die Bewegung nicht merklich beeinflußt. Daher entfällt eine der Grashofzahl äquivalente Kennzahl zum Berücksichtigen des konzentrationsbedingten Auftriebs. Aus den Beziehungen (1.53a, b) und (1.56) ergeben sich die der Prandtlzahl (1.63a—c) analoge Schmidtzahl

$$Sc = \frac{v}{D} \tag{1.65}$$

und die der Nusseltzahl entsprechende Sherwoodzahl (Nusseltzahl 2. Art)

$$Sh \equiv Sh\left(\frac{l_i}{l},\ Re,\ Sc\right) = \frac{\beta\,l}{D} \tag{1.66}$$

als Funktion der geometrischen Abmessungen l_i/l, der Reynoldszahl Re und der Schmidtzahl Sc.

1.5 Schrifttum zu Kapitel 1

[*1.1*] STILLE, U.: Messen und Rechnen in der Physik, 2. Aufl., Braunschweig: Vieweg 1961.

[*1.2*] HAHNEMANN, H. W.: Die Umstellung auf das Internationale Einheitensystem in Mechanik und Wärmetechnik, 2. Aufl., Düsseldorf: VDI-Verlag 1964.

[*1.3*] SACKLOWSKI, A.: Physikalische Größen und Einheiten. Einheitenlexikon. Stuttgart: Deva Fachverlag 1960.

[*1.4*] UBBELOHDE, L.: Zur Viskosimetrie, 7. Aufl., Stuttgart; Hirzel 1965.

[*1.5*] MATZ, W.: Anwendung des Ähnlichkeitsgrundsatzes in der Verfahrenstechnik, Berlin/Göttingen/Heidelberg: Springer 1954.

[*1.6*] BRIDGMAN, P. W.: Dimensional Analysis, Yale University Press 1922; 6. Aufl., New Haven/Oxford 1949.

[*1.7*] WEBER, M.: Das allgemeine Ähnlichkeitsprinzip der Physik und sein Zusammenhang mit der Dimensionslehre und der Modellwissenschaft. Jahrbuch der Schiffbautechn. Ges. 1930.

[*1.8*] LANGHAAR, H. L.: Dimensional Analysis and Theory of Models, New York: John Wiley — London: Chapman & Hall 1951.

[*1.9*] WALLOT, J.: Größengleichungen, Einheiten und Dimensionen, 2. Aufl., Leipzig: Barth 1957.

[*1.10*] DAVIES, O. L.: The Design and Analysis of Industrial Experiments, London: Oliver Boyd 1954.

2. Stoffe

Der Maschinenbauer befaßt sich im allgemeinen mit Werkstücken, Maschinen und Geräten, deren Funktionsfähigkeit sowohl von den verwendeten Werkstoffen als auch von ihrer Gestalt und ihren Abmessungen abhängt. Die Aufgabe des Verfahrenstechnikers ist es dagegen, Stoffe mit bestimmten Eigenschaften in technischem Maßstab herzustellen, wobei die äußere Gestalt für ihn meist unwesentlich ist.

2.1 Aufbau und Struktur der Materie

Zum Erklären des Aufbaus und der Struktur der Materie zieht man verschiedene Gedankenmodelle heran. Zahlreiche Eigenschaften lassen sich mit dem Modell der Teilchenstruktur erklären, andere mit dem Modell der Wellenstruktur. Für den Verfahrenstechniker genügt meist das verhältnismäßig anschauliche Modell der Teilchenstruktur, auf dieses beschränken sich daher die folgenden Ausführungen.

2.11 Elementarteilchen

Man kann sich die Materie aus verschiedenen Elementarteilchen aufgebaut denken, die sich im wesentlichen durch ihre Massen und ihre elektrischen Ladungen voneinander unterscheiden. Die wichtigsten Elementarteilchen sind das Elektron oder β-Teilchen (β, e^-; Ruhmasse $9{,}11 \cdot 10^{-28}$ g; Ladung $-4{,}80 \cdot 10^{-10}$ el. stat. E.), das Proton (p; Ruhmasse $1{,}6726 \cdot 10^{-24}$ g; Ladung $+4{,}80 \cdot 10^{-10}$ el. stat. E.) und das Neutron (n; Ruhmasse $1{,}6748 \cdot 10^{-24}$ g; Ladung 0 el. stat. E.). Die Masse m_γ eines Photons oder Lichtquants (γ; Ladung 0 el. stat. E.) hängt von der Lichtwellenlänge λ_s ab und ergibt sich mit dem PLANCKschen Wirkungsquantum $h = 6{,}62 \cdot 10^{-27}$ ergs und der Lichtgeschwindigkeit $c = {} = 3 \cdot 10^{10}$ cm/s aus

$$m_\gamma = \frac{h}{\lambda_s\, c}. \tag{2.1}$$

L. DE BROGLIE verallgemeinerte diese zunächst nur für Lichtquanten gültige Gleichung auf beliebige materielle Teilchen mit der Masse m und der Teilchengeschwindigkeit v. Er ordnete ihnen damit eine bestimmte „de-Broglie-Wellenlänge" h/mv zu, betrachtete also die Materie als Wellenvorgang. E. SCHRÖDINGER vereinigte das Teilchenbild und das Wellenbild der Materie in der Wellenmechanik [9.22.1].

2.12 Atomkern und Elektronenhülle

Die kleinsten Bauteile der chemischen Elemente, die noch deren Eigenschaften aufweisen, heißen Atome. Ihren Aufbau aus den Elementarteilchen und ihr Verhalten beschreibt das Atommodell von N. Bohr und A. Sommerfeld. Danach ist ein Atom einem Sonnensystem vergleichbar: Wie die Planeten unter der Wirkung der Gravitation in elliptischen Bahnen um die Sonne kreisen, so bewegen sich im Atom die negativ geladenen Elektronen unter dem Einfluß der Coulombschen Anziehungskräfte [Gl. (1.25)] um einen aus Protonen und Neutronen bestehenden, positiv geladenen Atomkern, der praktisch die gesamte Masse des Atoms in sich vereinigt. Die Zahl der Protonen Z ist die Kernladungszahl oder Ordnungszahl; sie gibt die positive elektrische Ladung des Atomkerns an und bestimmt das chemische Verhalten des Atoms, kennzeichnet also die Art des chemischen Elements. Die Gesamtzahl der Protonen und Neutronen ist die Massenzahl M des Atoms ($M \approx 2Z$). Atome mit gleicher Ordnungszahl, aber unterschiedlicher Massenzahl bezeichnet man als Isotope; sie zeigen gleiches chemisches Verhalten und lassen sich daher nur durch physikalische Methoden voneinander trennen.

Die Kernmasse unterscheidet sich von dem aus der Protonenzahl Z und der Neutronenzahl $M - Z$ sowie den Massen dieser Elementarteilchen errechneten Wert um den Massendefekt. Diesem Massendefekt entspricht nach dem Äquivalenzprinzip [Gl. (1.2)] eine im Kern von den sogenannten Austauschkräften gespeicherte Bindungsenergie. Die Austauschkräfte halten Protonen und Neutronen gegen den Einfluß der Coulombschen Abstoßung zwischen den gleichnamig geladenen Protonen zusammen. Ihre Wirkung beschränkt sich auf den unmittelbaren Kernbereich und klingt mit wachsender Entfernung sehr schnell ab. Die Elektronen umgeben den Atomkern in verschiedenen, von innen nach außen durch die Buchstaben K, L, M, N, O, P und Q gekennzeichneten Schalen. Die Elektronenhülle eines neutralen Atoms enthält die der Protonen- (Kernladungs-)zahl Z entsprechende Elektronenzahl, bei Ionen weicht die Elektronenzahl von der Protonenzahl ab. Elektrisch positiv geladene Ionen heißen Kationen, negativ geladene Anionen.

Nach den Gesetzen der klassischen Physik strahlt jede beschleunigt bewegte elektrische Ladung Energie ab; ein den Atomkern umkreisendes Elektron müßte also seine kinetische Energie abstrahlen, sich dem Kern immer mehr nähern und schließlich in ihn hineinstürzen. Um diesen Schwierigkeiten zu begegnen, stellte N. Bohr folgende Bedingungen auf: 1. es gibt strahlungsfreie Elektronenbahnen, 2. es ist nur eine diskrete Zahl solcher Bahnen möglich und 3. beim Übergang eines Elektrons von einer äußeren Bahn zu einer inneren erfolgt Ausstrahlung eines Lichtquants entsprechend der Energiedifferenz des Elektrons auf den beiden

Bahnen. A. SOMMERFELD verbesserte das BOHRsche Atommodell durch Annahme elliptischer Elektronenbahnen (entsprechend den Planetenbahnen im Sonnensystem) und Berücksichtigen der nach der Relativitätstheorie veränderlichen Massen sowie der Eigenrotation (Spin) der Elektronen. In dem SOMMERFELDschen Atommodell hat jedes Elektron 4 Freiheitsgrade, die jeweils nur quantenweise Energie aufnehmen bzw. abgeben können. Zum Festlegen eines Elektronenzustands benötigt man daher 4 verschiedene Quantenzahlen: Die Hauptquantenzahl kennzeichnet die Bahnenergie (und damit den Bahnradius), die Nebenquantenzahl legt das Hauptachsenverhältnis der Ellipsenbahnen (den Bahndrehimpuls) fest, die Spinquantenzahl erfaßt den Eigendrehimpuls (Spin), und die magnetische Quantenzahl bestimmt die räumliche Lage der Bahn. Nach dem Ausschließungsprinzip von W. PAULI („PAULI-Verbot") kann sich jeweils nur ein Elektron des Atoms in einem bestimmten Quantenzustand befinden. Die einzelnen Elektronenschalen können daher der Reihe nach (von innen nach außen) höchstens 2, 8, 18, 32, 50, 72 bzw. 98 Elektronen enthalten. Den energieärmsten Zustand der Elektronenhülle eines Atoms bezeichnet man als Grundzustand. Angeregte Atome besitzen eine energiereichere Elektronenhülle; sie gehen durch Elektronensprünge unter Ausstrahlung von Lichtquanten von energiereicheren in energieärmere Quantenzustände und schließlich in den Grundzustand über. Da die Wellenlänge eines Lichtquants der Energiedifferenz eines Elektronensprungs umgekehrt proportional ist, weist die gesamte Ausstrahlung ein für jede Atomart charakteristisches Wellenlängen-Spektrum auf.

Die besonders stabilen Elektronenhüllen neutraler Atome der chemisch inaktiven Edelgase bestehen im Grundzustand nur aus vollständigen Schalen (He, Ne) bzw. vollständigen Untergruppen s, p mit den Nebenquantenzahlen 0, 1 (A, Kr, X, Rn). Die Elektronenhüllen anderer neutraler Atome neigen dazu, durch Aufnahme der fehlenden bzw. Abgabe der überschüssigen „Valenzelektronen" in den „Edelgaszustand" überzugehen. Die Zahl der Valenzelektronen eines Atoms bezeichnet man als Wertigkeit des betreffenden chemischen Elements. So sind die Halogene, denen ein Elektron zur Edelgaskonfiguration fehlt, chemisch einwertig negativ (da sie sich durch Aufnahme dieses Elektrons in ein negativ geladenes Anion verwandeln). Die Alkalien haben außerhalb der letzten vollständig besetzten Schale bzw. Untergruppe noch ein weiteres Elektron, sind also einwertig positiv (da sie durch Abgabe dieses Elektrons zum positiv geladenen Kation werden).

Verschiedene Atome können durch Austausch von Valenzelektronen elektrisch neutrale Verbindungen bilden, deren Elektronenhüllen eine größere Stabilität als die der einzelnen Atome besitzen. Die dadurch entstehenden kleinsten Teile der chemischen Verbindungen heißen

Moleküle. Bei der Ionenbindung oder heteropolaren Bindung (z. B. NaCl) gehen die beteiligten Atome durch den Valenzelektronenaustausch in Ionen über, und die COULOMBsche Anziehung gemäß Gl. (1.25) bewirkt den Zusammenhalt zwischen letzteren. Nach der Valenztheorie von W. KOSSEL betätigt dabei jedes Element seine Wertigkeit so, daß es in einer Ionenverbindung eine Edelgasfiguration erreicht. Bei der homöopolaren oder kovalenten Bindung (z. B. H_2, N_2) gehören ein oder mehrere Valenzelektronen-Paare gleichmäßig zwei Atomen an, wobei sich die Spinmomente der Elektronen gegenseitig absättigen. Die Wertigkeit eines Atoms in homöopolaren Bindungen ist gleich der Zahl seiner Hüllelektronen mit nichtkompensiertem Spin. Den Zusammenhalt der Atome bewirken bei dieser sehr festen Bindungsart Austauschkräfte, zu deren näherer Erklärung man die Wellenmechanik heranziehen müßte. Schließlich sei noch die Metallbindung erwähnt, die sich durch freie Beweglichkeit der Elektronen in einem Gitter aus positiven Atomrümpfen auszeichnet („Elektronengas").

Ordnet man die chemischen Elemente nach steigenden Ordnungszahlen Z, so zeigen Elemente mit vergleichbarer Besetzung ihrer äußeren Elektronenschalen (d. h. gleicher Zahl der zur Edelgaskonfiguration noch fehlenden bzw. überschüssigen Valenzelektronen) auch ähnliche chemische Eigenschaften, und es ergibt sich eine gewisse Periodizität hinsichtlich ihres Atomvolums, ihrer Ionisierungsspannung, ihres optischen Spektrums usw. Besonders weitgehend stimmen die Eigenschaften der seltenen Erden (Lanthaniden) überein, die in ihren beiden äußersten Schalen (O- und P-Schale) die gleiche Elektronenanordnung aufweisen und sich nur in der N-Schale unterscheiden. Die Tab. 2.1 zeigt das periodische System der Elemente nach L. MEYER (1864) und D. I. MENDELEJEFF (1869), in dem chemisch ähnliche Elemente untereinander stehen. Die Periodenzahl gibt die größte Hauptquantenzahl der Hüllelektronen im Grundzustand an; die Ordnungszahl Z ist jeweils vor dem Symbol des chemischen Elements angegeben, das chemische Atomgewicht darunter.

2.13 Kohäsion und thermische Bewegung

Fallen bei einem Atom oder Molekül die Schwerpunkte der positiven und der negativen Ladungen nicht zusammen, so verhält es sich näherungsweise wie ein elektrischer Dipol. Bei festen Dipolen (z. B. Wasser, Alkohol) ist die räumliche Trennung der Ladungsschwerpunkte durch den inneren Bau der Atome bzw. Moleküle bedingt, bei induzierten Dipolen (z. B. H_2, N_2, CO_2) erfolgt sie erst unter dem Einfluß eines von außen aufgeprägten oder von Nachbarteilchen erzeugten elektrischen Felds. Infolge der COULOMBschen Kräfte [Gl. (1.25)] sind die ungleichnamigen Ladungen der Dipole einander stets näher als die gleichnamigen,

Tabelle 2.1. *Periodisches System der Elemente* [9.31.5]

Gruppe

Periode	I	II	III	IV	V	VI	VII	VIII			0
1	1 H 1,0080										2 He 4,003
2	3 Li 6,940	4 Be 9,012	5 B 10,811	6 C 12,011	7 N 14,007	8 O 16,000	9 F 19,000				10 Ne 20,183
3	11 Na 22,990	12 Mg 24,312	13 Al 26,982	14 Si 28,086	15 P 30,974	16 S 32,064	17 Cl 35,453				18 A 39,948
4	19 K 39,102	20 Ca 40,08	21 Sc 44,956	22 Ti 47,90	23 V 50,942	24 Cr 51,996	25 Mn 54,938	26 Fe 55,85	27 Co 58,93	28 Ni 58,71	
4	29 Cu 63,54	30 Zn 65,37	31 Ga 69,72	32 Ge 72,59	33 As 74,922	34 Se 78,96	35 Br 79,909				36 Kr 83,80
5	37 Rb 85,47	38 Sr 87,62	39 Y 88,905	40 Zr 91,22	41 Nb 92,906	42 Mo 95,94	43 Tc (99)	44 Ru 101,07	45 Rh 102,91	46 Pd 106,4	
5	47 Ag 107,870	48 Cd 112,40	49 In 114,82	50 Sn 118,69	51 Sb 121,75	52 Te 127,60	53 J 126,904				54 X 131,30
6	55 Cs 132,905	56 Ba 137,54	57 La* 138,91	72 Hf 178,49	73 Ta 180,948	74 W 183,85	75 Re 186,2	76 Os 190,2	77 Ir 192,2	78 Pt 195,09	
6	79 Au 196,967	80 Hg 200,59	81 Tl 204,37	82 Pb 207,19	83 Bi 208,980	84 Po (210)	85 At (210)				86 Rn (222)
7	87 Fr (223)	88 Ra (226)	89 Ac** (227)								

Lanthaniden

*	58 Ce 140,12	59 Pr 140,91	60 Nd 144,24	61 Pm (147)	62 Sm 150,35	63 Eu 151,96	64 Gd 157,25	65 Tb 158,92	66 Dy 162,50	67 Ho 164,93	68 Er 167,26	69 Tm 168,93	70 Yb 173,04	71 Cp 174,97

Aktiniden

**	90 Th 232,04	91 Pa (231)	92 U 238,04	93 Np (237)	94 Pu (242)	95 Am (243)	96 Cm (247)	97 Bk (247)	98 Cf (251)	99 Es (254)	100 Fm (253)	101 Md (256)	102 No (254)	103 (Lw) (257)

und wegen des kleineren Ladungsabstands der ersteren überwiegt zwischen den Teilchen die Anziehung, die man als VAN DER WAALSsche Kohäsionskraft bezeichnet. Bei sehr kleinem Abstand stoßen die Elektronenhüllen aneinander und widersetzen sich einer Deformation; man nennt diese einer weiteren Annäherung entgegenwirkende Kraft BORNsche Abstoßungskraft. Das Zusammenwirken der Anziehung und der Abstoßung läßt sich durch den BORNschen Kräfteansatz

$$P = \frac{A}{r^n} - \frac{B}{r^m} \qquad (2.2)$$

beschreiben, in dem P die resultierende Abstoßungskraft zwischen den Teilchen, r deren Abstand voneinander, A und B dimensionsbehaftete Faktoren sowie m und n Exponenten in der Größenordnung $m \approx 2$ bzw. $n \approx 10$ bedeuten. Der Verlauf von $P = P(r)$ ist in Abb. 2.1 schematisch wiedergegeben. Die HOOKEsche Tangente a berührt die Kurve d für die resultierende Abstoßungskraft in dem durch $P = 0$, $r = r_0$ festgelegten Gleichgewichtspunkt.

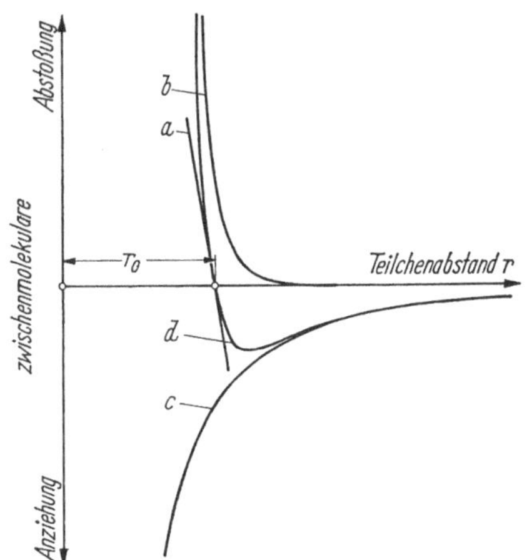

Abb. 2.1. Zwischenmolekulare Kräfte in Abhängigkeit vom Teilchenabstand r.
Kurve a: HOOKEsche Tangente, Kurve b: BORNsche Abstoßung A/r^n, Kurve c: VAN DER WAALSsche Anziehung $-B/r^m$, Kurve d: resultierende Abstoßungskraft P gemäß Gl. (2.2).

Normalerweise befinden sich die einzelnen Atome, Ionen oder Moleküle in einem Gefüge nicht in Ruhe, sondern in Bewegung. Ihre mittlere Translationsenergie tritt makroskopisch als Temperatur des Stoffs in Erscheinung. In Feststoffen können die Teilchen zwar unter dem Einfluß der VAN DER WAALSschen und der BORNschen Kräfte um ihre Gleichgewichtslage r_0 schwingen, aber nicht den Wirkungsbereich ihrer Nachbarn verlassen. Bei Beanspruchung verformt sich das Gefüge in begrenztem Maß, bis die durch Abstandsänderungen zwischen den Gefügebausteinen gemäß Gl. (2.2) bedingten inneren Kräfte in ihrer Gesamtheit mit den äußeren Lasten im Gleichgewicht stehen. Mit steigender Temperatur nehmen auch die Schwingungsausschläge der Atome bzw. Moleküle zu, und ihr Gleichgewichtsabstand vergrößert sich, da die BORNsche Abstoßung bei einer Abstandsverminderung schneller als die VAN DER WAALSsche Anziehung bei einer Abstandsvergrößerung wächst. Makroskopisch macht sich dies als thermische Ausdehnung des Stoffs bemerkbar. Bei weiterer Temperaturerhöhung gelingt es den Teilchen, sich aus dem Einflußbereich ihrer Gefügenachbarn zu lösen und in den von

anderen Teilchen zu gelangen, die Nachbarn wechseln also ständig. Infolge dieser Platzwechselvorgänge kann sich das Gefüge langsamen
Formänderungen nicht mehr widersetzen, die Substanz geht aus dem
festen in den flüssigen Aggregatzustand über. Die VAN DER WAALSschen
bzw. BORNschen Kräfte verhindern jedoch in Flüssigkeiten wie in Feststoffen weitgehend stärkere Volumänderungen des Gefüges. Bei weiterer
Temperaturzunahme erreichen die Teilchen schließlich eine so große
kinetische Energie, daß sie die Wirkungsbereiche aller Nachbarn zeitweise verlassen und sich daher in dem verfügbaren Raum verteilen
können. Dadurch büßt der Stoff auch seine Volumbeständigkeit ein und
geht in den gasförmigen Aggregatzustand über. In Gasen speichern die
Moleküle Wärme zunächst nur als kinetische Energie ihrer Translations-
und Rotationsbewegung. Mit wachsender Temperatur erreicht diese jedoch
so hohe Werte, daß Zusammenstöße zwischen verschiedenen Molekülen
zum Aufspalten der chemischen Verbindungen gegen die Wirkung der
Valenzkräfte und damit zu einer zusätzlichen Energiespeicherung in der
Elektronenhülle führen. Man bezeichnet dies als thermische Dissoziation.
Bei ausreichend hoher Temperatur dissoziieren die meisten chemischen
Verbindungen. Bei noch höheren Temperaturen springen bei manchen
Zusammenstößen zwischen zwei Atomen einzelne Elektronen in eine
energiereichere Bahn, das betreffende Atom geht also aus dem Grund-
zustand in einen angeregten Zustand über und speichert dadurch zu-
sätzlich Energie in seiner Elektronenhülle, die es anschließend bei der
Rückkehr in den Grundzustand durch Strahlung wieder abgibt. Andere
Zusammenstöße führen zum Abspalten einzelner Elektronen aus der
Elektronenhülle eines Atoms und damit zum Ionisieren des Stoffs. Bei
extrem hohen Temperaturen (in der Größenordnung $10^9\,°K$) zerfallen
schließlich auch die Atomkerne gegen die Wirkung der Austauschkräfte.

2.2 Gase

Gemäß Abschnitt 2.13 (S. 33 ff.) sind Gase weder volumbeständig
noch formbeständig; sie füllen jedes vorgegebene Volum aus und setzen
einer langsamen Gestaltänderung dieses Volums keinen Widerstand entgegen. Ihr Verhalten läßt sich mit Hilfe der kinetischen Gastheorie aus
dem ihrer Einzelteilchen herleiten.

2.21 Ideale Gase

In idealen Gasen bewegen sich die einzelnen Teilchen unabhängig voneinander mit unterschiedlichen Geschwindigkeiten in den verschiedenen
Richtungen des Raums, stoßen gegeneinander oder gegen die Begrenzungswände und verteilen sich statistisch in dem verfügbaren Volum,
sofern keine äußeren Kräfte auf sie einwirken und daher auch kein Raum-

teil und keine Richtung vor den anderen bevorzugt wird (Prinzip der molekularen Unordnung). Jedes Teilchen ist gemäß Gl. (2.2) von einem konservativen Kraftfeld VAN DER WAALSscher und BORNscher Kräfte umgeben. Dieses Kraftfeld beeinflußt jedoch die Bewegung anderer Teilchen nicht und tritt nur bei den Stoßvorgängen in Erscheinung, die unter seiner Wirkung vollkommen „elastisch" ablaufen. Auch das Eigenvolum der Teilchen hat keinen Einfluß auf die Bewegungsvorgänge. Alle stark verdünnten Gase [z. B. Luft bei atmosphärischen Bedingungen $(p \approx 1 \text{ at}, \ T \approx 300\,°\text{K})$] verhalten sich näherungsweise „ideal".

Die Gasteilchen durchsetzen bei ihrer Bewegung den ganzen Gasraum, zwischen benachbarten makroskopischen Gasballen erfolgt somit ein ständiger Stoff-, Impuls- und Energieaustausch, der sich summarisch durch die Diffusionskonstante D, die dynamische Viskosität μ bzw. die Wärmeleitzahl λ erfassen läßt.

R. BOYLE und E. MARIOTTE fanden bereits um 1662 bzw. 1676, daß das Produkt aus dem Druck p und dem Volum V einer Gasmasse nur von der Temperatur t und von der Gasart abhängt, daß also der Zusammenhang $p V = f(t)$ gilt. L. J. GAY-LUSSAC stellte 1802 fest, daß sich alle idealen Gase bei der gleichen Temperaturerhöhung Δt unter konstantem Druck im gleichen Maße ausdehnen und somit für das Volum aller idealen Gase die Beziehung $V = V_0(1 + \gamma_{p,0}\, \Delta t)$ mit dem von der Gasart unabhängigen Volumsausdehnungskoeffizienten $\gamma_{p,0} = 1/273{,}16$ zutrifft. V_0 ist das Gasvolum vor der Temperatursteigerung bei $0\,°\text{C}$. Vereinigt man die Erfahrungssätze von R. BOYLE und E. MARIOTTE bzw. L. J. GAY-LUSSAC, so ergibt sich nach Einführen der absoluten Temperatur $T/[°\text{K}] = t/[°\text{C}] + 273{,}16$ und Zusammenfassen aller konstanten Größen zur speziellen (auf die Masseneinheit bezogenen) Gaskonstanten R^* die Zustandsgleichung idealer Gase

$$\frac{p}{\varrho} = R^* \, T. \tag{2.3}$$

Nach A. AVOGADRO enthalten alle idealen Gase bei gleichem Druck und gleicher Temperatur in gleichen Räumen auch gleich viele Moleküle. Die LOSCHMIDTsche Zahl $L = 6{,}025 \cdot 10^{26}$ Moleküle/kmol gibt die Anzahl der Gasteilchen in 1 kmol (d. i. die dem Molekulargewicht M entsprechende Masse in Kilogramm) an. Diese Gasmasse erfüllt das sogenannte Molvolum V_M, für das unabhängig von der Gasart mit geringen Abweichungen beim physikalischen Normzustand $(p = 1 \text{ at} = 760 \text{ mm QS}, \ T = 273{,}16\,°\text{K} = 0\,°\text{C})$ der Wert $V_M = 22{,}420$ Nm³/kmol gilt. Ein Normkubikmeter (Nm³, m³ Gas beim physikalischen Normzustand) enthält $2{,}69 \cdot 10^{25}$ Teilchen (AVOGADROsche Zahl). Zwischen dem Molekulargewicht M, der Teilchenmasse m^*, der LOSCHMIDTschen Zahl L, der Gasdichte ϱ und dem Molvolum V_M bestehen somit die Beziehungen

$$M = m^* L = \varrho \, V_M . \qquad (2.4\,\text{a, b})$$

Ersetzt man in Gl. (2.3) ϱ durch M/V_M, so ergibt sich nach Einführen der auf 1 kmol bezogenen universellen Gaskonstanten $R = M R^*$ $= 847{,}85 \text{ mkp/grd\,kmol} = 8314{,}7 \text{ J/grd\,kmol} \approx 2 \text{ kcal/grd\,kmol}$ die für alle idealen Gase gültige Zustandsgleichung

$$p \, V_M = R \, T . \qquad (2.5)$$

Die thermischen Materialkonstanten γ_p, $\varkappa_T$, β_v [Gln. (1.15a—c)] sind bei idealen Gasen unabhängig von der Gasart gleich .

$$\gamma_p = \frac{1}{T}, \quad \varkappa_T = \frac{1}{p}, \quad \beta_v = \frac{1}{T}. \qquad (2.6\,\text{a—c})$$

Die nächsten Beziehungen zeigen die Einflüsse der absoluten Temperatur T und des Gasdrucks p auf die Gasdichte ϱ, die mittlere Teilchengeschwindigkeit w_m, die mittlere freie Weglänge Λ, die Diffusionskonstante D, die dynamische und kinematische Viskosität μ bzw. v sowie die Wärmeleitzahl λ in idealen Gasen:

$$\varrho \sim \frac{p}{T}, \quad w_m \sim \sqrt{T}, \quad \Lambda \sim \frac{T}{p}, \qquad (2.7\,\text{a—c})$$

$$D \sim \frac{T^{3/2}}{p}, \quad \mu \sim \sqrt{T}, \quad v \sim \frac{T^{3/2}}{p}, \quad \lambda \sim \sqrt{T}. \qquad (2.7\,\text{d—g})$$

Führt man einem Gas bei konstantem Volum Wärme zu, so steigt seine Temperatur. Für eine Temperaturerhöhung um 1 Grad braucht man pro kg (kmol) die spezifische Wärme $c_c(C_v)$. Hält man dagegen nicht das Volum, sondern den Druck konstant, so leistet das Gas bei der Wärmezufuhr durch Vergrößern seines Volums gegen den Außendruck zusätzlich Arbeit und benötigt daher die größere Wärmemenge $c_p(C_p)$ pro Grad und kg (kmol). Zwischen den spezifischen Wärmen bei konstantem Druck c_p bzw. C_p, den entsprechenden Werten bei konstantem Volum c_v bzw. C_v und den Gaskonstanten R^* bzw. R gelten die Zusammenhänge

$$c_p = c_v + R^*, \quad C_p = C_v + R, \quad \varkappa = \frac{c_p}{c_v} = \frac{C_p}{C_v}. \qquad (2.8\,\text{a—d})$$

Für einatomige Gase erhält man $C_v = 3R/2$, $C_p = 5R/2$, $\varkappa = 5/3$ $= 1{,}67$, für zweiatomige Gase ist $C_v = 5R/2$, $C_p = 7R/2$, $\varkappa = 7/5$ $= 1{,}40$, und für dreiatomige Gase ergibt sich $C_v = 3R$, $C_p = 4R$, $\varkappa = 4/3 = 1{,}33$.

2.22 Reale Gase

Mit zunehmender Teilchenzahl pro Volumeinheit gewinnen das Eigenvolumen der Teilchen und die zwischen ihnen wirksamen VAN DER WAALSschen Anziehungskräfte an Einfluß. Das Eigenvolumen vermindert den für die thermische Bewegung der Atome bzw. Moleküle verfügbaren Raum pro kmol um das Kovolumen b (b ist etwa gleich dem vierfachen Eigenvolumen von $L = 6{,}025 \cdot 10^{26}$ Teilchen). Die VAN DER WAALSschen Kräfte sind an der Oberfläche des Gasraums in das Gasinnere gerichtet, der Druck im Innern ist somit um den Binnendruck oder Kohäsionsdruck p_i höher als der meßbare Druck p an der Oberfläche. Da sowohl die auf ein Einzelteilchen wirkende Kraft als auch die Teilchenzahl pro Oberflächeneinheit mit zunehmender Gasdichte wachsen, ergibt sich für p_i der Zusammenhang $p_i = a^* \varrho^2 = a/V_M^2$. Ersetzt man in der für ideale Gase gültigen Gl. (2.5) den meßbaren Druck p durch den wahren Gasdruck $(p + p_i)$ und das Molvolumen V_M durch das verfügbare Volum $(V_M - b)$, so erhält man die VAN DER WAALSsche Zustandsgleichung

$$\left(p + \frac{a}{V_M^2}\right)(V_M - b) = RT, \tag{2.9}$$

die das Verhalten realer Gase bis nahe an ihren Kondensationspunkt beschreibt und auch das der Flüssigkeiten qualitativ wiedergibt. Bei hoher Temperatur liefert Gl. (2.9) zu jedem Druck nur einen einzigen reellen Wert für das Molvolumen, also eine eindeutige Lösung. Bei niedriger Temperatur bekommt man jedoch in einem gewissen Bereich des Gasdrucks drei reelle Lösungen für V_M. Bei der kritischen Temperatur T_{krit} und dem kritischen Druck p_{krit} fallen die drei Lösungen in dem kritischen Punkt mit dem Molvolumen V_{krit} zusammen. Zwischen den Zustandsgrößen des kritischen Punkts T_{krit}, p_{krit}, V_{krit}, den VAN DER WAALSschen Konstanten a, b und der universellen Gaskonstanten R gelten die Zusammenhänge

$$T_{\text{krit}} = \frac{8a}{27bR}, \quad p_{\text{krit}} = \frac{a}{27b^2}, \quad V_{\text{krit}} = 3b, \quad R = \frac{8}{3}\frac{p_{\text{krit}}V_{\text{krit}}}{T_{\text{krit}}}. \tag{2.10a—d}$$

Die GULDBERGsche Regel $T_{\text{krit}} \approx 1{,}5\, T_s$ und die PRUDHOMMEsche Regel $T_{\text{krit}} \approx T_F + T_s$ verknüpfen T_{krit} mit der Siedetemperatur T_s bei $p = 760$ Torr bzw. mit T_s und mit der Schmelztemperatur T_F. p_{krit} kann man durch Extrapolieren der Dampfdruckkurve (s. S. 43 ff.) bis zur kritischen Temperatur ermitteln. V_{krit} läßt sich vielfach aus den bei verschiedenen Temperaturen gemessenen Flüssigkeits- und Dampfdichten mit Hilfe der Regel von CAILLETET und MATHIAS abschätzen,

wonach sich der Mittelwert aus Flüssigkeits- und Dampfdichte etwa
linear mit der Temperatur ändert und bei T_{krit} gleich $\varrho_{\mathrm{krit}} = M/V_{\mathrm{krit}}$ ist.

Bezieht man die absolute Temperatur, den Druck und das Molvolum
des Gases auf die entsprechenden Zustandsgrößen des kritischen Punkts,
so ergeben sich die reduzierten Zustandsgrößen

$$T_r = \frac{T}{T_{\mathrm{krit}}}, \quad p_r = \frac{p}{p_{\mathrm{krit}}}, \quad V_r = \frac{V_M}{V_{\mathrm{krit}}}. \qquad (2.11\,\mathrm{a-c})$$

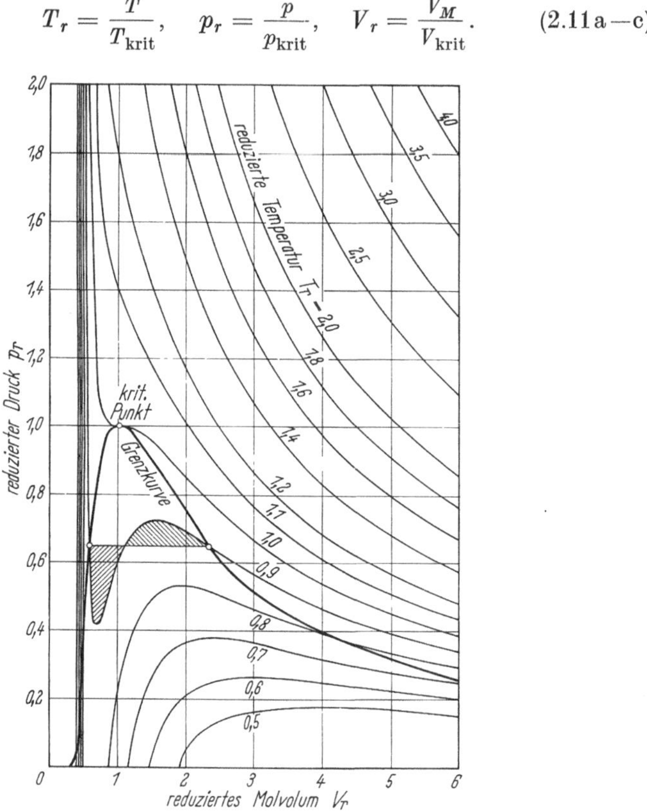

Abb. 2.2. Gesetz der korrespondierenden Zustände gemäß Gl. (2.12). Die dick eingetragene Grenzkurve begrenzt das Zweiphasen- oder Naßdampfgebiet.

Mit diesen geht die VAN DER WAALSsche Zustandsgleichung (2.9) in das
von Stoffkonstanten unabhängige und daher für alle Gase gültige Gesetz
der korrespondierenden Zustände

$$\left(p_r + \frac{3}{V_r^2}\right)(3\,V_r - 1) = 8\,T_r \qquad (2.12)$$

über, Abb. 2.2. Bei großen V_r-Werten verhalten sich alle Gase näherungsweise ideal. Die Isotherme der kritischen Temperatur ($T_r = 1$) besitzt

im kritischen Punkt ($p_r = 1$, $V_r = 1$, $T_r = 1$) einen Wendepunkt mit horizontaler Wendetangente. Die Isothermen niedrigerer Temperaturen ($T_r < 1$) weisen ein Minimum und ein Maximum auf. Zwischen diesen Extremwerten würde eine Druckabsenkung zu einer Abnahme des Molvolums führen, solche Zustände sind aber instabil und daher physikalisch nicht zu verwirklichen; das Molvolum ändert sich in diesem Gebiet bei gleichbleibender Temperatur längs einer Isobaren ($p = $ const), wobei das Gas unter Wärmeabgabe kondensiert bzw. die Flüssigkeit unter Wärmeaufnahme verdampft. Mit Hilfe des 2. Hauptsatzes der Thermodynamik läßt sich zeigen, daß die Isobare des Sättigungsdrucks von dem Minimum und dem Maximum der VAN DER WAALSschen Isotherme flächengleiche (in Abb. 2.2 für eine Isotherme durch Schraffur gekennzeichnete) Stücke abtrennt. Beim Sättigungsdruck sind Gas und Flüssigkeit miteinander im Gleichgewicht und können daher gleichzeitig nebeneinander bestehen. Die Schnittpunkte der VAN DER WAALSschen Isothermen mit den Isobaren der zugehörigen Sättigungsdrücke liegen auf der in Abb. 2.2 dick eingetragenen Grenzkurve, die das Zweiphasen- oder Naßdampfgebiet begrenzt. An das Zweiphasengebiet schließt sich links der Bereich der Flüssigkeit, rechts der des Gases an. Das Stück der VAN DER WAALSschen Isotherme zwischen ihrem Minimum und dem linken Ast der Grenzkurve entspricht dem metastabilen Zustand der überhitzten Flüssigkeit, der Abschnitt zwischen ihrem Maximum und dem rechten Grenzkurvenast kennzeichnet den ebenfalls metastabilen Zustand des unterkühlten Dampfs. Bei Temperaturen unterhalb T_{krit} durchläuft die Isotherme das von der Grenzkurve eingeschlossene Zweiphasengebiet, das Gas läßt sich durch Kompression verflüssigen. Bei Temperaturen über dem kritischen Wert existiert kein Schnittpunkt zwischen der Isotherme und der Grenzkurve, das Gas läßt sich daher auch durch beliebiges Erhöhen des Drucks nicht in den flüssigen Aggregatzustand überführen.

In idealen Gasen ändert sich das Produkt $p\,V_M$ bei gleichbleibender Temperatur mit wachsendem Druck nicht, reale Gase verhalten sich bei niedrigem Druck und großem Molvolum nur bei der BOYLE-Temperatur

$$T_B = \frac{a}{bR} = \frac{27}{8}\, T_{\text{krit}} \qquad\qquad (2.13\,\text{a, b})$$

ideal. Entspannt man ideale Gase adiabatisch ohne Arbeitsleistung (Drosselvorgang), so bleibt ihre Temperatur konstant, wogegen sich reale Gase dabei je nach ihrer Anfangstemperatur erwärmen ($T > T_i$) oder abkühlen ($T < T_i$). Bei der Inversionstemperatur $T_i = 2T_B$ ändert sich auch in realen Gasen die Temperatur während des Drosselvorgangs nicht.

Bei sehr hohen Drücken und Temperaturen sowie in unmittelbarer Nähe des Kondensationspunkts zeigen die realen Gase stärkere Abweichungen von dem Gesetz der korrespondierenden Zustände. Zum genauen Beschreiben von Versuchsdaten in diesen Bereichen wurden verschiedene Zustandsgleichungen — meist in Form von Reihenansätzen — mit mehreren empirisch zu ermittelnden Konstanten vorgeschlagen. Da das Berechnen von Zustandsgrößen und Zustandsänderungen jedoch im allgemeinen verhältnismäßig zeitraubend ist, benutzt man — vor allem bei technisch häufig vorkommenden, realen Gasen (z. B. Wasserdampf) — meist Diagramme. Erst in letzter Zeit gewinnen die Zustandsgleichungen infolge des zunehmenden Einsatzes elektronischer Rechengeräte zum Lösen verfahrenstechnischer Probleme wieder an Bedeutung.

2.23 Gasgemische

Bei einem Gemisch aus s verschiedenen Gasen kann man den Anteil der i-ten Komponente durch ihre Partialdichte ϱ_i, ihren Massen- bzw. Gewichtsanteil g_i, ihren Volumanteil v_i oder ihren Molanteil x_i kennzeichnen:

$$\varrho_i = \frac{m_i}{V}, \quad g_i = \frac{m_i}{m}, \quad v_i = \frac{V_i}{V}, \quad x_i = \frac{N_i}{N}. \qquad (2.14\,\mathrm{a\!-\!d})$$

N_i und m_i sind die Teilchenzahl bzw. die Gesamtmasse der betrachteten Gasart, V_i ist ihr Partialvolum (d. i. der von der i-ten Komponente beim Gesamtdruck p des Gemischs eingenommene Raum). $\varrho = \sum^i \varrho_i$, $N = \sum^i N_i$, $m = \sum^i m_i$ und V bezeichnen die Dichte, die Teilchenzahl, die Gesamtmasse und das Volum der Gasmischung. Der Zusammenhang $V = \sum^i V_i$ gilt nur für Mischungen idealer Gase.

In einem idealen Gasgemisch bewegen sich die Atome bzw. Moleküle völlig unabhängig voneinander. Jede Gasart verhält sich daher so, als ob sie allein in dem Gasraum vorhanden wäre, gehorcht also (mit dem Partialdruck p_i und der Partialdichte ϱ_i anstelle von p bzw. ϱ) der Zustandsgleichung idealer Gase (2.3). Das Partialdruckverhältnis p_i/p ist für jede Komponente gleich ihrem Volumanteil v_i und auch gleich ihrem Molanteil x_i ($p_i/p = v_i = x_i$); daraus folgt durch Summieren über alle s Gasarten wegen $\sum^i x_i = 1$ das DALTONsche Gesetz

$$p = \sum^i p_i. \qquad (2.15)$$

Für das mittlere Molekulargewicht $\overline{M}$ und die spezielle Gaskonstante $\overline{R^*}$ der Gasmischung ergeben sich die Beziehungen

$$\overline{M} = \sum_1^s {}^i x_i M_i, \qquad \overline{R^*} = \frac{1}{\sum_1^s {}^i x_i/R_i^*}. \qquad (2.16\mathrm{a,\ b})$$

Bei Mischungen realer Gase machen sich das Eigenvolum der Teilchen und die VAN DER WAALSschen Kräfte zwischen ihnen bemerkbar. Das Verhalten solcher Gemische läßt sich mit Hilfe der Zustandsgleichung realer Gase (2.9) näherungsweise erfassen, wenn man die pseudokritischen Zustandsgrößen p_{krit}, V_{krit}, T_{krit} der Gasmischung gemäß

$$T_{\mathrm{krit}} = \sum_1^s {}^i x_i T_{\mathrm{krit},i}, \quad p_{\mathrm{krit}} = \sum_1^s {}^i x_i p_{\mathrm{krit},i}, \quad V_{\mathrm{krit}} = \sum_1^s {}^i x_i V_{\mathrm{krit},i} \qquad (2.17\,\mathrm{a-c})$$

aus den kritischen Zustandsgrößen $T_{\mathrm{krit},\,i}$, $p_{\mathrm{krit},\,i}$, $V_{\mathrm{krit},\,i}$ der einzelnen Gemischkomponenten berechnet.

2.3 Flüssigkeiten

Flüssigkeiten sind gemäß Abschnitt 2.13 (S. 33 ff.) näherungsweise volumbeständig, aber nicht formbeständig. Eine bestimmte Flüssigkeitsmasse füllt somit zwar nicht jedes beliebige Volum aus, paßt sich jedoch der Gefäßform vollkommen an und setzt auch einer langsamen Gestaltänderung keinen Widerstand entgegen.

Die einzelnen Teilchen bewegen sich unter dem Einfluß der VAN DER WAALSschen Anziehungskräfte einerseits und der BORNschen Abstoßungskräfte andererseits in einem von Druck und Temperatur abhängigen mittleren Abstand voneinander. Ihre mittlere kinetische Energie ist so groß, daß sie aus dem Kraftfeld ihrer Nachbarn in das von anderen Teilchen gelangen können, reicht aber nicht zum Verlassen des gesamten Molekülverbands aus. Äußere Kräfte verzerren das Gefüge der Flüssigkeit gegen die Wirkung der inneren Kraftfelder und verursachen dadurch makroskopische Fließvorgänge, weil sie die Platzwechselvorgänge in Fließrichtung gegenüber den übrigen energetisch begünstigen. Dem Verzerren der Flüssigkeitsstruktur und den Platzwechselvorgängen wirken die zwischenmolekularen Kräfte entgegen, die in ihrer Gesamtheit als Fließwiderstand in Erscheinung treten.

2.31 Normale oder Newtonsche Flüssigkeiten

Bei normalen oder NEWTONschen Flüssigkeiten sind die zwischenmolekularen Anziehungs- bzw. Abstoßungskräfte reine Abstandsfunktionen, und es gilt der BORNsche Kräfteansatz Gl. (2.2). Die thermischen Materialkonstanten γ_p und $\varkappa_T$ [Gl. (1.15a, b)] sind im allgemeinen verhältnismäßig klein, daher kann man thermische Zustandsänderungen normalerweise mit Hilfe der Beziehung

$$\frac{\varrho}{\varrho_0} \doteq \frac{1 + \varkappa_T(p - p_0)}{1 + \gamma_p(T - T_0)} \qquad (2.18)$$

berechnen, die sich aus Gl. (1.16) durch Integration, Reihenentwicklung und Abbrechen jeweils nach dem linearen Glied ergibt.

In der Grenzfläche zwischen der Flüssigkeit und ihrer Umgebung wirkt eine durch VAN DER WAALSsche Kräfte verursachte Grenzflächenspannung σ, jede konvexe Krümmung einer freien Flüssigkeitsoberfläche (d. h. einer Grenzfläche zwischen einer Flüssigkeit und einem Gas bzw. Dampf) bewirkt daher einen Druckanstieg $\Delta p'$ in der Flüssigkeit und eine Dampfdruck-Erniedrigung $-\Delta p''$; mit R_1 und R_2 als Hauptkrümmungsradien der Grenzfläche (Kreismittelpunkte auf der Flüssigkeitsseite) gilt

$$\Delta p' = \sigma\left(\frac{1}{R_1} + \frac{1}{R_2}\right), \quad \Delta p'' = -\frac{\varrho''}{\varrho'}\,\Delta p'. \qquad (2.19\,\text{a, b})$$

Die Oberflächenspannung σ läßt sich bei nichtassoziierten Flüssigkeiten gemäß

$$\sigma V_M^{2/3} = k_\sigma (T_{\text{krit}} - T) \qquad (2.20)$$

aus dem Molvolum V_M, der absoluten Temperatur T und ihrem kritischen Wert T_{krit} berechnen, wobei nach R. EÖTVÖS $k_\sigma \approx 2{,}2$ erg/grd ist. Stark assoziierte Flüssigkeiten mit Einzelteilchen aus mehreren Molekülen, die sich unter der Wirkung ihrer (durch den Molekülbau bedingten) festen Dipol-Kraftfelder zu Mehrfachmolekülen zusammengeschlossen haben (z. B. Wasser, Alkohol), zeigen unter Umständen beträchtliche Abweichungen von den nach Gl. (2.20) errechneten Werten.

An der Dreiphasengrenze zwischen den freien Oberflächen zweier nicht miteinander mischbarer Flüssigkeiten (z. B. Öltropfen auf Wasseroberfläche) oder zwischen einer freien Flüssigkeitsoberfläche und einem Feststoff stellt sich ein von den zwischenmolekularen Kräften abhängiger Randwinkel ein. Der Randwinkel ist ein z. B. bei Flotationsproblemen verwendetes Maß für die Benetzbarkeit vorgegebener Gas/Flüssigkeits/ Feststoff-Systeme.

Einzelne besonders energiereiche Teilchen können die freie Oberfläche der Flüssigkeit durchdringen und in den angrenzenden Gas- bzw. Dampfraum gelangen, wobei sich ihre Energie um die Arbeit zum Überwinden der zwischenmolekularen Anziehungskräfte in der Flüssigkeit vermindert. Gleichzeitig passieren aber auch Teilchen in umgekehrter Richtung die Phasengrenzfläche. Im Gleichgewichtszustand sind die Stoffströme in beiden Richtungen gleich groß, und der Partialdruck des Dampfs entspricht dem Sättigungsdruck. Zum Verdampfen von 1 kmol muß man der Flüssigkeit bei konstanter Temperatur die Verdampfungswärme r_v zuführen. Die molare Entropieänderung beim Verdampfen ist bei einem

Sättigungsdruck $p_s = 760$ Torr nach der Regel von TROUTON für viele nichtassoziierte Flüssigkeiten ungefähr $r_v/T = 21$ kcal/kmol grd. Die Gleichung von R. CLAUSIUS und CLAPEYRON

$$r_v = (V_M'' - V_M')\,T\,\frac{dp_s}{dT} \tag{2.21}$$

verknüpft r_v mit den Molvolumina V_M' und V_M'' der siedenden Flüssigkeit bzw. des Dampfs, dem Sättigungsdruck p_s und der absoluten Temperatur T. Bei niedrigen Drücken kann man vielfach V_M' gegenüber V_M'' vernachlässigen und V_M'' mit Hilfe der Zustandsgleichung idealer Gase Gl. (2.5) durch p_s und T ausdrücken. Mit der (für kleine Temperaturintervalle im allgemeinen zutreffenden) Annahme $r_v = $ const und mit p_{s1} als Bezugsdruck erhält man daraus durch Integrieren die bereits 1828 von AUGUST angegebene Dampfdruckformel

$$\ln\frac{p_s}{p_{s1}} = A - \frac{B}{T}. \tag{2.22}$$

Die spezifische Wärme einer Flüssigkeit bei konstantem Volum ist im allgemeinen ungefähr doppelt so groß wie die ihres Dampfs. Die Differenz zwischen den spezifischen Wärmen bei konstantem Druck bzw. bei konstantem Volum ist meist verhältnismäßig klein, steigt jedoch mit zunehmender Temperatur an. Für viele nichtassoziierte Flüssigkeiten gilt etwa $c_p \approx 0{,}3$ bis $0{,}6$ kcal/kg grd; stark assoziierte Flüssigkeiten weisen meist höhere spezifische Wärmen auf (z. B. gilt für Wasser $c_p \approx 1$ kcal/ kg grd).

Der Fließwiderstand ist bei normalen oder NEWTONschen Flüssigkeiten dem Geschwindigkeitsgradienten proportional; die auf die Massen- und die Volumeinheit bezogenen Proportionalitätsfaktoren bezeichnet man als dynamische Viskosität μ bzw. kinematische Viskosität $\nu = \mu/\varrho$. μ und ν sind unabhängig von der Formänderungsgeschwindigkeit, der Fließrichtung und der Vorgeschichte. Mit zunehmender Temperatur steigt die Zahl der energiereichen Atome bzw. Moleküle, die zu Platzwechselvorgängen in der Lage sind. In gleicher Weise wächst jedoch auch die Zahl der Teilchen, deren Energie zum Übergehen aus der Flüssigkeit in den Dampf ausreicht. Der Reziprokwert der Viskosität hängt somit wie der Dampfdruck von der Flüssigkeitstemperatur ab, und es gilt mit μ_1 als Bezugswert die zur Dampfdruckformel Gl. (2.22) analoge Beziehung

$$\ln\frac{\mu_1}{\mu} = A^* - \frac{B^*}{T}. \tag{2.23}$$

2.32 Nicht-Newtonsche Flüssigkeiten

Bei Gasen und normalen, meist aus kleinen Molekülen bestehenden Flüssigkeiten hängen die zwischenmolekularen Kräfte praktisch nur vom Teilchenabstand ab und lassen sich durch den BORNschen Kräfteansatz Gl. (2.2) erfassen. Nicht-NEWTONsche Flüssigkeiten (Gallerten, Pasten, Lacke, Spinnlösungen) weisen dagegen im allgemeinen große, komplizierte und häufig verhältnismäßig langgestreckte Moleküle auf, deren räumliche Lage im Gefüge sich auf die zwischenmolekularen Kräfte auswirkt.

Nicht-NEWTONsche Flüssigkeiten unterscheiden sich von NEWTONschen durch ihr Strömungsverhalten [*2.1—2.7*]. Ihr Fließwiderstand ist eine Funktion der thermischen Zustandsgrößen, des Geschwindigkeitsgradienten, der Beanspruchung durch äußere Kräfte sowie oft auch der Vorgeschichte und der Fließrichtung. Manche Flüssigkeiten ändern bei Strömungsvorgängen vorübergehend ihre Struktur (z. B. durch Ausrichten langgestreckter Moleküle); die zum Rückgewinnen der ursprünglichen Konsistenz nach Aufhören der Beanspruchung nötige Zeit bezeichnet man als Relaxationszeit und die dadurch verursachten Effekte als Relaxationserscheinungen.

Das Verhalten zahlreicher nicht-NEWTONscher Substanzen in Leitungen und Kanälen läßt sich näherungsweise mit dem empirischen Ansatz

$$\frac{dw}{dn} = k\,(\tau - \tau_F)^{m*} \tag{2.24}$$

beschreiben, der den Geschwindigkeitsgradienten dw/dn mit der Schubspannung τ, der Fließgrenze τ_F, dem Fließvermögen oder der Fluidität k und dem Fließbeiwert $m*$ verknüpft. Die Elastizität der Flüssigkeit und etwaige Relaxationserscheinungen erfaßt diese Beziehung nicht. Bei verschwindender Fließgrenze ($\tau_F = 0$) liefert Gl. (2.24) mit dem Fließbeiwert $m* = 1$ den bekannten Schubspannungsansatz

$$\frac{dw}{dn} = k\,\tau \tag{2.25a}$$

für *normale* oder *Newtonsche Flüssigkeiten*. Das Fließvermögen k ist in diesem Fall gleich dem Reziprokwert der dynamischen Viskosität μ ($k = 1/\mu = \varrho/\nu$). Mit $m* = 1$, jedoch $\tau_F \neq 0$ und $(dw/dn)_{\tau \leqq \tau_F} = 0$ folgt aus Gl. (2.24) der Zusammenhang

$$\frac{dw}{dn} = k\,(\tau - \tau_F) \tag{2.25b}$$

für *Bingham-Körper* (plastische Massen, Schlämme), die erst nach Überschreiten einer durch die Fließgrenze τ_F gekennzeichneten Mindestbeanspruchung fließen, während sie sich bei kleinerer Schubspannung $\tau < \tau_F$ wie starre Körper verhalten. Mit $\tau_F = 0$, aber $m^* \neq 1$ ergibt sich aus Gl. (2.24) das von W. OSTWALD und (unabhängig von ersterem) von DE WAELE für strukturviskose und dilatante Flüssigkeiten vorgeschlagene Schubspannungsgesetz

$$\frac{dw}{dn} = k\,\tau^{m^*}. \tag{2.25c}$$

Bei *strukturviskosen Stoffen* (Silicone, Asphalt, Staufferfett, verschiedene Spinnlösungen) ist $m^* > 1$, der Fließwiderstand sinkt also mit wachsender Schubspannung; bei *dilatanten Stoffen* (Anstrichfarben, Glasurmassen, Sahne, sehr nasser Sand) gilt $m^* < 1$, der Fließwiderstand wächst mit zunehmender Schubspannung. Bei verschwindender Schubspannung versagt Gl. (2.25c). Der aus einer Betrachtung der Platzwechselvorgänge hergeleitete Ansatz von L. PRANDTL

$$\frac{dw}{dn} = c \sinh \frac{\tau}{a} \tag{2.26}$$

liefert im Gegensatz zu Gl. (2.25c) auch bei $\tau = 0$ stetige Übergänge zwischen strukturviskosen, normalen und dilatanten Flüssigkeiten. Er erfaßt das Verhalten dieser Stoffgruppe wie die Beziehung von OSTWALD—DE WAELE mit zwei empirisch zu ermittelnden Stoffkonstanten (a, c anstelle von k, m^*).

Die Abb. 2.3 zeigt die Abhängigkeit des Geschwindigkeitsgradienten von der Schubspannung für NEWTONsche, strukturviskose und dilatante Flüssigkeiten sowie Bingham-Pasten nach den Gln. (2.25a—c) bzw. (2.26).

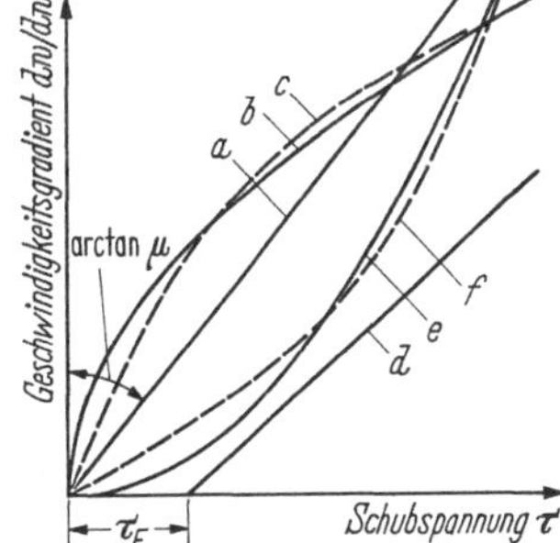

Abb. 2.3. Geschwindigkeitsgradient dw/dn in Abhängigkeit von der Schubspannung τ bei nicht-NEWTONschen Substanzen.
Kurve a: NEWTONsche Flüssigkeit [Gl. (2.25a)],
Kurve b: dilatante Flüssigkeit [Gl. (2.25c)],
Kurve c: dilatante Flüssigkeit [Gl. (2.26)],
Kurve d: Bingham-Paste [Gl. (2.25b)],
Kurve e: strukturviskose Flüssigkeit [Gl. (2.25c)],
Kurve f: strukturviskose Flüssigkeit [Gl. (2.26)].

Elastoviskose Stoffe (Kunstseide-Spinnlösungen, Polyäthylen-Harze) weisen sowohl Eigenschaften elastischer Körper als auch solche viskoser Flüssigkeiten auf. Der Ansatz

$$\frac{dw}{dn} = \frac{\tau}{\mu} + \frac{1}{G}\frac{d\tau}{dt} \tag{2.27}$$

beschreibt den *Maxwell-Körper* als mathematisches Modell derartiger Substanzen. G bezeichnet den Schubmodul, t die Zeit.

Bei verschiedenen Stoffen treten Relaxationserscheinungen auf. Das Fließvermögen *thixotroper* Substanzen (Lacke, Graphitsuspensionen usw.) steigt mit wachsender Beanspruchungsdauer. Wenn die Beanspruchung aufhört, fällt es allmählich wieder bis auf seinen ursprünglichen Wert. Solche Flüssigkeiten lassen sich demnach durch Rühren, Streichen mit einem Pinsel usw. in einen dünnflüssigen Zustand versetzen und nehmen einige Zeit danach wieder ihre ursprüngliche Konsistenz an (so können sich beispielsweise bei Lackfarben die Pinselstriche unmittelbar nach dem Streichen durch die Wirkung der Oberflächenspannung ausgleichen, während der dann zunehmende Fließwiderstand ein Herablaufen der Farbe verhindert). Wesentlich seltener ist die sogenannte *Rheopexie*, bei der sich das Fließvermögen bei mechanischer Beanspruchung vorübergehend verringert. Thixotrope und rheopexe Flüssigkeiten weisen meist auch andere rheologische Eigenschaften (Strukturviskosität, endliche Fließgrenze usw.) auf.

2.33 Flüssigkeitsgemische und Lösungen

In einem Gemisch aus s verschiedenen Flüssigkeiten mit den Massen m_i und den Molekulargewichten M_i kann man den Anteil der i-ten Komponente durch ihren Massen- bzw. Gewichtsanteil g_i, ihren Molanteil bzw. Molenbruch x_i, ihre Massenkonzentration c_i^* oder ihre Molkonzentration c_i kennzeichnen:

$$g_i = \frac{m_i}{\sum\limits_1^s{}^i m_i}, \qquad x_i = \frac{m_i/M_i}{\sum\limits_1^s{}^i (m_i/M_i)}, \qquad c_i^* = \frac{m_i}{V}, \qquad c_i = \frac{m_i}{M_i V}. \qquad (2.28\,\mathrm{a}-\mathrm{d})$$

Das Gemischvolum V folgt aus den Dichten ϱ_i der reinen Stoffe und ihren Massen m_i mit $\varDelta V$ als Volumkontraktion beim Mischen zu

$$V = \sum\limits_1^s {}^i \frac{m_i}{\varrho_i} - \varDelta V. \qquad (2.29)$$

Bei idealen Mischungen ist $\varDelta V = 0$.

In echten oder molekulardispersen Lösungen ist eine Komponente im Überschuß vorhanden, die anderen sind darin molekulardispers verteilt. Echte Lösungen fester oder gasförmiger Substanzen zeigen grundsätzlich das gleiche Verhalten wie Gemische ineinander löslicher Flüssigkeiten. In kolloidalen Lösungen sind feste oder flüssige Teilchen mikrodispers verteilt (Teilchengröße 10^{-9} bis 10^{-6} m). Solche Gemische weisen in der Regel ein nicht-NEWTONsches Fließverhalten auf.

Beim Mischen verschiedener Flüssigkeiten ändert sich im allgemeinen die von den zwischenmolekularen Kräften im Gefüge gespeicherte

Energie, der Mischvorgang ist also mit einer Wärmetönung verbunden. Bei idealen Flüssigkeitsgemischen ist die Wärmetönung Null.

Bei thermodynamischem Gleichgewicht zwischen einer idealen Flüssigkeitsmischung und ihrem Dampf gilt für jede Komponente das RAOULTsche Gesetz Gl. (1.59): Der Molanteil x_{fi} in der Flüssigkeit ist gleich dem Verhältnis des Partialdrucks p_i zum Sättigungs-(Siede-)druck p_{si} des reinen, durch den Index i gekennzeichneten Stoffs ($x_{fi} = p_i/p_{si}$). Da die Partialdrücke p_i in idealen Gasgemischen den Molanteilen x_{gi} proportional sind ($p_i = p\,x_{gi}$, vgl. S. 42), reichern sich die Komponenten mit den höheren Sättigungsdrücken in der Dampfphase und die mit den niedrigeren Sättigungsdrücken in der flüssigen Phase an. Die Gln. (1.59) und (2.15) legen die Flüssigkeits- und Dampfzusammensetzung idealer Gemische bei Phasengleichgewicht fest. Für reale Gemische gilt anstelle der Beziehung $p_i = p_{si}x_{fi} = p\,x_{gi}$ der Zusammenhang

$$\varphi_{fi}p_{si}x_{fi} = p\,x_{gi}, \tag{2.30}$$

in dem φ_{fi} den sogenannten Aktivitätskoeffizienten, x_{fi} und x_{gi} die Molanteile der flüssigen bzw. der Gasphase sowie p_{si} den Sättigungsdruck für die i-te Komponente bedeuten. p ist der Gesamtdruck der Gasphase. Für Gase in idealen Lösungen gilt das HENRYsche Gesetz Gln. (1.58a, b). Schwerflüchtige Substanzen erniedrigen den Dampfdruck der Lösung, erhöhen also die Siedetemperatur bei Normaldruck, außerdem senken sie den Schmelzpunkt. In stark verdünnten Lösungen sind die Wirkungen (Schmelzpunkts- und Siedepunktsänderung usw.) gelöster Stoffe ihren Konzentrationen bzw. Molanteilen proportional.

An der Phasengrenzfläche zwischen einem Flüssigkeitsgemisch und seinem Dampf reichert sich die Komponente mit der kleinsten Oberflächenspannung an. Infolge der dazu nötigen Zeit ist die Oberflächenspannung an neu entstandenen Oberflächen (,,dynamische'' Oberflächenspannung) derartiger Mischungen höher als an stationären. Die Abnahme der stationären Oberflächenspannung einer Flüssigkeit durch einen sogenannten ,,kapillaraktiven'' Stoff nennt man ,,Spreitungsdruck''.

2.4 Feststoffe

Feststoffe sind nach Abschnitt (S. 33 ff.) 2.13 näherungsweise volum- und formbeständig, setzen also sowohl Volums- als auch Gestaltänderungen einen Widerstand entgegen.

2.41 Gefüge

Die einzelnen Teilchen (Moleküle, Atome oder Ionen) schwingen in Feststoffen unter dem Einfluß der zwischenmolekularen Kräfte um räumlich feste Gleichgewichtslagen. Ihre mittlere kinetische Energie

reicht weder zum Verlassen des gesamten Teilchenverbands noch zum
Wechseln der Nachbarn aus. Die im Gefüge gespeicherte potentielle
Energie erreicht bei einer von der Teilchenstruktur und damit von der
Stoffzusammensetzung abhängigen regelmäßigen Gruppierung der Teil-
chen einen Kleinstwert. Makroskopische Gebilde mit dieser bevorzugten
Gruppierung heißen Kristalle. Die räumliche Anordnung der Gleich-
gewichtslagen in einem Kristall nennt man dessen Raumgitter, und die
Gleichgewichtslagen selbst bezeichnet man als Gitterpunkte. Die Gitter-
konstante gibt die Abstände zwischen den längs einer Geraden aufeinander folgenden Gitterpunkten an (Größenordnung: 1 bis 10 Å). Bei
Molekülgittern (z. B. H_2, N_2, O_2, CO_2) sind die Gitterpunkte von Molekülen besetzt, bei Atomgittern (z. B. FeS_2, Cu_2O) von Atomen und bei
Ionengittern (z. B. NaCl, CaF_2) von Ionen. Atomgitter und Ionengitter
sind sogenannte Koordinationsgitter. Bei Radikalgittern binden einzelne
hochgeladene An- oder Kationen in ihrer Nachbarschaft andere Ionen
und besetzen als Ganzes einen Gitterpunkt (z. B. Karbonate, Sulfate,
Phosphate).

Die inneren Symmetrien der Teilchenstruktur treten im Kristall als
Symmetrie des Raumgitters makroskopisch in Erscheinung [*2.8—2.11,
9.11.4, 9.11.6*]. SOHNKE, A. SCHÖNFLIES und E. FEDOROW ordneten 1879
die zahlreichen denkbaren und meist auch in der Natur auftretenden
Kristallformen nach 12 verschiedenen Symmetrieelementen (Symmetrie-
zentren, Spiegelebenen, 2-, 3-, 4-, 6-zählige Drehachsen, Drehspiegel-
achsen, Gleitspiegelebenen, 2-, 3-, 4-, 6-zählige Schraubenachsen). Sie er-
hielten damit 6 Kristallsysteme mit 32 Symmetrieklassen und insgesamt
230 Raumgruppen, in die man alle in der Natur vorkommenden Kristall-
arten einreihen kann. Die Kristalle eines Systems lassen sich jeweils mit
dem gleichen Koordinatensystem beschreiben. Die Tab. 2.2 enthält die
Namen der verschiedenen Kristallsysteme, ihre Kennzeichnung durch
die Abstandsperioden a, b, c (Abstände zwischen den einzelnen Gitterpunkten in den Richtungen der Hauptachsen X, Y, Z eines rechtsdre-
henden Koordinatensystems) und die Winkel α, β, γ (gemessen zwischen
den Hauptachsen $X-Y$, $Y-Z$, $Z-X$) sowie Beispiele für Substanzen,
die in den verschiedenen Systemen kristallisieren.

Geht der Erstarrungsvorgang — also das Einordnen der Teilchen in
die durch minimale potentielle Energie gekennzeichneten Gitterpunkte
des Gefüges — bei einer chemisch völlig reinen und aus lauter gleichen
Teilchen bestehenden Substanz nur von einem einzigen Kristallisations-
punkt aus und erfolgt die Kristallisation sehr langsam, so entsteht ein
Einkristall, dessen Raumgitter sich über den ganzen makroskopischen
Körper erstreckt. Normalerweise beginnt die Kristallisation jedoch etwa
gleichzeitig an vielen Stellen des erstarrenden Stoffs. Die einzelnen
Kristalle wachsen so lange, bis sie aneinanderstoßen und sich in ihrem

Wachstum gegenseitig behindern. Fremdstoffe und Verunreinigungen
stören ebenfalls das Kristallwachstum. Auch durch zu schnelle Kristallisation können Fehler im Gitteraufbau entstehen. Auf diese Weise bildet
sich ein kristallines Gefüge aus mosaikartig zusammengesetzten Bereichen mit idealer Gitterstruktur und dazwischen liegenden Fehlstellen,
wie es praktisch weitaus die meisten Feststoffe aufweisen. Bei Ein-

Tabelle 2.2. Kristallsysteme

Aus den einzelnen Spalten gehen die Namen der Kristallsysteme, ihre Kennzeichnung durch die Abstandsperioden a, b, c der Gitterpunkte in Richtung der
Hauptachsen X, Y, Z und die Winkel α, β, γ zwischen den Hauptachsen, die Zahl
der jeweils zugehörigen Kristallklassen sowie einige Stoffbeispiele hervor

Kristall-system	Abstands-perioden	Winkel	Kristall-klassen	Stoffbeispiele
Kubisch	$a = b = c$	$\alpha = \beta = \gamma = 90°$	5	Flußspat, Kochsalz, Pyrit, Zinkblende
Tetragonal	$a = b \neq c$	$\alpha = \beta = \gamma = 90°$	7	Kupferkies, Rutil, Zinnkies, Zirkon
Rhombisch	$a \neq b \neq c$	$\alpha = \beta = \gamma = 90°$	3	Chrysoberyll, Kieselzinkerz, Schwerspat, Zinkvitriol
Hexagonal	$a = b \neq c$	$\alpha = 120°$ $\beta = \gamma = 90°$	12	Apatit, Dolomit, Kalkspat, Korund, Quarz
Monoklin	$a \neq b \neq c$	$\alpha \neq 90°$ $\beta = \gamma = 90°$	3	Borax, Gips, Soda, Zucker
Triklin	$a \neq b \neq c$	$\alpha \neq 90°$ $\beta \neq 90°$ $\gamma \neq 90°$	2	Kupfervitriol, Plagioklase

kristallen und Substanzen mit einer in makroskopischen Bereichen
richtungsabhängigen Struktur (dazu gehören die meisten Feststoffe
pflanzlichen oder tierischen Ursprungs, beispielsweise Knochen, Holz)
sind auch verschiedene Stoffeigenschaften richtungsabhängig (z. B.
elastische Konstanten, Festigkeit, Wärmedehnung). Solche Stoffe bezeichnet man als anisotrop. Polykristalline Feststoffe zeigen dagegen in
allen Richtungen des Raums gleiche Eigenschaften, da die einzelnen
Kristallkörner mit geordnetem Gitterbau und deshalb anisotropem Verhalten statistisch im Gefüge verteilt sind. Amorphe Materialien haben
keine kristalline Struktur, sondern weisen ein den Flüssigkeiten entsprechendes Gefüge mit etwa gleichen Abständen, aber statistischer Verteilung der Teilchen auf. Sie sind somit isotrop und hinsichtlich ihres
Gefüges etwa den nicht-NEWTONschen Flüssigkeiten gleichzusetzen.

4*

Manche Substanzen können in verschiedenen Formen kristallisieren, die bei bestimmten Umwandlungstemperaturen unter Aufnahme bzw. Abgabe der Umwandlungswärme ineinander übergehen oder sich in einem größeren Temperaturbereich allmählich (oft sehr langsam) in die stabile Form umwandeln. Man nennt diese Erscheinung Polymorphie und die hinsichtlich ihres Kristallgitters unterschiedlichen Formen chemisch gleicher Stoffe allotrope Modifikationen (z. B. Graphit, Diamant).

2.42 Verhalten

Die Bindung der Einzelteilchen an die Gitterpunkte durch die quasi-elastischen Kräfte gemäß Gl. (2.2) erklärt weitgehend das mechanische Verhalten der Feststoffe [*2.12, 9.22.2—10*]. Die inneren Kräfte heben sich im unbelasteten Zustand gegenseitig auf und bilden somit ein Gleichgewichtssystem. Bei mechanischer Beanspruchung verschieben sich die Punkte des Raumgitters, bis die inneren Kräfte mit den äußeren im Gleichgewicht stehen. Dabei wächst die auf ein Teilchen wirkende Kraft gemäß Abb. 2.1 zunächst längs der HOOKEschen Tangente, also proportional mit dem Abstand von der Ruhelage; in diesem Bereich gilt zwischen den Belastungen und den Formänderungen des Körpers das HOOKEsche Gesetz. Da das Gefüge normalerweise aus vielen, verschieden orientierten Kristallkörnern besteht und zahlreiche statistisch verteilte Fehlstellen aufweist, kann man aus der äußeren, mechanischen Beanspruchung allerdings nicht unmittelbar auf die Verschiebung der einzelnen Gefügeteilchen und die dadurch nach Gl. (2.2) ausgelösten inneren Kräfte schließen. Mit zunehmendem Abstand der Gitterpunkte von ihrer Ruhelage geht die Proportionalität zwischen Spannungen und Formänderungen verloren, und an die Stelle des HOOKEschen Gesetzes treten nichtlineare Zusammenhänge (Potenzgesetz von BACH, Parabelgesetz von LESSELS). Beim Überschreiten der als Dehn- bzw. Fließgrenze bezeichneten Normalspannung (bei einachsiger Beanspruchung) bzw. einer gleichwertigen Vergleichsspannung (bei allgemeiner Beanspruchung) entfernen sich einzelne Teilchen des Gefüges so weit von ihrer ursprünglichen Gleichgewichtslage, daß sie beim Entlasten nicht mehr dorthin zurückkehren können. Dies macht sich makroskopisch als bleibende, plastische Verformung des Körpers bemerkbar. Bei noch weiter steigender Beanspruchung erreichen und überschreiten die inneren Kräfte schließlich den Grenzwert der molekularen Anziehung, d. h. der Zusammenhang des Gefüges geht verloren: der Körper bricht. Die molekulare Zerreißfestigkeit beträgt etwa $\sigma_{mol} \approx 0{,}1\,E$ (E Elastizitätsmodul); sie setzt jedoch ein fehlerfreies Gefüge voraus. Als technische Zerreißfestigkeit σ_z bezeichnet man die Normalspannung, bei der ein Zugstab unter genau festgelegten Prüfbedingungen zu Bruch geht. Die Meßwerte liegen normalerweise in der Größenordnung $\sigma_z \approx (0{,}001$ bis $0{,}01)\,\sigma_{mol}$. Der Bruchvorgang selbst ist in Abschnitt 7.11 (S. 31 ff.) ausführlich erörtert.

An der Körperoberfläche kann die Struktur eines Feststoffs infolge mechanischer, chemischer, thermischer oder sonstiger Einwirkungen er-

Tabelle 2.3. *Mohssche Härte verschiedener Stoffe* (nach H. RUMPF [*7.14*])
Die fettgedruckten Mineralien repräsentieren die in der linken Spalte eingetragenen Härtegrade

Mohs Härte	Silikate	Phosphate, Sulfate, Halogensalze	Karbonate, Nitrate	Oxyde	Verschiedene Stoffe	Werkstoffe
10					**Diamant** Karborund	Karbid ————
9				**Korund**		
8	**Topas**			Zirkonoxyd	Basalt	Hartmetall Stellit
7				**Quarz**	Granit Glas	Cr-Stahl
				— Rutil —	— Pyrit —	
6	**Feldspat**			Magnetit		Mn-Hartstahl
5		**Apatit**			Pechblende	Vergütungs- stähle
4	Asbest	**Flußspat**	Magnesit Dolomit		Platin	Baustahl
3	Glimmer	Baryt Kainit	**Kalkspat**		Gold	
2	Kaolin Speckstein	**Steinsalz**	Salpeter		Anthrazit Schwefel	
		— Gips —	— Soda —			
1	**Talk**	Glaubersalz			Graphit	

heblich von dem Gefügeaufbau im Innern abweichen. Vielfach ist für das mechanische Verhalten (insbesondere Verschleißerscheinungen) die Oberflächenhärte maßgebend. F. MOHS verwendete als Härtemaß bei Mineralien deren Ritzhärte; er legte 10 Härtegrade fest, Tab. 2.3. Jeder Stoff ritzt alle Substanzen mit kleinerer MOHSscher Härte; er selbst läßt sich von allen Materialien mit größerer MOHSscher Härte ritzen. Bei der Ritzhärte nach MARTENS dient die Belastung eines Diamantkegels zum Erzeugen eines 0,01 mm breiten Ritzstrichs als Härtemaß. Bei dem Kugeldruckverfahren von J. A. BRINELL zur Härteprüfung von Metallen drückt man eine gehärtete Stahlkugel unter bestimmten Prüfbedingungen (DIN 50351) in die Oberfläche des Prüflings ein; die BRINELL-Härte H_B ist das Verhältnis der Prüflast zur Fläche der Eindruckkalotte. Zum Ermitteln der *Vickers-Härte H_V* (DIN 50133) benützt man eine viereckige Diamantpyramide als Prüfkörper und bezieht die Prüflast auf das Produkt der Eindruckflächen-Diagonalen. Dieses Prüfverfahren liefert eine durchlaufende Härteskala vom weichsten bis zum härtesten Stoff. H_V stimmt mit H_B bis $H_V = 300\ \mathrm{kp/mm^2}$ praktisch überein. Zwischen der MOHS-Härte H_M und der VICKERS-Härte H_V gilt der für überschlägige Abschätzungen brauchbare Zusammenhang

$$H_M \approx 0{,}7\ \sqrt[3]{H_V/[\mathrm{kp/mm^2}]}. \tag{2.31}$$

Bei der Härteprüfung nach ROCKWELL (DIN 50103) drückt man eine Kugel (ROCKWELL-B-Härte) oder einen Kegel (ROCKWELL-C-Härte) zunächst mit einer kleinen Vorlast und anschließend zusätzlich mit der Prüflast in die Oberfläche des Prüflings ein. Die Differenz der Eindringtiefen vor Belastung mit der Prüflast bzw. nach Entlastung von dieser zieht man von einem vorgegebenen Festwert ab; das Ergebnis dient als Maßzahl für die Oberflächenhärte. Zum Ermitteln der „Rücksprunghärte" nach SHORE (DIN 53505) läßt man einen Hammer mit Diamantspitze aus einer bestimmten Höhe auf die Probe fallen und mißt seine Rücksprunghöhe.

Zwischen den thermischen Zustandsgrößen (Dichte, Druck und Temperatur) isotroper Feststoffe gilt infolge der Kleinheit von $\varkappa_T$ und γ_p die bereits in Abschnitt 2.31 für Flüssigkeiten angegebene Beziehung Gl. (2.18). Die isotherme Kompressibilität $\varkappa_T$ wächst mit fallendem Druck und mit steigender Temperatur, der isobare Volumsausdehnungskoeffizient γ_p nimmt bei Temperaturerhöhung im allgemeinen ebenfalls zu. Anstelle von γ_p findet man in Stoffwerte-Sammlungen meist den isobaren Längenausdehnungskoeffizienten $\beta_p \approx \gamma_p/3$ (bei anisotropen Stoffen mit unterschiedlichen Wärmedehnungen in den verschiedenen Richtungen des Raums ist $\beta_{px} + \beta_{py} + \beta_{pz} \approx \gamma_p$).

Führt man einem kristallinen Feststoff Wärme zu, so wächst die Bewegungsenergie seiner Teilchen und damit seine Temperatur (abgesehen von etwaigen Umwandlungspunkten bei polymorphen Substanzen) stetig an. Bei Anregung aller Freiheitsgrade (in der Nähe des Schmelzpunkts) ist die spezifische Wärme für jede am Gitteraufbau beteiligte Teilchenart nach DULONG und PETIT $C_v \approx 6\ \mathrm{kcal/kmol\,grd}$. Ist die Schmelztemperatur T_F erreicht, so verursacht weitere Wärmezufuhr keine Temperaturerhöhung, sondern den Zerfall der geordneten Gitterstruktur. Die potentielle Energie des Gefüges nimmt zu, und der Feststoff geht unter Aufnahme der Schmelzwärme r_F in den flüssigen Aggregatzustand mit statistischer Verteilung der Teilchen über. Nach der Regel von RICHARDS gilt ungefähr $r_F = (1{,}6$ bis $3{,}4)\,T_F$ [kcal/kmol]. T_F ist etwas vom Druck abhängig: Wenn sich das Volum beim Schmelzen verringert (z. B. Wasser), sinkt T_F mit wachsendem Druck; normalerweise vergrößert sich das Volum jedoch beim Schmelzen, und T_F nimmt daher mit steigendem Druck zu. Die Regel von GRÜNEISEN $\gamma_p T_F \approx 0{,}06$ liefert einen für zahlreiche Metalle näherungsweise zutreffenden Zusammenhang zwischen γ_p und T_F. Amorphe Stoffe gehen im Gegensatz zu kristallinen Substanzen nicht bei einer bestimmten Schmelztemperatur in den flüssigen Zustand über, sondern erweichen in einem größeren Temperaturbereich allmählich.

Erreicht ein kristalliner Feststoff beim Erwärmen unter konstantem Druck zuerst seine Sublimationstemperatur T_{sub} $(T_{\mathrm{sub}} < T_F)$, so geht er aus dem festen unmittelbar in den gasförmigen Aggregatzustand über, d. h. er schmilzt nicht, sondern er sublimiert unter Aufnahme der Sublimationswärme r_{sub}. Für r_{sub} und p_{sub} gelten zu den Gln. (2.21), (2.22) analoge Zusammenhänge.

2.43 Körner und Haufwerke

Das Verhalten eines Haufwerks aus einzelnen Feststoffkörnern hängt nicht nur von den stoffbedingten Materialeigenschaften, sondern auch von der Größe, der Form und der Zahl seiner Einzelkörner sowie vom Verlauf der (auf die Gesamtmasse des Schüttguts bezogenen) Verteilungsfunktionen dieser Werte ab [9.31.14]. Die Zusammensetzung der für Analysenzwecke entnommenen Stichproben soll möglichst gleich der des ganzen Haufwerks sein; durch Einhalten bestimmter Probenahme- und Probeaufbereitungsvorschriften (vgl. DIN 51701 und 51702) kann man die unvermeidbaren Fehler in vertretbaren Grenzen halten.

Die Größe kugelförmiger Körner läßt sich durch unmittelbares optisches Ausmessen, durch eine Klassiersiebung (Siebanalyse) oder auch durch Ermitteln ihrer Schwebegeschwindigkeit in Luft (Windsichtung) oder in einer inerten Flüssigkeit (Sedimentationsanalyse) bestimmen.

Die Siebanalyse verwendet man für Güter bis zu Korndurchmessern $k \geqq 30$ bis $50\ \mu\mathrm{m}$; lichte Maschenweite und Drahtdurchmesser der Prüfsiebe sind nach DIN 4188 genormt. Die Maschenweite ist gleich dem Durchmesser der größten Kugeln, die das Sieb gerade noch passieren können (Grenzkorndurchmesser). Bezüglich näherer Einzelheiten über Siebe sei auf den Abschnitt 6.411 (S. 246 ff.) verwiesen.

Eine Kugel mit dem Durchmesser k und der Dichte ϱ_k bewegt sich unter dem Einfluß der Erdbeschleunigung g in einem ruhenden Medium mit der Dichte ϱ_u gleichförmig mit der Schwebegeschwindigkeit w_s, wenn zwischen dem um den hydrostatischen Auftrieb verminderten Korngewicht $g(\varrho_k - \varrho_u)\pi k^3/6$ und dem Strömungswiderstand $c_w(\pi k^2/4)\varrho_u w_s^2/2$ Gleichgewicht herrscht. Durch Gleichsetzen der beiden Ausdrücke erhält man nach einfacher Umformung

$$w_s = \sqrt{\frac{\varrho_k - \varrho_u}{\varrho_u}\,\frac{4k}{3c_w}\,g}\,. \tag{2.32}$$

Falls nicht die Erdschwere, sondern ein anderes Kraftfeld den Bewegungsablauf des Korns bestimmt, ergibt sich die Schwebegeschwindigkeit aus Gl. (2.32) mit der von dem anderen Kraftfeld herrührenden Beschleunigung b anstelle der Erdbeschleunigung g. Den Widerstandsbeiwert c_w kann man aus Abb. 2.4 als Funktion der Reynoldszahl $Re = w_s k/\nu$ entnehmen. ν ist die kinematische Viskosität der Flüssigkeit. In dem Bereich $Re \leq 1$ gilt das Widerstandsgesetz von G. G. STOKES

$$c_w = \frac{24}{Re}\,. \tag{2.33}$$

Damit folgt aus Gl. (2.32) für kleine Kugeln ($k \leq \nu/w_s$)

$$w_{s,\,\mathrm{lam}} = \frac{\varrho_k - \varrho_u}{\varrho_u}\,\frac{k^2}{18\nu}\,g\,. \tag{2.34}$$

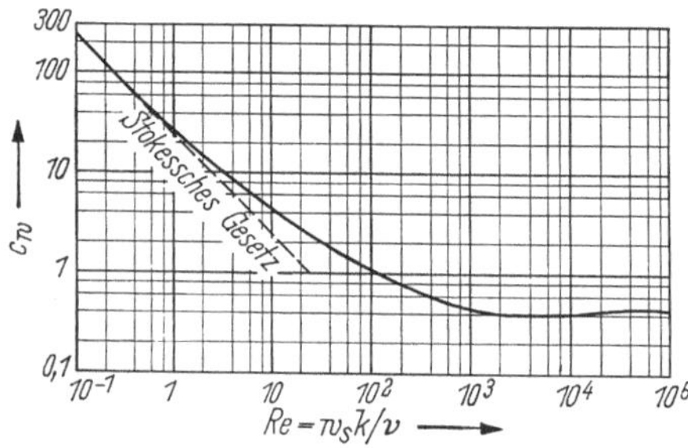

Abb. 2.4. Widerstandsbeiwert c_w von Kugeln in Abhängigkeit von der Reynoldszahl Re.

Bei größeren, durch $Re > 1$ bzw. $k > \nu/w_s$ gekennzeichneten Kugeln lassen sich die Zusammenhänge $w_s = w_s(k)$ bzw. $k = k(w_s)$ iterativ aus Gl. (2.32) und Abb. 2.4 ermitteln. Man kann die Iteration jedoch vermeiden, indem man aus den Beziehungen

$$k\sqrt[3]{\frac{\varrho_k - \varrho_u}{\varrho_u}\,\frac{4g}{3\nu^2}} = \sqrt[3]{c_w Re^2}\,, \qquad w_s\sqrt[3]{\frac{\varrho_u}{\varrho_k - \varrho_u}\,\frac{3}{4\nu g}} = \sqrt[3]{\frac{Re}{c_w}} \tag{2.35a, b}$$

bei bekanntem Korndurchmesser $\sqrt[3]{c_w Re^2}$, bei bekannter Schwebegeschwindigkeit $\sqrt[3]{Re/c_w}$ bestimmt, aus den Abb. 2.5a bzw. 2.5b die zugeordnete Reynoldszahl Re abliest und daraus die gesuchte Größe $w_s = Re\,\nu/k$ bzw. $k = Re\,\nu/w_s$ berechnet [2.13].

Die Schwebegeschwindigkeit $w_{s,\mathrm{vak}}$ kleiner Kugeln in stark verdünnten Gasen, deren mittlere freie Weglänge Λ in der Größenordnung der Kornabmessungen liegt (Knudsenzahl $Kn = \Lambda/k \geq 1$), erhält man durch Multiplizieren des aus Gl. (2.34) folgenden Werts $w_{s,\mathrm{lam}}$ mit dem STOKES-CUNNINGHAM-Faktor:

$$w_{s,\,\mathrm{vak}} = w_{s,\,\mathrm{lam}}\,(1 + 1{,}764\,Kn + 0{,}562\,Kn\,\mathrm{e}^{-\,0{,}785/Kn})\,. \tag{2.36}$$

Mit sinkendem Durchmesser beeinflussen die Stöße der Gas- bzw. Flüssigkeitsmoleküle die Kornbewegung in zunehmendem Maß. Sehr kleine Körner führen daher eine scheinbar regellose Zickzackbewegung, die sogenannte BROWNsche Bewegung aus. Teilchen mit Durchmessern unter etwa $k = 0{,}1$ bis $0{,}5\,\mu\mathrm{m}$ setzen sich bei atmosphärischen Bedingungen infolge der BROWNschen Bewegung überhaupt nicht mehr ab.

Die Schwebegeschwindigkeit kleiner, dem STOKESschen Widerstandsgesetz Gl. (2.33) folgender Körner ändert sich auch in einem pulsierenden Medium nicht. Bei Gültigkeit eines rein quadratischen Widerstandsgesetzes (also im Bereich konstanter Widerstandsbeiwerte $c_w = \mathrm{const}$) gilt dagegen nach O. MOLERUS [2.14] unter den Voraussetzungen $k \ll A$, $\varrho_k - \varrho_u \ll \varrho_u$

$$\frac{w_{s,\,\mathrm{puls}}}{w_s} = \frac{w_s}{A\omega}. \qquad (2.37)$$

Darin sind $w_{s,\,\mathrm{puls}}$ die Schwebegeschwindigkeit in einer (in Bewegungsrichtung der Kugel) schwingenden Flüssigkeit, w_s die Schwebegeschwindigkeit im ruhenden Medium gemäß Gl. (2.32), A die Schwingungsamplitude und ω die Kreisfrequenz der schwingenden Flüssigkeit.

In Aerosolen und Suspensionen hängt die Schwebegeschwindigkeit $w_{s,c}$ der Teilchen von der Korngrößen-

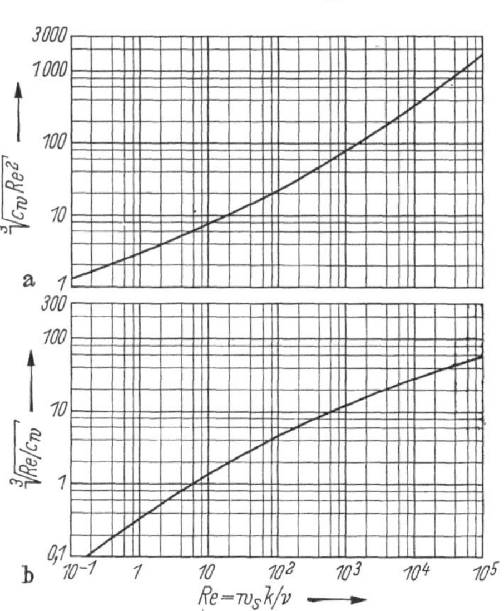

Abb. 2.5a u. b.

a) Funktion $\sqrt[3]{c_w Re^2}$ in Abhängigkeit von der Reynoldszahl Re zum Berechnen der Schwebegeschwindigkeit von Kugeln aus dem Durchmesser mit Hilfe von Gl. (2.35a);

b) Funktion $\sqrt[3]{Re/c_w}$ in Abhängigkeit von der Reynoldszahl Re zum Berechnen des Kugeldurchmessers aus der Schwebegeschwindigkeit mit Hilfe von Gl. (2.35b).

verteilung und von der Volumkonzentration c_s ab [2.15]. Bei verschwindend kleinen Konzentrationen stellen sich die nach Gl. (2.32) errechneten Schwebegeschwindigkeiten ein ($w_s \approx w_{s,c}$). Mit zunehmender Konzentration führen die der Kornbewegung entgegengesetzte Strömung des von den Teilchen verdrängten Mediums sowie der damit verbundene stärkere Impulsaustausch zu einer Abnahme von $w_{s,c}$. Sind n gleich große Kugeln in dem Volum V statistisch verteilt (,,Einkornsuspension''), so ist ihre Volumkonzentration $c_s = n\pi k^3/6V$. Im Gültigkeitsbereich des STOKESschen Widerstandsgesetzes (2.33) gilt mit $w_{s,\,\mathrm{lam}}$ gemäß Gl. (2.34) nach J. F. RICHARDSON für die Schwebegeschwindigkeit $w_{s,c}$

in solchen Einkornsuspensionen die experimentell gefundene Beziehung

$$w_{s,c} = w_{s,\text{lam}}(1 - c_s)^{4,65} . \qquad (2.38\,\text{a})$$

E. Kriegel gibt für $w_{s,c}$ die theoretisch begründete Formel

$$w_{s,c} = w_{s,\text{lam}} \frac{1 - c_s}{\left[1 + \dfrac{c_s}{(1 - c_s)^2}\right]\left[1 + \dfrac{1,2}{\sqrt{1 + (\pi/12\,c_s)^2} - 1/2}\right]} \qquad (2.38\,\text{b})$$

an, welche die Meßergebnisse ebenfalls gut beschreibt, Abb. 2.6. In „Zweikornsuspensionen" aus Kugeln mit zwei verschiedenen Durchmessern k_1, k_2 ($< k_1$) erreichen die größeren Körner nach E. Kriegel

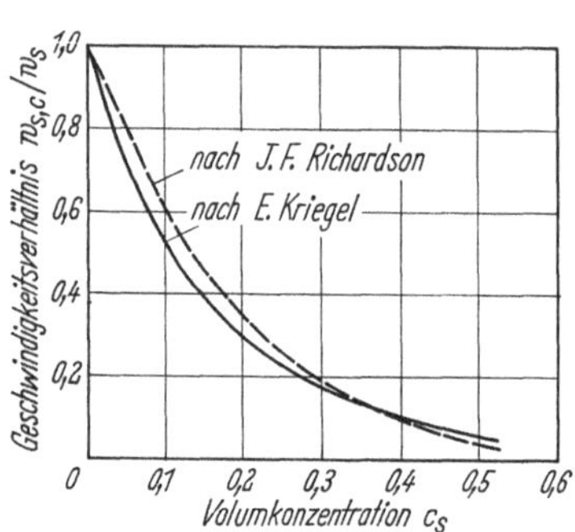

Abb. 2.6. Auf die Schwebegeschwindigkeit w_s des Einzelkorns bezogene Schwebegeschwindigkeit $w_{s,c}$ in Einkornsuspensionen abhängig von der Volumkonzentration c_s (nach E. Kriegel [2.15]).

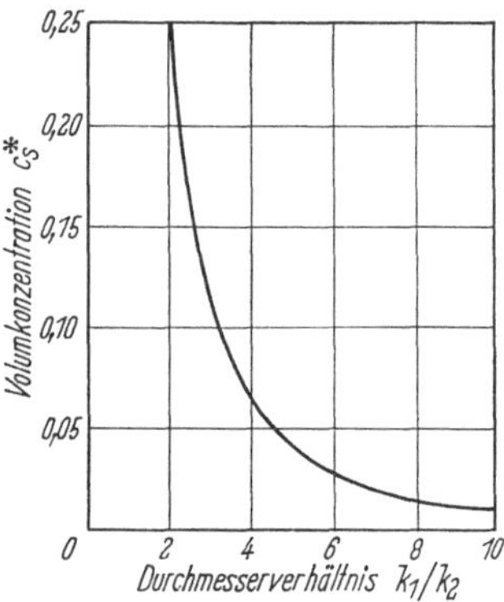

Abb. 2.7. Durch Bewegungsumkehr der kleinen Körner gekennzeichnete Volumkonzentration c_s^* in Abhängigkeit vom Durchmesserverhältnis k_1/k_2 der Kornfraktionen einer Zweikornsuspension (nach E. Kriegel [2.15]).

etwa die auch für Einkornsuspensionen gleicher Konzentration gültigen $w_{s,c}$-Werte, während die Schwebegeschwindigkeit der kleineren Körner stark von dem Durchmesserverhältnis k_1/k_2 und der Volumkonzentration c_s abhängt; bei der Konzentration c_s^* verschwindet $(w_{s,c})_{k_2}$, d. h. die kleinen Teilchen können sich nicht mehr absetzen, Abb. 2.7. Zwischen $c_s = 0$ und c_s^* nimmt $(w_{s,c})_{k_2}$ in erster Näherung linear ab. Bei $c_s > c_s^*$ nimmt das von den größeren Körnern verdrängte Medium die kleineren in entgegengesetzter Richtung mit. Die Zweikornsuspension zeigt somit anschaulich das Verhalten normaler Suspensionen: Die größeren Teilchen bewegen sich relativ ungestört, beeinflussen aber die Bewegung der kleineren ganz erheblich.

Weicht die Form der Körner von der Kugelgestalt ab, so verwendet man bei optischen Auszählverfahren meist den Durchmesser des pro-

jektionsflächengleichen Kreises, bei Siebanalysen weiterhin die Maschenweite und beim Windsichten sowie bei Sedimentationsanalysen die
Schwebegeschwindigkeit bzw. den daraus nach den Gln. (2.32) bis
(2.38a, b) errechneten gleichwertigen Kugeldurchmesser als Maß für die
Korngröße. Die Ergebnisse der verschiedenen Meßmethoden stimmen
allerdings nicht mehr überein. Die Formfaktoren f_o und f_v verknüpfen
die Kornoberfläche o_k bzw. das Kornvolum v_k mit dem gleichwertigen
Kugeldurchmesser k:

$$o_k = f_o \pi k^2, \qquad v_k = f_v \frac{\pi}{6} k^3. \qquad (2.39\text{a, b})$$

f_o und f_v schwanken in einem Haufwerk von Korn zu Korn, daher rechnet
man mit mittleren, für das ganze Gut gültigen Werten. Für Kugeln gilt
$f_o = 1$ und $f_v = 1$.

Vielfach läßt sich die Kornform durch ein Ellipsoid mit den Hauptachsen a, b und c ($a \leqq b \leqq c$) annähern. Für Kugeln ist $a/c = b/c = 1$;
dünne Kreisblättchen sind durch $a/c \ll 1$, $b/c = 1$ gekennzeichnet,
und für Nadeln ergibt sich $a/c \ll 1$, $b/c \ll 1$. In einem Diagramm mit
der Ordinate a/c und der Abszisse b/c entspricht jeder Punkt einer durch
die Hauptachsenverhältnisse a/c, b/c festgelegten Kornform. Trägt man
diese für viele Körner eines Haufwerks in das Diagramm ein, so gibt der
Schwerpunkt des Punkthaufens die mittlere Kornform des Guts an, und
die Punktdichte kennzeichnet die Häufigkeit.

Schüttgüter bestehen im allgemeinen aus verschieden großen Kör-
nern. Bezeichnen $n(k)\,dk$ die Zahl und $\varrho_k v_k n(k)\,dk$ die Masse der Körner,
deren Größe zwischen k und $k + dk$ liegt, so erhält man aus den Beziehungen

$$N(k_*) = \int_0^{k_*} n(k)\,dk, \qquad M(k_*) = \int_0^{k_*} \varrho_k v_k n(k)\,dk \qquad (2.40\text{a, b})$$

die Anzahlverteilung $N(k_*)$ und die Massenverteilung $M(k_*)$, d. h. die
Zahl bzw. die Masse aller Körner zwischen $k = 0$ und $k = k_*$. Mit
$k_* \to \infty$ liefern die Integrale Gln. (2.40a, b) die Gesamtzahl N_ges bzw. die
Gesamtmasse M_ges. Die Verhältnisse $n(k)/N_\text{ges}$ und $\varrho_k v_k n(k)/M_\text{ges}$ nennt
man Anzahl- bzw. Massen-Häufigkeitsdichte. Die Siebanalyse ergibt für
jedes Prüfsieb mit der Maschenweite k_* unmittelbar den (Sieb-)Durch-
gang $D(k_*) = M(k_*)/M_\text{ges}$ und den (Sieb-)Rückstand $R(k_*) = 1 - D(k_*)$
als Summe aller Siebfraktionen unter bzw. über dem betrachteten Sieb,
jeweils bezogen auf die gesamte Probenmenge. Trägt man $D(k_*)$ bzw.
$R(k_*)$ über k_* als Abszisse auf, so erhält man die Durchgangs- bzw. die
Rückstandskennlinie des Haufwerks. Wählt man als Ordinate dagegen
die Massen-Häufigkeitsdichte $dD/dk_* = -dR/dk_*$, so bekommt man
die Kornverteilungskurve.

Für analytische Betrachtungen und zum Berechnen der spezifischen Oberfläche des Schüttguts kann man die Durchgangskennlinie durch verschiedene Funktionen annähern [2.16—2.21]. Die Potenzverteilung von GAUDIN und SCHUHMANN

$$D(k_*) = (k_*/k_{\max})^m \quad \text{für} \quad k_* \leqq k_{\max}, \qquad (2.41\,\text{a})$$

$$D(k_*) = 1 \qquad\qquad \text{für} \quad k_* > k_{\max} \qquad (2.41\,\text{b})$$

läßt sich in einem Netz mit logarithmischer Abszissen- und Ordinatenteilung als gebrochener Linienzug aus einer Geraden mit der Steigung m

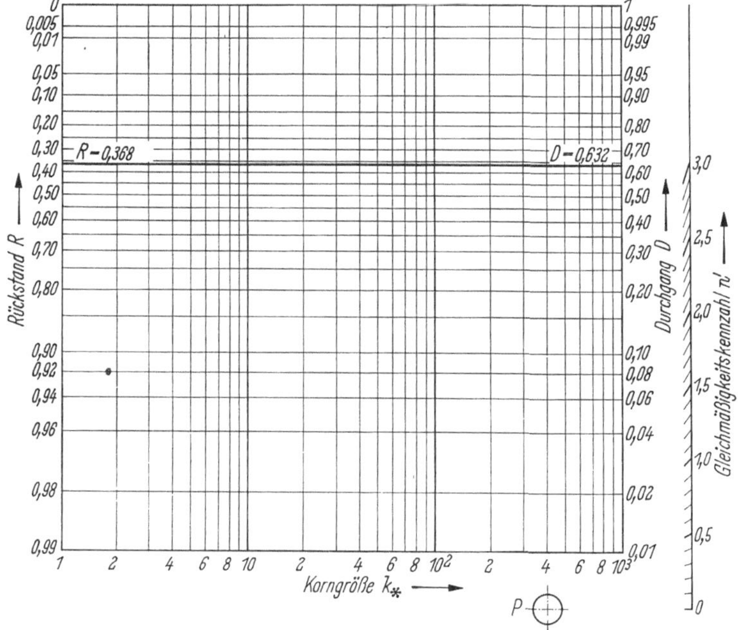

Abb. 2.8. Körnungsnetz (nach DIN 4190).

[Gl. (2.41 a)] und einer horizontalen Geraden [Gl. (2.41 b)] darstellen. $k_{\max}$ und m kennzeichnen die Kornverteilung des Haufwerks ($k_{\max}$ ist die Knickpunkts-Abszisse der Durchgangskennlinie).

P. ROSIN, E. RAMMLER und K. SPERLING gaben eine aus Mahlversuchen empirisch ermittelte Näherungsgleichung für den Rückstand bzw. den Durchgang an, die in der Schreibweise von I. G. BENNETT

$$R(k_*) = 1 - D(k_*) = e^{-(k_*/k')^{n'}} \qquad (2.42\,\text{a, b})$$

lautet. Diese sogenannte RRS-Formel ergibt in dem nach DIN 4190 genormten Körnungsnetz gemäß Abb. 2.8 mit doppeltlogarithmischer (log log) Ordinatenteilung und einfachlogarithmischer (log) Abszissenteilung gerade Linien. k' ist die Abszisse der Körnungskennlinie beim Rückstand $R(k') = 1/e = 0{,}368$ bzw. beim Durchgang $D(k') = 0{,}632$, n' bezeichnet man als Gleichmäßigkeitskennzahl. Um n' zu bestimmen, zieht man in Abb. 2.8 eine Parallele zu $R(k_*)$ bzw. $D(k_*)$ durch den Pol P; ihr Schnittpunkt mit dem rechten Randmaßstab gibt n' an. Die RRS-Formel nähert die Kornverteilung vieler Stoffe (Kohle, Zement, keramische Stoffe, Gips, Quarzsand, Feldspat und andere Mineralien) gut an, sie hat sich daher weitgehend in der Staubtechnik eingebürgert.

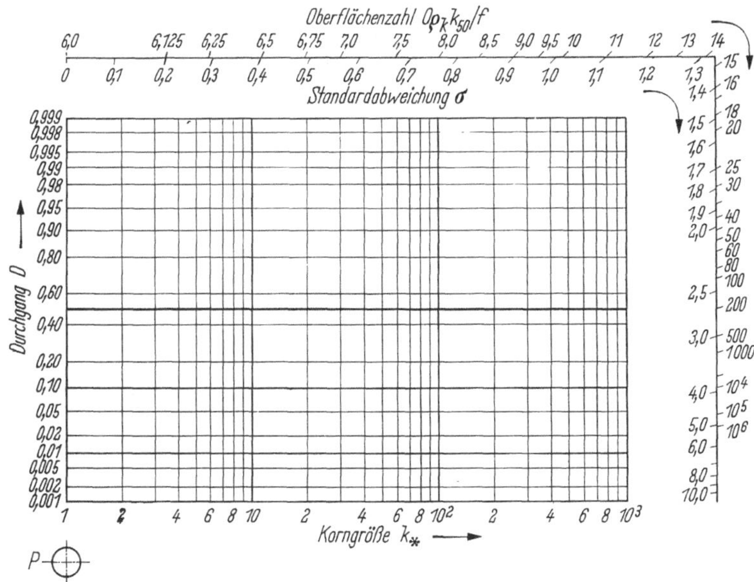

Abb. 2.9. Logarithmisches Wahrscheinlichkeitsnetz zum Darstellen von Durchgangskennlinien [2.21].

Potenzverteilung (2.41a, b) und RRS-Formel (2.42a, b) liefern bei einem Haufwerk mit endlicher Masse nur für $m > 3$ bzw. $n' > 3$ endliche Kornzahlen N_{ges}. Durchgangskennlinien mit $m < 3$ bzw. $n' < 3$ verursachen daher Schwierigkeiten beim Berechnen der Gesamtoberfläche, d. h. sie zwingen zum willkürlichen Festlegen einer „kleinsten" Korngröße als unterer Integrationsgrenze. Die aus der GAUSSschen Normalverteilung abgeleitete logarithmische Normalverteilung

$$h(t) = \frac{dH(t)}{dt} = \frac{1}{\sqrt{2\,\pi}}\,\mathrm{e}^{-t^2/2}, \quad t = \frac{1}{\sigma}\ln\left(\frac{k_*}{k_{50}}\right) \qquad (2.43\,\mathrm{a-c})$$

vermeidet diesen Mangel. Sie ergibt in einem logarithmischen Wahrscheinlichkeitsnetz gemäß Abb. 2.9 Geraden. k_{50} kennzeichnet den Medianwert, bei dem $t = 0$ wird und die Häufigkeitssumme $H(t)$ den

Wert $H(0) = 0{,}50$ erreicht. Die Standardabweichung σ ist ein Maß für die Steigung der Geraden. Setzt man für k_{50} den Medianwert $k_{50,n}$ der Anzahlverteilung ein, so ist jeweils die Hälfte aller Körner des Haufwerks kleiner bzw. größer als $k_{50,n}$, und $H(t)$ gibt die Anzahlverteilung $N(k_*)/N_{\mathrm{ges}}$ an. Der Medianwert $k_{50,m}$ der Massenverteilung besagt, daß jeweils die Hälfte der Haufwerksmasse aus Körnern besteht, die leichter bzw. schwerer als $k_{50,m}$-Körner sind. Die zugehörige Häufigkeitssummenkurve $H(t)$ stellt die Durchgangskennlinie $D(k_*)$ des Haufwerks dar. Um die Standardabweichung zu ermitteln, zieht man in Abb. 2.9 eine Parallele zu der Verteilungsgeraden durch den Pol P und liest am zugehörigen Randmaßstab σ ab.

Als spezifische Oberfläche O eines Haufwerks bezeichnet man die Gesamtoberfläche seiner Einzelkörner pro Masseneinheit:

$$O = \frac{\int\limits_0^\infty o_k\, n(k)\, dk}{\int\limits_0^\infty \varrho_k v_k\, n(k)\, dk}. \tag{2.44}$$

Aus der RRS-Formel Gln. (2.42a, b) folgt mit $k_{\min}$ und $k_{\max}$ als endlichen Integrationsgrenzen sowie f als HEYWOODschem Formfaktor

$$O = \frac{6f}{\varrho_k}\, \frac{n'}{(k')^{n'}} \int\limits_{k_{\min}}^{k_{\max}} k^{n'-2}\, \mathrm{e}^{-(k/k')^{n'}}\, dk. \tag{2.45}$$

G. MATZ wählt $k_{\min}$ und $k_{\max}$ so, daß $R(k_{\min}) = 0{,}999$ und $R(k_{\max}) = 0{,}001$ wird, und gelangt damit zu der Formel

$$O = 6{,}39\, \frac{f}{\varrho_k k'}\, \mathrm{e}^{1{,}795/n'^2} = \frac{f}{\varrho_k}\, O_{K1}. \tag{2.46a, b}$$

Die Abb. 2.10 zeigt die spezifische Oberfläche O_{K1} von Kugeln mit dem Formfaktor $f = 1$ und der Dichte $\varrho_k = 1$ in Abhängigkeit von den Kenngrößen k' und n' der RRS-Verteilung gemäß den Gln. (2.46a, b). Den HEYWOODschen Formfaktor f kann man für verschiedene Stoffe aus Tab. 2.4 entnehmen. Die logarithmische Normalverteilung Gln. (2.43a — c) liefert für die spezifische Oberfläche den Ausdruck

$$O = \frac{6f}{\varrho_k k_{50}}\, \mathrm{e}^{\sigma^2/2}. \tag{2.47}$$

Zieht man in Abb. 2.9 eine Parallele zur Verteilungsgeraden durch den Pol P, so kann man an dem äußeren Randmaßstab die der Standardabweichung σ zugeordnete dimensionslose Oberflächenzahl $O\varrho_k k_{50}/f$ ablesen, aus der sich die spezifische Oberfläche O leicht errechnen läßt.

Beliebige Durchgangskennlinien approximiert man zum Ermitteln der spezifischen Oberfläche durch Treppenkurven. Dann ergibt sich O näherungsweise aus

$$O \approx \sum i \, \frac{6f}{\varrho_k \bar{k}_i} \, [D(k_{i+1}) - D(k_i)], \tag{2.48}$$

wobei $\bar{k}_i \approx (k_{i+1} + k_i)/2$ die mittlere Korngröße der i-ten Kornfraktion (Treppenstufe) sowie $D(k_{i+1})$ und $D(k_i)$ die Durchgänge an der oberen bzw. der unteren Bereichsgrenze jeder Stufe bezeichnen.

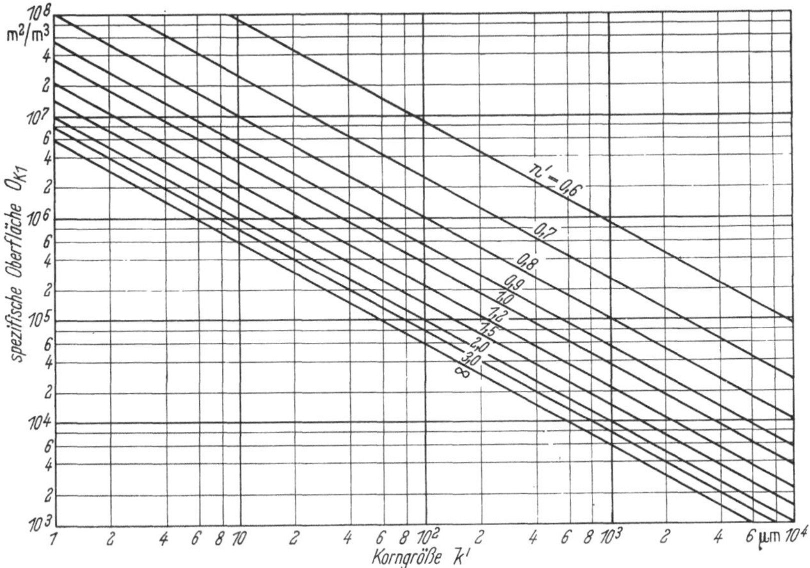

Abb. 2.10. Spezifische Oberfläche O_{K1} von Kugeln mit dem Formfaktor $f = 1$ und der Dichte $\varrho_k = 1$ als Funktion der Korngröße k' beim Durchgang $D(k') = 0{,}632$ und der Gleichmäßigkeitskennzahl n' gemäß Gl. (2.46a, b).

Die Porosität ψ eines Haufwerks gibt den nicht von Feststoff erfüllten Anteil des gesamten Schüttvolums an, Tab. 2.4. Sie ist mit der Dichte ϱ_k des Feststoffs und der Schüttdichte ϱ_s bzw. dem spezifischen Schüttvolum v_s (Volum pro Masseneinheit) durch folgende Beziehungen verknüpft:

$$\psi = \frac{\varrho_k - \varrho_s}{\varrho_k}, \qquad v_s = \frac{1}{\varrho_s} = \frac{1}{\varrho_k(1 - \psi)}. \tag{2.49a–c}$$

Der Schüttwinkel gibt den maximalen, gegen die Horizontale gemessenen Böschungswinkel eines Haufwerks an. Er beträgt beispielsweise bei trockenem Sand etwa 34°. Die Reibungsbeiwerte legen das größtmögliche Verhältnis zwischen Schub und Druck auf eine Bezugsfläche fest. Beim

Überschreiten des Wandreibungsbeiwerts (mit der Wand als Bezugs-fläche, Größenordnung 0,4 bis 1,0) gleitet das Schüttgut an der Wand, beim Überschreiten des inneren Reibungsbeiwerts gleiten benachbarte Schüttgutschichten aneinander ab. Schüttwinkel und Reibungsbeiwerte hängen weitgehend von der Zusammensetzung, der Kornverteilung und

Tabelle 2.4. *Formfaktor f und Porosität ψ verschiedener Schüttgüter*

Stoff	Formfaktor f	Porosität ψ
Kugeln	1	0,39 bis 0,41
Flußsand	1,3	0,39 bis 0,40
Erzstaub	ca. 1,6	0,49 bis 0,62
Kohle ($k = 0,4$ bis 3 mm)	ca. 1,6	0,48 bis 0,52
Koks ($k = 1$ bis 160 mm)	ca. 2	ca. 0,47
Kohlenstaub	1,7 bis 2,1	0,44 bis 0,66
Bleischrot	ca. 1,05	0,34 bis 0,36
Gerste	1,5	0,35 bis 0,42
Hafer	1,8	0,37 bis 0,46
Roggen	1,3	0,34 bis 0,43
Weizen	1,2	0,31 bis 0,37
Raschig-Ringe $8 \times 8 \times 1$	2,39	0,728
Raschig-Ringe $15 \times 15 \times 2$	2,31	0,690
Raschig-Ringe $25 \times 25 \times 3$	2,51	0,705
Berl-Körper 15×15	3,42	0,758
Berl-Körper 25×25	3,14	0,750

dem Feuchtigkeitsgehalt des Haufwerks, der Wandreibungsbeiwert außerdem noch von dem Werkstoff und der Oberflächenbeschaffenheit der Wand ab; sie sind daher für jedes Schüttgut experimentell zu be-stimmen [2.22, 9.24.8]. Bei kohäsionslosen, „nichtbindigen" Stoffen ist der Tangens des Schüttwinkels gleich dem inneren Reibungsbeiwert.

2.5 Schrifttum zu Kapitel 2

[2.1] MESKAT, M.: Rheologie und Verfahrenstechnik. Dechema-Monographien 25 (1955) 9—28.

[2.2] RAUTENBACH, R.: Kennzeichnung nicht-Newtonscher Flüssigkeiten durch zwei Stoffkonstanten. Chemie-Ing.-Technik 36 (1964) 277—282.

[2.3] PHILIPPOFF, W.: Viskosität der Kolloide, Dresden/Leipzig: Steinkopff 1942.

[2.4] EIRICH, F. R.: Rheology, Theory and Application, Bd. I, New York: Academic Press 1956.

[2.5] FREDRICKSON, A. G.: Principles and applications of rheology, Englewood Cliffs, N.J.: Prentice-Hall 1964.

[2.6] LODGE, A. S.: Elastic liquids. An introductory vector treatment of finite-strain polymer rheology, London/New York: Academic Press 1964.

[2.7] WILKINSON, W. L.: Non-Newtonian Fluids. Fluid Mechanics, Mixing and Heat Transfer. London/Oxford/New York/Paris: Pergamon Press 1960.

[2.8] NASSENSTEIN, H.: Zur Physik der Pulverdispersoide. Chemie-Ing.-Technik 24 (1952) 272—277.

[2.9] FISCHER, E.: Einführung in die geometrische Kristallographie, Berlin: Akademie-Verlag 1956.

[2.10] GOLDSCHMIDT, V.: Atlas der Kristallformen, 9 Bände, Heidelberg: Winter 1913—1923.

[2.11] KLEBER, W.: Einführung in die Kristallographie, 6. Aufl., Berlin: Verlag Technik 1963.

[2.12] TIMOSHENKO, S. P.: History of Strength of Materials, New York: McGraw-Hill 1953.

[2.13] BIESS, G., u. H. VIEHWEG: Berechnung der Bewegung kugelförmiger Teilchen in gas- oder flüssigkeitsdurchströmten Apparaten. Chem. Techn. 12 (1960) 116—121.

[2.14] MOLERUS, O.: Teilchenbewegung in einem pulsierenden Strömungsfeld. Chemie-Ing.-Technik 36 (1964) 866—870.

[2.15] KRIEGEL, E.: Kornbewegung bei der Sedimentation. Vortrag bei dem Jahrestreffen 1965 der Verfahrensingenieure in Nürnberg (s. a. Chemie-Ing.-Technik 38 (1966) 321—330).

[2.16] ROSIN, P., E. RAMMLER u. K. SPERLING: Bericht C 52 des Reichskohlenrates, Berlin: VDI-Verlag 1933.

[2.17] RAMMLER, E.: Zur Ermittlung der spezifischen Oberfläche von Mahlgut. Z. VDI, Beiheft Verfahrenstechnik 1940, Nr. 5.

[2.18] KIESSKALT, S., u. G. MATZ: Zur Ermittlung der spezifischen Oberfläche von Kornverteilungen. VDI-Z. 93 (1951) 58—60.

[2.19] MATZ, G.: Vergleich zweier Verfahren zur Ermittlung der spezifischen Oberfläche des Mahlguts. Ing.-Arch. 20 (1952) 19—25.

[2.20] RAMMLER, E.: Von den Gesetzmäßigkeiten in der Kornverteilung zerkleinerter Stoffe. Forschungen u. Fortschritte 30 (1956) 1—9.

[2.21] RUMPF, H., u. K. F. EBERT: Darstellung von Kornverteilungen und Berechnung der spezifischen Oberfläche. Chemie-Ing.-Technik 36 (1964) 523—537.

[2.22] PATAT, F., u. W. SCHMIDT: Haftkraft und Abrutschen von Schüttgütern. Dechema-Monographien 32 (1959) 361—369.

3. Speichern

·Bei allen Verfahren sind Roh- und Hilfsstoffe, Kreislaufsubstanzen, Fertig- und Nebenprodukte, Ersatzteile usw. zeitweise aufzubewahren, also zu speichern. Die Speicherausführung richtet sich nach dem Aggregatzustand des Guts, seinem physikalischen, chemischen und biologischen Verhalten sowie der verfahrenstechnisch nötigen oder der aus wirtschaftlichen Gründen erwünschten Speicherkapazität.

3.1 Grundlagen

Die Druckverteilung in dem gespeicherten Stoff sowie die Drücke auf den Boden und die Wände des Speichers bestimmen die zulässige Füllhöhe des Guts und die Ausbildung des Speichers. Witterungsbedingte Temperaturschwankungen wirken sich erheblich auf die Speicherung praktisch aller Stoffe aus und sind daher neben verschiedenen anderen, materialbedingten Erscheinungen beim Projektieren immer zu berücksichtigen. Besondere Aufmerksamkeit erfordern auch die im Abschnitt 8.241 (S. 404 ff.) erörterten Sicherheitsfragen.

3.11 Druckverteilung

Bei Gasen und NEWTONschen sowie vielen nicht-NEWTONschen Flüssigkeiten (strukturviskose und dilatante Substanzen) verschwindet im Ruhezustand die Reibung, und man erhält aus den Bewegungsgleichungen (1.24) mit $\mathfrak{w} = 0$ für den in allen Raumrichtungen gleichen örtlichen Druck p

$$p = p_0 + \varrho\, g\, z. \tag{3.1}$$

p_0 bezeichnet den Druck am höchsten Punkt des Gasbehälters bzw. an der Flüssigkeitsoberfläche (bei offenen Flüssigkeitsbehältern gleich dem äußeren Luftdruck), ϱ die Produktdichte, g die Erdbeschleunigung und z den vertikalen Abstand der betrachteten Stelle von der Gasbehälter-Oberkante bzw. Flüssigkeitsoberfläche (nach unten positiv). Die Behälterform hat auf den Druck keinen Einfluß. Bei Gasen kann man wegen $p_0 \gg \varrho\, g\, z$ mit dem praktisch im ganzen Speicher konstanten Wert $p \approx p_0$ rechnen. In Flüssigkeiten ändert sich p dagegen mit der Höhe beträchtlich (in Wasserbehältern um ca. 0,1 at/m).

Bei nicht-NEWTONschen Flüssigkeiten mit endlicher Fließgrenze (z. B. Bingham-Pasten, S. 46 f.) und bei Feststoffen treten auch im

Ruhezustand Reibungskräfte im Gut und an den Speicherwänden auf. Während diese Kräfte in Flüssigkeiten im allgemeinen mit der Zeit verschwinden (Relaxation), so daß schließlich wieder Gl. (3.1) gilt, bleiben sie bei Feststoffen weitgehend erhalten und bedingen eine andere Druckverteilung [3.1—3.6].

H. A. JANSSEN [3.2] leitete schon 1895 für Silozellen mit lotrechten Wänden die Zusammenhänge

$$p_h = \frac{\varrho_s^* g F}{\mu_w U}\left(1 - e^{-\frac{KU}{F} z}\right), \qquad p_v = \frac{\mu_w}{K} \cdot p_h \qquad (3.2\,\text{a, b})$$

her. Darin sind p_h und p_v die Horizontal- bzw. Vertikalkomponente des örtlichen Schüttgutdrucks, ϱ_s^* die Schüttdichte des Guts, g die Erdbeschleunigung, z die Höhe der Schüttgutsäule über der betrachteten Stelle, μ_w der Reibungsbeiwert zwischen dem Schüttgut und der Wand, F die Fläche des Siloquerschnitts und U der Siloumfang. Die Gln. (3.2a, b) ergeben sich aus einer Gleichgewichtsbetrachtung für eine horizontale Schüttgutschicht, wenn man annimmt, daß p_v und p_h nur von dem Gewicht der darüberliegenden Schüttgutsäule abhängen, also für jeden horizontalen Siloquerschnitt konstant und außerdem einander proportional sind. Für den Proportionalitätsfaktor K erhielt H. A. JANSSEN auf Grund von Versuchen als Mittelwert $K = 0{,}3$. Nach W. J. RANKINE läßt sich K aus dem inneren Reibungswinkel ϱ_i des Haufwerks berechnen:

$$K = \frac{1 - \sin \varrho_i}{1 + \sin \varrho_i} = \tan^2\left(\frac{\pi}{4} - \frac{\varrho_i}{2}\right). \qquad (3.3)$$

Bei großen Schütthöhen $z > 8F/U$ liefern die Gln. (3.2a, b) zu große Werte für den Wand- und den Bodendruck, die Ergebnisse liegen also für die Festigkeitsrechnung „auf der sicheren Seite".

Für feinkörnige Güter (Mehl) gibt O. THEIMER [3.3] die Beziehungen

$$p_h = \frac{\varrho_s^* g F}{\mu_w U}\frac{2(A/z) + 1}{[(A/z) + 1]^2}, \qquad p_v = \frac{\varrho_s^* g A}{1 + A/z} \qquad (3.4\,\text{a, b})$$

mit der Abkürzung

$$A = \frac{F/U}{\mu_w \tan^2\left(\dfrac{\pi}{4} - \dfrac{\varrho_i}{2}\right)} \qquad (3.4\,\text{c})$$

an, die wie die Formeln von H. A. JANSSEN nur für Silos mit vertikalen Wänden gelten. Danach ist das Verhältnis des Horizontaldrucks p_h zum Vertikaldruck p_v nicht mehr konstant, sondern von der Höhe z der darüberliegenden Schüttgutsäule abhängig: p_h ist bei kleiner Schütthöhe z etwa doppelt so groß wie nach den Gln. (3.2b), (3.3), bei großer Schütthöhe dagegen etwa gleich groß.

Für Silos mit geneigten Wänden und Auslauftrichter erhält man auf Grund einer Gleichgewichtsbetrachtung ähnlich der von H. A. JANSSEN mit z_0 als Höhe der Schüttgutsäule über der Trichterspitze

$$p_h = K^* p_v, \qquad p_v = \frac{\varrho_s^* \, g \, z_0}{C} \left(\frac{z_0 - z}{z_0} \right) \left[1 - \left(\frac{z_0 - z}{z_0} \right)^C \right]. \qquad (3.5\,\text{a, b})$$

Der Faktor K^* hängt im wesentlichen von den Reibungsbeiwerten des Haufwerks ab, und die Konstante C berücksichtigt außerdem die Trichterform. Untersuchungen von C. A. LEE [3.5] ergaben $K^* \approx 0,5$ sowie $C = 0,5$ (für runde und quadratische Trichter mit 30° Wandneigungswinkel) bis $C = 2,2$ (für runde Trichter mit 5° Wandneigungswinkel), quadratische Trichter mit 3 (2) unter 30° geneigten und 1 (2) lotrechten Wänden führten auf $C = 1,0\ (1,5)$. Die Abb. 3.1a, b zeigen den Ver-

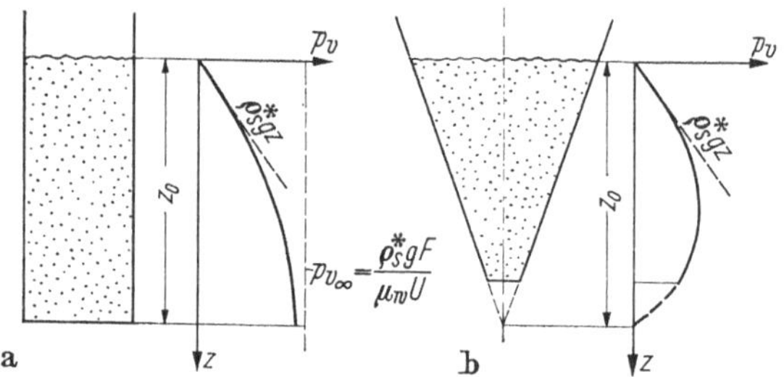

Abb. 3.1a u. b. Vertikaldruck p_v a) in Silozellen mit vertikalen Wänden [Gln. (3.2a, b)] und b) in Auslauftrichtern [Gln. (3.5a, b)] in Abhängigkeit von der Schütthöhe z.

lauf des Vertikaldrucks p_v in Abhängigkeit von der Schütthöhe z nach den Gln. (3.2a, b) bzw. (3.5a, b). In Silos mit vertikalen Wänden (Abb. 3.1a) wächst p_v mit zunehmendem z asymptotisch bis zu dem Grenzwert $p_{v\infty} = \varrho_s^* \, g \, F/\mu_w \, U$, in Auslauftrichtern (Abb. 3.1b) durchläuft p_v ein Maximum.

Die Gl. (3.1) gibt die Druckverteilung in Gas- und Flüssigkeitsbehältern auch während des Einfüllens oder Entleerens richtig wieder, da die Strömungsgeschwindigkeiten sehr gering und die dynamischen Druckanteile daher vernachlässigbar klein sind. Die Formeln (3.2a, b) bis (3.5a, b) für die Druckverteilung in Schüttgutsilos gelten dagegen nur für den Ruhezustand; beim Entleeren steigt der Horizontaldruck in rieselfähigem Gut um etwa 10 bis 20% über den Druck im Ruhezustand an (zum Brückenbilden und Anbacken neigende Stoffe können Anstiege bis zu 300% aufweisen), und beim Einfüllen verursacht das Abbremsen des frei in den Speicher fallenden Produkts eine zusätzliche Belastung des Bodens und der Wände. Es ist daher ratsam, beim Auslegen der Tragkonstruktion reichliche Sicherheitszuschläge in Rechnung zu stellen.

Stückgüter beanspruchen die Speicherwände überhaupt nicht. Ihr Gewicht konzentriert sich auf wenige, meist kleine Auflageflächen

(Palettenfüße usw.), daher muß der Speicherboden nicht nur in seiner Gesamtheit ausreichend tragfähig sein, sondern auch einen Belag mit hoher Oberflächenhärte aufweisen (z. B. Zementestrich).

Die nach den Gln. (3.2a, b) bis (3.5a, b) errechnete Druckverteilung in Schüttgütern gibt die mittleren Kräfte pro Flächeneinheit des Siloquerschnitts bzw. der Wand in Abhängigkeit von der Füllhöhe an. Die einzelnen Feststoffkörner unterliegen jedoch sehr ungleichmäßigen Beanspruchungen. Manche besonders hoch belastete Teilchen brechen unter der Wirkung von Druck- oder Reibungskräften. In Feinstäuben bilden sich bei hohem Druck Agglomerate und Klumpen. Um solche Zerkleinerungs- und Kompaktiereffekte möglichst gering zu halten, muß man die Füllhöhe des Speichers und seine Bauhöhe (bzw. die maximale freie Fallhöhe des Schüttguts) begrenzen sowie die Speicherwände aus Werkstoffen mit kleinen Reibungsbeiwerten herstellen.

3.12 Temperatureinflüsse

Die Temperatur bestimmt den thermischen Zustand (Dichte, Konsistenz, Aggregatzustand) des Speicherguts und beeinflußt Stoffaustauschvorgänge, chemische Reaktionen sowie biologisch bedingte Erscheinungen.

Gase (Abschn. 2.2, S. 36 ff.) lassen sich bei konstantem Druck und — infolge ihres kleinen isochoren Spannungskoeffizienten β_v, vgl. dazu die Gln. (1.15c), (2.6c) — auch bei konstantem Volum speichern. Flüssigkeiten (Abschn. 2.3, S. 43 ff.) muß man wegen ihrer wesentlich höheren β_v-Werte praktisch bei konstantem Druck speichern, also entweder in offenen Behältern oder in geschlossenen Gefäßen mit ausreichenden Ausdehnungsmöglichkeiten (z. B. bewegliche Kolben, Membranen, Luftpolster). Schüttgüter (Abschn. 2.43, S. 55 ff.) speichert man immer bei konstantem Druck (für ihren thermischen Zustand ist nicht die nach Abschnitt 3.11 (S. 66 ff.) berechnete Druckverteilung im Haufwerk maßgebend, sondern der in den Poren zwischen den Teilchen und in dem Raum über der Schüttung herrschende Gas- bzw. Luftdruck).

Temperaturbedingte Gefügeumwandlungen können beim Speichern erhebliche Schwierigkeiten verursachen. Beim Erstarrungspunkt bzw. beim Stockpunkt (jene Temperatur, bei der Öle und andere amorph erstarrende Flüssigkeiten unter der Wirkung der Schwerkraft nicht mehr sichtbar fließen) friert der Speicherinhalt ein, so daß keine weitere Entnahme mehr möglich ist. Wasser kann zudem infolge seiner Volumzunahme beim Gefrieren den Behälter sprengen. Um solche Störungen zu vermeiden, muß man die Flüssigkeitstemperatur durch Beheizen (Tauchheizkörper oder Heizschlangen) und eventuell Umwälzen (z. B. Propellerrührer, s. Abschn. 5.33, S. 205 ff.) über dem Erstarrungs- bzw. Stockpunkt halten. Auch Silos für feuchte Haufwerke erfordern manchmal beheizbare Wände, damit man ein Gefrieren des Siloinhalts verhindern kann. Durch Zusatz geeigneter Zuschlagstoffe (z. B. Salz bei feuchtem Streusand) läßt sich vielfach der Gefrierpunkt des Guts so weit senken, daß keine Einfriergefahr mehr besteht. Steigt die Temperatur in einem Silo über den Schmelz- oder den Erweichungspunkt des Schüttguts, so bilden sich Schmelzen, Teilschmelzen, Klumpen usw., die das Austragen des Produkts erschweren und oft auch seine Qualität verschlechtern. In Flüssigkeitsbehältern verdampft die gespeicherte Flüssigkeit bzw. deren leicht siedender Anteil, wenn die Temperatur den Siedepunkt erreicht; dies führt in offenen Gefäßen zu hohen Substanzverlusten, in geschlossenen Behältern zu unzulässigen Drucksteigerungen. Man muß daher Silos für niedrig schmelzende Feststoffe und Behälter für leicht siedende Flüssigkeiten isolieren, vor Sonnenbestrahlung schützen (stark reflektierende Farbanstriche, z. B. Aluminiumbronze) und wenn nötig kühlen.

In Gemischen verschiebt sich bei einem Temperaturwechsel auch die Lage des Phasengleichgewichts, so daß es zu Stoffaustauschvorgängen kommt (vgl. die Abschn. 1.42 bis 1.43, S. 24 ff.). Beispielsweise schlägt sich beim Abkühlen wasserfeuchter Gase an kalten Flächen Wasser nieder, wenn der Partialdruck des Wasserdampfs im Gas den Sättigungsdruck bei der Wandtemperatur überschreitet. Je nach der Wandtemperatur läuft das Kondensat als Flüssigkeitsfilm an der Wand herab und sammelt sich am Behälterboden (Entwässerungsleitung an der tiefsten Stelle von Trockengasbehältern anbringen!) oder gefriert und bildet eine Eisschicht an der Behälterwand. In Silos kondensiert das Wasser an den Schüttgutteilchen und erhöht dadurch die Feuchtigkeit des Haufwerks (sowie in der Regel auch seine Neigung zur Klumpen- und Ansatzbildung). Auch die Substanzverluste offener Flüssigkeitsspeicher durch Verdunsten ändern sich bei Temperaturschwankungen erheblich infolge der Temperaturabhängigkeit des Sättigungsdrucks [vgl. Gl. (2.22)].

Drucklose Flüssigkeitsbehälter müssen durch eine Druckausgleichsleitung ständig mit der Außenluft in Verbindung stehen. Durch diese Leitung strömt während des Füllvorgangs oder bei einem Temperaturanstieg produktdampfhaltige Luft aus dem Speicher ins Freie, es kommt also zu einem Substanzverlust. Nach Abschnitt 2.2 (S. 36 ff.) ergibt sich die dabei austretende Masse m bzw. Molzahl n des Produkts aus seinem Molekulargewicht M, seinem Molanteil x im Dampf/Luft-Gemisch, dem Gesamtdruck p, der absoluten Temperatur T, dem Volum V_L des Speicherluftraums und der universellen Gaskonstanten R zu

$$m = M\,n = \frac{M}{R}\,\varDelta\left(\frac{V_L\,p\,x}{T}\right). \qquad (3.6\,\text{a, b})$$

$\varDelta(V_L p x/T)$ bezeichnet die Differenz der Klammerausdrücke vor bzw. nach dem Füllen bzw. der Temperaturerhöhung. Während des Entleerens oder bei Absinken der Temperatur dringt von außen Luft ein, die infolge ihrer Feuchtigkeit Wasser in den Behälter bringt. Die Menge des in den Behälter gelangenden Wassers folgt mit x als Molanteil und M als Molekulargewicht des Wassers ebenfalls aus den Gln. (3.6a, b). Durch Zwischenschalten eines (z. B. mit Silicagel gefüllten) Trockenrohrs in die Druckausgleichsleitung kann man das Eindringen von Luftfeuchtigkeit unterbinden. Nimmt das Trocknungsmittel auch Produktdampf auf, so ist es zum Erhöhen seiner Standzeit (Betriebszeit bis zum Austauschen oder Regenerieren) angebracht, je eine mit einer Rückschlagklappe ausgerüstete Ent- bzw. Belüftungsleitung vorzusehen und das Trockenrohr in letztere einzuschalten. Die Substanzverluste durch die Entlüftungsleitung lassen sich mittels einer „Kühlfalle" (das ist ein kleiner, gut gekühlter Oberflächenkondensator) nötigenfalls weitgehend verringern.

Mit steigender Temperatur wächst auch die Geschwindigkeit chemischer Reaktionen (bei Temperaturanstieg um 10 Grad vielfach etwa um den Faktor 2). Um unerwünschte Reaktionen zu unterdrücken, begrenzt man daher die maximale Speichertemperatur. Der Gefahr einer Reaktion mit Luft — vor allem einer Selbstentzündung brennbarer Stoffe — begegnet man durch Speichern in geschlossenen Behältern und „Beschleiern" mit einem geeigneten Inertgas (vielfach eignet sich dazu N_2 oder CO_2). Ein geringer Inertgasüberdruck im Speicher verhindert das Eindringen von Leckluft durch Undichtigkeiten, und ein ständiger schwacher Inertgasstrom gleicht Gasverluste sowie allmähliche Schwankungen des Gaspolster-Inhalts aus. Der Inertgasstrom $\dot{V}$ führt Flüssigkeitsdampf entsprechend dem Sättigungspartialdruck mit sich und verursacht damit Substanzverluste; der Verluststrom $\dot{m}$ läßt sich mit $\dot{m}$ und $\dot{V} p x / T$ anstelle von m bzw. $\Delta(V p x / T)$ aus den Gln. (3.6a, b) berechnen.

Beim Speichern von Stoffen, die durch biologische Vorgänge zersetzt oder geschädigt werden können (Schimmeln von Nahrungsmitteln, Keimen von Kartoffeln usw.) muß man bestimmte optimale Temperaturbereiche einhalten, um Schäden zu vermeiden.

3.13 Andere materialbedingte Erscheinungen

In fluiden Gemischen reichern sich unter dem Einfluß der Schwerkraft die spezifisch schwereren Bestandteile unten, die spezifisch leichteren oben an. Bei Gasen wirken die starke Diffusion und die natürliche Wärmekonvektion dieser Schichtung entgegen, so daß die Konzentrationsunterschiede normalerweise nur gering bleiben; bei Emulsionen und Suspensionen können sich die Komponenten jedoch praktisch vollständig trennen, und die Entmischung läßt sich in der Regel nur durch Rühren oder Zusatz von „Stabilisatoren" vermeiden. Auch „reine" Flüssigkeiten enthalten meist geringe Mengen fester Sinkstoffe, die sich allmählich absetzen und schließlich eine Schlammschicht bilden, daher sieht man am Boden von Flüssigkeitsbehältern eine Schlamm-Ablaßleitung vor und ordnet die Flüssigkeitsentnahmeleitung über der zu erwartenden „Schlammgrenze" an.

Füllt man heterogene Schüttgüter in einen Schachtspeicher, so reichern sich die feinen Teilchen in der Mitte und die groben in der Nähe der Wände an [*3.7, 3.8*]. Beim Entleeren fließt zuerst das Gut über der Ausflußöffnung aus; dadurch bildet sich ein Trichter an der Haufwerks-Oberfläche, in dem das Produkt von den Wänden zur Mitte rieselt. Die zuerst eingefüllten und am Schachtboden in Wandnähe liegenden Teilchen verlassen den Speicher zuletzt. Spezifisch schwere Körner sinken in dem bewegten Haufwerk schneller zur Auslauföffnung als spezifisch leichte. Aus diesen Gründen wachsen mit abnehmender Füllhöhe die Anteile an großen und an spezifisch leichten Teilchen im ausfließenden Gekörn. Durch entsprechendes Gestalten des Speichers und geeignete Entnahmeeinrichtungen lassen sich zwar Entmischungserscheinungen hinsichtlich der Korngröße, aber nicht solche hinsichtlich der Dichte vermeiden.

Beim Einfüllen elektrisch nichtleitender Flüssigkeiten oder Schüttgüter können sich Produkt und Behälter elektrisch aufladen (in Speichern für nichtleitende Schüttgüter hat man Spannungen bis zu mehreren tausend Volt gemessen). Um der Gefahr zu begegnen, daß sich leicht brennbare Flüssigkeiten, Gas/Luft- oder Staub/Luft-Gemische durch Überschläge elektrischer Funken entzünden, muß man die Speicher sorgfältig erden; außerdem kann man den Speicherinhalt mit einem Inertgas beschleiern und so die Bildung eines zündfähigen Gemischs verhindern.

Manche Stoffe ändern mit der Zeit — bedingt durch verschiedene physikalische, chemische oder biologische Einflüsse — ihr mechanisches Verhalten (Viskositätszunahme thixotroper Flüssigkeiten, Auskristallisieren von Lösungen, Keimen von Kartoffeln usw.). Man muß dann beim Entwurf eines Speichers nicht nur die ursprünglichen Materialeigenschaften, sondern auch deren mögliche Veränderungen berücksichtigen.

3.14 Dichtigkeit von Flüssigkeits- und Gasbehältern

Die Dichtigkeit offener, außen von allen Seiten zugänglicher Flüssigkeitsbehälter kann man einfach dadurch überprüfen, daß man den Behälter mit Wasser füllt und dann außen nach Leckstellen absucht. Sind Wände und Boden zum Teil unzugänglich (z. B. Löschteiche), so muß man sich auf die Kontrolle des Füllstands während längerer Zeit beschränken. Infolge der Unsicherheiten durch Verdunsten usw. lassen sich so zwar nur größere Undichtigkeiten feststellen, doch sind praktisch meist nur solche von Bedeutung. Behälter für gefährliche Flüssigkeiten müssen grundsätzlich von allen Seiten zugänglich sein, sofern nicht besondere Sicherheitsvorkehrungen Leckverluste zuverlässig verhindern (z. B. doppelwandige Behälter mit Kontrollflüssigkeitsfüllung).

Geschlossene Behälter setzt man unter einen geringen Luftüberdruck Δp und ermittelt die Druckabnahme in Abhängigkeit von der Zeit, nachdem man alle Anschlüsse für Rohrleitungen, Meßgeräte usw. durch Blindflansche oder Steckscheiben sorgfältig verschlossen hat. Aus dem Behältervolum V, der zeitlichen Druckabnahme $-dp/dt$ und der absoluten Temperatur T ergibt sich mit Hilfe der Zustandsgleichung idealer Gase Gl. (2.3) die pro Zeiteinheit ausströmende Luftmenge

$$\dot{m}_L \equiv \frac{dm_L}{dt} = -\frac{V}{R^* T}\frac{dp}{dt} \tag{3.7}$$

$R^* = 29{,}27$ mkp/kg grd　ist die spezielle Gaskonstante von Luft. Würde der Luftstrom $\dot{m}_L$ mit der Dichte ϱ den Behälter durch eine ideale Düse (ohne Reibung und Strahleinschnürung) verlassen, so müßte diese den Querschnitt

$$f_D = -\frac{\dot{m}_L}{\sqrt{2\varrho\,\Delta p}} = -\frac{dp/dt}{\sqrt{2\varrho\,\Delta p}}\frac{V}{R^* T} \tag{3.8a, b}$$

aufweisen, f_D ist demnach ein Maß für die Größe der Leckstelle.

Hochdruck- und Vakuumbehälter unterzieht man zunächst einer Wasserdruckprobe zum Überprüfen der Festigkeit; dabei lassen sich bereits größere Undichtigkeiten an dem herausspritzenden Wasser erkennen. Für genauere Dichtigkeitsprüfungen setzt man Hochdruckbehälter im allgemeinen unter einen höheren Luftüberdruck, so daß man beim Berechnen des Ausströmvorgangs die Kompressibilität der Luft berücksichtigen muß (vgl. Abschn. 4.11, S. 99 ff.). Überschreitet der Absolutdruck p_1 im Behälter etwa das 1,9fache des Umgebungsdrucks p_0 ($p_1 \gtreqqless 1{,}9\,p_0$), so gilt für den Querschnitt f_D der gleichwertigen Düse mit $\varkappa = 1{,}4$

$$f_D \doteq -\frac{V\,dp/dt}{0{,}7\,p_1\,\sqrt{g\,R^* T_1}}\,. \tag{3.9}$$

Zum Auffinden sehr kleiner Leckstellen kann man die Schweißnähte, Dichtungen usw. mit einer leicht schäumenden Flüssigkeit (Waschmittellösung) einpinseln. An der Leckstelle entstehen dann deutlich erkennbare Blasen. Bei den Halogen-Lecksuchgeräten bringt man eine halogenhaltige Indikatorsubstanz (z. B. Frigen 12) unter geringem Überdruck in den Behälter und fährt die Behälterwände, Verbindungsstellen usw. außen mit einer Sonde ab. An Leckstellen erfolgt eine optische oder akustische Anzeige.

Bei Vakuumbehältern ist der durch eine Undichtigkeit eindringende Luftstrom unabhängig von dem Druck p_2 im Behälter, sofern dieser den 0,54fachen Wert des Umgebungsdrucks p_0 unterschreitet ($p_2 \leqq 0,54\,p_0 \doteq$ $\doteq 410$ Torr); unter normalen Bedingungen strömen pro Quadratzentimeter einer gleichwertigen Düse je Sekunde etwa 20 Liter Luft (gemessen bei Umgebungszustand, also ca. 0,024 kg) in den evakuierten Raum. Üblicherweise kennzeichnet man die Dichtigkeit eines Vakuumaggregats jedoch nicht durch den Querschnitt der gleichwertigen Düse, sondern durch das „Druck-Liter-Produkt" DLP (Volum V des abgeschlossenen, auf das Betriebsvakuum p_2 evakuierten Aggregats in Litern mal Druckanstieg pro Zeiteinheit dp/dt in Torr pro Sekunde), das mit dem eindringenden Luftstrom $\dot{m}$ gemäß Gl. (3.7) durch die Zahlenwertgleichung

$$\frac{\dot{m}_L}{[\text{kg/s}]} = 4,65 \cdot 10^{-4} \, \frac{\text{DLP}/T}{[\text{Torr lit/s }^\circ\text{K}]} \tag{3.10}$$

verknüpft ist.

3.2 Speichern von Gasen und Dämpfen

Gase und Dämpfe erfüllen jeden ihnen dargebotenen Raum und lassen sich deshalb nur in geschlossenen Behältern speichern.

3.21 Niederdruck-Gasbehälter

In Niederdruck-Gasbehältern speichert man Gase bei einem niedrigen, annähernd konstanten Überdruck zwischen 500 und 800 mm WS gegenüber der Umgebung. Speicher für brennbare Gase mit einer relativen Dichte $\leqq 0,9$ (bezogen auf Luft) müssen in Deutschland im allgemeinen mindestens 6 bis 10 m (je nach Speichervolum) von beliebigen Bauten oder Lagerplätzen, 15 m von öffentlichen Straßen, 25 m von öffentlichen Bahnen, betriebsfremden Bauten und Wohngebäuden sowie 50 m von Lagerplätzen für leicht entzündliche Stoffe (Fremdeigentum) entfernt und für die Feuerwehr von allen Seiten zugänglich sein [3.9]. Der explosionsgefährdete Bereich (wichtig für die elektrischen Installationen) ist in jedem Einzelfall besonders festzulegen.

Die Gasleitungen bildet man so aus, daß durch Explosionen an anderen Stellen des Leitungssystems erzeugte Druckwellen nicht in den Behälter gelangen können (scharfe Richtungsänderungen, Sollbruchstellen oder Prallbleche zum Reflektieren der Druckwellen). In jeder Leitung sieht man eine Absperreinrichtung vor, die beim Überschreiten der zulässigen Gasinhaltsgrenzen des Speichers automatisch schließt.

Große Gasbehälter lassen sich praktisch nicht absolut gasdicht ausführen. F. A. HENGLEIN [9.31.11] gibt als täglichen Verlust etwa $3^0/_{00}$ des Fassungsvermögens an.

3.211 Glockengasbehälter oder Naßspeicher. Glockengasbehälter oder Naßspeicher baut man heute nur noch selten. Sie bestehen aus einer in Führungsschienen vertikal oder schraubenförmig geführten Gasometerglocke, die mit ihrem unteren, zylindrischen Teil in ein Wasserbecken eintaucht und unter der die Leitungen zur Gaszufuhr bzw. -entnahme münden. Die Glocken großer Naßspeicher setzen sich im allgemeinen aus mehreren zylindrischen Schüssen zusammen, die sich beim Füllen nacheinander teleskopartig auseinanderziehen und durch Haktassen am oberen bzw. Schöpftassen am unteren Rand gasdicht miteinander verbunden sind (Teleskopbehälter). Wasseranschlüsse ermöglichen das Nachfüllen des Beckens und der Wassertassen zum Ausgleichen von Verdunstungs- und Undichtigkeitsverlusten. Alle wesentlichen Teile des Behälters einschließlich der Glockendecke müssen zwecks Kontrolle über Treppen, Aufzüge und Laufstege erreichbar sein.

Durch Einleiten von Gas hebt sich die Glocke, bis der auf den Glockenquerschnitt F wirkende Überdruck des Gases und der hydraulische Auftrieb A des eingetauchten Glockenteils dem Gewicht G der Glocke und der Reibung R in den Führungen das Gleichgewicht halten. Die Reibung wirkt der Bewegung entgegen und vergrößert daher den Überdruck beim Füllen des Gasometers, während sie ihn bei der Gasentnahme vermindert. Der am Dach der Gasometerglocke gegen die Umgebung gemessene Überdruck Δp des Gases ist somit

$$\Delta p = \frac{G - A \pm R}{F}. \tag{3.11}$$

Schnee und Eis können bei freistehenden Gasometern das Glockengewicht und die Reibung in den Führungen erheblich vergrößern und damit den Überdruck merklich beeinflussen. Speicher bis etwa $20\,000\ \mathrm{m^3}$ lassen sich zum Schutze vor Witterungseinflüssen in einem Gebäude aufstellen, größere Speicher (Fassungsvermögen bis zu $200\,000\ \mathrm{m^3}$) errichtet man aus Wirtschaftlichkeitsgründen immer im Freien. Um bei letzteren im Winter ein Einfrieren des meist als Abdichtungsflüssigkeit dienenden Wassers zu verhindern, beheizt man das Becken und bei Teleskopbehältern auch die Wassertassen (z. B. durch Einleiten von Dampf).

Die Abb. 3.2 zeigt einen Niederdruck-Gasbehälter für $200\,000\ \mathrm{m^3}$ mit Spiralführung (diese Gasometer fügen sich besonders gut in die Umgebung ein, da sie jeweils nur entsprechend ihrer Füllung sichtbar sind). Das Ineinandergreifen der Schöpf- und Haktassen geht aus Abb. 3.3 hervor.

3.212 Scheibengasbehälter. Scheibengasbehälter lassen sich praktisch für jedes erforderliche Fassungsvermögen ausführen (es gibt Gasometer bis $600\,000\ \mathrm{m^3}$). Sie bestehen aus einem runden oder vieleckigen, zylindri-

schen, oben durch ein Dach mit Fenstern und Lüftungsöffnungen abgeschlossenen, gasdichten Mantel, in dem sich eine von Rollen geführte
Scheibe kolbenartig auf und ab bewegen kann. Die Scheibe bildet den
oberen, beweglichen Abschluß des Gasraums und ist gegen den Mantel
beispielsweise durch ölgefüllte Lederschläuche oder Lamellen und Abdichtflüssigkeit abgedichtet. Die Leckflüssigkeit läuft an den Wänden herab,
wird unten gesammelt und wieder hochgepumpt. Die Scheibe ist für
Montage- und Überwachungsarbeiten vom Dach des Gasbehälters aus
über Klappleitern oder Aufzüge erreichbar. Der Raum über der Scheibe
muß immer sorgfältig belüftet sein, damit sich dort kein explosibles Gas/
Luft-Gemisch bilden kann.

Der (vom Wetter unabhängige) Überdruck Δp des Gases folgt mit G
als Scheibengewicht und $A = 0$ aus Gl. (3.11). Durch Auflegen oder

Abb. 3.2. 4hübiger Niederdruck-Gasbehälter mit Spiralführung, 200000 m³ Fassungsvermögen
(Fa. Pintsch Bamag/Butzbach).

Abnehmen von Belastungsgewichten kann man Δp in einfacher Weise
verändern. Die Abb. 3.4 gibt den Aufbau eines Scheibengasbehälters mit
20000 m³ Fassungsvermögen wieder.

3.213 Membrangasometer und Speicherballons. Kugelförmige Niederdruck-Gasbehälter, deren obere Hälfte aus einer mit Gewichtsstücken
beschwerten Kunststoffmembran besteht, ermöglichen das Speichern von
Gasen bei niedrigem, konstantem Druck ohne Abdichtflüssigkeit. Solche
Membrangasometer wurden beispielsweise für Helium eingesetzt.

Zum Speichern kleiner Gasmengen (normalerweise 5 bis 200 m³) bei
Gasdrücken bis etwa $\Delta p = 100$ mmWS eignen sich auch Gasbehälter
aus Ballonmaterial (z. B. Polyestergewebe mit Neoprene-Überzug und
Aluminiumschicht auf der Außenseite) [3.10]. Solche Gasballons lassen

sich infolge ihres geringen Gewichts auch über Maschinen, Apparaten usw. an der Dachkonstruktion von Gebäuden aufhängen und ermöglichen damit besonders platzsparende und billige Speicherausführungen. Die Lebensdauer schätzt man auf mindestens 10 Jahre (ausreichend lange Betriebserfahrungen liegen bisher noch nicht vor!); ähnliche Werte sind auch für die Membranen der vorher erwähnten Membranbehälter zu erwarten.

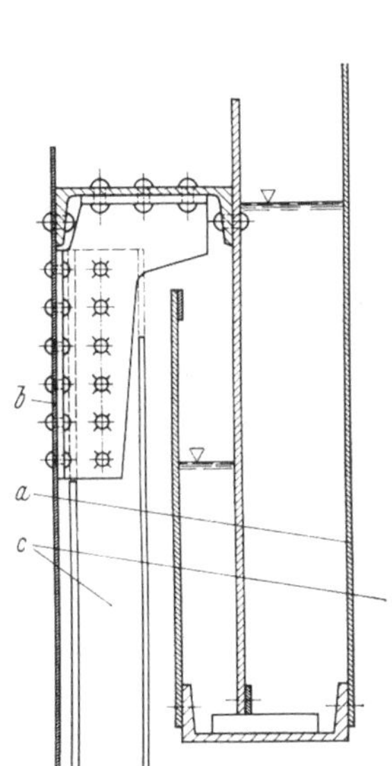

Abb. 3.3. Schöpf- und Haktasse eines Teleskopbehälters (Fa. Pintsch Bamag/Butzbach). *a* Schöpftasse, *b* Haktasse, *c* Gasraum.

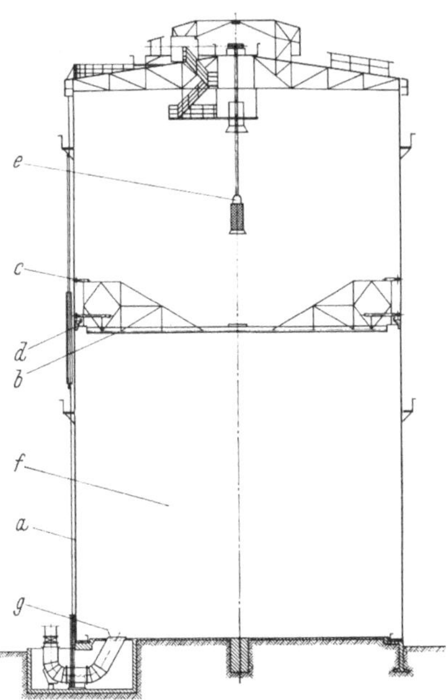

Abb. 3.4. Scheibengasbehälter mit 20000 m³ Fassungsvermögen (Fa. MAN/Gustavsburg). *a* Mantel, *b* Scheibe, *c* Führungsrollen, *d* Abdichtung, *e* Aufzug, *f* Gasraum, *g* Gasleitung mit Rückschlagklappe.

3.22 Hochdruck-Gasbehälter

In Hochdruck-Gasbehältern speichert man Gase bei konstantem Volum, also mit der Behälterfüllung veränderlichem Druck (eine Speicherung bei konstantem Druck scheitert bei hohen Druckdifferenzen meist an den Schwierigkeiten und den Kosten der Abdichtung zwischen ruhenden bzw. beweglichen Teilen).

3.221 Gasflaschen. Kleine Mengen technischer Gase bis etwa 10 Nm³ speichert man bei sehr hohem Druck in transportablen, meist nahtlosen Stahlflaschen, deren Ausführung weitgehend durch Vorschriften bestimmt ist [*3.11, 3.12*]. Handelsübliche Flaschen haben einen Inhalt von 1, 2, 5, 7, 10, 20, 27, 40 oder 50 Litern und sind für einen Fülldruck von

150 atü bei 15 °C bzw. für einen Prüfdruck von 225 atü ausgelegt. Die Kennzeichnung (Stempelung) erfolgt nach DIN 4671 (Behälternummer, Inhalt, Name des Eigentümers, Leergewicht, zulässiger Höchstdruck, Prüfdruck, Tag der letzten amtlichen Druckprüfung). Die Art des Füllgases geht aus der Kennfarbe hervor (Sauerstoff = blau, Stickstoff = grün, andere nicht brennbare Gase = grau, Acetylen = gelb, andere brennbare Gase = rot). Das Gasflaschenventil ist nach DIN 477 mit einem Spezialgewinde (Rechtsgewinde mit Whitworth-Form DIN 259, 14 Gänge auf 1″, Kegel 3:25 senkrecht zum Kegelmantel geschnitten) in den Flaschenhals eingeschraubt; sein Anschlußstutzen ist je nach der Gasart verschieden ausgeführt, um Verwechslungen zu verhüten. Anschlußstutzen für brennbare Gase haben Linksgewinde, die anderen weisen Rechtsgewinde auf; bei Gasen für medizinische Zwecke verwendet man nach DIN 477 besondere Seitenanschlüsse mit Spannbügel und von der Gasart abhängigen Paßstiften. Eine auf den Flaschenhals aufgeschraubte Kappe schützt das Gasflaschenventil vor Beschädigungen während des Transports.

Die Gasentnahme pro Zeiteinheit ist durch den Strömungsquerschnitt des Gasflaschenventils begrenzt. Bei größerem Gasbedarf kann man mehrere Stahlflaschen zu einer Flaschenbatterie parallel schalten und dadurch die Speicherkapazität und die zulässige Gasentnahme pro Zeiteinheit vergrößern.

Hochdruckflaschen können bei Bränden infolge des Druckanstiegs beim Erhitzen wie Sprengkörper explodieren, daher soll man sie in möglichst feuersicheren Teilen der Anlage lagern bzw. aufstellen. Flaschenbatterien errichtet man aus Sicherheitsgründen im allgemeinen an der Außenwand von Gebäuden, nur durch ein leichtes Dach vor direkter Sonneneinstrahlung und Niederschlägen geschützt.

3.222 Kugelgasbehälter. Für große Speichervolumina wählt man bevorzugt die Kugel als Grundform, um ein möglichst geringes Behältergewicht und damit einen niedrigen Preis zu erzielen. Meist übertragen tangential an die Kugelschale angesetzte Stützen das Gewicht des Behälters und der Füllung auf das Fundament, man kann Kugelbehälter aber auch in Betonschalen einbetten oder in einer Flüssigkeit schwimmend lagern. Ausgeführt wurden in Deutschland bereits Kugelbehälter mit 47,3 m Kugeldurchmesser (entsprechend einem Speichervolum von 55 000 m³) für 4,5 atü Betriebsdruck.

3.23 Flüssiggas- und Lösungsgasbehälter

In Flüssiggasbehältern und Lösungsgasbehältern stehen zwei Phasen des gespeicherten Stoffs miteinander im thermodynamischen Gleichgewicht. Bei Flüssiggasbehältern sind dies die reine Flüssigkeit und ihr

Sattdampf, bei Lösungsgasbehältern eine Lösung des Gases in einem Lösungsmittel sowie ein Gemisch aus Gas und Lösungsmitteldampf. Der gespeicherte Stoff wird gasförmig entnommen (daher die Bezeichnung „Gasbehälter"), die Entnahmemenge pro Zeiteinheit ist begrenzt durch die zulässige Verdampfungsgeschwindigkeit.

3.231 Flüssiggasbehälter. Leitet man ein Gas mit einer Temperatur $T < T_{\text{krit}}$ in einen Hochdruckspeicher, so steigt der Druck mit zunehmendem Gasinhalt des Behälters zunächst stetig bis zum Sättigungsdruck an. Beim Sättigungsdruck können die flüssige und die Gasphase nebeneinander bestehen, daher verschiebt sich beim weiteren Füllen das Verhältnis Flüssigkeit zu Gas, bis der Speicher nur noch Flüssigkeit enthält. Infolge der damit verbundenen Dichtezunahme der Füllung wächst die Aufnahmefähigkeit des Behälters an, und es ergeben sich somit kleinere, wirtschaftlichere Speicher.

Bei Zufuhr der Sattdampfmenge dG steigt die absolute Temperatur T des flüssigen Speicherinhalts G, da beim Kondensieren des Dampfs die Kondensationswärme $r_v\,dG$ (r_v spezifische Verdampfungs- bzw. Kondensationswärme) frei wird. Damit wächst auch die spezifische Entropie der siedenden Flüssigkeit um ds', und der Sättigungsdruck verschiebt sich in Abb. 2.2 entsprechend dem Temperaturanstieg dT längs der unteren Grenzkurve. Vernachlässigt man einerseits wegen der verhältnismäßig kleinen Dampfdichte die Speicherwirkung des Dampfraums gegenüber dem Anteil der Flüssigkeit und andererseits die hydrostatischen Druckunterschiede im Behälter, so folgt aus dem Energiesatz für die Entropieänderung

$$ds' = \frac{r_v}{T}\,\frac{dG}{G}. \tag{3.12}$$

Damit kann man aus einem T-s-Diagramm des gespeicherten Stoffs die Zustandsänderung der Flüssigkeit, d. h. die Verschiebungen dT und dp_s der Temperatur bzw. des Sättigungsdrucks bei Dampfzufuhr bzw. -entnahme ablesen.

Kleine Mengen „verflüssigter Gase" kann man in nahtlosen Stahlflaschen gemäß Abschnitt 3.22 (S. 77 f.) speichern. Für mäßigen Sättigungsdruck (Prüfdruck bis etwa 35 atü) eignen sich auch handelsübliche geschweißte Stahlflaschen mit einem Inhalt bis ca. 130 Liter. Rollreifenfässer mit einem Fassungsvermögen zwischen 100 und 1000 Liter und einem Prüfdruck bis 50 atü dienen als Speicher- und Transportbehälter für größere Gasmengen. Für sehr große Gasmengen und niedrigen Sättigungsdruck verwendet man Kugelgasbehälter ähnlich Abschnitt 3.22 (S. 78) mit dem größeren Gewicht der Füllung angepaßten Fundamenten [*3.13, 3.14*]. Die Abb. 3.5 zeigt einen Propanspeicher mit 1500 m³ Fassungsvermögen und 15 atü Betriebsdruck.

Durch Abkühlen lassen sich die Gase auch bei Normaldruck verflüssigen und flüssig speichern; allerdings muß man dann dafür sorgen, daß die Temperatur nie den dem Sättigungsdruck $p_s = 1$ at entsprechenden Wert erreicht [*3.15—3.17*].

3.232 Wasserdampf-Gefällespeicher, Ruths-Speicher. Wasserdampfspeicher zählen nach ihrer Wirkungsweise zu den Flüssiggas-Speichern, dienen aber zum (verhältnismäßig kurzzeitigen) Speichern der im Wasserdampf als Energieträger enthaltenen thermischen Energie. Ruths-Speicher bestehen aus einem stehenden oder liegenden, zylindrischen, weitgehend mit Wasser gefüllten und gegen Wärmeverluste sorgfältig isolierten Druckgefäß. Der beim Aufladen durch Düsen in den Wasserraum eingespeiste Dampf kondensiert und erhöht damit die Wassertemperatur sowie den Sättigungsdruck (Zustandsänderung längs der Grenzkurve). Bei der Dampfentnahme aus dem Speicher-Dampfraum sinkt der Druck, wodurch ein Teil des Wassers verdampft und damit den Dampfverlust ohne Wärmezufuhr von außen ausgleicht.

Der höchste noch wirtschaftliche Speicherdruck beträgt etwa 15 at, der niedrigste Druck 0,5 atü für E-Werke bzw. 2 bis 6 atü (je nach den Bedürfnissen der Dampfverbraucher) für verfahrenstechnische Anlagen. Abhängig von dem Druckbereich

Abb. 3.5. Kugelbehälter für Propan mit 1500 m³ Fassungsvermögen, Betriebsdruck 15 atü (Fa. MAN/ Gustavsburg).

und der zulässigen Druckabnahme kann man pro Kubikmeter Behälterinhalt etwa 50 bis 120 kg Dampf speichern. Ruths-Speicher wurden bis zu etwa 400 m³ ausgeführt. Nach R. MAYR-HARTING [*3.18*] gilt zwischen dem Wasserinhalt G des Speichers und dem Druck p mit den Indizes 1, 2 für zwei Betriebszustände zwischen 2 und 20 at näherungsweise die Zahlenwertgleichung

$$\ln \frac{G_2}{G_1} = 0{,}13587 \left(\sqrt[3]{\frac{p_2}{[\text{at}]}} - \sqrt[3]{\frac{p_1}{[\text{at}]}} \right). \tag{3.13}$$

3.233 Lösungsgasbehälter. Die Löslichkeit mancher Gase in geeigneten Lösungsmitteln kann man zum Speichern ausnützen, wenn das

Lösungsmittel bei mäßigem Druck große Gasmengen löst und als Verunreinigung des Gases nicht stört. Besonders wichtig ist das Speichern von Acetylen als Brenngas zum Schweißen. Gasförmiges Acetylen zerfällt bei höherem Druck explosionsartig (auch ohne Anwesenheit von Luft) und läßt sich daher praktisch nur bis auf 1,5 atü verdichten. Es löst sich jedoch sehr leicht in Aceton und erlaubt dann infolge der geringeren Explosionsgefahr eine Kompression auf etwa 15 atü bei 15 °C. Unter diesen Bedingungen löst 1 Liter Aceton 425 Liter Acetylen, wobei sich sein Volum um ca. 80% vergrößert. Um die Explosionsgefahr weiter zu vermindern, kann man das Aceton in einer porösen Masse (Bimskies, Holzkohle mit Kieselgur usw.) aufsaugen. Praktisch verwendet man zum Speichern von Acetylen für Schweißzwecke nahtlose Stahlflaschen mit einer porösen, acetongetränkten Füllung (Prüfdruck 60 atü) und einem Gasflaschenventil nach DIN 477 mit Seitenanschluß und Spannbügel. Ihr Aufnahmevermögen beträgt etwa 0,15 kg Acetylen/ Liter, die maximal zulässige Entnahme ist 0,5 Liter Acetylen pro Minute und Liter Flascheninhalt; bei größerem Bedarf muß man zwei oder mehr Flaschen parallelschalten.

3.3 Speichern von Flüssigkeiten

Flüssigkeiten lassen sich wegen ihrer Volumbeständigkeit sowohl in offenen als auch in geschlossenen Behältern speichern; allerdings müssen sie sich in letzteren beim Erwärmen ungehindert ausdehnen können, sonst kommt es gemäß Abschnitt 3.12 (S. 69 ff.) zu unzulässigen Drucksteigerungen.

3.31 Offene Behälter

Zum Speichern kleiner Flüssigkeitsmengen dienen in Gebäuden häufig offene Behälter mit rechteckigem oder rundem Querschnitt. Die Hauptmaße zylindrischer Behälter mit einem gewölbten Boden sind nach DIN 28110 für Nenninhalte zwischen 0,1 und 40 m³ genormt. Als Behälterwerkstoffe eignen sich je nach dem Verwendungszweck Stahl, Aluminium, Kupfer, Beton, Holz, Steingut, Glas, Porzellan, glasfaserverstärkte Kunststoffe sowie Stahl mit Überzügen aus Gummi, Kunststoffen, Email, Blei, Edelmetallen usw.

Im Freien setzt man offene Behälter mit Rücksicht auf die vielseitigen Witterungseinflüsse (Regen, Schnee, Staubimmission) fast ausschließlich zum Speichern großer Wassermengen ein. Nutz- und Löschwasserteiche fassen normalerweise zwischen 50 und 2000 m³ [9.33.3]. Sie haben meist einen rechteckigen Grundriß und eine Wassertiefe zwischen 1,3 und 3,5 m; Boden und Seitenwände bestehen aus leicht bewehrtem Beton (100 bis 200 mm dick, 300 bis 400 kg Zement/m³ Beton), oft mit einer Zwischenschicht aus Teerpappe zum Verbessern der Dichtigkeit.

Bei Teichen über etwa 250 m³ sieht man in Abständen von 4 bis 6 m Dehnfugen (Fugenbreite ca. 20 mm) vor, die man mit Fugenvergußmasse, Teerstricken oder Fugenbändern abdichtet. Zur Wasserentnahme dient ein Saugschacht (Querschnitt etwa 1×1 m²) mit einer für Löschfahrzeuge ausreichend breiten, befestigten Zufahrt. Eine feste Treppe oder Leiter führt an der Seitenwand bis auf den Teichboden hinab. Aus Sicherheitsgründen umgibt man den Teich mit einem Zaun und bringt bei großer Wassertiefe am Ufer Rettungsgeräte (Stangen, Rettungsringe) an.

Besondere Schutzmaßnahmen gegen Eisschäden sind nicht nötig, wenn die Seitenwände Böschungswinkel unter 45° aufweisen. Teiche mit steileren Wänden kann man im Winter durch verbrauchtes Kühlwasser oder Abdampf beheizen oder durch Zusatz eines Frostschutzmittels vor dem Vereisen bewahren. Leitet man mittels am Boden verlegter, gelochter Rohre Luft ein, so entsteht eine poröse Eisdecke, die keine gefährlichen Druck- und Schubkräfte auf die Teichwände auszuüben vermag. Schließlich kann man die Eisdecke auch regelmäßig mechanisch zerstören (Aufhacken usw.).

Große und vor allem beheizte Teiche eignen sich auch gut zum Baden, dagegen kommt Fischhaltung in Nutz- und Löschwasserteichen nicht in Frage (Gefahr des Verstopfens von Leitungen, Pumpen usw.).

3.32 Geschlossene Niederdruckbehälter

Die meisten Flüssigkeiten speichert man weitgehend geschützt vor äußeren Einflüssen in geschlossenen Behältern. Für die Beanspruchung von Niederdruckbehältern sind der statische Druck der Flüssigkeitssäule nach Gl. (3.1) und das Gewicht der Behälterteile maßgebend.

3.321 Wasserbehälter. Zum Speichern von Trinkwasser oder aufbereitetem Wasser dienen vielfach unterirdische und dadurch frostsichere, betonierte Wasserbehälter oder Zisternen. Bevorzugte Grundformen sind Quader, stehende Zylinder oder liegende Halbzylinder. Zwischenwände unterteilen den Behälter in zwei oder mehr Kammern und ermöglichen somit Reinigungs- und Instandhaltungsarbeiten während des Betriebs. Speise- und Entnahmeleitungen münden räumlich weit voneinander entfernt, damit das Wasser den ganzen Behälter möglichst gleichmäßig durchströmt. Die Armaturen befinden sich in einer Schieberkammer. Der Behälterluftraum ist bei maximalem Füllstand verhältnismäßig klein, so daß ein starker Luftwechsel zustande kommt, wenn der Füllstand während des Betriebs schwankt. Die Be- bzw. Entlüftung erfolgt durch kleine Lüftungsöffnungen oder überdachte, durch ein Drahtnetz gegen Eindringen größerer Fremdkörper gesicherte Lüftungsaufsätze (nicht durch Fensteröffnungen, da Tageslicht das Algenwachstum begünstigen würde). Das entnommene Wasser fließt tiefergelegenen Verbrauchern von selbst (d. h. infolge seiner Lage-Energie) zu; Verbraucher in gleicher oder größerer Höhe lassen sich dagegen nur durch Zwischenschalten einer Pumpstation versorgen.

Hochbehälter verschiedener Formen [*3.13, 9.33.3*] ermöglichen auch in ebenem Gelände eine Wasserversorgung ohne nachgeschaltete Pumpen. Erwähnt seien vor allem große Speicherbecken im obersten Stockwerk mehrgeschossiger Industriebauten, Wasserringbehälter an Fabrikschornsteinen und eigens zum Wasserspeichern errichtete Wassertürme (Intze-Behälter, elliptische Behälter usw.). Bei Hochbehältern im Freien muß man in Frostperioden das Einfrieren des Wassers in Becken und Leitungen durch Beheizen und Isolieren verhindern.

3.322 Stehende, zylindrische Niederdruckbehälter (Tanks). Große Flüssigkeitsmengen (ausgenommen Wasser) über etwa 250 m³ speichert man in stehenden, zylindrischen Behältern, sogenannten Tanks [*3.13, 3.19*]. Diese bestehen aus einem flachen, unmittelbar auf dem planierten Erdboden aufliegenden und etwa 0,5° gegen die Horizontale geneigten Tankboden, einem zylindrischen Mantel mit Kreisringquerschnitt und einem Dach. Kleinere Tanks (Fassungsvermögen 10 bis 1000 m³) für begrenzte Einsatzdauer schraubt man manchmal aus Einzelteilen unter Verwendung von Gummidichtungen zusammen (Montage und Demontage durch ungeschultes Personal möglich!), meist führt man sie jedoch als Schweißkonstruktionen aus. Kleine Tanks benötigen nur bei Erdböden mit sehr geringer Tragfähigkeit ein besonderes Fundament. Normalerweise stellt man sie ohne Verankerung auf ein planiertes, mit einer Packlage und einer Asphaltdecke versehenes Geländestück oder auf eine ca. 0,5 m hohe Sandschüttung. Bei großen Tanks und wenig tragfähigem Erdboden empfiehlt sich als Fundament ein Betonring, der die Gründungsfläche einschließt und das Gewicht der zylindrischen Behälterwand aufnimmt. In jedem Fall muß man den Erdboden gründlich entwässern. Um die Bodenfeuchtigkeit vom Tankboden fernzuhalten, ordnet man diesen etwa 0,3 m über dem Geländeniveau an.

Der zylindrische Mantel kleinerer Tanks besteht aus Schüssen gleich dicker Bleche, die Wandstärke größerer Tanks paßt man zwecks Materialersparnis an den nach Gl. (3.1) von oben nach unten zunehmenden Flüssigkeitsdruck an, wobei man allerdings mit Rücksicht auf die Montage Wandstärken unter 5 mm im allgemeinen vermeidet. Die Berechnungsgrundlagen für Stahltanks gehen aus DIN 4119 hervor.

Die verschiedenen Tankbauarten unterscheiden sich im wesentlichen durch die Ausführung des Dachs; sie sind in den Abb. 3.6a bis h schematisch dargestellt. Am billigsten und am häufigsten sind Tanks mit festem, *konischem Dach* (Dachneigung etwa 4° gegen die Horizontale) nach

6*

Abb. 3.6a und Tanks mit festem, meist freitragendem *Kuppeldach* (Krümmungsradius nach DIN 4119 gleich dem 1,5fachen Manteldurchmesser). Bei kleineren Behältern stützt sich das Dach meist auf eine Mittelsäule, bei größeren (bis zu etwa 25000 m³) auf eine Stützkonstruktion aus einem oder mehreren konzentrischen, durch Säulen unterstützten Polygonringen; außen liegt es auf dem Dach-Eckring des Mantels auf.

Der Behälterluftraum steht über Druckausgleichsleitungen ständig mit seiner Umgebung in Verbindung. Die Atmungsverluste solcher Festdachtanks kann man nach den Gln. (3.6a, b) berechnen; sie fallen wirt-

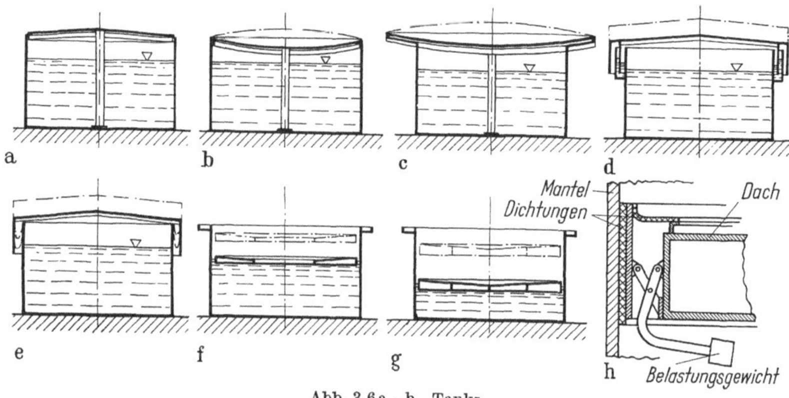

Abb. 3.6a—h. Tanks.

a) Festes, konisches Dach; b) Atmungsdach; c) Ballondach; d) Hubdach mit Flüssigkeitsabdichtung; e) Hubdach mit trockener Abdichtung; f) Ponton-Schwimmdach; g) Doppeldeck-Schwimmdach; h) Abdichtung zwischen Schwimmdach und Tankmantel.

schaftlich oft bereits erheblich ins Gewicht. Um sie zu verringern, läßt man in kleineren Behältern Druckschwankungen zu: Ventile in den Be- und Entlüftungsleitungen öffnen erst bei Überschreiten des höchstzulässigen bzw. bei Unterschreiten des kleinstzulässigen Drucks. Der Maximaldruck beträgt bei 6000-m³-Tanks etwa 2 atü, bei 20000-m³-Tanks etwa 1,7 atü [*9.31.15*]. Ein stark reflektierender, heller Farbanstrich (weiß, silbern) vermindert das Erwärmen des Tanks durch Sonneneinstrahlung und setzt damit ebenfalls die Atmungsverluste herab. Neuerdings verkleinert man die Verluste auch durch Abdecken der Flüssigkeitsoberfläche im Tank mit Hilfe einer schwimmenden Kunststoffdecke, mehrerer Kunststoffkugel-Schichten (Polyäthylen- oder Polypropylenkugeln, 20 bis 50 mm Durchmesser [*3.20*]) oder künstlichen Schaums.

Große Tanks kann man mit einem *Atmungsdach* gemäß Abb. 3.6b ausstatten, das beim Mindestdruck als schwach nach innen gewölbte Membran auf einer Stützkonstruktion ruht, sich aber bei steigendem Druck abhebt und schließlich (durch elastisches Verformen) in eine nach außen gewölbte (in Abb. 3.6b strichpunktierte) Form übergeht. Erst wenn der Innendruck noch weiter zunimmt (beispielsweise beim Füllen), gibt ein Ventil die Entlüftungsleitung frei. Die Atmungsverluste solcher Atmungsdach-Tanks beschränken sich somit weitgehend auf den Füllvorgang, daher verwendet man diese Bauart bei langer Speicherzeit und geringen Füllungsschwankungen. Bei sehr großen Temperaturschwankungen zwischen Tag und Nacht oder niedrigem Füllstand und demnach verhältnismäßig großem Luftpolster reicht die Beweglichkeit des Atmungsdachs nicht aus, um die Volumsänderungen aufnehmen und somit die Atmungsverluste völlig vermeiden zu können. Das *Ballondach* nach Abb. 3.6c entspricht hinsichtlich seiner Funktion dem Atmungsdach, ragt jedoch seitlich über den Mantel hinaus und vermag daher größere Volumsänderungen verlustlos auszugleichen. Zum Speichern sehr großer Mengen eines Produkts errichtet man vielfach mehrere Festdachtanks sowie einen Ballondachtank und verbindet deren Lufträume miteinander durch Ausgleichsleitungen, so daß das Ballondach die Luftvolums-Schwankungen aller angeschlossenen Tanks aufnimmt.

In Tanks mit *Hubdach* steht das Luftpolster wie das Gas in Niederdruck-Gasspeichern unter einem stets gleichen, vom Gewicht des Hubdachs abhängigen Überdruck, den man nach Gl. (3.11) berechnen kann. Beim Hubdach mit Flüssigkeitsabdichtung, Abb. 3.6d, taucht eine Blechschürze am Dachrand in eine flüssigkeitsgefüllte Tasse des Tankmantels ein. Beim Hubdach mit trockener Abdichtung verbindet ein für den Produktdampf undurchlässiger Stoffstreifen das Dach mit dem Mantel, Abb. 3.6e.

Schwankt der Füllstand eines Tanks häufig und in weiten Grenzen, so kann man die Atmungsverluste mit Hilfe eines *Schwimmdachs* auf etwa $1/5$ bis $1/10$ der Werte von Festdach-Tanks vermindern, muß dafür allerdings höhere Kapital- und Wartungskosten in Kauf nehmen. Das Schwimmdach schwimmt unmittelbar auf der gespeicherten Flüssigkeit und ist seitlich gegen den Mantel abgedichtet. Das Luftpolster über der Flüssigkeit ist infolgedessen wesentlich kleiner als bei anderen Tankbauarten und vor allem — unabhängig vom Füllstand — immer gleich groß. Das *Ponton-Schwimmdach* (für kleinere Tanks) wird von einem Ring geschlossener Zellen getragen, Abb. 3.6f. Das *Doppeldeck-Schwimmdach* gemäß Abb. 3.6g für große Tanks besteht aus zwei übereinander angeordneten Dachscheiben mit Zwischenwänden, die das ganze Dach in Zellen unterteilen. Die Abdichtung des Schwimmdachs geht aus Abb. 3.6h hervor. Der Mantel von Schwimmdach-Tanks ist am oberen Rand durch einen „Windverband" versteift, da bei ihnen die versteifende Wirkung einer fest angeschlossenen Dachkonstruktion im Gegensatz zu den anderen Tankbauarten fehlt. Zum Ableiten des Regenwassers führt eine flexible Leitung vom Schwimmdach durch das Tankinnere zum Tankboden.

Jeden Tank stattet man mit einem oder mehreren Mannlöchern in der Nähe des Bodens und im Dach, verschiedenen Stutzen für Füll-, Entnahme-, Belüftungs- und Entlüftungsleitungen, Meßluken mit selbstschließenden, dampfdichten Verschlußkappen für Probenahmen, Temperatur- und Standmessungen, Inhaltsanzeiger sowie Blitzschutzeinrichtungen und Erdung aus. Das Tankdach muß begehbar und über Stahltreppen oder Laufbühnen zu erreichen sein und aus Sicherheitsgründen ein Geländer aufweisen (neuerdings beschränkt man sich allerdings oft auf kleine Bedienungsplattformen für die Armaturen am Dach). Schwimmdach-Tanks erhalten außen eine feste und innen eine bewegliche Treppe als Zugang zum Schwimmdach. Schwenkrohre im Tankinnern ermöglichen eine Entnahme der gespeicherten Flüssigkeit aus verschiedenen Schichten (insbesondere auch aus der obersten, spezifisch leichten und von Sinkstoffen freien Schicht). Hochviskose Stoffe kann man mittels Heizschlangen am Tankboden oder nahe der Entnahmestelle erwärmen, um eine einwandfreie Entnahme sicherzustellen.

Tanks für gefährliche oder schädliche Flüssigkeiten setzt man aus Sicherheitsgründen in ein offenes Betonbecken (Tanktasse) mit dem gleichen Fassungsvermögen wie der Tank. Die Tanktasse verhindert im Falle eines Schadens das unkontrollierte Ausbreiten brennbarer Flüssigkeit und hält schädliche Substanzen vom Grundwasser fern. Man kann auch mehrere Tanks mit einem gemeinsamen Wall umgeben; eine solche Behältergruppe nennt man Tankfeld.

Farbanstriche (außen) bzw. Überzüge aus Gummi, Kunststoffen usw. (innen) schützen den Mantel und das Dach des Tanks weitgehend gegen Korrosionsangriffe. Ein kathodischer Korrosionsschutz verhindert die Korrosion des Tankbodens (Kohle-Elektroden im Erdboden in der Nähe des Tanks als Anode, Tank als Kathode mit einer Gleichstromquelle verbunden).

3.323 Andere Niederdruckbehälter für Flüssigkeiten. In Gebäuden dienen *hölzerne, gemauerte* oder *betonierte Kammern* zum Speichern vieler Flüssigkeiten. Am häufigsten verwendet man jedoch *zylindrische Behälter aus Stahl* (eventuell ausgekleidet mit Gummi, Kunststoffen oder Email) mit zwei gewölbten Böden, deren Hauptmaße und Nenninhalte zwischen 0,16 und 100 m³ nach DIN 28 105 genormt sind.

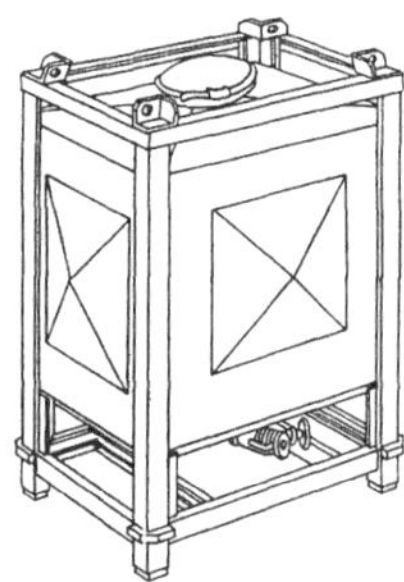

Abb. 3.7. Tankpalette (Stapeltank) mit Spannring-Deckel (Fa. Mannesmann/Düsseldorf).

Zum Speichern kleiner Flüssigkeitsmengen eignen sich auch *transportable Behälter* (z. B. Holz-, Stahl- und Aluminiumfässer, Glasballons, Steinguttöpfe). Die rechteckigen *Tankpaletten* oder *Stapeltanks* gemäß Abb. 3.7 mit Spannring- oder Schraubdeckel und Boden-Ablaßventil

(Inhalt zwischen 0,4 und 5 m³, übliche Grundrißmaße 800×1000 mm²
und international 800×1200 mm²) lassen sich raumsparend übereinanderstapeln und von Flurfördergeräten sowie Kranen leicht aufnehmen.
Die betrieblichen Vorteile transportabler Behälter — vor allem Vermeiden von Umfüllarbeiten mit allen damit verbundenen Gefahren, Ver-
lusten usw. — rechtfertigen oft ihre höheren Anschaffungskosten.

In *doppelwandigen Stahlbehältern* (DIN 6608, 6616, 6617 und 6619)
kann man gefährliche Flüssigkeiten (insbesondere Heizöl, Benzin usw.)
sowohl oberirdisch als auch unterirdisch speichern. Der Raum zwischen
den beiden Mänteln enthält unter leichtem Überdruck eine ungefähr-
liche und unschädliche Kontrollflüssigkeit, die bei einer Undichtigkeit des
Innen- oder des Außenmantels entweicht und infolge der dadurch
bedingten Druckabnahme ein Alarmsignal auslöst.

3.33 Hochdruck-Flüssigkeitsbehälter

In Hochdruck-Flüssigkeitsbehältern ist der Gesamtdruck viel höher
als der aus Gl. (3.1) folgende hydrostatische Druck der Füllung; er
bestimmt daher weitgehend unabhängig vom Füllungsgrad die Beanspruchung der Behälterwände. Die wirtschaftlichsten Grundformen
solcher Speicher sind die Kugel und schlanke Zylinder mit gewölbten oder
halbkugelförmigen Böden. Bezüglich der zylindrischen Behälter mit
gewölbten Böden sei auf die Hauptmaße und Nenninhalte nach DIN 28 105
hingewiesen, bezüglich der Kugelbehälter (vgl. Abb. 3.5) gelten die Ausführungen in Abschnitt 3.222 (S. 78).

Mit steigendem Betriebsdruck nimmt die erforderliche Wandstärke
zu; dadurch wachsen die Fertigungsschwierigkeiten normaler Stahlbehälter sehr stark, mit Sonderkonstruktionen lassen sich jedoch auch die
höchsten technisch verwendeten Drücke beherrschen [*3.13*]. Höchst-
druckbehälter führt man im allgemeinen als stehende, schlanke Zylinder
aus. Um sehr große Speicherkapazitäten zu bewältigen, errichtet man
mehrere Speicher nebeneinander und schaltet sie parallel (Speicher-
batterie). In USA verwendet man *Mehrlagenbehälter* mit zwei geschmiedeten Köpfen und einem zylindrischen Teil aus mehreren, aufeinander
aufgeschrumpften, dünnwandigen Mänteln. In Frankreich bandagiert
man die Zylinder mit geschmiedeten Stahlringen. Man bezeichnet solche
Druckgefäße als bandagierte oder „*autofrettierte*" Behälter. In Deutschland bildet man Höchstdruckspeicher als *Wickelbehälter* aus, d. h. man
verstärkt den zylindrischen Mantel durch spiralig herumgewickelte
Profilbänder. Solche Wickelbehälter wurden schon für 4000 atü (20 Liter
Inhalt, Prüfstation für Höchstdruckarmaturen) und als chemische
Reaktoren für verschiedene Betriebsbedingungen (z. B. 20 m³ bei 325 atü
und 350 °C, Hydrieren von Kohle) ausgeführt.

3.4 Speichern von Feststoffen

Die Speicherung von Stückgütern (Säcken, Ballen, Paletten, Kisten, Fässern, Maschinenteilen, Ersatzteilen, Werkzeugen usw.) richtet sich nach Größe, Form, Gewicht und sonstigen Eigenschaften der Einzelstücke. Für Schüttgüter (Getreide, Kohle, Erz, Zement) ist dagegen das Verhalten des Haufwerks maßgebend.

3.41 Bodenspeicher

Bodenspeicher eignen sich für alle Feststoffe; sie ermöglichen eine getrennte Speicherung vieler verschiedener Stück- bzw. Schüttgüter und können auch Produkte aufnehmen, die nur in dünner Schicht speicherfähig sind (z. B. feuchtes Getreide).

3.411 Freilager. Für wetterunempfindliche Güter kommen Lagerplätze im Freien in Frage, die sich mit geringem Bauaufwand einrichten lassen, aber eine große Grundfläche und aufwendige Transporteinrichtungen benötigen. Die Witterungseinflüsse können das Einspeichern und die Entnahme zeitweise stark behindern durch Glatteis, Schneeverwehungen auf den Transportwegen, Festfrieren des Guts usw.

Stückgüter benötigen etwa 50 bis 60% der gesamten Grundfläche für Transportwege. Durch Übereinanderstapeln läßt sich der Grundflächenbedarf des Lagerplatzes bei vorgegebener Kapazität beträchtlich herabsetzen.

Schüttgüter speichert man in Haufen, deren Form von den Geländeverhältnissen, der Schütthöhe, dem Böschungswinkel des Guts, den Beschickungs- und den Entnahme-Einrichtungen abhängt. Um die Speicherkapazität bei gleichbleibender Grundfläche zu vergrößern, kann man den Lagerplatz — vor allem bei Stoffen mit kleinem Böschungswinkel und bei geneigtem Gelände — durch Stützmauern eingrenzen. Bunkergruben erhöhen das Fassungsvermögen noch weiter; das ausgehobene Erdreich verwendet man zum Planieren des Geländes oder zum Anlegen eines Walls um den Lagerplatz, den man durch Stützmauern befestigt.

3.412 Gebäudespeicher. Gebäudespeicher schützen das Gut vor Witterungseinflüssen. In *Lagerschuppen* und *Lagerhallen* speichert man Stück- und Schüttgüter ebenerdig. Ihr Gewicht belastet das Gebäude nicht, Schuppen und Hallen benötigen daher nur leichte Fundamente bzw. Tragkonstruktionen und lassen sich deshalb auch auf schlechtem Baugrund errichten; sie erfordern jedoch eine große Grundfläche und sind schlecht beheizbar.

Um große Gütermengen auf einer kleinen Grundfläche unterzubringen (bei beschränkten Platzverhältnissen, z. B. Hafenanlagen), baut man mehrgeschossige Hochbauten mit Zwischendecken hoher Trag-

fähigkeit (Nutzlast 1 bis 2,5 t/m²); solche *Lagerhäuser* benötigen schwere
Fundamente und entsprechend tragfähigen Baugrund. Infolge ihrer verhältnismäßig kleinen Außenflächen — bezogen auf den umbauten Raum

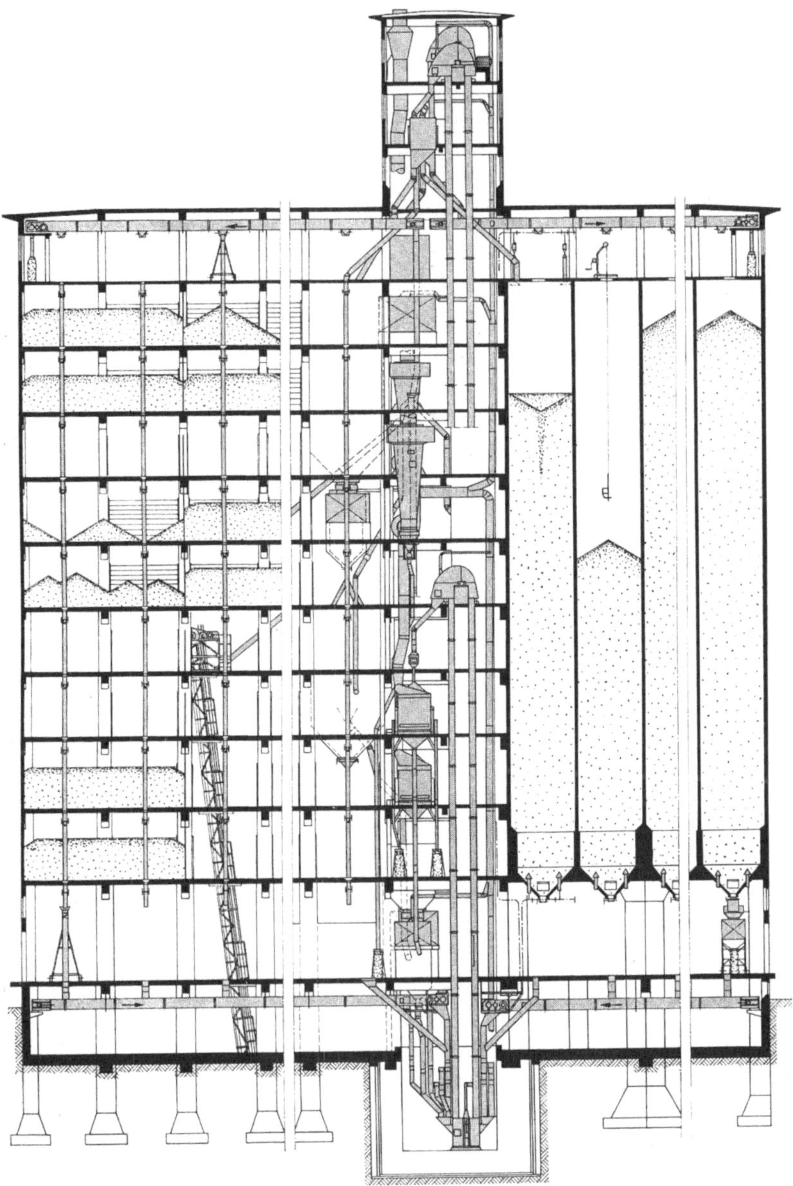

Abb. 3.8. Querschnitt durch ein Lagerhaus mit Bodenspeicher (links) und Zellenspeicher (rechts)
(Fa. Hartmann/Offenbach).

— lassen sie sich leicht beheizen, kühlen oder klimatisieren (z. B. Kühl-
häuser). Lagerhäuser für verschiedene Stück-, Schütt- und Massengüter
unterteilt man vielfach in einen universell verwendbaren Bodenspeicher
und einen Schachtspeicher für Massengüter. Die Abb. 3.8 zeigt einen
Querschnitt durch ein solches Lagerhaus; der linke Teil ist als Bodenspeicher ausgebildet, der rechte Teil als Zellenspeicher (Silo, vgl. Abschnitt 3.42, S. 90 ff.). Der Mittelabschnitt enthält die zum Getreide-
speichern nötigen Einrichtungen.

3.42 Schachtspeicher

Schachtspeicher [*3.21*] eignen sich nur für rieselfähige, in großer
Schichthöhe speicherfähige Schüttgüter. Sie bestehen aus einem Blech-
oder Betonschacht, dem man das Gut oben zuführen und unten entnehmen kann. *Zellenspeicher* oder *Silos* für gut rieselfähige, feinkörnige
Stoffe (z. B. Getreide) haben einen verhältnismäßig hohen, schlanken
Schacht (Schachthöhe groß im Vergleich zum Durchmesser). *Taschen-*
bzw. *Großraumspeicher* oder *Bunker* für stückige, stark zum Brückenbilden neigende Güter (Erz, Kohle) weisen einen gedrungenen Schacht auf
(Schachthöhe klein im Vergleich zum Durchmesser). Wie Lagerhäuser
erfordern auch Schachtspeicher schwere Fundamente und einen tragfähigen Baugrund; sie sind jedoch bei gleichem Fassungsvermögen
billiger und auch hinsichtlich der Beschickung und der Entnahme vorteilhafter als erstere.

3.421 Form. Die Form und die Abmessungen eines Schachtspeichers
hängen im wesentlichen von dem Schüttgut (vgl. dazu [*3.22*]), dem
gewünschten Fassungsvermögen, dem vorgesehenen Speicherwerkstoff
und dem jeweils verfügbaren Platz ab. Für den Schacht bevorzugt man
die der Festigkeitsrechnung zugänglichen Grundformen: Kreiszylinder,
Kreiskegel, Zylinder mit quadratischem, rechteckigem, 6- oder 8eckigem
Querschnitt. Die Druckverteilung folgt aus Abschnitt 3.11 (S. 66 ff.)
Bei großen Speichern faßt man mehrere Zellen zu einem gemeinsamen
Verband zusammen und nützt auch die Zwickel zwischen den Schächten
als Speicherzellen aus.

Die Gestalt des Auslauftrichters, also des Übergangsteils von dem lotrechten Schacht zu der Entnahmeeinrichtung, hat erheblichen Einfluß
auf die Schüttgutentnahme; Störungen treten praktisch nur in diesem
Teil des Speichers und in den Entnahme-Einrichtungen selbst auf, daher
seien im folgenden Abschnitt einige Vorkehrungen zum Verhüten bzw.
zum Beseitigen von Entnahmestörungen erörtert.

**3.422 Maßnahmen zum Vermeiden bzw. Beseitigen von Entnahme-
störungen.** Die Schüttgut-Entnahme aus einem Schachtspeicher stockt,
wenn die Entnahme-Einrichtung durch Klumpen oder Schlamm ver-

stopft wird. In solchen Fällen muß man die Schütthöhe, die Temperatur und die Produktfeuchtigkeit so begrenzen, daß sich keine Klumpen bilden. Außerdem muß man verhüten, daß sich an kalten Wänden Kondenswasser niederschlägt und mit feinkörnigem Schüttgut vermischt (Trocknen des Guts vor dem Einspeichern, Durchleiten trockener Luft durch den Speicherinhalt, Isolieren und Beheizen der Wände usw.). Die Auslauföffnungen bemißt man so groß, daß dennoch entstehende Klumpen keine Entnahmestörungen verursachen.

In dem Schüttgut können auch Gewölbe oder Brücken (vergleichbar mit Erdhöhlen in der Natur) entstehen, die sich an den Speicherwänden abstützen und den Auslauf blockieren. Die Standfestigkeit der Brücken hängt von den Eigenschaften des gespeicherten Stoffs, der Form des Auslauftrichters sowie der Größe und der Gestalt der Auslauföffnung(en) ab. Entnahmestörungen durch solche Schüttgutbrücken lassen sich weitgehend vermeiden durch:

a) Zusatz reibungsmindernder Substanzen (z. B. bei Kohle Ölzusatz in der Größenordnung 1%). Diese Methode läßt sich nur anwenden, wenn der Zusatzstoff die Weiterverwertung des Produkts nicht beeinträchtigt.

b) Große, möglichst langgestreckte Auslauföffnungen (Schlitzbunker). Nach W. Gumz [3.23] soll bei grobkörniger Kokskohle und Gütern ähnlicher Kornform die Breite von Entnahmeschlitzen mindestens gleich dem vierfachen (der Durchmesser von runden Auslauföffnungen mindestens gleich dem siebenfachen) Korndurchmesser sein.

c) Unterschiedliche Neigung einander gegenüberliegender Trichterwände. Eine oder zwei Wände führt man nach Möglichkeit bis zur Auslauföffnung lotrecht, die anderen neigt man um einen über dem Böschungswinkel des Guts liegenden Winkel gegenüber der Horizontalen (Neigungswinkel nach H. Wöhlbier und W. Reisner [3.8] vorzugsweise 45 bis 60°, bei Kohle nach K. W. Léon [3.24] etwa 70°).

d) Glatte Wände im unteren Teil des Schachts und im Auslauftrichter (Auskleiden mit Glas oder Polytetrafluoräthylen, bei Betonspeichern auch mit Blech aus Cr-Ni-Stahl).

e) Abrunden ausspringender Ecken und Kanten.

f) Einbau von Blechkegeln über der Auslauföffnung zum Abfangen des Schüttgutdrucks. Solche Kegel haben sich besonders bei Kohle bewährt [3.25].

Bilden sich trotz der oben genannten baulichen Maßnahmen Schüttgutbrücken, so kann man die Auslaufstörungen beseitigen durch:

g) Manuelles Stochen mit Hilfe von Stangen durch Stochöffnungen im Bereich des Auslauftrichters.

h) Mechanische Schwingungen, hervorgerufen durch manuelles Abklopfen oder an den Trichterwänden angebrachte bzw. in dem Schüttgut hängende Vibratoren oder Rüttler. Vibratoren schaltet man mit Rücksicht auf mögliche Schwingungsschäden einerseits und die Gefahr einer Verdichtung des Haufwerks andererseits nur kurzzeitig während des Entleervorgangs ein.

i) Einblasen von Druckluft oder Inertgas in der Nähe der Auslauföffnungen durch nach oben gerichtete Düsen (Düsenvordruck 4 bis 6 atü).

k) Einblasen von Druckluft in der Nähe der Auslauföffnung durch poröse Platten zum „Fluidisieren" feinkörnigen Guts.

l) Aufblasen elastischer Luftkissen (Clouth-Kissen) an den schrägen Trichterwänden.

m) Kurzzeitiges Einschalten eines langsam laufenden Rührwerks.

Läßt sich das Verhalten eines Schüttguts beim Auslegen des Schachtspeichers überhaupt nicht vorhersagen, so empfiehlt es sich, verschiedene Möglichkeiten zum Zerstören von Schüttgutbrücken vorzusehen, da keine der genannten Maßnahmen in allen Fällen sicher Abhilfe schafft. So können Druckluftstrahlen einen Kanal im Schüttgut freiblasen und die benachbarten Brücken nicht beeinflussen. Aufblasbare Luftkissen können einen durch eine Brücke freigehaltenen Raum um sich schaffen und damit unwirksam werden; Schwingungen können eine Schüttgutbrücke verfestigen, statt sie zu zerstören, und Einleiten von Luft durch poröse Platten ist bei grobkörnigen Haufwerken wirkungslos, während es bei sehr feinkörnigen Produkten die Gefahr des „Schießens" mit sich bringt.

Feinstaub bildet manchmal (z. B. wenn das mehlfeine Gut einen beim Entleeren entstandenen Hohlraum unmittelbar oberhalb der Entnahmeöffnung durchfallen muß) ein „fluides" Staub/Luft-Gemisch, das wie eine Flüssigkeit unkontrolliert aus dem Speicher ausfließt, vgl. dazu Abschnitt 4.222 (S. 131 ff.) Man nennt diese äußerst unangenehme Störung der Schüttgutentnahme „Schießen des Guts". Besteht die Gefahr einer solchen Fluidisierung, so muß man eine Entnahme-Einrichtung einsetzen, die den Speicher auch für fluide Staub/Luft-Gemische dicht abschließt (z. B. Zellenradschleuse).

3.43 Beschickungs- und Entnahme-Einrichtungen

Zum Ein- und Ausspeichern des Guts dienen Beschickungs- bzw. Entnahme-Einrichtungen. Dem Maschinenbauingenieur obliegt es, diese überaus vielfältigen Einrichtungen auszulegen und zu bemessen; der folgende Abschnitt beschränkt sich daher auf einige Hinweise, die das Projektieren erleichtern, vgl. dazu auch den Abschnitt 4.5 (S. 174 ff.). Große Speicher sollen einen Eisenbahnanschluß haben und — falls ein Gütertransport auf dem Wasserweg wirtschaftliche Vorteile bietet —

nach Möglichkeit am Ufer eines schiffbaren Gewässers liegen. Ausreichend breite und gut befestigte Zufahrtstraßen sind in jedem Fall unerläßlich. Verladerampen in Pritschenhöhe der Wagen (etwa 1,1 bis 1,3 m) erleichtern manuelle Verladearbeiten wesentlich. Die Lastkraftwagen bzw. die Eisenbahnwaggons sollen an den Verladestellen horizontal stehen.

Zum Bewegen großer und schwerer Stückgüter innerhalb des Speichers setzt man Krane verschiedener Bauarten (z. B. Drehkrane, Verladebrücken, Kabelkrane) sowie Flurfördergeräte (z. B. Hand- und Elektrokarren, Hubstapler, Gabelstapler mit jeweils an den Verwendungszweck angepaßten Lastaufnahmevorrichtungen) ein. In Lagerhäusern ermöglichen Aufzüge den Transport zwischen verschiedenen Geschossen.

Für große Mengen kleiner Stückgüter verwendet man innerhalb des Speichers und im innerbetrieblichen Verkehr Flurfördergeräte, Hängebahnen, feste oder transportable Förderbänder, Rollenförderer usw. Zum Abwärtstransport in Lagerhäusern dienen Rollenbahnen und Rutschen. Schüttgüter transportiert man auf Lagerplätzen und in großen Lagerhallen mit Hilfe von Greiferkranen oder Spezialfahrzeugen mit Planierschild, Räumer usw. Auf Kohlenlagerplätzen erweisen sich nach H. Eickemeyer [3.27] Planierraupen mit Schrägschild für ganz kurze Transportwege von nur wenigen Metern als besonders wirtschaftlich; Schürfkübelraupen mit Planierschild oder mit offenem Kübel kommen für Strecken bis etwa 20 m in Frage. Planierraupen mit Querschild setzt man für größere Entfernungen bis etwa 80 m ein, und darüber hinaus verwendet man Reifenplaniergeräte, Raupenschlepper mit Schürfwagenanhänger, Schürfkübelraupen mit geschlossenem Kübel oder Motorschürfwagen. Förderbänder, Schnecken, Becherwerke und Hängebahnen bewähren sich für den Schüttguttransport sowohl innerhalb des Speichers als auch zwischen verschiedenen Baugruppen des Werks. Auch pneumatische oder hydraulische Förderanlagen erweisen sich dafür oft als sehr zweckmäßig und wirtschaftlich.

Geringe Gas-, Flüssigkeits- sowie Stückgut- und Schüttgutmengen speichert man zweckmäßig in transportablen Behältern (z. B. Fässer, Paletten), die sich mit Hilfe von Kranen oder Flurfördergeräten leicht und schnell verladen lassen. Dadurch kann man den Zeit- und den Arbeitsaufwand zum Be- bzw. Entladen von Eisenbahnwaggons oder Lastkraftwagen beträchtlich abkürzen.

Schachtspeicher beschickt man bei feinkörnigen Gütern meist mit Hilfe pneumatischer Fördereinrichtungen, bei grobkörnigen Produkten mittels Elevatoren und — eventuell verschiebbaren — Förderbändern mit Abwurfeinrichtungen über jeder Speicherzelle.

Die Entnahme-Einrichtungen von Schachtspeichern bilden gleichzeitig deren unteren Abschluß und sind daher weitgehend gemeinsam mit dem Speicher zu entwerfen und festzulegen. Der Aufbau und die Wirkungsweise einiger bewährter Entnahme-Einrichtungen geht aus den Abb. 3.9a—d und Abb. 3.10a—d hervor [*3.26*]. Soweit sie sich auch zum Fördern eignen (Band, Redler, Schnecke, Schwingförderrinne), sei auch auf den Abschnitt 4.5 (S. 174 ff.) verwiesen.

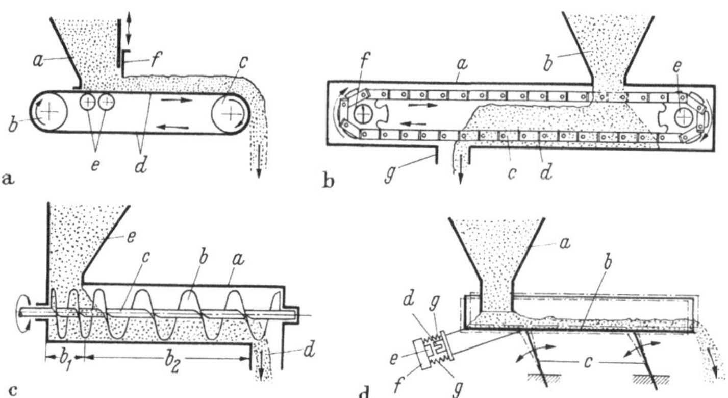

Abb. 3.9a—d. Entnahme- und Transporteinrichtungen für Schachtspeicher.
a) Austragband; b) Trogkettenförderer (Redler); c) Austragschnecke; d) Schwingförderrinne.

Bei dem *Austragband* nach Abb. 3.9a ist unter der Auslauföffnung *a* ein über zwei Umlenkwalzen *b*, *c* umlaufendes, endloses Förderband *d* mit Stützrollen *e* zur Aufnahme des Schüttgutdrucks angeordnet. Ein Schieber *f* regelt die Schütthöhe. Die Entnahme läßt sich durch Verändern der Schütthöhe oder der Bandgeschwindigkeit regeln. Endlose Bänder aus Gummi (mit Textil- oder Stahleinlagen) eignen sich für Asche, Kies, Kohle, Zement und andere körnige Stoffe. Für große Produktmengen, grobkörnige und harte Fördergüter (z. B. Erz) sowie heiße Substanzen verwendet man Plattenbänder aus trogförmigen Stahlplatten mit seitlichen Führungsrollen, die miteinander durch Laschen oder Bolzen zu einem endlosen Band verbunden sind.

Die Abb. 3.9b zeigt einen *Trogkettenförderer* oder *Redler* für grob- und feinkörnige, feuchte, schleißende und heiße Schüttgüter. In einem geschlossenen Kasten *a* unter der Auslauföffnung *b* des Speichers läuft eine endlose Kette *c* mit Mitnehmern oder Kratzern *d* über zwei Umlenkrollen *e*, *f* um. Das Gut fällt durch das Obertrum dieses Kratzerbands auf den Kastenboden und wird dort von den Kratzern in hoher Schicht zu der Abwurföffnung *g* gefördert, wobei die Bandgeschwindigkeit die Entnahmemenge pro Zeiteinheit festlegt.

Die *Austragschnecke* gemäß Abb. 3.9c besteht aus einem Gehäuse *a*, in dem eine mit einer Blechwendel *b* versehene Welle *c* umläuft und dabei das Schüttgut bei jeder Umdrehung etwa um die Ganghöhe weiter-

schiebt, bis es durch die Öffnung d herausfällt. Den unter der Auslauföffnung e des Speichers liegenden Einzugsteil b_1 der Schnecke führt man
mit einer kleineren Ganghöhe als den Förderteil b_2 aus, so daß letzterer im
Betrieb nur etwa zur Hälfte mit Gut gefüllt ist; dadurch vermeidet man
ein Verstopfen der Schnecke. Austragschnecken eignen sich für Schütt-

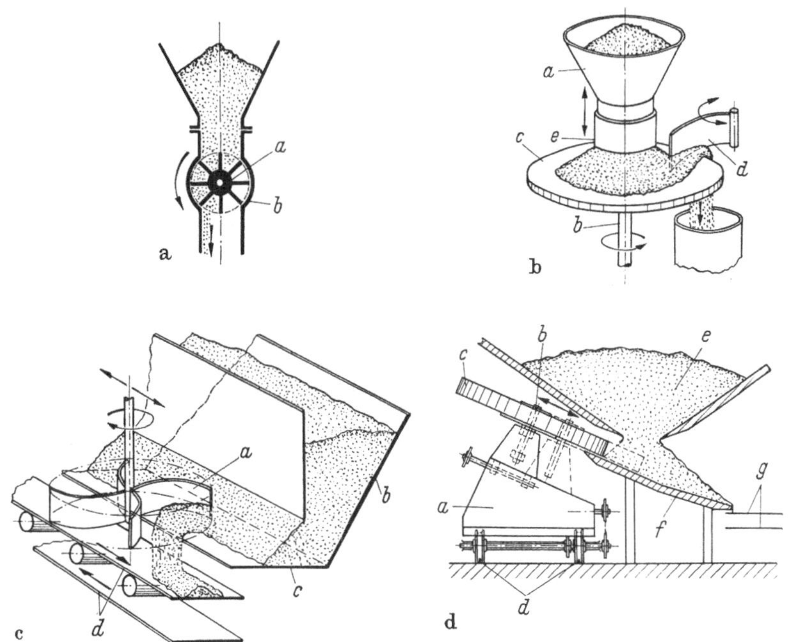

Abb. 3.10a—d. Nicht transportierende Entnahme-Einrichtungen für Schachtspeicher.
a) Zellenrad-Schleuse; b) Drehteller; c) Drehkratzer; d) Ausdrückwagen (Fa. Buckau-Wolf/Greven-
broich-Neuß).

güter verschiedener Körnung und auch für „schießende", leicht
fluidisierbare Substanzen. Klebrige oder wachsartige Stoffe lassen sich
mit *Doppelschnecken* austragen: Zwei ineinander kämmende und durch
Zahnräder miteinander gekoppelte Blechschnecken laufen nebeneinander in einem Gehäuse um; bei dieser Anordnung kann sich das Gut
nicht zwischen den Schneckengängen festsetzen, sondern wird zwangsläufig zur Austragsöffnung weitergeschoben. Die Austragmenge regelt
man bei einfachen Austragschnecken und Doppelschnecken durch Verändern der Schneckendrehzahl.

Die in Abb. 3.9d wiedergegebene *Schwingförderrinne* bewährt sich bei
trockenen, nicht klebenden oder schießenden Stoffen [*3.28*]. Unter der
Auslauföffnung a des Speichers ist die Rinne b mittels Federn c elastisch
aufgehängt, so daß sie schräg zu ihrer Längsachse schwingen kann. Als

Schwingungserreger dient ein mechanischer Unwuchtantrieb oder ein Magnetantrieb. Der in Abb. 3.9d dargestellte Magnetantrieb besteht aus dem mit technischem Wechselstrom (50 Hz) über einen Einweggleichrichter gespeisten Elektromagneten d und dem Anker e, der die Freischwingmasse f trägt und über Federn g mit der Rinne bzw. mit dem Magneten verbunden ist. Das Schüttgut böscht in die Schwingrinne ab und wandert bei jeder Schwingung ein kleines Stückchen in Förderrichtung weiter. Die Entnahme kann man durch Verändern der Schwingungsamplitude regeln.

Neben diesen zum Austragen und zum Fördern geeigneten Einrichtungen gibt es auch solche, die nur eine regelbare Schüttgutentnahme aus dem Speicher ermöglichen, zum Weitertransport des Guts jedoch Fördereinrichtungen benötigen. Dazu gehören die einfachen, meist ferngesteuerten *Flachschieber*, die man häufig bei Getreidesilos einsetzt, sowie *Zellenradschleusen*, *Drehteller*, *Drehkratzer* und *Ausdrückwagen*, Abb. 3.10a—d.

Die in Abb. 3.10a gezeigte *Zellenradschleuse* bildet den unteren Abschluß eines Schachtspeichers. Ein Zellenrad a mit horizontaler Achse rotiert langsam in einem Gehäuse b; die Zellen füllen sich im oberen Teil des Rads mit dem Schüttgut und entleeren sich unten (die leeren Zellen fördern somit ständig Luft in den Speicher, die beim Füllen verdrängt wird und durch die Schüttgutsäule entweichen muß!). Die Entnahme läßt sich durch Verändern der Zellenraddrehzahl regeln. Zellenradschleusen eignen sich für alle rieselfähigen, feinkörnigen Güter und auch für schießende Stoffe, dagegen nicht für grobkörnige, klebrige und harte, stark schleißende Substanzen.

Für nicht schießende, grobkörnige Schüttgüter verwendet man oft einen *Drehteller* gemäß Abb. 3.10b als Austragorgan. Das Schüttgut bildet auf dem unter der Auslauföffnung a um eine vertikale Achse b rotierenden *Drehteller* c eine natürliche Böschung. Ein Abstreifer d streift es über den Tellerrand ab. Mit Hilfe eines lotrecht verschiebbaren Rings e kann man die Größe des Schüttkegels verändern, außerdem lassen sich die Abstreiferstellung und die Tellerdrehzahl zum Anpassen an unterschiedliche Stoffe bzw. Betriebsbedingungen variieren.

Die Abb. 3.10c zeigt einen *Drehkratzer*. Ein rotierender Abstreiferarm a greift über einen festen, unter der Auslauföffnung b des Bunkers angeordneten Tisch c und kratzt das darauf abböschende Gut über den Tischrand auf ein darunter entlanglaufendes Förderband d ab. Bei dem „Blendomat-Silo" (Nutzinhalt etwa 20 bis 100 m³) ist die gesamte Speicherkonstruktion auf eine solche Entnahme-Einrichtung abgestimmt. Das Schüttgut gelangt durch die ringförmige Auslauföffnung dieses Schachtspeichers auf einen darunter angeordneten Ringtisch und bildet darauf eine natürliche Böschung; ein um die Speicherachse rotierender, sichelförmiger Abstreifer kratzt es gleichmäßig zur Achse

hin ab. Infolge dieser Entnahme entsteht in dem Silo kein Schüttgut-
trichter, so daß sich das Gut praktisch nicht entmischt.

Sehr grobkörnige, harte Stoffe (Briketts, Erz) mit Stückgrößen bis
etwa 1000 mm speichert man meist in *Schlitzbunkern* mit einem festen
Tisch unter dem Auslaufschlitz. Ein in Querrichtung hin- und hergehender *Austragstößel* stößt das darauf abböschende Gut schubweise auf
ein Förderband. Die Entnahme läßt sich durch Ändern der Hublänge
oder der Hubzahl pro Zeiteinheit regeln. Anstelle von Austragstößeln
kann man auch einen *Ausdrückwagen* gemäß Abb. 3.10d einsetzen. Der
Ausdrückwagen *a* mit einem oder zwei um ihre Achsen *b* frei drehbaren
und in ihrer Ebene verschiebbaren Druckrädern *c* fährt auf Schienen *d*
langsam den Auslaufschlitz *e* des Bunkers entlang. Dabei wälzen sich die
Druckräder auf dem am Tisch *f* abböschenden Gut ab und drücken es
seitlich auf ein neben dem Tisch vorbeilaufendes Förderband *g*. Bei
konstanter Geschwindigkeit des Ausdrückwagens hängt die Entnahme
von der Anstellung der Druckräder relativ zum Tisch ab.

Mit den bisher beschriebenen Entnahme-Einrichtungen läßt sich die
aus einem Speicher entnommene Menge genau dosieren, wenn die Eigenschaften des Haufwerks (Böschungswinkel, Schüttdichte) zeitlich und
räumlich konstant sind. Schüttgüter mit wechselnden Eigenschaften
kann man nur nach dem Gewicht dosieren. *Automatische Bandwaagen*
oder „*Dosierbänder*" bestehen aus einem Band, dessen Traggerüst als
Waagebalken ausgebildet ist, und dessen Neigung die Banddrehzahl
bzw. die Stellung des Schichthöhenreglers beeinflußt.

3.5 Schrifttum zu Kapitel 3

[*3.1*]　Wenzel, F.: Untersuchungen über die Druckverhältnisse in Silozellen. Diss.
T. H. Braunschweig 1963.

[*3.2*]　Janssen, H. A.: Versuche über Getreidedruck in Silozellen. Z. VDI 39 (1895)
1045—1049.

[*3.3*]　Theimer, O.: Berechnung der Silodrücke in Mehlzellen. Mühle 93 (1956)
Nr. 11.

[*3.4*]　Lee, C. A.: New Ideas About Hoppers. Chem. Engng. 59 (1952) Nr. 4, S. 153,
173.

[*3.5*]　Lee, C. A.: Hoppers by Calculation? Chem. Engng. 61 (1954) Nr. 12,
S. 181.

[*3.6*]　Jenike, A. W.: Better Design for Bulk Handling. Chem. Engng. 61 (1954)
175—180.

[*3.7*]　van Denburg, J. F., u. W. C. Bauer: Segregation of Particles in the
Storage of Materials. Chem. Engng. 71 (1964) Nr. 20, S. 135—140, 142.

[*3.8*]　Wöhlbier, H., u. W. Reisner: Fragen der Bunkerung von mittel- und feinkörnigem Schüttgut. Chemie-Ing.-Technik 34 (1962) 603—609.

[*3.9*]　Richtlinien für die Aufstellung und den Betrieb von Niederdruck-Gasbehältern nebst Erläuterungen (1956). DVGW-Arbeitsblatt G 430. Hrsg.
vom Deutschen Verein von Gas- und Wasserfachmännern e. V., Frankfurt
a. M. 1956.

[3.10] N. N.: Wirtschaftliche Gasspeicherung in Neoprene-überzogenen Ballons. Erdöl u. Kohle 17 (1964) 117. Auszug in Chem. Techn. 16 (1964) 497—498.

[3.11] Polizeiverordnung über die ortsbeweglichen geschlossenen Behälter für verdichtete, verflüssigte und unter Druck gelöste Gase vom 2. 12. 1935 nebst Ergänzungen (Druckgasverordnung). Hrsg. v. d. Vereinigung der Technischen Überwachungsvereine e. V. Essen, Berlin/Köln: Carl Heymann 1956.

[3.12] Arbeitsschutzanordnung 861 „Bau und Verwendung von ortsbeweglichen Druckgasbehältern und technische Grundsätze".

[3.13] GROSS, F.: Stahlbehälter für flüssige und gasförmige Stoffe. Entwurf, Vorschriften, Herstellung. Düsseldorf: VDI-Verlag 1961.

[3.14] NEUMAN, H. A.: Speicherung von Flüssiggasen. Erdöl u. Kohle (1958) Nr. 2, S. 89—94.

[3.15] N. N.: „Unternehmen Mudpie." Unterirdische Speicherung von verflüssigtem Erdgas in künstlich gefrorenem Erdreich. Brennstoff-Wärme-Kraft 15 (1963) 582—583 (Auszug aus Gas Age 128 (1961) Nr. 10, S. 43—46, 48).

[3.16] RÖHR, U.: Untertagespeicherung in Salzkavernen. Der erste unterirdische Flüssiggasspeicher Deutschlands. Gas- u. Wasserfach 105 (1964) 1369—1372.

[3.17] KÜHNE, G.: Untergrund- und Flüssiggasspeicher in Salzlagerstätten. Chemie-Ing.-Technik 37 (1965) 76; Erdöl u. Kohle 18 (1965) 169—173.

[3.18] MAYR-HARTING, R.: Näherungsweise Berechnung der Speicherfähigkeit eines Ruths-Gefällespeichers. Maschinenbau u. Wärmewirtschaft 8 (1953) 193.

[3.19] Oil Pipe Line Measurement and Storage Practices. Bd. 3 der Reihe über "Oil Pipe Line Transportation Practices". Hrsg. vom Petroleum Extension Service, University of Texas, Division of Extension, Austin 1955.

[3.20] N. N.: Massenherstellung von Kunststoffbällen zum Abdecken von Flüssigkeitsbädern. Chem. Ind. 17 (1965) Nr. 3, S. 126—127.

[3.21] REIMBERT, M., u. A. REIMBERT: Silos. Berechnung, Bemessung und Ausführungsarten. Dtsch. Bearb. v. H. SCHRÖDER, Wiesbaden/Berlin: Bauverlag 1961.

[3.22] KVAPIL, R.: Probleme des Gravitationsflusses von Schüttgütern. Aufbereitungstechnik 5 (1964) 139—144, 183—189.

[3.23] GUMZ, W.: Gestaltung von Bunkerausläufen. Brennstoff-Wärme-Kraft 10 (1958) 122.

[3.24] LÉON, K. W.: Formgebung und Entleerung von Bunkern. Brennstoff-Wärme-Kraft 9 (1958) 424—427.

[3.25] GLAHE, E.: Versuche an Kohlenstaubbunkern. Energie 6 (1954) Nr. 3, S. 85—86.

[3.26] TAUBMANN, H.: Austragsorgane und Austragshilfen für Bunker unter besonderer Berücksichtigung elektromagnetischer Vibratoren. Chemie-Ing.-Technik 28 (1956) 250—257.

[3.27] EICKEMEYER, H.: Die vollkommene Bekohlung. Brennstoff-Wärme-Kraft 16 (1964) 547—551, 612—616; 17 (1965) 459.

[3.28] RACKNER, H.-G.: Schwingförderanlagen zum Beschicken und Entleeren von Bunkern. Aufbereitungstechnik 6 (1965) 109—114.

4. Fördern

Während Lastkraftwagen, Eisenbahnen, Schiffe und Flugzeuge den
Güterverkehr über lange Strecken bewältigen, setzt man innerhalb des
Werks andere Transportmittel ein. Große Gas-, Dampf- oder Flüssigkeitsmengen fördert man durch Rohre und Kanäle. Verdichter bzw.
Pumpen decken die Druckverluste und liefern die Energie, um das Gut
auf eine größere geodätische Höhe oder in einen Raum höheren Drucks
zu bringen. Der Transport kleiner Gas- oder Flüssigkeitsmengen in
transportablen Behältern sowie der Feststoff-Transport hängen weitgehend von den Bedingungen des Einzelfalls ab.

4.1 Einphasige Strömung von Gasen und Flüssigkeiten

Der folgende Abschnitt wendet sich jenen einphasigen Gas- bzw.
Flüssigkeitsströmungen in geschlossenen Leitungen zu, bei denen auch
während des Strömungsvorgangs keine Phasen- bzw. Aggregatzustands-
änderung auftritt [*9.24.1—7*].

4.11 Grundlagen

Der Druckabfall eines Produkts in einer Leitung hängt von den Stoffeigenschaften, vom Durchsatz und von den Strömungsbedingungen ab.
Man berechnet zunächst die Druckabfälle Δp_i der einzelnen Elemente
eines Leitungssystems (gerade Rohrstrecken, Querschnitts- und Richtungsänderungen, Armaturen usw.) nach den Abschnitten 4.12 bis 4.15
(S. 130 ff.) in Abhängigkeit von den jeweiligen Massendurchsätzen $\dot{m}_i$.
Parallelgeschaltete Strömungszweige sind durch gleichen Anfangsdruck
p_A und gleichen Enddruck p_E gekennzeichnet; in jedem Zweig stellt sich
unabhängig von den übrigen bei der Druckdifferenz $\Delta p_i = p_A - p_E$
ein Teildurchsatz $\dot{m}_i$ ein, der Gesamtdurchsatz $\dot{m}$ ergibt sich daraus durch
Summieren aller Teildurchsätze: $\dot{m} = \Sigma_i \dot{m}_i$. *Hintereinandergeschaltete
Abschnitte* weisen den gleichen Massendurchsatz $\dot{m}_i = \dot{m}$ auf; die aufgeprägte Druckdifferenz ist gleich der Summe der Druckabfälle aller
Leitungselemente: $p_A - p_E = \Sigma_i \Delta p_i$. Dabei muß man jedoch die
gegenseitige Beeinflussung der nacheinander durchströmten Teile gemäß
Abschnitt 4.155 (S. 123 ff.) beachten.

4.111 Volumbeständige Newtonsche Flüssigkeiten. Niedrigmolekulare
Flüssigkeiten kann man bezüglich ihres Strömungsverhaltens in Rohren

im allgemeinen als volumbeständige, NEWTONsche Flüssigkeiten ansehen. Gase und Dämpfe zeigen zwar ebenfalls ein NEWTONsches Viskositätsverhalten, sind aber nicht volumbeständig. Gleichwohl darf man auch bei ihnen kleine Dichteänderungen vernachlässigen und sie vielfach wie volumbeständige Substanzen behandeln.

4.112 Kompressible Medien (Gase und Dämpfe). Gase und Dämpfe strömen unter dem Einfluß großer Druckdifferenzen mit so hohen Geschwindigkeiten, daß man ihre Kompressibilität berücksichtigen muß. Für einige dadurch bedingte Besonderheiten gibt es bei inkompressiblen Medien kein Analogon, daher lassen sich solche Strömungen weder quantitativ noch qualitativ auf Grund des Verhaltens volumbeständiger Flüssigkeiten abschätzen. Für ideale Gase gelten zwischen dem Druck p_0, der Dichte ϱ_0, der absoluten Temperatur T_0 vor und den entsprechenden Größen p, ϱ, T nach einer reversiblen Zustandsänderung die Beziehungen

$$\frac{p}{p_0} = \left(\frac{\varrho}{\varrho_0}\right)^{\varkappa} = \left(\frac{T}{T_0}\right)^{\frac{\varkappa}{\varkappa-1}}. \qquad (4.1\,\text{a, b})$$

$\varkappa = c_p/c_v$ [Gl. (2.8c)] ist das Verhältnis der spezifischen Wärmen bei konstantem Druck (c_p) bzw. bei konstantem Volum (c_v). Bei irreversiblen Zustandsänderungen tritt der Polytropenexponent m ($1 \leqq m \leqq \varkappa$) an die Stelle von $\varkappa$ in den Gln. (4.1a, b). Entspannt man ein Gas, ausgehend vom Ruhezustand (Index 0), ohne Energieaustausch mit seiner Umgebung, so wandelt sich seine thermische Energie nach Gl. (1.10) vollständig in kinetische Energie um. Zwischen der Dichte ϱ und der Machzahl $Ma = w/w_s$, also dem Verhältnis der Strömungsgeschwindigkeit w zur Schallgeschwindigkeit w_s, besteht der Zusammenhang

$$\frac{\varrho}{\varrho_0} = 1 - \frac{1}{2}\,Ma^2 + \frac{\varkappa}{8}\,Ma^4 + \cdots. \qquad (4.2)$$

Die Schallgeschwindigkeit w_s folgt gemäß

$$w_s = \sqrt{\left(\frac{\partial p}{\partial \varrho}\right)_{s=\text{const}}} = \sqrt{\varkappa\,\frac{p}{\varrho}} = \sqrt{c_p(\varkappa-1)T} \qquad (4.3\,\text{a–c})$$

aus den thermischen Zustandsgrößen und hängt nach Gl. (1.35c) mit der mittleren Geschwindigkeit $\overline{w}$ der Gasmoleküle zusammen. Man erhält für atmosphärische Luft etwa $w_s \approx 330$ m/s und für Wasserdampf $w_s \approx 550$ m/s.

Dichteänderungen bis ca. 2% kann man bei technischen Rechnungen normalerweise vernachlässigen. Mit $\varrho \geqq 0{,}98\varrho_0$ folgt aus Gl. (4.2) $Ma \leqq 0{,}20$. Eine Luftströmung ist also bei atmosphärischen Bedingungen näherungsweise volumbeständig, sofern die Luftgeschwindigkeit $w \leq 66$ m/s bleibt; bei Wasserdampf-Strömungen ergibt sich dafür $w \leq 100$ m/s. Diese Geschwindigkeiten sind bereits so hoch, daß man Gase und Dämpfe vielfach mit technisch völlig ausreichender Genauigkeit als volumbeständig ansehen darf.

Beim „kritischen" Strömungszustand (Index $_*$) ist die örtliche (d. h. mit p_*, ϱ_*, T_* nach den Gln. (4.3 a—c) berechnete) Schallgeschwindigkeit w_{s*} gleich der Strömungsgeschwindigkeit. Zwischen p_*, ϱ_*, T_* und den Zustandsgrößen p_0, ϱ_0, T_0 im Ruhezustand gelten die Beziehungen

$$\frac{p_*}{p_0} = \left(\frac{2}{\varkappa + 1}\right)^{\frac{\varkappa}{\varkappa-1}}, \quad \frac{\varrho_*}{\varrho_0} = \left(\frac{2}{\varkappa + 1}\right)^{\frac{1}{\varkappa-1}}, \quad \frac{T_*}{T_0} = \frac{2}{\varkappa + 1}. \qquad (4.4\,\text{a}-\text{c})$$

Beim Entspannen eines Gases aus dem Ruhezustand (Schallgeschwindigkeit w_{s0}, berechnet mit p_0, ϱ_0, T_0) in einen völlig evakuierten Raum ($p = 0$) erreicht das Gas die Maximalgeschwindigkeit

$$w_{\max} = \sqrt{2 c_p T_0} = \sqrt{\frac{\varkappa + 1}{\varkappa - 1}}\, w_{s*} = \sqrt{\frac{2}{\varkappa - 1}}\, w_{s0}. \qquad (4.5\,\text{a}-\text{c})$$

Schwache Druckstörungen (z. B. allmähliches Druckabsenken am Ende des Rohrs) pflanzen sich mit Schallgeschwindigkeit fort und können daher die „kritische" Stelle ($w = w_{s*}$) nicht stromaufwärts passieren; die Strömung stromaufwärts der kritischen Stelle bleibt somit von solchen Störungen unbeeinflußt, während sich bei volumbeständigen Flüssigkeiten jede beliebige Störung auf den gesamten Strömungsverlauf auswirkt!

Für einen Stromfaden mit dem Querschnitt F erhält man — Abwesenheit äußerer Einflüsse sowie stationäre, stetige und reibungsfreie Strömung in x-Richtung vorausgesetzt — aus der Kontinuitätsbedingung (1.4) und der Bewegungsgleichung (1.24) bei einer reversiblen Zustandsänderung gemäß Gl. (4.1 a)

$$(1 - Ma^2)\, \frac{\partial w/\partial x}{w} = \left(1 - \frac{1}{Ma^2}\right) \frac{\partial \varrho/\partial x}{\varrho} = \frac{\partial(\varrho w)/\partial x}{\varrho w} = -\frac{\partial F/\partial x}{F}.$$

$$(4.6\,\text{a}-\text{c})$$

Die relative Dichteänderung $\left|\dfrac{\partial \varrho/\partial x}{\varrho}\right|$ ist nach Gl. (4.6 a) in Unterschallströmung ($w < w_s$, $Ma < 1$) kleiner, in Überschallströmung ($w > w_s$, $Ma > 1$) aber größer als die relative Geschwindigkeitsänderung $\left|\dfrac{\partial w/\partial x}{w}\right|$; dies hat nach den Gln. (4.6 b, c) zur Folge, daß die Strömungsgeschwindigkeit w in Unterschallströmung mit abnehmendem, in Überschallströmung dagegen mit zunehmendem Querschnitt F wächst. Zwischen der Geschwindigkeit (bezogen auf den Maximalwert w_{max}) bzw. der Machzahl sowie den thermodynamischen Zustandsgrößen Druck, Dichte und Temperatur (jeweils bezogen auf den Ruhezustand) an einer beliebigen Stelle des Stromfadens bestehen die Zusammenhänge

$$\left(\frac{w}{w_{\mathrm{max}}}\right)^2 = 1 - \left(\frac{p}{p_0}\right)^{\frac{\varkappa-1}{\varkappa}} = 1 - \left(\frac{\varrho}{\varrho_0}\right)^{\varkappa-1} = 1 - \frac{T}{T_0}, \qquad (4.7\,\mathrm{a-c})$$

$$Ma^2 = \frac{2}{\varkappa-1}\left[\left(\frac{p_0}{p}\right)^{\frac{\varkappa-1}{\varkappa}} - 1\right] = \frac{2}{\varkappa-1}\left[\left(\frac{\varrho_0}{\varrho}\right)^{\varkappa-1} - 1\right] = \frac{2}{\varkappa-1}\left[\frac{T_0}{T} - 1\right].$$

$$(4.7\,\mathrm{d-f})$$

Bei konstantem Stromfadenquerschnitt $F = $ const. lassen sich mit den Gln. (1.10), (2.3) unabhängig von der Stromfadenlänge die Beziehungen

$$\frac{\hat{w}}{w} = \begin{cases} 1 \\ 1 - \dfrac{2}{\varkappa+1}\left(1 - \dfrac{\varkappa p}{\varrho w^2}\right), \end{cases} \quad \frac{\hat{p}}{p} = \begin{cases} 1 \\ 1 + \dfrac{2\varkappa}{\varkappa+1}\left(\dfrac{\varrho w^2}{\varkappa p} - 1\right), \end{cases} \quad \frac{\hat{\varrho}}{\varrho} = \begin{cases} 1 \\ \dfrac{w}{\hat{w}} \end{cases}$$

$$(4.8\,\mathrm{a-c})$$

zwischen der Geschwindigkeit w, dem Druck p und der Dichte ϱ am Anfang des Stromfadens sowie den entsprechenden Werten $\hat{w}$, $\hat{p}$, $\hat{\varrho}$ am Ende herleiten, man erhält also im Gegensatz zu volumbeständigen Flüssigkeiten nicht eine, sondern zwei verschiedene Lösungen! Da die Länge des Stromfadens beliebig klein sein kann, muß das Gas von dem einen Strömungszustand in den anderen praktisch sprunghaft übergehen. Tatsächlich kommt es zu solchen plötzlichen Zustandsänderungen in Form von Verdichtungsstößen, wobei der Druck und die Dichte des Gases ansteigen, die Strömungsgeschwindigkeit dagegen abnimmt. Verdünnungsstöße wären mit einer Druck- und Dichteabnahme sowie einer Geschwindigkeitszunahme verbunden, sind jedoch nach dem 2. Hauptsatz der Thermodynamik Gln. (1.18a—c) ausgeschlossen.

4.113 Stark verdünnte Gase. Bei gleichbleibender Temperatur wächst mit sinkendem Gasdruck gemäß Gl. (2.7c) die mittlere freie Weglänge Λ der Gasmoleküle. Für Luft von 20 °C gilt nach K. G. Müller [4.1]

$$\frac{\Lambda_{\mathrm{Luft},\,20°\mathrm{C}}}{[\mathrm{cm}]} = \frac{5 \cdot 10^{-3}}{p/[\mathrm{Torr}]}. \qquad (4.9)$$

In stark verdünnten Gasen (etwa $p \leqq 10^{-4}$ Torr) prallen die einzelnen Gasmoleküle daher praktisch nur noch an die Rohrwände, wo sie diffus reflektiert werden, während Zusammenstöße zweier Gasmoleküle vergleichsweise selten sind. Ein Maß für die Wahrscheinlichkeit von Wandstößen ist das Verhältnis der mittleren freien Weglänge Λ zum Rohrdurchmesser D, die sogenannte Knudsenzahl $Kn = \Lambda/D$. Bei $Kn \ll 1$ gelten die Formeln der Gasdynamik für homogene, fluide Medien. In dem durch $Kn \gg 1$ gekennzeichneten Bereich der Molekularströmung muß man die Bewegung der einzelnen Teilchen verfolgen.

4.114 Nicht-Newtonsche Flüssigkeiten. Nicht-Newtonsche Flüssigkeiten — meist ziemlich hochmolekulare Substanzen — sind wie normale Flüssigkeiten volumbeständig, ihr Fließwiderstand hängt jedoch von der Beanspruchung, dem Geschwindigkeitsgradienten und eventuell der Vorgeschichte der Flüssigkeit ab, vgl. dazu Abschnitt 2.32 (S. 46ff.). Vielfach lassen sie sich näherungsweise als Bingham-Pasten [Gl. (2.25b)] oder als strukturviskose bzw. dilatante Flüssigkeiten [Gl. (2.25c)] ansehen. Wenn nähere Angaben über das rheologische Verhalten fehlen oder eine genaue Rechnung große Schwierigkeiten bereitet, so berechnet man die Rohrleitung mit einem angemessenen Sicherheitszuschlag für eine Newtonsche Flüssigkeit, die sich bei vergleichbaren Meßbedingungen ähnlich der nicht-Newtonschen Substanz verhält.

4.12 Stationäre Strömung durch gerade Rohre und Kanäle

Praktisch alle Leitungssysteme enthalten Abschnitte aus geraden Rohren bzw. Kanälen mit längs des Strömungswegs gleichbleibendem Querschnitt. Der Druckabfall Δp des durch einen solchen Abschnitt stationär strömenden Mediums folgt aus

$$\Delta p \equiv p_A - p_E = \lambda \, \frac{L}{D} \, \frac{\varrho}{2} \, w_m^2 - g \varrho (h_A - h_E) \qquad (4.10)$$

mit p_A und p_E als statischem Druck am Rohranfang bzw. am Rohrende, ϱ als mittlerer Dichte, w_m als mittlerer Strömungsgeschwindigkeit, L als Rohrlänge, D als Rohrdurchmesser, h_A und h_E als geodätischer Höhe des Anfangs- bzw. Endquerschnitts sowie g als Erdbeschleunigung. λ ist ein vom Medium und von den Strömungsbedingungen abhängiger Beiwert, der die Wandreibung kennzeichnet. Bei Kanälen mit nicht kreisförmigem Querschnitt tritt der aus dem Querschnitt F und dem benetzten Umfang U gemäß

$$D_H = \frac{4F}{U} \qquad (4.11)$$

errechnete hydraulische Durchmesser D_H an die Stelle des Rohrdurchmessers D in Gl. (4.10).

4.121 Volumbeständige Newtonsche Flüssigkeiten. Bei volumbeständigen NEWTONSCHEN Flüssigkeiten hängt der Reibungsbeiwert λ von der Reynoldszahl $Re_D = w_m D/\nu$ (ν kinematische Viskosität der Flüssigkeit) und von der Rauhigkeit k der Rohrwand ab. Für Laminarströmung im Bereich $Re_D \leqq Re_{D,\,\mathrm{krit}} = 2300$ ergibt sich theoretisch und experimentell

$$\lambda = \frac{64}{\alpha\, Re_D}. \tag{4.12}$$

Der Korrekturbeiwert α erfaßt die Abweichung der Querschnittsform vom Kreisquerschnitt. Für Kreisrohre ist $\alpha = 1$, für ebene Spalte und langgestreckte Rechtecke beträgt $\alpha = 0{,}667$. Die Rohrrauhigkeit hat bei laminarer Strömung keinen Einfluß auf den Reibungsbeiwert. Für turbulente Strömung in technisch rauhen Rohren gilt nach L. F. MOODY im Bereich $Re_D \geqq$ ca. 4000

$$\frac{1}{\sqrt{\lambda}} = -\,2{,}0 \log\left[\frac{1}{0{,}398\, Re_D\, \sqrt{\lambda}} + \frac{1}{3{,}71\, D/k}\right]. \tag{4.13}$$

Gl. (4.13) geht mit verschwindender Rauhigkeit ($k \to 0$) in die Formel von L. PRANDTL für den Reibungsbeiwert hydraulisch glatter Rohre und

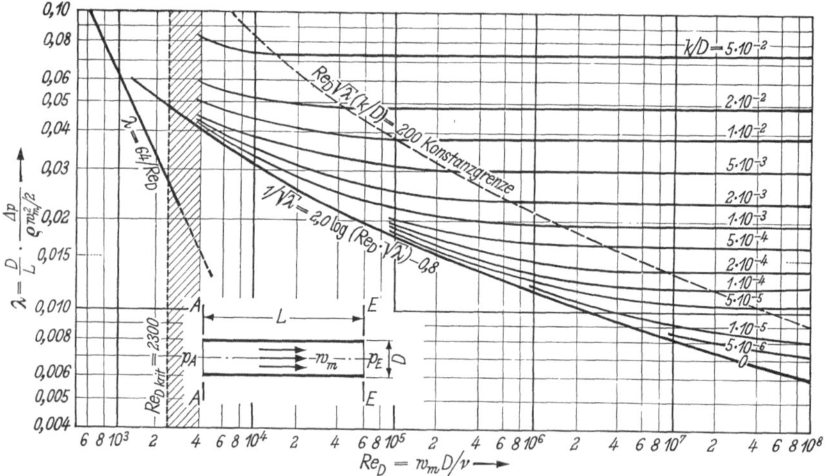

Abb. 4.1. Rohrreibungsbeiwert λ technisch rauher Rohre in Abhängigkeit von der Reynoldszahl Re_D und von der relativen Rauhigkeit k/D (nach L. F. MOODY [9.24.6]).

mit wachsender Reynoldszahl ($Re \to \infty$) in die Beziehung von L. PRANDTL und TH. V. KÁRMÁN für rauhe Rohre über. Die Abb. 4.1 gibt die Abhängigkeit des Reibungsbeiwerts λ (Ordinate) von der Reynoldszahl Re_D

(Abszisse) und von der auf D bezogenen Rauhigkeit k/D (Parameter) nach den Gln. (4.12), (4.13) wieder. Die Rauhigkeit k verschiedener Rohre kann man aus Tab. 4.1 entnehmen. Für analytische Betrachtungen und

Tabelle 4.1.

Äquivalente Sandrauhigkeit verschiedener Rohre (nach L. F. Moody [*9.24.1, 9.24.6*])

Werkstoff	k [mm]
Genieteter Stahl	1 bis 10
Beton roh	1 bis 3
Beton Glattstrich	0,3 bis 0,8
Holz	0,2 bis 1
Eisen- und Stahlrohre mit Rostnarben und stärkeren Verkrustungen	1 bis 3
Gußeisenrohre neu	0,25
Eisen verzinkt, bituminiert, galvanisiert	0,12 bis 0,15
Geschweißte Stahlrohre und -Kanäle, neu	0,05 bis 0,10
Geschweißte Stahlrohre und Kanäle gereinigt, angerostet . .	0,15 bis 0,40
Gezogene Rohre aus Glas, Kupfer, Messing, Bronze	0 bis 0,0015
Gezogene Rohre aus Aluminium, Leichtmetallen, Kunststoffen usw.	0 bis 0,0015
Gezogene Stahlrohre, neu	0,0015

hydraulisch glatte Rohre eignet sich im Bereich $4000 \leqq Re_D \leqq 80\,000$ die Gleichung von H. BLASIUS

$$\lambda_{\text{glatt}} = \frac{0,3164}{Re_D^{0,25}}. \qquad (4.14)$$

Die angegebenen Reibungsbeiwerte gelten nur bei voll ausgebildeter Strömung, die im laminaren Bereich ($Re_D \leqq 2300$) in Kreisrohren durch das Geschwindigkeitsprofil

$$\frac{w}{w_{\text{max}}} = 1 - \left(\frac{2r}{D}\right)^2, \quad \frac{w_m}{w_{\text{max}}} = \frac{1}{2} \qquad (4.15\,\text{a, b})$$

und bei Turbulenz ($Re_D \geqq$ ca. 4000) näherungsweise durch

$$\frac{w}{w_{\text{max}}} = \left(1 - \frac{2r}{D}\right)^{\frac{1}{n}}, \quad \frac{w_m}{w_{\text{max}}} = \frac{2n^2}{(n+1)(2n+1)} \qquad (4.16\,\text{a, b})$$

gekennzeichnet ist. w, w_m und w_{max} sind die örtliche, die mittlere bzw. die maximale Geschwindigkeit im Rohrquerschnitt, r gibt den Abstand des mit der Geschwindigkeit w strömenden Teilchens von der Rohrachse an, und D bezeichnet den Rohrdurchmesser. Der Exponent n folgt aus Abb. 4.2 in Abhängigkeit von der Reynoldszahl Re_D. Zum Ausbilden dieses Geschwindigkeitsprofils ist praktisch die Rohrlänge L_0 nötig. Bei Laminarströmung gilt nach L. SCHILLER $L_0/D = 0,03 Re_D$, und bei turbulenter Strömung ist nach J. NIKURADSE $L_0/D = 25$ bis 40. Im Einlaufbereich ist der Geschwindigkeitsgradient an der Rohrwand und damit die Wandreibung größer als bei voll ausgebildeter Strömung; es empfiehlt sich daher, bei sehr kurzen Rohren mit dem 1,5- bis 2,0fachen Wert des Reibungsbeiwerts für voll ausgebildete Strömung zu rechnen.

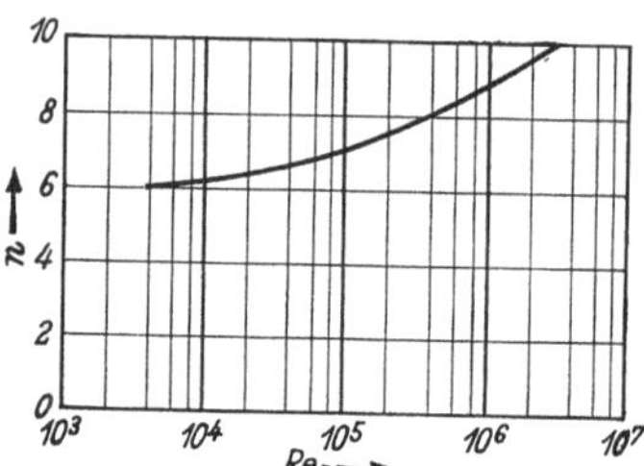

Abb. 4.2. Exponent n des Geschwindigkeitsprofils nach den Gln. (4.16 a, b) in Abhängigkeit von der Reynoldszahl Re_D [9.24.6].

4.122 Kompressible Medien (Gase und Dämpfe). Bei der stationären Strömung kompressibler Medien (Gase, Dämpfe) durch einen Kanal beliebigen, jedoch längs des Strömungswegs gleichbleibenden Querschnitts nähert sich die Geschwindigkeit w unter dem Einfluß der Reibung in jedem Fall der Schallgeschwindigkeit; in einer Unterschallströmung wächst sie, in einer Überschallströmung nimmt sie ab. Am Rohrende tritt bei ausreichender Druckdifferenz die kritische Schallgeschwindigkeit w_{s*} auf. Würde eine Überschallströmung bereits vor dem Rohrende zu w_{s*} führen, so geht sie durch einen Verdichtungsstoß (bzw. eine Serie aufeinander folgender Stöße) im Rohr in eine Unterschallströmung über [vgl. die Gln. (4.8 a—c)]; letztere kann ein größeres Stück mit Reibung überwinden, bevor auch sie am Rohrende w_{s*} erreicht. Unterschallströmungen, die bereits vor dem Rohrende auf w_{s*} führen würden, sind nicht realisierbar.

Der aus Gl. (4.13) bzw. aus Abb. 4.1 mit $k = 0$ folgende Reibungsbeiwert volumbeständiger Flüssigkeiten in glatten Rohren gilt auch für kompressible Medien bei Unterschall- und Überschallströmung. Wandrauhigkeiten bilden bei Überschallströmung Ausgangspunkte für Wellen und verursachen damit höhere Verluste als in volumbeständigen Flüssigkeiten.

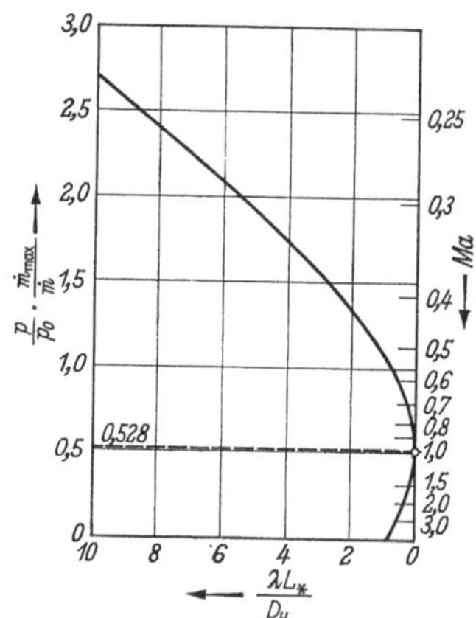

Abb. 4.3. Reibungsbehaftete Rohrströmung kompressibler Medien ($\varkappa = 1,4$) nach K. OSWATITSCH [9.24.3].

Infolge der Dichte- und Geschwindigkeitsänderungen kann man die Formel (4.10) nicht zum Berechnen des Druckabfalls heranziehen; für die reibungsbehaftete Rohrströmung idealer Gase ohne Wärmeaustausch mit der Umgebung gilt nach K. OSWATITSCH [9.24.3] der in Abb. 4.3 dargestellte Zusammenhang. Die rechte und die linke Ordinate geben $\dfrac{p}{p_0}\dfrac{\dot m_{\max}}{\dot m}$ bzw. Ma, die Abszisse $\lambda\dfrac{L_*}{D_H}$ an; L_* ist die Rohrlänge, gemessen von der durch $Ma = 1$ gekennzeichneten Stelle entgegen der Strömungsrichtung, $\dot m$ bezeichnet den Massendurchsatz und $\dot m_{\max} = F\varrho_* w_{s*}$ den bei Reibungsfreiheit maximal möglichen Massendurchsatz. Verbindet man beispielsweise einen Druckluftkessel (Ruhedruck p_0) mit einem Vakuumbehälter ($p \approx 0$) durch ein glattes Verbindungsrohr ($L_*/D = 15$, $\lambda = 0{,}015$), so erreicht die Luft am Rohrende die Schallgeschwindigkeit; mit $\lambda L_*/D = 0{,}225$ folgt aus Abb. 4.3 für den Rohranfang $Ma = 0{,}71$ und $\dfrac{p}{p_0}\dfrac{\dot m_{\max}}{\dot m} = 0{,}78$. Aus Gl. (4.7d) erhält man $\dfrac{p}{p_0} = 0{,}7$ und damit $\dfrac{\dot m}{\dot m_{\max}} = 0{,}7/0{,}78 = 0{,}9$, infolge der Rohrreibung vermindert sich der Durchsatz gegenüber der reibungsfreien Strömung demnach um 10%.

Bei isothermer Rohrströmung idealer Gase ist in Gl. (4.10) Δp bzw. $p_A - p_E$ durch $(p_A^2 - p_E^2)/2p_A$, ϱ durch ϱ_A und w_m durch w_{mA} zu ersetzen (Index A: Rohranfang).

4.123 Stark verdünnte Gase. Mit sinkendem Gasdruck wächst nach Gl. (2.7f) die kinematische Viskosität, stark verdünnte Gase strömen daher im allgemeinen laminar ($Re_D \leqq 2300$). Der Druckabfall in geraden Rohren folgt aus Gl. (4.10) mit dem Reibungsbeiwert

$$\lambda = \frac{\gamma}{\alpha\,\dfrac{Re_D}{64} + \beta\,\sqrt{\dfrac{2\varkappa}{9\pi}}\,Ma}, \qquad (4.17)$$

wenn man für die Dichte ϱ, die Geschwindigkeit w, die Reynoldszahl Re_D und die Machzahl Ma jeweils die Mittelwerte zwischen Rohranfang und Rohr-

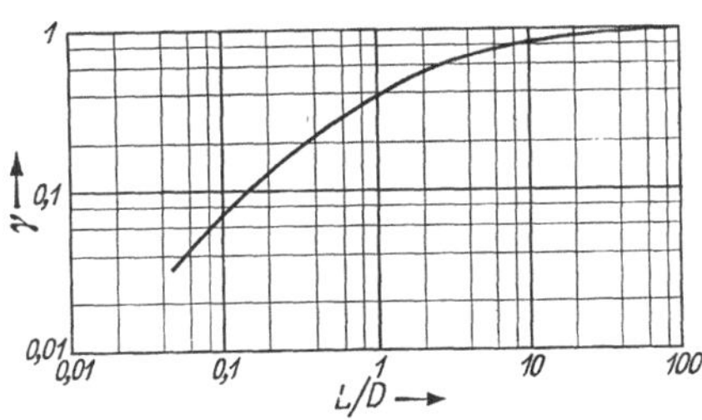

Abb. 4.4. Einfluß der Rohrlänge auf den Reibungsbeiwert bei Molekularströmung (nach W. HEINZE [4.2]).

ende einführt. Die Korrekturbeiwerte α und β erfassen Abweichungen vom Kreisquerschnitt. Für das Kreisrohr gilt $\alpha = \beta = 1$, für den ebenen Spalt bzw. das langgestreckte Rechteck erhält man $\alpha = 0{,}667$ und $\beta = 1{,}80$ [4.1]. Der Faktor γ berücksichtigt den Einfluß der endlichen Rohrlänge, Abb. 4.4 [4.2]. Bei reiner Molekularströmung ($Kn \gg 1$) ist der Druckabfall in einem Kreisrohr mit $\overline{w}$ als mittlerer Molekülgeschwindigkeit

$$\Delta p = \frac{3}{2}\,\frac{L}{D^3}\,\dot m\,\overline{w}\,\gamma\,. \qquad (4.18)$$

4.124 Nicht-Newtonsche Flüssigkeiten. Viele nicht-NEWTONsche Substanzen (Schlämme, Pasten) kann man näherungsweise als Bingham-Körper ansehen. Der Druckabfall eines Bingham-Körpers in einem Kreisrohr ergibt sich aus Gl. (4.10) mit dem Reibungsbeiwert

$$\lambda = \frac{64}{Re_D} + \frac{32}{3}\frac{He}{Re_D^2} - \frac{4096}{3}\frac{1}{\lambda^3}\left(\frac{He}{Re_D^2}\right)^4. \tag{4.19}$$

Der Einfluß der Fließgrenze τ_F kommt dabei in der Hedstromzahl

$$He = \frac{\tau_F D^2 \varrho}{\mu^2} = \frac{\tau_F D^2}{\nu^2 \varrho} \tag{4.20a, b}$$

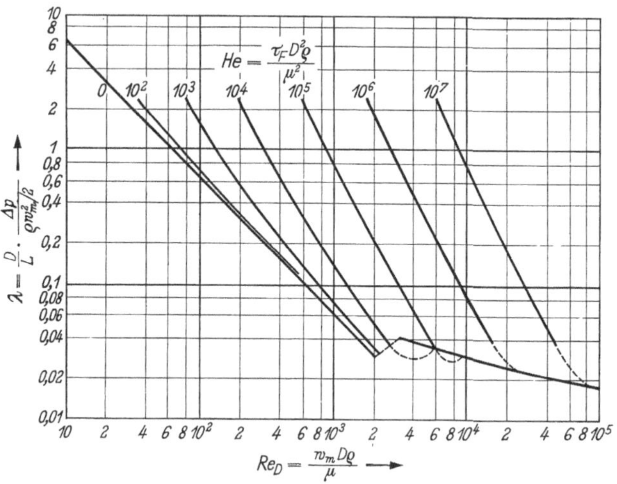

Abb. 4.5. Abhängigkeit des Reibungsbeiwerts λ von der Reynoldszahl Re_D und von der Hedstromzahl He bei Bingham-Pasten [*9.31.10*].

zum Ausdruck [*9.31.10*]. Die Abb. 4.5 zeigt die Abhängigkeit des Reibungsbeiwerts λ (Ordinate) von der Reynoldszahl Re_D (Abszisse) und von der Hedstromzahl He (Parameter) nach Gl. (4.19). Bei hoher Strömungsgeschwindigkeit wird $He/Re_D^2 = \tau_F/\varrho w^2 \ll 1$, und Gl. (4.19) geht in die Formel (4.12) über, d. h. schnell strömende Bingham-Körper verhalten sich wie NEWTONsche Flüssigkeiten.

Der Druckabfall strukturviskoser und dilatanter Substanzen (Spinnlösungen, Staufferfett, Asphalt) läßt sich nach A. B. METZNER wie der volumbeständiger NEWTONscher Flüssigkeiten mit Hilfe der Formel (4.10) berechnen, wenn man statt Re_D die „verallgemeinerte Reynoldszahl" Re^* gemäß

$$Re^* = \frac{D^{\frac{1}{m^*}} w^{\frac{2m^*-1}{m^*}} \varrho}{\mu^*}, \quad \mu^* = 8^{\frac{1-m^*}{m^*}}\frac{1}{k^{m^*}}\left(\frac{3+m^*}{4}\right)^{\frac{1}{m^*}} \tag{4.21a, b}$$

mit m^* als „Fließwert" und k als „Fluidität" einführt und damit den Reibungsbeiwert λ ermittelt. Im laminaren Bereich $10^{-4} < Re^* < 2100$ folgt λ aus Gl. (4.12), im turbulenten Bereich ($Re^* >$ ca. 3000) ist näherungsweise

$$\lambda = 0{,}0056 + \frac{0{,}500}{(Re^*)^{0{,}32}}. \tag{4.22}$$

Für das Geschwindigkeitsprofil einer strukturviskosen Flüssigkeit in einem Kreisrohr ergibt sich mit w und w_m als örtlicher bzw. mittlerer Strömungsgeschwindigkeit sowie r als Abstand von der Rohrachse

$$\frac{w}{w_m} = \frac{m^* + 3}{m^* + 1}\left[1 - \left(\frac{2r}{D}\right)^{m^*+1}\right]. \tag{4.23}$$

4.13 Querschnittsänderungen

Querschnittsänderungen bedingen aus Kontinuitätsgründen eine Änderung der Stromdichte und damit des statischen Drucks in der Strömung durch reversibles Umsetzen kinetischer Energie in Volumsenergie bzw. umgekehrt. Außerdem wandelt sich durch Wandreibung und innere Reibung in Totwasserzonen kinetische Energie irreversibel in Wärme um. Die erweiterte BERNOULLIsche Gleichung (1.11) liefert mit w_A und w_E als mittleren Strömungsgeschwindigkeiten sowie h_A und h_E als geodätischen Höhen am Rohranfang (Index A) bzw. am Rohrende (Index E), ϱ als Dichte, g als Erdbeschleunigung und Δp_R als Druckverlust durch innere bzw. Wandreibung die Formel

$$\Delta p \equiv p_A - p_E = \frac{\varrho}{2}(w_E^2 - w_A^2) + g\varrho(h_E - h_A) + \Delta p_R \tag{4.24}$$

für den Druckabfall Δp volumbeständiger Flüssigkeiten.

Bei reibungsfreien Gas- und Dampfströmungen gelten zwischen der Stromdichte $\varrho w = \dot{m}/F$ (Massendurchsatz pro Flächeneinheit), der Machzahl Ma und dem Druck p die Zusammenhänge

$$\frac{F_*}{F} = \frac{\varrho w}{\varrho_* w_*} = Ma\left[1 + \frac{\varkappa - 1}{\varkappa + 1}(Ma^2 - 1)\right]^{-\frac{\varkappa+1}{2(\varkappa-1)}} =$$

$$= \left(\frac{p}{p_*}\right)^{\frac{1}{\varkappa}}\sqrt{1 + \frac{\varkappa + 1}{\varkappa - 1}\left[\left(\frac{p_*}{p}\right)^{\varkappa-1} - 1\right]}, \tag{4.25a—c}$$

$$\varrho_* w_* = \frac{\dot{m}}{F_*} = \sqrt{\left(\frac{2}{\varkappa + 1}\right)^{\frac{\varkappa+1}{\varkappa-1}} \varkappa\, p_0\, \varrho_0}. \tag{4.25d, e}$$

ϱw und $\varrho_* w_*$ sind die Stromdichte im Querschnitt F bzw. ihr Maximalwert im engsten Querschnitt F_* beim kritischen Strömungszustand ($Ma = 1$), p_0 ist der „Ruhedruck". Für atmosphärische Luft ergibt sich bei einem Enddruck $p_E < 0{,}528$ at : $\varrho_* w_* = 24{,}2 \cdot 10^{-3}$ kg/s cm².

4.131 Stetige Kanalverengungen, Düsen. In Kanälen, deren Querschnitt in Strömungsrichtung gemäß Abb. 4.6 stetig abnimmt, wird die Strömung ablösungsfrei beschleunigt, d. h. es bilden sich keine „Totwasserzonen". Die Wandreibung dieser meist kurzen Abschnitte kann man bei Gasen und Dämpfen sowie niedrigviskosen Flüssigkeiten vernachlässigen, somit gelten für erstere die Gln. (4.25a—c) und für letztere Gl. (4.24) mit $\Delta p_R = 0$. Bei laminar strömenden, hochviskosen, NEWTONschen Flüssigkeiten verursacht die Wandreibung in einer Düse mit Kreisquerschnitt den Druckverlust

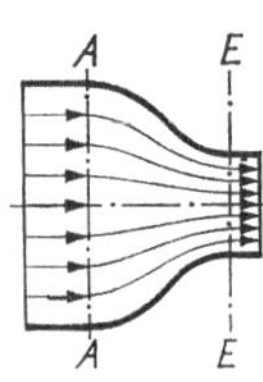

Abb. 4.6. Strahlverengung (Düse).

$$\Delta p_R = 32\,\mu\,w_E D_E^2 \int\limits_0^L \frac{dx}{D^4}. \qquad (4.26)$$

$D = D(x)$ kennzeichnet den Durchmesserverlauf in Strömungsrichtung (x-Richtung).

An der Düsenmündung löst sich die Strömung bei ausreichend hoher Reynoldszahl ab und verläuft weiter als Freistrahl. Strahlen aus konischen Mündungen nach Abb. 4.7 haben im Mündungsquerschnitt F_M

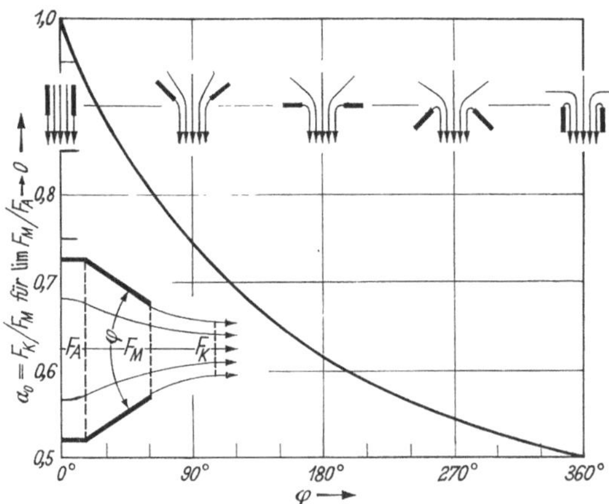

Abb. 4.7. Strahlkontraktion bei konischen Mündungen.
Kontraktionszahl α_0 in Abhängigkeit vom Mündungswinkel φ.

ihre Endgeschwindigkeit noch nicht erreicht, sondern beschleunigen unter Querschnittsabnahme stetig weiter, bis im engsten Strahlquerschnitt F_K der Druck p_K im Strahl gleich dem Umgebungsdruck p_E ist

$(p_E = p_K)$. Die Querschnittsverminderung bezeichnet man als Strahlkontraktion. Bei turbulenter Strömung und kleinen Machzahlen gilt mit α_0 als Kontraktionszahl für $\lim F_M/F_A \rightarrow 0$ und f als Korrekturfaktor

$$F_K = \frac{\alpha_0}{\alpha_0 + (1 - \alpha_0)\,C}\,F_M = \alpha_0 f F_M. \qquad (4.27a, b)$$

Die Abhängigkeit der Kontraktionszahl α_0 vom Mündungswinkel φ geht aus Abb. 4.7 hervor; der Korrekturfaktor f gemäß Abb. 4.8 erfaßt

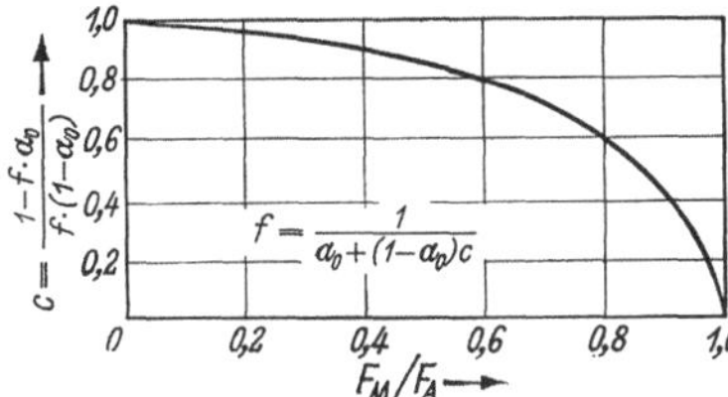

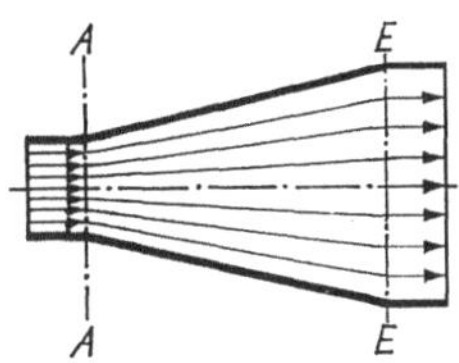

Abb. 4.8. Korrekturfaktor zum Erfassen des Querschnittseinflusses F_M/F_A.   Abb. 4.9. Allmähliche Erweiterung (Diffusor).

den Einfluß des Querschnittsverhältnisses F_M/F_A. Aus Gl. (4.24) folgt bei vorgegebener Druckdifferenz $\Delta p = p_A - p_E = p_A - p_K$ mit $\Delta p_R = 0$, $h_E = h_A$ und w_K anstelle von w_E die Strömungsgeschwindigkeit w_K im Strahlquerschnitt F_K und damit der Massendurchsatz $\dot{m} = \varrho_K F_K w_K$. Bezüglich des weiteren Strahlverlaufs sei auf den Abschnitt 5.21 (S. 193 ff.) verwiesen.

4.132 Allmähliche Erweiterungen, Diffusoren. In Kanälen nach Abb. 4.9 mit allmählich zunehmendem Querschnitt (Diffusoren) wird die Strömung ablösungsfrei verzögert. Die Wandreibung verursacht auch bei niedrigviskosen Flüssigkeiten in Diffusoren trotz ihrer geringen Baulänge einen merklichen Druckverlust

$$\Delta p_R = (1 - \eta_D)\,\frac{\varrho}{2}\,(w_A^2 - w_E^2), \qquad (4.28)$$

den man beim Berechnen des Druckabfalls nach Gl. (4.24) berücksichtigen muß. η_D ist der Diffusorwirkungsgrad. Bei normalen Diffusoren (konisches Kreisrohr oder ebener, keilförmig erweiterter Kanal) und störungsfreier Zuströmung liegt η_D zwischen 0,8 und 0,9. Bei Erweiterungswinkeln über 12° bis 14° und bei Querschnittszunahmen $F_E/F_A > 2$ bis 3 löst sich die Strömung von der Wand ab, und es entsteht eine Totwasserzone, wodurch η_D stark abfällt. Ungleichmäßige Zuströmung begünstigt das Ablösen, starke Turbulenz und Drall wirken ihm entgegen.

Bei hochviskosen und daher laminar strömenden Flüssigkeiten ergibt sich Δp_R aus Gl. (4.26).

4.133 Lavaldüsen. Aus den Gln. (4.6a—c) folgt, daß sich Gase und Dämpfe nur durch Hintereinanderschalten einer Düse und einer allmählichen Erweiterung (Kegelwinkel ca. 6°) aus dem Ruhezustand auf Überschallgeschwindigkeit beschleunigen lassen. Düse und Erweiterung bilden zusammen eine sogenannte Lavaldüse, Abb. 4.10. Bei kleiner Druckdifferenz $p_A - p_E$ bleibt die Strömung in der ganzen Lavaldüse im Unterschallbereich; sie wird vor der engsten Stelle beschleunigt und danach wieder verzögert, vgl. die Abschnitte 4.131 und 4.132 (S. 110 ff.).

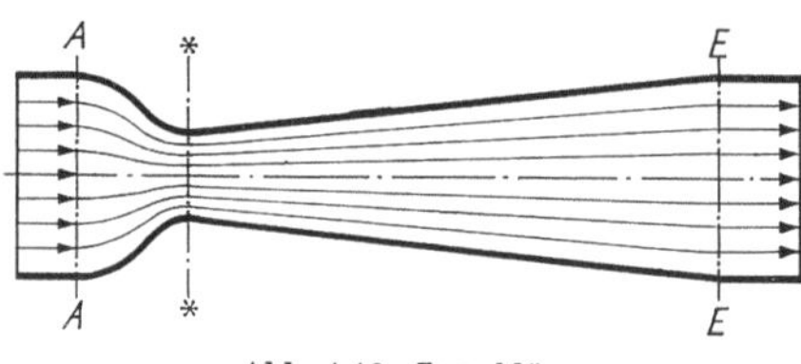

Abb. 4.10. Lavaldüse.

Bei ausreichender Druckdifferenz $[p_E \leqq p_*$, vgl. dazu Gl. (4.4a)] herrscht im konvergenten Teil der Lavaldüse Unterschallströmung ($Ma < 1$), im engsten Querschnitt F_* Schallgeschwindigkeit ($Ma = 1$) und im divergenten Teil Überschallströmung ($Ma > 1$); der Gasdurchsatz ergibt sich in diesem Fall unabhängig vom Enddruck p_E aus den Gln. (4.25d, e). Stimmt p_*/p_E am Ende der Lavaldüse nicht mit dem aus den Gln. (4.25a—c) für F_*/F_E folgenden Wert überein, so kommt es bei höherem Enddruck zu einem Verdichtungsstoß in dem erweiterten Düsenabschnitt; niedrigerer Enddruck führt dagegen zu einer Nach-Expansion des austretenden Strahls. Gelangt das Gas mit ausreichend hoher Überschallgeschwindigkeit in die Lavaldüse, so wird es im konvergenten Teil verzögert und im divergenten Abschnitt beschleunigt. Bei dem durch die Gln. (4.25d, e) bestimmten Durchsatz erreicht es an der engsten Stelle gerade die kritische Schallgeschwindigkeit und läßt sich bei hohem Enddruck anschließend im Diffusor ohne Verdichtungsstoß weiter verzögern.

4.134 Einspringende Kanten, plötzliche Erweiterungen. An einspringenden Kanten (plötzliche Kanalverengungen, Meß- und Drosselblenden, nicht abgerundete Einläufe) und plötzlichen Erweiterungen gemäß den

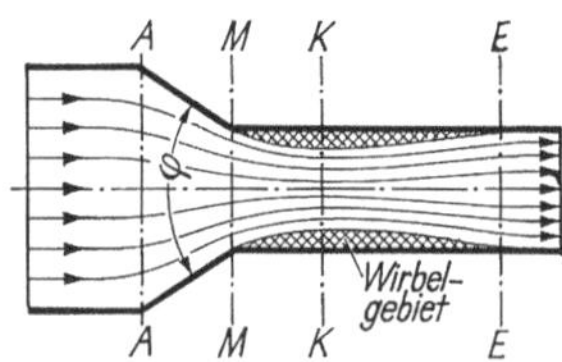

Abb. 4.11. Einspringende Kante.

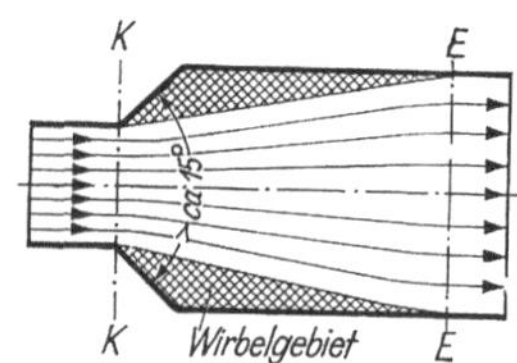

Abb. 4.12. Plötzliche Erweiterung.

Abb. 4.11 bzw. 4.12 löst sich die Strömung bei ausreichend hoher Reynoldszahl von der Wand ab und verläuft zunächst wie nach Düsenmündungen weiter als Freistrahl. Zwischen der Strahlgrenze und der

Kanalwand bildet sich eine Totwasserzone mit in sich geschlossenen Wirbeln aus. Die Strahlkontraktion ergibt sich mit dem Winkel φ und dem Querschnittsverhältnis F_M/F_A aus Abb. 4.7 und 4.8; der kleinste Strahlquerschnitt F_K folgt aus Gl. (4.27), und für den Druckabfall $p_A - p_K$ zwischen den Querschnitten $A - A$ bzw. $K - K$ (Abb. 4.11) — also im Bereich der beschleunigten Strömung — gilt wieder Gl. (4.24) mit $\Delta p_R = 0$. Zwischen $K - K$ und $E - E$ (Abb. 4.11 und 4.12) vermindert sich die Geschwindigkeit infolge des Impulsaustauschs mit dem Totwassergebiet, wodurch der Strahlquerschnitt aus Kontinuitätsgründen wieder wächst (Erweiterungswinkel etwa 12° bis 14°), bis sich die Strömung wieder an die Kanalwand anlegt. Der Druckverlust dieses Abschnitts beträgt

$$\Delta p_R = \frac{\varrho}{2} \left[w_K^2 - w_E^2 - 2\xi w_E (w_K - w_E) \right], \tag{4.29}$$

wobei für kleine Querschnittserweiterungen $\xi \approx 1$ und für große Erweiterungen $\xi \approx 0$ gilt. Gl. (4.24) liefert daher (mit p_K und w_K anstelle von p_A bzw. w_A sowie $h_E = h_A$) für den Bereich der verzögerten Strömung einen *Druckanstieg* zwischen 0 und $\varrho w_E (w_K - w_E)$.

Schleichende Strömungen ($Re \rightarrow 0$, also vor allem langsam fließende, hochviskose Substanzen) können auch abrupten Richtungsänderungen ohne Ablösen folgen, ihr Druckabfall wird daher durch Ablösevorgänge nicht beeinflußt.

Bei Molekularströmungen berücksichtigt der Faktor γ in Gl. (4.17) bereits den Einlauf-Druckabfall. Für Lochblenden mit dem Lochdurchmesser D gilt mit $\overline{w}$ als mittlerer Molekülgeschwindigkeit

$$\Delta p = \frac{2}{D^2} \dot{m} \overline{w}. \tag{4.30}$$

4.14 Richtungsänderungen

Der Druckabfall von Krümmern ist bei schleichender Strömung praktisch gleich dem gerader Rohre gleichen Querschnitts und gleicher Oberfläche. Bei Turbulenz verursacht jede Richtungsänderung Sekundärströmungen, deren kinetische Energie man nicht mehr zurückgewinnen kann, außerdem bilden sich durch Ablöseerscheinungen Totwasserzonen mit hoher innerer Reibung aus. Bei Molekularströmungen verkürzen Krümmer die mittlere freie Weglänge der Moleküle. In turbulent strömenden Stoffen sowie in stark verdünnten Gasen und Dämpfen tritt deshalb neben dem Druckverlust durch Wandreibung noch ein zusätzlicher Druckverlust Δp_K auf. Das verlustarme Umlenken von Gasen und Dämpfen bei schallnaher und Überschallströmung erfordert mit Rücksicht auf die Verdichtungsstöße eingehende gasdynamische Überlegungen. Diesbezüglich sei auf das einschlägige Schrifttum verwiesen [*9.24.3*].

4.141 Krümmer ohne Einbauten. Der Druckverlust Δp_K in einem Krümmer läßt sich bei turbulent mit kleinen Machzahlen strömenden Gasen und Dämpfen sowie volumbeständigen Flüssigkeiten in der Form

$$\Delta p_K = \zeta \frac{\varrho}{2} w_E^2 = \zeta_0 \, f_{Re} \frac{\varrho}{2} w_E^2 \qquad (4.31\,\text{a, b})$$

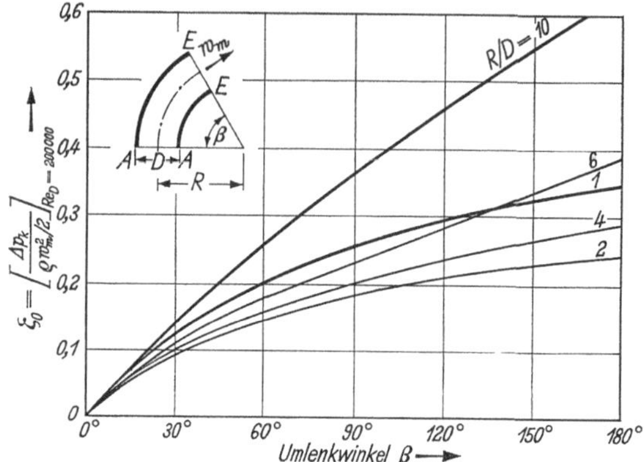

Abb. 4.13. Widerstandsbeiwerte ζ_0 hydraulisch glatter Kreiskrümmer bei $Re_D = 200\,000$.

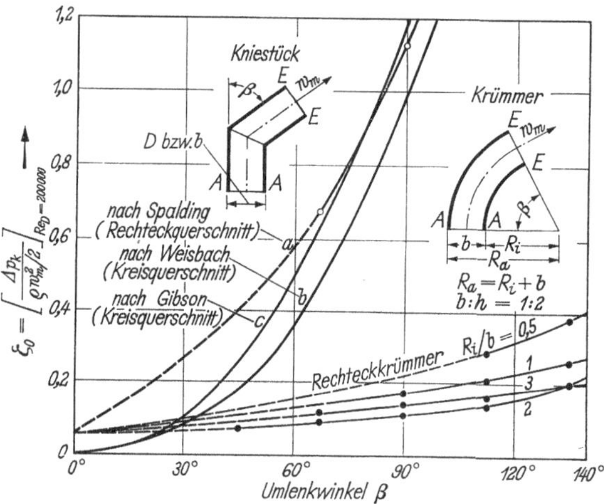

Abb. 4.14. Widerstandsbeiwerte ζ_0 von hydraulisch glatten Krümmern mit Rechteckquerschnitt sowie Kniestücken mit Kreis- und Rechteckquerschnitt bei $Re_D = 200\,000$.

darstellen. Die Abb. 4.13 bis 4.15 zeigen die Abhängigkeit der Widerstandsbeiwerte verschiedener Krümmer bei $Re_D = 200\,000$ (225 000) von dem Umlenkwinkel β und der Krümmerform für hydraulisch glatte Krümmer mit Kreisquerschnitt (Abb. 4.13; beste Krümmerform:

$R/D = 2$ bis 3), für glatte Krümmer mit Rechteckquerschnitt (Seitenverhältnis Breite b : Höhe $h = 1 : 2$) und Kniestücke (Abb. 4.14) sowie

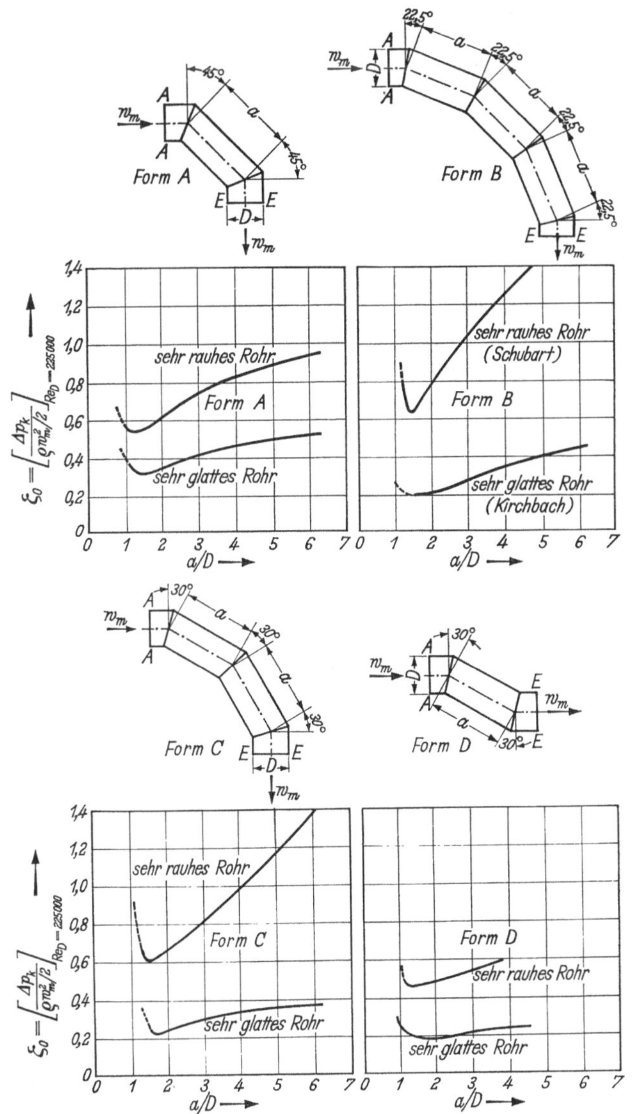

Abb. 4.15. Widerstandsbeiwerte ζ_0 verschiedener Segmentkrümmer bei $Re_D = 225\,000$.

verschiedene Segmentkrümmer (Abb. 4.15; günstigster Knickstellenabstand: $a = 1{,}5\,D$) [4.3—4.6, 9.24.5]. Aus Abb. 4.16 geht der Korrekturfaktor f_{Re} zum Berücksichtigen des Re-Einflusses hervor (dabei ist an-

8*

genommen, daß die von H. Richter [4.7] für 90°-Krümmer ermittelte Abhängigkeit $\zeta = \zeta(Re)$ näherungsweise auch für andere Umlenkungen gilt).

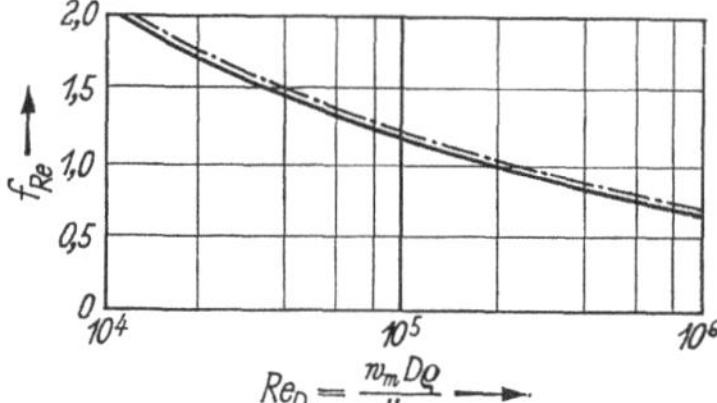

Abb. 4.16. Korrekturfaktor f_{Re} zum Berücksichtigen des Re-Einflusses auf den Widerstandsbeiwert verschiedener Krümmer. Die ausgezogene Kurve gilt für die bei $Re_D = 200\,000$ bestimmten ζ_0-Werte gemäß Abb. 4.13 und 4.14, die strichpunktierte Kurve für die bei $Re_D = 225\,000$ ermittelten ζ_0-Werte gemäß Abb. 4.15.

4.142 Krümmer mit Leitblechen. Kniestücke ermöglichen eine besonders billige und platzsparende Kanalführung, weisen aber gemäß Abb. 4.14 hohe Widerstandsbeiwerte auf. Durch Leitbleche läßt sich ζ erheblich verringern. Führt man die Leitbleche nach Abb. 4.17 mit den

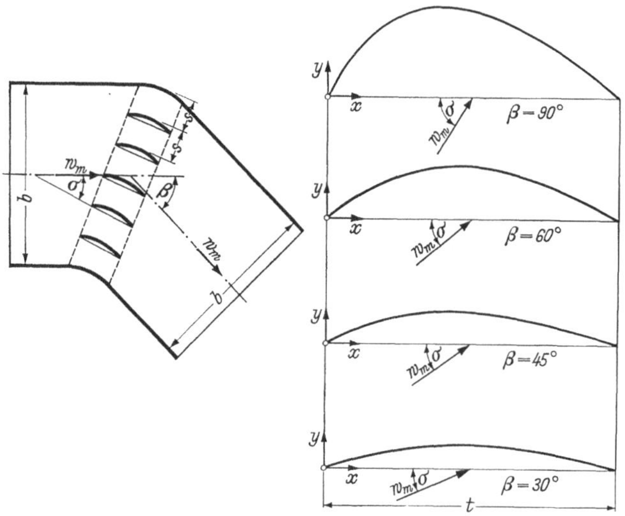

Abb. 4.17. Umlenkungen mit Leitblechen (nach G. Kröber [4.8]).

in Tab. 4.2 festgelegten Maßen und Profilformen aus, so ergeben sich nach G. Kröber [4.8] Widerstandsbeiwerte in der Größenordnung $\zeta = 0{,}1$ bis $0{,}15$. Kanäle mit Kreis- und Rechteckquerschnitt liefern bei gleicher Leitblechgestalt und -anordnung praktisch die gleichen Ergebnisse.

4.143 Krümmer ohne Einbauten bei stark verdünnten Gasen. Bei stark verdünnten Gasen verringern Krümmer die mittlere freie Weglänge im Gas, da die in Richtung der Rohrachse fliegenden Moleküle

Tabelle 4.2.

*Umlenkwinkel β, Anströmwinkel σ, auf die Profilsehnenlänge t bezogene Teilungen s/t,
Widerstandsbeiwerte ζ und Profilkoordinaten x/t, y/t der Leitbleche nach Abb. 4.17* [4.8]

β =		30°	45°	60°	90°
σ =		22° 30′	33° 15′	38°	56° 30′
s/t =		0,962	0,685	0,541	0,472
ζ =		0,100	0,142	0,146	0,136
x/t	y/t	y/t	y/t	y/t	
0	0	0	0	0	
0,05	0,0161	0,0233	0,0386	0,0886	
0,10	0,0286	0,0428	0,0750	0,153	
0,15	0,0397	0,0588	0,1039	0,202	
0,20	0,0489	0,0739	0,1267	0,240	
0,25	0,0565	0,0850	0,1438	0,265	
0,30	0,0634	0,0948	0,1575	0,280	
0,35	0,0687	0,1016	0,1670	0,287	
0,40	0,0717	0,1046	0,1711	0,289	
0,45	0,0725	0,1051	0,1728	0,286	
0,50	0,0717	0,1036	0,1710	0,277	
0,55	0,0683	0,1000	0,1705	0,264	
0,60	0,0657	0,0940	0,1586	0,243	
0,65	0,0603	0,0866	0,1482	0,223	
0,70	0,0542	0,0772	0,1408	0,198	
0,75	0,0485	0,0672	0,1190	0,171	
0,80	0,0412	0,0569	0,1000	0,142	
0,85	0,0336	0,0447	0,0794	0,111	
0,90	0,0244	0,0314	0,0582	0,0755	
0,95	0,0145	0,0179	0,0292	0,0389	
1,00	0	0	0	0	

nunmehr im Krümmer auf eine Wand stoßen, die bei gerader Rohrleitung
nicht vorhanden wäre. Man kann dies berücksichtigen, indem man statt
der geometrischen Rohrlänge L einen größeren Wert $L_{\text{rechn.}}$ gemäß

$$L < L_{\text{rechn.}} < L + 1{,}33 z D \tag{4.32}$$

in die Gln. (4.10) bzw. (4.18) einsetzt. z und D sind die Zahl der Krümmer
in der Leitung bzw. der Rohrdurchmesser.

4.15 Sonstige Strömungsvorgänge in Rohren und Kanälen

Neben geraden Rohrstrecken, Querschnitts- und Richtungsänderungen
sind vor allem Strömungsverzweigungen und -vereinigungen, Armaturen
und Meßstrecken sowie Gitter, Siebe und Gewebe häufige Leitungselemente. Bezüglich des Widerstands durchströmter Schüttgutschichten in
Füllkörpersäulen, Sandfiltern u. a. sei auf den Abschnitt 4.2 (S. 124 ff.) verwiesen. Die folgenden Ausführungen beschränken sich auf die Strömung
volumbeständiger Flüssigkeiten und auf Gasströmungen bei kleinen Machzahlen.

4.151 Stromverzweigungen. Die Abb. 4.18 gibt den Strömungsverlauf beim Verzweigen eines Massenstroms $\dot{m}$ in zwei Teilströme $\dot{m}_1$ und $\dot{m}_2 = \dot{m} - \dot{m}_1$ wieder. Für die Druckabfälle der beiden Teilströme $i = 1$ bzw. $i = 2$ gelten bei volumbeständigen Flüssigkeiten und turbulenter Strömung die Zusammenhänge

$$\Delta p_i = p_A - p_{Ei} = \frac{\varrho}{2}\, w_A^2 \left[\zeta_i - 1 + \left(\frac{w_{Ei}}{w_A}\right)^2 \right]. \qquad (4.33\,\text{a, b})$$

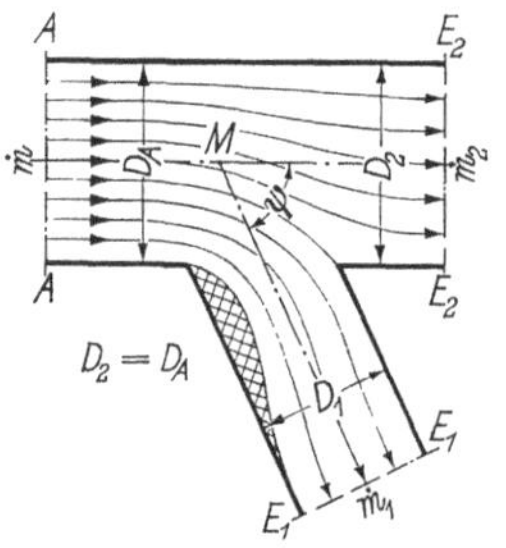

Abb. 4.18. Stromverzweigung.

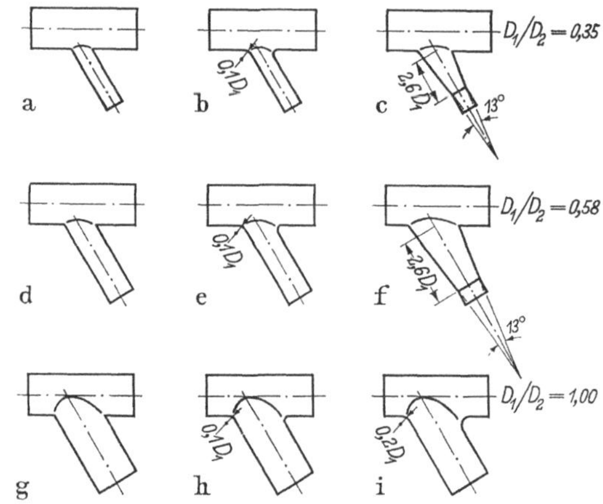

Abb. 4.19 a—i. Formen verschiedener Gabelstücke für Kreisrohr-Verzweigungen bzw. -Vereinigungen.

Die Widerstandsbeiwerte ζ_1 und ζ_2 kann man für die in Abb. 4.19 a—i zusammengestellten Gabelstücke mit kreisförmigen Zu- und Abström-querschnitten aus den Abb. 4.20 a, b in Abhängigkeit von dem Teilstromverhältnis $\dot{m}_1/\dot{m}$ entnehmen [*4.9, 4.10*]. Die Wandreibung ist darin nicht enthalten; die Längen der ankommenden bzw. abgehenden geraden Leitungen sind daher jeweils bis zum Punkt M zu messen.

4.152 Stromvereinigungen. Die Abb. 4.21 zeigt den Strömungsverlauf beim Vereinigen zweier Teilströme $\dot{m}_1$ und $\dot{m}_2$. Ihre Druckabfälle ergeben sich mit $i = 1$ bzw. $i = 2$ aus

$$\Delta p_i = p_{Ai} - p_E = \frac{\varrho}{2}\, w_E^2 \left[\zeta_i + 1 - \left(\frac{w_{Ai}}{w_E}\right)^2 \right], \qquad (4.34\,\text{a, b})$$

die Widerstandsbeiwerte ζ_1 und ζ_2 sind für die Gabelstücke gemäß Abb. 4.19 a—i in den Abb. 4.22 a, b als Funktionen des Massenverhältnisses $\dot{m}_1/\dot{m}$ dargestellt [*4.9, 4.10*]. Die Reibungsdruckabfälle der ankommenden bzw. abgehenden Leitungen sind jeweils bis zum Punkt M zu ermitteln.

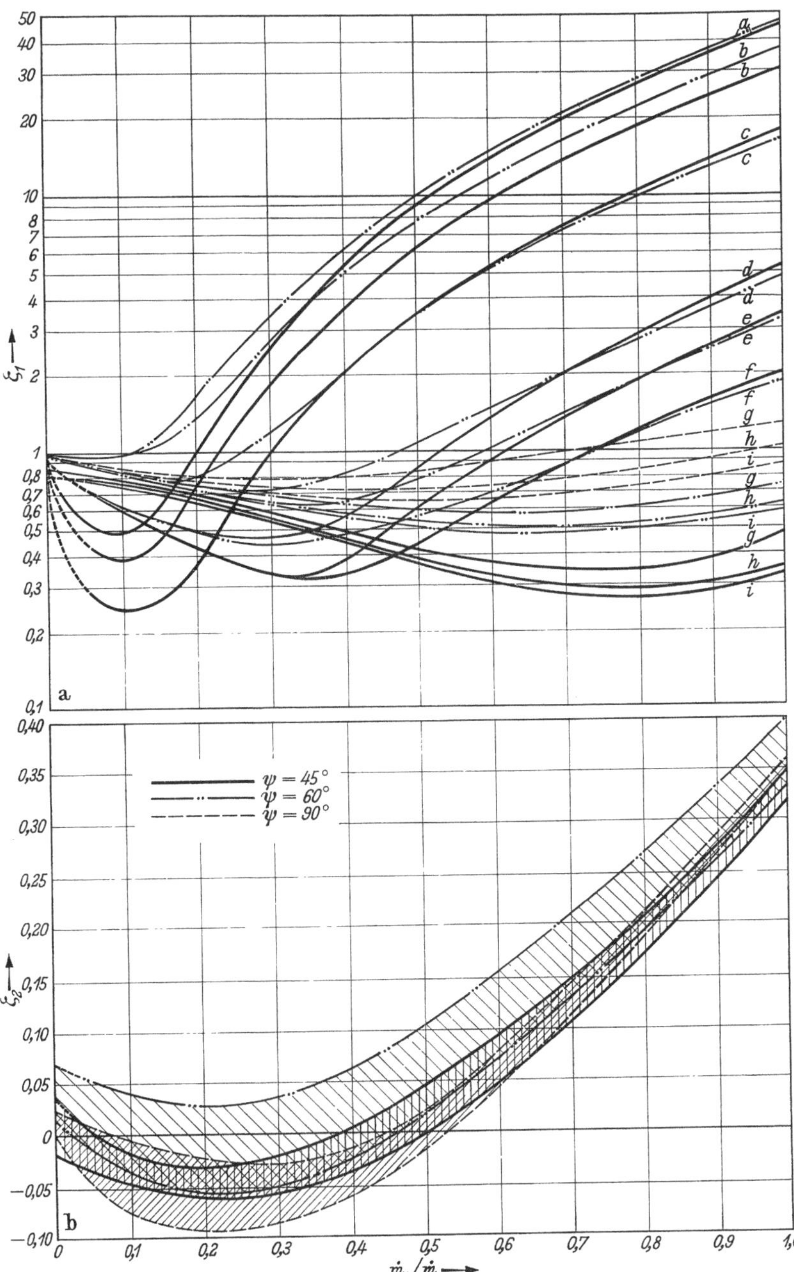

Abb. 4.20a u. b. Widerstandsbeiwerte ζ_1 und ζ_2 des abzweigenden Teilstroms $\dot m_1$ bzw. des geradeaus fließenden Teilstroms $\dot m_2$ in Abhängigkeit von dem Teilstromverhältnis $\dot m_1/\dot m$ und von der Form des Abzweigstücks gemäß Abb. 4.19a—i (nach F. PETERMANN [4.9] und E. KINNE [4.10]).

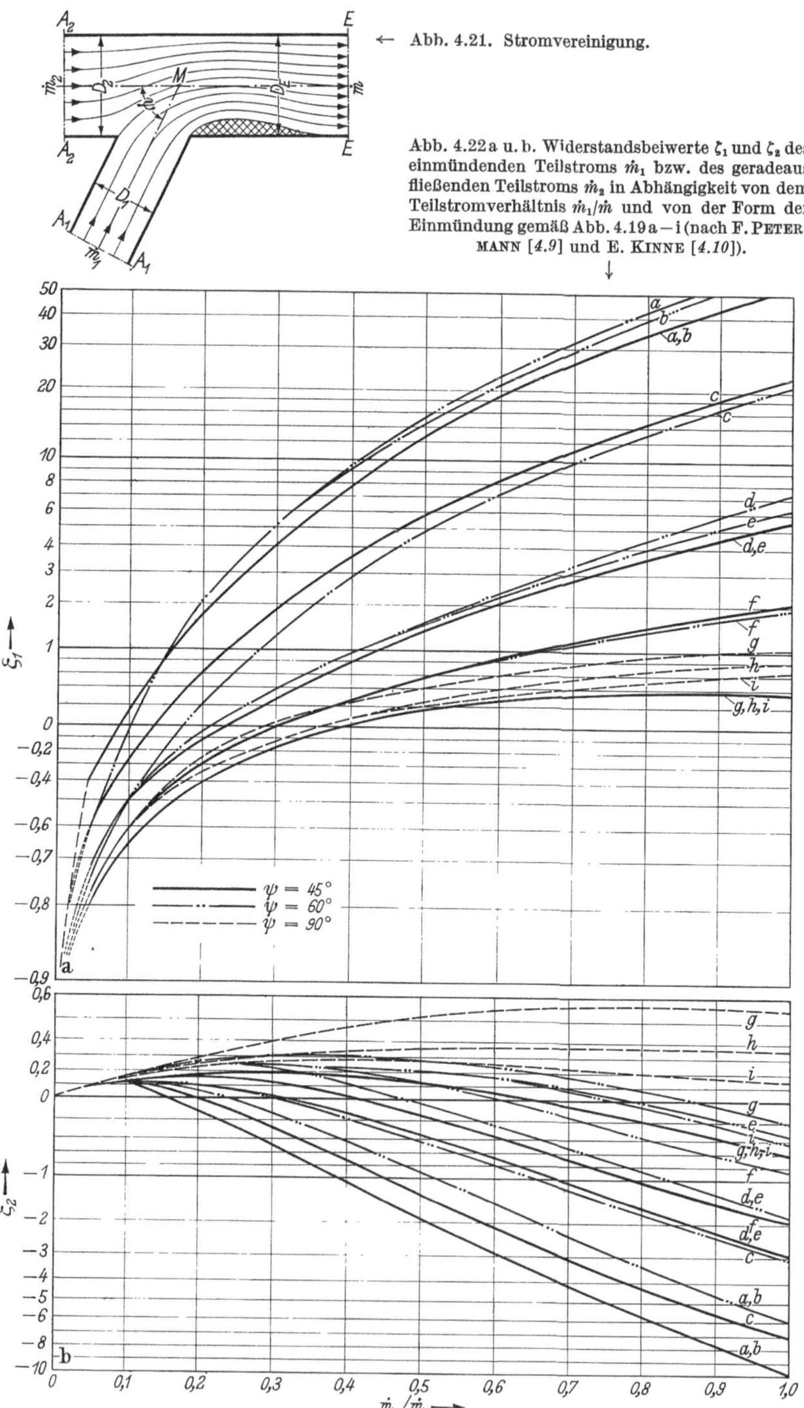

Abb. 4.22a u. b. Widerstandsbeiwerte ζ_1 und ζ_2 des einmündenden Teilstroms $\dot{m}_1$ bzw. des geradeaus fließenden Teilstroms $\dot{m}_2$ in Abhängigkeit von dem Teilstromverhältnis $\dot{m}_1/\dot{m}$ und von der Form der Einmündung gemäß Abb. 4.19 a—i (nach F. PETERMANN [4.9] und E. KINNE [4.10]).

4.153 Armaturen und Meßstrecken. Der von Armaturen und Meßstrecken verursachte Druckabfall läßt sich bei turbulenter Strömung nach Gl. (4.31a) berechnen. Die Abb. 4.23 vermittelt einen Überblick

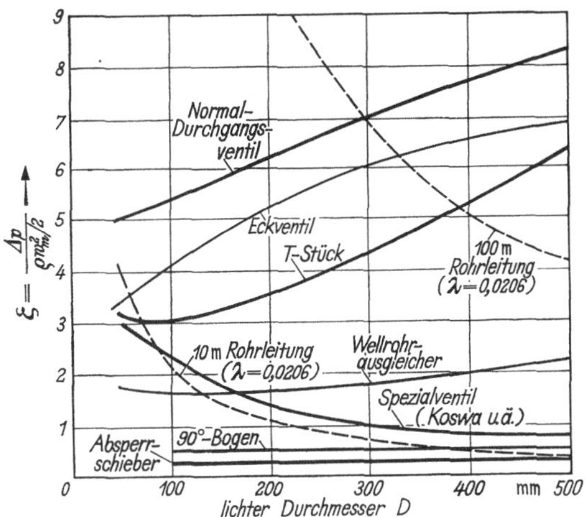

Abb. 4.23. Widerstandsbeiwerte ζ verschiedener Leitungselemente in Abhängigkeit vom lichten Durchmesser D (nach H. RICHTER [9.24.5]).

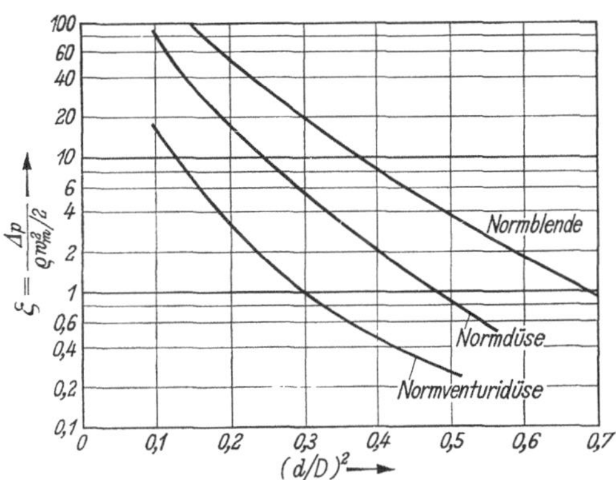

Abb. 4.24. Widerstandsbeiwerte ζ von Meßblenden, Meßdüsen und Venturidüsen (nach DIN 1952 [4.11]).

über die Größenordnung der Widerstandsbeiwerte ζ von Schiebern, Ventilen, Wellrohrausgleichern usw. nach H. RICHTER [9.24.5]. Für normale, ganz geöffnete Drehklappen und Schieber ist $\zeta = 0{,}20$ bis $0{,}40$.

Den Widerstand von Meßblenden, Meßdüsen und Venturidüsen kann man nach Gl. (4.31a) mit den aus Abb. 4.24 für das Öffnungsverhältnis $(d/D)^2$ des Meßeinsatzes (d Durchmesser der Blende bzw. der Düse,

D Rohrdurchmesser) entnommenen ζ-Werten ermitteln. Bezüglich einer Berücksichtigung des Expansionseinflusses bei kompressiblen Medien sei auf das Schrifttum [*4.11*] verwiesen.

4.154 Gitter, Siebe und Gewebe. Der Widerstand von Gittern, Sieben und Geweben (z. B. Filtertüchern) folgt bei inkompressiblen Flüssigkeiten aus Gl. (4.31a), bei kompressiblen Medien im Bereich kleiner Machzahlen aus

$$\Delta p_K = \zeta \frac{2p_A}{p_A + p_E} \frac{\varrho_A}{2} w_A^2 . \tag{4.35}$$

ϱ_A, p_A und w_A bezeichnen die Dichte, den Druck und die Geschwindigkeit vor dem Gitter bzw. Sieb, p_E gibt den Druck dahinter an (für $\Delta p_K \ll p_A$ erhält man $2p_A/(p_A + p_E) \approx 1$, $\varrho_A \approx \varrho_E$ und $w_A \approx w_E$, die Beziehung (4.35) geht also in Gl. (4.31a) über).

Für *Rundstabgitter* mit dem Stabdurchmesser d und dem Verhältnis φ_* des freien Querschnitts in der Gitterebene zum Gesamtquerschnitt (Stäbe + Lücken) gilt im Bereich $Re = w_A d/\varphi_* \nu \geqq 1000$ der Zusammenhang

$$\zeta = \left(\frac{1 - \varphi_*}{\varphi_*}\right)^2 . \tag{4.36}$$

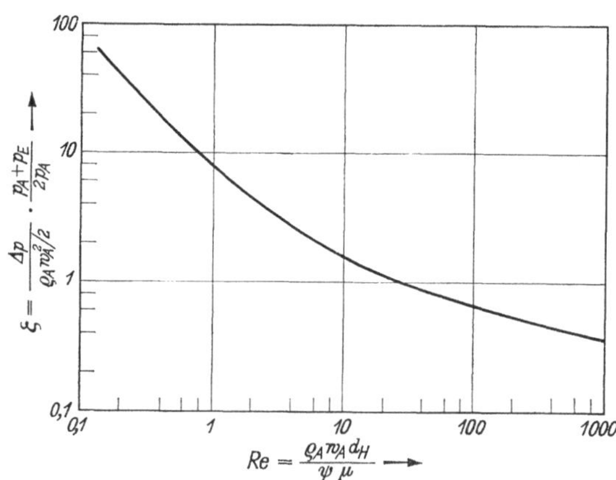

Abb. 4.25. Widerstandsbeiwert von Drahtsieben, Siebpaketen und hintereinander geschalteten Einzelsieben (nach P. GROOTENHUIS [*4.12*]).

Für einzelne Drahtsiebe mit quadratischen Maschen, aus z Einzelsieben dicht gepackte oder zusammengesinterte Siebpakete sowie z hintereinandergeschaltete Einzelsiebe kann man nach P. GROOTENHUIS [*4.12*] den Widerstandsbeiwert mit befriedigender Genauigkeit aus Abb. 4.25 in Abhängigkeit von $Re = \varrho_A w_A d_H/\psi \mu$ entnehmen. Dabei sind $d_H = d(1 - nd)^2/4(1 - \psi)$ der hydraulische Durchmesser, d der Drahtdurchmesser, n die Zahl der Maschen pro Längeneinheit und ψ die Porosität gemäß Gl. (2.49a).

4.155 Hintereinanderschalten verschiedener Leitungselemente. Der Widerstand eines Abschnitts (gerade Rohrstrecke, Diffusor, Krümmer usw.) hängt vielfach auch von den vor- bzw. nachgeschalteten Leitungselementen ab. Infolge der zahlreichen Kombinationsmöglichkeiten kann man zum Abschätzen dieser Einflüsse nur allgemeine Richtlinien angeben.

Beschleunigungsstrecken (Düse, abgerundeter Rohreinlauf) führen in anschließenden, geraden Rohren zu einer höheren Wandreibung infolge des anfangs „völligeren" Geschwindigkeitsprofils; bei relativ langen Rohren braucht man diesen Einfluß nicht mehr zu berücksichtigen.

Der Druckabfall von Kanalverengungen und Düsen ist praktisch unabhängig von den vor- und nachgeschalteten Leitungselementen. Diffusoren sind dagegen sehr empfindlich gegen Anfangsstörungen; die von Krümmern erzeugten Sekundärströmungen begünstigen im allgemeinen Ablöseerscheinungen und setzen somit den Wirkungsgrad guter Diffusoren beträchtlich herab. Lediglich Krümmer mit Leitblechen kann man unmittelbar davor anordnen, da die Leitbleche Sekundärströmungen weitgehend unterbinden.

Den Strömungswiderstand ζ von Krümmern mißt man üblicherweise zwischen zwei geraden Rohren. Beim Hintereinanderschalten von Krümmern und geraden Leitungsabschnitten braucht man daher keine gegenseitige Beeinflussung in Rechnung zu stellen, da ζ bereits die durch Sekundärströmungen erhöhte Wandreibung im anschließenden geraden Rohr enthält. Bei mehreren aufeinanderfolgenden Richtungsänderungen werden die vom ersten Krümmer erzeugten und noch nicht abgeklungenen Sekundärströmungen vom nächsten nicht im gleichen Maß angefacht, weshalb sich die Strömungswiderstände des zweiten und aller weiteren Krümmer ändern (unter Umständen auch abnehmen).

Meßstrecken erfordern zum Verhüten von Fehlmessungen störungsfreie, gerade Mindest-Rohrlängen vor bzw. hinter dem Meßeinsatz (sonst gelten die in den Durchflußmeßregeln angegebenen Meßtoleranzen nicht mehr) [4.11]. Beim Projektieren kann man normalerweise Rohrlängen $L_1 \geqq 20\,D$ vor dem Meßeinsatz bzw. $L_2 \geqq 5\,D$ dahinter als ausreichend ansehen. Drallbehaftete Strömungen nach Raumkrümmern, Gebläsen, verschiedenen Ventilen usw. benötigen besonders lange Beruhigungsstrecken ($L_1 \geqq 50\,D$) vor dem Meßeinsatz, wenn man den Drall nicht durch Strömungsgleichrichter (Gitter aus gekreuzten Blechstreifen, dessen Einzelkanäle eine relative Länge $L/d_H \geqq 2$ aufweisen) am Anfang der Meßstrecke beseitigt; Drahtsiebe sind diesbezüglich nahezu wirkungslos, weil die Drallströmung sie fast ungehindert passieren kann.

4.2 Mehrphasige Strömungen

Mehrphasige Gemische bestehen aus mehreren, voneinander durch Phasengrenzflächen getrennten Komponenten mit unterschiedlichen Stoffeigenschaften (z. B. Dichte, Viskosität). Sie verhalten sich beim Durchströmen von Leitungssystemen oft anders als Gase oder homogene Flüssigkeiten.

4.21 Flüssigkeits/Gas- und Flüssigkeits/Dampf-Gemische

In Gemischen aus Flüssigkeiten und darin unlöslichen Gasen sind die Mengenanteile der flüssigen und der Gasphase konstant (kaltes Wasser/Luft), in Flüssigkeits/Dampf-Gemischen (siedende Flüssigkeiten, Naßdampf) hängen sie dagegen vom statischen Druck ab. Gleichwohl verhalten sich Flüssigkeits/Gas- und Flüssigkeits/Dampf-Gemische beim Durchströmen von Leitungen weitgehend ähnlich, daher kann man sie gemeinsam erörtern.

4.211 Strömungsformen. Je nach der Gemischzusammensetzung, den Eigenschaften der Flüssigkeit und des Gases (bzw. des Dampfs) sowie den Strömungsbedingungen sind verschiedene Strömungsformen möglich. Bei *Blasen-* und *Schaumströmungen* ist das Gas in der zusammenhängenden, flüssigen Phase dispers verteilt; in ersterer überwiegt der Volumanteil der Flüssigkeit, in letzterer der des Gases. Bei der *Schicht-* und der *Ringströmung* bilden die Flüssigkeit und das Gas voneinander getrennte, jedoch in sich zusammenhängende Phasen. Bei der *Spritzerströmung* verteilt sich die Flüssigkeit dispers in der zusammenhängenden Gasphase, und bei der *Pfropfenströmung* wechseln jeweils fast den ganzen Leitungsquerschnitt ausfüllende Gas- und Flüssigkeitspfropfen einander ab. Die Erdschwere begünstigt in horizontalen und geneigten Kanälen Entmischungserscheinungen, während sie in vertikalen Leitungen eine Relativbewegung zwischen dem Gas und der Flüssigkeit in Strömungsrichtung bewirkt. Ein von O. Baker [*4.13*] empirisch gewonnenes und an Wasser/Luft- sowie Wasser/Wasserdampf-Gemischen geprüftes Diagramm zeigt die verschiedenen Strömungsformen von Flüssigkeits/Gas-Gemischen in waagrechten Rohren (Abb. 4.26). Ordinate und Abszisse geben den auf den Rohrquerschnitt F bezogenen Massendurchsatz des Gases $\dot{m}_G/F$ bzw. das Verhältnis $\dot{m}_F/\dot{m}_G$ des Flüssigkeitsdurchsatzes $\dot{m}_F$ zum Gasdurchsatz $\dot{m}_G$ für Wasser/Luft-Gemische von 20 °C und 1 at unmittelbar an, für andere Stoffe sind $\dot{m}_G/F$ und $\dot{m}_F/\dot{m}_G$ noch mit den Faktoren

$$k_1 = \sqrt{\frac{\varrho_F}{\varrho_G}\,\frac{\varrho_{G0}}{\varrho_{F0}}} \quad \text{bzw.} \quad k_2 = \frac{1}{k_1}\,\frac{\sigma_0}{\sigma}\,\sqrt[3]{\frac{\mu_F}{\mu_{F0}}\left(\frac{\varrho_{F0}}{\varrho_F}\right)^2} \qquad (4.37\,\text{a, b})$$

zu multiplizieren. In diesen Ausdrücken bedeuten ϱ_F und ϱ_G die Dichten der Flüssigkeit bzw. des Gases, μ_F die dynamische Viskosität der Flüssigkeit, σ die Grenzflächenspannung sowie $\varrho_{F0} = 1000\ \text{kg/m}^3$, $\varrho_{G0} = 1{,}2\ \text{kg/m}^3$, $\mu_{F0} = 0{,}01$ Poise und $\sigma_0 = 73\ \text{dyn/cm}$ die Stoffwerte von Wasser bzw. Luft bei 20 °C. Die in Abb. 4.26 dargestellten Strömungs-

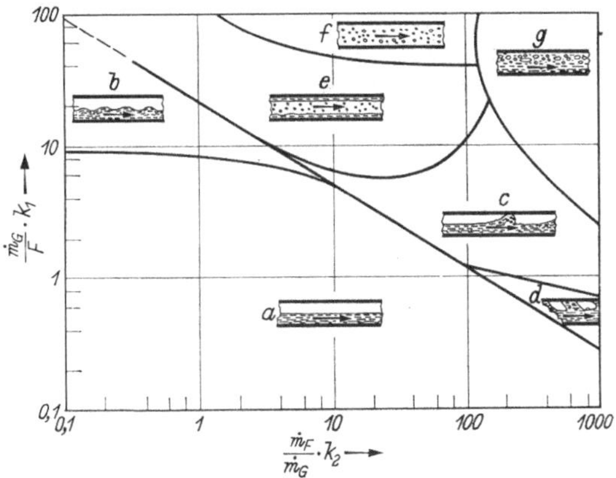

Abb. 4.26. Strömungsformen von Flüssigkeits/Gas-Gemischen in waagrechten Rohren (nach O. BAKER [4.13]).

a Schichtströmung, *b* Wellenströmung, *c* Schwallströmung, *d* Pfropfenströmung, *e* Ringströmung, *f* Spritzerströmung, *g* Blasenströmung.

formen können sich auch in geneigten Kanälen einstellen, während in vertikalen Rohren nur Blasen-, Pfropfen-, Ring- oder Spritzerströmungen auftreten.

Im Schrifttum findet man für die verschiedenen Strömungsformen empirisch oder auf Grund detaillierter Untersuchungen ermittelte Formeln zum Berechnen des Druckabfalls. Mit einer für Zweiphasenströmungen praktisch meist ausreichenden Genauigkeit kann man den Druckabfall beliebig strömender Flüssigkeits/Gas-Gemische in horizontalen Rohren nach R. W. LOCKHART und R. C. MARTINELLI [4.14] folgendermaßen (im allgemeinen bis auf den Faktor 2, vgl. [4.13]) ermitteln: Man bestimmt zunächst die Reibungs-Druckabfälle Δp_G und Δp_F, die sich bei reiner Gas- bzw. Flüssigkeitsströmung mit den Massendurchsätzen $\dot{m}_G$ bzw. $\dot{m}_F$ einstellen würden, und die Reynoldszahlen dieser fiktiven Strömungen. Dann bildet man das Verhältnis $\sqrt{\Delta p_F/\Delta p_G}$, entnimmt aus Abb. 4.27 — je nach den Reynoldszahlen für laminare oder turbulente, reine (fiktive) Gas- bzw. Flüssigkeitsströmung — die Ausdrücke $\sqrt{\Delta p/\Delta p_F}$, $\sqrt{\Delta p/\Delta p_G}$ und erhält damit nach Quadrieren und Multiplizieren mit Δp_F bzw. Δp_G den Druckabfall Δp des Zweiphasensystems.

4.212 Blasen-, Schaum- und Spritzerströmungen. Blasen-, Schaum-
und Spritzerströmungen verhalten sich bei hinreichend fein verteilter
disperser Phase (kleine Blasen bzw. Tropfen) wie Strömungen homo-
gener, kompressibler Flüssigkeiten mit hoher Kompressibilität und hoher

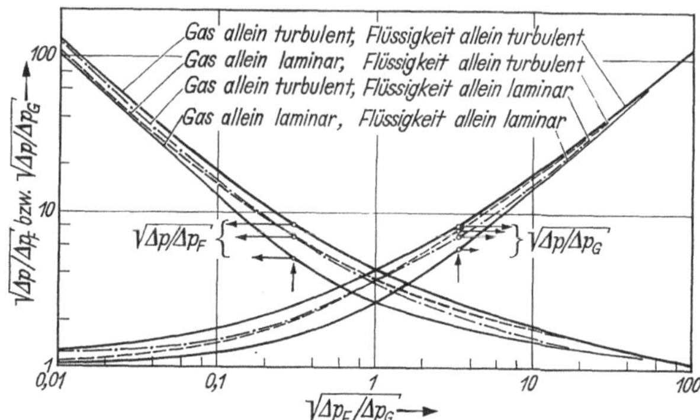

Abb. 4.27. Diagramm zum Ermitteln des Druckabfalls von Flüssigkeits/Gas-Gemischen in horizontalen Leitungen (nach R. W. LOCKHART u. R. C. MARTINELLI [*4.14*]).
Δp Druckabfall der Zweiphasenströmung, Δp_F Druckabfall des allein strömenden Flüssigkeitsanteils, Δp_G Druckabfall des allein strömenden Gasanteils.

Dichte. Ihr Druckabfall läßt sich somit nach Einführen einer mittleren
Dichte und einer mittleren Gemischviskosität auch nach Abschnitt 4.1
(S. 99 ff.) berechnen. Vernachlässigt man die bei feinen Dispersionen sehr
kleine Relativgeschwindigkeit zwischen Gas und Flüssigkeit, so ergibt sich
die Gemischdichte ϱ mit ϱ_F und ϱ_G als Flüssigkeits- bzw. Gasdichte, Φ als
Volumanteil des (als ideal angenommenen) Gases im Gemisch sowie $\dot{m}_G$
und $\dot{m}_F$ als Massendurchsatz des Gas- bzw. Flüssigkeitsanteils zu

$$\varrho = \varrho_F(1 - \Phi) + \varrho_G \Phi = \cfrac{1}{\cfrac{1}{\varrho_F} + \cfrac{\dot{m}_G}{\dot{m}_G + \dot{m}_F}\left(\cfrac{1}{\varrho_G} - \cfrac{1}{\varrho_F}\right)} . \quad (4.38\,\text{a, b})$$

Für die Schallgeschwindigkeit w_s in dem quasihomogenen Zwei-
phasensystem kann man aus den Gln. (4.3a) und (4.38b) die Beziehung

$$\frac{w_s}{w_{sG}} = \cfrac{g_G + (1 - g_G)\dfrac{\varrho_G}{\varrho_F}}{\sqrt{g_G + (1 - g_G)\left(\dfrac{\varrho_G}{\varrho_F}\dfrac{w_{sG}}{w_{sF}}\right)^2}} \qquad (4.39)$$

herleiten. w_{sG} und w_{sF} sind die Schallgeschwindigkeiten im Gas bzw. in
der Flüssigkeit, g_G gibt den Massenanteil des Gases im Gemisch an. Aus
Gl. (4.39) folgt, daß w_s bei Blasen-, Schaum- und Spritzerströmungen
sehr niedrige Werte annimmt, so daß diese bereits bei kleinen Strömungs-

geschwindigkeiten ein den Gasen bei hohen Machzahlen (Abschn. 4.112, S. 100 ff.) vergleichbares Verhalten zeigen [*4.15*].

Die dynamische Viskosität μ des Gemischs ergibt sich bei Blasenströmungen mit niedrigem Gasanteil ($\Phi \ll 1$) und kleinen Blasen aus der dynamischen Viskosität μ_F der Flüssigkeit gemäß

$$\mu = \mu_F \left(1 + \frac{5}{2}\, \Phi\right). \qquad (4.40)$$

Diese Formel leitete A. EINSTEIN [*4.16*] für Flüssigkeiten mit darin suspendierten Feststoffkugeln her; sie eignet sich jedoch auch für kleine Gasblasen in Flüssigkeiten sowie — mit μ_G als dynamischer Viskosität des Gases und $\Phi_F (\ll 1)$ als Volumanteil der Flüssigkeit anstelle von μ_F bzw. Φ — für kleine Flüssigkeitstropfen in Gasen, da diese unter dem Einfluß der Grenzflächenspannung Kugelgestalt annehmen und praktisch wie Feststoffe beibehalten. Die scheinbare Viskosität von Schäumen hängt weitgehend von der Oberflächenspannung ab; ihr Einfluß ist jedoch meist vernachlässigbar gegenüber dem der Machzahl, d. h. man kann Schäume näherungsweise wie reibungsfreie, mit hoher Machzahl strömende Gase behandeln.

Strömt ein Flüssigkeits/Sattdampf-Gemisch durch eine beheizte oder gekühlte Leitung, so ändert sich durch die Wärmezufuhr bzw. -abfuhr sein Dampfanteil und seine Dichte. Die damit verbundene Änderung der kinetischen Energie verursacht den „Beschleunigungs-Druckabfall"

$$\Delta p_B = \left(\frac{\dot{m}_G + \dot{m}_F}{F}\, w\right)_E - \left(\frac{\dot{m}_G + \dot{m}_F}{F}\, w\right)_A \qquad (4.41)$$

zusätzlich zu den Druckdifferenzen, die sich bei Betrachten des Gemischs als quasihomogene Substanz nach Abschnitt 4.1 (S. 99 ff.) ergeben (die Indizes A und E bezeichnen den Rohranfang bzw. das Rohrende).

Mit zunehmendem Blasen- bzw. Tropfendurchmesser wächst die Relativgeschwindigkeit zwischen den einzelnen Blasen bzw. Tropfen und dem umgebenden Medium, bei genauen Berechnungen muß man sie daher berücksichtigen [*9.25.9*]. Die großen Blasen bzw. Tropfen holen im Verlauf ihrer Bewegung immer wieder kleinere ein und vereinigen sich mit ihnen zu noch größeren. In langen, relativ langsam durchströmten, vertikalen Kanälen bilden sich schließlich Gas- bzw. Flüssigkeitspfropfen, die praktisch den ganzen Querschnitt ausfüllen und abwechselnd aufeinanderfolgen. Bezüglich der Berechnung von Pfropfenströmungen sei auf das Schrifttum verwiesen [*4.17*].

4.213 Schicht- und Ringströmungen, Rieselfilme. Fließt ein Flüssigkeits/Gas- oder Flüssigkeits/Dampf-Gemisch unter der Wirkung eines Druckgefälles als Schicht- oder Ringströmung durch eine Leitung, so gelten zwischen dem Druckabfall und dem Durchsatz die von R. W. LOCK-HART und R. C. MARTINELLI angegebenen und in Abschnitt 4.211 (S. 124 ff.) erläuterten Zusammenhänge. Herrscht am Rohranfang und -ende der gleiche Druck, so stellt sich bei endlicher Höhendifferenz unter dem Einfluß der Erdschwere ein von den Strömungsbedingungen und den Stoffeigenschaften abhängiger Flüssigkeitsdurchsatz ein, der Gasdurchsatz ist dagegen verschwindend klein (aber wegen der Reibung an der bewegten Grenzfläche nicht genau Null!). In waagrechten und schrägen Rohren bilden sich *Schichtströmungen* mit leicht geneigter, ebener oder welliger Oberfläche aus, in vertikalen Rohren entstehen Flüssigkeits-Ringströmungen, sogenannte *Rieselfilme*. Für Schichtströmungen niedrigviskoser Flüssigkeiten in flach geneigten Kanälen mit Rechteckquerschnitt folgt aus Gl. (1.11) bei konstantem Druck an der Flüssigkeitsoberfläche die Differentialgleichung des Flüssigkeitsspiegels

$$\frac{dH}{dL} = \frac{\sin\alpha - \dfrac{\lambda}{8}\dfrac{w_m^2}{gH}}{1 - \dfrac{w_m^2}{gH}}, \tag{4.42}$$

in der H die (im Vergleich zur Kanalbreite B als klein angenommene) vertikal gemessene Tiefe der Flüssigkeit, L die Kanallänge, α den Neigungswinkel, w_m die mittlere Strömungsgeschwindigkeit, λ den Wandreibungsbeiwert und g die Erdbeschleunigung bezeichnen. Bei gleichförmiger Strömung gilt $dH/dL = 0$, und man erhält mit $\dot{V} = BH_o w_m \cos\alpha$ als Volumdurchsatz

$$H = \sqrt[3]{\frac{\lambda \dot{V}^2}{8g\, B^2 \sin\alpha \cos^2\alpha}}, \qquad w_m = \sqrt[3]{\frac{8g\, \dot{V} \sin\alpha}{\lambda\, B \cos\alpha}}. \tag{4.43a, b}$$

Durch Hindernisse, Einlaufstörungen usw. entstehen Wellen auf der Flüssigkeitsoberfläche, die sich infolge der Erdschwere und der Oberflächenspannung mit der Geschwindigkeit

$$w_{s,\sigma} = \sqrt{gH + \frac{\sigma}{RH}} \tag{4.44}$$

in Strömungsrichtung fortpflanzen (R Krümmungsradius der Oberfläche, σ Oberflächenspannung). Bei vernachlässigbarem Einfluß von σ ergeben sich aus Gl. (4.44) die Beziehungen

$$w_s = \sqrt{gH_s}, \qquad H_s = \frac{w_s^2}{g} \tag{4.45a, b}$$

für die sogenannte Schwallgeschwindigkeit oder Grundwellengeschwindigkeit w_s (Fortpflanzungsgeschwindigkeit langer Wellen bei dünner

Schicht) und für die kritische Flüssigkeitstiefe H_s. Für $w_m = w_s$ bzw. $H = H_s$ liefert Gl. (4.42) $dH/dL = \infty$, d. h. bei verzögerter Strömung tritt ein (dem Verdichtungsstoß bei Gasen vergleichbarer) Flüssigkeitssprung auf. Zwischen den Geschwindigkeiten und den Tiefen vor dem Sprung (Index 1) bzw. danach (Index 2) gelten die Zusammenhänge

$$\frac{w_1}{w_2} = \frac{H_2}{H_1} = \sqrt{\frac{1}{4} + 2\left(\frac{w_1}{w_s}\right)^2} - \frac{1}{2} \approx \frac{1}{2}\left(3\,\frac{w_1}{w_s} - 1\right). \qquad (4.46\,\mathrm{a-c})$$

Das Strömungsverhalten von *Rieselfilmen* hängt von der Reynoldszahl $Re_R = w_m\,H/\nu = \dot{m}_F/B\mu_F$ ab [9.31.10]. Bei $Re_R < 300$ fließt die Flüssigkeit laminar (etwa ab $Re \geq 4$ bis 6 mit welliger Oberfläche), und man erhält bei voll ausgebildeter, stationärer Strömung

$$w(x) = \frac{3}{2}\,w_m\left(2\,\frac{x}{H} - \frac{x^2}{H^2}\right), \quad w_m\big| = (g\,\sin\alpha)\,\frac{\varrho_F}{3\,\mu_F}\,H^2, \qquad (4.47\mathrm{a, b})$$

$$\dot{m}_F = (g\,\sin\alpha)\,\frac{\varrho_F^2}{3\,\mu_F}\,BH^3. \qquad (4.47\mathrm{c})$$

Darin sind $w(x)$ und w_m die örtliche Strömungsgeschwindigkeit im Abstand x von der Wand bzw. ihr Mittelwert, H die Schichtdicke, B die Schichtbreite (benetzter Rohrumfang), α der Neigungswinkel des Rohrs gegen die Horizontale, g die Erdbeschleunigung, ϱ_F die Flüssigkeitsdichte und μ_F die dynamische Viskosität der Flüssigkeit. Im Bereich $400 \leq Re_R \leq 2000$ strömt der Rieselfilm turbulent:

$$w_m = 4{,}75\,\frac{H^{7/8}(g\,\sin\alpha)^{5/8}}{(\mu_F/\varrho_F)^{1/4}}, \quad \dot{m}_F = 4{,}75\,\frac{\varrho_F H^{15/8} B\,(g\,\sin\alpha)^{5/8}}{(\mu_F/\varrho_F)^{1/4}}. \qquad (4.48\mathrm{a, b})$$

4.214 Örtliche Zweiphasengebiete in sonst einphasigen Strömungen. Unterschreitet der statische Druck in einer schnell strömenden Flüssigkeit örtlich den Sättigungsdruck, so bilden sich Dampfblasen, die bei einer Druckzunahme im weiteren Strömungsverlauf schlagartig wieder in sich zusammenfallen und verschwinden. Dabei entstehen beträchtliche Geräusche, und angrenzende Bauteile werden mechanisch hoch beansprucht (Grübchenbildung!). Diese sogenannte *Kavitation* tritt vornehmlich in Laufrädern von Kreiselpumpen und Ansaugventilen von Kolbenpumpen sowie bei schnellaufenden Rührern auf.

Sinkt der Druck bei kleiner Geschwindigkeit im ganzen Kanalquerschnitt bis auf den Sättigungsdruck, so *reißt* die Strömung *ab*: In dem entstehenden Dampfpfropfen herrscht unabhängig von seiner Größe der (temperaturabhängige) Sättigungsdruck, so daß eine hinter der Abreißstelle angeordnete Pumpe die Flüssigkeit davor nicht mehr ansaugen kann.

4.22 Feststoff/Gas-Gemische

Ein von unten nach oben durchströmtes Haufwerk bildet bei kleiner Gasgeschwindigkeit eine *ruhende Schüttung*, die mit zunehmender Gasgeschwindigkeit — nach Überschreiten des Wirbelpunkts — in eine *Wirbelschicht* und bei weiterer Gasgeschwindigkeitszunahme — nach Erreichen des Austragpunkts — schließlich in eine *Flugstaubwolke* übergeht. Wenn Siebe oder dgl. das Entstehen einer Wirbelschicht bzw. einer Flugstaubwolke verhindern oder wenn das Gas von oben nach unten durch das Haufwerk strömt, bleibt die ruhende Schüttung auch bei hohen Gasgeschwindigkeiten erhalten.

4.221 Gasströmungen durch ruhende Schüttungen. Um den Strömungswiderstand einer porösen Feststoffschüttung zu ermitteln, kann man sie entweder als Kanalsystem oder als Haufwerk aus Einzelkörnern ansehen und dementsprechend von dem Widerstand eines einzelnen Kanals oder Korns ausgehen. Wählt man den ersten Weg, so gilt mit dem hydraulischen Durchmesser

$$D_H = \frac{4\psi}{O_v(1-\psi)} = \frac{4\psi}{\varrho_k O(1-\psi)} \qquad (4.49\,\text{a, b})$$

für den Druckabfall des Gases in der Schüttung

$$\Delta p = \lambda_s \frac{L}{D_H} \frac{\varrho_G}{2} \left(\frac{w_0}{\psi}\right)^2. \qquad (4.50)$$

Dabei bezeichnen ψ die Porosität des Haufwerks nach Tab. 2.4 bzw. Gl. (2.49a), O_v und O die spezifischen Oberflächen des Feststoffs pro Volum- bzw. Masseneinheit, ϱ_k die Feststoffdichte, ϱ_G die Gasdichte, L die Länge der durchströmten Schicht, w_0 die fiktive mittlere Gasgeschwindigkeit im leeren (ohne Schüttgutfüllung gedachten) Rohr, (w_0/ψ) die effektive mittlere Gasgeschwindigkeit in der Schüttung und λ_s deren Reibungsbeiwert. λ_s hängt gemäß Abb. 4.28 von der Reynolds-

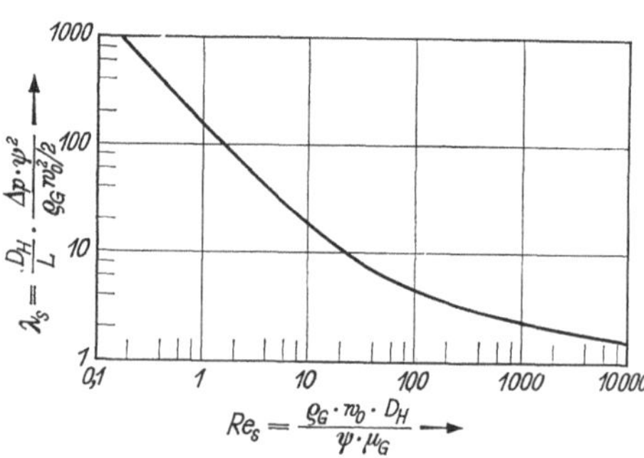

Abb. 4.28. Reibungsbeiwert λ_s loser Schüttungen in Abhängigkeit von der Reynoldszahl Re_s [*9.31.6*].

zahl $Re_s = \varrho_G\,w_0\,D_H/\psi\,\mu_G$ ab (μ_G dynamische Viskosität des Gases) [*9.31.6*]. Bei schleichender Strömung ($Re_s \leqq 1$) gilt für „einfache" Kornformen (Kugeln, Kies, Sand, Schotter im Gegensatz zu Schneckenhäusern usw.) näherungsweise

$$\lambda_s \doteq \frac{160}{Re_s}, \qquad (4.51)$$

der Reibungsbeiwert ist also etwa 2- bis 3mal so groß wie in Kreisrohren [vgl. Gl. (4.12)], da sich die Strömung im ganzen Haufwerk im Anlaufzustand (vergleichbar mit dem Rohreinlauf) befindet. Setzt man λ_s nach Gl. (4.51) in (4.50) ein, so erhält man die Formel von J. KOZENY

$$O = \frac{0{,}447}{\varrho_k(1 - \psi)} \sqrt{\frac{\Delta p\,\psi^3}{\mu_G\,w_0\,L}}, \qquad (4.52)$$

die sich bis $O \leq 4000 \text{ cm}^2/\text{g}$ zum Bestimmen der spezifischen Oberfläche aus dem Strömungswiderstand einer Schüttgutsäule eignet [*4.18*]. Durch Zusammenfassen verschiedener Größen zu einem dimensionsbehafteten „Durchlässigkeitsbeiwert" K gelangt man zu der Formel von DARCY für die Druckhöhe $\Delta p/\varrho_G\,g$:

$$\frac{\Delta p}{\varrho_G g} = \frac{L}{K}\,w_0. \qquad (4.53)$$

Ist der Korndurchmesser k mit dem Durchmesser D der Schüttgutsäule vergleichbar, so ändert sich der Widerstandsbeiwert gegenüber dem für $k \ll D$ gültigen, aus Abb. 4.28 bzw. Gl. (4.51) folgenden Grenzwert λ_s gemäß [*9.31.4*]:

$$\lambda_{s,\text{eff}} = \frac{\lambda_s}{1 + 3{,}5\,k/D}. \qquad (4.54)$$

4.222 Wirbelschichten. Steigert man den Gasdurchsatz durch eine von unten nach oben durchströmte Schüttgutsäule mit freier Oberfläche, so bleiben die Feststoffteilchen in Ruhe (*Festschicht*), und der Druckabfall des Gases wächst nach Gl. (4.50), bis er gleich dem (um den Auftrieb verminderten) Gewicht der Schüttung pro Grundflächeneinheit ist (ϱ_s Schüttdichte des ruhenden Haufwerks):

$$\Delta p_w = \varrho_s g L \left(1 - \frac{\varrho_G}{\varrho_k}\right) = (1 - \psi)\,\varrho_k g L \left(1 - \frac{\varrho_G}{\varrho_k}\right). \qquad (4.55\,\text{a, b})$$

Die Δp_w nach Gl. (4.50) zugeordnete, auf den leeren Querschnitt (ohne Schüttgut) bezogene fiktive Gasgeschwindigkeit

$$w_0 = \sqrt{\frac{2\,\Delta p_w\,D_H\,\psi^2}{\varrho_G\,\lambda_s\,L}} = \sqrt{\frac{8\,\psi\,g\,(\varrho_k - \varrho_G)}{\varrho_k\,\varrho_G\,\lambda_s\,O}} \qquad (4.56\,\text{a, b})$$

9*

kennzeichnet den „Wirbelpunkt". Die innere Reibung der Festschicht
und der Böschungswinkel vermindern sich mit wachsendem Gasdurchsatz und verschwinden beim Wirbelpunkt. Bei weiter zunehmendem
Gasdurchsatz vergrößert sich die Porosität des Haufwerks in dem Maß,
daß der Druckabfall des Gases praktisch konstant bleibt ($\Delta p_w = $ const $\pm$
$\pm\ 10\%$). Das Gut dehnt sich somit aus und bildet eine *homogene* Wirbelschicht mit flüssigkeitsähnlichen Eigenschaften und waagrechter Oberfläche, in der die einzelnen Körner ständig wandern. Bei noch größerem
Gasdurchsatz entsteht eine *brodelnde* Wirbelschicht mit darin hoch-
steigenden Gasblasen, wobei sich das Gut stärker durchmischt. In engen
Rohren stellt sich schließlich eine *stoßende* Wirbelschicht mit den ganzen
Querschnitt ausfüllenden, einander abwechselnden Gas- und Schüttgut-
pfropfen ein. Erreicht die Gasgeschwindigkeit im leeren Rohr die
Schwebegeschwindigkeit w_s der Einzelkörner (Abschn. 2.43, S. 55ff.), so
geht die Wirbelschicht in eine *Flugstaubwolke* über, und das Gas nimmt
den Feststoff mit (pneumatischer Feststofftransport); man nennt diese
obere Grenze den „Austragpunkt" der Wirbelschicht [*4.19, 4.20, 9.31.4*].

Zwischen der Höhe L_w der Wirbelschicht und ihrer Porosität ψ_w
sowie den entsprechenden Größen L und ψ der Festschicht besteht der
Zusammenhang

$$\frac{L_w}{L} = \frac{1-\psi}{1-\psi_w}. \tag{4.57}$$

Die relative Ausdehnung L_w/L soll aus betrieblichen Gründen (um das
Brodeln und Stoßen der Schicht in vertretbaren Grenzen zu halten) den
Wert $(L_w/L)_{\max} = 1{,}15$ bis $1{,}20$ nicht überschreiten. Die dazu nötige
Gasgeschwindigkeit kann man überschlägig abschätzen, indem man in
Gl. (4.56b) die aus Gl. (4.57) folgende Porosität ψ_w der Wirbelschicht
einsetzt und für λ_s den für Festschichten gültigen Wert aus Abb. 4.28
übernimmt.

Besteht das Haufwerk aus Körnern unterschiedlicher Größe und
Dichte, so sammeln sich die großen und spezifisch schweren Teilchen
unten, die kleinen und spezifisch leichten dagegen oben an. Große,
spezifisch leichte Körper schwimmen auf der Wirbelschicht wie auf einer
Flüssigkeit, spezifisch schwere Körper sinken darin unter.

4.223 Pneumatischer Feststofftransport. Bei genügend hoher Geschwindigkeit können Gase auch körnige Feststoffe mitführen. Dies
nützt man beim pneumatischen Feststofftransport aus [*4.21—4.31*]. An
der Aufgabestelle des Schüttguts bildet sich ein Feststoff/Gas-Gemisch,
das sich wie andere fluide Medien durch Rohre und Kanäle fördern läßt.
Die einzelnen Körner verteilen sich in lotrechten Rohren bei kleiner
Volumkonzentration des Feststoffs praktisch gleichmäßig über den

Querschnitt, bei großer Gutsbeladung treten Staubsträhnen auf. In waagrechten und geneigten Rohren ist nur feiner Staub bei geringer Volumkonzentration einigermaßen gleichmäßig über dem Querschnitt verteilt; bei wachsender Korngröße oder Gutsbeladung nimmt die Konzentration im Rohrquerschnitt unter dem Einfluß der Erdschwere von oben nach unten zu. Schließlich stellt sich eine Schichtströmung ein: Im unteren Teil des Rohrs wandert eine Staubsträhne mit hohem Feststoffgehalt und geringer Geschwindigkeit, darüber strömt ein Feststoff/Gas-Gemisch mit kleiner Staubbeladung und höherer Geschwindigkeit. Steigert man die Gutsbeladung noch weiter, so lagert sich ein Teil des Staubs am Boden dünenähnlich oder in einer gleichmäßigen Schicht ab. Darüber bewegt sich verhältnismäßig langsam eine Staubsträhne, und im oberen Teil des Rohrs strömt ein quasihomogenes Staub/Gas-Gemisch mit hoher Geschwindigkeit. Beim Erreichen der Stopfgrenze wächst das Rohr immer mehr zu und verstopft sich an den besonders zum Staubablagern neigenden Stellen (horizontale Leitungen unmittelbar nach Aufgabestellen, Verzweigungen oder Krümmern).

Der Strömungswiderstand R eines Einzelkorns oder einer Gutswolke mit dem Gewicht G ist

$$R = G \left(\frac{w_{\mathrm{rel}}}{w_s} \right)^{2-\varphi}. \tag{4.58}$$

w_{rel} und w_s bezeichnen die Relativgeschwindigkeit des Feststoffs zum Gas bzw. seine Schwebegeschwindigkeit gemäß Abschnitt 2.43 (S. 55 ff.); im Gültigkeitsbereich des STOKESschen Widerstandsgesetzes Gl. (2.33) ist $\varphi = 1$, bei turbulent umströmten Körnern gilt dagegen $\varphi = 0$.

Feststoff/Gas-Gemische verhalten sich in geometrisch ähnlichen Leitungssystemen weitgehend ähnlich, wenn die Kennzahlen

$$K_1 = \frac{w_s^{2-\varphi} w_G^{\varphi}}{Dg}, \quad K_2 = \frac{w_s}{w_G}, \quad K_3 = \frac{\dot{m}_s}{\dot{m}_G}, \quad K_4 = \frac{w_s D}{v_G}, \quad (4.59\,\mathrm{a-d})$$

$$K_5 = \frac{k}{D}, \quad K_6 = \frac{\varrho_k}{\varrho_G}, \quad K_7 = Ma \quad (4.59\,\mathrm{e-g})$$

gleich sind und die Teilchen in beiden Systemen ein ähnliches Reflexionsverhalten an der Rohrwand zeigen (w_G Gasgeschwindigkeit, w_s Schwebegeschwindigkeit des Feststoffs, k Teilchendurchmesser, D Rohrdurchmesser, g Erdbeschleunigung, ϱ_k und ϱ_G Dichten des Feststoffs bzw. des Gases, v_G kinematische Viskosität, Ma Machzahl). Praktisch lassen sich aus verschiedenen Gründen nicht alle Ähnlichkeitsbedingungen erfüllen (beispielsweise verfügt man praktisch nie über einen dem Schüttgut geometrisch ähnlichen Modellstaub mit gleichem Reflexionsverhalten). Man begnügt sich daher vielfach mit den Kennzahlen K_1 bis K_4 als Ähnlichkeitsbedingungen, bei feinem Staub und turbulent strömendem Gas mit kleiner Gutsbeladung sogar nur mit K_1.

Für die Stopfgrenze gilt nach W. Barth [4.21] bei konstanter Gasgeschwindigkeit

$$K_1 K_2^{\varphi-2} K_3 = \frac{\dot{m}_s}{\dot{m}_G} \left(\frac{Dg}{w_G^2}\right)^2 = \text{const}. \tag{4.60}$$

Der Druckabfall Δp eines Feststoff/Gas-Gemischs folgt mit Δp_G als Druckabfall der reinen Gasströmung (nach Abschn. 4.1, S. 99 ff.) w_f als Feststoffgeschwindigkeit, w_{fA} und w_{fE} als deren Anfangs- bzw. Endwert, F als Rohrquerschnitt, D als Rohrdurchmesser, L als Rohrlänge und β sowie λ^* als Beiwerten aus

$$\Delta p = \Delta p_G + \frac{\dot{m}_s}{\dot{m}_G} \varrho_G \int_{w_{fA}}^{w_{fE}} w_G \, dw_f + \beta \frac{\dot{m}_s}{\dot{m}_G} \varrho_G g \int_0^L \frac{w_G}{w_f} \, dL + \int_0^L \frac{\dot{m}_s}{w_f F} \frac{w_f^2}{2} \lambda^* \frac{dL}{D}. \tag{4.61}$$

Das erste Integral gibt den Druckabfall zum Beschleunigen des Feststoffs an, das zweite die der Hubarbeit entsprechende Druckabnahme und das dritte den Druckverlust durch die feststoffbedingte, zusätzliche Wandreibung. Der Beiwert β ist bei lotrechten Rohren $\beta = 1$; bei waagrechten Rohren gilt $\beta = w_s/w_G$ mit der Nebenbedingung $\beta \leqq \tan \varrho_w$ ($\tan \varrho_w$ Wandreibungsbeiwert des an der Wand gleitenden Guts), und bei geneigten Rohren (α Neigungswinkel, gemessen gegen die Horizontale) liegt β zwischen $\sin \alpha$ und 1. Der Beiwert λ^* erfaßt die feststoffbedingte Zusatzreibung; für zahlreiche Schüttgüter (Feinkohle, Koksstaub, Weizengrieß) kann man $\lambda^* = 0{,}005$ einsetzen, für Quarzsand, Aluminiumsilikat und Korund ergeben sich größere λ^*-Werte [4.24].

Bei kurzen, lotrechten oder schrägen Leitungen und grobkörnigen, spezifisch schweren Feststoffen (deren Strömungswiderstand gemäß Gl. (4.58) dem Quadrat der Relativgeschwindigkeit proportional ist, entsprechend $\varphi = 0$) tritt die feststoffbedingte, zusätzliche Wandreibung gegenüber dem Beschleunigungs- und dem Hubanteil des Druckabfalls zurück, und es gilt näherungsweise nach R. Jung [4.25]

$$\Delta p \doteq \Delta p_G + B \frac{\dot{m}_s}{F} w_G. \tag{4.62}$$

Den Faktor B kann man aus Abb. 4.29 als Funktion der Ausdrücke $x \, g/w_s^2$ (Abszisse) und $w_s \sqrt{\sin \alpha}/w_G$ (1. Parameter) entnehmen.

x gibt die „Lauflänge", d. h. den Abstand von der (durch $w_{fA} = 0$ gekennzeichneten) Feststoff-Aufgabestelle an. Außerdem geht aus Abb. 4.29 die Feststoffgeschwindigkeit w_f an der Stelle x (bezogen auf die Gasgeschwindigkeit w_G) hervor (2. Parameter).

Beim Umlenken eines Feststoff/Gas-Gemischs von der Waagrechten in die Lotrechte nach oben sind Krümmer mit kleinem Krümmungs-

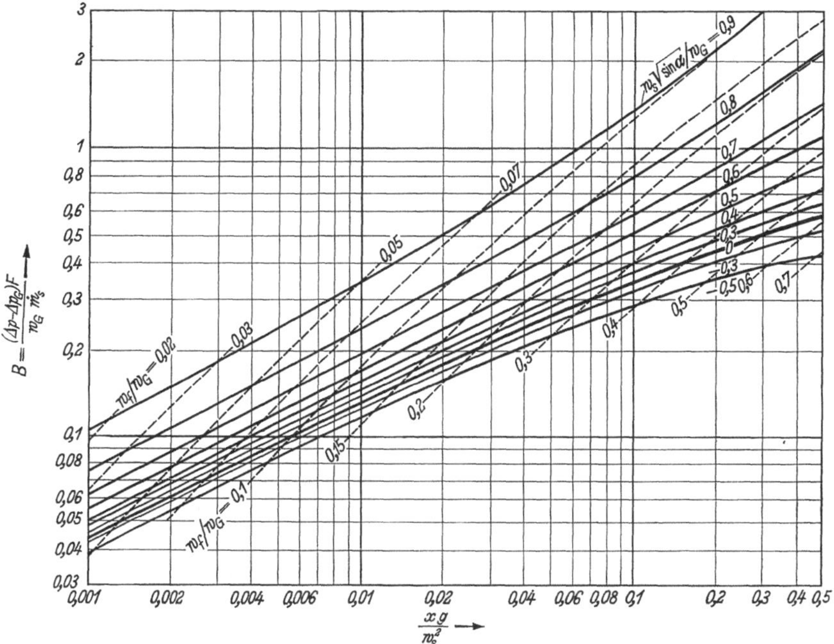

Abb. 4.29. Diagramm zum Bestimmen des Druckabfalls und der Feststoffgeschwindigkeit beim pneumatischen Transport grobkörniger Feststoffe (nach R. JUNG [4.25]).

radius vorteilhaft, während beim Umlenken von der Lotrechten nach oben in die Waagrechte große Krümmungsradien geringere Verluste verursachen [4.22]. Zum Berechnen des zusätzlichen, feststoffbedingten Druckabfalls in einem 90°-Krümmer kann man annehmen, daß sich das Gas und das Schüttgut völlig entmischen und letzteres anschließend wieder von Null auf seine Endgeschwindigkeit beschleunigt werden muß. Dann ergibt sich der zusätzliche Druckabfall aus dem ersten Integral in Gl. (4.61) bzw. bei grobkörnigem, spezifisch schwerem Gut mit x als Abstand vom Krümmer aus Gl. (4.62) und Abb. 4.29.

Bezüglich des Verhaltens von Feststoff/Gas-Gemischen bei hoher Gutsbeladung sowie bei schallnaher und Überschallströmung sei auf das Schrifttum verwiesen [4.23, 4.27, 4.31].

Trägt man den gesamten Druckabfall Δp eines Feststoff/Gas-Gemischs über der Gasgeschwindigkeit w_G als Abszisse mit der Gutsbeladung $\dot m_s/\dot m_G$ als Parameter auf, so erhält man ein anschauliches Diagramm der in Abb. 4.30 wiedergegebenen Form, aus dem man die optimale (durch den kleinsten Druckabfall gekennzeichnete) und die kleinste Gasgeschwindigkeit (Stopfgrenze) in Abhängigkeit von der Gutsbeladung entnehmen kann.

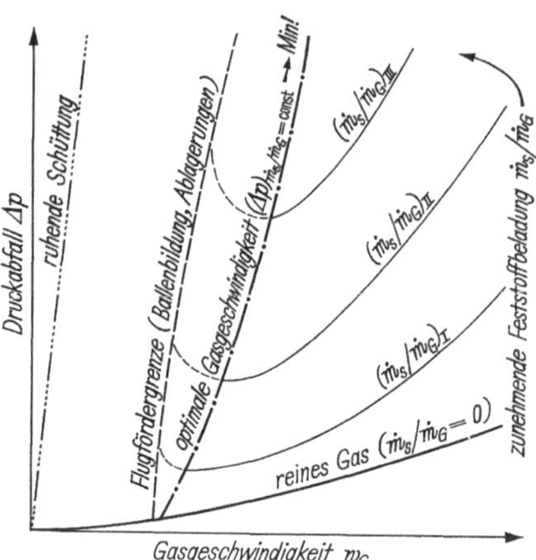

Abb. 4.30. Druckabfall Δp eines Feststoff/Gas-Gemischs in Abhängigkeit von der Gasgeschwindigkeit w_G und der Gutsbeladung $\dot m_s/\dot m_G$.

4.23 Andere Mehrphasensysteme

Andere Mehrphasensysteme folgen im wesentlichen den für Flüssigkeits/Gas-, Flüssigkeits/Dampf- und Feststoff/Gas-Gemische gültigen und in den Abschnitten 4.21 bzw. 4.22 (S. 124 ff.) dargelegten Gesetzmäßigkeiten.

4.231 Feststoff/Flüssigkeits-Gemische. Feststoff/Flüssigkeits-Gemische (Suspensionen) lassen sich weitgehend wie Feststoff/Gas-Gemische nach Abschnitt 4.22 (S. 130 ff.) berechnen, wenn man in den dort angegebenen Beziehungen die Formelzeichen des Gases (Index G) durch die der Flüssigkeit (Index F) ersetzt. Bei flüssigkeitsdurchströmten Festschichten liefert Gl. (4.50) nur den Reibungsdruckabfall; der gesamte Druckabfall ergibt sich daraus durch Hinzufügen des (durch den geodätischen Höhenunterschied bedingten) Anteils $\Delta p_h = \varrho_F g (h_E - h_A)$. Die Geschwindigkeit am Wirbelpunkt [Gln. (4.56a, b)] sowie die Schwebegeschwindigkeit der Feststoffkörner nach Abschnitt 2.4 (S. 55 ff.) sind in Flüssigkeiten infolge deren höherer Dichte und Viskosität wesentlich (oft um mehrere Zehnerpotenzen) kleiner als in Gasen, bei $\varrho_k < \varrho_F$ sogar negativ. Festschichten gehen daher schon bei kleinen Flüssigkeitsgeschwindigkeiten in Wirbelschichten über, sofern sie sich nach der Abströmseite (bei $\varrho_k > \varrho_F$ oben, bei $\varrho_k < \varrho_F$ unten) frei ausdehnen können. Auch der hydraulische Feststofftransport erfordert nur verhältnismäßig niedrige Flüssigkeitsgeschwindigkeiten [4.32].

Bei kleiner bis mäßiger Gutsbeladung und verhältnismäßig kleiner Schwebegeschwindigkeit der Teilchen [$K_2 = w_s/w_F \ll 1$ und $K_3 = \dot m_s/\dot m_F \ll 1$, vgl. die Gln. (4.59 b, c)] kann man Feststoff/Flüssigkeits-Gemische näherungsweise als quasihomogene, inkompressible Flüssigkeiten ansehen und den Druckabfall nach Abschnitt 4.1 (S. 99 ff.) berechnen, wenn man für die Dichte ϱ und die Viskosität μ

$$\varrho = \varrho_F(1 - \varPhi) + \varrho_k \varPhi = \dfrac{1}{\dfrac{1}{\varrho_F} + \dfrac{\dot{m}_s}{\dot{m}_s + \dot{m}_F}\left(\dfrac{1}{\varrho_k} - \dfrac{1}{\varrho_F}\right)}, \qquad (4.63\,\mathrm{a,b})$$

$$\mu = \mu_F(1 + 2{,}5\,\varPhi + 7{,}349\,\varPhi^2) \qquad (4.64)$$

einsetzt [*4.33*]. In diesen Beziehungen bedeuten ϱ_k die Feststoffdichte, ϱ_F die Flüssigkeitsdichte, $\dot{m}_s$ und $\dot{m}_F$ die Massendurchsätze des Feststoffs bzw. der Flüssigkeit und $\varPhi$ den Volumanteil des Feststoffs im Gemisch. Gl. (4.64) wurde experimentell mit Glaskugel-Suspensionen bis $\varPhi \leqq 0{,}50$ bestätigt.

4.232 Gemische ineinander unlöslicher Flüssigkeiten. In Gemischen ineinander unlöslicher Flüssigkeiten bildet eine Komponente eine in sich zusammenhängende Phase, die anderen Komponenten sind darin dispers verteilt (emulgiert) (vgl. dazu Abschn. 5.53, S. 239 ff.). Die einzelnen Flüssigkeitströpfchen der dispersen Phase nehmen unter dem Einfluß der Grenzflächenspannung Kugelgestalt an und behalten diese während des Strömungsvorgangs weitgehend bei, verhalten sich also wie starre Kugeln (nur in Strömungsfeldern mit hohen Scherspannungen — beispielsweise in Kolloidmühlen — werden die größeren Tropfen deformiert und in kleinere zerteilt). Der Strömungswiderstand von Emulsionen folgt daher wie der von homogenen Flüssigkeiten aus Abschnitt 4.1 (S. 99 ff.), wenn man die Dichte und die dynamische Viskosität nach den Beziehungen (4.63 a, b) bzw. (4.64) ermittelt (die Indizes F und k bzw. s kennzeichnen dann die zusammenhängende bzw. die disperse flüssige Phase, $\varPhi$ gibt den Volumanteil der letzteren an).

4.233 Feststoff/Flüssigkeits/Gas-Gemische. Das Strömungsverhalten von Feststoff/Flüssigkeits/Gas-Gemischen läßt sich nicht durch allgemeingültige, praktisch anwendbare Formeln beschreiben. Die folgenden Betrachtungen beschränken sich daher auf den verhältnismäßig häufigen Fall einer von unten nach oben gasdurchströmten und im Gegenstrom dazu flüssigkeitsberieselten Feststoffschüttung (Füllkörpersäulen für Absorptions-, Desorptions- und Rektifikationsprozesse) [*4.34—4.37*].

Für den Druckabfall des durch eine berieselte Schüttung strömenden Gases bzw. Dampfs gilt nach W. Barth [*4.34*]

$$\frac{\varDelta p_G}{\varDelta p_{G,0}} = (1 + a)\left(1 + b\,\frac{w_{F,0}}{\psi\,\sqrt{g D_H}}\right). \qquad (4.65)$$

Darin sind $\varDelta p_G$ und $\varDelta p_{G,0}$ die Druckabfälle des Gases in der berieselten bzw. in der trockenen Schüttung, ψ die Porosität des trockenen Haufwerks, D_H der hydraulische Durchmesser nach den Gln. (4.49 a, b), g die

Erdbeschleunigung und $w_{F,0}$ die als „Berieselungsdichte" bezeichnete, fiktive mittlere Flüssigkeitsgeschwindigkeit im leeren (ohne Schüttgutfüllung gedachten) Rohr. a erfaßt den Einfluß der Benetzung auf den Druckabfall (die durch die Grenzflächenspannung an der Oberfläche der Teilchen, in Zwickeln usw. festgehaltene Flüssigkeit verändert die Reibung und vermindert vor allem die Porosität des Haufwerks gegenüber dem trockenen Zustand); bei wasserbenetzten Raschigringen und Berl-Sattelkörpern ergibt sich $a = 0{,}30$ bis $0{,}40$. b gibt den Einfluß der „Berieselungsdichte" $w_{F,0}$ an. Bei wasserberieselten Raschigringen und Berlsätteln kann man im Bereich $0 \leqq w_G \leqq 0{,}65 w_{G\,\mathrm{max}}$ im Mittel mit $b = 15$ rechnen, zwischen $0{,}65 w_{G\,\mathrm{max}}$ und $w_{G\,\mathrm{max}}$ steigt b mit zunehmender Gasgeschwindigkeit w_G linear auf den doppelten Wert (bei $w_{G\,\mathrm{max}}$) an. Die (obere) „Grenzgeschwindigkeit" $w_{G\,\mathrm{max}}$ kennzeichnet den höchstmöglichen Gasdurchsatz, bei dem die Flüssigkeit gerade noch entgegen dem Gasstrom herabrieseln kann. Für $w_{F,0}/w_{G\,\mathrm{max}} \leqq 0{,}005$ gilt in grober Näherung

$$w_{G\,\mathrm{max}} \approx 5\,\psi\,\sqrt{g\,D_H}. \qquad (4.66)$$

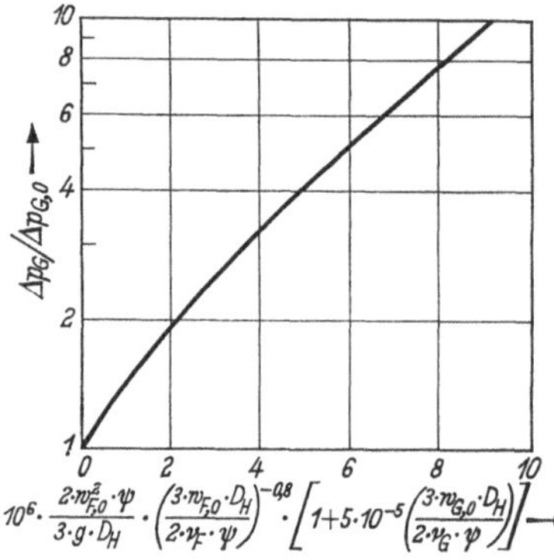

Abb. 4.31. Druckverlust eines Gases beim Durchströmen flüssigkeitsberieselter Füllkörperschüttungen (nach T. Teutsch [4.35]).

Bei hohen Berieselungsdichten $w_{F,0}$ folgt der Druckabfall nicht mehr dem linearen Zusammenhang (4.65). Nach T. Teutsch [4.35] liefern die mit Wasser und Luft an verschiedenen Füllkörpern (Raschigringen, Pallringen, Berlsätteln, Intalox-Sätteln) gemessenen Werte eine gemeinsame Kurve, wenn man gemäß Abb. 4.31 das Verhältnis $\Delta p_G/\Delta p_{G,0}$ über dem Ausdruck

$$\frac{2 w_{F,0}^2 \psi}{3 g D_H} \left(\frac{3 w_{F,0} D_H}{2 \nu_F \psi}\right)^{-0,8} \left[1 + 5 \cdot 10^{-5} \left(\frac{3 w_{G,0} D_H}{2 \nu_G \psi}\right)\right]$$

aufträgt. Die maximale Berieselungsdichte $w_{F\,\mathrm{max}}$ liegt bei den von T. Teutsch untersuchten Füllkörpern etwa zwischen 0,02 und 0,04 m/s.

4.3 Fördereinrichtungen für Gase

Die Fördereinrichtungen für Gase führen diesen die für den Fördervorgang nötige kinetische und Volumenenergie zu. Die verschiedenen Bauarten eignen sich jeweils besonders für bestimmte Einsatzbereiche. Dem Verfahrensingenieur obliegt im Rahmen der Verfahrensprojektierung die Auswahl des jeweils zweckmäßigsten Aggregats; er muß daher mit dem Aufbau, der Arbeitsweise und dem Betriebsverhalten der einzelnen

Fördereinrichtungen vertraut sein. Bezüglich ihrer konstruktiven Gestaltung und Bemessung sei auf das umfangreiche einschlägige Schrifttum verwiesen [*4.38—4.45*].

4.31 Arbeitsweise und Betriebsverhalten, Einsatzbereiche, Auslegung

Man kann die Fördereinrichtungen nach ihrer Arbeitsweise gliedern und den verschiedenen Bauarten ein typisches Betriebsverhalten sowie bevorzugte Einsatzbereiche zuordnen. Beim Auslegen muß man unabhängig von der Bauart gewisse allgemeingültige Grundsätze beachten.

4.311 Arbeitsweise und Betriebsverhalten. Man unterscheidet im wesentlichen Fördereinrichtungen mit statischer und solche mit dynamischer Arbeitsweise. Bei ersteren sind Saug- und Druckseite des Gasraums durch feste Bauteile oder Flüssigkeitssperren ständig voneinandergetrennt, so daß — ideale Dichtigkeit vorausgesetzt — auch beim Stillstand kein Druckausgleich stattfinden und man ein endliches Gasvolumen beliebig langsam auf einen höheren Druck bringen könnte. Bei letzteren sind Saug- und Druckseite miteinander verbunden, so daß eine endliche Druckdifferenz nur unter dem Einfluß dynamisch bedingter Massen- oder Viskositätskräfte erhalten bleibt, während sie beim Stillstand zusammenbricht.

Ist der Ansaugdruck P_1 etwa gleich dem Atmosphärendruck oder höher ($P_1 \geqq 1$ at), so bezeichnet man die Fördereinrichtung als *Verdichter*; herrscht dagegen auf der Saugseite Vakuum ($P_1 \ll 1$ at) und

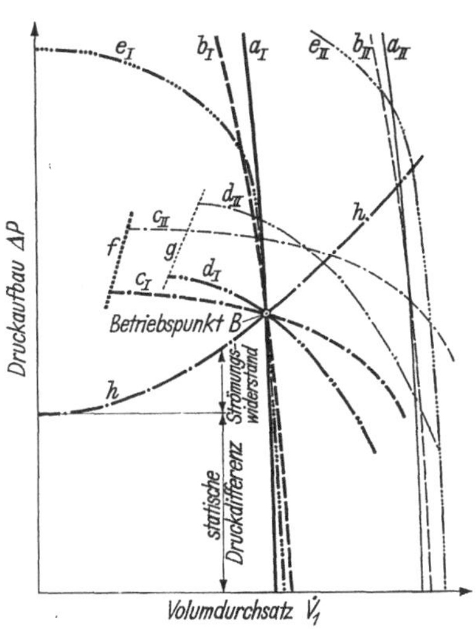

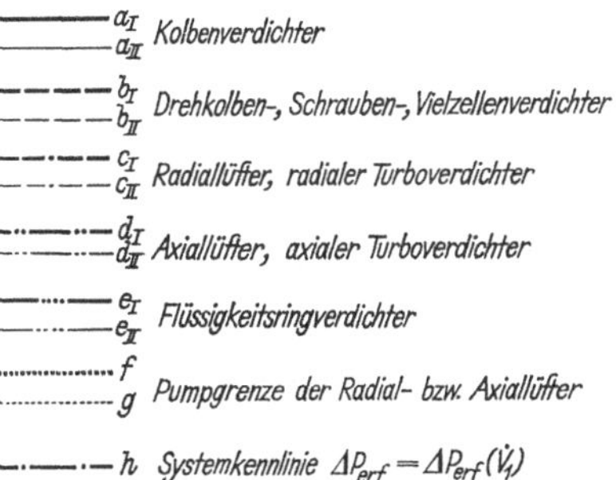

Abb. 4.32. Förderkennlinien verschiedener Verdichter.

ΔP Druckaufbau, $\dot{V}_1$ Volumdurchsatz (gemessen beim Ansaugzustand); die Indizes I, II bezeichnen jeweils die Drehzahl n_I bzw. n_{II} ($> n_I$), B gibt den Betriebspunkt an.

ist der Enddruck des verdichteten Gases P_2 gleich dem Atmosphärendruck ($P_2 \approx 1$ at), so spricht man von einer *Vakuumpumpe*. Verschiedene Aggregate lassen sich als Verdichter und als Vakuumpumpe einsetzen.

Das Betriebsverhalten eines Verdichters geht anschaulich aus seinem Förderkennfeld hervor, das den Druckaufbau $\Delta P = P_2 - P_1$ (Ordinate) in Abhängigkeit vom Volumdurchsatz $\dot{V}_1$, gemessen beim Ansaugzustand (Abszisse), und von der Antriebsdrehzahl n (Parameter) zeigt, Abb. 4.32. Aus Abb. 4.33 folgen die Förderkennlinien verschiedener Vakuumpumpen bzw. Pumpenkombinationen für $P_2 = 1$ at. Zeichnet man in das Förderkennfeld Abb. 4.32 auch den verfahrenstechnisch nötigen Druckaufbau ΔP_{erf} in Abhängigkeit vom Volumdurchsatz $\dot{V}_1$ ein (bei Leitungssystemen läßt sich der Zusammenhang $\Delta P_{\text{erf}} = \Delta P_{\text{erf}}(\dot{V}_1)$ nach den Abschnitten 4.1 bzw. 4.2, S. 99 ff., ermitteln), so liefert der Schnittpunkt der Förderkennlinie mit der Systemkennlinie den Betriebspunkt B des Verdichters (in Abb. 4.33 wäre analog $P_{1\,\text{erf}} = P_{1\,\text{erf}}(\dot{V}_1)$ zum Bestimmen des Betriebspunkts einzutragen). Beim Ändern der Drehzahl, des Leitungswiderstands usw. verschiebt sich auch der Betriebspunkt im Förderkennfeld; das Ausmaß dieser Verschiebungen in Abhängigkeit von den verschiedenen Einflüssen kennzeichnet zusammen mit den Veränderungen des Wirkungsgrads und der Antriebsleistung das Betriebsverhalten der Gesamtanordnung.

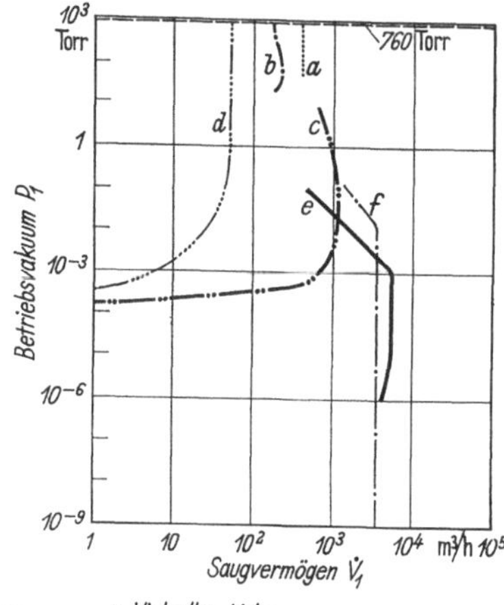

a Vielzellen-Vakuumpumpe
b Wasserring-Vakuumpumpe
c Drehkolben-Vakuumpumpe (Roots-Pumpe)
d ölgedichtete Drehschieber-Vakuumpumpe
e Diffusionspumpe
f Turbomolekular-Vakuumpumpe

Abb. 4.33. Förderkennlinien verschiedener Vakuumpumpen (nach Unterlagen der Firmen Pfeiffer/Wetzlar und Sihi/Itzehoe).

4.312 Einsatzbereiche. Stellt man die Betriebspunkte besten Wirkungsgrads aller am Markt erhältlichen Verdichter oder Vakuumpumpen in einem gemeinsamen Förderkennfeld dar, so lassen sich den einzelnen Bauarten jeweils bevorzugte Einsatzbereiche zuordnen. Für vom Ansaugdruck $P_1 = 1$ at ausgehende Verdichter kann man diese Zuordnung aus Abb. 4.34 entnehmen (die Ordinate $P_2 = \Delta P + P_1$ gibt wegen $P_1 = 1$ at gleichzeitig das Druckverhältnis P_2/P_1 an), für Vakuumpumpen gilt Abb. 4.35. Verdichter erreichen bei höherem Ansaugdruck $P_1 > 1$ at einen dem gleichen Verdichtungsverhältnis P_2/P_1 entsprechenden höheren Enddruck P_2, sofern sie die höhere Beanspruchung infolge Zunahme des Drucks und der Antriebsleistung aushalten. Vakuumpumpen zeichnen sich gegenüber Verdichtern durch hohe Druckverhältnisse P_2/P_1, große Ansaugquerschnitte und niedrige Antriebsleistungen aus. Ihr Saugvermögen hängt von der Pumpengröße ab, während die Bauart weitgehend unabhängig davon das Endvakuum festlegt. Durch Hintereinanderschalten mehrerer Vakuumpumpen zu Pumpenkombinationen läßt sich das erreichbare Endvakuum verbessern.

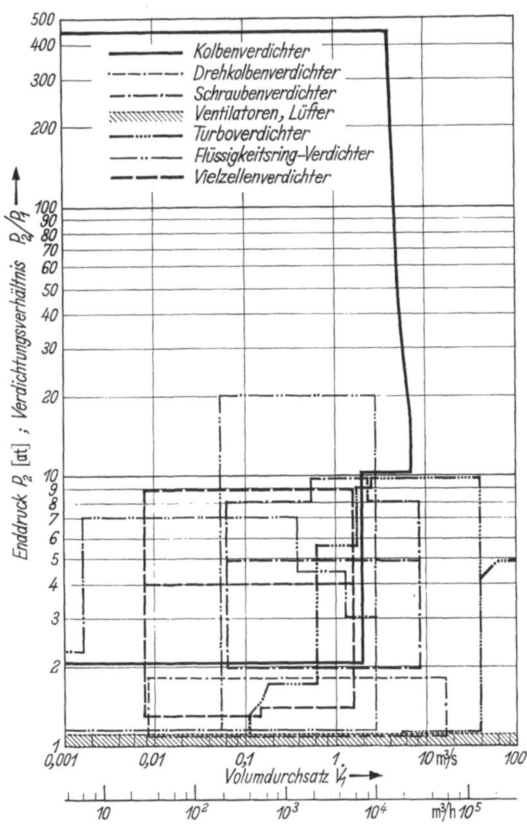

Abb. 4.34. Einsatzbereiche verschiedener Verdichter-Bauarten (nach Unterlagen der Firmen DEMAG/Duisburg, Aerzener Maschinenfabrik/Aerzen, Siemens-Schuckert/Mülheim, Sihi/Itzehoe). Die dünnen Linien trennen jeweils die Arbeitsbereiche ein- und mehrstufiger Aggregate.

4.313 Auslegung. Beim Auslegen einer Fördereinrichtung geht man von dem geforderten Volumdurchsatz $\dot{V}_1$ und dem dafür auf Grund der Systemkennlinie $\Delta P_{\mathrm{erf}} = \Delta P_{\mathrm{erf}}(\dot{V}_1)$ nötigen Druckaufbau sowie von dem angestrebten Betriebsverhalten aus.

$\dot{V}_1$ ist bei Verdichtern normalerweise durch die Förderaufgabe vorgegeben. Bei Vakuumpumpen ergibt sich $\dot{V}_1$ als Summe aus dem verfahrensbedingten Gasdurchsatz $\dot{V}_{1\,\mathrm{verf}}$ und der durch Undichtigkeiten in das evakuierte System eindringenden Luft. Zum Auslegen kann man bei einem Vakuumsystem mit dem Volum V_s mit

$$\dot{V}_1 = \dot{V}_{1\,\mathrm{verf}} + \frac{\dot{m}_L}{\varrho_{1L}}, \qquad \frac{\dot{m}_L}{[\mathrm{kg/s}]} \approx (5 \div 50)\, 10^{-5} \left(\frac{V_s}{[\mathrm{m}^3]}\right)^{\frac{2}{3}} + \sum \frac{\Delta \dot{m}_L}{[\mathrm{kg/s}]}$$

$$(4.67\,\mathrm{a,\ b})$$

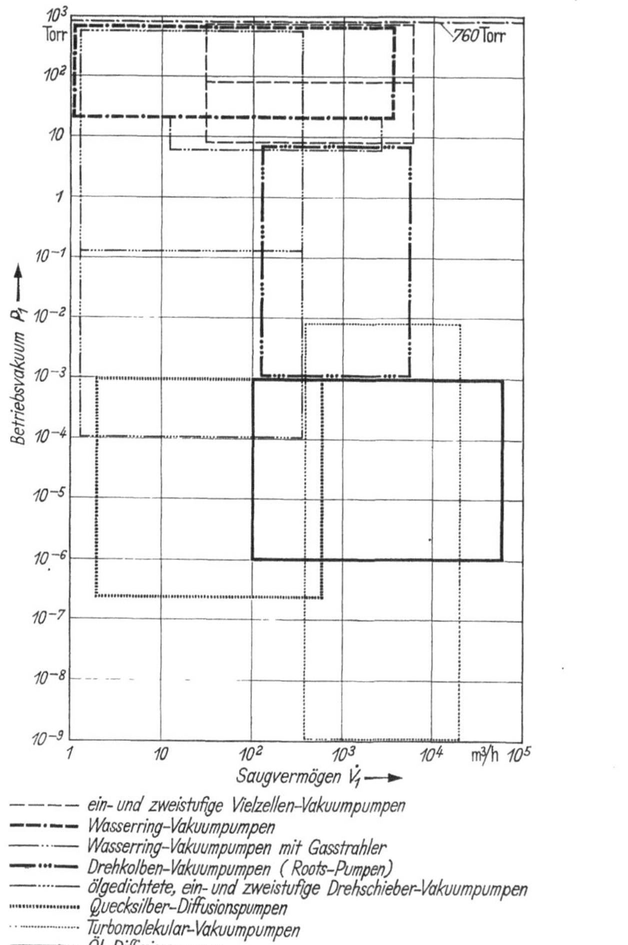

— — — — ein- und zweistufige Vielzellen-Vakuumpumpen
— ·· — ·· — Wasserring-Vakuumpumpen
— ··· — ··· — Wasserring-Vakuumpumpen mit Gasstrahler
— ··· — ··· — Drehkolben-Vakuumpumpen (Roots-Pumpen)
— ····· — ····· — ölgedichtete, ein- und zweistufige Drehschieber-Vakuumpumpen
··············· Quecksilber-Diffusionspumpen
··············· Turbomolekular-Vakuumpumpen
———— Öl-Diffusionspumpen

Abb. 4.35. Einsatzbereiche verschiedener Vakuumpumpen-Bauarten (nach W. PUPP [4.43] sowie Unterlagen der Firmen Pfeiffer/Wetzlar, Siemens-Schuckert/Mülheim und Sihi/Itzehoe).

rechnen (ϱ_{1L} Luftdichte beim Ansaugzustand). Die kleineren Werte gelten für $P_1 \approx 0{,}1$ bis 1 Torr und normal dichte Vakuumsysteme, die größeren für $P_1 \geqq 100$ Torr bei geringen Ansprüchen an die Dichtigkeit der Anlage. Bei von außen in den Vakuumraum führenden Wellen (z. B. Rührerantriebe) setzt man pro Wellendurchführung je nach dem Wellendurchmesser $\Delta \dot{m}_L \approx (0,5 \text{ bis } 2)\ 10^{-3}\ \text{kg/s}$ ein. Bei Gas/Dampf-Gemischen mit hohem Dampfanteil ist es oft zweckmäßig, den Dampf in einem Kondensator vor der Vakuumpumpe niederzuschlagen und dadurch den Volumdurchsatz $\dot{V}_1$ sowie die erforderliche Pumpengröße herabzusetzen.

Mit $\dot{V}_1$, P_1 und P_2 ergeben sich aus den Abb. 4.34 bzw. 4.35 die für eine Förderaufgabe in Betracht kommenden Bauarten (bei Vakuumpumpen soll das Endvakuum $P_{1\min}$ bei $P_1 \leqq 1$ Torr um eine Zehnerpotenz besser als das Betriebsvakuum P_1 sein: $P_{1\min} \approx 0,1\,P_1$). Die endgültige Auswahl richtet sich nach dem Betriebsverhalten und den sonstigen Anforderungen (Verschleiß, Ansatzbildung, Schmierstoffverunreinigung, Gewicht, Hauptabmessungen, Laufruhe usw.). Man wählt an Hand von Firmenunterlagen (Angebote, Typenprogramme) jenes Aggregat aus, dessen Optimalpunkt (Betriebspunkt besten Wirkungsgrads) dem aus der Systemkennlinie entnommenen Betriebspunkt möglichst nahe kommt und dessen Regelbereich den Ansprüchen des Anwendungsfalls genügt. Eignen sich für eine Förderaufgabe mehrere Aggregate, so entscheidet die Wirtschaftlichkeitsanalyse (Abschn. 8.43, S. 439 ff.) über die zweckmäßigste Bauart bzw. Type. Oft ermöglicht auch bereits eine einfache Punktbewertung nach Abschnitt 8.222 (S. 399 ff.) die Entscheidung.

Das Auslegungsergebnis soll im wesentlichen folgendes enthalten:

a) Bauart, Type und Größe der Fördereinrichtung,

b) Garantiedaten,

c) Betriebsbedingungen (Betriebsweise, Durchsatz, Drücke und Temperaturen, Schwankungsbereiche),

d) Antriebsdrehzahl,

e) Antriebsleistung und „installierte" Leistung,

f) Kühlwasser- und Hilfsstoffbedarf (Sperrflüssigkeit usw.),

g) Werkstoffe und Schmierstoffe (besondere Anforderungen),

h) Regelungsart und benötigte Regelgenauigkeit,

i) Gewicht, Hauptabmessungen und Anschlußmaße,

k) sonstige wesentliche Angaben (z. B. Lärmentwicklung).

Die Leistung N zum Verdichten des Gases und die Antriebsleistung N_{ges} ergeben sich mit m als Polytropenexponent und η_{ges} als Gesamtwirkungsgrad der Fördereinrichtung aus den Beziehungen

$$N = \frac{m}{m-1}\,P_1\dot{V}_1\left[\left(\frac{P_2}{P_1}\right)^{\frac{m-1}{m}} - 1\right], \qquad N_{\text{ges}} = \frac{N}{\eta_{\text{ges}}}. \qquad (4.68\,\text{a, b})$$

Bei isothermer Kompression folgen aus den Gln. (4.1 a, b), (4.68 a) mit $m = 1$ die Zusammenhänge

$$\left(\frac{\varrho_1}{\varrho_2}\right)_T = \left(\frac{\dot{V}_2}{\dot{V}_1}\right)_T = \frac{P_1}{P_2}, \quad (T_2)_T = T_1, \quad (N)_T = P_1\dot{V}_1\ln\frac{P_2}{P_1}. \qquad (4.69\,\text{a--d})$$

4.32 Fördereinrichtungen mit statischer Arbeitsweise

Zu den Fördereinrichtungen mit statischer Arbeitsweise zählen im wesentlichen Kolbenverdichter und Kolbenvakuumpumpen, Membranverdichter, Drehkolben- und Drehschiebermaschinen sowie Schraubenverdichter. Die Verdichter zeichnen sich gemäß Abb. 4.32 durch steile Förderkennlinien (d. h. starken Druckanstieg mit abnehmendem Volumdurchsatz bei konstanter Drehzahl) aus und lassen sich durch Ändern der Antriebsdrehzahl, Aussetz-, Umführungs- oder Ausblaseregelung an den jeweils erforderlichen Volumdurchsatz anpassen. Bei konstantem Ansaug- und Enddruck ändert sich der Volumdurchsatz $\dot{V}$ mit der Drehzahl n gemäß

$$\frac{\lambda_{II}\,\dot{V}_I}{\lambda_I\,\dot{V}_{II}} = \frac{n_I}{n_{II}}. \tag{4.70}$$

Die Indizes I, II kennzeichnen zwei verschiedene Betriebszustände. Der Liefergrad λ (manchmal auch „volumetrischer Wirkungsgrad" genannt) erfaßt den Einfluß der inneren Undichtigkeiten; er liegt im normalen Arbeitsbereich meist zwischen 0,80 und 1. Bei der *Aussetzregelung* schließt man den Saugstutzen ab und entlastet den Druckstutzen ins Freie oder in die Saugleitung, sobald der gewünschte Enddruck erreicht ist; gleichzeitig schließt sich das Rückschlagventil in der Druckleitung. Bis der Druck im Netz bzw. im Windkessel auf den zugelassenen Mindestdruck abgesunken ist, arbeitet der Verdichter wegen $\dot{V}_1 \doteq 0$ im Leerlauf mit sehr kleiner Leistungsaufnahme weiter. Bei der zwar unwirtschaftlichen, aber einfachen *Umführungsregelung* führt man das zuviel geförderte Gas vom Druckstutzen über ein Drosselorgan und nötigenfalls (um übermäßiges Erwärmen zu vermeiden) über einen Gaskühler wieder dem Saugstutzen zu, und bei der nur für kleine Aggregate und Luft als Fördermedium geeigneten, ebenfalls unwirtschaftlichen *Ausblaseregelung* bläst man die überschüssige Luft ins Freie aus. Kolbenverdichter ermöglichen auch eine *Füllungsregelung* durch Verändern der Ventilöffnungszeiten und damit des pro Kolbenhub geförderten Gasvolums.

Bei Vakuumpumpen hält man normalerweise das angesaugte Gasvolum und damit das Betriebsvakuum P_1 durch „Einschnüffeln" von Zusatzluft (bei luftempfindlichen Stoffen Inertgas oder der Pumpendruckseite entnommenes Gas) in die Saugleitung konstant.

4.321 Kolben- und Membranverdichter, Kolben-Vakuumpumpen. Kolbenverdichter setzt man zum Verdichten kleiner Gasmengen auf hohe Enddrücke ein, Abb. 4.36. Nach der Zylinderanordnung unterscheidet man Reihen-, Boxer- und L-Maschinen (vorzugsweise große, wassergekühlte Kompressoren) sowie Verdichter in V- und W-Bauart (vor allem kleine, luftgekühlte Aggregate bis $\dot{V}_1 \approx 600\,\mathrm{m^3/h}$, vgl. Abb. 4.36). Die hin- und hergehenden Bauteile verursachen freie Massenkräfte und -momente, die sich auch bei Mehrzylindermaschinen nicht völlig innerhalb des Aggregats ausgleichen lassen, daher benötigen die Kolbenverdichter schwere Fundamente und lassen sich — abgesehen von

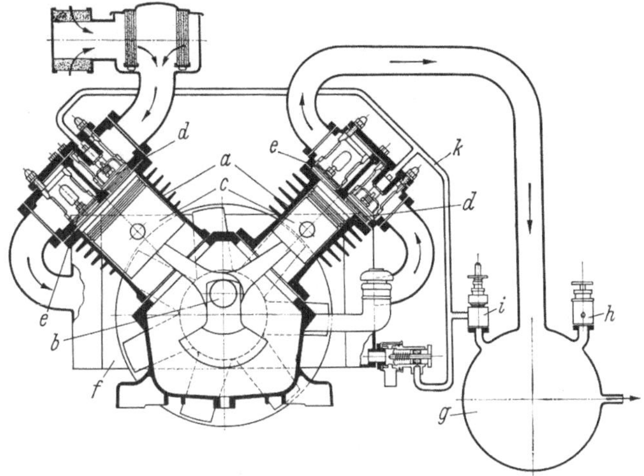

Abb. 4.36. Zweistufiger luftgekühlter „robot"-Kompressor mit Rohrrahmen-Druckbehälter, Zwischenkühlung und Aussetzregelung (Fa. FMA-Pokorny/Frankfurt a. M.).
a Zylinder, *b* Kurbelwelle, *c* Kolben, *d* Ansaugventil, *e* Druckventil, *f* Zwischenkühler, *g* Rohrrahmen-Druckbehälter, *h* Sicherheitsventil, *i* Steuerluftventil, *k* Steuerleitung.

kleinen Maschinen — nur ebenerdig aufstellen. Die mit dem Verdichten nach Gl. (4.1b) verbundene Temperaturerhöhung des Gases und der „schädliche Raum" (kleinster Zylinder-Gasraum im Augenblick der Kolbenbewegungsumkehr) beschränken das Verdichtungsverhältnis in einem Zylinder auf etwa $P_2/P_1 = 4$ bis 6. Mehrstufige Kolbenkompressoren erreichen — ausgehend von $P_1 = 1$ at — Enddrücke $P_2 = 450$ bis 500 at; Höchstdruckverdichter für Enddrücke von mehreren tausend Atmosphären gehen meist von einem höheren Ansaugdruck ($P_1 \geqq 10$ at) aus. Das von Kolbenkompressoren mit ölgeschmierten Zylindern verdichtete Gas ist ölhaltig; Sonderausführungen mit ungeschmierten Zylindern liefern ölfreies Gas, sind jedoch infolge ihrer kleineren Kolbengeschwindigkeit größer und teurer. Zum ölfreien Verdichten von Gasen auf höchste Drücke (bis zu 7000 at) eignen sich *Membranverdichter* mit einer elastischen Membran anstelle eines Kolbens, die von einem Tauchkolben über eine Hydraulikflüssigkeit als Zwischenmedium periodisch hin- und herbewegt wird.

Kolbenvakuumpumpen entsprechen konstruktiv weitgehend den Kolbenverdichtern, weisen jedoch einen sehr kleinen schädlichen Raum und vielfach Schieber statt Ventilen auf. Sie erreichen einstufig etwa $P_1 \approx 10\,\text{Torr}$, zweistufig $P_1 \approx 0{,}1\,\text{Torr}$, werden jedoch heute kaum noch verwendet.

4.322 Drehkolben- und Drehschiebermaschinen. *Drehkolben-* oder *Kapselmaschinen* eignen sich für mittlere Gasdurchsätze als Verdichter bis $P_2 \leqq 26\,\text{at}$, $\varDelta P \leqq 1{,}6\,\text{at}$; als Vakuumpumpen erreichen sie $P_1 \approx 10^{-3}\,\text{Torr}$. Die verschiedenen Bauformen unterscheiden sich voneinander hinsichtlich der Drehkolbenform und -zahl; besonders bekannt sind die Rootsgebläse mit zwei gegenläufig rotierenden Drehkolben in 8-Form, Abb. 4.37. Drehkolbenmaschinen weisen nur rotierende Massen auf; die dadurch möglichen hohen Drehzahlen führen zu kleinen, leichten Aggregaten und billigen Fundamenten (Aufstellen auf Gebäudedecken möglich!). Bei Umfangsgeschwindigkeiten über etwa 25 m/s entstehen jedoch starke Geräusche, so daß man größere Maschinen bei Aufstellung in geschlossenen Räumen mit Schalldämpfern ausrüsten muß. Die Lagerbelastung und die Rotordurchbiegung begrenzen die mit normalen,

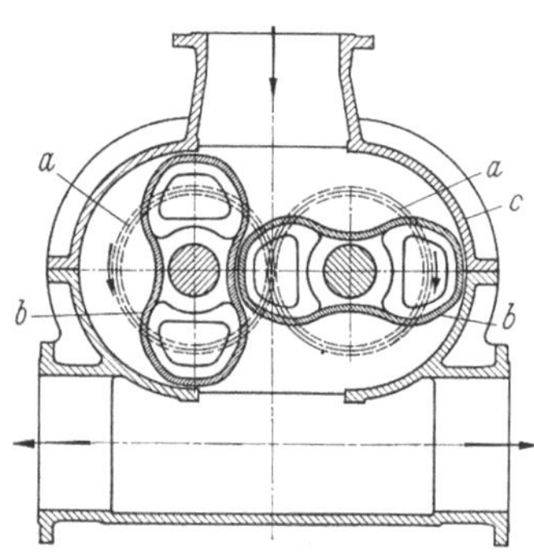

Abb. 4.37. Drehkolbenmaschine (Fa. Hartmann/Offenbach a. M.). *a* Zahnrad, *b* Drehkolben, *c* Gehäuse.

einstufigen Drehkolbenverdichtern erreichbare Druckdifferenz auf etwa $\varDelta P = 0{,}8\,\text{at}$, mit zweistufigen Maschinen kann man etwa $\varDelta P = 1{,}6\,\text{at}$ erreichen. Gehäuse und Stopfbüchsen lassen üblicherweise Enddrücke $P_2 = 3{,}5\,\text{at}$ (Sonderausführungen: $P_2 = 26\,\text{at}$) zu. Das geförderte Gas ist ölfrei.

Vakuumpumpen erlauben im Gebiet des Grobvakuums (zwischen 760 und 100 Torr) wegen der Temperaturzunahme beim Verdichten nur Druckverhältnisse bis etwa $P_2/P_1 \approx 2$. Im Feinvakuumbereich (zwischen 1 und 10^{-3} Torr) sind infolge der kleineren Kompressionswärme Werte $P_2/P_1 \approx 60$ ohne Schwierigkeiten erreichbar. Mit Feinvakuumpumpen kommt man daher auf ein Endvakuum $P_{1\,\text{min}} \approx 10^{-3}\,\text{Torr}$; der Enddruck darf allerdings mit Rücksicht auf die Erwärmung $P_2 = 30$ bis 40 Torr (bei wassergekühlten Kolben $P_2 = 150\,\text{Torr}$) nicht überschreiten, Feinvakuumpumpen benötigen also eine in Strömungsrichtung nachgeschaltete „Vorvakuumpumpe" zum Weiterfördern des abgesaugten Gases bis auf den Atmosphärendruck. Für das Gebiet des Zwischenvakuums ($P_1 = 1$ bis 100 Torr) eignen sich Drehkolbenpumpen aus mechanischen und thermischen Gründen schlecht.

Drehschiebermaschinen gemäß Abb. 4.38 verwendet man fast ausschließlich als Vakuumpumpen für kleine Volumdurchsätze bis zu einem Endvakuum $P_{1\,min} \approx 2 \cdot 10^{-3}$ Torr (einstufig) bzw. $P_{1\,min} \approx 10^{-5}$ Torr (zweistufig).

Das in der Ölkammer enthaltene Öl dringt auch in den Arbeitsraum ein, wo es den schädlichen Raum ausfüllt sowie alle Bauteile schmiert und intensiv kühlt, so daß man das Gas in einer Stufe von 10^{-3} Torr auf ca. 760 Torr verdichten kann. Von dem angesaugten Gas mitgeführte Flüssigkeitströpfchen oder beim Verdichten von Gas/Dampf-Gemischen entstehendes Kondensat beeinträchtigen die Schmierfähigkeit des Öls und gefährden damit die Pumpe, daher muß man in der Saugleitung einen Flüssigkeitsabscheider vorsehen und das Öl immer wieder erneuern bzw. reinigen. Läßt man durch ein Gasballastventil so viel Luft in den Arbeitsraum einströmen, daß der Partialdruck des Dampfs im Gemisch bei der im Arbeitsraum herrschenden Temperatur (60 bis 80 °C) unter dem Sättigungsdruck bleibt, so bildet sich auch beim Verdichten auf Atmosphärendruck kein Kondensat; allerdings sinkt dadurch das Saugvermögen der Vakuumpumpe.

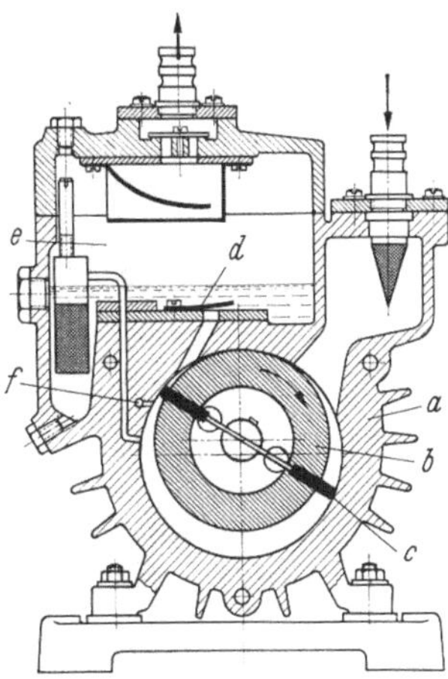

Abb. 4.38. Einstufige Drehschieber-Vakuumpumpe, Betriebsvakuum $P_1 \approx 0{,}1$ Torr (Fa. Balzers/Liechtenstein).

a Gehäuse, *b* Rotor, *c* Schieber, *d* Auslaßventil, *e* Ölkammer, *f* Gasballast-Eintritt.

4.323 Schraubenverdichter. Schraubenverdichter nach Abb. 4.39 setzt man für die gleichen Volumdurchsätze wie Drehkolbenmaschinen bei höheren Druckdifferenzen bis zu $\Delta P = 10$ at (einstufig) bzw. $\Delta P = 25$ at (zweistufig) ein. Sie ermöglichen Verdichtungsverhältnisse $P_2/P_1 \approx 4$. Als Vakuumpumpen verwendet man sie nicht. Die Schraubenverdichter laufen wie Kapselgebläse mit hohen Drehzahlen; sie sind daher wie diese leicht und klein, benötigen auch nur leichte Fundamente (Aufstellen auf Gebäudedecken möglich!), verursachen aber unangenehme Geräusche (in geschlossenen Räumen Schalldämpfer vorsehen!).

4.33 Fördereinrichtungen mit dynamischer Arbeitsweise

Zu den Fördereinrichtungen mit dynamischer Arbeitsweise gehören Lüfter bzw. Ventilatoren, Turboverdichter, Molekular- und Turbomolekular-Vakuumpumpen sowie Strahlgebläse und Strahlsauger. Sie haben gemäß Abb. 4.32 verhältnismäßig flache Förderkennlinien, mit

abnehmendem Volumdurchsatz steigt der Druck also bei konstanter
Drehzahl nur verhältnismäßig wenig, so daß bei kleinen Verdichtern
neben der bereits erörterten *Umführungs-* und *Ausblaseregelung* (vgl.
Abschn. 4.32, S. 144 ff.) auch eine — zwar ebenfalls unwirtschaftliche, aber

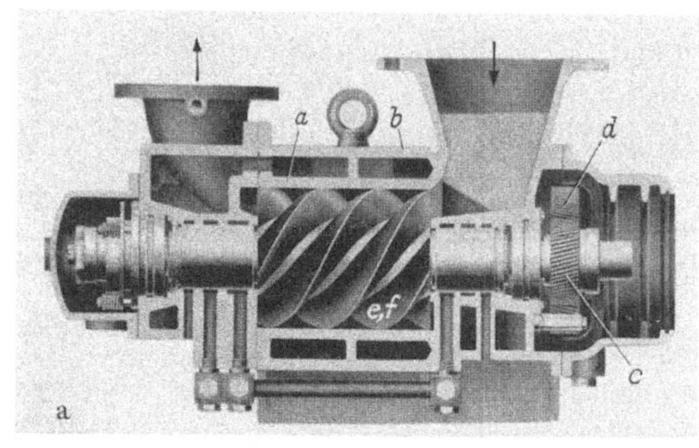

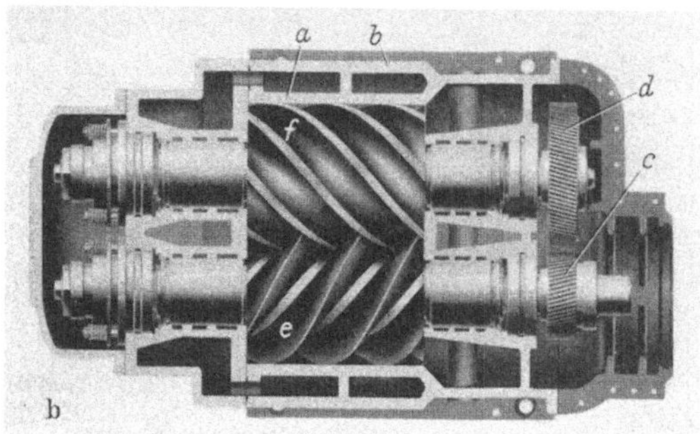

Abb. 4.39 a u. b. Längs- und Querschnitt durch einen Schraubenverdichter mit Kühlmantel
(Fa. DEMAG/Duisburg).
a Gehäuse, *b* Kühlmantel, *c* und *d* Zahnräder, *e* und *f* gegenläufig rotierende Schrauben (Drehzahl-
verhältnis = Gangzahlverhältnis, häufig 4 : 6 oder 4 : 7).

besonders einfache — *Drosselregelung* möglich ist: Mit Hilfe von Drossel-
organen kann man den Strömungswiderstand der Leitung erhöhen, bis
sich der gewünschte kleinere Volumdurchsatz einstellt. Drosseln auf der
Saugseite ist energetisch wegen des geringeren Drucks P_1 und der
kleineren Gasdichte ϱ_1 günstiger als auf der Druckseite. Bei großem
Volumdurchsatz und hohen Verdichtungsverhältnissen P_2/P_1 würden die
Betriebskosten durch Drosselregelung in einem nicht vertretbaren Maß
anwachsen, daher verwendet man in diesen Fällen die wirtschaftlichere
Drehzahlregelung. Große Verdichter ermöglichen bei konstanter Drehzahl eine „verlustlose" Regelung durch *Schaufelverstellung.* Bei Vakuumpumpen regelt man das Betriebsvakuum durch „Einschnüffeln" (s. Abschnitt 4.32, S. 144).

4.331 Lüfter bzw. Ventilatoren, Turboverdichter. Mit Lüftern bzw. Ventilatoren lassen sich bei kleinen Verdichtungsverhältnissen $P_2/P_1 \lesssim 1{,}1$ und Enddrücken $P_2 \lesssim 1{,}1$ at praktisch beliebige Gasdurchsätze bewältigen. Die Abb. 4.40 und 4.41 geben den Aufbau eines *Radial-* bzw. *Axiallüfters* wieder.

Im normalen Betriebsbereich des Förderkennfelds (Abb. 4.32) folgen der Volumdurchsatz $\dot{V}$, der Druckaufbau ΔP und die Antriebsleistung N_{ges} dem Affinitätsgesetz

$$\frac{\dot{V}_{\text{I}}}{\dot{V}_{\text{II}}} = \frac{n_{\text{I}}}{n_{\text{II}}}, \quad \frac{\Delta P_{\text{I}}}{\Delta P_{\text{II}}} = \left(\frac{n_{\text{I}}}{n_{\text{II}}}\right)^2, \quad \frac{N_{\text{ges I}}}{N_{\text{ges II}}} = \frac{\eta_{\text{II}}}{\eta_{\text{I}}}\left(\frac{n_{\text{I}}}{n_{\text{II}}}\right)^3. \qquad (4.71\,\text{a—c})$$

Die Indizes I und II kennzeichnen zwei verschiedene Drehzahlen n_{I} bzw. n_{II}. Die Linien konstanten Gesamtwirkungsgrads η ergeben im Förderkennfeld in sich geschlossene, muschelförmige Kurven um den Aus-

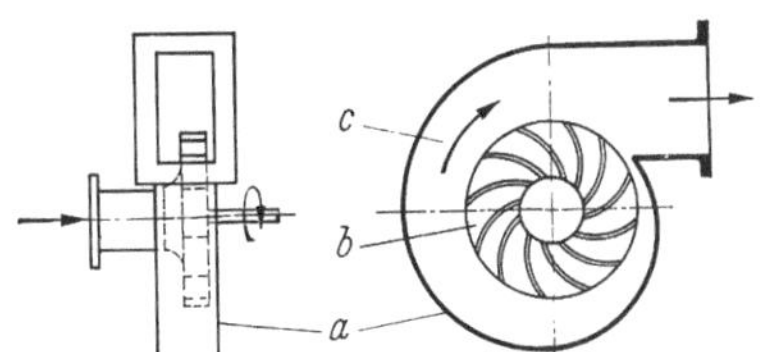

Abb. 4.40. Radiallüfter.

a Gehäuse, *b* Laufrad, *c* Spiralgehäuse.

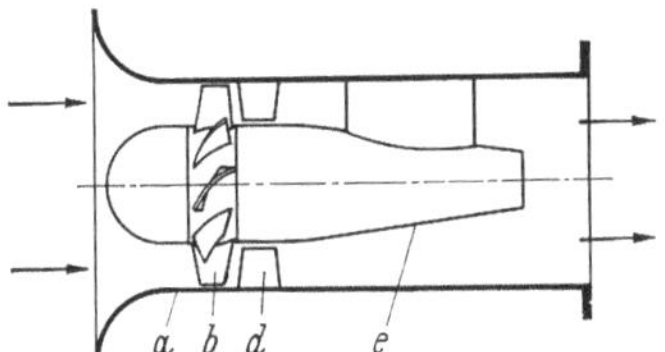

Abb. 4.41. Axiallüfter.

a Gehäuse, *b* Laufrad, *d* Austritts-Leitschaufelkranz, *e* Nabendiffusor.

legungspunkt des Lüfters. Führt man statt ΔP die dimensionslose Druckzahl ψ und statt $\dot{V}_1$ die ebenfalls dimensionslose Durchflußzahl φ gemäß

$$\psi = \frac{\Delta P}{\dfrac{\varrho}{2}\,u^2}, \quad \varphi = \frac{\dot{V}_1}{F\,u} \qquad (4.72\,\text{a, b})$$

ein (ϱ Gasdichte, u Laufrad-Umfangsgeschwindigkeit, F Laufrad-Austrittsquerschnitt), so läßt sich das Förderverhalten des Lüfters unabhängig von der Drehzahl und von der Gasdichte durch eine einzige ψ-φ-Kurve darstellen. Die Förderkennlinien (bzw. die ψ-φ-Kurven) weisen bei kleinen Volumdurchsätzen einen Abschnitt mit positiver Steigung $((\partial\psi/\partial\varphi)_{n=\text{const}} > 0)$ auf; in diesem Bereich neigen die Lüfter zu Druck- und Durchsatzpendelungen („Pumpen"), die bei Unterschreiten der „Pumpgrenze" ($\dot{V}_1 < \dot{V}_{1\,\text{min}}$) sofort in voller Stärke einsetzen und deren Frequenz nur von dem Leitungssystem, aber nicht von der Lüfterdrehzahl abhängt. Diese aus betrieblichen und Festigkeitsgründen unerwünschten Pumperscheinungen lassen sich durch eine Umführungs- oder Ausblaseregelung vermeiden, die den Volumdurchsatz durch den Lüfter immer über der Pumpgrenze hält (Pumpgrenzregelung).

Die Laufzahl oder Schnelläufigkeit σ und die Durchmesserzahl δ gemäß

$$\sigma = \varphi^{\frac{1}{2}} \, \psi^{-\frac{3}{4}}, \quad \delta = \psi^{\frac{1}{4}} \, \varphi^{-\frac{1}{2}} \tag{4.73a, b}$$

kennzeichnen die Bauform des Lüfters. Radiallüfter (vgl. Abb. 4.40) weisen kleine Laufzahlen und große Durchmesserzahlen auf; sie zeichnen sich durch flache Förderkennlinien, niedrige Pumpgrenzen und große Regelbereiche aus. Axiallüfter (vgl. Abb. 4.41) mit großen σ- und kleinen δ-Werten haben steilere Kennlinien; sie sind unempfindlicher gegen Staubansätze und laufen verhältnismäßig leise.

Für Enddrücke über etwa 1,1 at kann man bei großer Laufzahl *Axial-Turboverdichter*, bei kleiner Laufzahl *Radial-Turboverdichter* einsetzen. Ihre Arbeitsweise entspricht der von Lüftern, doch macht sich infolge der höheren Geschwindigkeiten und Verdichtungsverhältnisse die Kompressibilität des Gases bemerkbar. Radial-Turboverdichter erreichen in einer Stufe Verdichtungsverhältnisse $P_2/P_1 \approx 1,8$, Sonderausführungen sogar $P_2/P_1 > 2$. Mehrstufige Radialverdichter benötigen zum Abführen der Kompressionswärme Gaskühler zwischen den einzelnen Stufen. Den Durchsatz regelt man meist durch Verstellen der Eintrittsleitschaufeln vor der ersten Stufe in Verbindung mit einer Pumpgrenzregelung durch Umführen oder Ausblasen (um ein Unterschreiten der Pumpgrenze zu vermeiden).

4.332 Molekular- und Turbomolekular-Vakuumpumpen. Molekular- und Turbomolekularpumpen sind Hochvakuumpumpen bzw. Ultravakuumpumpen, die (zusammen mit geeigneten Vorpumpen für etwa 10^{-2} Torr) ein Endvakuum $P_{1\,\mathrm{min}} = 10^{-6}$ bzw. $5 \cdot 10^{-10}$ Torr erreichen.

Molekularpumpen laufen sehr ruhig und erschütterungsfrei, sie benötigen daher kein Fundament. Eine mit Spiralnuten versehene Trommel rotiert schnell in einem zylindrischen Gehäuse, das sie mit einem Spalt von nur 20 bis 30 μm zentrisch umschließt. Die in den Bereich der Spiralnuten gelangenden Moleküle werden bei Wandstößen infolge der Trommeldrehung bevorzugt zur Pumpendruckseite hin beschleunigt.

Turbomolekularpumpen gemäß Abb. 4.42 laufen ebenso ruhig wie Molekularpumpen und brauchen daher auch kein Fundament; sie weisen aber viel größere Spalte auf und sind deshalb robuster und unempfindlicher gegen Staubteilchen als letztere.

4.333 Strahlgebläse und Strahlpumpen. Strahlgebläse und Strahlpumpen erhöhen den Druck des geförderten Gases durch Zumischen eines Treibmittels (Luft, Dampf). Sie haben keine mechanisch bewegten Bauteile, Abb. 4.43. Fördergas und Treibmedium strömen durch die Saugdüse a bzw. die Treibdüse b mit etwa gleichem statischem Druck, aber unterschiedlicher kinetischer Energie in ein gemeinsames Mischrohr c, wo sich die Geschwindigkeits-, Temperatur- und Zusammensetzungsunterschiede der beiden Gase ausgleichen; der anschließende Diffusor d wandelt die kinetische Energie des Gemischs zum Teil in Volumsenergie um. Alle Bauteile kann man robust und widerstandsfähig gegen mechanische bzw. chemische Angriffe ausführen, daher eignen sich Strahlgebläse und Strahlpumpen besonders zum Fördern bzw. Absaugen

heißer, staubhaltiger und chemisch aggressiver Abgase, denen man ohne verfahrenstechnische Bedenken ein Treibmittel zumischen kann. Zum Regeln eines Strahlapparats verändert man meist den Treibmitteldruck, z. B. durch Drosseln des Treibgas- bzw. Treibdampfstroms.

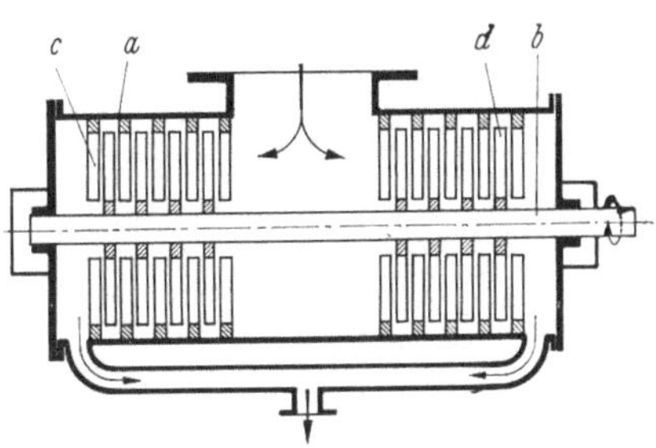

Abb. 4.42. Turbomolekular-Vakuumpumpe, Endvakuum $P_{1\min} \approx 5 \cdot 10^{-10}$ Torr (Fa. Pfeiffer/ Wetzlar).

a Gehäuse, b Rotorwelle, c und d Stator- bzw. Rotorscheiben mit Schrägnuten.

Die Abb. 4.44 gibt den Zusammenhang zwischen dem Druckverhältnis $p = \Delta P_S/\Delta P_T$ (Ordinate), dem Mengenverhältnis $m = \varrho_S \dot{V}_S/\varrho_T \dot{V}_T$ (Abszisse) und dem Dichteverhältnis an der Düsenmündung $r = \varrho_S/\varrho_T$ (Parameter) für optimal ausgelegte Strahlapparate wieder; die Indizes S und T bezeichnen das geförderte bzw. das Treibmedium. Damit kann man für

jede Förderaufgabe (ΔP_S, $\dot{V}_S$, ϱ_S) bei festliegenden Werten für die Druckdifferenz ΔP_T und die Dichte ϱ_T des Treibgases das optimale Mengenverhältnis m bzw. den optimalen Treibgasdurchsatz $\varrho_T \dot{V}_T = \varrho_S \dot{V}_S/m$

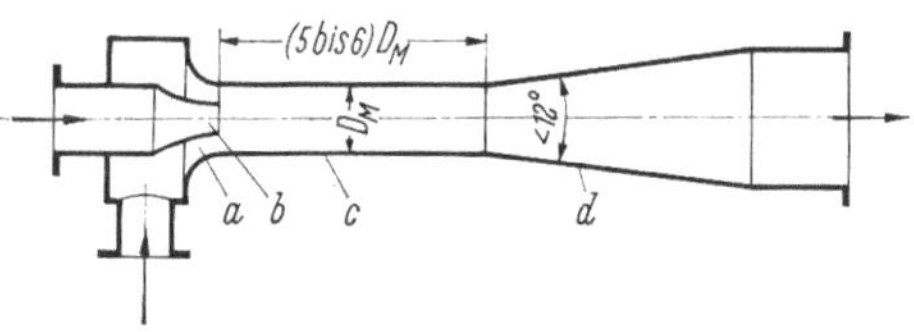

Abb. 4.43. Strahlgebläse.

a Saugdüse, b Treibdüse, c Mischrohr, d Diffusor.

bestimmen. Die Optimalwerte sind durch den höchsten bei der Förderaufgabe mit einem Strahlgebläse erreichbaren Wirkungsgrad gekennzeichnet. Der Treibgasbedarf sinkt mit abnehmendem r-Wert, Strahlgebläse eignen sich also besonders gut zum Fördern heißer Abgase mit kalter Luft. Der beste Wirkungsgrad ergibt sich für $r = 1$ (0,5) bei einem Mengenverhältnis $m \approx 1$ (0,7); er fällt mit sinkendem m schnell, mit steigendem m langsam ab.

Mit Wasserdampf als Treibmittel betriebene, mehrstufige *Dampfstrahl-Vakuumpumpen* bewähren sich zum Absaugen von Luft sowie von feuchten und aggressiven Gasen bzw. Dämpfen bis zu einem Endvakuum $P_{1\,min} \approx 10^{-2}$ Torr. Sie bestehen aus mehreren hintereinandergeschalteten Pumpenstufen und Einspritz- oder Oberflächenkondensatoren. Die

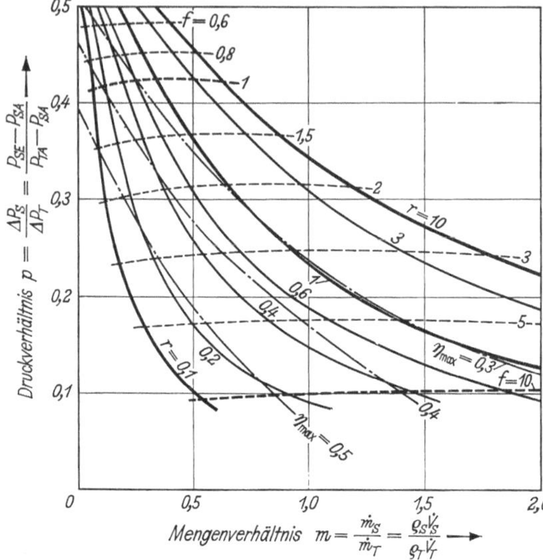

Abb. 4.44. Druckverhältnis $p = \Delta p_S/\Delta p_T$ eines Niederdruck-Strahlgebläses bei optimalem Wirkungsgrad in Abhängigkeit von dem Mengenverhältnis $m = \dot m_S/\dot m_T$ und dem Dichteverhältnis $r = \varrho_S/\varrho_T$ (nach R. Jung [4.45]) für den Umsetzungsbeiwert 0,6. $\Delta p_S = p_{SE} - p_{SA}$ Druckanstieg des geförderten Gases, $\Delta p_T = p_{TA} - p_{SA}$ Druckdifferenz zwischen Treib- und Fördergas, $\dot m_S$ Fördergasdurchsatz, $\dot m_T$ Treibgasdurchsatz, ϱ_S Fördergasdichte, ϱ_T Treibgasdichte, η_{max} max. Strahlgebläse-Wirkungsgrad, $f = F_S/F_T$ Querschnittsverhältnis, F_S Mündungsquerschnitt der Fördergasdüse (außen), F_T Mündungsquerschnitt der Treibgasdüse (innen).

Pumpenstufen entsprechen hinsichtlich ihres Aufbaus und ihrer Wirkungsweise weitgehend den Strahlgebläsen, Abb. 4.43. Sie bewältigen Verdichtungsverhältnisse $P_2/P_1 =$ 4 bis 7; den auf die abgesaugte Luftmenge bezogenen Dampfbedarf kann man mit für die Verfahrensprojektierung ausreichender Genauigkeit aus Abb. 4.45 entnehmen (im Auslegungspunkt ar-

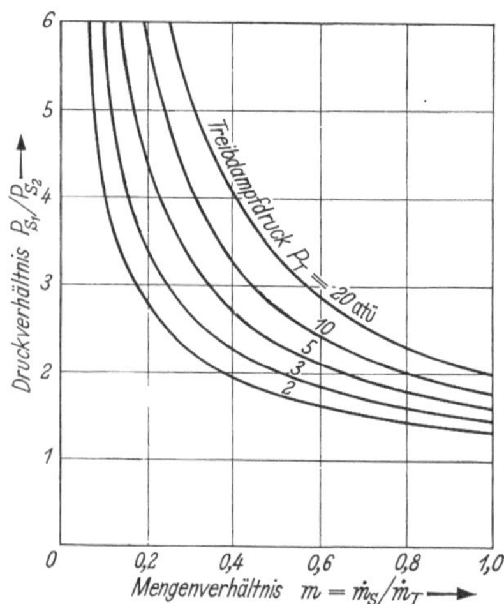

Abb. 4.45. Treibdampfbedarf einstufiger Dampfstrahl-Vakuumpumpen (nach Unterlagen der Fa. Wiegand/Karlsruhe). $\dot m_S$ Kaltluft-Durchsatz (bei 20 °C), $\dot m_T$ Treibdampf-Durchsatz, P_{S_1} Betriebsvakuum, $P_{S_2} = 760$ Torr (die Kurven gelten in 1. Näherung auch für andere Gegendrücke). Anmerkung: Beim Absaugen anderer Gase mit dem Molekulargewicht M [kg/kmol] und der absoluten Temperatur T [°K] ist $\dot m_S$ mit dem Faktor $10\,M/T$ zu multiplizieren.

beitende, sorgfältig an das Vakuumsystem angepaßte Strahlpumpen kommen meist mit weniger Treibdampf aus). Die Kondensatoren kondensieren den Treibdampf der jeweils vorhergehenden Stufe und entlasten damit die folgende, die nur das abgesaugte „permanente" Gas weiter verdichten muß (kleiner Dampfverbrauch!). Bei einem Betriebsvakuum $P_1 \leqq 3$ bis 5 Torr liegt der Verdichtungsdruck der ersten Stufe jedoch unter dem Sättigungsdampfdruck im ersten Kondensator (18 bis 32 Torr entsprechend einer Kühlwassertemperatur zwischen 20 und 30 °C), so daß man ihren Treibdampf zusammen mit dem angesaugten Gas in der nachfolgenden Stufe erst bis auf etwa 30 Torr verdichten muß, bevor man ihn kondensieren kann (höherer Dampfverbrauch!). Unterschreitet der Verdichtungsdruck einer Stufe etwa

$P_2 \approx 4{,}5$ Torr, so muß man die Düse und das Mischrohr beheizen, um ein Vereisen zu verhüten. Der Kühlwasserbedarf ergibt sich aus dem Dampfbedarf mit Hilfe einer Wärmebilanz etwa zu 30 bis 60 Liter Kühlwasser pro Kilogramm Dampf (Wasseraufwärmung um 20 bzw. 10 grd). Um das anfallende Kondensat ohne Pumpe aus den evakuierten Kondensatoren abführen zu können, muß man diese „barometrisch" aufstellen, d. h. die Abflußrohre in einen etwa 11 m tiefer angeordneten, als vakuumdichtes „Rückschlagventil" dienenden „Abtauchbehälter" leiten.

Zum Absaugen kleiner Gasmengen bis zu einem Endvakuum zwischen 10 und 30 Torr (abhängig von der Wassertemperatur) eignen sich auch

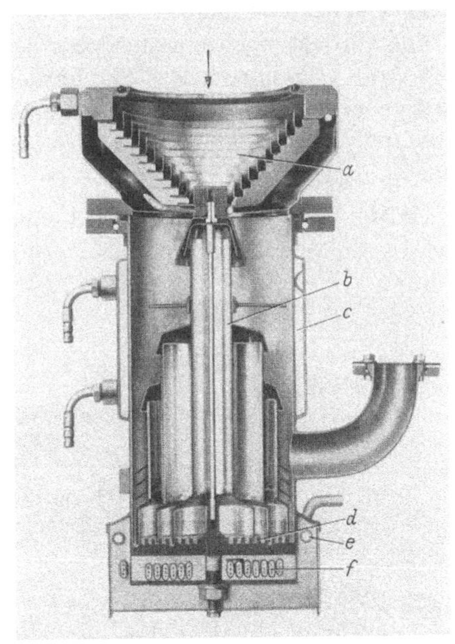

Abb. 4.46. Dreistufige Öldiffusionspumpe (Fa. Balzers Liechtenstein).

a Winkelbaffle (Öldampfsperre), *b* Düsensatz, *c* Kühlmantel, *d* gerillter Siedegefäßboden, *e* Schnellkühlung, *f* Heizkörper.

Wasserstrahlpumpen mit Wasser als Treibmittel. Als Anhaltswert sei angegeben, daß man mit einem Wasservordruck von 4 atü bei einem Betriebsvakuum von 400 (200) Torr etwa 0,6 (0,3) kg Luft/m³ Wasser absaugen kann. Zum Erzeugen eines Feinvakuums (bis etwa 10^{-4} Torr) kann man mehrstufige *Treibdampfpumpen* (*Booster*) mit Öldampf als Treibmittel und vorgeschalteter Drehschieberpumpe verwenden. Im Hochvakuumbereich zwischen 10^{-3} und 10^{-6} Torr setzt man *Diffusionspumpen* gemäß Abb. 4.46 mit Quecksilber- oder Öldampf als Treibmedium ein, die nach dem gleichen Prinzip wie Strahlgebläse arbeiten, jedoch auf die bei diesen Drücken vorliegende Molekularströmung abgestimmt sind [*4.46*]. Diffusionspumpen benötigen Drehschieber- oder Drehkolbenpumpen zum Erzeugen des Vorvakuums.

4.34 Andere Fördereinrichtungen für Gase

Bei den Vielzellenmaschinen sowie den Flüssigkeitsring-Verdichtern und -Vakuumpumpen kommt unter dem Einfluß von Trägheitskräften bei der Betriebsdrehzahl ein praktisch gasdichter Abschluß zwischen der Saugseite und der Druckseite zustande. Vielzellenmaschinen und Flüssigkeitsring-Vakuumpumpen verhalten sich im Betrieb weitgehend wie Fördereinrichtungen mit statischer Arbeitsweise (steile Kennlinien, vgl. die Abb. 4.32 und 4.33); die Förderkennlinien von Flüssigkeitsringkompressoren verlaufen bei niedrigen und mittleren Druckdifferenzen steil (normaler, „statischer" Arbeitsbereich), bei hohen Druckdifferenzen flach („dynamischer" Bereich).

4.341 Vielzellenverdichter und -vakuumpumpen. Vielzellenmaschinen setzt man für Volumdurchsätze $\dot{V}_1$ zwischen 30 und 6000 m³/h sowohl als

Abb. 4.47. Einstufiger Vielzellenverdichter mit Aussetzregelung (Fa. DEMAG/Duisburg). *a* Rotor, *b* wassergekühltes Gehäuse, *c* Lamellen, *d* Ansaugventil, *e* Rückschlagventil, *f* Entlastungsventil, *g* Druckentlastungsleitung.

Verdichter bis zu Enddrücken $P_2 = 4$ at (einstufig) bzw. 9 at (zweistufig), als auch als ein- und zweistufige Vakuumpumpen bis zu einem Betriebsvakuum $P_1 = 80$ Torr bzw. 8 Torr ein, Abb. 4.47. Infolge ihrer hohen Betriebsdrehzahlen sind sie verhältnismäßig klein und leicht; sie benötigen nur ein einfaches Fundament (Aufstellen auf Gebäudedecken möglich!). Da die Lamellenführung eine Ölschmierung erfordert, liefern sie kein ölfreies Gas. Bemerkenswert ist ihr geräuscharmer Lauf.

4.342 Flüssigkeitsringverdichter und -vakuumpumpen. Flüssigkeitsringverdichter eignen sich bis zu Volumdurchsätzen $\dot{V}_1 \approx 20\,000$ m³/h bei Enddrücken bis $P_2 = 3$ at (einstufig) bzw. $P_2 = 20$ at (mehrstufig) zum Verdichten kalter Gase, wenn diesen eine Verunreinigung durch Tropfen oder Dämpfe der Hilfsflüssigkeit nichts ausmacht. Wasserring-Vakuumpumpen erreichen Volumdurchsätze $\dot{V}_1 \approx 3000$ m³/h und ein dem Wasserdampf-Sättigungsdruck entsprechendes Endvakuum (24 Torr bei 25 °C). Ihr Aufbau und ihre Wirkungsweise gehen aus Abb. 4.48 hervor. In einem zylindrischen, teilweise mit einer Hilfsflüssigkeit (meist

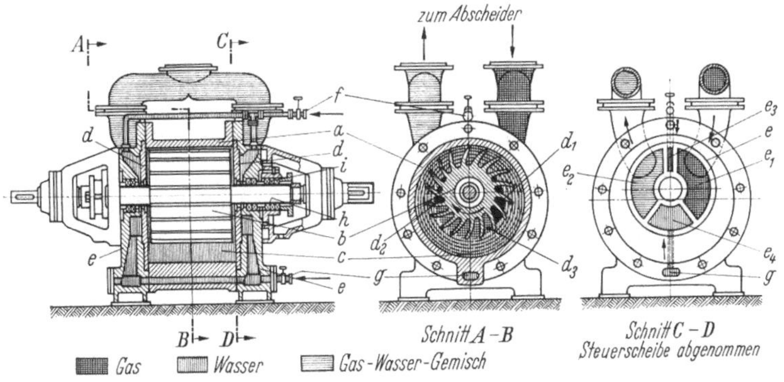

Abb. 4.48. Wasserring-Vakuumpumpe (Fa. Siemens-Schuckert/Mülheim).

a Gehäuse, b Laufrad, c Flüssigkeitsring, d Steuerscheibe, d_1 Saugschlitz in der Steuerscheibe, d_2 Druckschlitz in der Steuerscheibe, d_3 Bohrung für Rücklaufwasser-Zuführung in der Steuerscheibe, e Seitenschild, e_1 Saugraum, e_2 Druckraum, e_3 Sammelraum für Kühlwasser, e_4 Sammelraum für Rücklaufwasser, f Anschluß für Kühlwasser (Kühlanschluß), g Anschluß für Rücklaufwasser (Sparanschluß), h Schonbuchse, i Doppelstopfbuchse mit Sperrwasserkammer.

Wasser) gefüllten Gehäuse a rotiert exzentrisch ein Schaufelrad b und erzeugt infolge der Fliehkraft einen Flüssigkeitsring c, so daß sich zwischen Gehäuse und Schaufelrad ein sichelförmiger Arbeitsraum ausbildet. Die Schaufeln tauchen in den Flüssigkeitsring ein und unterteilen somit den Arbeitsraum in Zellen, die das Gas durch den Saugschlitz d_1 der Steuerscheibe d ansaugen, verdichten und durch den Druckschlitz d_2 bzw. durch Kugelventile ausschieben. Die Arbeitsweise gleicht bei kleinen Druckdifferenzen (Vakuumpumpen, Verdichter im „statischen" Bereich) weitgehend der von Vielzellenmaschinen. Bei hohen Druckdifferenzen weicht der Flüssigkeitsring in der Kompressions- und Ausstoßzone aus, so daß der Volumdurchsatz abnimmt (Verdichter im „dynamischen" Kennlinienbereich).

Der Sättigungsdampfdruck der Hilfsflüssigkeit bestimmt den Verdunstungsverlust und bildet die untere Grenze für den Ansaugdruck

(Endvakuum). Um ein Erwärmen der Hilfsflüssigkeit (und damit eine Zunahme des Sättigungsdampfdrucks) durch die Kompressionswärme des Gases usw. zu vermeiden, muß man einen Hilfsflüssigkeitsstrom durch die Pumpe aufrechterhalten, der die ganze Antriebsleistung der Maschine als Wärme ohne unzulässige Erwärmung abführen kann. Die im Flüssigkeitsabscheider auf der Druckseite des Aggregats von dem Gas getrennte Hilfsflüssigkeit leitet man nach Abkühlen in einem Wärmetauscher wieder dem Kompressor bzw. der Pumpe zu (geschlossener Kreislauf); verbrauchtes, warmes Wasser als Hilfsflüssigkeit ersetzt man meist durch kaltes, frisches Wasser (offener Kreislauf).

Das Endvakuum von Wasserringpumpen läßt sich etwa von 25 bis 30 auf 5 bis 1 Torr herabsetzen, indem man einen ein- oder zweistufigen, mit Luft aus der Atmosphäre oder Gas von der Druckseite der Wasserringpumpe betriebenen Luft- bzw. Gasstrahlsauger vorschaltet. Die Wasserringpumpe muß dann allerdings zusätzlich das Treibgas des Strahlsaugers fördern.

Flüssigkeitsringverdichter und -vakuumpumpen zeichnen sich durch geringe Störanfälligkeit, Unempfindlichkeit gegen Kondensat und Schmutz, geräuscharmen und schwingungsfreien Lauf sowie kleine Baumaße und Fundamente aus. Die intensive Kühlung durch die Hilfsflüssigkeit sorgt für eine nahezu isotherme Kompression des Gases. Mit geeigneten Hilfsflüssigkeiten in geschlossenem Kreislauf (mit Flüssigkeitskühler zur Abfuhr der Kompressionswärme usw.) kann man auch empfindliche, aggressive oder in der Hilfsflüssigkeit leicht lösliche Gase fördern.

4.4 Fördereinrichtungen für Flüssigkeiten (Pumpen)

Zum Bewältigen der vielseitigen Flüssigkeits-Förderprobleme stehen dem Verfahrensingenieur zahlreiche Pumpenbauarten zur Verfügung. Der folgende Abschnitt soll die Auswahl der jeweils zweckmäßigsten Pumpe erleichtern; bezüglich ihrer Konstruktion sei auf das einschlägige Schrifttum verwiesen [*4.39—4.41, 4.47—4.51*].

4.41 Arbeitsweise und Betriebsverhalten, Einsatzbereiche, Auslegung

Die Auswahl und die Auslegung einer Pumpe richten sich nach dem gewünschten, von der Arbeitsweise abhängigen Betriebsverhalten und nach ihrem Einsatzbereich (Fördermedium, Volumdurchsatz, Temperatur, Absolutdruck und Druckdifferenz).

4.411 Arbeitsweise und Betriebsverhalten. Analog zu den Fördereinrichtungen für Gase (vgl. Abschn. 4.311, S. 139 ff.) kann man Pumpen mit statischer und solche mit dynamischer Arbeitsweise unterscheiden.

Statisch arbeitende Bauarten fördern die Flüssigkeit aus dem Saugraum mittels Verdrängern zwangsweise in den Druckraum. Bei dynamisch fördernden Pumpen sind Saugseite und Druckseite miteinander verbunden; die Druckdifferenz zwischen Saug- und Druckraum bleibt daher nur erhalten, solange die Pumpe läuft und dynamische Kräfte auf die Flüssigkeit ausübt. Die Förderwirkung von Kreiselpumpen beruht auf Trägheitskräften durch Beschleunigen und Verzögern des Flüssigkeits-

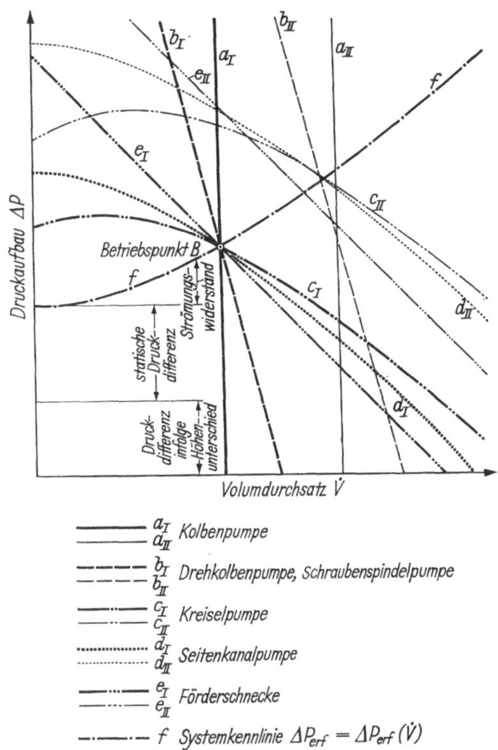

Abb. 4.49. Förderkennlinien verschiedener Pumpenbauarten.

ΔP Druckaufbau, $\dot{V}$ Volumdurchsatz; die Indizes I, II bezeichnen jeweils die Drehzahl n_I bzw. n_{II} $(>n_I)$, B gibt den Betriebspunkt an.

stroms, die von Seitenkanalpumpen auf dem Impulsaustausch und die von Förderschnecken auf Viskositätskräften.

Das Betriebsverhalten einer Pumpe läßt sich aus ihrem Förderkennfeld entnehmen, das die Zusammenhänge zwischen dem Druckaufbau $\Delta P = P_2 - P_1$, dem Volumdurchsatz $\dot{V}$, der Antriebsdrehzahl n und meist auch der Antriebsleistung N_{ges} bzw. dem Gesamtwirkungsgrad η_{ges} wiedergibt. Die Abb. 4.49 zeigt die für verschiedene Bauarten typischen Förderkennlinien. Die Verschiebung des Betriebspunkts beim Verändern verschiedener Einflußgrößen kennzeichnet zusammen mit deren Auswirkungen auf die Antriebsleistung das Betriebsverhalten der Gesamtanordnung. Die Eigenschaften des Fördermediums und der Aufstellungsort beeinflussen das Betriebsverhalten erheblich. Mit wachsender Viskosität verbessert sich die innere Dichtigkeit; die Antriebsleistung nimmt bei konstantem Volumdurchsatz zu, während der Druckaufbau je nach der Bauart steigt (Förderschnecken) oder fällt (Kreiselpumpen). Der temperaturabhängige Sättigungsdruck der Flüssigkeit ist der niedrigste im Leitungssystem bzw. in der Pumpe mögliche Druck. Er begrenzt gemäß Abschnitt 4.214 (S. 129) zusammen mit der Dichte, der geodätischen Höhe des Aufstellungsorts und dem Widerstand der Ansaugleitung den Durchsatz und die Saughöhe (Kavitation bzw. Abreißen der Flüssigkeitssäule). Vom Fördermedium mitgeführte Feststoffe können das Betriebsverhalten der Pumpe allmählich (Anbackungen, Verschleiß) oder plötzlich (Verstopfen von Strömungswegen, Blockieren von Ventilen usw.) verändern. Gelöste Gase können sich — insbesondere in Betriebspausen — ausscheiden, in der Pumpe oder in der Saugleitung ansammeln und so andere Betriebsbedingungen schaffen.

„Selbstansaugende" Pumpen (z. B. Kolbenpumpen) sind in der Lage, kurzzeitig statt Flüssigkeiten auch Luft oder andere Gase bzw. Dämpfe zu fördern und leere (lufterfüllte) Saugleitungen so weit zu evakuieren, daß die Flüssigkeit nachströmt. Nicht selbstansaugende Pumpen (z. B. Kreiselpumpen, Förderschnecken) ordnet man unterhalb des saugseitigen Flüssigkeitsspiegels an, um ein Leerlaufen der Saugseite in Betriebspausen zu verhüten; wenn das nicht möglich ist, sieht man Rückschlagventile in der Saugleitung vor (in diesem Fall muß man Pumpe und Saugleitung vor der ersten Inbetriebnahme mit Flüssigkeit füllen!).

4.412 Einsatzbereiche. Im Gegensatz zu den Fördereinrichtungen für Gase lassen sich den verschiedenen Pumpenbauarten in einem Förderkennfeld nach Art der Abb. 4.34 keine eindeutig bevorzugten Einsatzbereiche zuordnen, da diese Darstellung die (bei Flüssigkeiten sehr großen) Einflüsse des Fördermediums nicht erfaßt.

Kolben- und *Membranpumpen* dienen zum Dosieren kleiner Flüssigkeitsmengen und zum Fördern verschiedener Substanzen gegen sehr hohe Enddrücke. *Kreiselpumpen* eignen sich zum Fördern niedrigviskoser Flüssigkeiten ($\nu \leqq 7{,}5$ cm²/s); mehrstufige Aggregate bewältigen hohe Druckdifferenzen, *Propellerpumpen* erreichen hohe Volumdurchsätze und *Kanalradpumpen* fördern Suspensionen, Schlämme sowie breiartige und mit groben Feststoffen verschmutzte Flüssigkeiten. *Seitenkanalpumpen* verwendet man bei kleinem Durchsatz niedrigviskoser Flüssigkeiten zum Erzielen großer Förderhöhen. Bei hochviskosen Flüssigkeiten kann man *Förderschnecken* und zum Dosieren *Zahnradpumpen* einsetzen. Mit

Schraubenspindelpumpen lassen sich empfindliche sowie schäumende Substanzen schonend fördern und dosieren, ebenso mit *Kreiskolben-, Drehkolben-* und *Exzenterschneckenpumpen*; letztere sind auch für Schlämme und Suspensionen verwendbar. *Strahlpumpen* setzt man als „Tiefsaugevorrichtungen" in Brunnen sowie gelegentlich als Kesselspeisepumpen bei kleinen Dampfkesseln ein. Für kleine Mengen besonders aggressiver oder giftiger Stoffe sowie steriler Substanzen bewähren sich *Quetschpumpen*. Der Einsatz von *Induktionspumpen* ist auf Metallschmelzen beschränkt. Daneben gibt es noch verschiedene Pumpen mit eng begrenztem Einsatzbereich, beispielsweise *Heber, hydraulische Widder, Mammutpumpen*.

4.413 Auslegung. Das Auslegungsergebnis soll (analog zu Abschnitt 4.313, S. 141 ff.) im wesentlichen folgendes enthalten:

a) Bauart, Type und Größe der Pumpe,
b) Garantiedaten,
c) Betriebsbedingungen,
d) zulässige Saughöhe bzw. Mindest-Zulaufhöhe,
e) Antriebsdrehzahl,
f) Antriebsleistung und „installierte" Leistung,
g) Kühlwasser- und Hilfsstoffbedarf,
h) Werkstoffe und Schmierstoffe,
i) Regelungsart und benötigte Regelgenauigkeit,
k) Gewicht, Hauptabmessungen und Anschlußmaße,
l) sonstige, im Einzelfall wesentliche Angaben.

Anstelle der Druckdifferenz $\Delta P = P_2 - P_1$ (gleichbedeutend mit dem Volumsenergiezuwachs der Flüssigkeit pro Volumeinheit) gibt man bei Pumpen üblicherweise die „Förderhöhe" $H = \Delta P / \varrho g$ an, die den Energiezuwachs der Flüssigkeit pro Gewichtseinheit kennzeichnet (ϱ Flüssigkeitsdichte, g Erdbeschleunigung). H hat die Dimension einer Länge. Die Nutzleistung N und die Antriebsleistung N_{ges} folgen mit dem Gesamtwirkungsgrad η_{ges} und dem Volumdurchsatz $\dot{V}$ aus

$$N = \eta_{\text{ges}} N_{\text{ges}} = \dot{V} \Delta P = \varrho g \dot{V} H. \qquad (4.74\,\text{a--c})$$

Der statische Druck P_1 am Saugstutzen der Pumpe muß mindestens um den sogenannten Haltedruck $\Delta p_H = \varrho g \Delta h$ über dem Sättigungsdampfdruck p_s des Fördermediums liegen, damit keine Kavitation auftritt. Die Pumpenhersteller geben die (meist experimentell bestimmte) Haltedruck-Höhe Δh in Abhängigkeit vom Durchsatz und von der Drehzahl an (Größenordnung bei Kreiselpumpen: $\Delta h \approx 2$ m). Mit Δp_{SL} als Druckabfall in der Saugleitung (ohne die durch Höhenunterschiede ΔH bedingte Druckdifferenz $\varrho g \Delta H$) und p_{SA} als Druck am

Anfang der Saugleitung erhält man somit für den kleinsten, am Saugrohranfang zulässigen Druck $p_{SA,\,min}$ und die größte zulässige, geodätische Saughöhe H_S bzw. die Mindest-Zulaufhöhe $(-H_S)$ der Pumpe

$$p_{SA,\,min} = p_s + \Delta p_H + \Delta p_{SL} + \varrho g \, \Delta H, \qquad (4.75\,\mathrm{a})$$

$$H_s = \frac{p_{SA} - p_s - \Delta p_H - \Delta p_{SL}}{\varrho g} \qquad (4.75\,\mathrm{b})$$

4.42 Fördereinrichtungen mit statischer Arbeitsweise

Kolbenpumpen, Membranpumpen, Drehkolbenpumpen und Drehschieberpumpen, Schraubenspindelpumpen, Exzenterschneckenpumpen sowie Quetschpumpen sind Fördereinrichtungen mit statischer Arbeitsweise. Sie weisen durchwegs sehr steile Förderkennlinien auf und lassen

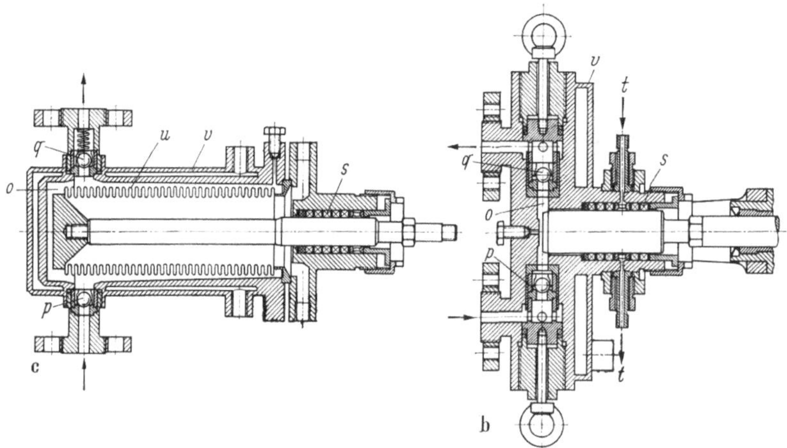

Abb. 4.50a—c. Dosierpumpe mit Hubverstellung und a) Membranpumpen-
a Exzenterwelle, *b* Kolbenstange, *c* Kipphebel, *d* Drehpunkt, *e* Handrad, *f* Stellspindel, *g* Einstell-
n Membran, *o* Arbeitsraum, *p* Saugventil, *q* Druckventil, *r* Schnüffelventil, *s* Stopf-

sich wie statisch fördernde Kompressoren durch Drehzahl-, Aussetz- oder Umführungsregelung an den gewünschten Durchsatz anpassen, vgl. Abschnitt 4.32 (S. 144 ff.). Bei Drehzahlregelung gilt Gl. (4.70). Kolben- und Membranpumpen kann man auch durch Verstellen des Kolben- bzw. Membranhubs regeln. Die Hubverstellung bewährt sich besonders gut für Dosierpumpen; sie ist ebenso wirtschaftlich wie die Drehzahlregelung und ermöglicht auch einen Dauerbetrieb bei nur wenig schwankendem Durchsatz (unter solchen Bedingungen versagen stufenlos regelbare, mechanische Getriebe häufig durch „Einlaufen", d. h. örtlich begrenzten Verschleiß).

Ein Abschließen der Druckleitung (z. B. absichtlich durch Ventile oder unbeabsichtigt durch Einfrieren) führt infolge der geringen Kompressibilität der Flüssigkeiten und der steilen Förderkennlinien zu sehr hohen Drücken, die meist die Pumpe oder die Leitung zerstören. Man schützt sich davor durch Sicherheitsventile, Berstscheiben usw., die einen unzulässigen Druckanstieg verhindern. Druckwächter, die in einem solchen Fall den Antriebsmotor ausschalten, bieten dagegen wegen ihrer größeren Ansprechzeit und vor allem wegen der Massenträgheit des Antriebsmechanismus keinen sicheren Schutz!

4.421 Kolben- und Membranpumpen. Die Wirkungsweise von Kolben- und Membranpumpen entspricht der von einstufigen Kolben- bzw. Membranverdichtern gemäß Abschnitt 4.321 (S. 144 ff.). *Kolbenpumpen* fördern bei hohen Druckdifferenzen niedrig- und hochviskose Flüssigkeiten, Breie, Pasten, Schlämme sowie schäumende Substanzen bis zu Durchsätzen von etwa 200 m³/h. *Membranpumpen* eignen sich für die gleichen Medien und Drücke, vornehmlich aber zum Fördern giftiger, radioaktiver oder

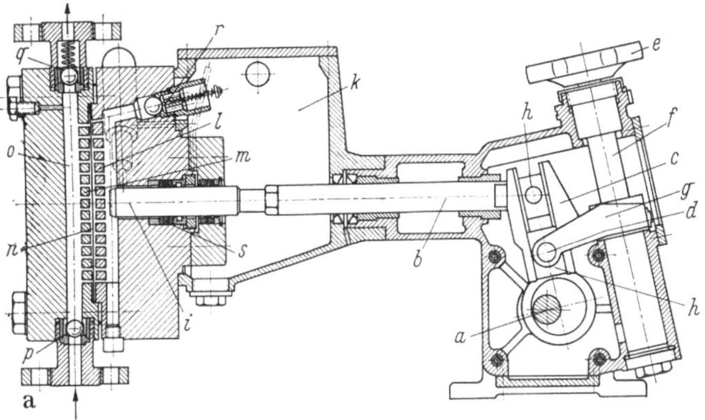

kopf, b) Kolbenpumpenkopf und c) Faltenbalgpumpenkopf (Fa. Lewa/Leonberg).
klaue, *h* Gleitsteine, *i* Verdrängerkolben, *k* Hydraulikraum, *l* und *m* Membran-Anlageflächen, büchse, *t* Sperrflüssigkeit, *u* Faltenbalg, *v* Doppelmantel zum Heizen bzw. Kühlen.

steriler Stoffe. Zum Dosieren stehen Kolben- und Membrandosierpumpen mit veränderlicher Drehzahl oder verstellbarem Hub für Durchsätze zwischen $5 \cdot 10^{-5}$ und 20 m³/h sowie Gegendrücke zwischen 3 atü (bei großem Durchsatz) und mehr als 1000 atü (bei kleinem Durchsatz) zur Verfügung, Abb. 4.50a—c; sie arbeiten meist mit 30 bis 200 Hüben pro Minute und erreichen bei einem Durchsatz-Regelbereich 1:5 (1:25) eine Dosiergenauigkeit von 0,2% (1%) [4.52]. Ihr maximaler Regelbereich beträgt etwa 1:100. *Kleinstmengen-Dosieraggregate* mit ganz langsam bewegten, verhältnismäßig großen Kolben gestatten das Dosieren kleinster Mengen (1 cm³/h).

11 Ullrich, Mech. Verfahrenstechnik

Kolben- und Membranpumpen weisen unabhängig vom Durchsatz und vom Gegendruck gute Wirkungsgrade auf. Sie sind meist elektrisch über einen Kurbeltrieb angetrieben und laufen mit Rücksicht auf die Massenkräfte der hin- und hergehenden Bauteile normalerweise mit niedrigen Drehzahlen (zwischen 100 und 300 U/min); große Pumpen benötigen schwere Fundamente und lassen sich daher nur ebenerdig aufstellen. In explosionsgefährdeten Räumen und als Kesselspeisepumpen kann man schwungradlose Aggregate mit Dampfantrieb einsetzen, bei denen Dampf- und Pumpenkolben durch eine gemeinsame Kolbenstange direkt miteinander verbunden sind.

Zum Ausgleichen des zeitlich schwankenden Förderstroms ordnet man in Saug- und Druckleitung Ausgleichsbehälter (Windkessel) mit einem Luft- oder Gaspolster gleich dem 5- bis 10fachen Hubvolum der Pumpe als Energiespeicher an. Bei langen Rohrleitungen auf der Pumpendruckseite sieht man zwischen Pumpe und Leitung einen größeren Anfahr-Windkessel vor, um unerwünschte (durch Beschleunigen der Flüssigkeit in der Leitung bedingte) Druckspitzen zu vermeiden.

Die Eigenschaften des Fördermediums wirken sich besonders auf die Ausführung der Ventile aus. Bei kleinem Durchsatz und bei hochviskosen Stoffen, Suspensionen, Schlämmen usw. verwendet man Kugel- oder Kegelventile, bei großem Durchsatz und reinen, niedrigviskosen Flüssigkeiten meist federbelastete Tellerventile. Beim Fördern von Luft erzeugen Kolben- und Membranpumpen auch bei dichten Ventilen wegen des schädlichen Raums nur einen begrenzten Unterdruck in der Saugleitung. „Selbstansaugende" Kolbenpumpen erreichen etwa $P_{1\,\text{min}} \approx$ ≈ 200 Torr. Wenn der Ansaugdruck den Gegendruck so weit übersteigt, daß die Druckdifferenz zum Überwinden der Ventilschließkräfte (Gewicht, Federkraft) ausreicht, so geben die Ventile den Strömungsweg ständig frei; bei Dosierpumpen führt dies zu einem unkontrollierten Überdosieren. Ein federbelastetes „Druckhalteventil" in der Druckleitung, das erst bei einer wesentlich größeren Druckdifferenz öffnet, verhindert in solchen Fällen Dosierfehler.

4.422 Drehkolben- und Drehschieberpumpen. *Drehkolbenpumpen* gemäß Abb. 4.51 und 4.52 eignen sich zum schonenden Fördern reiner, niedrig- oder hochviskoser Flüssigkeiten und schäumender Substanzen für Volumdurchsätze zwischen 0,1 und 300 m³/h bei Enddrücken bis etwa 8 at. Auch feinkörnige, zähe Suspensionen lassen sich gut pumpen, während Aufschwemmungen harter und scharfkantiger Körner in niedrigviskosen Flüssigkeiten (z. B. Kristallbrei, sandhaltiges Wasser) erheblichen Verschleiß verursachen. Flüssigkeiten mit groben Feststoffbrocken kann man damit nicht fördern. Drehkolbenpumpen sind normalerweise selbstansaugend. Sie benötigen im Gegensatz zu

Kolben- und Membranpumpen keinen Windkessel (abgesehen von Anfahrwindkesseln bei sehr langen Druckleitungen), weil ihr Förderstrom nur wenig pulsiert. Da sie keine Ventile haben, sind sie gegen Verstopfungen und Verschleiß unempfindlicher als jene; infolge ihrer größeren inneren Undichtigkeiten (Spalte zwischen Drehkolben und Gehäuse) lassen sie sich jedoch nur bei hochviskosen Stoffen und mäßigen Genauigkeitsansprüchen als Dosierpumpen verwenden.

Für reine, schmierende Flüssigkeiten kann man auch *Zahnradpumpen* einsetzen. Diese unterscheiden sich von den Drehkolbenpumpen der in Abb. 4.51 dargestellten Bauart dadurch, daß die Zahnräder a, b nicht außerhalb, sondern anstelle der Drehkolben d, e innerhalb des (ent-

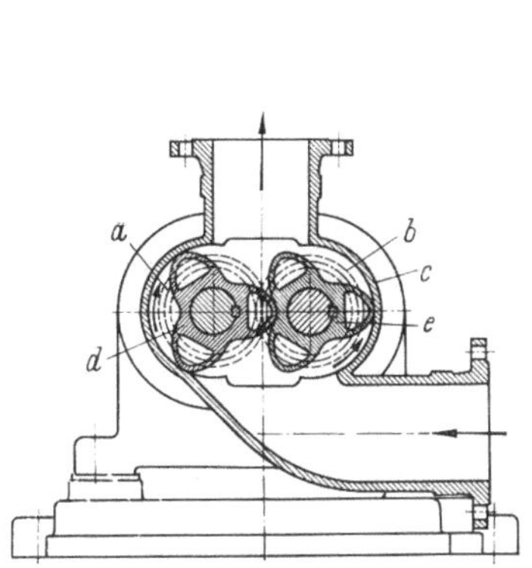

Abb. 4.51. Drehkolbenpumpe (Fa. Aerzener Maschinenfabrik/Aerzen).
a und *b* Zahnräder, *c* Gehäuse, *d* und *e* Drehkolben.

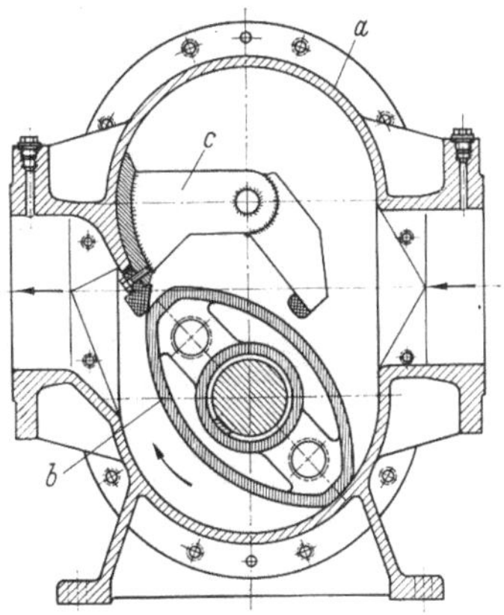

Abb. 4.52. Drehkolbenpumpe (Fa. Lederle/ Freiburg i. Br.).
a Gehäuse, *b* Drehkolben, *c* Absperrschieber.

sprechend dem kleineren Zahnraddurchmesser verkleinerten) Arbeitsraums angeordnet sind und somit gleichzeitig als vielflügelige Drehkolben wirken. Zahnradpumpen führt man bei Betriebsdrücken $P_2 = 10$ (100) atü bis zu Volumdurchsätzen $\dot{V} = 300$ (15) m³/h aus. Sie dienen vornehmlich als Öl- und Hydraulikpumpen sowie wegen ihres gleichmäßigen Förderstroms zum Dosieren hochviskoser Produkte ($\nu \approx 300$ bis 3000 cm²/s).

In Hydraulikanlagen verwendet man für Volumdurchsätze zwischen 0,06 und 5 m³/h und Enddrücke bis $P_2 \approx 150$ atü auch *Drehschieberpumpen*, die hinsichtlich ihrer Wirkungsweise weitgehend den Vielzellenverdichtern gemäß Abschnitt 4.341 (S. 154 ff.) entsprechen, jedoch anstelle der dünnen Blechlamellen robuste Schieber aufweisen. Die Schieber werden durch Federn oder durch den Flüssigkeitsdruck in den (mit der Pumpendruckseite verbundenen) Schieberkammern des Rotors an die Gehäuse-

11*

wand gepreßt. Bei sehr geringen Druckdifferenzen setzt man gelegentlich auch Pumpen mit gummielastischen Flügeln anstelle von Schiebern ein. Die Flügel legen sich infolge ihrer Eigenelastizität an die Gehäusewand an.

4.423 Schraubenspindel- und Exzenterschneckenpumpen. Mit *Schraubenspindelpumpen* nach Abb. 4.53 kann man reine Flüssigkeiten beliebiger Viskosität, temperaturempfindliche und schäumende Stoffe pulsationsfrei und schonend fördern. Sie sind nicht geeignet für Suspensionen mit schleißenden, abriebempfindlichen oder grobkörnigen Feststoffteilchen. Handelsübliche Typen erreichen Volumdurchsätze bis $\dot{V} \leqq 800\,(6)\ \mathrm{m^3/h}$ bei Enddrücken $P_2 = 10\,(200)$ atü. Man unterscheidet innen gelagerte Pumpen für schmierende Flüssigkeiten und außen gelagerte Pumpen für nicht schmierende Substanzen. Es gibt

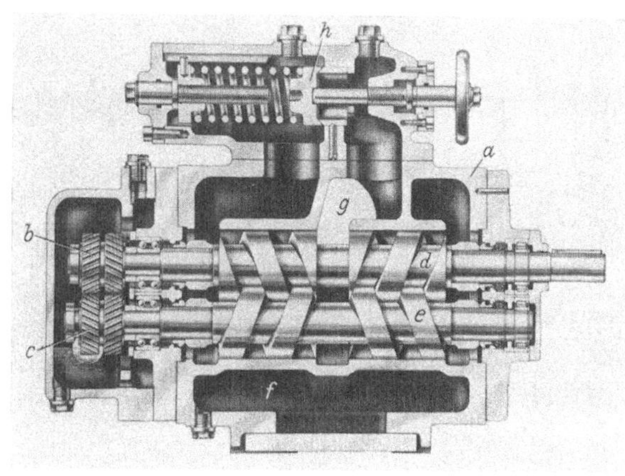

Abb. 4.53. Zweispindelige, außen gelagerte Schraubenspindelpumpe (Fa. Leistritz/Nürnberg). *a* Gehäuse, *b* und *c* Zahnräder, *d* und *e* gegenläufig mit gleicher Drehzahl rotierende Schraubenspindeln, *f* Saugraum, *g* Druckraum, *h* Sicherheitsventil.

ferner zwei- und mehrspindelige Bauformen. Schraubenspindelpumpen sind selbstansaugend (Vakuum bis zu $P_{1\,\mathrm{min}} = 85$ Torr). Da sie sehr ruhig und mit hohen Drehzahlen laufen, lassen sie sich direkt mit Elektromotoren kuppeln, sind klein und brauchen kein schweres Fundament.

Exzenterschneckenpumpen [4.53] können reine Flüssigkeiten beliebiger Viskosität, Schäume, Schlämme, Pasten, Suspensionen, abrasive, aggressive und faserhaltige Substanzen pulsationsfrei fördern, Abb. 4.54. Die handelsüblichen Typen bewältigen Durchsätze und Betriebsdrücke bis zu 260 m³/h bzw. 12 atü (Sonderausführungen bis 60 atü). Sie erlauben infolge ihrer hohen Drehzahlen eine direkte Kupplung mit Elektromotoren und benötigen nur einfache Fundamente. Drehzahlgeregelte Pumpen eignen sich auch für Dosierzwecke. Dem Vorteil der von keiner anderen Pumpenbauart erreichten, vielseitigen Einsatzmöglichkeiten stehen allerdings als Nachteile der meist verhältnismäßig niedrige Wirkungsgrad und die Trockenlauf-Empfindlichkeit vieler Typen (Statorschäden durch Überhitzen infolge hoher, trockener Reibung) gegenüber.

4.424 Quetschpumpen. Zum Fördern kleiner Mengen aggressiver, giftiger, radioaktiver oder steriler Substanzen kann man bis zu Durchsätzen von etwa 8 m³/h und Betriebsdrücken von etwa 4 atü Quetschpumpen einsetzen. Ihre Förderkennlinien verlaufen trotz der statischen Arbeitsweise wegen der großen Undichtigkeiten an den Quetschstellen flach, etwa wie die von Seitenkanalpumpen, vgl. Abb. 4.49. Bei der *„Flex-i-liner"-Pumpe* quetscht ein exzentrisch angeordneter Rotor einen von dem Medium durchflossenen, gummielastischen Einsatz („Flex-i-liner") örtlich gegen die Gehäusewand und schiebt beim Abrollen längs des Gehäuseumfangs die Flüssigkeit vor der Quetschstelle schonend und

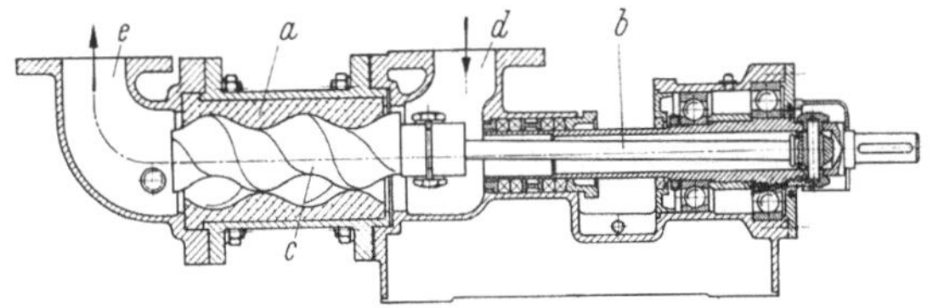

Abb. 4.54. Exzenterschneckenpumpe (Fa. Netzsch/Frankfurt a. M.).
a zweigängiger Stator (z. B. Neoprene, PVC, Perbunan), *b* Gelenkstange, *c* eingängiger Rotor (z. B. Stahl), *d* Saugraum, *e* Druckraum.

gleichmäßig vom Saugraum in den Druckraum. In Laboratorien verwendet man für ganz kleine Durchsätze bis etwa 0,3 m³/h *Schlauchquetschpumpen* mit zwei oder mehreren Rollen, die einen spiralig in ein Gehäuse eingelegten Schlauch örtlich abquetschen und somit beim Abrollen längs des Gehäuseumfangs die Flüssigkeit zwischen den Quetschstellen stetig fördern.

4.43 Fördereinrichtungen mit dynamischer Arbeitsweise

Kreiselpumpen, Seitenkanalpumpen, Strahlpumpen und Förderschnecken sind Fördereinrichtungen mit dynamischer Arbeitsweise. Sie haben gemäß Abb. 4.49 verhältnismäßig flache Kennlinien, d. h. ihr Volumdurchsatz hängt stark vom Gegendruck ab. Kleine Pumpen regelt man durch Drosseln des Förderstroms (*Drosselregelung*) in der Druckleitung — saugseitiges Drosseln würde zu Kavitations- und Abreißerscheinungen führen — oder durch Rückführen eines Teilstroms von der Druckseite zur Saugseite (*Umführungsregelung*), große Pumpen paßt man durch *Drehzahlregelung* oder durch *Verstellen der Leit- oder Laufschaufeln* an die jeweiligen Betriebsbedingungen an. Die Drehzahlregelung ist besonders wirtschaftlich, wenn der Druckaufbau nur zum Überwinden des Leitungswiderstands dient (Systemkennlinie: $\Delta P_{\mathrm{erf}} \approx \dot V^2$), da sich der Gesamtwirkungsgrad in diesem Fall beim Abweichen vom Auslegungspunkt in einem größeren Regelbereich nur wenig ändert. Bei Förderschnecken für hochviskose Stoffe mit sehr steilen Förderkennlinien kommt praktisch nur eine Drehzahlregelung in Betracht.

4.431 Kreiselpumpen. Zum Fördern niedrigviskoser Flüssigkeiten ($\nu \leq 7{,}5$ cm²/s) kann man häufig Kreiselpumpen einsetzen, deren Förderwirkung wie die der Lüfter (Abschn. 4.331, S. 149 ff.) durch Beschleunigen und Wiederverzögern des Flüssigkeitsstroms im Laufrad bzw. in den Leitvorrichtungen zustande kommt. Auch für Kreiselpumpen gilt das Affinitätsgesetz Gln. (4.71a—c), wobei man in Gl. (4.71b) die Druckdifferenzen ΔP_{I}, ΔP_{II} auch durch die Förderhöhen H_{I} bzw. H_{II} ersetzen kann.

Bei konstanter Drehzahl sinken der Durchsatz und die Förderhöhe mit zunehmender Viskosität des Fördermediums, während die Antriebsleistung steigt; die Förderhöhe H_0 bei verschwindendem Durchsatz ($\dot V \to 0$) ändert sich dabei nicht. Aus Abb. 4.55 kann man die Verhältnisse $\dot V_\nu / \dot V$, H_ν / H und $\eta_{\mathrm{ges},\nu} / \eta_{\mathrm{ges}}$ des Volumdurchsatzes $\dot V_\nu$, der Förderhöhe H_ν und des Gesamtwirkungsgrads $\eta_{\mathrm{ges},\nu}$ beim Pumpen einer Flüssigkeit mit der kinematischen Viskosität ν zu den entsprechenden Werten $\dot V$, H bzw. η_{ges} beim Fördern von Wasser entnehmen [*4.54*].

Jede Kreiselpumpe arbeitet in einem bestimmten, von ihrer Bauart abhängigen Durchsatz-, Förderhöhen- und Drehzahlbereich besonders wirtschaftlich. Zum Kennzeichnen dieses Bereichs könnte man die Laufzahl σ und die Durchmesserzahl δ nach den Gln. (4.73a, b) heranziehen; im Pumpenbau haben sich jedoch dimensionsbehaftete Kenngrößen n_q, n_s eingebürgert, die sogenannten „spezifischen Drehzahlen"

$$\frac{n_q}{[\mathrm{U/min}]} = \frac{n}{[\mathrm{U/min}]} \left(\frac{\dot V}{[\mathrm{m^3/s}]}\right)^{\frac{1}{2}} \left(\frac{H}{[\mathrm{m}]}\right)^{-\frac{3}{4}}, \qquad (4.76\,\mathrm{a})$$

$$\frac{n_s}{[\mathrm{U/min}]} = \frac{n}{[\mathrm{U/min}]} \left(\frac{N}{[\mathrm{PS}]}\right)^{\frac{1}{2}} \left(\frac{H}{[\mathrm{m}]}\right)^{-\frac{5}{4}} = \frac{n_q}{[\mathrm{U/min}]} \frac{1}{\sqrt{75}} \sqrt{\frac{\gamma}{[\mathrm{kp/m^3}]}}.$$
$$(4.76\,\mathrm{b, c}).$$

n_q ist die Drehzahl einer geometrisch ähnlichen Modellpumpe, die bei dem Volumdurchsatz $\dot V = 1$ m³/s die Förderhöhe $H = 1$ m erreicht. n_s gibt die Drehzahl einer geometrisch ähnlichen Modellpumpe an, die bei der Förderhöhe $H = 1$ m eine Nutzleistung $N = 1$ PS abgibt. Für Wasser mit der Wichte $\gamma = 1000$ kp/m³ gilt $n_s = 3{,}65\,n_q$. Die Zuordnung verschiedener Laufradformen zu den jeweils wirtschaftlich günstigsten Bereichen der spezifischen Drehzahl geht aus Tab. 4.3 hervor. Die Kavitationsempfindlichkeit wächst mit zunehmender spezifischer Drehzahl. Die Antriebsleistung ist bei Langsamläufern im Leerlauf ($\dot{V} = 0$) kleiner, bei Schnelläufern jedoch größer als beim Nenndurchsatz. Große Radialpumpen fährt man daher „gegen geschlossenen Schieber" an und

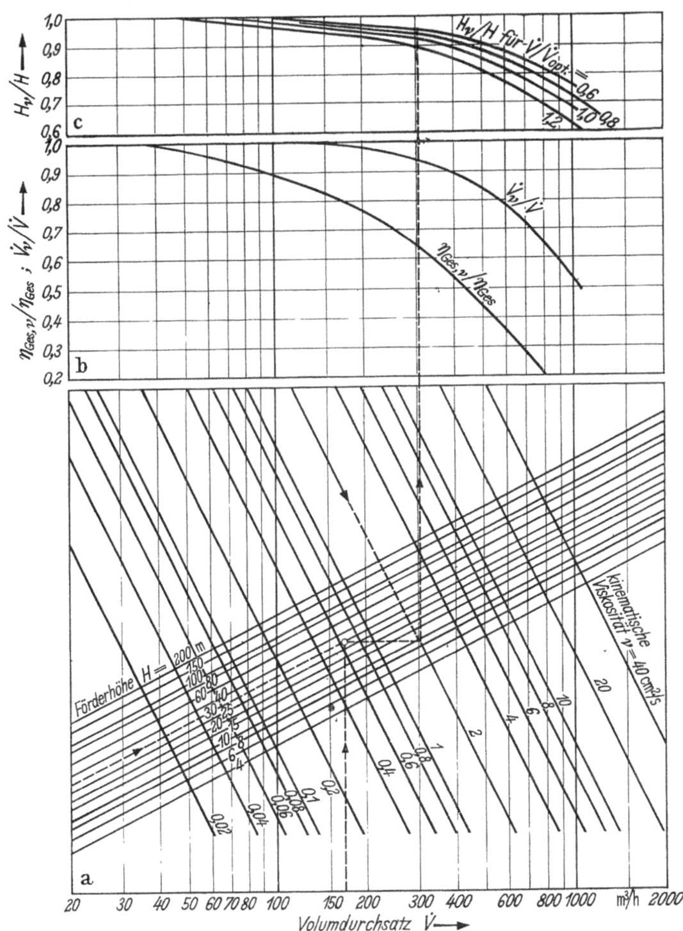

Abb. 4.55 a – c. Viskositätseinfluß auf die Förderleistung von Kreiselpumpen (nach Unterlagen der Fa. KSB/Frankenthal [4.54]).
$\dot{V}$ Durchsatz, H Förderhöhe, η_{ges} Gesamtwirkungsgrad, $\dot{V}_{opt}$ Durchsatz bei maximalem Wirkungsgrad und Wasserförderung, Index v: Flüssigkeit mit der kinematischen Viskosität ν, ohne Index: Wasser.

öffnet die Druckleitung erst, wenn die Betriebsdrehzahl erreicht ist; Axialpumpen nimmt man bei offenem Schieber in Betrieb.

Wenn das Leitungssystem Energie speichern kann (Windkessel usw.) und der Förderstrom unter die „Pumpgrenze" sinkt, treten wie bei Lüftern Druck- und Durchsatzpendelungen (sofort in voller Stärke) auf.

Tabelle 4.3.

Wirtschaftlich günstige Bereiche der spezifischen Drehzahlen n_q verschiedener Laufradformen

Laufradform		Bezeichnung	Spezifische Drehzahl n_q [U/min]
Langsamläufer	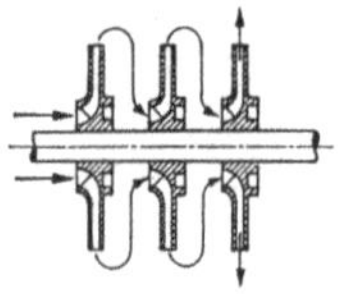	z-stufige Radialpumpe	< 10 $(n_q)_{\mathrm{Rad}} = z^{3/4}\,(n_q)_{\mathrm{Pumpe}}$
	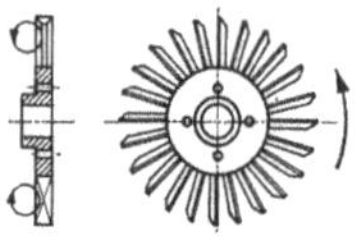	Sternrad (für Seitenkanalpumpe)	6 bis 12
	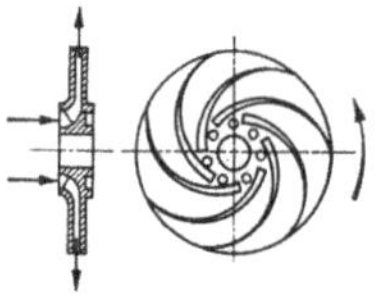	Radialrad schmal (Hochdruckrad) breit (Mitteldruckrad)	10 bis 40 10 bis 25 20 bis 40
Schnelläufer	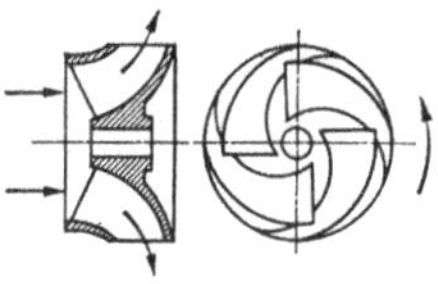	Halbaxialrad (Niederdruckrad)	40 bis 70
	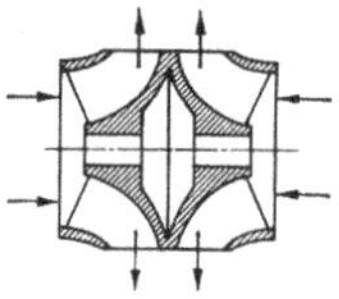	zweiflutiges Halb-axialrad	55 bis 100
	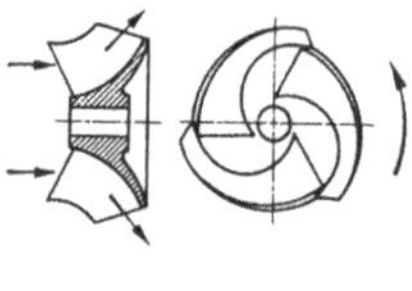	Schraubenrad	70 bis 150
	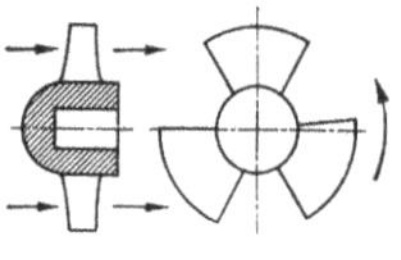	Propellerrad	100 bis 300

Die Pumpgrenze läßt sich durch Drosseln zwischen der Pumpe und dem Energiespeicher (Windkessel) zu kleineren Volumdurchsätzen (also im Förderkennfeld nach links) verschieben. Durch *Umführungsregelung* kann man den Durchsatz immer über der Pumpgrenze halten (*Pumpgrenzregelung*). Radialpumpen haben im allgemeinen flachere Förderkennlinien und einen größeren Betriebsbereich zwischen dem Maximaldurchsatz (bei $H = 0$) und der Pumpgrenze als Axialpumpen. Wenige, stark nach rückwärts gekrümmte, in den Einlauf vorgezogene oder verstellbare Laufschaufeln, glatter Austrittsleitring und niedriger hydraulischer Wirkungsgrad sind Merkmale, die stabile Förderkennlinien mit weit links liegender Pumpgrenze erwarten lassen.

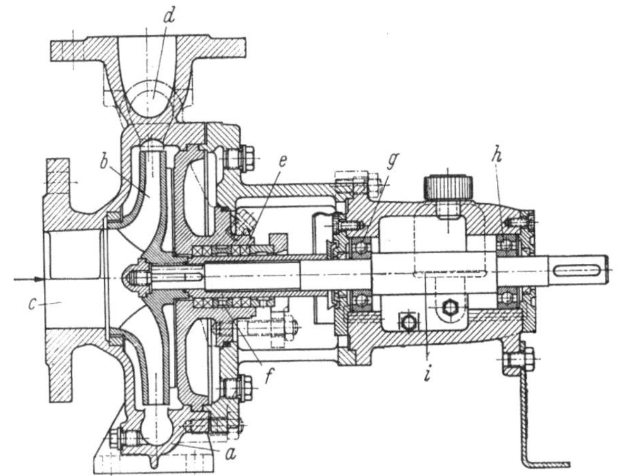

Abb. 4.56. Einstufige Kreiselpumpe („Chemiepumpe"; Fa. KSB/Frankenthal).
a Spiralgehäuse, *b* Radialrad, *c* Saugstutzen, *d* Druckstutzen, *e* Stopfbuchse, *f* Sperrflüssigkeitskammer, *g* und *h* Lager, *i* Pumpenwelle.

Kreiselpumpen sind nicht selbstansaugend, da zwar ihre Förderhöhe von der Dichte des geförderten Mediums unabhängig, ihr Druckaufbau jedoch dieser proportional ist (bei „selbstansaugenden" Kreiselpumpen läuft auf der gleichen Welle eine Flüssigkeitsring-Vakuumpumpstufe mit, vgl. Abb. 4.58. Die Ansaugschwierigkeiten kann man durch Eintauchen der ganzen Kreiselpumpe in die Flüssigkeit umgehen (Tauchpumpen).

Ist der Druck bei abgeschalteter Pumpe auf der Druckseite höher als auf der Saugseite, so fließt die Flüssigkeit entgegen der Förderrichtung zurück, und die Pumpe läuft als Turbine rückwärts; große Aggregate können dabei Drehzahlen erreichen, die wesentlich über der Nenndrehzahl des Motors liegen und diesen somit mechanisch gefährden. Man muß daher das Rückströmen der Flüssigkeit durch Rückschlagklappen verhindern.

In der chemischen Industrie sind einstufige Kreiselpumpen nach
Abb. 4.56 („Chemiepumpen") weit verbreitet. Aus den Abb. 4.57a, b
gehen die nach den VDMA-Vorschlägen aufgebauten Förderkennfelder
einer Chemiepumpen-Baureihe für die Antriebsdrehzahlen $n = 1450$

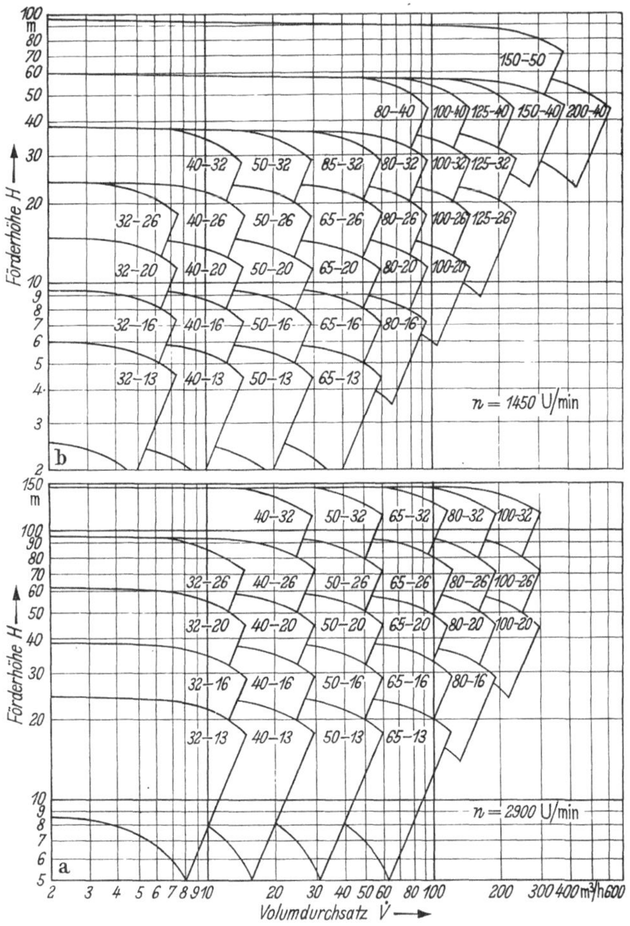

Abb. 4.57a u. b. Förderkennfelder einer Chemiepumpen-Baureihe für die Antriebsdrehzahlen
$n = 2900$ U/min (Abb. 4.57a) bzw. 1450 U/min (Abb. 4.57b) (Fa. KSB/Frankenthal).

bzw. 2900 U/min hervor. Die erste Zahl der Typenbezeichnung kennzeichnet die Nennweite des Druckstutzens in mm, die zweite Zahl gibt den
Laufraddurchmesser in cm an.

Mit mehrstufigen Kreiselpumpen gemäß Abb. 4.58 lassen sich sehr
hohe Förderhöhen erreichen (Verwendung als Dampfkessel-Speisepum-

pen usw.). Für gesundheitsschädliche, gefährliche, luftempfindliche oder sterile Substanzen eignen sich völlig gekapselte, stopfbüchslose Chemiepumpen, deren Laufrad über eine Magnetkupplung von außen oder direkt von einem Spaltrohrmotor (Elektromotor, dessen Kurzschlußläufer in einem vom Fördermedium erfüllten, nach außen dicht abgeschlossenen Raum rotiert) angetrieben wird. Suspensionen, Breie, Schlämme und Flüssigkeiten mit groben Feststoffbrokken (z. B. Kohle-, Erz- oder Zementschlamm, Kristallbreie) kann man mit *Kanalradpumpen* fördern, die sich von anderen Kreiselpumpen durch besonders weite, nicht zum Verstopfen neigende Strömungskanäle und bei abrasiven Medien durch eine Gehäusepanzerung (auswechselbare Schleißteile) unterscheiden. In Abb. 4.59a—d sind verschiedene Kanalräder mit 1 bis 3 Kanälen dargestellt.

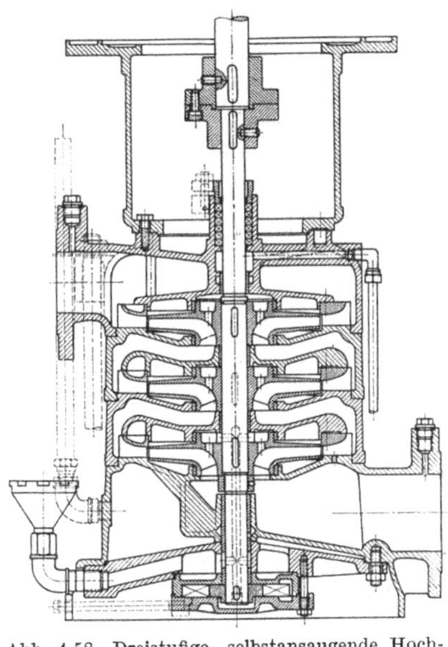

Abb. 4.58. Dreistufige, selbstansaugende Hochdruck-Kreiselpumpe (Fa. Loewe/Lüneburg).

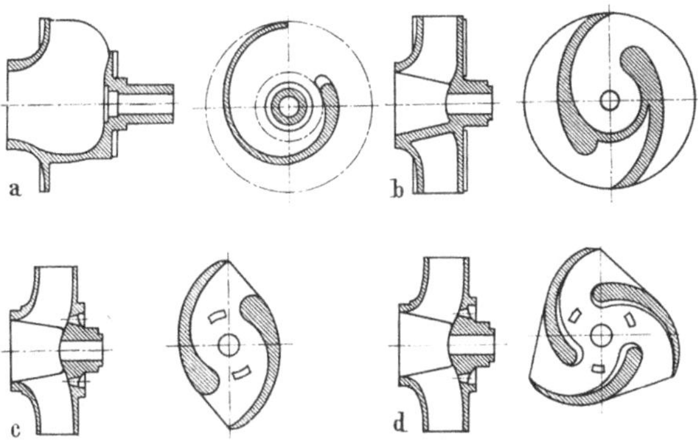

Abb. 4.59a—d. Kanalräder (Fa. KSB/Frankenthal).
a) Einschaufelrad; b) Einkanalrad; c) Zweikanalrad; d) Dreikanalrad.

4.432 Seitenkanalpumpen. Seitenkanalpumpen erreichen bei gleicher Umfangsgeschwindigkeit wie Kreiselpumpen pro Stufe etwa 5- bis 15mal größere Förderhöhen, sie eignen sich daher vornehmlich für kleine spezifische Drehzahlen ($n_q < 12$). Ihre Förderkennlinie (Abb. 4.49) ist im ganzen Bereich stabil, es treten also keine Pumperscheinungen auf. Die Antriebsleistung sinkt mit wachsendem Durchsatz.

Aufbau und Wirkungsweise einer Seitenkanalpumpe gehen aus Abb. 4.60 hervor. Ein Schaufelrad a rotiert konzentrisch mit geringem Spiel in einem Gehäuse b; auf einem Teil des Umfangs streichen die Laufradschaufeln seitlich an einem „Seitenkanal" c mit einer Saugöffnung d und einer Drucköffnung e für das Fördermedium vorbei. Die Förderwirkung beruht auf dem Impulsaustausch zwischen der im Seitenkanal strömenden und der vom Schaufelrad mitgenommenen Flüssigkeit. Sind die Öffnungen d, e gegenüber dem Seitenkanal c zur Achse hin verschoben (vgl. Abb. 4.60), so arbeitet die Pumpe bei nur teilweiser Flüssigkeitsfüllung als Flüssigkeitsring-Vakuumpumpe: Unter dem Einfluß der Fliehkraft bildet sich ein Flüssigkeitsring aus, der im Bereich des Seitenkanals diesen ausfüllt und daher nach außen ausweicht, so daß zwischen Laufrad und Flüssigkeitsoberfläche wie bei Flüssigkeitsring-Vakuumpumpen ein annähernd sichel-

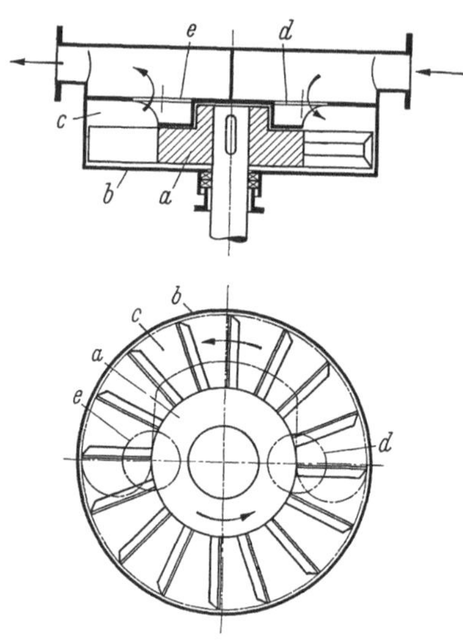

Abb. 4.60. Schema einer Seitenkanalpumpe.
a Schaufelrad, b Gehäuse, c Seitenkanal, d Saugöffnung, e Drucköffnung.

förmiger, durch die Schaufeln in Zellen unterteilter Arbeitsraum entsteht (vgl. Abschn. 4.342, S. 155 ff.). Solche Seitenkanalpumpen sind demnach „selbstansaugend" (lediglich bei der ersten Inbetriebnahme muß man den Pumpensumpf mit Flüssigkeit füllen).

4.433 Förderschnecken. Zum Fördern hochviskoser, reiner Flüssigkeiten (Spinnlösungen, Kunststoffschmelzen usw.) bewähren sich Förder-

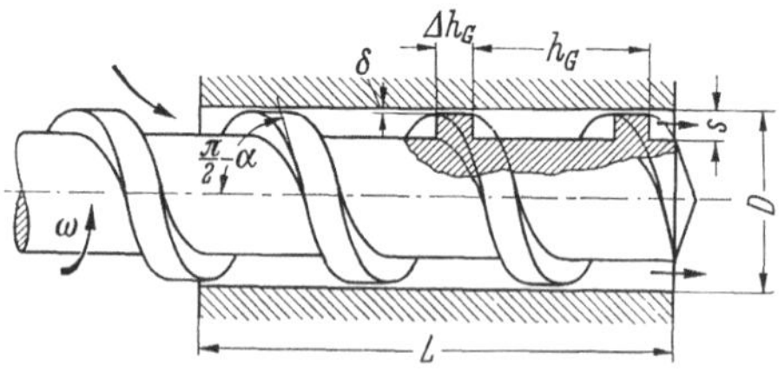

Abb. 4.61. Förderschnecke.
D äußerer Durchmesser, L axiale Länge, h_G Ganghöhe, Δh_G axiale Stegbreite, $\alpha = \arctan h_G/D\pi$ Steigungswinkel, s Gangtiefe, δ Spaltbreite, ω Winkelgeschwindigkeit.

schnecken, Abb. 4.61. Bei einwelligen Schnecken rotiert eine ein- oder mehrgängige Schraubenspindel („Schnecke") mit geringem Spiel in einem zylindrischen Gehäuse und schiebt dabei die (infolge der Wandreibung in Wandnähe abgebremste) Flüssigkeit axial weiter. Diesem Förderstrom überlagert sich durch die Druckdifferenz zwischen Ein- und Austritt eine laminare Rückströmung in den Schraubengängen. Für NEWTONsche, volumbeständige Flüssigkeiten und stationären Betrieb gilt mit den in Abb. 4.61 angegebenen Bezeichnungen sowie μ als dynamischer Viskosität der Flüssigkeit

$$\dot{V} = \left(1 - \frac{\Delta h_G}{h_G}\right) \frac{\pi D^2}{4}\, s \sin \alpha \left(\omega \cos \alpha - \frac{\Delta P}{3\mu} \frac{s^2}{LD} \sin \alpha\right). \quad (4.77)$$

Für das Antriebsdrehmoment M und die Antriebsleistung N ergeben sich mit M_0 als Moment der Lager- und Stopfbüchsenreibung sowie δ als Spaltbreite zwischen den Schneckenstegen und dem Gehäuse die Beziehungen

$$M = \frac{N}{\omega} \approx M_0 + \frac{\pi D^3 L \omega \mu}{4s} \left\{\left(1 - \frac{\Delta h_G}{h_G}\right)\left[1 + \frac{\Delta P}{\mu\omega} \frac{s^2}{LD} \sin \alpha \cos \alpha\right] + \right.$$
$$\left. + \frac{\Delta h_G}{h_G} \frac{s}{\delta} + \frac{\Delta P}{\mu\omega} \frac{2s^2}{LD} \sin \alpha \cos \alpha\right\}. \quad (4.78\,\text{a, b})$$

Die Gln. (4.77), (4.78a, b) berücksichtigen nicht, daß sich die Flüssigkeit durch die Reibung (insbesondere zwischen den Stegen und dem Gehäuse) erwärmt und daß damit normalerweise eine Viskositätsabnahme verbunden ist. Dieser Effekt wirkt sich auf den Durchsatz und den Druckaufbau meist nur wenig aus, wogegen Gl. (4.78a, b) zu hohe Werte für die Antriebsleistung bzw. das Antriebsmoment liefert. Bei manchen Substanzen (z. B. Pasten mit wachsähnlicher Konsistenz) sinkt die Viskosität der wandnahen Schicht infolge der Erwärmung so stark ab, daß ein „Schmierfilm" entsteht und das Produkt mit der Schnecke wie ein starrer Körper mitrotiert, also die Förderung aufhört. Solche Stoffe lassen sich mit zweiwelligen Schnecken fördern, vgl. die Abschnitte 4.423 und 5.323 (S. 164 bzw. S. 202 ff.).

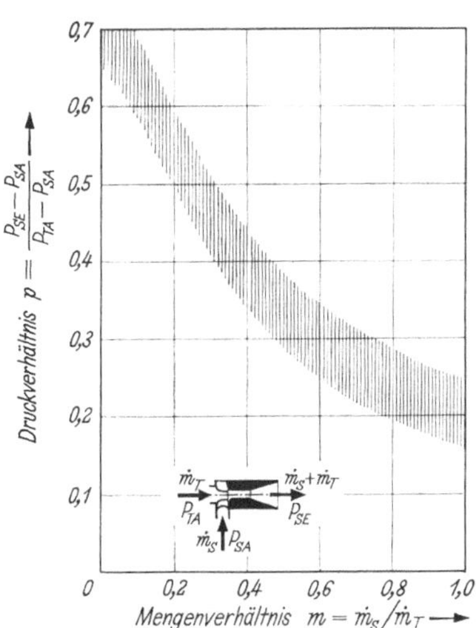

Abb. 4.62. Treibwasserbedarf von Wasserstrahlpumpen.

4.434 Strahlpumpen. Wasserstrahlpumpen (mit Wasser als Treibmedium) dienen zum Fördern verschiedener, chemisch aggressiver oder abrasiver Flüssigkeiten bzw. Schlämme bis zu etwa $\dot{V} \leqq 50$ m³/h und $\Delta P \leqq 7$ at sowie als Tiefsaugvorrichtungen (bis 10 m³/h) in Brunnen.

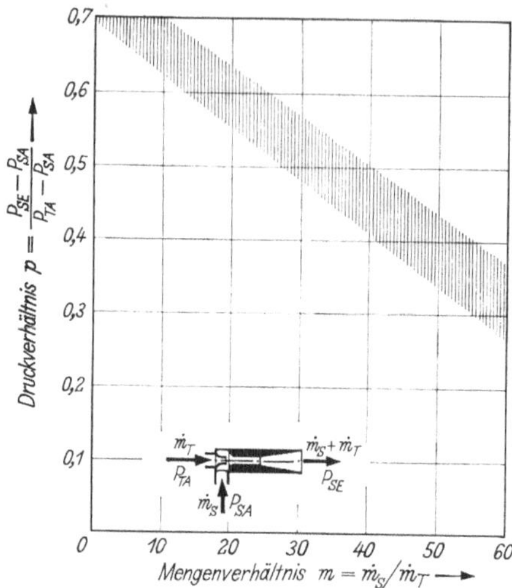

Abb. 4.63. Dampfbedarf von Dampfstrahlpumpen.

Dampfstrahlpumpen mit Niederdruckdampf als Treibmittel eignen sich etwa für den gleichen Einsatzbereich wie Wasserstrahlpumpen. Mit Hochdruckdampf betriebene Strahlpumpen kann man als billige und vom Stromnetz unabhängige, allerdings unwirtschaftliche Kesselspeisepumpen (Reserveaggregate) verwenden, da infolge der Dampfkondensation der erreichbare Enddruck über dem Anfangsdruck des Treibdampfs liegt.

Die Strahlpumpen entsprechen in Aufbau, Wirkungsweise und Betriebsverhalten weitgehend den Strahlgebläsen und Vakuumpumpen gemäß Abschnitt 4.333 (S. 150 ff.). Sie können auch als Vakuumpumpen Luft bzw. Gase fördern, sind also selbstansaugend. Den Treibmittelbedarf kann man mit für die Verfahrensprojektierung im allgemeinen ausreichender Genauigkeit aus den Abb. 4.62 (für Wasserstrahlpumpen) bzw. 4.63 (für Dampfstrahlpumpen) entnehmen.

4.44 Andere Pumpen

Neben den in den letzten Abschnitten näher beschriebenen Pumpen mit statischer bzw. dynamischer Arbeitsweise gibt es noch zahlreiche andere Bauarten, deren Beschreibung den Rahmen der vorliegenden Übersicht sprengen würde (Induktionspumpen, Flüssigkeitsheber, Mammutpumpen, Schrägscheibenpumpen, hydraulische Widder, Kettenpumpen usw.). Diesbezüglich sei auf das einschlägige Schrifttum verwiesen [4.47—4.58, 9.23.8, 9.32.1, 9.32.4].

4.5 Fördereinrichtungen für Feststoffe

Feststoffe kann man portionsweise oder kontinuierlich transportieren. Oft lassen sie sich auch mit Wasser oder Luft hydraulisch bzw. pneumatisch fördern.

4.51 Einrichtungen zum portionsweisen Feststofftransport

Große und sperrige Stückgüter fördert man einzeln, Kleinteile portionsweise in Transportbehältern (z. B. Kisten, Schachteln, Paletten). Auch bei Gasen, Flüssigkeiten und Schüttgütern erweist sich der portionsweise Transport (z. B. in Gasflaschen, Fässern, Säcken, stapelfähigen Paletten) als zweckmäßig bei kleinen Stoffmengen (Arzneimittel), zeitlich stark schwankendem, unregelmäßigen Gutsanfall (Müll, Abfälle) sowie häufig wechselnden Produkten oder Förderwegen.

4.511 Transportfahrzeuge. *Schmalspurbahnen* (Spurweiten 1 m, 0,75 m oder 0,60 m) können sowohl schwere Einzelstücke als auch Massengüter über größere Entfernungen mit verhältnismäßig geringem Leistungsaufwand portionsweise fördern. Bei ausgebautem Werkstraßennetz zieht man heute die anpassungsfähigeren, gleislosen *Flurfördergeräte* vor, vgl. dazu DIN 4902 und DIN 4903. Neben den auch dem öffentlichen Verkehr dienenden *Lastkraftwagen* benützt man im ganzen Werksgelände und in Lagerhallen gummibereifte Transportgeräte mit elektrischem oder Verbrennungsmotor-Antrieb und evtl. Einrichtungen zum Aufnehmen und Absetzen der Last (*Elektrokarren, Plattformhubwagen, Gabelstabler, Behältertransportfahrzeuge*). Die Abb. 4.64 zeigt als Ausführungsbeispiel einen Elektro-Gabelstapler. Zum Transportieren kleiner Lasten über kurze, ebene Strecken (z. B. innerhalb von Bodenspeichern) verwen-

Abb. 4.64. Elektro-Gabelstapler, Tragfähigkeit 2000 kg (Fa. Steinbock/Moosburg).

det man *Handkarren, handbediente Hubwagen, Stapler, Sack-* und *Kistenkarren* usw. Die Zug- bzw. Schubkraft eines Manns beträgt etwa 30 bis 50 kp, so daß er bei einem Rollreibungsbeiwert von 0,1 Handwagen mit einem Gesamtgewicht von 300 bis 500 kp auf ebenem Boden horizontal fortbewegen kann [*9.32.4*].

4.512 Hängebahnen. Die Lastaufnahmegeräte (Wagen, Förderkörbe) von Hängebahnen hängen an Schienen oder Seilen mehr oder weniger hoch über dem Boden. Hängebahnen sind daher unabhängig von den Geländeverhältnissen und vom flurgleichen Verkehr; sie erlauben bei stets gleichbleibendem Transportweg einen vom sonstigen Verkehr unbeeinflußten Gütertransport. Die Schienen von *Schienenhängebahnen* sind meist am Ober- oder Untergurt von I-Profilen angebracht und in starren

Tragkonstruktionen aufgehängt. Es lassen sich sehr kleine Krümmungs-radien (2 bis 3 m) und mit Hilfe von Weichen auch verzweigte Schienen-netze ausführen. Der Antrieb erfolgt bei gleichbleibendem Förderweg und Umlaufbetrieb (Kreisförderer) über ein allen Wagen gemeinsames, umlaufendes Zugseil (Fahrgeschwindigkeit 0,75 bis 1,5 m/s), bei ver-zweigten Förderstrecken für jeden Wagen einzeln (Fahrgeschwindig-keiten 1 bis 1,5 m/s, Steigungen bis etwa 5%). *Drahtseilbahnen* zeichnen sich durch besonders niedrige Anlage- und Betriebskosten aus, eignen sich aber (wegen der hohen, zum Spannen des Tragseils nötigen Kräfte) nur für mäßige Einzellasten bis etwa 4 t. Horizontale Richtungsände-rungen machen aufwendige Winkelstationen erforderlich. Drahtseil-bahnen „deutscher Bauart" (Zweiseilbahnen) haben ein Tragseil als Lauffläche und ein Zugseil zum Antrieb der Wagen, bei der „englischen Bauart" (Einseilbahnen) dient das Tragseil gleichzeitig als Zugseil.

4.513 Lastenaufzüge. Lastenaufzüge ermöglichen den portionsweisen Gütertransport in Lagerhäusern, mehrgeschossigen Fabrikationsanlagen, Bergwerken usw. Sie bestehen im wesentlichen aus einer Aufzugwinde mit Trommel oder Treibscheibe, die das Fördergerät (Fahrkorb, Mulde, Plattform) über Seile oder Ketten in einem Führungsgerüst — in Gebäuden normalerweise in einem eigenen Aufzugsschacht — auf und ab bewegt. Zum Vermindern der Hubarbeit und der Bremsbelastung ist das Gewicht des Fördergeräts meist durch ein damit über ein Seil und eine Umlenkrolle verbundenes Belastungsgewicht oder ein zweites Förder-gerät (Pendelbetrieb) ausgeglichen. Für Personen und Lasten sieht man üblicherweise getrennte Aufzüge vor. Es sei noch darauf hingewiesen, daß die Einrichtung und der Betrieb von Aufzügen mit Hubhöhen über 2 m und Tragfähigkeiten über 20 kg behördlichen Vorschriften unterliegt.

4.514 Krane. Krane dienen zum Be- und Entladen von Schiffen, Eisenbahnwagen, Lastkraftwagen und sonstigen Fahrzeugen, zum Ein- und Ausspeichern der Produkte auf Lagerplätzen, in Lagerhallen usw. sowie zum Bewegen schwerer Bauteile, Apparate und Maschinen bei Bau-, Montage- und Reparaturarbeiten.

Für Verladearbeiten zwischen Schiffen, Eisenbahnen und Gebäude-speichern oder Freilagern setzt man vorzugsweise *Portalkrane* und *Ver-ladebrücken* ein. Für Lagerplätze eignen sich besonders Verladebrücken, fahrbare *Säulendrehkrane* und (bei sehr großer Spannweite) *Kabel-krane.* Kleinere *Wanddrehkrane* verwendet man zum Verladen bei Last-kraftwagen und Eisenbahnwagen. Bei Bau-, Montage- und Reparatur-arbeiten setzt man im Freien *Derrick-Krane,* fahrbare *Turmdrehkrane* und auf Kraftfahrzeugen oder Raupenfahrzeugen montierte *Dreh-* oder *Wipp-Krane* ein; in Gebäuden sind in Hallen-Längsrichtung fahrbare *Kranbrücken* mit quer dazu verfahrbaren Laufkatzen üblich.

Die Lastaufnahmegeräte paßt man dem jeweiligen Einsatzzweck an. Kompakte Stückgüter befestigt man unmittelbar am Kranhaken, bei sperrigen Lasten schaltet man einen Tragbalken oder ein Pratzengehänge dazwischen. Für Kisten, Fässer, Ballen, Säcke usw. verwendet man klauen- oder zangenartige Lastaufnehmer sowie Ladeplattformen. Eisen- und Stahlerzeugnisse lassen sich mit Hilfe von Lasthebemagneten verladen. Bei Schüttgütern setzt man Kippkübel, Kippmulden, Klappkübel und Greifer ein.

4.52 Einrichtungen zum kontinuierlichen Feststofftransport

Massengüter fördert man bei gleichmäßigem Produktanfall und gleichbleibendem Förderweg meist kontinuierlich mit Stetigförderern.

4.521 Schwingförderer. Mit Schwingförderern (vgl. dazu Abb. 3.9 d) lassen sich trockene, nicht klebende, körnige Schüttgüter — auch stark schleißende, chemisch aggressive und heiße Produkte sowie luftempfindliche Substanzen — horizontal oder schräg fördern. Bei Feinstäuben ($k <$ etwa 0,06 mm) kann sich zwischen der Förderrinne und dem Gut infolge dessen geringer Luftdurchlässigkeit ein dämpfendes Luftpolster bilden und die Förderung behindern. Schwingförderer erreichen Durchsätze bis etwa 300 m³/h, als Bunkerentnahme-Einrichtungen sogar Abzugsleistungen bis 4000 t/h [4.59]. Der zulässige Neigungswinkel gegen die Horizontale ist durch den Böschungswinkel bzw. den Wandreibungswinkel des zu fördernden Guts begrenzt. Hinsichtlich der Förderrinnen- bzw. Förderrohr-Aufhängung und des Antriebs gleichen Schwingförderer weitgehend den in Abschnitt 6.411 (S. 246 ff.) beschriebenen Schwingsieben, vgl. auch [4.59, 4.60].

Das Verhalten eines Schwingförderers läßt sich mit Hilfe der Beschleunigungskennzahl $K = A\,\omega^2/g$ kennzeichnen (A Schwingungsamplitude, ω Kreisfrequenz der Schwingung, g Erdbeschleunigung). Die Amplitude A ist bei Schwingförderern mit starr angekuppeltem Schubkurbelantrieb nur von dessen Geometrie, aber nicht von der Rinne selbst und von der Belastung abhängig; bei elektrodynamischen Schwingförderern kann man sie nach den im Schrifttum angegebenen Formeln berechnen [4.59, 4.60]. Damit sich das Fördergut von der Rinne abhebt, also weitergeworfen wird, muß bei harmonischen, linearen Schwingungen

$$K \equiv \frac{A\,\omega^2}{g} > \frac{\cos\alpha}{\sin(\beta - \alpha)} \tag{4.79a}$$

sein; in dem Bereich

$$\frac{\cos\alpha}{\sin(\beta - \alpha)} > K > \frac{\sin\alpha + \mu_w\cos\alpha}{\cos(\beta - \alpha) + \mu_w\sin(\beta - \alpha)} \tag{4,79 b, c}$$

bewegt es sich gleitend weiter. α und β sind die Winkel zwischen der
Förder- bzw. der Schwingungsrichtung und der Horizontalen ($\alpha < \beta$
$< 90°$; Horizontalförderung: $\alpha = 0$), μ_w ist der Wandreibungsbeiwert
des Guts. Die Beschleunigungskennzahl (auch „Maschinenkennziffer"
genannt) bestimmt die dynamische Beanspruchung des Schwingförderers;
sie liegt meist zwischen 4 und 6. Die mittlere Gutsgeschwindigkeit ist bei
Wurfförderung nach K. H. WEHMEIER [4.59]

$$w_m = C_1 \pi g \frac{n^2}{\omega} \cot \beta. \tag{4.80}$$

$n = \omega \, \Delta t / 2\pi$ gibt den von der „Wurfkennzahl" $K \sin \beta$ abhängigen
Anteil der Wurfzeit Δt an der ganzen Schwingungsdauer $2\pi/\omega$ an,
Abb. 4.65. Den Anstellwinkel β wählt man meist zwischen 20 und 30°.

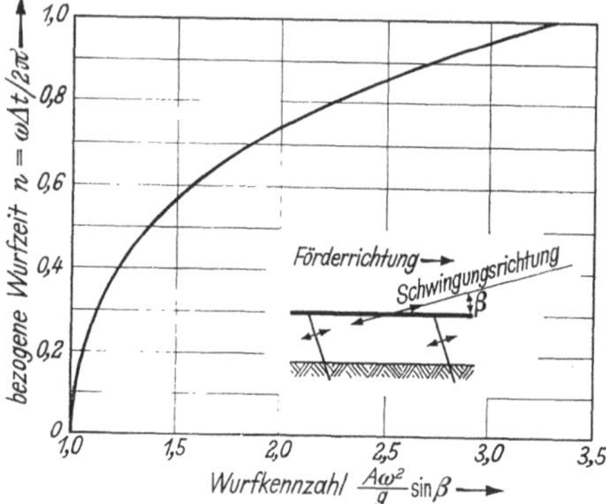

Abb. 4.65. Anteil der Wurfzeit Δt an der Schwingungsdauer $2\pi/\omega$ eines Schwingförderers in Abhängigkeit von der Wurfkennzahl $K \sin \beta$.

Große Winkel führen auf große Wurfkennzahlen $K \sin \beta$. Um bei stark schleißenden Produkten (Koks, Zementklinker) die Rinne zu schonen, strebt man $n \approx 1$, also (gemäß Abb. 4.65) $K \sin \beta = 3$ bis 3,3 an; empfindliche Güter (Tabletten) fördert man mit $K \sin \beta = 1$ bis 2. Für den Faktor C_1 kann man bei horizontaler Förderung ($\alpha = 0$) und grobkörnigen ($k \geqq 1$ mm), spezifisch schweren Schüttgütern $C_1 = 0,85$ bis 1,0 in Rechnung stellen, bei spezifisch leichten Substanzen gilt etwa $C_1 = 0,75$ bis 0,9. Bei Abwärtsförderung wächst C_1 sehr schnell und erreicht für $\alpha = -5°$, $-10°$, $-15°$ etwa um 10, 40 bzw. 100% größere Werte als für $\alpha = 0°$. Die Antriebsleistung hängt vor allem von der Verlustleistung zum Decken der mechanischen Verluste des Antriebs und des schwingenden Systems ab; die Nutzleistung ist im allgemeinen sehr gering.

4.522 Band- und Kettenförderer, Becherwerke. *Bandförderer* eignen sich bei horizontalem oder wenig geneigtem Förderweg zum Transportieren der meisten Stück- und Schüttgüter über praktisch beliebige Strecken innerhalb eines Werks [4.61]. Sie bestehen aus einem zwischen zwei Umlenktrommeln umlaufenden und in geringen Abständen (bei Stückgütern kleiner als die halbe Stückgutlänge, bei Schüttgütern meist zwischen 0,8 und 3 m, im Aufgabebereich so klein wie möglich) von

Tragrollen unterstützten, endlosen Förderband, dessen Obertrum das Fördergut trägt, während das Untertrum leer zurückläuft, vgl. dazu Abb. 3.9a. Der Antrieb erfolgt über eine oder beide Umlenktrommeln. Führungsrollen oder schräg zur Bandlängsachse einstellbare Tragrollen verhindern ein seitliches Auswandern des Bands. Spanneinrichtungen (Spindeln, Federn, Gewichte) ermöglichen ein Nachspannen bis etwa 2% der Bandlänge. Zur Gutsaufgabe auf das Obertrum dienen Rutschen, Rollenbahnen oder einfache Bunkerauslauföffnungen, wobei man zum Schonen des Bands im Aufgabebereich Fingerroste (bei grobem Gestein oder Erz), Polsterrollentische, Prallbänder (bei aus größerer Höhe aufprallenden Brocken) oder kurze Beschleunigungsbänder (bei schnelllaufenden, langen Förderbändern) vorsehen kann. Abstreifer ermöglichen eine Abnahme des Guts nach der Seite, üblicherweise wirft das Band jedoch beim Überlaufen der Endumlenktrommel Schüttgüter in einen Fallschacht oder auf eine Rutsche; Stückgüter schiebt es auf einen Entnahmetisch oder auf eine anschließende Rollenbahn. Zum Reinigen des leer zurücklaufenden Untertrums dienen feste oder rotierende Abstreifer, Schraubenrollen, Wasser- oder Luftstrahlreiniger.

Für Stückgüter und nicht schleißende oder klebende Schüttgüter bis etwa 100°C verwendet man 200 bis 3000 mm breite Förderbänder aus Gummi oder Kunststoff mit Gewebe- oder Stahleinlagen. Zum Stückguttransport eignen sich nur flache Bänder; bei Schüttgütern läßt sich die Förderleistung durch Muldentragrollen steigern, welche die Seitenteile des Obertrums um etwa 20 bis 45° gegenüber der Horizontalen hochbiegen. Für feuchte, klebrige, harte, scharfkantige und heiße Güter eignen sich Stahlbänder (Bandbreiten 300 bis 800 mm) und für nicht klebende, nasse oder heiße Stoffe Drahtglieder-, Drahtgeflecht- sowie Drahtgewebebänder (Bandbreiten bis 4 m). Plattenbänder aus einzelnen, durch Rollen abgestützten, plattenförmigen Gliedern setzt man zum Fördern besonders schwerer, grobstückiger, harter, schleißender und heißer Massengüter ein. Mit glatten Bändern kann man Steigungen bis etwa 15° ausführen; Steilförderbänder sowie Plattenbänder mit kastenförmigen Gliedern (Kastenbänder) erreichen 45°, Sonderausführungen mit synchron mitlaufendem Deckband [4.61] bis zu 80°.

Die Bandgeschwindigkeiten liegen bei Gummigurten für Lesebänder (zum manuellen Auslesen irgendwelcher Teile) zwischen 0,2 und 1 m/s, bei Stückgutbändern zwischen 1 und 1,5 m/s und bei Schüttgutbändern zwischen 0,5 und 15 m/s (meist 1,5 bis 3 m/s bei höheren Bandgeschwindigkeiten muß man an den Abwurfstellen Prallschürzen aus Stahl oder Gummi anbringen!). Draht- und Plattenbänder laufen meist mit 1 bis 2 m/s.

Der Volumdurchsatz $\dot{V}$ eines Förderbands für den Schüttguttransport ergibt sich mit w als Bandgeschwindigkeit und B als ausnützbarer Bandbreite (Bandbreite minus etwa 6 cm) zu

$$\dot{V} = (0{,}05 \text{ bis } 0{,}10)\, w B^2 k_B; \qquad (4.81)$$

der kleinere Wert gilt für Flachbänder, der größere für 30°-Mulden-
bänder. Der Neigungsfaktor k_B berücksichtigt die Längsbewegung des
Guts auf geneigten Bändern, Abb. 4.66. Für den Leistungsbedarf großer,
horizontaler Bandförderer kann man bei voller Auslastung etwa 0,1 Watt

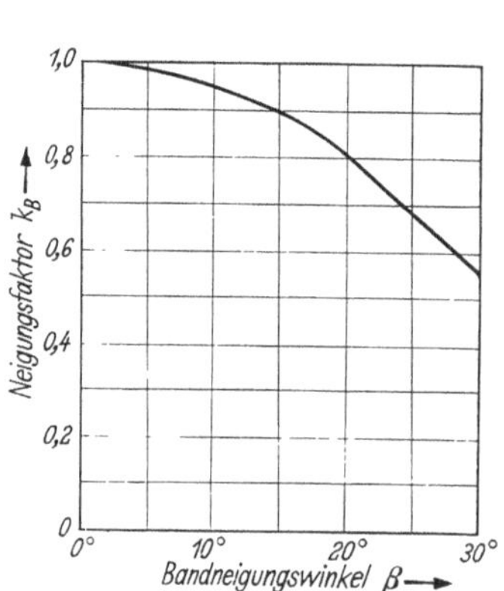

Abb. 4.66. Neigungsfaktor k_B in Abhängigkeit vom Bandneigungswinkel β
im Bereich der Gutsaufgabe (nach Unterlagen der Fa. Humboldt/Köln).

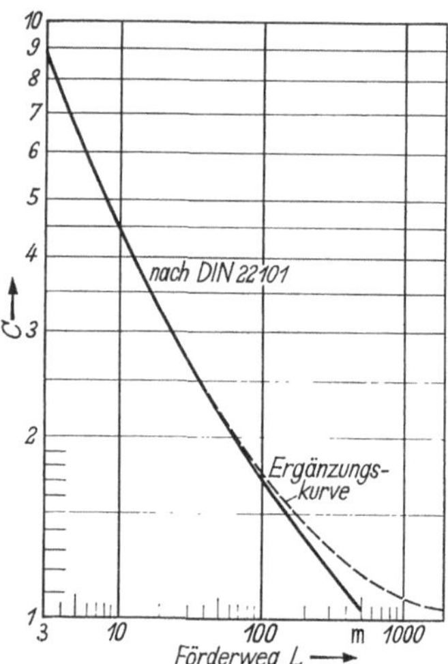

Abb. 4.67. Faktor C zum Berechnen
des Leistungsbedarfs von Gurtförde-
rern (nach DIN 22101 bzw. Unterlagen der Fa. Humboldt/Köln).

je Tonne pro Stunde Massendurchsatz und je Meter Förderweg als
Richtwert annehmen. Für genauere Rechnungen gilt

$$N_{\text{ges}} = \frac{1}{\eta_{\text{Motor}}} \, (C f G_B w + \gamma \dot{V} \Delta H) \qquad (4.82)$$

mit η_{Motor} als Wirkungsgrad des Antriebsmotors, G_B als Gewicht des
Bands einschließlich drehender Teile und Fördergut, ΔH als Höhenunterschied zwischen Abwurf- und Aufgabestelle, γ als Wichte des
Förderguts, $f \approx 0{,}02$ als Reibungsbeiwert und C als förderwegab-
hängigem Faktor gemäß Abb. 4.67.

Trogkettenförderer (*Redler*) bestehen aus einem geschlossenen Trog,
in dem endlose Laschenketten mit Mitnehmern mit einer Geschwindigkeit zwischen 0,1 und 0,5 m/s umlaufen; das Untertrum gleitet am
Trogboden und nimmt das (durch das Obertrum durchfallende) Gut in
hoher Schicht bis zur Entnahmestelle (Schieber oder Klappe im Trog-

boden) mit, das Obertrum läuft leer zwischen Führungsleisten zurück, vgl. dazu Abb. 3.9b. Redler eignen sich als Bunkerentnahme-, Verteil- und Dosiervorrichtungen für grob- und feinkörnige Schüttgüter, feuchte, schleißende und heiße Stoffe. Sie lassen sich staubdicht kapseln und bewältigen Steigungen bis etwa 50°. Für kleine Fördermengen kann man auch *Kettenförderer* mit nur einer endlosen Kette einsetzen, deren Mitnehmer (Schlepper, Kratzer) das Gut wie beim Redler in einer Rinne bis zur Entnahmeöffnung weiterschieben. Kettenförderer mit getrennten Schächten für das Fördertrum und das Leertrum sowie den ganzen Schachtquerschnitt ausfüllenden Mitnehmern ermöglichen auch Steil- und Senkrechtförderung von Schüttgütern.

Becherwerke dienen zum steilen Schräg- und zum vertikalen Aufwärtsfördern von Schüttgütern. Endlose, mit Bechern besetzte Bänder oder Ketten laufen zwischen zwei Umlenktrommeln mit einer Geschwindigkeit von 0,5 bis 1,2 m/s um. Bei feinkörnigen Schüttgütern schaufeln sie sich im Bereich der unteren Umlenktrommeln voll, bei grobstückigen Produkten werden sie über eine Aufgabeschurre gefüllt; beim Überlaufen der oberen Umlenktrommel entleeren sie sich durch Auskippen. *Gurttaschenförderer* sind mit einem endlosen Gummiband anstelle der einzelnen Becher ausgestattet, das in Falten gelegt ist und dadurch becherförmige Taschen bildet. *Pendelbecherwerke* mit Kippanschlägen zum Entleeren eignen sich zum Fördern in beliebiger Raumrichtung [*9.32.4*].

4.523 Förderschnecken. Förderschnecken setzt man zum Fördern feinstückiger und staubförmiger, trockener Schüttgüter bis etwa 100 °C bei horizontalem oder bis etwa 45° geneigtem Förderweg und Entfernungen bis zu 40 m ein. Vollschnecken wirken bei feinkörnigen Produkten gleichzeitig als Schleuse und ermöglichen daher ohne nennenswerte Gas-Leckströmung einen Feststofftransport zwischen Räumen verschiedenen Drucks (Feststoffaufgabe bei pneumatischen Förderanlagen, Entleeren und Beschicken von Überdruck- oder Vakuumapparaten ohne Betriebsunterbrechung usw.).

In einem geschlossenen Rohr oder einem Trog mit abnehmbarem Deckel rotiert eine Welle mit einer Blechwendel; sie schiebt das Fördergut bei jeder Umdrehung um die Ganghöhe weiter, vgl. dazu Abb. 3.9c. Bandschnecken aus einem von Einzelstegen getragenen Band längs des Umfangs (Bandbreite höchstens 25% des Schneckendurchmessers) neigen weniger zum Verstopfen als Vollschnecken, eignen sich aber nicht als Schleusen. Bei Vollschnecken läßt sich die Verstopfungsgefahr vermindern, indem man die Ganghöhe im Förderbereich etwa 1,5- bis 2mal größer als im Aufgabebereich wählt. Lange Schnecken benötigen alle 2 bis 4 m ein Zwischenlager (meist ungeschmierte PTFÄ- oder Graphitlager).

Die Umfangsgeschwindigkeit $R\omega$ liegt meist zwischen 0,6 und 1,5 m/s, die Ganghöhe S ist im Förderbereich üblicherweise $S = (1,5\ \text{bis}\ 2)\ R$ (R Schneckenradius, ω Winkelgeschwindigkeit). Der Volumdurchsatz $\dot{V}$ des Schüttguts ergibt sich zu

$$\dot{V} = (0,1\ \text{bis}\ 0,2)\ R^2 S\omega, \tag{4.83}$$

und für die Antriebsleistung N_{ges} gilt mit L als Schneckenlänge, η_{ges} als Wirkungsgrad, ϱ_s als Schüttdichte des Guts sowie g als Erdbeschleunigung

$$N_{\text{ges}} = \frac{k_N}{\eta_{\text{ges}}}\,\varrho_s g L \dot{V} = \frac{(0,1\ \text{bis}\ 0,2)\,k_N}{\eta_{\text{ges}}}\,\varrho_s g L R^2 S\omega. \tag{4.84a, b}$$

Der Leistungsbeiwert k_N liegt meist zwischen 2 (Kohlenstaub) und 3,5 (Sand, Kies).

4.524 Andere mechanische Transporteinrichtungen. *Rollen-* und *Röllchenbahnen* eignen sich zum horizontalen Stückguttransport. Bei Bahnneigungen zwischen 2 und 5% bewegen sich die Güter unter dem Einfluß ihres Gewichts ohne zusätzlichen Antrieb abwärts. Es lassen sich Kurven und mit Hilfe von Weichen auch Verzweigungen ausführen. *Rutschen, Rinnen, Schurren, Fallrohre* und *Wendelrutschen* dienen zum Abwärtsfördern verschiedener Schüttgüter in Lagerhäusern, Bergwerken usw. Ihr Neigungswinkel muß den Wandreibungswinkel des Förderguts überschreiten. Übliche Werte sind 25 bis 30° bei Säcken, 30 bis 35° bei Getreide, 45° bei Erz und Kies sowie 60 bis 80° bei staubförmigen Produkten. Für rieselfähige, nicht klebende und nicht schießende Schüttgüter eignen sich bei kleinen, horizontalen oder nur wenig geneigten Wegen auch *Förderrohre*. Diese bestehen aus einem um seine Achse rotierenden, auf einer Seite mit dem Fördergut beschickten Rohr ohne Einbauten oder mit einer Blechwendel [*4.63, 4.64, 9.32.4*].

4.53 Pneumatischer und hydraulischer Feststofftransport

Schüttgüter kann man auch mit Hilfe eines Gases (meist Luft) pneumatisch oder einer Flüssigkeit (meist Wasser) hydraulisch fördern, wenn das Transportmedium sie nicht schädigt und sich am Ende der Förderstrecke leicht abtrennen läßt. Bei feinkörnigen Produkten (Kohlenstaub, Getreide) bevorzugt man pneumatische, bei grobkörnigen Stoffen (Stückkohle) hydraulische Förderanlagen [*4.21—4.33, 4.65—4.67*]. Diese bestehen im wesentlichen aus einer Feststoff-Aufgabevorrichtung, einem Kanal, einem Feststoffabscheider und einem Gebläse bzw. einer Pumpe für das Treibmedium. Die Kanalführung ist von der Bauart aller übrigen Anlagenteile weitgehend unabhängig und läßt sich daher wie bei Gas- oder Flüssigkeitsförderung an die Gesamtanordnung einer verfahrenstechnischen Anlage anpassen. Die Strömungsvorgänge in den Kanälen lassen sich nach Abschnitt 4.2 (S. 132 ff. bzw. S. 136 ff.) berechnen. Die Feststoff-Aufgabevorrichtung dient zum Einschleusen des Schüttguts und zum Vermischen mit dem fluiden Transportmedium. Verschiedene Ausführungsmöglichkeiten gehen aus Abschnitt 5.5 (S. 235 ff. bzw. S. 240 ff.) hervor. Die Feststoffabscheider zum Trennen des Fördergut/Gas- bzw. Fördergut/Flüssigkeits-Gemischs sind in Abschnitt 6.5 (S. 262 ff.) besprochen, und bezüglich der Gebläse und Pumpen sei auf die Abschnitte 4.3 (S. 138 ff.) bzw. 4.4 (S. 156 ff.) verwiesen.

Man unterscheidet die Flugförderung, die Schubförderung und die Wirbelschicht-Förderung. Bei der am meisten angewandten und hinsichtlich der Kanalführung völlig freizügigen Flugförderung führt das Transportmedium die einzelnen Feststoffteilchen einzeln oder in „Gutswolken" mit sich, bei der Schubförderung schiebt es das Schüttgut in dichter Packung durch die Leitung (kleinerer Durchsatz, aber höherer Druckabfall des Transportmediums; vgl. [4.67]). Die Wirbelschichtförderung nützt das flüssigkeitsähnliche Verhalten von Feststoff/Gasbzw. Feststoff/Flüssigkeits-Wirbelschichten aus: Durch poröse Bodenplatten, Siebe oder dgl. führt man dem Produkt so viel Gas bzw. Flüssigkeit zu, daß eine Wirbelschicht entsteht, die in geneigten Rinnen wie eine Flüssigkeit herabfließt. Diese Förderart setzt also ein natürliches Gefälle (etwa $\geqq 4\%$) voraus, ermöglicht aber im übrigen beliebige Richtungs- und Neigungsänderungen. Pneumatische Förderrinnen erreichen Durchsätze bis 400 m³/h; sie benötigen meist weniger Energie als mechanische Fördereinrichtungen gleicher Förderleistung.

4.6 Schrifttum zu Kapitel 4

[4.1]　MÜLLER, K. G.: Vakuumtechnische Berechnungsgrundlagen, Weinheim: Verlag Chemie 1961.

[4.2]　HEINZE, W.: Einführung in die Vakuumtechnik. Bd. I: Die physikalischen Grundlagen der Vakuumtechnik. Berlin: VEB Verlag Technik 1955.

[4.3]　NIPPERT, H.: Über den Strömungsverlust in gekrümmten Kanälen. VDI-Forschungsheft 320 (1929).

[4.4]　SPALDING, W.: Versuche über den Strömungsverlust in gekrümmten Leitungen. Z. VDI 77 (1933) 143—148.

[4.5]　KIRCHBACH, H.: Der Energieverlust in Kniestücken. Mitt. d. Hydraul. Inst. d. T. H. München 3 (1929) 68.

[4.6]　SCHUBART, W.: Der Energieverlust in Kniestücken bei glatter und rauher Wandung. Mitt. d. Hydraul. Inst. d. T. H. München 3 (1929) 121.

[4.7]　RICHTER, H.: Der Druckabfall in gekrümmten glatten Rohrleitungen. VDI-Forschungsheft 338 (1930).

[4.8]　KRÖBER, G.: Schaufelgitter zur Umlenkung von Flüssigkeitsströmungen mit geringem Energieverlust. Ing.-Arch. 3 (1932) 516.

[4.9]　PETERMANN, F.: Der Verlust in schiefwinkligen Rohrverzweigungen. Mitt. d. Hydraul. Inst. d. T. H. München 3 (1929) 98.

[*4.10*] KINNE, E.: Beiträge zur Kenntnis der hydraulischen Verluste in Abzweigstücken. Mitt. d. Hydraul. Inst. d. T.H. München 4 (1931) 70.

[*4.11*] VDI-Durchflußmeßregeln DIN 1952, 6. Ausgabe, Düsseldorf: VDI-Verlag 1948.

[*4.12*] GROOTENHUIS, P.: A correlation of the resistance to air flow of wire gauzes. Proc. Instn. mech. Engrs. 168 (1954) 837—846.

[*4.13*] SCHICHT, H. H.: Zweiphasenströmungen in Rohrleitungen. Chemie-Ing.-Technik 37 (1965) 245—250.

[*4.14*] LOCKHART, R. W., u. R. C. MARTINELLI: Proposed Correlation of Data for Isothermal Two-Phase, Two-Component Flow in Pipes. Chem. Engng. Progr. 45 (1949) 39.

[*4.15*] PFLEIDERER, C.: Überschallströmungen von hoher Machzahl bei kleinen Strömungsgeschwindigkeiten. Z. VDI 99 (1957) 1535—1536.

[*4.16*] EINSTEIN, A.: Eine neue Bestimmung der Moleküldimensionen. Ann. Phys., 4. Folge, Bd. 19, S. 289—306; Bd. 34, S. 591.

[*4.17*] SIEMES, W.: Die Aufstiegsgeschwindigkeit einzelner Kolbenblasen in senkrechten flüssigkeitsgefüllten Rohren (Referat einer Arbeit von E. T. WHITE u. R. H. BEADMORE: Chem. Engng. Sci. 17 (1962) 351—361). Chemie-Ing.-Technik 35 (1963) 248.

[*4.18*] FRIEDRICH, W.: Gerät zur Messung der spezifischen Oberfläche empfindlicher Güter. Chemie-Ing.-Technik 29 (1957) 104—107.

[*4.19*] SCHYTIL, F.: Wirbelschichttechnik, Berlin/Göttingen/Heidelberg: Springer 1961.

[*4.20*] BERÁNEK, J., D. SOKOL u. G. WINTERSTEIN: Wirbelschichttechnik, Leipzig: VEB Deutscher Verlag für Grundstoffindustrie 1964.

[*4.21*] BARTH, W.: Strömungstechnische Probleme der Verfahrenstechnik. Chemie-Ing.-Technik 26 (1954) 29—34.

[*4.22*] WEIDNER, G.: Grundsätzliche Untersuchung über den pneumatischen Fördervorgang, insbesondere über die Verhältnisse bei Beschleunigung und Umlenkung. Diss. T.H. Karlsruhe 1954; Forschung 21 (1955) Nr. 5, S. 145—153.

[*4.23*] ADAM, O.: Feststoffbeladene Luftströmung hoher Geschwindigkeit. Chemie-Ing.-Technik 29 (1957) 151—159.

[*4.24*] BARTH, W.: Strömungsvorgänge beim Transport von Festteilchen und Flüssigkeitsteilchen in Gasen mit besonderer Berücksichtigung der Vorgänge bei pneumatischer Förderung. Chemie-Ing.-Technik 30 (1958) 171—180.

[*4.25*] JUNG, R.: Der Druckabfall im Einlaufgebiet pneumatischer Förderanlagen. Forsch.-Ing.-Wesen 24 (1958) 50—58.

[*4.26*] BARTH, W.: Absetzung, Transport und Wiederaufwirbelung von staubförmigem Gut im Luftstrom. Chemie-Ing.-Technik 35 (1963) 209—214.

[*4.27*] SCHLAUG, H.: Die stationäre Rohrströmung feststoffbeladener Gase mit Über- und Unterschallgeschwindigkeit. Z. VDI, Fortschritt-Bericht Reihe 3, Nr. 1 (1964); Z. VDI 106 (1964) 627—628.

[*4.28*] BOHNET, M.: Das Absetzen, Aufwirbeln und der Transport feiner Staubteilchen in pneumatischen Leitungen. VDI-Forschungsheft 507. Düsseldorf: VDI-Verlag 1965.

[*4.29*] KRIEGEL, E., u. H. BRAUER: Gesetzmäßigkeiten beim hydraulischen Transport körniger Feststoffe in Rohrleitungen. Chemie-Ing.-Technik 37 (1965) 264—265.

[*4.30*] BRAUER, H., u. E. KRIEGEL: Verschleiß von Rohrkrümmern beim pneumatischen und hydraulischen Feststofftransport. Chemie-Ing.-Technik 37 (1965) 265—276.

[4.31] WELSCHOF, G.: Pneumatische Förderung bei großen Fördergutkonzentrationen. VDI-Forschungsheft 492. Düsseldorf: VDI-Verlag 1962.

[4.32] SHARP, A. N.: Coal by pipeline. Coke and Gas 23 (1961) Nr. 267, S. 336—338.

[4.33] JOGWICH, A.: Das Fließverhalten von Suspensionen im turbulenten Bereich. Forsch. Ing.-Wesen 23 (1957) 81—90.

[4.34] BARTH, W.: Der Druckverlust bei der Durchströmung von Füllkörpersäulen und Schüttgut mit und ohne Berieselung. Chemie-Ing.-Technik 23 (1951) 289—293.

[4.35] TEUTSCH, T.: Druckverlust in Füllkörperschüttungen bei hohen Berieselungsdichten. Diss. T.H. München 1962; Chemie-Ing.-Technik 36 (1964) 496—503.

[4.36] KAST, W.: Gesetzmäßigkeiten des Druckverlustes in Füllkörpersäulen. Chemie-Ing.-Technik 36 (1964) 464—468.

[4.37] MERSMANN, A.: Zur Berechnung des Flutpunktes in Füllkörperschüttungen. Chemie-Ing.-Technik 37 (1965) 218—226.

[4.38] ECK, B.: Ventilatoren, 4. Aufl., Berlin/Göttingen/Heidelberg: Springer 1962.

[4.39] PFLEIDERER, C.: Strömungsmaschinen, 3. Aufl., v. H. PETERMANN, Berlin/Göttingen/Heidelberg: Springer 1964.

[4.40] WEBER, F.: Arbeitsmaschinen. Bd. I: Kolbenpumpen und Kolbenverdichter. Bd. II: Kreiselpumpen und Kreiselverdichter. Berlin: VEB Verlag Technik 1961, 1962.

[4.41] ADOLPH, M.: Strömungsmaschinen, 2. Aufl., Berlin/Heidelberg/New York: Springer 1965.

[4.42] HOLLAND-MERTEN, E. L.: Handbuch der Vakuumtechnik, 3. Aufl., Halle: VEB Wilhelm Knapp 1953.

[4.43] PUPP, W.: Vakuumtechnik, Teil I u. II, München: Thiemig 1962.

[4.44] Fa. Pneurop: Vakuumpumpen. Systematik und Fachwörterverzeichnis. Frankfurt a. M.: Maschinenbau 1964.

[4.45] JUNG, R.: Die Berechnung und Anwendung der Strahlgebläse. VDI-Forschungsheft 479, Düsseldorf: VDI-Verlag 1960.

[4.46] REICHELT, W.: Bemerkungen zur Arbeitsweise moderner Diffusionspumpen. Vakuum-Technik 13 (1964) Nr. 5. S. 148—152.

[4.47] RITTER, C.: Flüssigkeitspumpen, München: Oldenbourg 1953.

[4.48] FUCHSLOCHER/SCHULZ: Die Pumpen, 11. Aufl., Berlin/Göttingen/Heidelberg: Springer 1963.

[4.49] STEPANOFF, A. J.: Radial- und Axialpumpen, Berlin/Göttingen/Heidelberg: Springer 1959.

[4.50] Technisches Handbuch Pumpen. Hrsg. v. d. Gruppe Werbung und Messen der Vereinigung Volkseigene Betriebe Dieselmotoren, Pumpen und Verdichter. Berlin: VEB Verlag Technik 1961.

[4.51] LEUSCHNER, G.: Kleines Pumpenhandbuch für Chemie und Technik, Weinheim: Verlag Chemie 1966.

[4.52] VETTER, G.: Genauigkeit von Dosierkolbenpumpen. Chemie-Ing.-Technik 35 (1963) 267—272.

[4.53] PFEIFFER, K.: Exzenterschneckenpumpen mit elastischem Stator. Chemie-Ing.-Technik 37 (1965) 43—45.

[4.54] KSB Pumpen-Handbuch, 2. Aufl., Fa. Klein, Schanzlin & Becker AG, Frankenthal/Pfalz 1964.

[4.55] WONSAK, G.: Die Strömung in einer partiell beaufschlagten, radialen Gleichdruckkreiselpumpe. Konstruktion 15 (1963) 99—106.

[4.56] ARFF, H.: Die Schrägscheibenpumpe in der chemischen Industrie. Chem. Ind. 17 (1965) 277—279.

[4.57] HASINGER, S. H., L. G. KEHRT u. W. RICE: An Analytical and Experimental Investigation of Multiple Disk Pumps and Compressors. Investigation of a Shear-Force Pump. Trans. ASME Series A, J. Engng. for Power 85 (1963) 191—207.

[4.58] TRATZ, H., u. U. GRIGULL: Elektromagnetische Spiral-Induktionspumpe für Flüssigmetalle als Laboratoriumsgerät. Chemie-Ing.-Technik 37 (1965) 53—56.

[4.59] WEHMEIER, K. H.: Schwingförderrinnen. Berechnung, Konstruktion und Betrieb. fördern u. heben 13 (1963) 844—854.

[4.60] DÜRING, K.: Berechnung der Amplituden von elektrodynamischen Förderrinnen mit gerichteten Schwingungen. fördern u. heben 13 (1963) 747—751, 797—801.

[4.61] VIERLING, A.: Gestaltung der Förderbandanlagen für den Massengut-transport. VDI-Z. 107 (1965) 1389—1393, 1446—1450.

[4.62] Fa. Westfalia Dinnendahl Gröppel AG: Steilbandförderer. Brennstoff-Wärme-Kraft 10 (1958) 443.

[4.63] JUNG, R.: Die Hohlwelle als Schüttgutförderer. Forsch. Ing.-Wesen 25 (1959) Nr. 2, S. 37—43.

[4.64] JUNG, R.: Eigenschaften und Anwendungsmöglichkeiten des Schüttgut-Drehrohrzuteilers. Brennstoff-Wärme-Kraft 14 (1962) 593—600.

[4.65] STEPANOFF, A. J.: Pumping Solid-Liquid Mixtures. Mech. Engng. 86 (1964) Nr. 9, S. 29—35.

[4.66] TERADA, S.: Hydraulic Conveying of Granular Solids in Pipes. Research and Applications. Hitachi Review (1964) Nr. 7, S. 42—46.

[4.67] LIPPERT, A.: Pneumatische Förderung bei hohen Gutskonzentrationen. Chemie-Ing.-Technik 38 (1966) 351—355.

5. Mischen

Mischvorgänge bewirken eine gleichmäßigere Verteilung aller Gemischkomponenten in einem Produkt, ohne die Bestandteile stofflich oder (bei Feststoffen) hinsichtlich ihrer Korngröße zu verändern. Das Mischergebnis ist je nach der Beschaffenheit der beteiligten Substanzen ein Gas-, Flüssigkeits- oder Schüttgutgemisch, eine Emulsion, eine Suspension usw.

Der von einem Mischvorgang erfaßte Bereich hängt von der Größe der relativ zueinander bewegten Stoffballen ab. Die molekularen Ausgleichsvorgänge durch Diffusion liefern die beste überhaupt erreichbare Zufallsmischung. Sie beschränken sich jedoch innerhalb der technisch verfügbaren Zeit auf Zonen, deren Abmessungen mit der mittleren freien Weglänge der Moleküle vergleichbar sind, und eignen sich daher nicht zum Mischen makroskopischer Bereiche. Größere Stoffballen zerfallen erst nach einem mit ihrer Größe vergleichbaren, längeren Weg und bewirken damit eine schnelle Grobmischung. Mischeinrichtungen sollen zum Erzielen eines guten Mischeffekts ein möglichst breites Größenspektrum relativ zueinander bewegter Substanzballen erzeugen und unerwünschten Entmischungsvorgängen (durch Dichteunterschiede, elektrische oder magnetische Feldkräfte usw.) entgegenwirken. Daneben sollen sie oft noch andere Forderungen erfüllen, beispielsweise eine vorgegebene Verweilzeit einhalten oder das Produkt in mechanischer und thermischer Hinsicht schonen.

5.1 Grundlagen

Man kann jedes Gemisch durch seine Zusammensetzung und durch die Mischgüte kennzeichnen. Zum Auslegen eines Mischers benötigt man außerdem den zeitlichen Ablauf der Mischvorgänge bzw. die Mischzeit, nach der die angestrebte Mischgüte erreicht ist.

5.11 Gemischzusammensetzung

Um die Zusammensetzung eines Gemischs zu erfassen, kann man die darin enthaltenen Mengen aller Komponenten oder irgendeine eindeutig davon abhängige, für die Weiterverwertung wesentliche physikalische Eigenschaft des Produkts (Dichte, Wärmeleitzahl, Absorptionsvermögen für verschiedene Strahlen, pH-Wert) angeben. Bei Mehrstoffgemischen ist die Zuordnung zwischen dem als Maß herangezogenen Stoffwert und der Zusammensetzung in der Regel nicht eindeutig. Es genügt jedoch, wenn sich unter Beachtung der durch den Verfahrensgang meist weitgehend eingeschränkten Variationsmöglichkeiten ein eindeutiger Zusammenhang ergibt. Manchmal verwendet man betriebsmäßig auch unwesentliche, aber besonders leicht meßbare Stoffwerte und bestimmt deren Zusammenhang mit den wesentlichen Größen mit Hilfe von Eichkurven. So ist es beispielsweise bei Akkumulatoren zweckmäßig, die Säurekonzentration durch Messen der Flüssigkeitsdichte zu kontrollieren, obwohl letztere für die Funktion des Akkumulators unwesentlich ist.

Die Zusammensetzung eines Gasgemischs läßt sich durch die Partialdichten [Gl. (2.14a)], die Massen- bzw. Gewichtsanteile [Gl. (2.14b)], die Volumanteile [Gl. (2.14c)], die Molanteile [Gl. (2.14d)] oder die Partialdruckverhältnisse p_i/p aller darin enthaltenen Komponenten eindeutig beschreiben. Bei idealen Gasen sind die Molanteile der einzelnen Bestandteile gleich ihren Volumanteilen und auch gleich den auf den Gesamtdruck bezogenen Partialdruckverhältnissen (vgl. S. 42).

Die Zusammensetzung einphasiger Flüssigkeitsgemische (Gemische ineinander löslicher Flüssigkeiten, bei denen es zwischen den verschiedenen Komponenten keine Phasengrenzflächen gibt) erfaßt man durch die Massen bzw. Gewichtsanteile [Gl. (2.28a)], die Molanteile bzw. Molenbrüche [Gl. (2.28b)] oder die auf eine Bezugskomponente statt auf das Gesamtgemisch bezogenen Mengenanteile aller Komponenten.

Mischungen verschiedener Schüttgüter kennzeichnet man durch die Massenanteile aller Komponenten [analog Gl. (2.28a)]. Die Molanteile bzw. die Molenbrüche [analog Gl. (2.28b)] zieht man nur in Ausnahmefällen heran, da nur selten alle Bestandteile chemisch reine Substanzen mit bekanntem Molekulargewicht sind.

Neben diesen dimensionslosen Ausdrücken verwendet man bei fluiden Medien (Gase, Flüssigkeiten) häufig die Massenkonzentration und die Molkonzentration [Gln. (2.28c, d)], d. h. die auf das Gemischvolum bezogenen Massen bzw. Molzahlen aller Bestandteile. Diese Mengenangaben eignen sich jedoch grundsätzlich nicht zum Festlegen der Zusammensetzung von Feststoffgemischen, da Porosität und Schüttvolum eines Haufwerks [Gln. (2.49a—c)] stark von der Kornform und der Kornverteilung aller Bestandteile abhängen und sich beim Mischen beträchtlich ändern können.

Zur vollständigen Wiedergabe der Gemischzusammensetzung muß man jeweils eine der bisher genannten Größen für *alle* Komponenten angeben. Da sich ein Wert aus den übrigen mit Hilfe der Gesamtmengenbilanz errechnen läßt, genügt bei s Bestandteilen die Angabe der $(s-1)$ voneinander unabhängigen Werte.

In mehrphasigen Systemen sind die verschiedenen Gemischkomponenten durch Phasengrenzflächen voneinander getrennt. Eine fluide

Komponente (Gas, Flüssigkeit) bildet die zusammenhängende Phase, die anderen Bestandteile sind darin dispers verteilt. Mischungen ineinander unlöslicher Flüssigkeiten nennt man Emulsionen, fließfähige Feststoff/Flüssigkeits-Gemische Suspensionen und Gase mit darin fein verteilten Feststoffen Gaskolloide. In Gemisch-Bezeichnungen stehen die dispers verteilten Komponenten vor der zusammenhängenden Phase (z. B. ist Milch im wesentlichen eine Fett/Wasser-Emulsion). Die Zusammensetzung mehrphasiger Systeme läßt sich wieder durch die Massen- bzw. Gewichtsanteile [Gl. (2.28a)] oder die Massen- bzw. Molkonzentrationen [Gln. (2.28c, d)] aller Bestandteile kennzeichnen.

5.12 Mischgüte

Die Zusammensetzung eines idealen, homogenen Gemischs ist in jedem beliebigen Raumteil gleich der Zusammensetzung der Gesamtmenge. Besteht die Mischung aus Teilchen endlicher Größe (Atome, Moleküle, Feststoffkörner), so sind diese im Idealfall statistisch in dem Produkt verteilt. Reale Mischungen weichen von dem Idealzustand mehr oder weniger ab. Ein Maß für diese Abweichungen ist die Mischgüte.

Mischt man s verschiedene Stoffe mit den mittleren Einzelkornmassen $\overline{m}_i$ in den Massen- bzw. Gewichtsverhältnissen $g_1, g_2, \ldots, g_s$ und zerlegt die Gesamtmenge in N gleiche Proben mit der Masse m_N (N sei eine große Zahl!), so enthält die k-te Probe die Massen- bzw. Gewichtsanteile $g_{1\,\text{eff},k}\, g_{2\,\text{eff},k} \cdots, g_{s\,\text{eff},k}$ der einzelnen Komponenten. Für die Mittelwerte g_i gelten mit k als Summationsindex die Beziehungen

$$g_i = \sum_1^N {}^k\, g_{i\,\text{eff},k}. \tag{5.1}$$

Die mittleren Schwankungen (Streuungen) σ_i der Mengenanteile $g_{i\,\text{eff},k}$ um die Mittelwerte g_i ergeben sich aus

$$\sigma_i = \sqrt{\frac{1}{N} \sum_1^N {}^k\, (g_{i\,\text{eff},k} - g_i)^2}. \tag{5.2}$$

Ist die i-te Komponente von den anderen Bestandteilen völlig getrennt (ideal entmischt), so erreicht die Streuung ihren Maximalwert

$$\sigma_{i\,\text{max}} = \sqrt{g_i(1 - g_i)}. \tag{5.3}$$

Für ideale Zufallsmischungen leitete K. STANGE die Zusammenhänge

$$\sigma_{i\,\text{min}} = \sqrt{\frac{g_i^2}{m_N}\left\{ \sum_1^N {}^j \left[g_j \overline{m}_j \left(1 + \frac{\sigma_{mj}^2}{\overline{m}_j^2}\right)\right] + \frac{1 - 2g_i}{g_i}\, \overline{m}_i \left(1 + \frac{\sigma_{mi}^2}{\overline{m}_i^2}\right)\right\}} \tag{5.4}$$

her [*5.1*]. σ_{mj} gibt die mittlere Streuung der Einzelkornmassen m_j um den Mittelwert $\overline{m}_j$ der j-ten Komponente an, ist also ein Maß für deren Gleichförmigkeit; sie läßt sich bei Schüttgütern verhältnismäßig einfach aus der Kornverteilung bestimmen [*5.2*]. Die Probenzusammensetzung schwankt somit bei endlichen Einzelkornmassen $\overline{m}_i$ auch dann, wenn man sie einer idealen Mischung entnimmt. $\sigma_{i\,\mathrm{min}}$ sinkt mit zunehmender Probengröße m_N und mit abnehmender Teilchengröße $\overline{m}_i$. Bei idealen, homogenen Gemischen gilt für alle Bestandteile $\overline{m}_i = 0$ und $\sigma_i = 0$. Gase und ineinander lösliche Flüssigkeiten können im Idealfall praktisch homogene Mischungen bilden, da die Größe der einzelnen Moleküle bzw. Atome vernachlässigbar klein ist gegenüber den üblichen Probengrößen. Feststoffe oder dispergierte Flüssigkeitstropfen muß man zum Erzielen einer möglichst homogenen Mischung weitgehend zerteilen (insbesondere jene Komponenten, deren Massenanteile g_i in dem Gemisch sehr klein sind). Mehrphasige Systeme mit Teilchengrößen über 0,5 μm nennt man grobdispers, solche mit Teilchengrößen zwischen 0,001 und 0,5 μm kolloiddispers und solche mit noch kleineren Einzelteilchen molekulardispers [*9.23.8*].

Die Mischgüte läßt sich für jede Komponente durch den Ausdruck

$$(MG)_i = 1 - \frac{\sigma_i}{\sigma_{i\,\mathrm{max}}} \tag{5.5}$$

kennzeichnen, dessen Wert zwischen null (bei ideal entmischten Stoffen) und eins (bei idealen, homogenen Gemischen) liegt. Insgesamt ergeben sich bei s Komponenten auch s Werte $(MG)_i$ für die Mischgüte. Die Schwankungen σ_i und $\sigma_{i\,\mathrm{min}}$ sowie die Mischgüte $(MG)_i$ hängen weitgehend von der Probengröße m_N ab, daher muß man grundsätzlich bei allen Zahlenangaben von σ_i oder $(MG)_i$ auch m_N mitteilen.

Praktisch stehen zum Ermitteln der Mischgüte eines Produkts regelmäßig nur wenige Stichproben zur Verfügung. Bei n gleich großen Proben ($n < N$) mit der Masse m_N errechnet man die mittleren Schwankungen nach Gl. (5.2), wobei man N durch die Probenzahl n ersetzt, wenn die „wahren" Mittelwerte g_i (beispielsweise durch Einwiegen der einzelnen Bestandteile bei Chargenbetrieb) bekannt sind. Falls die Zusammensetzung der Gesamtmischung unbekannt ist, bestimmt man zunächst nach Gl. (5.1) mit n anstelle von N die Mittelwerte $\bar{g}_i$ und ermittelt σ_i aus Gl. (5.2) mit $\bar{g}_i$ anstelle von g_i und $\frac{1}{n-1}\sum\limits_1^n$ anstelle von $\frac{1}{N}\sum\limits_1^N$ (da nur $n-1$ Proben als Kontrollmessungen Rückschlüsse auf die Streuungen erlauben).

Kennzeichnet man die Gemischzusammensetzung durch eine physikalische Eigenschaft des Produkts, so kann man die zugehörigen Mengenanteile $g_{i\,\text{eff}}$ mit Hilfe von Eichkurven bestimmen und damit nach den Gln. (5.1) bis (5.3) bzw. (5.5) die Mischgüte berechnen.

Die Mischgüte mehrphasiger Produkte läßt sich bei Wärme- und Stoffaustauschvorgängen sowie heterogenen, chemischen Reaktionen vorteilhaft durch das Produkt „Phasengrenzfläche pro Volumeinheit mal Wärme- bzw. Stoffübergangszahl" erfassen. Diese Größe ist zwar stoffgebunden und dimensionsbehaftet, also für allgemeine Betrachtungen ungeeignet, sie beschreibt aber unmittelbar den verfahrenstechnischen Effekt des betrachteten Mischvorgangs.

Vielfach genügt auch das subjektive Beurteilen des Gemischs zum Feststellen der Mischgüte; in manchen Fällen (vor allem in der Nahrungsmittel- und der Textilindustrie) lassen sich auf diese Weise sogar sehr geringe, schwer meßbare Qualitätsunterschiede nachweisen.

5.13 Mischzeit und zeitlicher Ablauf der Mischvorgänge

Zum Auslegen einer Mischeinrichtung muß man den zeitlichen Ablauf der Mischvorgänge, zumindest aber die zum Erreichen der gewünschten Mischgüte nötige Mischzeit t_M kennen. Die Mischgüte wächst zunächst bis zu einem Optimalwert; danach vermindert sie sich wieder durch Entmischungsvorgänge und strebt schließlich einem von den Stoffen, der Mischerbauart und den Betriebsbedingungen abhängigen Grenzwert zu. Die mittlere Schwankung σ_i der i-ten Komponente ändert sich im Lauf der Zeit t nach W. WEYDANZ [5.3] — wenn man noch berücksichtigt, daß sie den Wert $\sigma_{i\,\text{min}}$ (ideale Zufallsmischung) nicht unterschreiten kann — gemäß

$$\frac{\sigma_i - \sigma_{i\,\text{min}}}{\sigma_{i0} - \sigma_{i\,\text{min}}} = \sqrt{\mathrm{e}^{-2A_i t} + \left(\frac{\sigma_{i\infty} - \sigma_{i\,\text{min}}}{\sigma_{i0} - \sigma_{i\,\text{min}}}\right)^2 (1 - \mathrm{e}^{-B_i t})^2} \tag{5.6}$$

von ihrem Anfangswert σ_{i0} (zur Zeit $t = 0$) bis auf ihren Endwert $\sigma_{i\infty}$ (zur Zeit $t \to \infty$). A_i ist ein Maß für die Intensität der Mischvorgänge, und B_i erfaßt den Einfluß der Entmischungseffekte. Für $\sigma_{i0} - \sigma_{i\,\text{min}} > {} > \sqrt{2}\,(\sigma_{i\infty} - \sigma_{i\,\text{min}})$ (Normalfall) erreicht σ_i bei $B_i < 2A_i$ nach $t_{\text{opt}} \doteq (3\ \text{bis}\ 4)/A_i$ den kleinsten Wert [entsprechend einem Maximalwert der Mischgüte, vgl. Gl. (5.5)]; bei $B_i \geqq 2A_i$ nähert sich σ_i monoton dem Endwert $\sigma_{i\infty}$. Zum Absenken der mittleren Streuung auf den höchstzulässigen Wert σ_M folgt aus Gl. (5.6) die Mischzeit t_M.

5.14 Modellähnlichkeit beim Mischen

Beim Auslegen eines Mischers muß man normalerweise auf Modellversuche zurückgreifen und deren Ergebnisse verwerten, da die Werte A_i, B_i und $\sigma_{i\infty}$ in Gl. (5.6) von sehr vielen Einflüssen abhängen (Eigenschaften aller Gemischbestandteile, Gemischzusammensetzung, Mischerbauart und -größe usw.) und sich praktisch nie theoretisch vorhersagen lassen.

Nach der von W. Büche [5.4] angegebenen Erfahrungsregel erzielt man im Modell und in der geometrisch ähnlichen Großausführung bei gleichem Ausgangsprodukt die gleiche Mischgüte, wenn die Mischarbeit pro Volumeinheit des Gemischs in beiden Fällen gleich ist. Diese Regel bewährt sich beim Mischen vieler niedrig- und hochviskoser Flüssigkeiten ebenso wie bei Löseprozessen und heterogenen, chemischen Reaktionen fester Stoffe in niedrigviskosen Flüssigkeiten.

Bei Gasen unterstützt die Diffusion die Mischvorgänge beträchtlich, so daß die Mischarbeit bei gleicher Mischgüte mit wachsender Mischzeit abnimmt; das Theorem von W. Büche gilt daher nur, wenn die Mischzeiten beim Modell und der Großausführung entweder sehr kurz oder gleich sind.

Bei Durchlaufmischern für Flüssigkeiten und Gase (letztere im Bereich kleiner Machzahlen) bedeutet gleiche Mischarbeit pro Volumeinheit auch gleiche Druckdifferenzen der Komponenten in Modell und Großausführung, wenn die ganze Mischarbeit aus der Volumsenergie der Gemischkomponenten gedeckt wird.

Bei Schüttgütern verlangt die Modellähnlichkeit auch ähnliche Schüttgutbewegungen im Modell und in der Großausführung, also — wenn man nur die Massenträgheit und die Erdschwere berücksichtigt — gleiche Kennzahlen

$$K = \frac{D\omega^2}{g}.\qquad (5.7)$$

In dieser Formel bezeichnen ω die Winkelgeschwindigkeit und D einen kennzeichnenden Durchmesser des Mischers sowie g die Erdbeschleunigung. Nach der gleichen Mischer-Umdrehungszahl kann man etwa die gleiche „relative Mischgüte" (d. h. die gleiche Streuung σ_i bei der Probengröße $m_N \sim D^3$) erwarten, die dafür nötige Mischzeit ist also bei $K = $ const proportional $\sqrt{D}$; bei gleicher Mischgüte (d. h. gleiche Streuung bei ($m_N = $ const) sind größere Mischzeiten ($t_M \sim D$ und mehr) erforderlich.

5.2 Mischen verschiedener Gase

Beim Mischen verschiedener Gase muß man der Grobmischung durch Ringströmungen, Wirbel und Turbulenz besondere Aufmerksamkeit schenken, während die Feinmischung infolge der starken Diffusion keine Schwierigkeiten bereitet.

Zum Übertragen von Modellversuchen auf Großausführungen benützt man die in Abschnitt 5.14 (S. 192) erläuterte Regel von W. Büche; die dem Gemisch pro Volumeinheit zugeführte Arbeit liegt meist in der

Größenordnung 1000 bis 3000 J/m³ (entsprechend Druckdifferenzen von etwa 100 bis 300 mm WS in Durchlaufmischern ohne äußere Energiezufuhr).

5.21 Gasstrahlen

Um Gase miteinander zu vermischen, kann man sie durch Düsen in einen großen, gaserfüllten Raum einblasen und aus diesem das fertige Gemisch abziehen. Der aus einer Düse austretende Freistrahl vermischt sich mit dem aus der Umgebung mitgerissenen Gas. Dabei bleibt sein

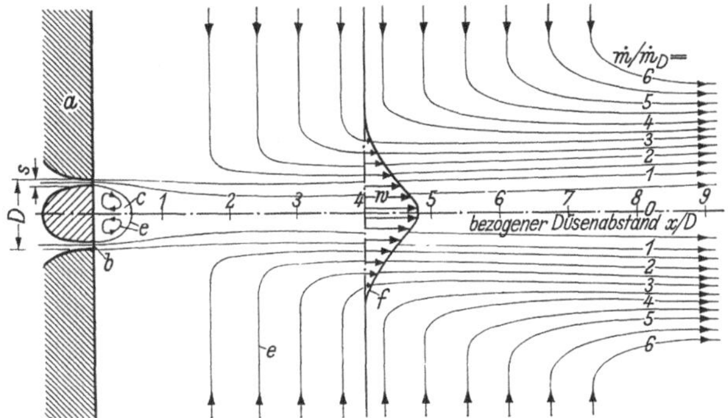

Abb. 5.1. Stromlinienverlauf eines drallfreien Freistrahls aus einer zylindrischen Kreisringdüse (2s/D = 0,2) (nach H. Ullrich [5.5])

a ebene Wand, *b* Ringdüse, *c* Kern, *e* Stromlinien, *f* Geschwindigkeitsprofil.

Impuls konstant, während sich die Geschwindigkeit mit wachsendem Abstand von der Düse vermindert und gleichzeitig die Strahlbreite zunimmt. Der statische Druck ist im Strahl und in der Umgebung praktisch konstant. In fast allen technischen Anwendungsfällen ist der Freistrahl turbulent und der Einfluß der kinematischen Viskosität ν_G des Gases auf den Ausbreitungsvorgang vernachlässigbar klein (ebene Strahlen sind nach H. Schlichting [9.24.6] bis etwa $Re = w_D \, 2s/\nu_G = 60$ laminar, wobei w_D die Düsenaustrittsgeschwindigkeit und s die Schlitzbreite bedeuten; für runde Strahlen dürfte die Grenze der Laminarströmung bei dem gleichen Wert liegen, wenn man die Reynoldszahl mit dem Düsendurchmesser D anstelle der doppelten Schlitzbreite $2s$ bildet).

Die Abb. 5.1 zeigt den Stromlinienverlauf eines Freistrahls, der aus einer Düse mit Kreisringquerschnitt normal zur Wand austritt. In ausreichendem Düsenabstand $x \geqq (3 \text{ bis } 5)D$ stellt sich bei allen drallfreien Vollstrahlen das ebenfalls in Abb. 5.1 wiedergegebene Geschwindigkeitsprofil $w = w(r)$ ein, für das unabhängig von dem Verhältnis s/D die Beziehung

$$\frac{w}{w_Z} = \mathrm{e}^{-\left(\frac{r}{b}\right)^2 \ln 2} \tag{5.8}$$

gilt [5.5]. Es bezeichnen w die örtliche Strömungsgeschwindigkeit im Abstand r von der Strahlachse, w_Z die „Zentralgeschwindigkeit" in der Strahlachse und b den durch die örtliche Strömungsgeschwindigkeit $w_b = w_Z/2$ festgelegten Abstand von der Strahlachse (Strahlbreite). Die Abb. 5.2 gibt die auf die Düsenaustrittsgeschwindigkeit w_D bezogene Zentralgeschwindigkeit w_Z (Ordinate) in Abhängigkeit von dem auf den Düsendurchmesser D bezogenen Düsenabstand x (Abszisse) und von der auf $D/2$ bezogenen Ringbreite s (Parameter) für drallfreie, achsensymmetrische Vollstrahlen wieder. Aus Abb. 5.3 folgt der Zusammenhang zwischen der bezogenen Strahlbreite b/D (Ordinate), dem bezogenen Düsenabstand x/D (Abszisse) und der bezogenen Ringbreite $2s/D$ (Parameter), und Abb. 5.4 vermittelt die Einflüsse des bezogenen Düsenabstands x/D (Abszisse) und der bezogenen Ringbreite $2s/D$ (Parameter) auf die im Strahl mitgeführte Gasmenge $\dot m$, bezogen auf die aus der Düse ausströmende Gasmenge $\dot m_D$. Mit abnehmender Ringbreite wächst die Strahlturbulenz durch das Schließen des Strahls erheblich an, wodurch sich die aus der Umgebung mitgerissene Gasmenge erhöht (vgl. Abb. 5.4), gleichzeitig aber die Reichweite des Strahls infolge der stärkeren Geschwindigkeitsabnahme (vgl. Abb. 5.2) vermindert.

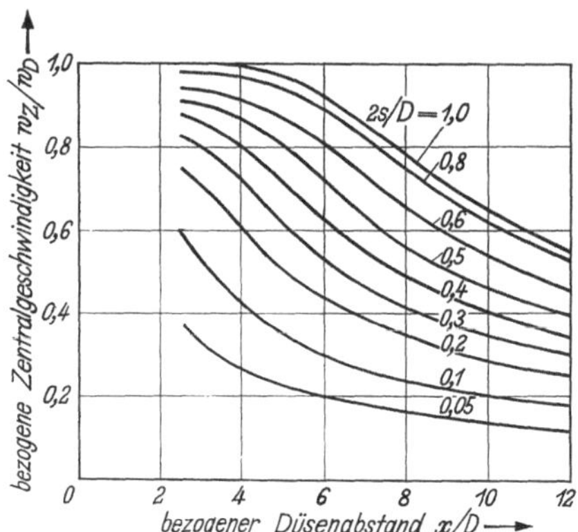

Abb. 5.2. Auf die Düsenaustrittsgeschwindigkeit w_D bezogene Zentralgeschwindigkeit w_Z im Freistrahl als Funktion des (auf den Düsendurchmesser D bezogenen) Düsenabstands x und der auf $D/2$ bezogenen Ringbreite s (nach H. ULLRICH [5.5]).

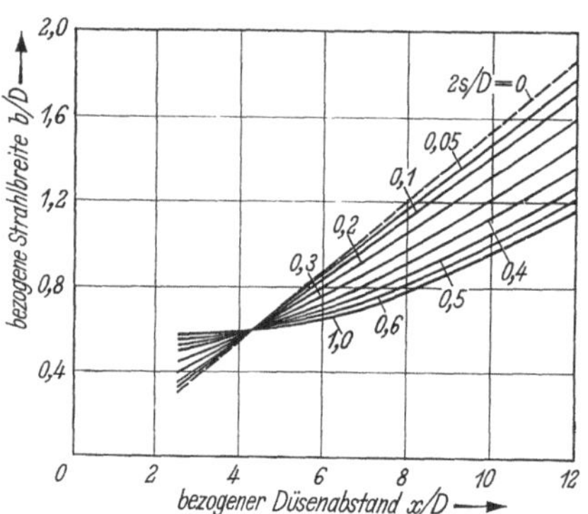

Abb. 5.3. Auf den Düsendurchmesser D bezogene Strahlbreite b/D in Abhängigkeit von dem bezogenen Düsenabstand x/D (Abszisse) und der bezogenen Ringbreite $2s/D$ (nach H. ULLRICH [5.5]).

Für die besonders häufigen Freistrahlen aus einfachen Runddüsen mit Kreisquerschnitt ($2s/D = 1$) gelten in ausreichendem Düsenabstand $x/D \geqq 10$ nach eigenen Messungen die Zusammenhänge

$$\frac{w_Z}{w_D} = \frac{6{,}45}{x/D}, \qquad \frac{b}{D} = 0{,}097\,\frac{x}{D}, \qquad \frac{\dot m}{\dot m_D} = 0{,}35\,\frac{x}{D}. \qquad (5.9\,\mathrm{a-c})$$

Andere Forscher nennen zum Teil davon abweichende Werte; so gibt
W. WUEST [5.6] für den Faktor in Gl. (5.9c) 0,288 anstelle 0,35 an, und
nach H. REICHARDT [5.7] ist der Proportionalitätsfaktor in Gl. (5.9b)
0,072 statt 0,097. Diese Abweichungen lassen sich zwanglos durch die
unterschiedliche Anfangsturbulenz der untersuchten Strahlen erklären.

Strahlen aus schräg mündenden Düsen (Mündungswinkel zwischen
Strahlachse und Wandflächen-Normale $\delta \neq 0$) verhalten sich bei kleinen
Mündungswinkeln praktisch wie normal zur Wand ($\delta = 0$) austretende
Strahlen. Bei $\delta > 60°$ (für $2s/D = 1$) bzw. $\delta > 30°$ (für $2s/D = 0,5$)
bewirkt der Wandeinfluß asymmetrische Strahlformen.

Die Abb. 5.2 bis 5.4 sowie die Gln. (5.9a—c) setzen voraus, daß
Strahl und Umgebung aus dem gleichen Gas bestehen und die gleiche
Temperatur aufweisen. Bei unterschiedlicher Gasdichte von Strahl und
Umgebung (bedingt durch ver-
schiedene Gastemperaturen oder
verschiedene Medien) ändert sich
das Strömungsbild nur verhältnismäßig wenig, wie Untersuchungen von W. SZABLEWSKI [5.8,
5.9] zeigen, man kann daher in
erster Näherung mit den für gleiche Medien angegebenen Formeln
rechnen. Für den Stoff- und den
Wärmeaustausch quer zur Strahlachse gelten — wenn man die
Diffusion und die Wärmeleitung
vernachlässigt — die Zusammenhänge

$$\frac{\Delta c}{\Delta c_Z} = \frac{\Delta T}{\Delta T_Z} = \sqrt{\frac{w}{w_Z}}.$$

$$(5.10\,\mathrm{a, b})$$

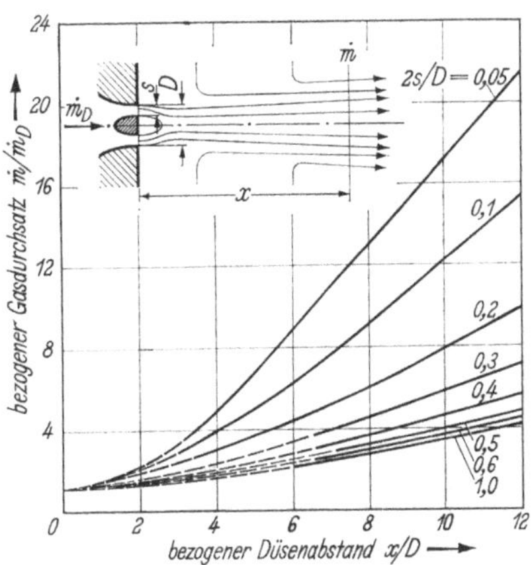

Abb. 5.4. Gasdurchsatz eines runden Freistrahls,
bezogen auf die aus einer zylindrischen Ringdüse
austretende Menge $\dot{m}_D$, in Abhängigkeit von dem
bezogenen Düsenabstand x/D und der bezogenen
Ringbreite $2s/D$.

Darin bedeuten Δc und Δc_Z die örtliche Konzentrationsdifferenz gegenüber der ungestörten Umgebung bzw. deren Wert in der Strahlachse
sowie ΔT und ΔT_Z die örtliche Übertemperatur bzw. deren Wert in der
Strahlachse.

Der Geschwindigkeitsverlauf und die Breite ebener, aus Schlitzdüsen
austretender Freistrahlen folgen bei gleicher Dichte und gleicher Temperatur des Strahls und der Umgebung den Beziehungen

$$\frac{w_Z}{w_D} = \sqrt{\frac{s}{x + x_0}}, \qquad \frac{b}{s} \doteq 0,1 \frac{x}{s}; \qquad (5.11\,\mathrm{a, b})$$

x_0 ist jener (fiktive) Abstand von der Düse, in dem bei vollständig ausgebildetem Geschwindigkeitsprofil $w_Z = w_D$ wäre. Das Geschwindigkeitsprofil senkrecht zur Strahlachse stimmt mit dem runder Freistrahlen gemäß Gl. (5.8) praktisch überein. Ist der Strahl einseitig durch eine achsparallele Wand begrenzt, so stellt sich ein unsymmetrisches Geschwindigkeitsprofil ein, und die Maximalgeschwindigkeit w_{max} fällt in großem Düsenabstand etwa gemäß [*9.31.9*, Bd. 6]

$$\frac{w_{max}}{w_D} \doteq 3{,}45 \sqrt{\frac{s}{x}}, \tag{5.12}$$

w_{max} nimmt also beim „Wandstrahl" nicht so schnell ab wie der ihm entsprechende Wert w_Z beim Freistrahl, d. h. der Wandstrahl hat eine größere Reichweite und vermischt sich langsamer mit seiner Umgebung als der Freistrahl.

Wenn man dem aus der Düse austretenden Gas einen Drall um die Strahlachse aufprägt, so entsteht ein „Drallstrahl". Der Ausbreitungsvorgang rotationssymmetrischer Drallstrahlen läßt sich nicht allgemein darstellen [5.5]. Er zeichnet sich gegenüber dem Strömungsverlauf drallfreier Strahlen durch einen schnelleren Geschwindigkeitsabfall und eine raschere Breitenzunahme, ein grundlegend verändertes Geschwindigkeitsprofil (Maximalgeschwindigkeit nicht mehr in der Strahlachse!) und vor allem durch einen sehr starken, turbulenten Austausch mit der Umgebung, also eine intensivere Mischwirkung aus.

5.22 Mischdüsen und Drallkammern

Mischdüsen eignen sich zum kontinuierlichen Mischen verschiedener, zeitlich nicht oder nur wenig schwankender Gasströme in geschlossenen Leitungen. Die einzelnen Komponenten strömen mit unterschiedlichen Geschwindigkeiten durch parallele Schlitze, konzentrische Ringschlitze oder nebeneinander angeordnete Löcher in ein gemeinsames Mischrohr; die Geschwindigkeitsunterschiede sorgen für eine starke Turbulenz und damit für eine gründliche Grobmischung, die Feinmischung erfolgt „von selbst" durch Diffusion (Füllkörperschüttungen im Mischrohr verhindern großräumige Ausgleichsströmungen und damit die Grobmischung; sie sind daher als Mischeinrichtungen für Gase ungeeignet). Feste Mischdüsen erreichen nur beim Auslegungsdurchsatz den vorgesehenen, für die angestrebte Mischgüte nötigen Druckabfall. Einstellbare Mischdüsen lassen sich an unterschiedliche Gasdurchsätze anpassen, indem man die Druckabfälle aller Komponenten beim Eintritt in das Mischrohr durch Verändern der Durchtrittsquerschnitte konstant hält. Bezüglich der Druckabfall-Berechnung sei auf den Abschnitt 4.1 (S. 99 ff.) verwiesen.

Zeitlich annähernd konstante Gasströme lassen sich auch in Drallkammern gemäß Abb. 5.5 kontinuierlich mischen, die wegen ihrer
größeren Durchtrittsquerschnitte und ihres einfachen Aufbaus weniger
zum Verstopfen bzw. Verschmutzen neigen als Mischdüsen und infolgedessen auch für kleinere Gasdurchsätze verwendbar sind als letztere.
Die Gemischkomponenten gelangen durch Eintrittsöffnungen a oder über
Leitvorrichtungen tangential in eine zylindrische Mischkammer b mit
vertikaler Achse, passieren die Mischkammer auf spiraligen Bahnen und
verlassen sie — durch die turbulenten Austauschvorgänge gemischt — mit
starkem Drall durch ein Abströmrohr c kleineren Durchmessers. Von den

Gasen mitgeführte Staubteilchen oder Flüssigkeitstropfen scheiden sich zunächst unter dem
Einfluß der Fliehkraft am Drallkammerum-
fang ab, verlassen aber die Drallkammer
schließlich gemeinsam mit dem Gas durch das
Abströmrohr. Die Wirbelsenkenströmung in
der Drallkammer verbraucht einen großen
Teil des mischwirksamen Druckabfalls, daher kann man die Durchtrittsquerschnitte der
tangentialen Gaszuführungen bzw. Leitvorrichtungen ohne Einbuße an Mischwirkung
verhältnismäßig groß ausführen (wichtig bei
kleinem Durchsatz, z. B. in Versuchsanlagen!). Drallkammern für große Durch-

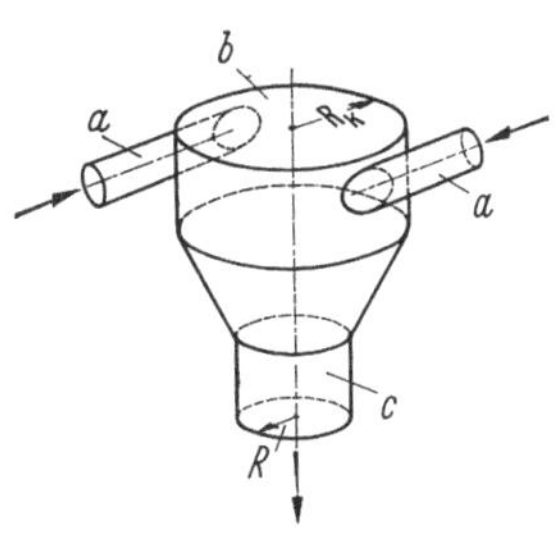

Abb. 5.5. Drallkammer zum kontinuierlichen Mischen mehrerer
Gase.

a tangentiale Eintrittsöffnungen
b zylindrische Mischkammer,
c Abströmrohr.

sätze lassen sich durch Drallregelung (mittels verstellbarer Schaufeln) an
den jeweiligen Gasdurchsatz anpassen.

Der Druckabfall der i-ten Komponente in einer Drallkammer nach
Abb. 5.5 ergibt sich bei reibungsfreier Strömung und relativ kleinen Eintrittsöffnungen näherungsweise aus

$$\Delta p_i = \Delta p_{Di} + \frac{\varrho}{2}\left\{\left(\frac{R_K}{R}\right)^2\left(\sum_1^s{}_i\, g_i w_{\varphi i}^*\right)^2 - \sum_1^s{}_i\, g_i w_{\varphi i}^{*2} + \left[\frac{\dot V}{R^2\pi\left[1 - \left(\frac{r_0}{R}\right)^2\right]}\right]^2\right\}.$$

$$(5.13)$$

Darin sind Δp_{Di} der nach Abschnitt 4.1 (S. 99 ff.) berechnete Druckabfall der
i-ten Komponente in der tangential mündenden Düse, $w_{\varphi i}^*$ ihre Eintrittsgeschwindigkeit in die Drallkammer, g_i ihr Gewichtsanteil, R_K der Drall-
kammerhalbmesser, R der Abströmrohrradius, $\dot V$ der Gemisch-Volumdurchsatz, ϱ die Gemischdichte und r_0 der „Wirbelkernhalbmesser". Im
Wirbelkern des Abströmrohrs rotiert das Gas wie ein starrer Körper,
außerhalb stellt sich eine Potentialströmung gemäß $r\, w_\varphi = \text{const}$ ein
(r Radius, w_φ Umfangsgeschwindigkeit); die Durchflußströmung

$w_z \doteq \text{const}$ (w_z Axialgeschwindigkeit) beschränkt sich nur auf den Außenbereich [*5.10, 5.11*]. Den Drallwinkel $\alpha_R = \text{arc tan}\, w_\varphi/w_z$ am Abströmrohr-Umfang und den Wirbelkernhalbmesser r_0 erhält man mit $A = \pi/2 \triangleq 90°$ aus

$$\alpha_R \approx \text{arc tan} \left\{ \frac{R_K\, R\, \pi \left[1 - \left(\frac{r_0}{R}\right)^2\right]}{\dot{V}} \sum_i (g_i w_{\varphi i}^*) \right\} \approx A\, \frac{r_0}{R}. \qquad (5.14\,\text{a, b})$$

5.23 Gasverdichter als Mischeinrichtungen

Verdichter eignen sich zum gleichzeitigen Fördern und Mischen verschiedener Gase. Der Mischeffekt steigt mit abnehmendem hydraulischen Wirkungsgrad und mit wachsenden inneren Undichtigkeiten. Besonders zweckmäßig für Förder- und Mischaufgaben sind die in Abschnitt 4.333 (S. 150 ff.) beschriebenen Strahlgebläse, deren Förderwirkung auf dem Vermischen zweier Gasströme unterschiedlichen Energieinhalts beruht. Andere Verdichter verwendet man aus wirtschaftlichen Gründen nur selten als Mischeinrichtungen.

5.3 Mischen verschiedener ineinander löslicher Flüssigkeiten

Beim Mischen verschiedener ineinander löslicher Flüssigkeiten muß man sowohl für eine ausreichende Grobmischung (Stoffballen in der Größenordnung der Apparateabmessungen) als auch für eine gründliche Feinmischung sorgen, da die Diffusion wesentlich schwächer ist als bei Gasen und daher technische Mischvorgänge nicht nennenswert unterstützt. Die Wahl der Mischeinrichtung richtet sich weitgehend nach den Flüssigkeitseigenschaften, der Gemischzusammensetzung, der Mischgüte, der Mischzeit und den Anforderungen an die Mischerwerkstoffe hinsichtlich Temperatur, Druck und chemischer Beständigkeit.

5.31 Durchlaufmischer für niedrigviskose Flüssigkeiten

In niedrigviskosen, ineinander löslichen Flüssigkeiten mit einer dynamischen Viskosität bis etwa 1 Poise lassen sich turbulente Strömungsvorgänge erzeugen, bei denen die Trägheitskräfte viel größer als die Viskositätskräfte sind und die statistischen, turbulenten Schwankungen für eine gute Feinmischung ausreichen. Die Durchlaufmischer müssen daher wie bei Gasen vor allem eine intensive Grobmischung sicherstellen.

5.311 Flüssigkeitsstrahlen. Flüssigkeitsstrahlen verhalten sich in einem großen, flüssigkeitserfüllten Raum weitgehend wie Gasstrahlen in einem Gasraum. Bei gleichem Medium von Strahl und Umgebung gelten unmittelbar die in Abschnitt 5.21 (S. 193 ff.) für Gasstrahlen angegebenen Beziehungen und Diagramme.

5.312 Mischdüsen und Drallkammern. Die in Abschnitt 5.22 (S. 196 ff.) erläuterten Mischdüsen und Drallkammern eignen sich bei entsprechender Auslegung auch zum kontinuierlichen Mischen niedrigviskoser Flüssigkeiten. Sie neigen wegen der hohen Schleppkraft der schnell strömenden Flüssigkeit nicht zum Ablagern von Feststoffen und lassen sich daher im Gegensatz zu Gasdralldüsen räumlich beliebig anordnen. Die Abb. 5.6 zeigt einen Durchlaufmischer für zwei Komponenten aus drei hintereinandergeschalteten Drallkammern a bis c mit Nadelventilen d, e zum Regeln der Mischkomponenten-Durchsätze (normaler Regelbereich 1:5).

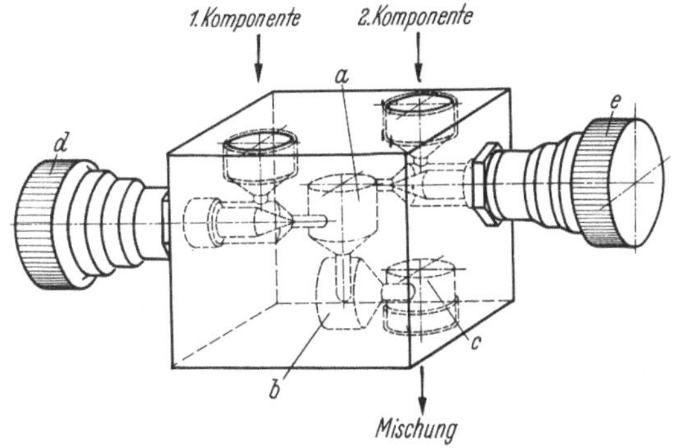

Abb. 5.6. Mischdüse für 2 Komponenten (Fa. Lechler/Stuttgart).
a bis c Drallkammern, d und e Nadel-Regulierventile.

Bei wasserähnlichen Flüssigkeiten genügt zum Mischen ein Druckabfall von ca. 1 at (entsprechend ca. 100 kJ/m³). Bezüglich der Berechnung sei auf die Abschnitte 4.1 und 5.22 (S. 99 ff. bzw. S. 196 ff.) verwiesen.

5.313 Pumpen als Durchlaufmischer. Auch Pumpen mit mäßigem hydraulischen Wirkungsgrad und großen inneren Undichtigkeiten eignen sich als Mischeinrichtungen. Vielfach verwendet man normale Kreisel- oder Seitenkanalpumpen mit einer Umführungsleitung, durch die ein großer Teil des geförderten Gemischs über ein Drosselventil von der Druckseite wieder zur Saugseite zurückströmen kann.

5.32 Durchlaufmischer für hochviskose Flüssigkeiten

Hochviskose Flüssigkeiten mit einer Viskosität über etwa 10 Poise strömen im allgemeinen laminar, d. h. ohne Stoffaustausch zwischen benachbarten Schichten durch kurzlebige „Turbulenzballen". Die Flüssigkeitsteile in Totwassergebieten beteiligen sich überhaupt nicht an den Mischvorgängen. Bei strukturviskosen Substanzen und vor allem bei Bingham-Pasten mit endlicher Fließgrenze sind die Totwasserzonen größer als bei vergleichbaren NEWTONschen Flüssigkeiten, weil sich die

Fließvorgänge vorwiegend auf den durch Scherkräfte hoch beanspruchten Bereich des Mischers beschränken. Die Diffusion verringert sich mit zunehmender Viskosität, so daß bei hochviskosen Flüssigkeiten auch der Konzentrationsausgleich in mikroskopisch kleinen Bereichen größere Schwierigkeiten bereitet. Aus diesen Gründen muß man die zum Mischen nötigen Stoffumlagerungen innerhalb des gesamten Mischguts weitgehend mit Hilfe mechanischer Rühr- und Kneteinrichtungen erzwingen und von den Rührorganen nicht bestrichene Toträume unbedingt vermeiden, man kann sich also im Gegensatz zu niedrigviskosen Stoffen nicht auf eine „Fernwirkung" der Mischorgane (durch Strömungsturbulenz) verlassen. Die hohe Viskosität bedingt auch große Scherkräfte und somit einen beträchtlichen Leistungsaufwand, also robuste Maschinen. Die zugeführte Leistung wandelt sich vollständig in Wärme um; sie ist begrenzt durch die zulässige Produkterwärmung in den am höchsten beanspruchten Bereichen des Gemischs. Je gleichmäßiger sie sich auf alle Teile des Mischguts verteilt, desto schneller und wirtschaftlicher verläuft der Mischvorgang.

5.321 Einwellige Schneckenmischer. Einwellige Schneckenmischer dienen als sogenannte *Extruder* vor allem zum Aufschmelzen, Homogenisieren und Fördern von Kunststoffen. Sie unterscheiden sich von den in Abschnitt 4.433 (S. 172ff.) beschriebenen Förderschnecken im wesentlichen durch die Schneckenform. Die Schneckengeometrie (Steigung, Gangtiefe) verändert sich in Längsrichtung stetig oder abschnittweise; das Verhältnis Schneckenlänge : Schneckendurchmesser variiert zwischen 5 (Kurzschnecken) und 30 (Langschnecken) und liegt üblicherweise bei 20 (für Polyamid, Polyäthylen, Acrylate) bis 24 (für Polypropylen), das Gangtiefenverhältnis zwischen Aufschmelz-, Homogenisier- und Kompressionszone beträgt 2 bis 4. Die Misch- und Knetwirkung läßt sich zwar durch Erhöhen der Schneckendrehzahl und gleichzeitiges Drosseln des Produktaustritts bei gleichbleibendem Durchsatz beeinflussen, gleichwohl muß man die Schneckenform dem jeweiligen Produkt anpassen; es gibt bis jetzt keine für alle Stoffe verwendbare Universalschnecke. Bingham-Pasten, wachsartige, klebrige und krustende Substanzen lassen sich mit einwelligen Schneckenmaschinen überhaupt nicht verarbeiten.

Die Gln. (4.77) und (4.78a, b) beschreiben das Förderverhalten (Durchsatz, Druckaufbau, Antriebsleistung) von Schneckenabschnitten konstanter Geometrie bei NEWTONschen Flüssigkeiten. Für den ganzen Extruder erhält man den Druckaufbau und die Antriebsleistung in Abhängigkeit vom Durchsatz, indem man die gleichem Durchsatz zugeordneten Druckdifferenzen bzw. Leistungsanteile aller Abschnitte summiert. Praktisch läßt sich das Verhalten auf diese Weise jedoch nur überschlägig abschätzen, da das Mischgut meist rheologische Eigenschaften (Strukturviskosität usw.) aufweist und die Stoffwerte sich beim Durchgang durch den Extruder oft erheblich ändern. Bezüglich genauerer Berechnungen sei auf das umfangreiche Schrifttum verwiesen [*5.12—5.14*].

Vielkantmischer sind eine Sonderform der einwelligen Schneckenmischer ohne Förderwirkung, die man für reine Flüssigkeiten und Suspensionen einsetzen kann. Sie bestehen aus einer Vielkantwelle, die mit geringem Spiel in einem zylindrischen Gehäuse rotiert [*5.15*]. Zum Kompensieren ihres beträchtlichen Druckabfalls kombiniert man sie meist mit einer (der Mischzone vorgeschalteten) Förderschnecke.

Die einwelligen Schneckenmischer zeichnen sich durch geringe Längsvermischung des Guts aus, zeitlich schwankende Zusammensetzung des Aufgabeguts macht sich daher auch bei verhältnismäßig hoher Schwankungsfrequenz noch im Endprodukt bemerkbar.

5.322 Ko-Kneter. *Ko-Kneter* eignen sich zum Mischen, Kneten, Plastifizieren, Homogenisieren und Dispergieren praktisch aller zähen Substanzen. Handelsübliche Typen verarbeiten 2 bis 1000 (2250) kg/h verschiedener Kunststoffe (PVC, Polystyrol, Polyäthylen usw.) mit einer maximalen spezifischen Antriebsleistung von 1500 bis 3000 kJ/ kg (entsprechend 0,4 bis 0,8 kWh/ kg); bei Kohle-Elektrodenmasse und Teigen erreichen sie einen Ausstoß von 12 000 kg/h mit einer maximalen spezifischen Antriebsleistung von 54 kJ/kg (0,015 kWh/kg).

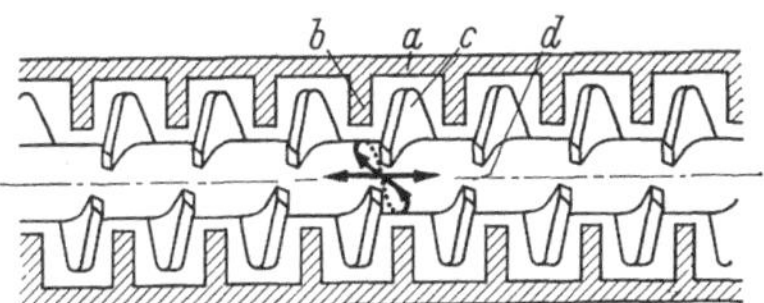

Abb. 5.7. Arbeitsweise des Ko-Kneters
(Fa. Buss/Basel).

a Gehäuse, *b* Knetzähne, *c* Schnecke,
d Schneckengang-Lücke.

Die Abb. 5.7 zeigt die Arbeitsweise eines Ko-Kneters, und die Abb. 5.8 gibt den Aufbau der ganzen Maschine wieder. In einem zylindrischen Gehäuse *a* mit Knetzähnen *b* führt eine Schnecke *c* gleichzeitig eine rotierende und eine axial hin- und hergehende Bewegung aus. Die Schneckengänge weisen Lücken *d* auf, durch welche die Knetzähne bei jedem Bewegungsspiel von einem Gang in den benachbarten übertreten können. Dadurch kommt eine Längsvermischung und eine starke Knetwirkung zustande. Die Knetzähne verhindern ein Festsetzen klebender oder krustender Mischgüter in den Schneckengängen (solche Stoffe rotieren in einwelligen Schneckenmischern wie ein starrer Körper mit der Schnecke und verstopfen somit die Maschine), so daß man auch „schwierige" Güter einwandfrei mit Ko-Knetern verarbeiten kann. Den Vorteilen der guten Misch- und Knetwirkung sowie der universellen Verwendbarkeit des Ko-Kneters stehen als Nachteile der hohe Preis und der (infolge der Axialbewegung) pulsierende Produktausstoß gegenüber.

Durch Nachschalten einer Austragsschnecke (Kurzschnecke, $L/D = 4$) läßt sich ein gleichmäßiges Austragen erreichen, allerdings muß man dann den damit verbundenen höheren Aufwand in Kauf nehmen.

5.323 Mehrwellige Durchlaufmischer. Mit Hilfe *mehrwelliger Schneckenmischer* [*5.16*] lassen sich auch solche Stoffe kontinuierlich mischen, die man mit einwelligen Maschinen (außer Ko-Knetern) nicht verarbeiten

Abb. 5.8. Ko-Kneter (Fa. Buss/Basel).
a Gehäuse, *b* Knetzähne, *c* Schnecke, *d* Schneckengang-Lücke.

kann (Bingham-Pasten, wachsartige, klebende oder krustende Substanzen). Man unterscheidet Schneckenmischer mit gegenläufig rotierenden Gegendrallschnecken und solche mit gleichsinnig umlaufenden Gleichdrallschnecken.

Abb. 5.9 a – c. Querschnitte gleichsinnig rotierender, selbstreinigender Knetschnecken bzw. Knetscheiben.

Die in Abschnitt 4.423 (S. 164 ff.) beschriebenen *Schraubenspindelpumpen* eignen sich (mit anderer Schneckengeometrie und längeren Schnecken, $L/D \doteq 10$) als zweiwellige Maschinen mit vollständig ineinander kämmenden und einander abstreifenden, also „selbstreinigenden" Gegendrallschnecken zum Mischen und Fördern von Flüssigkeiten beliebiger Viskosität. Infolge ihres statischen Förderprinzips (Durchsatz nahezu unabhängig vom Gegendruck) läßt sich die Mischwirkung jedoch nicht wie bei Extrudern durch Verändern der Drehzahl und des Gegendrucks, sondern nur durch Auswechseln der Mischschnecken beeinflussen. Um diesen Nachteil zu umgehen, kann man zwischen den Gegendrallschnecken ein erhebliches Spiel vorsehen (d. h. den Mischer mit großen inneren Undichtigkeiten ausführen), allerdings muß man dann auf das vollständige „Selbstreinigen" der Schnecken verzichten.

Zweiwellige Schneckenmischer mit einander vollständig abstreifenden Gleichdrallschnecken weisen einen vom Eintritt zum Austritt durch-

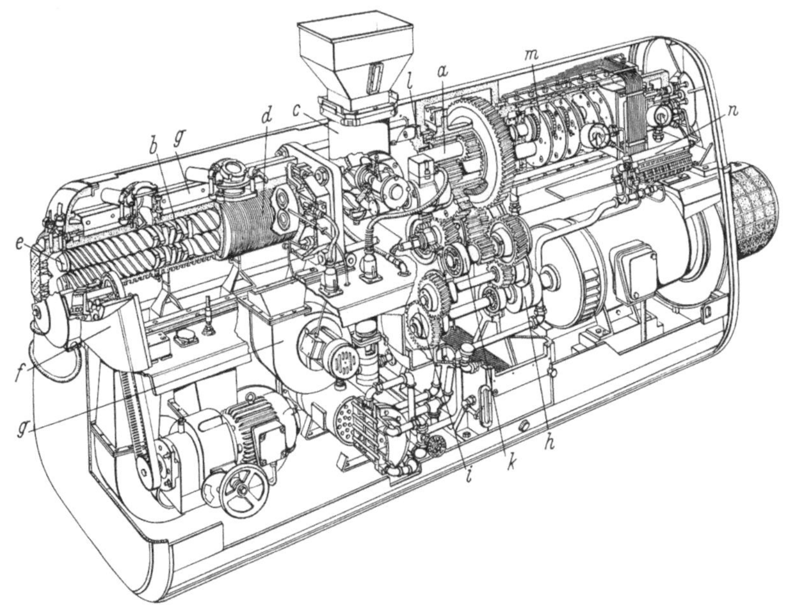

Abb. 5.10. Zweiwellige Knetscheiben-Schneckenpresse ZSK 83/1100
(Fa. Werner & Pfleiderer/Stuttgart).

a gleichsinnig umlaufende Wellen, *b* Knetscheiben, *c* Produkteinlauf, *d* Schneckengehäuse, *e* Schneckenspitzen, *f* Maschinenkopf (Granuliervorrichtung), *g* Heizschale bzw. Kühlluft-Ventilator, *h* Rutschkupplung, *i* Wechselräder, *k* Reduziergetriebe, *l* Radiallager, *m* Axiallager, *n* Druckölumlaufschmierung.

gehenden, um beide Wellen (längs einer 8-förmig eingeknickten Schraubenlinie) herumführenden Kanal auf. Sie fördern das Gut durch Reibungskräfte und ermöglichen daher ein Beeinflussen des Mischeffekts durch Variieren der Drehzahl und des Gegendrucks. Zum Steigern der Mischwirkung gegenüber der Förderwirkung kann man Knetzonen aus schraubenförmig gegeneinander versetzten, zylindrischen Knetscheiben mit exzentrisch-kreisrundem, linsenförmigem oder Kreisbogen-Dreieck-Querschnitt nach Abb. 5.9 einfügen; in diesen Abschnitten überwiegen die Knetwirkung und die Längsvermischung durch axiales Abquetschen einzelner Stoffballen, der Druckaufbau in Achsrichtung ist dagegen vergleichsweise niedrig (kleinere Lagerbelastung!). Handelsübliche Maschinen erreichen je nach Produkt Durchsätze bis etwa 3000 kg/h (Plastifizieren und Einfärben von Hochdruck-Polyäthylen) und spezifische Antriebsleistungen über 3600 kJ/kg (1 kWh/kg).

Die Abb. 5.10 stellt einen perspektivischen Schnitt durch eine komplette *zweiwellige Knetscheiben-Schneckenpresse* mit allen Einrichtungen dar. In dem Schneckengehäuse d mit eingegossenen Heizrohren und Entgasungsstutzen rotieren gleichsinnig die beiden Wellen a mit (zum Anpassen an das Produkt) auswechselbaren Schneckenbüchsen und Knetscheiben b (beide mit Kreisbogen-Dreieck-Querschnitt, vgl. Abb. 5.9) sowie kühlbaren Schneckenspitzen e. Der Antrieb erfolgt von einem Gleichstrommotor mit Leonardsatz (Regelbereich 1:10) über eine Rutschkupplung h, Wechselräder i und ein Reduziergetriebe k. Die Lager l und m nehmen die Radialkräfte bzw. den Axialschub der Schnecken auf. Das Produkt wird durch ein heiz- oder kühlbares Einlaufstück c zugeführt und durch den Maschinenkopf f (hier Granuliervorrichtung) ausgestoßen. Die Heizschalen und Kühlventilatoren g ermöglichen zonenweises Heizen bzw. Kühlen des Gehäuses. Eine Drucköl umlaufschmierung n versorgt alle Schmierstellen der Schneckenpresse.

Der Volumdurchsatz $\dot{V}$ mehrwelliger Schneckenmischer ergibt sich bei freiem Auslauf ($\Delta P = 0$) gemäß

$$\dot{V} = \varepsilon F h_G \frac{\omega}{2\pi} \tag{5.15}$$

aus der freien Fläche des Mischraumquerschnitts F, der Schneckensteigung h_G und der Winkelgeschwindigkeit ω. Der Beiwert ε berücksichtigt den Füllungsgrad und den Förderwirkungsgrad des Mischers. Für Förderschnecken ist ε bei NEWTONschen Flüssigkeiten etwa 0,5 [vgl. dazu Gl. (4.77)], bei Thermoplasten 0,1; für Knetscheiben gilt bei teigigen Stoffen, Schokolade usw. etwa $\varepsilon \sim 0,03$ bis $0,05$.

Schneckenmaschinen mit 3 oder 4 Schneckenwellen dienen meist nicht mehr ausschließlich zum Mischen, sondern gleichzeitig zum Durchführen anderer Verfahrensschritte (Schmelzen, Entgasen, Kühlen, Aufheizen usw.). Schmierende Flüssigkeiten lassen sich auch mittels druckseitig stark gedrosselter *Zahnradpumpen* (vgl. S. 163) mit vergrößertem Gehäusespiel gleichzeitig fördern und mischen.

Bei Extrudern setzt man gelegentlich *Planetenmischköpfe* zum Homogenisieren des Guts ein: Die Extruderschnecke trägt im Bereich des Mischkopfs eine Außenverzahnung und fungiert als Sonnenrad eines Planetengetriebes; das Mischergehäuse ist innen verzahnt. Zwischen dem Sonnenrad und dem Gehäuse laufen mehrere Planetenräder um, die sich beim Drehen des Sonnenrads einerseits an diesem, andererseits an dem Gehäuse abwälzen und dabei das axial durchtretende Gut intensiv mischen.

5.33 Rühr- und Knetwerke

Obwohl sich die meisten technischen Mischvorgänge kontinuierlich durchführen lassen, zieht man oft aus verschiedenen Gründen chargenweise betriebene Mischer vor: Im Entwicklungsstadium neuer Verfahren sind im Labor und in Versuchsanlagen im allgemeinen sehr kleine Flüssigkeitsmengen zu mischen, für die sich Durchlaufmischer im Gegensatz zu Rühr- und Knetwerken schlecht eignen; die an einem chargenweise arbeitenden Versuchsmischer ermittelten Ergebnisse kann man vielfach unmittelbar auf ähnliche Großausführungen übertragen, während vor dem Einsatz eines Durchlaufmischers weitere Untersuchungen nötig wären. Rühr- und Knetwerke lassen sich chargenweise von Hand beschicken und entleeren, wogegen Durchlaufmischer mechanische Dosiereinrichtungen zum Sicherstellen einer gleichbleibenden Mischgüte erfordern. Erstere kann man durch Einsetzen zweckmäßiger Rührer bzw. Knetarme, Verändern der Drehzahl und vor allem der (bei ihnen frei wählbaren) Mischzeit einfacher als letztere an verschiedene Produkte und Betriebsbedingungen anpassen. Schließlich sind die wirtschaftlichen Vorteile einer kürzeren Entwicklungszeit häufig größer als die möglichen Ersparnisse durch Verwenden eines als Verfahrensstufe besonders zweckmäßigen Durchlaufmischers.

5.331 Bauarten und Einsatzbereiche. Rühr- und Knetwerke bestehen aus einem Rührgefäß oder Mischtrog mit mechanisch bewegten Rühr- bzw. Kneteinrichtungen. Von der unübersehbaren Zahl verschiedener Rührer- und Kneterformen haben sich nur wenige auf die Dauer bewährt. Man kann die Mischwerkzeuge nach ihrer vorherrschenden Wirkung auf das Mischgut in Rührer mit vorzugsweise tangentialer, radialer oder axialer Förderwirkung sowie Kneter mit überwiegendem Schereffekt gliedern. Die vom Fachnormenausschuß Chemischer Apparatebau empfohlenen Rührerformen und deren Hauptabmessungen gehen aus Abb. 5.11a bis h hervor [*5.17*, *5.18*].

Rührer mit tangentialer Förderwirkung beschleunigen das Gut vor allem in Umfangsrichtung; sie müssen daher dem Gefäßdurchmesser vergleichbare Abmessungen aufweisen und aus mechanischen Gründen (Schwingungen, Seitenkräfte) verhältnismäßig langsam laufen (Umfangsgeschwindigkeit meist unter 2,5 m/s). Blattrührer (Abb. 5.11a) und Balkenrührer (Abb. 5.11b) eignen sich vornehmlich für niedrigviskose Flüssigkeiten, Gitterrührer (Abb. 5.11c) und Ankerrührer (Abb. 5.11d) für Flüssigkeiten mit mittlerer Viskosität sowie für Substanzen, die

Krusten oder Ansätze an den Behälterwänden bilden. Fingerrührer
(Abb. 5.11e) weisen bereits eine beträchtliche Knetwirkung (zwangs-
weises Verformen von Mischgutballen zwischen feststehenden und
bewegten Mischwerkzeugen) auf und lassen sich daher auch für zähe
Stoffe einsetzen. Impeller-Rührer sind kleine, schnellaufende, dreiarmige
Balkenrührer mit gebogenen Armen, die sich infolge ihrer einfachen Form
gut emaillieren oder mit anderen Schutzüberzügen versehen lassen und

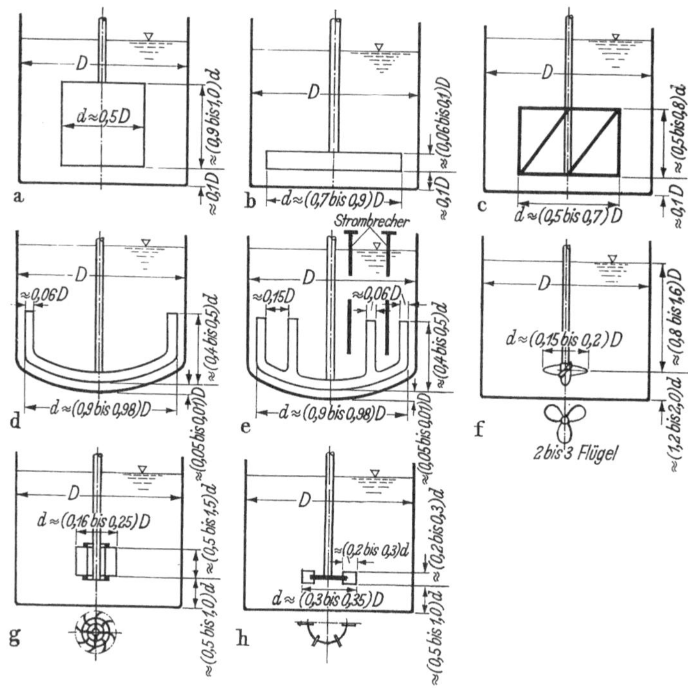

Abb. 5.11a—h. Rührerformen und Hauptabmessungen (nach DIN 28131).
a) Blattrührer; b) Balkenrührer; c) Gitterrührer; d) Ankerrührer; e) Fingerrührer; f) Propellerrührer; g) Kreiselrührer; h) Scheibenrührer

daher vor allem zum Mischen chemisch aggressiver Substanzen dienen;
sie benötigen meist Strombrecher zum Erzielen einer guten Mischwirkung. Sehr kleine Flüssigkeitsmengen in Laboratoriums-Glasgeräten
rührt man vielfach mit Magnetrührapparaten: Ein stabförmiger Eisen-
kern dreht sich — von außen durch ein umlaufendes Magnetfeld in
Rotation versetzt — ähnlich einem Impeller in dem Flüssigkeitsgemisch.
Diese Rühreinrichtung benötigt keine mechanischen Antriebselemente
und ermöglicht daher einen einfachen Aufbau von Versuchsapparaten;
sie liefert allerdings keine zum Übertragen auf größere Mischer geeigneten Versuchsergebnisse.

Bedeckt die auf einen Radialschnitt projizierte Rührerfläche mehr als etwa $^1/_5$ der Flüssigkeits-Projektionsfläche, so kann der Behälterinhalt bei zentrischer Rühreranordnung und runden Gefäßen im Rührer-Drehsinn mitrotieren und dadurch den Mischvorgang beeinträchtigen, wenn man dies nicht durch Strombrecher an den Wänden verhindert. Die Abb. 5.12a—c zeigen schematisch verschiedene Ausführungsbeispiele. Durch den Einbau von Strombrechern vergrößert sich vielfach der spezifische Arbeitsaufwand zum Erzielen der gewünschten Mischgüte.

Rührer mit axialer Förderwirkung — sogenannte Propeller- oder Schraubenrührer (Abb. 5.11f) — erzeugen einen kräftigen Flüssigkeitsstrom in Richtung der Rührerachse. Sie laufen im allgemeinen mit ver-

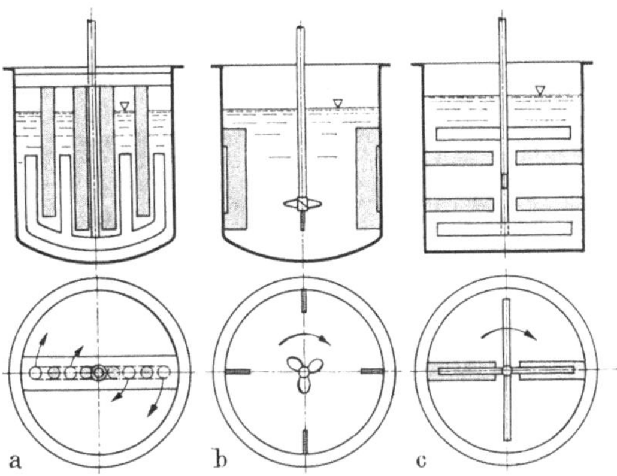

Abb. 5.12a—c. Strombrecher in Rührgefäßen.

hältnismäßig hoher Drehzahl (Umfangsgeschwindigkeit 10 bis 15 m/s) und benötigen daher bei gleicher Antriebsleistung nur leichtere Getriebe und Lager, dünnere Wellen, kleinere Stopfbüchsen usw. als Blatt- oder Balkenrührer, eignen sich jedoch nicht für hochviskose Flüssigkeiten über etwa 10 Poise. Die Abb. 5.13a—d geben verschiedene Einbaumöglichkeiten für Propellerrührer wieder. Kleine Rühreinheiten (Antriebsleistung bis etwa 5 kW) kann man komplett an vorhandene Behälter anklemmen, größere baut man ebenso wie langsamlaufende Balken-, Ankerrührer usw. mit dem Behälter zu einer konstruktiven Einheit zusammen. Bei zylindrischen Gefäßen läßt sich das Mitrotieren des Behälterinhalts durch exzentrischen Einbau (Abb. 5.13b) des Propellers oder Strombrecher (Abb. 5.12b) vermeiden. Durch Leitrohre (Abb. 5.13d) kann man auch bei extremen Behälterformen ein gutes Durchmischen des ganzen Inhalts sicherstellen.

Kreisel- und Scheiben- oder Schaufelrührer (Turborührer) gemäß Abb. 5.11g, h zeichnen sich durch vorwiegend *radiale Förderwirkung* und hohe

Drehzahlen (Umfangsgeschwindigkeiten 10 bis 15 m/s) aus. Sie eignen
sich für Flüssigkeiten bis über 10 Poise. Scheibenrührer mit verstellbaren
Schaufeln („Rapid-Dissolver", „Varicinetic-Dissolver" usw.) bewähren
sich bei verschiedenen Dispergierprozessen (vgl. Abschn. 5.5, S. 239 ff.);
zum Mischen ineinander löslicher Flüssigkeiten verwendet man sie nicht.
Bei niedrigviskosen Flüssigkeiten kann man auch durch zwei oder mehr
auf der gleichen Achseangeordnete, gegeneinander fördernde Propellerrührer im Bereich zwischen den Propellern eine starke Radialströmnug
in dem Rührbehälter erzielen.

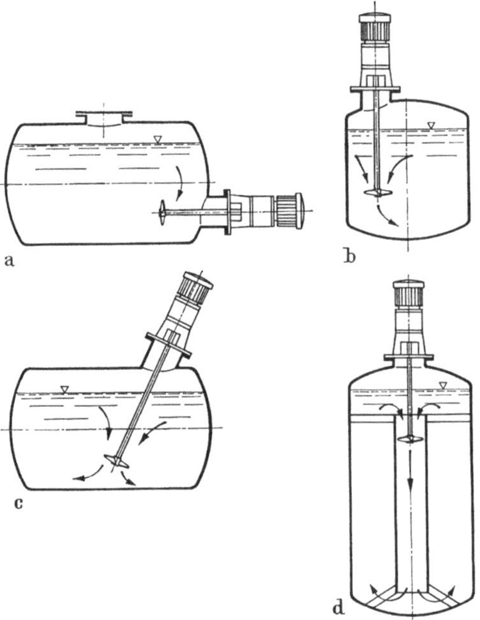

Abb. 5.13 a—d. Einbaumöglichkeiten für Propellerrührer.

Der von B. ECK vorgeschlagene *Querstromrührer* [5.19] besteht aus
einer fliegend gelagerten Schaufelwalze (ähnlich Abb. 5.11 g) mit vertikaler Achse, die exzentrisch in den Rührbehälter eintaucht und — wenn
sie sich über dessen ganze Höhe erstreckt — eine annähernd zweidimen-
sionale, radialtangentiale Mischströmung erzeugt (im Gegensatz zu anderen Rührern, die dreidimensionale Mischbewegungen hervorrufen).

Neben den rotierenden verwendet man gelegentlich, insbesondere für
stopfbüchslose Hochdruck- oder Hochvakuum-Apparate, auch *hin- und
hergehende Rührorgane*. Magnetrührer bestehen aus einem Schaft mit
Rührplatten, der von Elektromagneten 30- bis 120mal pro Minute ruck-
artig axial hin und her bewegt wird und dessen Durchtrittsstelle durch
die Behälterwand mit Hilfe einer Membran gasdicht abgeschlossen ist.

Ein Schaft reicht etwa zum Mischen eines Flüssigkeitsvolums von 125 Litern; größere Behälter benötigen mehrere Magnetrührer. Beim Vibromischer [5.20] weisen die Rührscheiben gemäß Abb. 5.14 konische Öffnungen auf; sie oszillieren stetig und erzeugen dadurch (infolge des unterschiedlichen Strömungswiderstands der Öffnungen in den beiden Richtungen) eine quasistationäre Mischströmung im Behälter. In Laboratorien verwendet man für niedrigviskose Flüssigkeiten manchmal auch „Drillmischer" mit Blattrührern, die Drehschwingungen (100 Hz) um die Rührachse ausführen. Pendelrührer mit langsam hin- und hergehenden Rührblättern oder Rührbalken verhüten zwar Entmischungserscheinungen in Dispersionen (beispielsweise im Trog von Trommel-

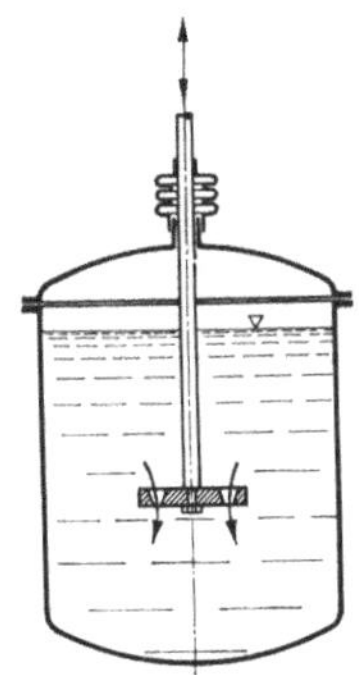

Abb. 5.14. Vibromischer [5.20].

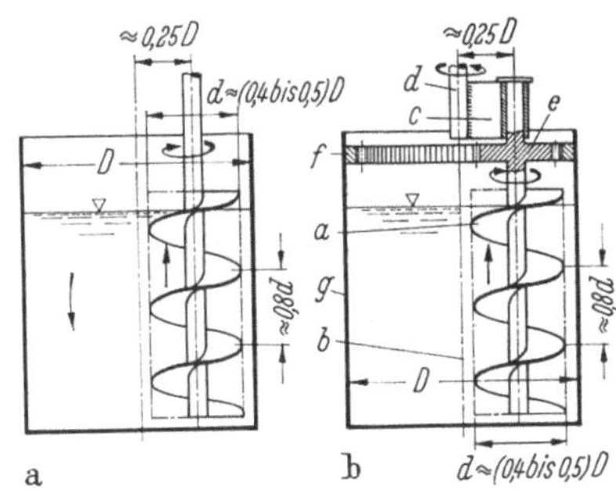

Abb. 5.15a u. b. Rühreinrichtungen für zähe Stoffe.
a) Schraubenspindelrührer; b) Planetenrührwerk.
a Schraubenspindel, b Behälterachse, c Käfig, d Antriebswelle, e Zahnrad, f Zahnkranz, g Behälter.

drehfiltern), eignen sich jedoch normalerweise nicht zum Mischen. In Hochdruckautoklaven oder Hochvakuumapparaten kann man niedrigviskose Substanzen auch vermischen, indem man das ganze Gefäß so weit kippt, daß der Flüssigkeitsinhalt abwechselnd auf die eine und auf die andere Seite des Behälters fließt (Schwenkautoklaven). Niedrig- bis mäßigviskose Flüssigkeiten lassen sich in einfachen Behältern intensiv mischen, indem man den Behälterinhalt mit Hilfe einer Pumpe beliebiger Bauart umwälzt. Leitet man die umgewälzte Flüssigkeit als Freistrahl in den Behälter zurück (vgl. Abschn. 5.311, S. 198), so bewirkt dieser einen ähnlichen Mischeffekt wie ein in Strahlrichtung fördernder Propellerrührer. Eine gute Mischwirkung erzielen auch radiale „Wandstrahlen", die sich im Behälter einstellen, wenn die von der Umwälzpumpe kommende Druckleitung senkrecht unmittelbar über der Mitte des Behälterbodens mündet.

In zähen Stoffen stellen sich vielfach in sich geschlossene, laminare Ringströmungen ein; die Flüssigkeit in diesen Bereichen vermischt sich — trotz ihrer manchmal beträchtlichen Strömungs-

geschwindigkeit — nur sehr langsam mit dem übrigen Behälterinhalt. Mit exzentrisch eingebauten Schraubenspindelrührern nach
Abb. 5.15a [*5.34*] erreicht man eine sehr gute Mischwirkung, die sich
noch wesentlich steigern läßt durch Planetenrührwerke gemäß Abb. 5.15b: Die Schrau-
benspindel *a* ist in einem
um die Behälterachse *b*
drehbaren Käfig *c* exzentrisch gelagert. Sie trägt ein
Zahnrad *e*, das sich beim
Drehen des Käfigs an einem
feststehenden Zahnkranz *f*
abwälzt, so daß die einzelnen
Rührerpunkte Zykloidenbe-
wegungen im Mischgut aus-
führen (Balken-, Kreuzbal-
ken- oder Gitterrührer sind
wegen der mangelhaften
Axialvermischung im allge-

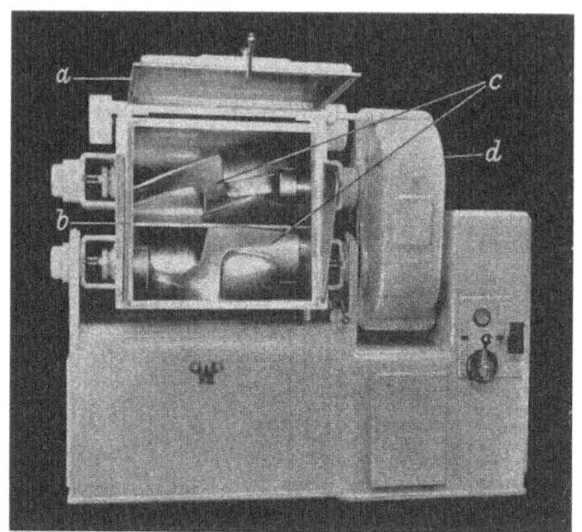

Abb. 5.16. Universal-Misch- und Knetmaschine, Trog
zum Entleeren gekippt (Fa. Werner & Pfleiderer/Stutt-
gart).

a Klappdeckel, *b* Trog, *c* Knetschaufeln, *d* Getriebe.

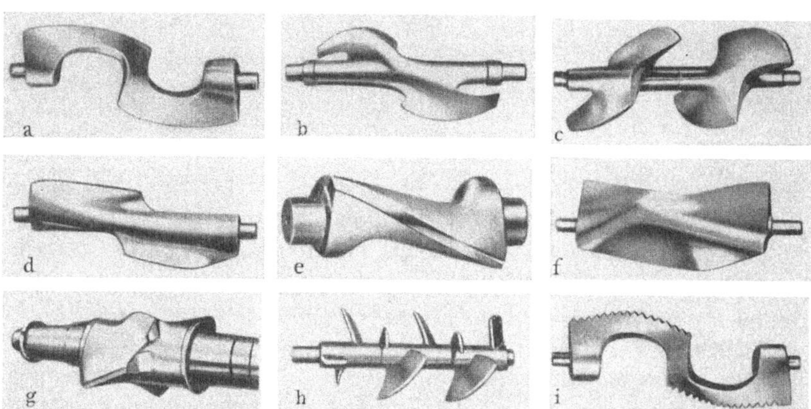

Abb. 5.17a—i. Knetschaufeln für Trogmischer (Fa. Werner & Pfleiderer/Stuttgart).
a) Sigma- oder Zeta-Schaufel; b) u. d) Naben-Schaufel; c) Doppelnaben-Schaufel; e) Einkurven-
Schaufel; f) 3flügelige Gummikneter-Schaufel; g) 4flügelige Gummikneter-Schaufel; h) Seifen-
Schaufel; i) Zerfaserer-Schaufel.

meinen nicht als Planeten- Rührwerkzeuge für sehr zähe Substanzen
zu empfehlen; auch Propeller-, Kreisel- und Scheibenrührer eignen sich
schlecht dafür!).

Knetwerke dienen zum Mischen sehr hochviskoser Flüssigkeiten
zwischen 100 und etwa 10^5 Poise („stichfeste" Produkte), die sich aus den

in Abschnitt 5.32 (S. 199 ff.) dargelegten Gründen besonders schwer mischen lassen. Das Gut wird zwischen den Gehäusewänden, den feststehenden und den umlaufenden Knetwerkzeugen zwangsweise verformt sowie quer zur Bewegungsrichtung der letzteren auseinandergequetscht. Dies erfordert im allgemeinen sehr hohe Kräfte, daher sind die Knetwerke besonders robust gebaut. Man unterscheidet im wesentlichen *Trogkneter* mit nur teilweise gefülltem und von den Knetwerkzeugen bestrichenem Behälter (Trog) sowie *Innenmischer* mit Knetorganen, die den ganzen Mischer erfassen. *Stempelkneter* sind Innenmischer mit einem (meist pneumatisch betätigten) Stempel, der das Gut in die Mischkammer drückt und während des Knetvorgangs zum Steigern der Knetwirkung unter einem Druck von etwa 2 (normal) bis 10 at hält.

Die Abb. 5.16 zeigt einen Trogkneter für zähe Stoffe. In dem oben mit einem Klappdeckel *a* verschlossenen Trog *b* rotieren zwei Knetschaufeln *c* gegenläufig mit unterschiedlichen Drehzahlen. Zum Entleeren und Reinigen läßt sich der Trog um eine Knetwelle kippen. Drehzahl und Knetschaufelform hängen weitgehend von dem Produkt ab. Trogkneter gibt es für Fassungsvermögen zwischen 0,0001 und 10 m³; Sonderausführungen sind mit einem heiz- bzw. kühlbaren Trog ausgestattet und ermöglichen auch Knetprozesse bei Überdruck oder Vakuum. Die Abb. 5.17 a—i geben verschiedene Knetschaufelausführungen wieder. Am gebräuchlichsten sind die Sigmaoder Zeta-Schaufeln (Abb. 5.17 a). Bei hoher mechanischer Beanspruchung der Knetwerkzeuge setzt man Naben- und Doppelnaben-Schaufeln ein (Celluloidmasse, Sprengstoffe, Farbpigmente; Abb. 5.17 b bis d). Einkurven-Schaufeln (Abb. 5.17 e) haben

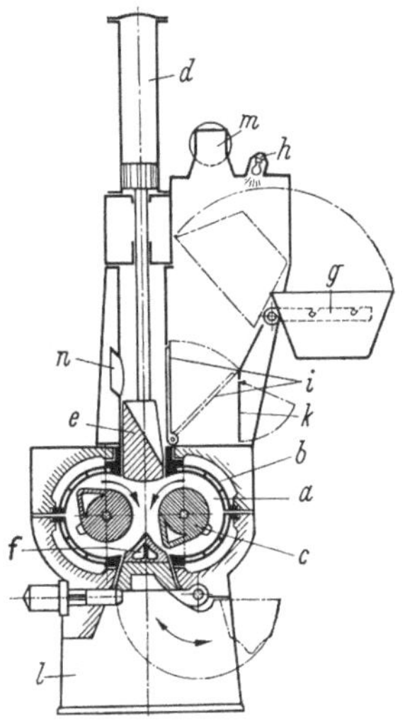

Abb. 5.18. Stempelkneter mit Klappsattel (Fa. Werner & Pfleiderer/ Stuttgart).

a Mischkammer, *b* Heiz- bzw. Kühlmantel, *c* Knetschaufeln, *d* Druckluftzylinder, *e* Stempel, *f* Klappsattel, *g* Füllkübel, *h* Scheinwerfer, *i* Einfüllklappe, *k* Reinigungsklappe, *l* Maschinenständer, *m* Absaugung, *n* Pulver-Einfüllöffnung.

besonders hohe Knet- und Kompressionswirkung; man verwendet sie für Kautschukmassen, Dichtungskitte, Bremsbeläge usw. Für Gummi und Kunststoffe bewähren sich die Gummikneterschaufeln (Abb. 5.17 f, g), für Seife die Seifen-Schaufeln (Abb. 5.17 h) und zum Aufbereiten von Kunstseide, Zellwolle usw. Zerfaserer-Schaufeln (Abb. 5.17 i).

Die Abb. 5.18 stellt einen Innenmischer mit Stempel (Stempelkneter) dar. In der Mischkammer *a* mit Heiz- bzw. Kühlmantel *b* rotieren zwei vierflügelige Knetschaufeln *c* gegenläufig mit unterschiedlichen Dreh-

14*

zahlen (etwa im Verhältnis 1:1,15 bis 1,35, größenordnungsmäßig zwischen 20 und 40, bei Labormischern bis 170 U/min). Der von dem Druckluftzylinder d pneumatisch betätigte Stempel e drückt das Mischgut in die Mischkammer und hält es während des Knetvorgangs unter einem Druck von normalerweise etwa 2 at. Durch Öffnen des Klappsattels f läßt sich der Kneter in wenigen Sekunden entleeren. Innenmischer (Mischkammervolum zwischen 3 und 400 Liter) verwendet man zum Herstellen aller vorkommenden Gummi-Mischungen, Bodenbelagmassen (Linoleum), Kunststoffgemische (PVC, Polyäthylen) usw. Die pro Liter Mischkammervolum installierte Antriebsleistung beträgt etwa 3 bis 4 kW (bei Labormischern bis 25 kW).

5.332 Antriebsleistung. Die Antriebsleistung N eines Rührers folgt aus

$$N = N_0 + c\,\varrho\,d^5\,\omega^3 \tag{5.16}$$

mit N_0 als „Verlustleistung" zum Überwinden der mechanischen Verluste in Getrieben, Lagern und Stopfbüchsen, ϱ als mittlerer Gemisch-

Tabelle 5.1.

Exponenten m und p in Gl. (5.17) für verschiedene Rührzustände (nach R. ERDMENGER u. S. NEIDHARDT [5.20])

Rührzustand	Oberfläche	$Re = \dfrac{\varrho\,d^2\,\omega}{2\,\mu}$	m	p
laminar	eben	<50	-1	0
turbulent mit merklichem Zähigkeitseinfluß	eben	100 bis 200 000	$-0,25$	0
turbulent ohne merklichen Zähigkeitseinfluß	eben	$>200\,000$	0	0
turbulent ohne merklichen Zähigkeitseinfluß	gewölbt (Trombe)	>300	0	$\dfrac{a - \log Re}{b}$

D/d	Propellerrührer		Scheibenrührer (6 Schaufeln)	
	a	b	a	b
2,1	2,6	18		
2,7	2,3	18		
3,0	2,1	18	1,0	40
3,3	1,7	18	1,0	40
4,5	0	18		

dichte sowie d und ω als Außendurchmesser bzw. Winkelgeschwindigkeit des Rührers. Der Beiwert c hängt gemäß

$$c = A_* \, Re^m \, Fr^p \qquad (5.17)$$

von der Reynoldszahl $Re = \varrho\,\omega\,d^2/2\,\mu$ und von der Froudezahl $Fr = \omega^2 d/4g$ ab (Re und Fr sind nach W. BÜCHE [5.4] mit der Umfangsgeschwindig-

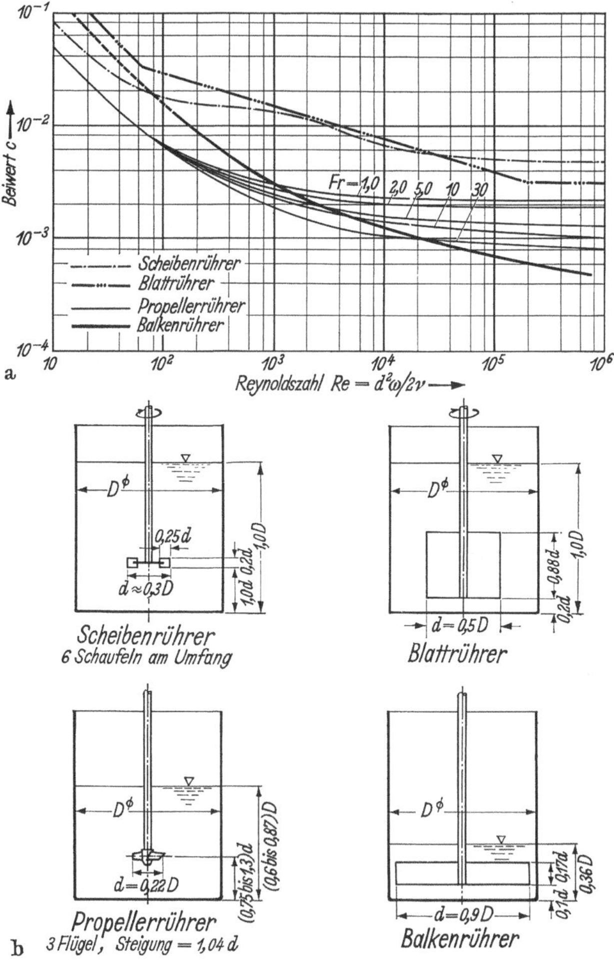

Abb. 5.19a u. b. Verschiedene Rührer [5.18, 5.20].
a) Beiwert c; b) Form und Hauptabmessungen.

keit $d\,\omega/2$ des Rührers gebildet). Es bezeichnen μ die dynamische Viskosität des Gemischs, g die Erdbeschleunigung, A_* einen von der Rührwerksgeometrie abhängigen Beiwert sowie m und p Exponenten, deren

Größe für verschiedene Rührzustände aus Tab. 5.1 hervorgeht [5.20].
Aus Abb. 5.19a kann man den Beiwert c in Abhängigkeit von Re für die
in Abb. 5.19b wiedergegebenen Rührer entnehmen; bezüglich anderer
Rührerausführungen sei auf das Schrifttum verwiesen [5.18, 5.20, 5.21,
5.34, 9.31.12]. Rippen und Strombrecher an den Gefäßwänden erhöhen c
erheblich: Thermometerhülsen, Steigrohre usw. können eine Zunahme
um 10 bis 30% verursachen, Rohrschlangen sogar um 200 bis 300%
[9.31.12].

Bei nicht-NEWTONSchen Substanzen läßt sich c nicht mehr gemäß
Gl. (5.17) mit A_* als konstantem, nur von der Rührwerk-Bauart abhängi-
gem Faktor und Re als Reynoldszahl darstellen. Bei zähen, strukturviskosen Stoffen kann man jedoch nach A. B. METZNER und Mitarbeitern
[5.32, 5.33] aus der Fließkurve (vgl. Abb. 2.3, Kurven e, f) die Schubspannung τ^* bei dem Geschwindigkeitsgradienten $dw/dn \doteq 2\omega$ entnehmen, damit eine scheinbare Viskosität $\mu^* = \tau^*/2\omega$ bestimmen und mit
μ^* wie bei einer NEWTONSchen Flüssigkeit weiterrechnen. Die so ermittelte
Rührerleistung stimmt im allgemeinen befriedigend mit den Meßwerten
überein.

Beim Vergleich verschiedener Literaturwerte muß man beachten, daß
die Antriebsleistung vielfach als Zahlenwertgleichung in bestimmten
Dimensionen angegeben wird (z. B. N in PS, n in U/min anstelle von ω),
so daß c dann auch die jeweiligen Umrechnungsfaktoren enthält. In
USA verwendet man statt Re und Fr die Kennzahlen $Re_{\mathrm{USA}} = Re/\pi$
bzw. $Fr_{\mathrm{USA}} = Fr/\pi^2$.

W. SIEMES, W. RAHMEL und E. THRUN [5.22] empfehlen zum
Erleichtern der Versuchsauswertung anstelle von c, Re und Fr die daraus
ableitbaren Kennzahlen

$$Le = c\,Re\,Fr, \quad Fq = \frac{Fr}{Re}, \quad R\ddot{u} = \frac{\sqrt{Fr}}{Re}. \quad (5.18\,\mathrm{a-c})$$

Die „Leistungszahl" Le ist von der Rührerdrehzahl unabhängig, die
„Frequenzkennzahl" Fq hängt nicht von der Mischleistung ab, und die
„Rührerkennzahl" $R\ddot{u}$ enthält außer dem Rührerdurchmesser und der
Erdbeschleunigung nur Stoffwerte.

In hochviskosen Stoffen (über etwa 100 Poise) erreicht die spezifische
Mischarbeit oft so hohe Werte, daß man die Temperaturzunahme beim
Rühr- bzw. Knetvorgang

$$\Delta T = \left(\frac{N - N_0}{\varrho\,c_p\,V} - \dot{Q}\right) t_M \qquad (5.19)$$

sowie deren Auswirkungen auf die Produktqualität und die Viskosität
des Guts berücksichtigen muß. In Gl. (5.19) bedeuten $(N - N_0)$ die dem
Produkt zugeführte Mischleistung, t_M die Mischzeit, V das Gemisch-

volum, ϱ die Dichte und c_p die spezifische Wärme des Gemischs sowie $\dot{Q}$ die pro Zeiteinheit durch die Wände usw. abgeleitete Wärme.

5.333 Drehzahl. Hat man durch Modellversuche die günstigste Rührerform und Drehzahl bestimmt, so muß man die gewonnenen Ergebnisse auf die Großausführung übertragen. Das Theorem von W. BÜCHE (Abschn. 5.14, S. 191 ff.) liefert den Zusammenhang

$$\left[\frac{(N - N_0)t}{V}\right]_M = \left[\frac{(N - N_0)t}{V}\right]_G \tag{5.20}$$

mit $(N - N_0)$ als dem Produkt zugeführter Mischleistung, t als Mischzeit und V als Mischvolum (Modell: Index M, Großausführung: Index G).

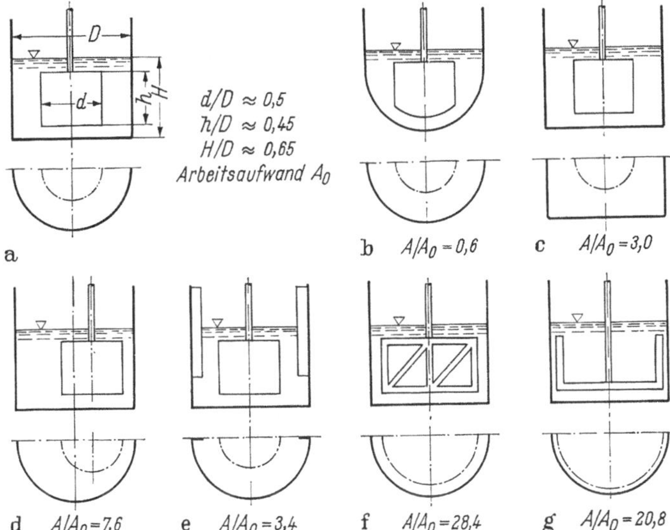

Abb. 5.20 a—g. Spezifischer Arbeitsaufwand zum Lösen von Steinsalz in Wasser für verschiedene Rührwerke (nach W. BÜCHE [5.4]).

Bei gleichen Mischzeiten $(t_M = t_G)$ und ebenen Flüssigkeitsoberflächen folgt damit aus Gl. (5.16) für die Winkelgeschwindigkeiten ω_M, ω_G der Rührer oder Kneter im Modell bzw. in der Großausführung

$$\omega_G = \omega_M \qquad \text{für } Re \leqq 50, \tag{5.21a}$$

$$\omega_G = \omega_M \left(\frac{d_M}{d_G}\right)^{\frac{6}{11}} \approx \omega_M \sqrt{\frac{d_M}{d_G}} \quad \text{für } 100 \leqq Re \leqq 2 \cdot 10^5, \tag{5.21b}$$

$$\omega_G = \omega_M \left(\frac{d_M}{d_G}\right)^{\frac{2}{3}} \qquad \text{für } Re > 2 \cdot 10^5. \tag{5.21c}$$

Auch in vielen zähen, nicht-NEWTONschen Stoffen erreicht man die gleiche spezifische Mischarbeit und Mischgüte bei gleichen Kneterdrehzahlen ($\omega_M = \omega_G$) etwa nach gleichen Mischzeiten ($t_M = t_G$) [5.4].

Sind Modell und Großausführung einander nicht geometrisch ähnlich, so benötigt man zum Erzielen der gleichen Mischgüte im allgemeinen unterschiedliche Mischarbeiten pro Volumeinheit. Die Abb. 5.20b—g zeigen als Beispiel den spezifischen Arbeitsaufwand $A = (N - N_0)\,t/V$ zum Lösen von Steinsalz bestimmter Körnung in Wasser für verschiedene Rührwerke, bezogen auf den Arbeitsaufwand A_0 bei dem Rührwerk nach Abb. 5.20a [5.4].

5.4 Mischen verschiedener Feststoffe

Körnige Feststoffe mischt man durch wiederholtes Umschichten des Haufwerks. Die erreichbare Mischgüte hängt von der mittleren Korngröße, der Kornverteilung und den Massenanteilen der einzelnen Gemischkomponenten ab (Abschn. 5.12, S. 189 ff.). Durch Zerkleinern der grobkörnigen Bestandteile läßt sie sich steigern, sofern dadurch nicht die Produktqualität leidet (dies wäre beispielsweise bei Getreide, Feldfrüchten, Kaffeebohnen oder Teeblättern der Fall). Die mittlere Korngröße kann sich beim Mischen auch durch Zusammenballen mehrerer Körner zu Agglomeraten vergrößern, wodurch sich die erreichbare Mischgüte entsprechend verschlechtert. Die verschiedenen beim Agglomerieren zwischen den Teilchen wirksamen Bindungsmechanismen (mechanisches Verhaken bizarrer Kristallite oder Fäden, Festkörperbrücken, Flüssigkeitsbrücken in feuchten Schüttgütern, VAN DER WAALSsche Kräfte bei Feinstaub, elektrostatische Anziehungskräfte in elektrisch schlecht leitenden Produkten) werden in Abschnitt 7.12 (S. 317 ff.) ausführlich erörtert.

Die Eigenschaften des Haufwerks (Abschn. 2.43, S. 55 ff.) bestimmen weitgehend den Verlauf der Mischvorgänge. Erdschwere und Fliehkräfte führen bei Teilchen unterschiedlicher Größe oder Dichte zu unerwünschten Entmischungseffekten: Die großen, spezifisch schweren Körner häufen sich unten bzw. am Mischerumfang, die kleinen und spezifisch leichten oben bzw. in Achsnähe an. Durch unterschiedliche Benetzbarkeit oder elektrische Aufladung verschiedener Komponenten entmischt sich das Gut in räumlich kleinen Bereichen und verursacht manchmal bei ausreichend langer Mischzeit infolge „selektiver Agglomeration" zusammen mit der Erdschwere oder einem Zentrifugalkraftfeld auch großräumige Entmischungserscheinungen. Die Auswirkungen der vielen Einflußgrößen auf den zeitlichen Ablauf der Mischvorgänge lassen sich nur experimentell durch Modellversuche ermitteln.

Ein guter Feststoffmischer soll folgende Forderungen erfüllen:

1. kurze Mischzeit (viele Umschichtungen pro Zeiteinheit, die das ganze Mischgut erfassen und bis in kleine Bereiche wirksam sind),

2. Schonen des Produkts (kein Zerkleinern von Primärteilchen, aber Auflösen von Agglomeraten; keine thermische Schädigung durch übermäßige Reibung),

3. keine Klassierwirkung,

4. niedrige spezifische Mischarbeit,

5. leichte Bedienung und Wartung (insbesondere leichte Beschickung, Entleerung und Reinigung),

6. große Betriebssicherheit (robuste, unfallgeschützte Konstruktion),

7. kein Belästigen der Umgebung (staubfreier, ruhiger Betrieb).

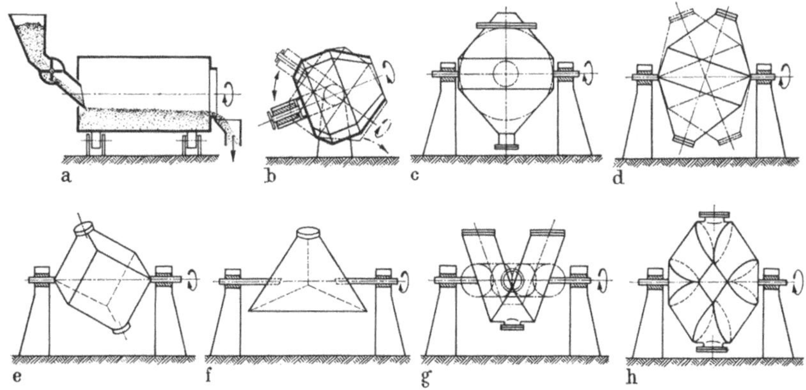

Abb. 5.21 a—h. Trommelmischer.

a) zylindrische Mischtrommel; b) Mischbirne; c) Doppelkonusmischer; d) geneigter Doppelkonusmischer; e) Kubus- oder Würfelmischer; f) Tetraedermischer; g) V-Mischer; h) Doppel-V- oder Karohr-Mischer.

Man kann *Trommelmischer* mit bewegtem Behälter, *Trogmischer* mit ruhendem Behälter und bewegten Mischwerkzeugen sowie andere Einrichtungen zum Mischen von Feststoffen unterscheiden.

5.41 Trommelmischer

Trommelmischer bestehen aus einem Mischbehälter (Mischtrommel), der samt dem Mischgut eine taumelnde oder rotierende Bewegung ausführt. Dabei rutschen und fallen verschiedene Teile des Behälterinhalts durcheinander und vermischen sich. In Abb. 5.21 a—h sind verschiedene, häufig verwendete Bauarten schematisch dargestellt. Sie eignen sich mit Ausnahme der zylindrischen Mischtrommel (Abb. 5.21 a) nur zum chargenweisen Mischen.

Die Abb. 5.21a zeigt eine zylindrische, von Rollenböcken getragene und angetriebene, um ihre Längsachse rotierende *Mischtrommel* ohne Einbauten. Die Gemischkomponenten gelangen kontinuierlich auf der einen Trommelstirnseite in den Mischraum, das Fertigprodukt verläßt ihn ebenfalls kontinuierlich auf der anderen Stirnseite. Die Trommel ist zu 25 bis 35% mit Gut gefüllt. Mischtrommeln für Satzbetrieb sind völlig geschlossen und mit einer staubdicht verschließbaren Einfüll- und Entleeröffnung am Trommelumfang ausgestattet. Trommelmischer dieser Bauart eignen sich zum schonenden Mischen gut fließender, abriebempfindlicher Schüttgüter, allerdings muß man eine lange Mischzeit in Kauf nehmen. Bei Satzbetrieb wirkt sich das Fehlen einer Längsvermischung (in Richtung der Trommelachse) nachteilig aus. Durch Einbau von Prallblechen, Schaufeln, Pflugscharen usw. läßt sich der Mischvorgang in Achsrichtung verstärken und die Mischzeit abkürzen, wenn man die durch Einbauten verursachte Produktzerkleinerung (mehr Abrieb) und die erschwerte Reinigung hinnimmt. Die im Bauwesen weit verbreiteten *Betonmischer* sind meist absatzweise arbeitende Trommelmischer mit einer konischen oder birnenförmigen, einseitig offenen und zum Entleeren kippbaren Mischtrommel, Abb. 5.21b. Den *Doppelkonusmischer* nach Abb. 5.21c (Fassungsvermögen bis etwa 10 m³) verwendet man zum absatzweisen Mischen trockener, pulverförmiger und gut fließfähiger Stoffe mit annähernd gleich großen und gleich schweren Teilchen. Die Mischzeit ist verhältnismäßig kurz, das Mischgut fällt jedoch bei jeder Umdrehung zweimal frei von einem Konus in den anderen und wird dadurch mechanisch hoch beansprucht. Bei dem geneigten Doppelkonusmischer gemäß Abb. 5.21d führt der Mischbehälter eine Taumelbewegung aus, wodurch sich im Mischgut eine kreisende, spiralförmige und besonders mischwirksame Bewegung einstellt. Durch Einbau von Prallblechen kann man die Mischwirkung noch erhöhen (solche Mischer lassen sich jedoch wesentlich schlechter reinigen). Auch mit dem in Abb. 5.21e dargestellten *Kubus-* oder *Würfelmischer* und dem in Abb. 5.21f wiedergegebenen *Tetraedermischer* kann man trockene, feinkörnige und gut fließfähige, aber auch verschiedene zum Agglomerieren neigende Stoffe schnell und gründlich mischen. Der *V-Mischer* nach Abb. 5.21g ist vor allem in Amerika weit verbreitet. Der Inhalt des V-förmigen Behälters teilt und vereinigt sich bei jeder Umdrehung einmal, V-Mischer eignen sich daher auch für Güter, deren Teilchen sich hinsichtlich ihrer Größe und ihrer Dichte stark voneinander unterscheiden. Der Mischvorgang beansprucht das Produkt mechanisch wenig, so daß der Abrieb auch bei empfindlichen Substanzen (z. B. grobkristalline Stoffe) gering bleibt. Normalerweise reicht schon eine sehr kurze Mischzeit zum Erzielen der gewünschten Mischgüte. Der *Doppel-V-Mischer* oder „*Karohr-Mischer*" gemäß Abb. 5.21h (Nutzinhalt 0,5 bis etwa 3500 Liter) weist die Vorzüge des V-Mischers (kurze Mischzeit, geringe Mischgutbeanspruchung, wirksame Mischung auch bei großen Dichte- oder Korngrößenunterschieden) auf, läßt sich aber besser reinigen und neigt infolge Fehlens toter Ecken weniger zum Bilden von Produktansätzen als jener.

Zum Agglomerieren neigende Güter lassen sich wirkungsvoll in zylindrischen Mischtrommeln oder Doppelkonusmischern ohne Einbauten vermischen, wenn man dem Mischgut einige große Mahlkugeln zum Zerkleinern der Agglomerate und Klumpen beigibt.

Der Einfluß der Trommeldrehzahl auf das Verhalten trockenen, rieselfähigen Mischguts läßt sich mit Hilfe der Beschleunigungskennzahl

$$K = \frac{\omega^2 R}{g} \tag{5.22}$$

erfassen, die das Verhältnis der Fliehkraft zur Erdschwere für den am weitesten von der Mischerachse entfernten Punkt der Trommel angibt (ω Winkelgeschwindigkeit, g Erdbeschleunigung, R Achsabstand). Bei sehr kleinen K-Werten ($K \ll 1$) gleitet das Gut längs der Trommelwände, bei sehr hohen K-Werten ($K \gg 1$) rotiert es mit der Trommel wie ein starrer Körper. Bei dazwischen liegenden Beschleunigungskennzahlen löst sich ein Teil des Mischguts im Verlauf der Bewegung von den Behälterwänden und fällt in die untere Zone der Mischtrommel zurück, wodurch sich der Mischeffekt beträchtlich erhöht. Die kürzeste Mischzeit ist auf Grund eines Vergleichs mit Trommelmühlen (Abschn. 7.311, S. 355 ff.) für zylindrische Mischtrommeln, Doppelkonus-, Kubus- und Tetraedermischer bei Beschleunigungskennzahlen K zwischen 0,4 und 0,6 zu erwarten.

Die Antriebsleistung N ergibt sich mit G_M als Gewicht einer Mischgutcharge analog zu Gl. (7.32b) aus

$$N = C\, G_M\, R\, \omega \sqrt{\frac{2}{K}}. \tag{5.23}$$

Der Faktor C hängt von der Mischerbauart und dem Füllungsgrad ab; für überschlägige Rechnungen kann man $C \approx 0,24$ setzen.

5.42 Trogmischer

Einige gebräuchliche Trogmischer mit feststehendem Mischbehälter und darin umlaufenden Mischwerkzeugen sind in den Abb. 5.22a—e zusammengestellt.

Die Abb. 5.22a zeigt einen Mischer für Satzbetrieb, bei dem eine nach oben fördernde Mischschnecke a aus Bandstahl in einem schräg angeordneten, zylindrischen Mischtrog b (Nutzinhalt 10 bis 2000 Liter) rotiert.

Zum Einfüllen der Mischgutcharge und zum Entleeren dienen die Beschickungs- bzw. Entnahmeöffnungen c bzw. d. Diese Bauart eignet sich für trockene, körnige, pulverförmige oder faserige Produkte.

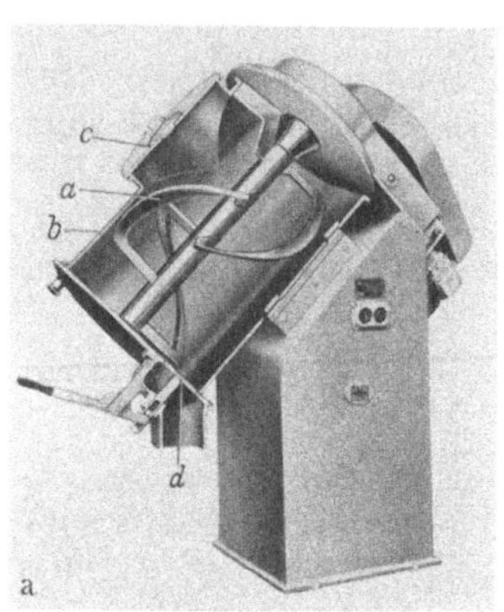

Abb. 5.22a—e. Trogmischer.
a) AMK-Mischmaschine (Fa. AMK/Aachen).
a Mischschnecke, b Mischtrog, c Einfüllöffnung, d Entnahmeöffnung.

Der *Muldenmischer* gemäß Abb. 5.22b dient vornehmlich zum absatzweisen Mischen feuchter, zum Agglomerieren und Klumpenbilden neigender Substanzen (Erdfarben, fetthaltige Lebensmittel wie Kakaopulver usw.). In dem horizontalen Trog a mit Klappdeckel b läuft eine Welle c mit einer rechts- und einer linksgängigen Mischschnecke d bzw. e um. Die durch einen Schieber verschlossene Bodenöffnung f dient zum Entleeren. Muldenmischer für kontinuierlichen Betrieb weisen Einfüll- bzw. Entnahmestutzen an einander gegenüberliegenden Stirnseiten des Trogs und mehrere durch Überlaufwehre voneinander getrennte Mischzonen auf.

Der in Abb. 5.22c wiedergegebene *Nauta-Mischer* eignet sich auch für Schüttgüter mit stark schwankenden Teilchengrößen und -dichten sowie für leicht agglomerierende und feuchte Substanzen. In dem aus zwei

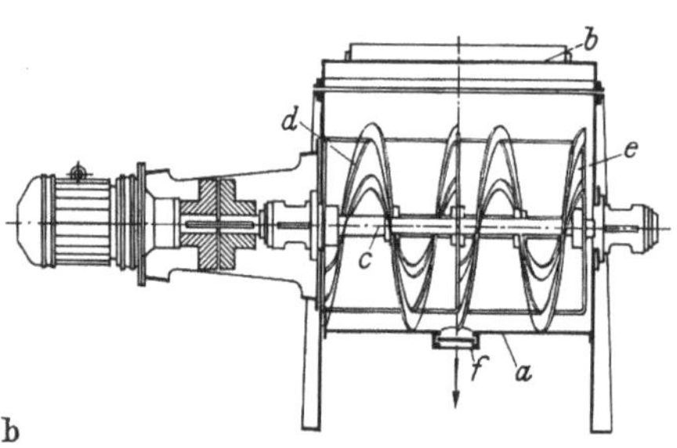

Abb. 5.22a—e. Trogmischer.
b) Muldenmischmaschine (Fa. JEL/Ludwigshafen).
a Trog, b Klappdeckel, c Welle, d rechtsgängige Mischschnecke, e linksgängige Mischschnecke, f Entnahmeöffnung.

Kegelmänteln a, b zusammengesetzten Trog rotieren zwei Schnecken c, d um ihre Längsachse und fördern dadurch das Mischgut zur Oberfläche, gleichzeitig bewegen sie sich langsam an den konischen Behälterwänden entlang (Planetensystem). Das Gut gelangt kontinuierlich durch die Beschickungsöffnung e in den Mischer, das Fertigprodukt verläßt ihn durch die Austragöffnung f ebenfalls kontinuierlich. Mischer für Satzbetrieb haben meist nur einen konischen Mantel mit einer Schnecke; die Austragöffnung ist bei ihnen an der Kegelspitze angeordnet.

Der in Abb. 5.22d dargestellte *Schneckenmischer* dient zum kontinuierlichen Fördern und Mischen trockener Stoffe. An die Dosierschnecke

a in der Aufgabezone schließen sich zahlreiche Mischpaddel b an, deren Schaufeln Teile einer gemeinsamen Schraubenfläche sind und die daher das Mischgut gleichzeitig mischen und fördern. Die Längsmischung ist bei dieser Bauart verhältnismäßig gering.

Der *Lödige-Mischer* ermöglicht je nach Ausführung absatzweisen oder kontinuierlichen Betrieb (Füllvolum bis etwa 12 m³ bzw. Durchsatz zwischen 0,2 und 1000 m³/h) und mischt pulverförmige, körnige sowie

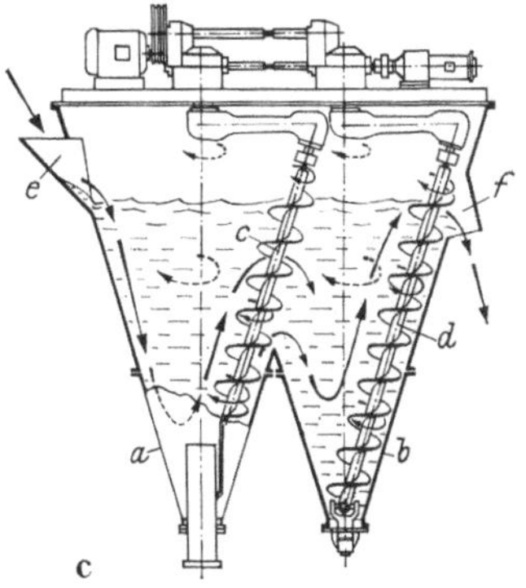

Abb. 5.22 a — e. Trogmischer.

c) Nauta-Combimixer
(Fa. Nautamix/Haarlem, Holland).

a und *b* Kegelmäntel, *c* und *d* Schnekken, *e* Beschickungsöffnung, *f* Austragöffnung.

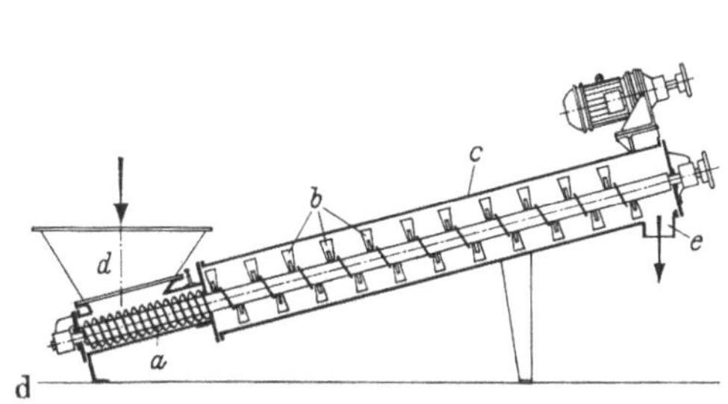

Abb. 5.22 a — e. Trogmischer.

d) Durchlaufwirbelschneckenmischer
(Fa. JEL/Ludwigshafen).

a Dosierschnecke, *b* Mischpaddel, *c* Mischtrog, *d* Aufgabeöffnung, *e* Entnahmeöffnung.

kurzfaserige Stoffe auch bei unterschiedlicher Dichte und Korngröße. Sonderausführungen mit schnell rotierendem Messerkopf an der Trogwand und feststehenden Lochscheiben als Reibelementen verarbeiten auch klumpige, feuchte und fetthaltige Substanzen. Die Abb. 5.22 e zeigt einen Mischer für Satzbetrieb. In dem (zu 50 bis 70 Vol.-% mit Mischgut gefüllten) Trog a laufen mit hoher Drehzahl pflugscharähnliche Schaufeln b um, die den Inhalt in ein wirbelndes Feststoff/Luft-Gemisch verwandeln. Ein unabhängig davon angetriebener, schnell rotierender Messerkopf c zerlegt zusammen mit den Pflugschar-Schaufeln etwaige Klumpen und Agglomerate. Die Beschickung des Mischers erfolgt über den Einfülltrichter d, die Entleerung über den Entnahmestutzen e. Durch den Entlüftungsstutzen f (mit Schutzrost und Filterbeutel) kann die beim Einfüllen einer Mischgutcharge aus dem Trog verdrängte Luft entweichen. Die Reinigungsklappen g ermöglichen ein einfaches Säubern des Mischers.

Der Widerstand W einer langsam im Schüttgut bewegten Mischerschaufel ist näherungsweise ihrer Stirnfläche f_M in Bewegungsrichtung, ihrer Eintauchtiefe y_M und der Schüttdichte ϱ_s des Guts proportional, hängt aber nicht von ihrer Geschwindigkeit w_M ab [5.23]:

$$W = k_M f_M y_M \varrho_s g \,. \tag{5.24}$$

Der Faktor k_M erfaßt die Einflüsse der Schaufelform und der Mischerbauart, g ist die Erdbeschleunigung. Die Antriebsleistung des Mischers

Abb. 5.22 a—e. Trogmischer.
e) Lödige-Chargenmischer (Fa. Lödige/Paderborn).
a Trog, b Schaufeln, c Messerkopf, d Einfülltrichter, e Entnahmestutzen, f Entlüftungsstutzen,
g Reinigungsklappen, h Keilriementrieb.

ergibt sich daraus mit N_0 als Leistungsanteil zum Decken der mechanischen Verluste (in Lagern usw.) und z als Schaufelzahl gemäß

$$N = N_0 + \sum^z W \cdot w_M \,. \tag{5.25}$$

Zum Aufrechterhalten eines vollständig wirbelnden Feststoff/Luft-
Gemischs (z. B. im Lödige-Mischer) muß die Umfangsgeschwindigkeit
der Schaufeln größer als die Schwebegeschwindigkeit der größten
Teilchen sein. In diesem Fall kann man die Antriebsleistung näherungsweise nach folgender Beziehung berechnen:

$$N = N_0 + k_w G_M \int_{D=0}^{1} w_s \, dD \,. \tag{5.26}$$

Es bedeuten G_M das Mischgutgewicht, g die Erdbeschleunigung, D den
Siebdurchgang, w_s die Schwebegeschwindigkeit der Kornfraktion dD und
k_w einen Faktor. Die Beiwerte k_M bzw. k_w ermittelt man durch Modellversuche.

5.43 Andere Einrichtungen zum Feststoffmischen

Es gibt auch Trommelmischer mit mehreren gleich- oder gegensinnig rotierenden Mischwerkzeugen; sie sind jedoch verhältnismäßig teuer, daher beschränkt sich ihr Einsatz auf begrenzte Anwendungsbereiche.

Feststoffe, die (infolge Feuchtigkeit, elektrischer Aufladung, pastöser oder hochviskos-flüssiger Bestandteile) leicht Klumpen, Agglomerate oder Wandansätze bilden, kann man auch in *Mühlen* mischen, wenn sich die Produktqualität durch den Zerkleinerungseffekt beim Mahl-Mischen nicht verschlechtert. Besonders gut bewähren sich dafür Kugelmühlen, Kollergänge und Kreislauf-Mahlanlagen (z. B. Prallmühle mit Sichter und Grießrücklauf). Bezüglich der Mühlenauslegung sei auf das 7. Kapitel verwiesen.

Feinkörnige, trockene und gut fließende Schüttgüter mit wenig schwankenden Teilchengrößen und -dichten (z. B. Zement-Rohmehl) lassen sich auch in einem *Mischsilo* (Durchmesser: Füllhöhe = 1:0,8 bis 1,5, Fassungsvermögen bis zu > 2500 t) mit belüftetem Boden pneumatisch mischen [5.24, 5.25]. Am Siloboden sind „Auflockerungskästen" mit porösen Deckplatten (aus Keramik, Sintermetall, Textilgewebe usw.) in Form von Quadranten (System Fuller), konzentrischen Kreisringen (System Klinger), Streifen (System ZMB Dessau) o. a. angeordnet. Die von einem Gebläse (meist Drehkolbengebläse) gelieferte, ölfreie Druckluft gelangt durch die „Auflockerungskästen" in den Silo und fluidisiert das darüberliegende Schüttgut, so daß dieses sich mit dem aus benachbarten Zonen nachrutschenden Gut mischt. Anschließend strömt die Luft durch einen Staubabscheider ab. Luftdurchsatz und Druckbedarf kann man nach den Abschnitten 4.1 (Leitungssystem), 4.2 (Wirbelschicht im Silo) bzw. 6.5 (poröse Deckplatten der Auflockerungskästen, Staubabscheider) bestimmen.

5.5 Mischen mehrphasiger Produkte

In mehrphasigen Produkten sind die einzelnen Komponenten durch Phasengrenzflächen voneinander getrennt. Das Verhalten eines Mehrphasengemischs hängt weitgehend von der Art der zusammenhängenden Phase und von der Verteilung der darin dispergierten Stoffe ab. Die meisten Dispersionen mit zusammenhängender Gas- oder Flüssigkeitsphase neigen unter dem Einfluß der Erdschwere zum Entmischen. Mit wachsender Viskosität der zusammenhängenden Phase, mit abnehmender Teilchengröße und mit sinkendem Dichte-Unterschied verlangsamen sich die Entmischungsvorgänge. Molekülstöße durch die thermische Molekularbewegung können bei ganz feinen Teilchen (etwa unter 0,1 μm) das Absetzen sehr wirkungsvoll stören oder sogar ganz verhindern (z. B.

Aerosole). In Mischungen verschiedener ineinander unlöslicher Flüssigkeiten und in manchen Feststoff/Flüssigkeits-Gemischen wirkt eine gleichsinnige, elektrostatische Aufladung der dispergierten Teilchen dem Entmischen entgegen. Bei organischen Stoffen wirken oft adsorptiv gebundene Solvathüllen (lange Kettenmoleküle mit polaren Gruppen, z. B. eiweißartige Stoffe) stabilisierend, indem sie die Teilchen am gegenseitigen Berühren hindern. Ist der zu dispergierende Stoff in dem Dispersionsmittel weder einer elektrostatischen Aufladung noch einer Solvatation fähig, so läßt sich das System durch Zusatz von „Emulgatoren" (Pektin, Eiweiß, Gelatine usw.) stabilisieren, die jedes Teilchen mit einer Solvathülle umgeben und eventuell zusätzlich durch elektrolytische Dissoziation elektrisch aufladen. Elektrostatisch stabilisierte Dispersionen kann man durch Zusatz von Elektrolyten wieder „brechen": Durch Ent- oder Umladen der Teilchen verliert die Dispersion ihre Stabilität, die einzelnen Teilchen vereinigen sich zu größeren Gebilden (sie „flocken aus"), und das Gemisch trennt sich.

5.51 Mischen von Gasen mit Flüssigkeiten

Mischungen von Gasen mit Flüssigkeiten sind im allgemeinen nicht stabil. Lediglich Flüssigkeits/Gas-Gemische mit sehr kleinen Flüssigkeitströpfchen (Aerosole), Gas/Flüssigkeits-Gemische mit kleinen Gasbläschen in hochviskosen Flüssigkeiten und manche Schäume bleiben längere Zeit nach Aufhören der Mischwirkung bestehen. Die zum Vergrößern der Phasengrenzfläche gegen die Wirkung der Grenzflächenspannung nötige Arbeit ist vernachlässigbar klein gegenüber der gesamten Mischarbeit (größenordnungsmäßig etwa 0,1 bis 1%), der größte Teil der Mischarbeit verwandelt sich in Wärme.

5.511 Flüssigkeitsverteilung in Gasen. Um zwischen wenig Flüssigkeit und viel Gas eine möglichst große Phasengrenzfläche zu erzeugen, verteilt man die Flüssigkeit im Gas.

Niedrigviskose Flüssigkeiten lassen sich in Rieseltürmen, Kolonnen usw. mit Hilfe offener *Verteilrinnen* mit glattem oder eingekerbtem Überlaufrand und gezahnten Tropfkanten (um ein Wiedervereinigen der Flüssigkeitsströme unter dem Einfluß der Oberflächenspannung zu vermeiden) grob verteilen, Abb. 5.23a, b. Die Beziehungen

$$\dot{V}_{\square} = a\,b\,\sqrt{2g}\,H^{3/2}, \qquad \dot{V}_{\triangledown} = 0{,}32\,\sqrt{2g}\,H^{5/2}\tan\delta \qquad (5.27\,\text{a, b})$$

geben die Volumdurchsätze $\dot{V}$ für einen rechteckigen Ausschnitt gemäß Abb. 5.23a [Gl. (5.27a)] bzw. für eine Dreieckkerbe nach Abb. 5.23b

[Gl. (5.27 b)] wieder. g ist die Erdbeschleunigung, a liegt bei glattem, scharfkantigem Rand zwischen 0,37 und 0,45, bei abgerundetem Rand zwischen 0,47 und 0,55. Rinnen mit Dreieckkerben sind unempfindlicher gegen Einbau-Ungenauigkeiten als glatte Überlaufrinnen. Noch günstiger sind diesbezüglich Rinnen oder Verteilböden mit Boden-Ausflußöffnungen gemäß Abb. 5.23 c, deren Ränder nach unten gebördelt sind und somit als Abtropfkanten dienen. Der Volumdurchsatz durch eine Bodenöffnung mit dem Austrittsquerschnitt F_s folgt aus

$$\dot{V} = \alpha \, F_s \sqrt{2g} \, H^{1/2}, \qquad (5.27\,\text{c})$$

die Kontraktionszahl α kann man aus Abb. 4.7 (S. 110) in Abhängigkeit vom Mündungswinkel φ entnehmen.

Wenn man die Flüssigkeit durch Bohrungen eines *Verteilrohrs*, einer *Verteilspinne* (Rohrstern), einer *Brause* (Kammer mit gewölbter oder topfförmiger Lochplatte) oder einer *Zerstäubungsdüse* einspritzt, löst sich die Strömung bei ausreichender Geschwindigkeit immer von der Mündung ab, so daß Tropfkanten unnötig sind. Der entstehende Freistrahl zerfällt je nach den Strömungsbedingungen und der Düsenform in verschiedener Weise. Für den Volumdurchsatz $\dot{V}$ durch eine Öffnung mit dem Querschnitt F_s gilt

$$\dot{V} = \alpha F_s \sqrt{\frac{2\,\Delta p_F}{\varrho_F}}; \qquad (5.28)$$

dabei sind Δp_F die (um den — praktisch meist vernachlässigbaren — Reibungsdruckverlust in der Bohrung verminderte) Druckdifferenz, ϱ_F die Flüssigkeitsdichte und α die Kontraktionszahl nach Abschnitt 4.1 (S. 110).

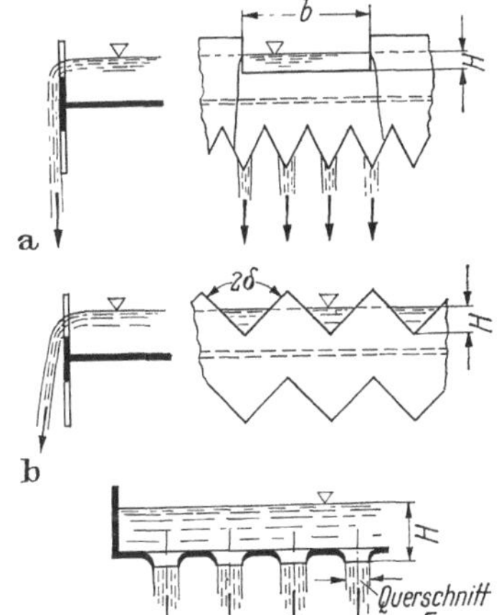

Abb. 5.23 a – c. Flüssigkeitsverteiler.
a) Verteilrinne mit rechteckigem Überlaufrand; b) Verteilrinne mit Dreieck-Kerben; c) Verteilrinne mit Bodenausflußöffnungen.

Das Verhalten drallfreier, aus Kreisdüsen oder einfachen Bohrungen austretender Flüssigkeitsstrahlen hängt von den Massenkräften, den Viskositätskräften und der Oberflächenspannung ab. Es läßt sich durch die Reynoldszahl Re und die Weberzahl We gemäß

$$Re = \frac{w\,d}{v_F}, \qquad We = \frac{\varrho_F\,w^2\,d}{\sigma} \qquad (5.29\,\text{a, b})$$

mit d als Düsen-(Bohrungs-)durchmesser, ν_F als kinematischer Viskosität der Flüssigkeit, w als Austrittsgeschwindigkeit und σ als Oberflächenspannung beschreiben. In dem Bereich $Re\,We^2 < 3 \cdot 10^8$ „zertropft" die Flüssigkeit, d. h. der Strahl zerfällt infolge rotationssymmetrischer, durch Anfangsstörungen hervorgerufener Schwingungen in verhältnismäßig große Tropfen. In dem Gebiet $3 \cdot 10^8 < Re\,We^2 < 10^{12}$ „zerwellt" der Strahl, d. h. er zerfällt infolge transversaler, wellenförmiger und durch die Luftkräfte noch verstärkter Schwingungen. Bei $Re\,We^2 > 10^{12}$ schließlich „zerstäubt" die Flüssigkeit scheinbar ohne jede Gesetzmäßigkeit in viele kleine Tropfen [9.31.10]; letzteres strebt man bei Zerstäubungsdüsen an, wogegen man sich bei einfachen Verteilrohren und Brausen mit dem „Zertropfen" oder „Zerwellen" begnügt.

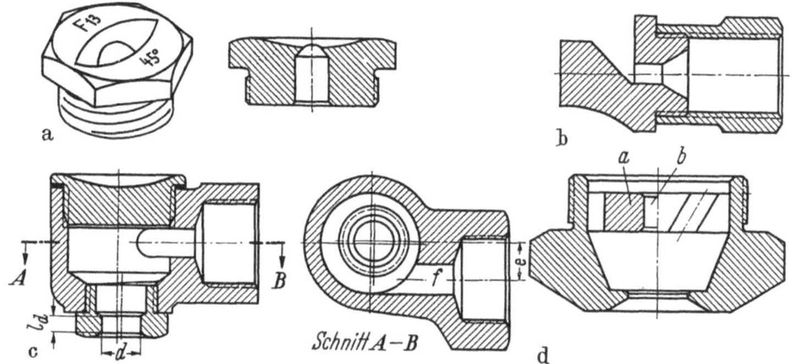

Abb. 5.24a—d. Flüssigkeitszerstäubungsdüsen (Fa. Lechler/Stuttgart).
a) Flachstrahldüse (Zerstäubungsfächer); b) Zungendüse (Zerstäubungsfächer); c) Exzenterbrause (Hohlkegel); d) Spiraldüse (Vollkegel).

In den Abb. 5.24a—d sind verschiedene Düsen wiedergegeben. Die *Flachstrahldüsen* (Abb. 5.24a, b) liefern infolge der zweiseitig symmetrischen Austrittsöffnung (Abb. 5.24a) bzw. der schrägen Prallfläche hinter der runden Mündung (Zungendüse, Abb. 5.24b) einen flachen Zerstäubungsfächer. Die Dralldüsen (Abb. 5.24c) ergeben einen Zerstäubungs-Hohlkegel, und die Düsen nach Abb. 5.24d, deren Drallkörper a eine Mittelbohrung b aufweist, erzeugen praktisch einen vollen Zerstäubungskegel, während sich ohne Mittelbohrung ein Hohlkegel ausbilden würde.

Die Wirkung von Dralldüsen läßt sich mit Hilfe des Düsenkennwerts

$$\varphi = \frac{w_\varphi}{w_a^*} = \frac{e\,d\,\pi}{2f} = \sqrt{\frac{2b^2}{(1-b)^3}} \qquad (5.30\,\text{a}-\text{c})$$

abschätzen, der das Verhältnis der Umfangsgeschwindigkeit w_φ außen an der Düsenmündung zu der (fiktiven) mittleren Axialgeschwindigkeit w_a^* bei voll erfülltem Mündungsquerschnitt angibt und den man aus dem

Gesamtquerschnitt f aller Drallbohrungen, ihrer Exzentrizität e und dem Mündungsdurchmesser d berechnen kann [5.26]. $b = (d_i/d)^2$ bezeichnet den Anteil des achsnahen, nicht flüssigkeitserfüllten Bereichs am Mündungsquerschnitt $d^2\pi/4$ und geht bei Reibungsfreiheit aus Gl. (5.30c) hervor. Die äußere Kontur des Zerstäubungsstrahls ist eine Hyperbel; für den Strahlwinkel δ (Kegelwinkel des Asymptotenkegels) gilt bei Reibungsfreiheit

$$\tan \delta = \varphi(1 - b) = \sqrt{\frac{2b^2}{1 - b}}. \qquad (5.31\,\text{a, b})$$

Die Abb. 5.25 stellt die Zusammenhänge zwischen φ, b und δ nach den Gln. (5.30c) und (5.31a, b) dar. Der Strahlwinkel δ läßt sich bei $Re = w_a^* \, d/\nu_F > 10^4$ in Düsennähe auch praktisch nahezu erreichen, wenn

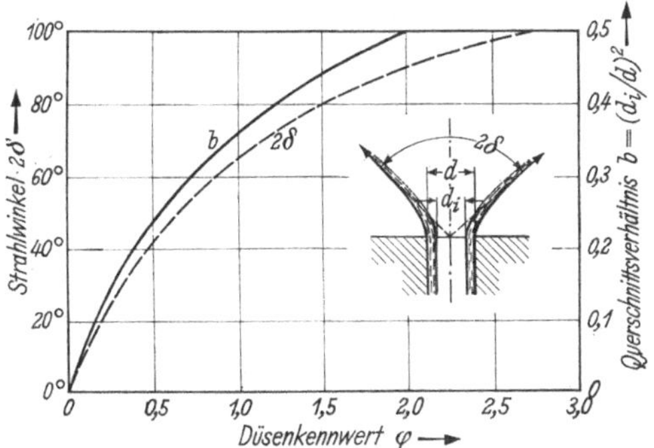

Abb. 5.25. Abhängigkeit des Strahlwinkels 2δ und des Querschnittsverhältnisses b vom Düsenkennwert φ für Zerstäubungsstrahlen aus Dralldüsen.

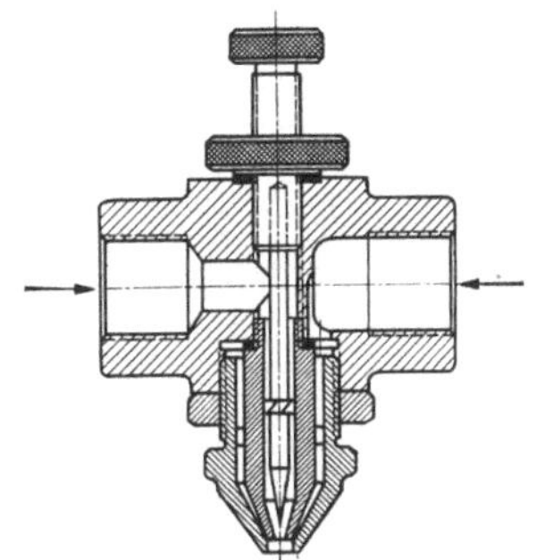

Abb. 5.26. Zweistoffdüse (Fa. Lechler/Stuttgart).

man $\varphi \leqq 1$ bis 2 und $l_d/d < 1$ wählt (l_d ist die zylindrische Länge des Düsenkanals) [5.26]. Der Druckabfall folgt mit $s = 1$, $g_i = 1$ näherungsweise aus Gl. (5.13) (darin ist w_φ^* die Eintrittsgeschwindigkeit in die Drallkammer, also nicht mit w_φ nach Gl. (5.30a) identisch!).

Zweistoffdüsen nach Abb. 5.26 eignen sich zum feinen Zerstäuben verschiedener, auch hochviskoser Flüssigkeiten. Ein Luft- oder Dampfstrahl hoher Geschwindigkeit erfaßt und zerstäubt die verhältnismäßig langsam ausströmende Flüssigkeit. Mit steigendem Luft- bzw. Dampfdruck und sinkendem Flüssigkeitsdurchsatz nimmt die mittlere Größe der entstehenden Tropfen ab.

Bei dem in Abb. 5.27 wiedergegebenen *Fliehkraftzerstäuber* fließt die Flüssigkeit einer schnell rotierenden Zerstäuberscheibe (Umfangsgeschwindigkeit bis etwa 150 m/s; Drehzahl bis 30 000 U/min) zu, die sie in Umfangsrichtung und unter dem Einfluß der Fliehkraft radial beschleunigt und schließlich annähernd tangential mit der Scheiben-

15*

Umfangsgeschwindigkeit abschleudert. Fliehkraftzerstäuber sind gegen
Störungen durch Verschmutzen unempfindlich; sie eignen sich für
Flüssigkeiten beliebiger Viskosität, Schlämme und grobe Suspensionen.

Kleine, mit der Schwebegeschwindigkeit w_s (Abschn. 2.43, S. 55 ff.)
frei im Gas fallende Flüssigkeitstropfen nehmen infolge der Oberflächenspannung Kugelgestalt an. Größere Tropfen deformieren sich unter dem
Einfluß der Gaskräfte, sehr große Tropfen blähen sich fallschirmartig
auf und zerfallen. H. A. TROESCH
[5.27] gibt für die maximale Trop-
fengröße eine halbempirische Beziehung an, die sich nach Einführen der
Froudezahl $Fr_k = w_s^2/(g\,k_{max})$ und
der Weberzahl $We_k = \varrho_F w_s^2 k_{max}/\sigma$
in der Form

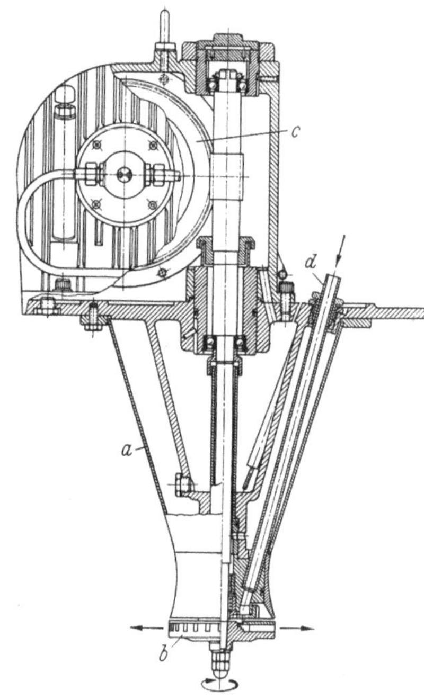

$$\frac{We_k}{Fr_k}\left(1 + \frac{\mu_F}{\mu_G}\right)^{-1/6} =$$

$$= \frac{\varrho_F\,g\,k_{max}^2}{\sigma}\left(1 + \frac{\mu_F}{\mu_G}\right)^{-1/6} = 5{,}76$$

$$(5.32)$$

darstellen läßt. k_{max} bezeichnet den
Durchmesser der dem größten
Tropfen volumgleichen Kugel. Der
Krümmungsradius fallschirmartig
aufgeblähter Tropfen ist im Stau-
punkt etwa $(0{,}29$ bis $2{,}5)\,k_{max}$, die
„Hauptspantfläche" (Projektions-
fläche in Bewegungsrichtung) liegt
bei $(\pi/4$ bis $2{,}5)\,k_{max}^2$. Die angegebenen Zusammenhänge basieren
auf Versuchen im Stoffwertebereich

Abb. 5.27. Fliehkraftzerstäuber (Fa. Niro-Atom-
izer, Kopenhagen).

a Gehäuse, *b* Zerstäuberscheibe, *c* Schneckengetriebe, *d* Produktzulauf.

$\varrho_F = 1000$ bis 1600 kg/m^3, $\sigma = 0{,}025$ bis $0{,}073 \text{ N/m}$, $\mu_F = 0{,}0094$ bis
$9{,}2$ Poise, $\varrho_G = 1{,}19 \text{ kg/m}^3$, $\mu_G = 0{,}000179$ Poise.

Beim Zerfall eines Flüssigkeitsstrahls hängt die maximale Tropfen-
größe von den Trägheitskräften und den Oberflächenkräften ab. H. A.
TROESCH [5.28] faßte die Untersuchungen verschiedener Forscher zu dem
Stabilitätskriterium

$$\frac{1}{We^*}\left(1 + \frac{We^*}{Re^{*2}}\cdot 10^6\right)^{1/12}\left(1 - 0{,}5\,\frac{\varrho_G}{\varrho_F}\right) = 4{,}8 \cdot 10^{-5} \qquad (5.33)$$

zusammen, in dem $We^* = \varrho_F w^2 k_{max}/\sigma$ und $Re^* = w\,k_{max}/\nu_F$ die mit
der Austrittsgeschwindigkeit w an der Düsenmündung und mit k_{max}

gebildete Weberzahl bzw. Reynoldszahl sowie ϱ_G die Gasdichte bedeuten. Gl. (5.33) setzt voraus, daß die im Zerfallsraum entstehenden Tropfen nicht wieder zusammenfließen und daß der Zerstäubungsvorgang unabhängig von anderen Einflüssen verläuft. Sie wurde in dem Bereich $20 < Re^* < 27\,000$ experimentell überprüft.

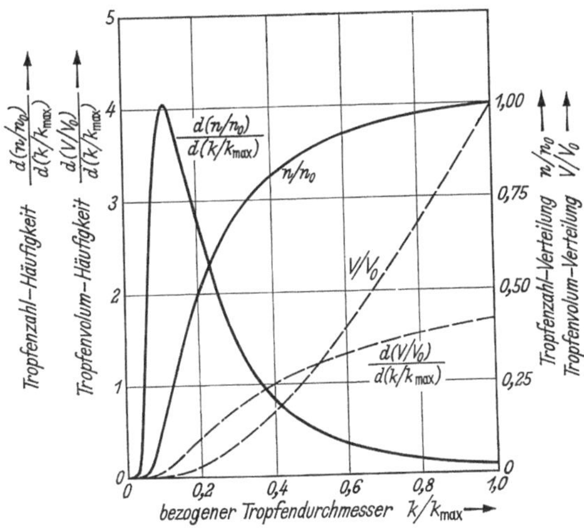

Abb. 5.28. Tropfenzahlhäufigkeit $d(n/n_0)/d(k/k_{max})$, Tropfenzahlverteilung n/n_0, Tropfenvolumhäufigkeit $d(V/V_0)/d(k/k_{max})$ und Tropfenvolumsverteilung V/V_0 in Abhängigkeit von dem auf k_{max} bezogenen Tropfendurchmesser k/k_{max} nach den Gln. (5.34a–d) [5.28].

Für die Tropfenzahl- und die Tropfenvolum-Häufigkeit sowie ihre Summenkurven gelten auf Grund statistischer Überlegungen die Zusammenhänge

$$\frac{d(n/n_0)}{dx} = \frac{e^{-\beta/x}/x^3}{\int\limits_0^1 e^{-\beta/x}\,dx/x^3}\,, \qquad \frac{n}{n_0} = \frac{e^{-\beta/x}\left(1 + \dfrac{\beta}{x}\right)}{e^{-\beta}\,(1+\beta)}\,, \qquad (5.34\,\mathrm{a,\ b})$$

$$\frac{d(V/V_0)}{dx} = \frac{e^{-\beta/x}}{\int\limits_0^1 e^{-\beta/x}\,dx}\,, \qquad \frac{V}{V_0} = \frac{\dfrac{x}{\beta}\,e^{-\beta/x} + \mathrm{Ei}\left(-\dfrac{\beta}{x}\right)}{\dfrac{1}{\beta}\,e^{-\beta} + \mathrm{Ei}\,(-\beta)} \qquad (5.34\,\mathrm{c,\ d})$$

mit $x = k/k_{max}$ als auf k_{max} bezogenem Tropfendurchmesser k, n und V als Zahl bzw. Volum der Tropfen zwischen 0 und k, n_0 und V_0 als gesamter Tropfenzahl bzw. Gesamtvolum sowie $\beta = 0{,}35$ als Maßgröße für den Austausch [5.28]. Diese in Abb. 5.28 dargestellten Funktionen geben die Tropfenverteilung bei Druckluftzerstäubung gut wieder und eignen sich näherungsweise auch für andere Zerstäuberarten, sofern dafür keine Meßergebnisse vorliegen. Zum Wiedergeben gemessener Tropfenverteilungen kann man das Körnungsnetz nach DIN 4190 (Abb. 2.8) verwenden, in dem viele Verteilungen praktisch gerade Linien ergeben.

Vielfach begnügt man sich auch mit der Angabe des charakteristischen Tropfendurchmessers

$$k_c = k_{\max} \frac{\int\limits_0^1 x^3\, dn}{\int\limits_0^1 x^2\, dn}. \tag{5.35}$$

Dieser sogenannte „Sauter-Durchmesser" gibt den Durchmesser jenes Tropfens an, der das gleiche Verhältnis Volum : Oberfläche wie das ganze Gemisch aufweist. Für die Häufigkeitsverteilung gemäß den Gln. (5.34a, b) ergibt sich mit $\beta = 0{,}35$ der Wert $k_c = 0{,}538\, k_{\max}$.

5.512 Gasverteilung in Flüssigkeiten. Um wenig Gas in viel Flüssigkeit zu verteilen, kann man es in diese einblasen.

Blasensäulen eignen sich für viele, kontinuierliche Absorptions- und Desorptionsprozesse, heterogene chemische Reaktionen usw.: In einem vertikalen Rohr perlt das Gas von unten nach oben durch die langsam aufwärts (Gleichstrom) oder abwärts (Gegenstrom) strömende Flüssigkeit. Zur Gaszufuhr dienen gelochte Verteilrohre, Verteilspinnen, Brausen und — wenn man besonders feine Blasen erzielen will — Gaseintrittskammern mit porösen Wänden (aus Sintermetall, Keramik usw.) am Fuß der Blasensäule.

Bodenkolonnen verwendet man, um bei Destillations-, Rektifikations-, Absorptions- und Desorptionsvorgängen Gas bzw. Dampf und Flüssigkeit miteinander in innigen Kontakt zu bringen. Bei Siebbodenkolonnen strömt das Gas bzw. der Dampf von unten nach oben durch Öffnungen der mit einer niedrigen Flüssigkeitsschicht bedeckten Böden und passiert die über Wehre von Boden zu Boden herabfließende Flüssigkeit in Blasenform. Bei Ballast- oder Ventilböden schließen sich die Öffnungen bei zu geringem Gasdurchsatz durch Ventilteller und verlangsamen so das Leerlaufen der Böden. Bei Glockenböden verhüten die siphonartigen Umlenkungen des Gas- bzw. Dampfstroms in den einzelnen Glocken auch bei verschwindendem Gasdurchsatz ein Leerlaufen. Glockenböden eignen sich somit auch für stark schwankende Gas- und Flüssigkeitsdurchsätze. Bezüglich näherer Angaben, Berechnung und Auslegung usw. sei auf das umfangreiche einschlägige Schrifttum verwiesen [*6.3—6.8, 9.23.8*].

In *Rührwerken* kann man Gase durch Rohre oder Brausen unterhalb des Rührers in die Flüssigkeit einleiten und darin durch Rühren dispergieren. Der maximal erreichbare Gasdurchsatz beträgt für ein- und zweistufige Turborührer etwa 0,025 bzw. 0,04 m³/s pro Quadratmeter

Behälterquerschnitt [*9.23.8*]. Die Phasengrenzfläche wächst mit zunehmendem Leistungsaufwand pro Volumeinheit. H. KARWAT [*5.29*] empfiehlt zum Begasen etwa 0,7 bis 1,5 kW/m³; dieser Wert liegt bei gleicher Drehzahl etwa um 25 bis 35% unter dem für die nicht begaste Flüssigkeit nötigen Leistungsaufwand, daher muß man den Rührer für eine spezifische Rührleistung von 1 bis 2 kW/m³ und nicht begaste Flüssigkeit auslegen. Die Rührerbauart hat keinen wesentlichen Einfluß auf den Dispergiereffekt, lediglich Propellerrührer erwiesen sich als ungünstig. „*Begasungsrührer*" mit hohler Welle und in Unterdruckzonen mündenden Gasaustrittsöffnungen können aus dem Gasraum über der Flüssigkeit Gas ansaugen und in diese einrühren.

Eine sehr feine Gasverteilung erzielt man auch in Behältern mit Umwälzpumpen als Mischeinrichtung, indem man das Gas mit Hilfe einer „*Begasungsdüse*" (Flüssigkeits-Strahlgebläse; Flüssigkeit = Treibmedium, Gas = Fördermedium) in die umgewälzte Flüssigkeit einmischt und das Gemisch anschließend als Freistrahl oder „Wandstrahl" in den Behälter zurückführt.

Zum Begasen hochviskoser Flüssigkeiten eignen sich *Planetenrührwerke* nach Abb. 5.15b, unter denen man das Gas durch einfache Rohre einleitet (kleine Bohrungen, Brausen usw. können bei hochviskosen Stoffen leicht verstopfen!). Schnellaufende, die Flüssigkeitsoberfläche durchdringende Rührer rühren durch Aufwühlen der Oberfläche Luftblasen in Flüssigkeiten ein. Dies macht man sich vor allem in der Nahrungsmittelindustrie oft zunutze (Schlaggeräte mit „*Schneebesen*" aus Edelstahldraht, Umfangsgeschwindigkeit 1 bis 2 m/s).

Das Verhalten einer Gasblase in einer Flüssigkeit läßt sich mit Hilfe der Kennzahlen

$$Re = \frac{w\,k_B}{v_F}, \quad We = \frac{\varrho_F\,w^2\,k_B}{\sigma}, \quad Fr = \frac{\varrho_F\,w^2}{(\varrho_F - \varrho_G)\,g\,k_B} \approx \frac{w^2}{g\,k_B}$$

$$(5.36\,\mathrm{a-c})$$

beschreiben. Dabei bedeuten Re die Reynoldszahl, We die Weberzahl, Fr die Froudezahl, k_B den Blasendurchmesser (bzw. den Durchmesser der volumgleichen Kugel), w die Relativgeschwindigkeit der Blase in der Flüssigkeit, v_F die kinematische Viskosität der Flüssigkeit, ϱ_F die Flüssigkeitsdichte, ϱ_G die Gasdichte, g die Erdbeschleunigung und σ die Grenzflächenspannung. Der Ausdruck

$$Re^4\,Fr\,We^{-3} = \frac{\varrho_F\,\sigma^3}{g\,\mu_F^4} = \frac{\sigma^3}{g\,\varrho_F^3\,v_F^4} = C \qquad (5.37)$$

enthält außer der Erdbeschleunigung nur Stoffwerte der Flüssigkeit und heißt daher „Stoffkonstante". Für Wasser ist $C = 3{,}9 \cdot 10^{10}$ $(1 \cdot 10^{12})$ bei 20 (80) °C.

Die stationäre Steiggeschwindigkeit einer Gasblase in einer Flüssigkeit folgt aus der zu Gl. (2.32) analogen Beziehung

$$w_s = \sqrt{\frac{\varrho_F - \varrho_G}{\varrho_F} \frac{4\,k_B}{3\,c_w} g}\,. \tag{5.38}$$

Den Widerstandsbeiwert c_w kann man für die verschiedenen Gültigkeitsbereiche aus Tab. 5.2 entnehmen [9.31.10]. Der Bereich a gilt für sehr kleine Gasblasen, die unter dem Einfluß der Grenzflächenspannung

Tabelle 5.2. *Widerstandsbeiwert c_w von Gasblasen in Flüssigkeiten* [9.31.10]

Bereich	Blasenform	Widerstandsbeiwert c_w	Gültigkeitsbereich
a	Kugel	$24/Re$	$Re < 2$
b	Kugel	$18{,}2/Re^{0{,}682}$	$Re > 2,\ We < 3{,}67$
c	Ellipsoid	$0{,}366\ We/Fr$	$We = 3{,}67,\ Fr < 0{,}525$
d	pilzähnlich	$2{,}61$	$Fr = 0{,}525$

Kugelgestalt annehmen und lotrecht in der Flüssigkeit emporsteigen; das Gas im Innern der Blase bleibt im wesentlichen in Ruhe, die Blase verhält sich also wie eine feste Kugel. Im Bereich b sind die Blasen zwar noch kugelförmig und steigen ebenfalls geradlinig lotrecht auf, doch tritt in ihrem Innern eine Zirkulationsströmung auf; das Gas wälzt sich gewissermaßen an der umgebenden Flüssigkeit ab, wodurch sich die Steiggeschwindigkeit erhöht. Der Bereich c umfaßt noch größere, durch Massenkräfte der Flüssigkeit zu einem Ellipsoid deformierte und taumelnd oder längs einer Schraubenlinie aufsteigende Blasen. Der Bereich d ist sehr großen Blasen mit unregelmäßiger, meist pilzähnlicher Gestalt zugeordnet, die im wesentlichen wieder lotrecht hochsteigen. Die bezogene Steiggeschwindigkeit $w_s/\sqrt[4]{\sigma g/\varrho_F}$ läßt sich nach P. GRASSMANN [9.31.10] als Funktion des bezogenen Blasendurchmessers $k_B/\sqrt{\sigma/g\,\varrho_F}$ und der Stoffkonstante C wiedergeben, Abb. 5.29. Außerdem liefert das Diagramm Anhaltswerte für die mit k_B gebildete äußere Nusseltzahl Nu und damit für den Wärmeübergang von der Flüssigkeit an die Blasenoberfläche. Bezüglich des Stoffaustauschs sei auf die Analogie zwischen Wärme- und Stoffaustausch hingewiesen (Abschn. 1.4, S. 21 ff.).

Der Durchmesser k_B einzelner Blasen läßt sich aus dem Durchmesser d der Austrittsöffnung, der Dichtedifferenz $(\varrho_F - \varrho_G)$ und der Grenzflächenspannung σ berechnen [*9.31.10*]. Im Bereich $0,2 \leqq k_B/\sqrt{2\sigma/g\,(\varrho_F - \varrho_G)} \leqq 1,4$ gilt

$$k_B = (0,91 \text{ bis } 0,94) \sqrt[3]{\frac{6\sigma d}{g\,(\varrho_F - \varrho_G)}}. \tag{5.39}$$

Der Mindestdruck $p_{\min}$ zum Erzeugen einer Blase muß für $d/\sqrt{2\sigma/g\,(\varrho_F - \varrho_G)} \ll 2$ um $4\sigma/d$ über dem örtlichen Flüssigkeitsdruck liegen.

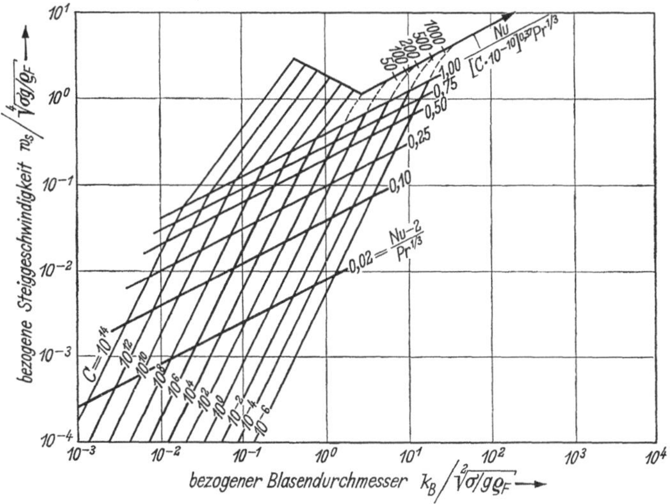

Abb. 5.29. Bezogene Steiggeschwindigkeit und äußere Nusseltzahl von Gasblasen in Flüssigkeiten als Funktionen des bezogenen Blasendurchmessers (Abszisse) und der Stoffkonstante C (nach P. GRASSMANN [*9.31.10*]).

Übersteigt der Volumdurchsatz $\dot{V}_G$ des Gases durch die Austrittsöffnung den kritischen Wert $\dot{V}_{\text{krit}}$, so entsteht eine „Blasenkette", in der sich die Blasen gegenseitig beeinflussen und der Blasendurchmesser nicht mehr der Beziehung (5.39) folgt. Im laminaren Bereich a ($Re < 2$) gelten die Zusammenhänge

$$\dot{V}_{\text{krit, a}} = \sqrt[3]{0,0318 \frac{\sigma^4 d^4}{g\,\varrho_F^3\, \nu_F^3\,(\varrho_F - \varrho_G)}}, \tag{5.40 a}$$

$$k_{B\,\text{Kette, a}} = \dot{V}_G^{0,25} \left[\frac{108\varrho_F\,\nu_F}{\pi g\,(\varrho_F - \varrho_G)}\right]^{0,25}, \tag{5.40 b}$$

und in dem technisch besonders wichtigen, turbulenten Bereich d ($Fr = 0{,}525$ bzw. $c_w = 2{,}61$) erhält man

$$\dot{V}_{\mathrm{krit,\,d}} = \sqrt[6]{20\,\frac{\sigma^5\,d^5}{g^2\,\varrho_F^3\,(\varrho_F - \varrho_G)^2}}\,, \qquad (5.41\,\mathrm{a})$$

$$k_{B\,\mathrm{Kette,\,d}} = \dot{V}_G^{0,4}\left[\frac{72\,\varrho_F}{\pi^2\,g\,(\varrho_F - \varrho_G)}\right]^{0,2}. \qquad (5.41\,\mathrm{b})$$

Die Frequenz f einer Blasenkette beträgt

$$f = \frac{6\,\dot{V}_G}{\pi\,k_B^3}. \qquad (5.42)$$

5.513 Rieselfilme. Bei Rieselfilmen bilden sowohl das Gas als auch die Flüssigkeit in sich zusammenhängende Phasen. Die Flüssigkeit rieselt an lotrechten oder geneigten Flächen als dünner Film herab (Rieselfilm), und das Gas streicht in dünner Schicht daran vorbei.

Vertikale, meist beheizte oder gekühlte Rohre mit berieselter Innenwand bezeichnet man je nach ihrem Verwendungszweck als *Fallfilm-Verdampfer, -Absorber, -Reaktoren* usw. Sie zeichnen sich durch kurze Verweilzeiten beider Gemischkomponenten sowie günstige Wärmeaustauschbedingungen zwischen Wand und Flüssigkeit aus. Zur Flüssigkeitsaufgabe dienen oben am Rohrumfang verteilte Bohrungen, Überlaufrinnen oder rotierende Spritzscheiben. *Dünnschichtapparate* mit umlaufenden Wischern (Spaltweite zwischen Wischerflügeln und Rohrwand größenordnungsmäßig 1 mm) sind unempfindlich gegen ungleichmäßige Flüssigkeitsaufgabe, schiefe Aufstellung und „Bachbildung" (unter „Bachbildung" versteht man unvollständige Benetzung des Rohrumfangs, meist infolge zu geringen Flüssigkeitsdurchsatzes); sie eignen sich für Flüssigkeiten bis etwa 150 Poise, krustende Substanzen und Suspensionen. Apparate ohne Wischer lassen sich für reine Flüssigkeiten bis etwa 10^3 Poise einsetzen. Bezüglich der Berechnung von Rieselfilmen (Dicke, mittlere und maximale Geschwindigkeit, Durchsatz, Oberflächenwellen usw.) sei auf den Abschnitt 4.2 (S. 124 ff.) verwiesen.

Füllkörpersäulen bestehen aus einem meist zylindrischen Mantel mit Stützrost (Lochplatte, Sieb) und darauf geschichteten Füllkörpern (Raschigringe, Pallringe, Berlsättel, Intalox-Sättel, Drahtspiralen, aber auch Quarzkies, Koks, Holzroste usw.). Die von offenen Verteilrinnen, Brausen oder Spritzscheiben über der Füllkörperschicht grob verteilte Flüssigkeit rieselt an den Füllkörpern herab, das Gas strömt von unten nach oben durch die Schüttung. Pro Volumeinheit der Schüttgutsäule läßt sich eine sehr große, bei vollständiger Benetzung und niedrigviskosen Flüssigkeiten praktisch mit der Phasengrenzfläche zwischen Gas und Flüssigkeit identische Oberfläche unterbringen, z. B. ist die spezifische Oberfläche von Raschigringen aus Stahl mit den Abmessungen $10^{\varnothing} \cdot 10 \cdot 0,5$ ($50^{\varnothing} \cdot 50 \cdot 1$) etwa 500 (110) m²/m³. Um „Randgängigkeit" der Säule (d. h. Flüssigkeitskonzentration in der Nähe des Mantels) zu vermeiden, wählt man hinreichend kleine Füllkörper (Füllkörperabmessungen: Manteldurchmesser $= 1:10$ bis $1:15$) und mäßige Schütthöhen (Schütthöhe: Manteldurchmesser $\leqq 5:1$; bei größeren Höhen Schüttung durch Stützroste unterteilen, Flüssigkeit nach jedem Abschnitt sammeln und mittels offener Verteilrinnen neu verteilen!). Mit steigender Viskosität wächst (bei konstantem Durchsatz) auch die Schichtdicke der Flüssigkeit, so daß sich enge Strömungskanäle, Spalte, Zwickel usw. völlig mit Flüssigkeit füllen und die wirksame Phasengrenzfläche besonders bei kleinen Füllkörpern erheblich abnimmt. Füllkörpersäulen eignen sich somit nur für reine, niedrigviskose und gut benetzende Flüssigkeiten. Der Wärmeaustausch zwischen Mantel und Flüssigkeit bzw. Gas ist verhältnismäßig gering, eine Mantelheizung oder -kühlung daher wenig wirksam. Der Druckabfall des Gases in berieselten Füllkörperschüttungen und die zulässige Gasgeschwindigkeit gehen aus Abschnitt 4.233 (S. 137 ff.) hervor.

5.52 Mischen von Gasen mit Feststoffen

Mischungen von Gasen mit Feststoffen sind nicht stabil; sie trennen sich nach dem Mischen je nach der Schwebegeschwindigkeit der Feststoffkörner mehr oder weniger schnell bis zu der durch die Porosität der losen Schüttung festgelegten Grenze. Lediglich besonders feiner Staub kann sich nicht absetzen, da bei sehr kleinen Teilchen die Zusammenstöße mit Gasmolekülen weitgehend den Bewegungsverlauf bestimmen; solche Feinstaub/Gas-Gemische nennt man Aerosole.

5.521 Gasdurchströmte Schüttungen und Wirbelschichten. Gasdurchströmte, ruhende Feststoffschüttungen verwendet man, um einen kontinuierlichen Gasstrom in innigen Kontakt mit einer längere Zeit gleichbleibenden Schüttgutmenge zu bringen, sofern dabei keine nennenswerte Wärmezufuhr oder -abfuhr nötig ist (z. B. Filtereinsätze von Gasmasken, Festbett-Reaktoren für feststoffkatalysierte Gasreaktionen). Bei Schüttungen mit freier Oberfläche und Gasströmung von unten nach oben begrenzt der Wirbelpunkt die höchstzulässige Gasgeschwindigkeit. Meist deckt man die Schüttgutsäule jedoch mit Rücksicht auf betrieblich unvermeidbare Schwankungen des Gasdurchsatzes durch einen Rost oder ein Sieb ab; in diesem Fall hängt die maximale Gasgeschwindigkeit wie bei von oben nach unten durchströmten Säulen nur von der verfügbaren Druckdifferenz sowie von der Festigkeit der Feststoffkörner und des Apparats (Mantel der Schüttgutsäule und Stützroste) ab. Der Druckabfall des Gases und die Gasgeschwindigkeit am Wirbelpunkt lassen sich nach Abschnitt 4.22 (S. 130 ff.) berechnen.

Wirbelschichten zieht man ruhenden Schüttungen · bei feinkörnigen Feststoffen und bei Vorgängen mit erheblicher Wärmetönung vor. Der Druckabfall des Gases in einer Wirbelschicht ist unabhängig vom Gasdurchsatz und von der Kornverteilung des Feststoffs. Infolge der starken Durchwirbelung des Feststoff/Gas-Gemischs treten keine nennenswerten Temperaturunterschiede innerhalb der Schicht auf, und es ergeben sich günstige Wärmeaustauschbedingungen zwischen dem Gemisch und den Wänden. Auch die kontinuierliche Zu- und Abfuhr des Feststoffs (z. B. mit Hilfe von Dosierschnecken bzw. Überlaufwehren) bereitet keine Schwierigkeiten. Druckabfall des Gases, Wirbelpunkt, Ausdehnung der Wirbelschicht und Austragpunkt lassen sich nach Abschnitt 4.22 (S. 130 ff.) bestimmen.

5.522 Feststoff/Gas-Gemische in Leitungen. Staubinjektoren dienen bei pneumatischen Förderanlagen, Stromtrocknern usw. zum kontinuier-

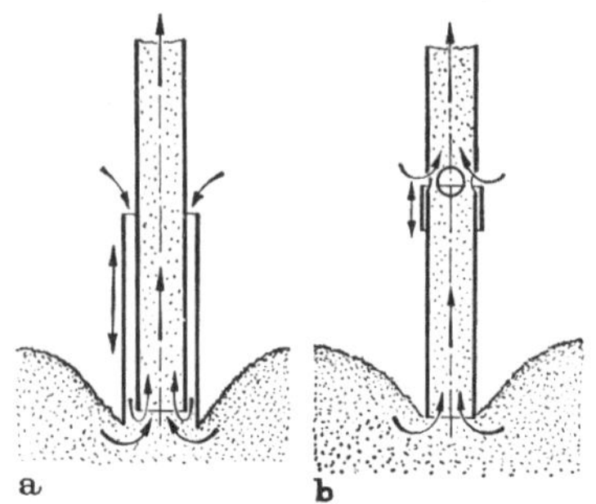

Abb. 5.30a u. b. Schüttgut-Saugdüsen.
a) Mantelsaugdüse; b) Schlitzsaugdüse.

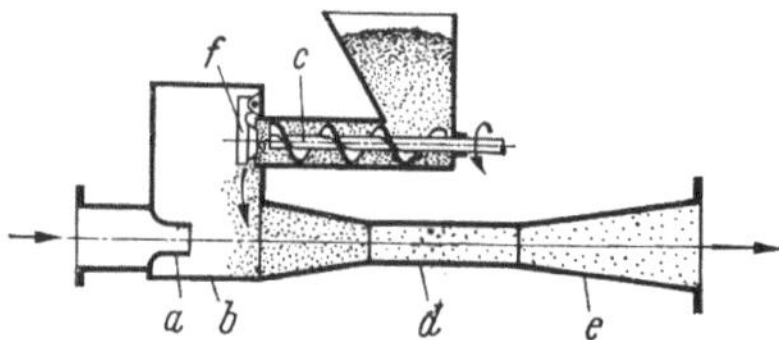

Abb. 5.31. Staubinjektor.
a Treibgasdüse, *b* Mischkammer, *c* Förderschnecke, *d* Mischrohr, *e* Diffusor, *f* Rückschlagklappe.

lichen Mischen körniger Feststoffe mit Gasen. Bei der Saugförderung gut rieselfähiger Massengüter (besonders Getreide) setzt man Mantelsaugdüsen gemäß Abb. 5.30a und Schlitzsaugdüsen nach Abb. 5.30b ein. Die durch das Haufwerk angesaugte Luft reißt Feststoffkörner mit; durch Verstellen des Doppelmantels (Abb. 5.30a) bzw. der Schlitze (Abb. 5.30b) läßt sich der Zusatzluftstrom und damit die Gutsbeladung des Gemischs regeln. Der in Abb. 5.31 wiedergegebene Staubinjektor eignet sich für Druck- und Saugförderung feinkörniger Güter. Das durch die Düse *a* der Mischkammer *b* zuströmende Treibgas (meist Luft) reißt das mittels der Förderschnecke *c* eingeschleuste Gut mit und beschleunigt es in dem anschließenden Mischrohr *d*, wobei sich Staubsträhnen und Ballen auflösen. Nachdem sich die Geschwindigkeit des Staubs weitgehend an die des Gases angeglichen hat, setzt der Diffusor *e* die Gemischgeschwindigkeit auf einen kleineren, zum Weitertransport wirtschaftlicheren Wert herab. Schüttgut-Saugdüsen und Staubinjektoren lassen sich nach den Abschnitten 4.1 und 4.2 (S. 99 ff.) berechnen. Beim Ermitteln des Druckabfalls nach Gl. (4.61) kann man im allgemeinen die Anteile der Hubarbeit und der Schüttgutreibung gegenüber der Staubbeschleunigung vernachlässigen. Gelingt es, die ganze Anlage (nicht nur den Staubinjektor!) so auszulegen, daß der statische Druck in der Mischkammer des Injektors gleich dem Umgebungsluftdruck ist, so kann man die Staubschleuse (c in Abb. 5.31) durch einen einfachen, offenen Aufgabetrichter ersetzen. Bei Stromtrocknern verwendet man oft relativ langsamlaufende Prallmühlen als Aufgabeeinrichtungen, die Klumpen und Agglomerate zerteilen und das Gut mit dem Treib- und Trocknungsgas mischen.

Für den pneumatischen Feststofftransport ist die Staubverteilung in der Leitung nebensächlich; vor Staubbrennermündungen, Kanalverzweigungen (z. B. bei Staubfeuerungen zum Aufteilen des Brennstaub/Gas-Gemischs auf mehrere Brenner) usw. muß man das Gut jedoch gleichmäßig über den Querschnitt verteilen. Am einfachsten erreicht man dies bei drallfreien Strömungen durch einen ausreichend langen, lotrecht nach oben führenden Kanal vor der Abzweigstelle (Länge : Durchmesser $\geq$ 20 bis

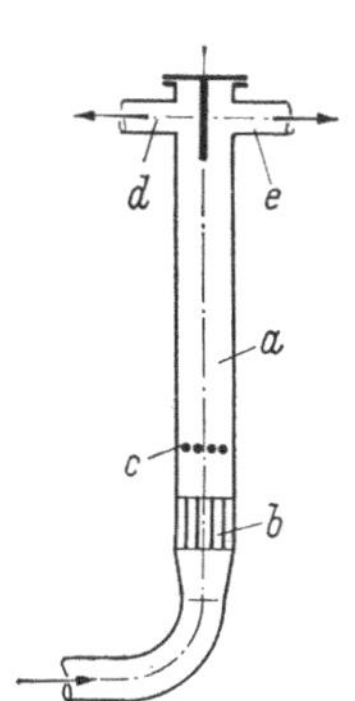
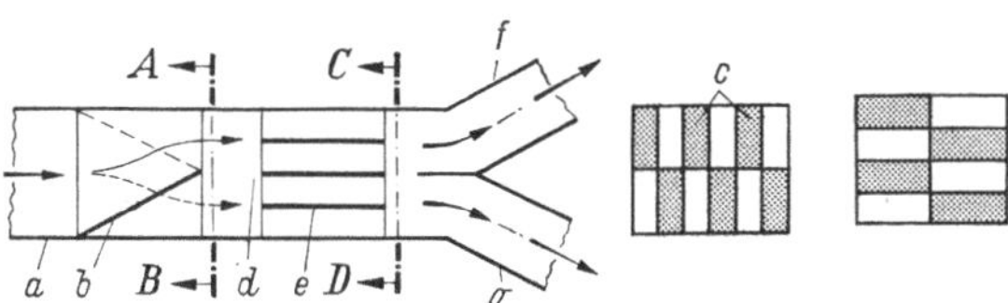

Abb. 5.32. Kanalverzweigung für Staub/Gas-Gemische.

Abb. 5.33. Einbau zum Vergleichmäßigen der Staubverteilung in Kanälen.

25). Die in Abb. 5.32 dargestellte Verzweigung besteht aus einem lotrechten Kanal a (zum Vermeiden schwerebedingter Entmischungseffekte) mit einem Strömungsgleichrichter b aus gekreuzten Blechen (zum Beseitigen eines etwa vorhandenen Dralls) und Prallflächen c (zum Zerstreuen von Feststoffsträhnen) sowie symmetrisch zu a abgehenden Zweigleitungen d, e. Eine andere Ausführungsmöglichkeit mit sehr geringer Baulänge zeigt die Abb. 5.33: In einem rechteckigen Kanal a trennt der Einsatz b das Feststoff/Gas-Gemisch durch Bleche in mehrere zueinander parallele Teilströme und führt diese durch die in Schnitt $A-B$ schraffierten Querschnitte c wieder einem gemeinsamen Kanalabschnitt d zu; der zweite Einsatz e mit den in Schnitt $C-D$ schraffiert wiedergegebenen Austrittsquerschnitten bewirkt eine gleichartige Zwangsmischung in einer dazu senkrechten Ebene. Die Zweigleitungen f, g schließen sich unmittelbar an

(statt auf die dargestellten 2 kann man natürlich auch auf 3, 4 oder
mehr Leitungen aufzweigen).

5.523 Staubbeladene Gasstrahlen. Staubbeladene Gasstrahlen breiten
sich in einem gaserfüllten Raum ähnlich aus wie reine Gasstrahlen hoher
Dichte in einem Gas niedriger Dichte; die Ausbreitung letzterer geht
aus Abschnitt 5.21 (S. 193 ff.) hervor. Der vom Gas mitgeführte Staub
kann plötzlichen Richtungsänderungen des Gasstroms infolge seiner Trägheit nicht folgen. Dies nützt man z. B. bei Brennern für Kohlenstaubfeuerungen aus, um den Kohlenstaub von dem relativ kalten und manchmal inerten Transportmedium (Luft, Brüden) zu trennen und mit der
wärmeren Verbrennungsluft und evtl. aus der Umgebung des Strahls
mitgerissenen heißen Feuerraumgasen zu mischen.

Die Abb. 5.34 zeigt einen Rundbrenner mit regelbarem Verbrennungsluftdrall für Kohlenstaub- oder Öl- oder Kohlenstaub/Öl-Betrieb [5.30].
Das durch den Staubanschlußstutzen d zugeführte Kohlenstaub/Brüden-

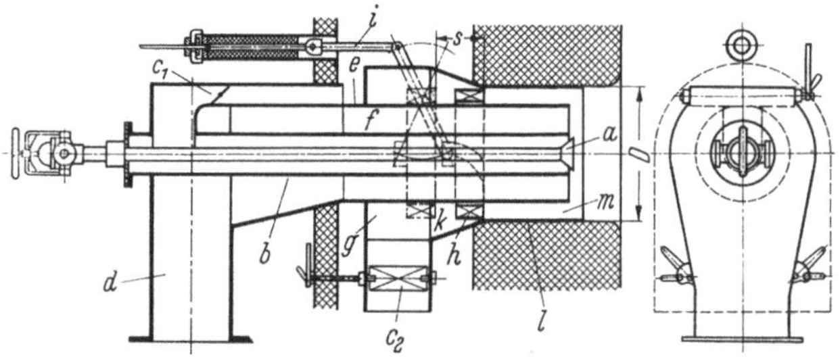

Abb. 5.34. Rundbrenner mit regelbarem Verbrennungsluftdrall für Kohlenstaub- oder Öl- oder
Kohlenstaub/Öl-Betrieb (Fa. Steinmüller/Gummersbach).

a Öllanze, b Kernrohr, c_1 und c_2 Drosselklappen, d Staubanschlußstutzen, e Staubrohr, f Staub-
Ringkanal, g Mantelluftkasten, h Leitschaufelkranz, i Verstellung von h, k konische Ringdüse,
l Brenneraußenmantel, m Luft-Ringkanal.

Gemisch strömt durch den Ringkanal f in den Feuerraum (Austrittsgeschwindigkeit etwa 15 bis 25 m/s). Die Verbrennungsluft gelangt über
die Drosselklappe c_2 in den Mantelluftkasten g. Ein kleiner, mit Hilfe
der Drosselklappe c_1 geregelter Teil passiert das Kernrohr b zum Schutz
der Öllanze a, die Hauptmenge strömt teils durch den axial verschiebbaren Schaufelkranz h mit Drall, teils zwischen diesem und der konischen
Düsenwand k ohne Drall in den Mantelluft-Ringkanal m und tritt nach Ge-
schwindigkeitsausgleich mit einem Anfangsdrall zwischen 15 und 50° und
einer Geschwindigkeit zwischen 25 und 40 m/s in den Feuerraum aus. Die
Geschwindigkeitsunterschiede der konzentrischen Ringstrahlen und der
Drall bewirken eine sehr schnelle Mischung des Kohlenstaubs mit der Verbrennungsluft, d. h. kurze (durch Ändern des Dralls einstellbare) Flammen.

Häufig verwendet man auch Flachbrenner aus mehreren, einzeln
regelbaren Rechteckdüsen, durch die abwechselnd Staub/Brüden-Ge-

misch und Verbrennungsluft mit unterschiedlichen Austrittsgeschwindigkeiten und meist gegeneinander geneigten Strahlachsen in den Feuerraum strömen [*5.31*].

5.53 Mischen verschiedener ineinander unlöslicher Flüssigkeiten (Emulgieren)

Beim Mischen verschiedener ineinander unlöslicher Flüssigkeiten entstehen Emulsionen, wobei meist die mengenmäßig überwiegende Komponente die zusammenhängende Phase bildet und die übrigen sich darin in Form kleiner Tröpfchen dispers verteilen. Viele Emulsionen trennen sich nach Aufhören der Mischwirkung unter dem Einfluß der Schwere durch Aufrahmen (Aufsteigen) oder Absetzen (Absinken) der dispergierten Bestandteile. Sie lassen sich durch sehr feines Emulgieren stabilisieren, da die Schwebegeschwindigkeit der Tröpfchen mit abnehmender Größe sinkt und bei sehr kleinen Teilchen die BROWNsche Bewegung (infolge der Zusammenstöße mit Molekülen der zusammenhängenden Phase) den Aufrahm- bzw. Absetzvorgang nachhaltig stört. Durch Zusatz grenzflächenaktiver Emulgatoren (Casein, Gelatine, Pektin, Polyvinylalkohol), die jedes Tröpfchen mit einer Solvathülle überziehen bzw. elektrisch aufladen, kann man das Zusammenfließen kleiner Tropfen zu größeren und das damit verbundene Zerfallen der Emulsion verhüten. Stabilisatoren steigern die Viskosität der zusammenhängenden Phase und verzögern dadurch das Aufrahmen bzw. Absetzen.

Die beim Emulgieren zugeführte mechanische Arbeit verwandelt sich größtenteils in Wärme; nur ein verschwindend kleiner Teil (größenordnungsmäßig 1%) ist zum Vergrößern der Phasengrenzfläche nötig. Zum Zerteilen eines Tropfens ist eine von seiner Größe und von der Grenzflächenspannung abhängige Schubspannung erforderlich, die erreichbare Phasengrenzfläche und damit die maximal mögliche Mischgüte richtet sich daher nach der Scherbeanspruchung des Gemischs in der „Emulgierzone“. In der (durch kleine Geschwindigkeitsgradienten gekennzeichneten) „Mischzone“ des Apparats reichen die Scherkräfte nicht zum Verfeinern der Emulsion aus, die Tröpfchen werden lediglich im Gemisch verteilt. Zum Übertragen von Modellversuchen auf geometrisch ähnliche Großausführungen muß man demnach in der Emulgierzone die gleichen Schubspannungen und in der Mischzone den gleichen Arbeitsaufwand pro Volumeinheit vorsehen.

5.531 Rührwerke zum Emulgieren. Die in Abschnitt 5.33 (S. 205 ff.) ausführlich erörterten Rührwerke eignen sich auch zum chargenweisen Emulgieren. Niedrigviskose Stoffe unter etwa 1 Poise lassen sich oft bereits mit Ankerrührern grob emulgieren (noch mit freiem Auge erkennbare Tropfen), für feindisperse Emulsionen (nicht mehr sichtbare Tröpfchen) kann man Propeller- und Scheiben-(Turbo-)Rührer einsetzen. Feinstdisperse Emulsionen (feinste Tröpfchen mit BROWNscher Bewegung) erzielt man bei Substanzen bis etwa 10^3 Poise mit Hilfe schnellaufender Scheibenrührer mit gezahntem oder welligem Rand (Dissolver, Umfangsgeschwindigkeit bis etwa 25 m/s), Schaufelrührer mit verstellbaren Schaufeln und Turborührer mit Diffusorring oder Siebring. In hochviskosen Produkten kann man auch Fingerrührer und Planetenrührwerke zum Emulgieren verwenden. Eine hohe Produktviskosität begünstigt im allgemeinen (infolge der hohen Scherkräfte) den Emulgiereffekt, erschwert jedoch den Mischprozeß, deshalb muß man die Mischwirkung von Emulgierrührern ebenso sorgfältig wie ihre Emulgierwirkung (End-Tropfengröße in der Emulgierzone) beachten. Bezüglich Hauptabmessungen, Antriebsleistung, Drehzahl usw. sei auf den Abschnitt 5.33 (S. 205 ff.) verwiesen.

5.532 Mischpumpen, Kolloidmühlen und Homogenisierapparate. Zum kontinuierlichen Fördern und Emulgieren kann man auch erfolgreich *Pumpen* mit großen inneren Undichtigkeiten und daher niedrigem hydraulischem Wirkungsgrad einsetzen. Kreiselpumpen mit siebartig gelochten und hydrodynamisch „falsch" angeordneten (also nicht stoßfrei angeströmten) Schaufeln eignen sich für niedrigviskose Stoffe, Zahnradpumpen und Schraubenspindelpumpen mit vergrößertem Gehäusespiel sowie Förderschnecken mit stark gedrosseltem Austritt für hochviskose Substanzen. Mit *Kolloidmühlen* (Abschnitt 7.37, S. 357 ff.) lassen sich praktisch alle fließfähigen Stoffe sehr fein emulgieren (homogenisieren). Die feinsten Emulsionen liefern *Homogenisiermaschinen.* Kolbenhomogenisiermaschinen bestehen aus einer Hochdruck-Kolbenpumpe, an die sich druckseitig ein sogenannter Homogenisierkopf aus einem verschleißfesten Werkstoff (Stahl, Hartmetall, Achat) mit engen, genau einstellbaren, meist radialen oder konischen Spalten anschließt; die Kolbenpumpe preßt das — in der Regel schon grob emulgierte — Produkt mit einem Druck bis zu mehreren hundert Atmosphären durch die Spalte. Bei einfach wirkenden Pumpen hält man den Gegendruck konstant, indem man den Homogenisierkopf als federbelastetes, gepanzertes Ventil ausbildet. Grob- und feindisperse Emulsionen lassen sich bei niedrigviskosen Stoffen bis etwa 1 Poise auch kontinuierlich in *Mischdüsen* und *Drallkammern* (Abschnitt 5.312, S. 199) herstellen. Schließlich seien noch die verhältnismäßig selten verwendeten *Emulgierzentrifugen* erwähnt.

5.54 Mischen von Flüssigkeiten mit Feststoffen

Das Verhalten von Feststoff/Flüssigkeits-Gemischen hängt weitgehend von der Gemischzusammensetzung, den Fließeigenschaften und der Oberflächen- bzw. Grenzflächenspannung der Flüssigkeit sowie der Kornverteilung des Feststoffs ab. Gemische mit überwiegendem Flüssigkeitsanteil und in der Flüssigkeit dispers verteilten Feststoffteilchen nennt man Suspensionen; bei vergleichbaren Mengenanteilen des Feststoffs und der Flüssigkeit ergeben sich Teige und Pasten, und mit sinkendem Flüssigkeitsanteil sowie steigender Kornfeinheit nimmt das Gemisch immer mehr Feststoffcharakter an: Der Teig zerfällt in Klumpen, Brocken oder Krümel. In feuchten Schüttgütern überwiegt der Feststoffanteil, die Flüssigkeit kann jedoch örtlich zu teig- oder pastenartiger Konsistenz und somit zum „Klumpen" oder zum „Schmieren" des Gemischs führen.

Niedrigviskose Suspensionen entmischen sich nach Aufhören der Dispergierwirkung unter dem Einfluß der Erdschwere; der Trennvorgang verlangsamt sich mit zunehmender Flüssigkeitsviskosität sowie sinkender Korngröße. Sehr kleine Teilchen führen infolge der Zusammenstöße mit Flüssigkeitsmolekülen eine unregelmäßige Bewegung (BROWNsche Bewegung) aus und können sich daher nicht absetzen. Auch bei sehr grobdispersen, dünnflüssigen Suspensionen genügt jedoch meist schon schwaches Rühren (Pendelrührer gemäß Abschnitt 5.3, S. 209, oder Einblasen von 0,4 bis 1 m³ Luft pro Minute und Quadratmeter freier Flüssigkeitsoberfläche), um ein Zerfallen des Gemischs zu verhindern.

Feuchte Schüttgüter neigen zum Agglomerieren und zum Ansetzen an den Apparaten; manche Produkte ändern ihre Konsistenz erheblich durch Aufnahme oder Abgabe geringer Flüssigkeitsmengen (Austrocknen usw.). Pasten und Teige überziehen sich beim Lagern oft mit Krusten oder Häuten, da der Flüssigkeitsanteil an der Oberfläche durch Verdunsten abnimmt. Aus diesen Gründen sollte man solche Feststoff/Flüssigkeits-Gemische möglichst unmittelbar vor dem Weiterverarbeiten herstellen und nicht längere Zeit lagern.

Die in Abschnitt 5.33 (S. 205 ff.) beschriebenen Rührwerke eignen sich zum Suspendieren feinkörniger Schüttgüter in Flüssigkeiten. Für niedrigviskose Gemische bis etwa 25 Poise verwendet man Balken-, Blatt-, Anker-, Propeller- oder Turborührer, für zähere Produkte bis 10³ Poise Gitterrührer oder Planetenrührwerke sowie schnellaufende Scheibenrührer mit gezahntem oder welligem Rand (bei letzteren auf ausreichende Mischwirkung achten!). Zum Verarbeiten von Pasten und Teigen dienen die in Abschnitt 5.3 (S. 199 ff.) erörterten Durchlaufmischer bzw. Knetwerke sowie die in Abschnitt 7.3 (S. 335 ff.) besprochenen Walzwerke und Kollergänge. Feuchte Schüttgüter lassen sich in Trogmischern gemäß Abschnitt 5.42 (S. 219 ff.) (z. B. Mulden-, Lödige- oder Nauta-Mischer) mischen.

5.6 Schrifttum zu Kapitel 5

[5.1] STANGE, K.: Die Mischgüte einer Zufallsmischung aus drei und mehr Komponenten. Chemie-Ing.-Technik 35 (1963) 580—582.

[5.2] STANGE, K.: Zur Beurteilung der Güte einer Mischung aus körnigen Stoffen bei bekannten Siebdurchgangslinien der Komponenten. Chemie-Ing.-Technik 36 (1964) 296—302.

[5.3] WEYDANZ, W.: Zeitlicher Ablauf eines Mischvorganges. Chemie-Ing.-Technik 32 (1960) 343—349.

[5.4] BÜCHE, W.: Leistungsbedarf von Rührwerken. Z. VDI 81 (1937) 1065—1069.

[5.5] ULLRICH, H.: Strömungsvorgänge in Drallbrennern mit regelbarem Drall und bei rotationssymmetrischen Freistrahlen. Forsch. Ing.-Wes. 25 (1959) 165—181; 26 (1960) 19—28.

[5.6] WUEST, W.: Turbulente Mischungsvorgänge in zylindrischen und kegeligen Fangdüsen. Z. VDI 92 (1950) 1000—1001.

[5.7] REICHARDT, H.: Gesetzmäßigkeiten der freien Turbulenz. VDI-Forschungsheft 414, 2. Aufl., Düsseldorf: VDI-Verlag 1951.

[5.8] SZABLEWSKI, W.: Zur Theorie der turbulenten Strömung von Gasen stark veränderlicher Dichte. Ing.-Arch. 20 (1952) 67—72.

[5.9] SZABLEWSKI, W.: Turbulente Vermischung zweier ebener Luftstrahlen von fast gleicher Geschwindigkeit und stark unterschiedlicher Temperatur. Ing.-Arch. 20 (1952) 73—80.

[5.10] MELDAU, E.: Drallströmung im Drehhohlraum. Diss. T.H. Hannover 1935.

[5.11] SCHIEBELER, W.: Luftströmungen mit Drall im Kreisrohr hinter radialem Leitapparat. Mitteilungen aus dem Max-Planck-Institut für Strömungsforschung, Nr. 12, Göttingen 1955.

[5.12] JAKOBI, H. R.: Grundlagen der Extrudertechnik, München: Carl Hanser 1960.

[5.13] SCHENKEL, G.: Kunststoff-Extrudertechnik, München: Carl Hanser 1963.

[5.14] KRÜGER, H.: Extruder für nicht-Newtonsche Schmelzen. Kunststoffe 53 (1963) 711—722.

[5.15] SCHAEFER, P.: Mischen hochviskoser Stoffe in einem Vielkantmischer. Teil I: Wirkungsweise des Mischers, Teil II: Versuchsergebnisse und Anwendungsbeispiel. Chemie-Ing.-Technik 33 (1961) 421—426, 493—497.

[5.16] ERDMENGER, R.: Mehrwellen-Schnecken in der Verfahrenstechnik. Chemie-Ing.-Technik 36 (1964) 175—185.

[5.17] Rührwerke. DIN 28130 (Benennungen), DIN 28131 (Rührerformen), DIN 28132 (Rührwellen-Durchmesser), DIN 28133 (Nenndrehzahlen).

[5.18] Rühren, Betriebstechnik. Bearb. v. F. KNEULE. Dechema-Erfahrungsaustausch. Dechema, Frankfurt a. M. 1957.

[5.19] ECK, B.: Neues Gerät zum Umrühren von Flüssigkeiten. Chemie-Ing.-Technik 31 (1959) 260—261.

[5.20] ERDMENGER, R., u. S. NEIDHARDT: Das Rühren in Flüssigkeiten. Chemie-Ing.-Technik 24 (1952) 248—258.

[5.21] PARKER, N. H.: Mixing. Chem. Engng. 71 (1964) 165—220.

[5.22] SIEMES, W., W. RAHMEL u. E. THRUN: Zur Darstellung der Leistungsaufnahme von Rührern. Chemie-Ing.-Technik 29 (1957) 791—797.

[5.23] WIEGHARDT, K.: Über einige Versuche an Strömungen in Sand. Ing.-Arch. 20 (1952) 109—115.

[5.24] KLEIN, H.: Gesetzmäßigkeiten bei der pneumatischen Homogenisierung. Zement-Kalk-Gips 15 (1962) 399—402.

[5.25] WIEGMANN, D.: Die pneumatische Homogenisierung pulverförmiger Stoffe. Aufbereitungstechnik 6 (1965) 79—83.

[5.26] Söhngen, E., u. U. Grigull: Der Strahlwinkel von Brennstoff-Dralldüsen bei kontinuierlicher Einspritzung. Forschung 17 (1951) Nr. 3, S. 77—82.

[5.27] Troesch, H. A.: Der freie Fall von Flüssigkeitsstropfen in Luft. Z. VDI 105 (1963) 1393—1397.

[5.28] Troesch, H. A.: Die Zerstäubung von Flüssigkeiten. Chemie-Ing.-Technik 26 (1954) 311—320.

[5.29] Karwat, H.: Verteilung von Gasen in Flüssigkeiten durch Rührer. Chemie-Ing.-Technik 31 (1959) 588—598.

[5.30] Ullrich, H.: Über einen Rundbrenner für unterschiedliche Brennstoffe. Brennstoff-Wärme-Kraft 11 (1959) 465—467.

[5.31] Fehling, W.: Kohlenstaubbrenner. Zusammenstellung und Beurteilung der verwendeten Konstruktionen. Mitt. Ver. Großkesselbes. 50 (1957) 337—349.

[5.32] Metzner, A. B., u. R. E. Otto: Agitation of Non-Newtonian Fluids. A.I.Ch.E. Journal 3 (1957) Nr. 1, S. 3—10.

[5.33] Metzner, A. B., R. H. Feehs, H. L. Ramos, R. E. Otto u. J. D. Tuthill: Agitation of Viscous Newtonian and Non-Newtonian Fluids. A. I. Ch. E. Journal 7 (1961) Nr. 1, S. 3—9.

[5.34] Ullrich, H., u. H. Schreiber: Rühren in zähen Flüssigkeiten. Chemie-Ing.-Technik 39 (1967) 218—224.

6. Trennen

Trennvorgänge zerlegen ein Gemisch in verschiedene Bestandteile mit unterschiedlichen Eigenschaften, ohne die Komponenten stofflich zu verändern.

6.1 Grundlagen

Die Wahl des Trennverfahrens richtet sich nach der Gemischzusammensetzung, den Eigenschaften der einzelnen Bestandteile und der Konsistenz des Gemischs.

6.11 Zusammensetzung

Die Zusammensetzungen des Ausgangsgemischs und der voneinander getrennten Mischungsteile (Fraktionen) lassen sich gemäß Abschnitt 5.11 (S. 187 ff.) festlegen. Beim Klassieren von Schüttgütern gibt man die Kornverteilungen des Ausgangsgemischs und der Endprodukte nach Abschnitt 2.43 (S. 55 ff.) an. Oft beschränkt man sich auch auf die Kennzeichnung der unerwünschten Gemischanteile in den für den weiteren Verfahrensgang wesentlichen Fraktionen (Fehlkorn bei Siebvorgängen, Entstaubungsgrad bei Staubabscheidern usw.).

6.12 Trenngüte

Formal läßt sich für jeden Gemischbestandteil i die Trenngüte durch den Ausdruck

$$(TG)_i = 1 - (MG)_i = \frac{\sigma_i}{\sigma_{i\,\max}} \qquad (6.1\,\text{a, b})$$

beschreiben, wobei $(MG)_i$, σ_i und $\sigma_{i\,\max}$ die Mischgüte gemäß Gl. (5.5) sowie die auf das Ausgangsgemisch bezogenen Schwankungen der Mengenanteile nach den Gln. (5.2) bzw. (5.3) bedeuten; bei ideal getrennten Produkten ist $(TG)_i = 1$.

Praktisch kennzeichnet man die Trenngüte meist durch die mittleren Zusammensetzungen des Ausgangsgemischs und der voneinander getrennten Fraktionen, wobei man sich bei Mehrstoffsystemen auf die wesentlichen Schlüsselkomponenten beschränkt. Ändert sich der Gewichtsanteil $g_{i\mathrm{I}}$ einer Schlüsselkomponente i in einer Fraktion I näherungsweise proportional ihrem Anteil g_{i0} im Ausgangsstoff 0, so bilden der Abscheidegrad A_I (wenn man die Schlüsselkomponente ausscheiden will) bzw. der Eindickungsgrad E_I (wenn man sie anreichern will) brauchbare Maße für die Trenngüte:

$$A_\mathrm{I} = \frac{g_{i0} - g_{i\mathrm{I}}}{g_{i0}}, \quad E_\mathrm{I} = \frac{g_{i\mathrm{I}}}{g_{i0}}. \qquad (6.2\,\mathrm{a, b})$$

Auch die Trennfaktoren

$$\alpha_{\mathrm{I}, 0} = \frac{g_{i\mathrm{I}}(1 - g_{i0})}{g_{i0}(1 - g_{i\mathrm{I}})}, \quad \alpha_{\mathrm{I, II}} = \frac{g_{i\mathrm{I}}(1 - g_{i\mathrm{II}})}{g_{i\mathrm{II}}(1 - g_{i\mathrm{I}})} \qquad (6.3\,\mathrm{a, b})$$

zwischen einer Fraktion I und dem Ausgangsgemisch 0 ($\alpha_{\mathrm{I}, 0}$) bzw. zwischen den beiden Fraktionen I, II ($\alpha_{\mathrm{I, II}}$) eignen sich zum Beschreiben des Trenneffekts.

Beim Klassieren von Schüttgütern läßt sich die Trenngüte anschaulich mit Hilfe der Trompschen Kurven erfassen, die den ins Feingut gelangenden Anteil $T(k)$ der Kornfraktion zwischen k und $k + dk$ in Abhängigkeit von der Korngröße k angeben [6.1]. Vielfach genügt bei Klassier- und Sortiervorgängen auch die Angabe der Fehlkorngehalte, das sind die auf die Gesamtmenge der einzelnen Trennfraktionen bezogenen Anteile der unerwünschten Körner [Unterkorn im Grobgut, Überkorn im Feingut, Fremdstoffe in sortiertem Produkt (Abschnitt 6.4, S. 246 ff.)].

6.2 Trennen verschiedener Gase

Gasgemische lassen sich mechanisch mittels Gaszentrifugen, thermisch durch Kondensieren, Sublimieren bzw. Ausfrieren sowie mit Hilfe von Stoffaustauschverfahren durch Adsorbieren, Absorbieren (Gaswäsche) oder Diffusionsverfahren trennen. Die mechanische Gaszerlegung und die Diffusionsverfahren verwendet man aus Wirtschaftlichkeitsgründen nur zur Isotopentrennung. Bezüglich weiterer Ausführungen sei auf das einschlägige Schrifttum verwiesen [6.2—6.4, 9.23.2, 9.23.8, 9.25.1—15].

6.3 Trennen verschiedener ineinander löslicher Flüssigkeiten und Lösungen

Einphasige Gemische ineinander löslicher Flüssigkeiten und Lösungen lassen sich mechanisch nicht in ihre Bestandteile zerlegen. Bezüglich der zum Trennen solcher Gemische geeigneten thermischen und Stoffaustausch-Verfahren (Destillation und Rektifikation, Extraktion, Kristallisation) sei auf das einschlägige Schrifttum verwiesen [6.5—6.11, 9.23.8, 9.31.12].

6.4 Trennen verschiedener Feststoffe

Körnige Feststoffe kann man nach der Korngröße oder nach der Schwebegeschwindigkeit klassieren, nach Stoffen sortieren oder nach anderen Eigenschaften bzw. Merkmalen der Einzelkörner (z. B. nach ihrer Farbe) in Fraktionen zerlegen, ohne dabei die Teilchengröße und -form zu verändern (abgesehen von unerwünschten Nebenwirkungen des Trennvorgangs).

6.41 Klassieren

Das Zerlegen eines Schüttguts in mehrere Fraktionen, deren Einzelkörner sich hinsichtlich ihrer Größe oder ihrer Schwebegeschwindigkeit voneinander unterscheiden, nennt man Klassieren.

6.411 Sieben. Beim Sieben zerlegt man das Haufwerk durch Roste, Lochbleche, Draht- bzw. Textilgewebe oder dicht nebeneinander gespannte Drähte in einen grobkörnigen Sieböberlauf und einen feinkörnigen Siebdurchgang. Das größte, gerade noch durch die Sieböffnungen durchgehende Korn heißt Grenzkorn, das im Überlauf verbleibende Feingut Unterkorn und das in den Durchgang gelangende Grobgut Überkorn. Das Verhältnis der abgesiebten zur aufgegebenen Feinkornmasse bezeichnet man als Siebgütegrad. Nach der Grenzkorngröße k_g unterscheidet man Grobsiebungen ($k_g \geqq 20$ mm), Mittelsiebungen ($1 < k_g \leqq 20$ mm) und Feinsiebungen ($0,03 < k_g \leqq 1$ mm). Trennsiebungen liefern zwei Fraktionen unterschiedlicher Korngröße, Klassiersiebungen ergeben mehrere Produktfraktionen, und Sondersiebungen dienen zum Auflösen lockerer Zusammenballungen, zum Entfernen von Abrieb usw.

Damit ein Teilchen das Sieb passieren kann, muß es sich auf eine Sieböffnung zu bewegen und in der Durchtrittsrichtung kleiner als diese sein. Um allen Körnern die Möglichkeit zum Passieren des Siebs zu bieten, muß man das Gut möglichst oft umschichten bzw. relativ zum Sieb bewegen; außerdem müssen die Siebkräfte (Eigengewicht, Massenträgheit) ausreichen, um die Körner aus dem Kornverband herauszulösen und durch die Öffnungen zu befördern. Den Siebkräften wirken Haftkräfte im Haufwerk entgegen (Abschn. 7.12, S. 317 ff.), die ihre Ursache in mechanischem Verhaken der Teilchen, elektrostatischen Aufladungen, VAN DER WAALSschen Kräften oder Zwickel- und Zwischenraumfeuchtigkeit haben und unter ungünstigen Bedingungen den Siebdurchgang völlig verhindern können („Zementieren" des Siebs). Die feuchtigkeitsbedingten Haftkräfte weisen bei einem kritischen Flüssigkeitsgehalt einen Maximalwert auf; beim Trockensieben liegt die Feuchtigkeit wesentlich unter diesem kritischen Wert, beim Naßsieben erheblich darüber [6.12, 6.13].

Zum Sieben sehr groben Guts über etwa 100 mm Korngröße setzt man zum Überlauf hin abfallende *feste Roste* ein (Rostneigung etwa gleich dem Böschungswinkel des Guts, Roststäbe längs der Fallinie angeordnet, Spalte zum Vermeiden von Verstopfungen nach unten erweitert). Bei den *Rollenrosten (Scheibenspaltrosten)* besteht die Siebfläche (1,5 bis 20 m²) aus 15 bis 50 Wellen, die mit Bogendreieck-Scheiben besetzt sind und über einen gemeinsamen Kettentrieb angetrieben werden, so daß das Siebgut ständig umgeschichtet und gleichzeitig weitertransportiert wird (Transportgeschwindigkeit 0,4 bis 0,5 m/s). Rollenroste weisen einen höheren Durchsatz und einen besseren Siebgütegrad als feste Klassierroste auf; sie eignen sich vor allem zum Klassieren von Braunkohle. *Trommelsiebe* (liegende, etwa um 5° gegen die Horizontale geneigte und langsam rotierende, gelochte Siebtrommeln) verzontale geneigte und langsam rotierende, gelochte Siebtrommeln) ver-

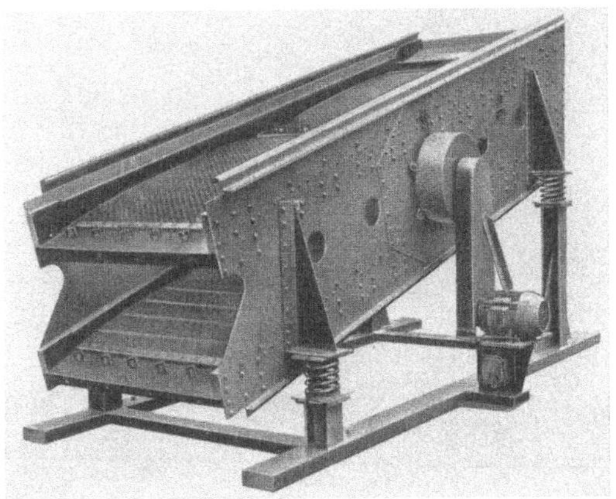

Abb. 6.1. Vibratorsieb für Klassiersiebungen (Doppeldecker) (Fa. Krupp/Rheinhausen).

wendet man infolge ihres verhältnismäßig hohen Verschleißes und der schlechten Siebflächenausnützung — nur der untere Trommelteil ist jeweils siebwirksam — heute nur noch selten.

Die meisten Siebprobleme lassen sich mit *Schwingsiebmaschinen* [*6.14*, *6.15*] bewältigen: Der Siebbelag (Siebnormen DIN 4187, 4188 und 4195 für Lochbleche, Drahtgewebe bzw. Textilgewebe) ist in einem Siebrahmen eingespannt. Er wird entweder unmittelbar (durch elektromagnetisch erregte Stößel) oder mittelbar über den Rahmen (durch Elektromagnete oder rotierende Unwuchtmassen) in lineare, elliptische oder kreisförmige Schwingungen versetzt. Siebbeläge für Trennsiebungen weisen auf der ganzen Siebfläche gleiche Öffnungen auf, Klassiersiebe erfordern Beläge mit abschnittweise zum Siebüberlauf hin wachsenden Durchgangsquerschnitten und entsprechend unterteilte Feinkornauffangrutschen. Die Siebfläche liegt zwischen 0,008 m² für Laborsiebmaschinen und etwa 10 m² für große Vibrator-, Resonanz- und Gegenschwingsiebe.

Bei „hubbegrenzten" *Schüttelsieben* ist der auf dem Fundament montierte Antrieb mit dem schwingenden System starr verbunden, dessen
Schwingungsamplitude ist daher unabhängig von der Belastung; Antrieb
und Fundament sind jedoch durch Massenkräfte sehr hoch beansprucht.

Bei „kraftbegrenzten" Sieben ist der (ebenfalls fest auf dem Fundament montierte) Antrieb über Kopplungsfedern elastisch mit dem schwingenden Siebrahmen verbunden, er braucht daher nur etwa 10% der Sieb-
Massenkräfte aufzunehmen. Diese Bauart eignet sich für große Apparate
und hohe Siebkennzahlen [Gl. (6.4)]. *Vibratorsiebe* nach Abb. 6.1 mit
elastisch ohne Lenker gelagertem Siebkasten und Unwuchtantrieb führen
meist Kreisschwingungen kleiner Amplitude und hoher Frequenz aus.
Gegenschwingsiebe und *Resonanzsiebe* sind hub- bzw. kraftbegrenzte

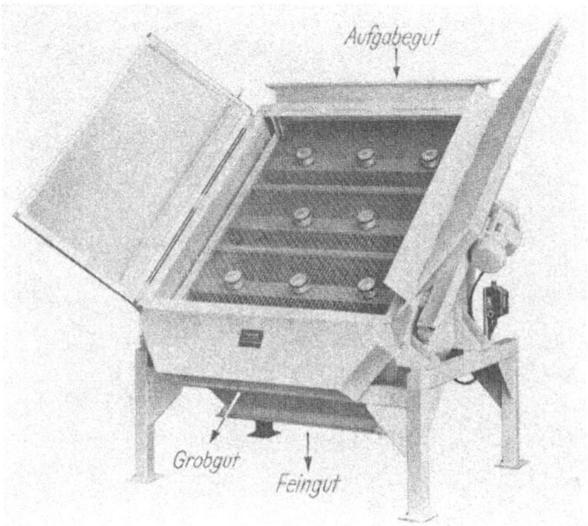

Abb. 6.2. Schallsiebmaschine für Trennsiebungen von 4 bis 25 mm (Fa. Rhewum/Remscheid-
Lüttringhausen).

Zweimassen-Schwingsysteme mit zwei relativ zueinander durch Blatt-
federn oder Lenker geführten und mit 180° Phasenverschiebung gegeneinander schwingenden Massen (Siebkasten mit Siebbelag und Gegenschwingmasse bzw. bei „Doppeldeckern" zweiter Siebkasten). Der auf der
Gegenschwingmasse angeordnete Antrieb ist bei den Gegenschwingsieben
starr, bei den Resonanzsieben elastisch mit dem Siebkasten gekoppelt.
Die Antriebsfrequenz liegt in der Nähe der Resonanzfrequenz des Zwei-
massensystems. Beide Bauarten zeichnen sich durch weitgehend von
Schwingungen entlastete Fundamente aus. Sie eignen sich daher für große
Siebleistungen und große Amplituden, also grobes Gut. Durch Hubbegren-
zungspuffer zwischen den beiden gegeneinander schwingenden Massen
lassen sich sehr hohe Maximalbeschleunigungen erzielen und somit die
Siebleistung — allerdings auch der Abrieb — erhöhen. Bei den *Schallsiebmaschinen* gemäß Abb. 6.2 ruht der Siebrahmen, und der über Stößel

unmittelbar erregte, leichte Siebbelag schwingt mit einer Frequenz im Bereich des hörbaren Schalls. Meist nützt man die Netzfrequenz technischen Wechselstroms aus; der Grundfrequenz (100 Hz, mit Einweggleichrichter 50 Hz) überlagern sich Oberschwingungen in der Größenordnung 1000 bis 3000 Hz, so daß sich der Kornverband des Siebguts infolge der starken, unterschiedlichen Beschleunigungen auflöst und eine intensive Umschichtung zustande kommt. Schallsiebmaschinen erreichen hohe Massendurchsätze und benötigen kein Fundament, eignen sich jedoch wegen ihres verschleißempfindlichen, leichten Belags nur für wenig schleißende Schüttgüter. Nicht klebende, leicht siebbare Materialien lassen sich bei ausreichendem Feinkornanteil auf platzsparenden „Doppeldeckern" klassieren, das sind Siebmaschinen mit zwei übereinander angeordneten Sieben, Abb. 6.1.

Die Länge von Schwingsieben führt man aus wirtschaftlichen Gründen meist gleich der 2- bis 3fachen Siebbreite aus. Die Amplitude soll bei langsam laufenden Siebmaschinen größenordnungsmäßig gleich dem halben Grenzkorndurchmesser sein, um den Weitertransport des Siebüberlaufs sicherzustellen. Der Durchsatz läßt sich durch Vergrößern des Wurfwinkels (Winkel zwischen der Siebebene und der Teilchenbahn im Augenblick des Abwurfs) steigern; dabei wachsen aber auch die Beanspruchungen des Siebkastens, des Siebbelags und des Produkts, außerdem steigen die Schwierigkeiten bezüglich des Massenausgleichs, daher beschränkt man sich bei großen Aggregaten und bei schonenden Siebungen auf etwa 20 bis 30°. Bei leicht siebbaren Stoffen neigt man die Siebfläche in Förderrichtung, um den Gutstransport zu beschleunigen. Schallsiebmaschinen erfordern grundsätzlich geneigte Siebflächen, da bei ihnen der Wurfwinkel 90° beträgt und das Gut auf horizontalen Sieben überhaupt nicht weiterbefördert würde. Die Sieböffnungen müssen etwas größer als das gewünschte Grenzkorn sein, da die Durchgangswahrscheinlichkeit für die größten Körner des Feinguts sehr gering ist und außerdem die Siebschwingungen den Querschnitt quadratischer oder kreisförmiger Öffnungen scheinbar dynamisch verkleinern (SCHMIDTscher Effekt [6.14], läßt sich durch Verwenden von Langlöchern oder „Harfensiebböden" aus in Längsrichtung gespannten Drähten völlig vermeiden).

Taumelsiebmaschinen haben runde Siebflächen, die eine taumelnde Bewegung ausführen. Das zentral zugeführte Siebgut wandert allmählich nach außen zum Siebüberlauf. Siebhilfen (Gummi- oder Kunststoffwürfel, umlaufende Rollen- oder Flachbürsten, Passierspachteln usw.) ermöglichen auch das Sieben schwer siebbarer Feinstäube. Doppel- und Dreidecker-Taumelsiebe erlauben Klassiersiebungen mit 3 bzw. 4 Fraktionen.

Bei sehr feinkörnigen, trockenen Substanzen reichen die durch mechanische Schwingungen erzeugten Beschleunigungen nicht mehr zum Überwinden der Haftkräfte aus. In diesen Fällen lassen sich die nötigen Siebkräfte durch Luftstrahlen erzeugen. Die Abb. 6.3 zeigt ein *Luftstrahlsieb*; der Gesamtdruck vor der Düse beträgt etwa 400 mm WS, der Luftdurchsatz 0,2 m³/m²s. Für besonders schwierige Feinstaub-Siebaufgaben kann man Taumelsiebmaschinen mit Luftstrahleinrichtung einsetzen, bei denen das Grobgut vorwiegend durch die Taumelbewegung mechanisch und das Feingut vor allem durch den Luftstrahl aerodynamisch aufgelockert, umgeschichtet und weiterbefördert wird.

Ist das Siebgut so feucht, daß man es nicht trocken sieben kann, so besprüht man es durch Brausen oder Zerstäubungsdüsen (Abschn. 5.51, S. 224 ff.) mit so viel Flüssigkeit, daß diese beim Ablaufen das Feinkorn durch die Sieböffnungen hindurchspült. Bei den *Unterwassersieben* befindet sich das Gut vollständig unter Wasser, so daß überhaupt keine Haftkräfte durch Kapillarflüssigkeit auftreten. Meist schwingen der Siebkasten und

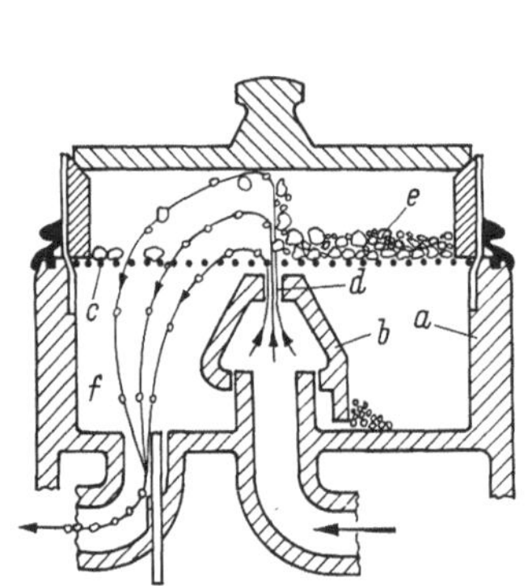

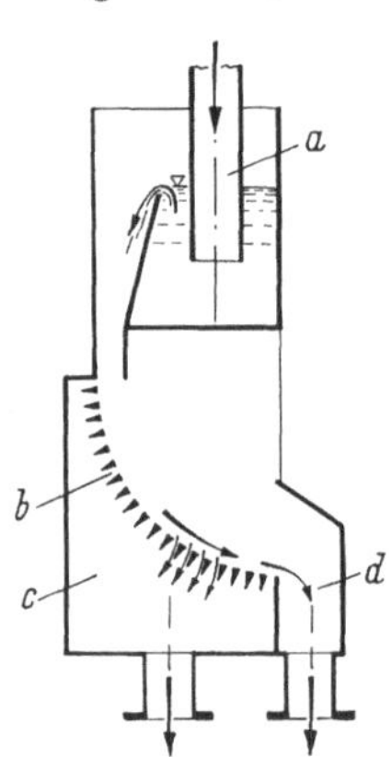

Abb. 6.3. Luftstrahlsieb für Laboratorien (Fa. Alpine/Augsburg).

a Gehäuse, *b* rotierender Düsenarm, *c* Siebbelag, *d* Schlitzdüse, *e* Siebgut, *f* Feingutraum.

Abb. 6.4. Bogensieb.

a Zulaufrohr, *b* Bogensieb, *c* Feingutraum, *d* Siebüberlauf.

der ihn umfassende und mit ihm über Lenker verbundene Wasserbehälter gegeneinander (Gegenschwingsieb). Das in Abb. 6.4 wiedergegebene *Bogensieb* dient zum Naßsieben von Aufschwemmungen und Suspensionen [*6.16*]; es ist weitgehend unempfindlich gegen Verstopfungen. Neben dem Bogensieb seien noch die *Kammerschleuse* und das *Radialnaßsieb* erwähnt [*6.14*].

Die Siebkennzahl von Schwing- und Taumelsieben

$$K = \frac{A\,\omega^2}{g} \qquad (6.4)$$

mit A als Schwingungsamplitude und ω als Kreisfrequenz des Siebs sowie g als Erdbeschleunigung ist mit der Beschleunigungskennzahl von

Schwingförderern identisch (vgl. Abschn. 4.521, S. 177). Man wählt etwa $K = 1,6$ bis 2,3 zum schonenden Sieben rieselfähiger Produkte, $K = 3,0$ bis 3,5 zum scharfen Sieben klebriger und feuchter Güter sowie bis zu $K = 5,0$ und höher zum Auflockern von Agglomeraten und Klumpen. Im Falle harmonischer Schwingungen tritt bei $K = 3,3$,,statistische Resonanz" auf: Die Wurfdauer der Körner ist dann gemäß Abb. 4.65 im statistischen Mittel gleich der Schwingungsdauer des Siebs, die Siebleistung erreicht einen Maximalwert. Die Bedingung (4.79a) für die Wurfförderung des Guts gilt auch für den Guttransport auf Schwingsieben, ebenso kann man — allerdings mit einem anderen Beiwert C_1 — die Gl. (4.80) für die mittlere Fördergeschwindigkeit w_m des Schwingsiebs verwenden. Der zum Fördern nötige Leistungsanteil ist meist klein gegenüber dem Leistungsbedarf zum Decken der Antriebs- und Dämpfungsverluste, daher gibt man in der Regel die auf die Siebfläche bezogene ,,spezifische Antriebsleistung" N/F an. Für Maschinen mit schwingendem oder taumelndem Siebrahmen gilt $N/F = 1$ bis 1,5 kW/m², für Schallsiebmaschinen mit unmittelbar erregtem Sieb und ruhendem Rahmen $N/F = 0,5$ bis 1,0 kW/m². Der Durchsatz hängt von dem Siebgut, der Schichthöhe, der Schwingungsform und dem Siebbelag ab. Die (dimensionslose) Durchsatzkennzahl

$$K_{\dot m} = \frac{\dot m}{\varrho_k F k_g \omega} \tag{6.5}$$

($\dot m$ Massendurchsatz, ϱ_k Feststoffdichte, F gesamte Siebfläche, k_g Grenzkorngröße, ω Kreisfrequenz des Siebs) liegt bei Schallsiebmaschinen ($\omega = 100$ Hz) etwa zwischen $K_{\dot m} = 0,002$ (Sand, Hochofenschlacke) und 0,02 (Kalisalze).

6.412 Schwerkraft-Klassieren. Beim Schwerkraft-Klassieren nützt man die unterschiedliche Schwebegeschwindigkeit verschieden großer Körner in einer Flüssigkeit oder in einem Gas (in der Regel Wasser bzw. Luft) zum Klassieren aus.

Läuterapparate dienen zum Befreien grobkörniger Feststoffe (z. B. Erze, Kalkstein, Schotter) von anhaftendem Staub. Man mischt das Gut mit Wasser und schichtet es dabei intensiv um, so daß sich Staub und feinkörnige Anbackungen ablösen und zusammen mit dem Waschwasser als Suspension über ein Überlaufwehr abströmen, während Schöpfbecher, Kratzerketten, Rechen, Förderschnecken oder Schüttelroste das gereinigte, am Boden abgesetzte Grobgut über ein Entwässerungssieb austragen. Die Abb. 6.5 zeigt einen *Trogläuterapparat* (*Flügelwascher*) mit Misch- und Förderarmen (Flügel, Messer, Paddel, Schwerter) für Körner bis 60 mm.

Spiralklassierer sind mit durchgehenden oder unterbrochenen Schraubenflächen anstelle einzelner Mischarme ausgestattet; sie dienen zum

Läutern feinkörnigen Guts bis etwa 25 mm. Für Produkte bis etwa 5 mm
Korngröße kann man *Rechenklassierer* einsetzen, bei denen schleifen-
artig bewegte Rechen für das Umschichten und den Weitertransport des
Grobguts sorgen. *Läutertrommeln* setzt man für empfindliche Stoffe ein
(z. B. Obst, Feldfrüchte): Eine liegende und manchmal mit rostähnlichen
Einbauten versehene, langsam rotierende Trommel taucht teilweise in
einen Wasserbottich ein. Das Gut wird auf der einen Trommelstirnseite
aufgegeben und auf der andern — nach Passieren eines als Trommelsieb
ausgebildeten und mit Wasser-Zerstäubungsdüsen zur Nachwäsche aus-

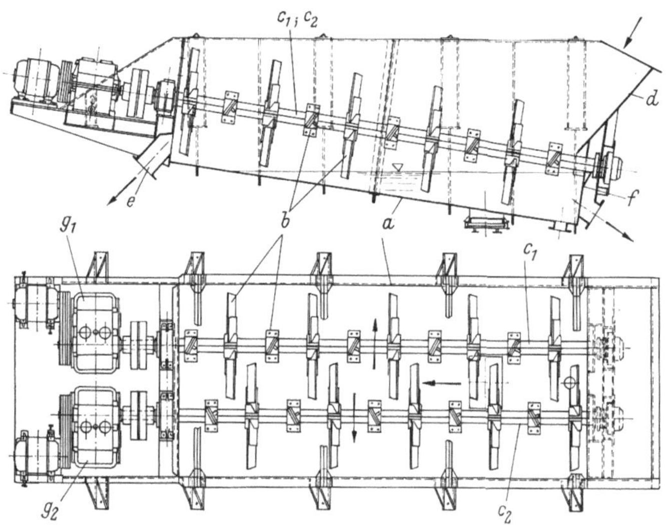

Abb. 6.5. Flügelwascher (Fa. WEDAG/Bochum).
a Gehäuse, *b* Flügel, c_1 und c_2 Wellen, *d* Aufgabeschurre, *e* Austragstutzen für geläutertes Gut,
f Überlaufwehr, g_1 und g_2 Antriebe der Flügelwellen c_1 und c_2.

gestatteten Abschnitts — durch Schöpfbecher abgeführt. Das verbrauchte
Waschwasser fließt über ein Wehr ab. Trogläuterapparate und Läutertrommeln benötigen pro Tonne Aufgabegut eine Antriebsenergie von 0,5
bis 0,7 kWh und etwa 5 bis 10 m³ Waschwasser. Die Umfangsgeschwindigkeit der Paddel oder Schaufeln bzw. der Trommel beträgt etwa
0,5 m/s.

Trogschwingwascher bestehen aus einem teilweise mit Wasser gefüllten,
schwingenden Trog mit stufenförmigem, schrägem Boden. Das zusammen
mit frischem Waschwasser aufgegebene Gut wandert wie bei Schwingförderern (vgl. Abschnitt 4.521, S. 177 ff.) zunächst unter Wasser, das letzte
Stück über ein in Förderrichtung allmählich ansteigendes Entwässerungssieb oberhalb des Wasserspiegels zur Austrittsstelle, die Trübe läuft über
ein Wehr ab.

Kammer- oder *Aufstromklassierer* nach Abb. 6.6 ermöglichen im Gegensatz zu den bisher beschriebenen Läuterapparaten ein trennscharfes Zerlegen feinkörniger Güter bis etwa 2 mm Korngröße. Mehrere Kammern a sind durch Sieb-Zwischenböden b in Klassierräume c und Frischwasserräume d unterteilt; sie stehen über verstellbare Wehre e_1, e_2 mit den benachbarten Kammern bzw. mit seitlich angeordneten Überlaufrinnen f in Verbindung. Jeder Frischwasserraum besitzt Anschlüsse g_1, g_2 für Aufstromwasser und Zusatzwasser (zur Feinregelung), jeder Klassierraum ist mit Schau- und Reinigungsöffnungen h sowie Bodenablaß i versehen; die Aufgabekammer a_1 hat zusätzlich einen Anschluß k zur Produktaufgabe. Das durch die Frischwasserräume zuströmende Wasser erzeugt in den Klassierräumen eine gleichmäßige, aufwärts gerichtete Strömung, deren Geschwindigkeit von Kammer zu Kammer abnimmt.

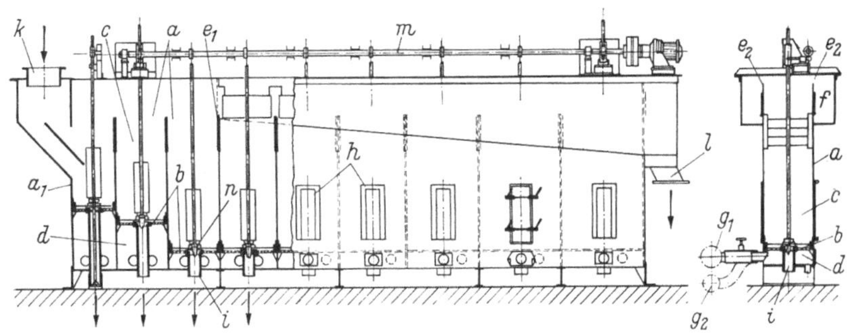

Abb. 6.6. Kammerklassierer (Fa. WEDAG/Bochum).

a Kammer, b Sieb-Zwischenboden, c Klassierraum, d Frischwasserraum, e_1 und e_2 Überlaufwehre, f Überlaufrinne, g_1 und g_2 Anschlüsse für Aufstromwasser bzw. Zusatzwasser (zur Feinregelung), h Schau- und Reinigungsöffnung, i Bodenablaß, k Produktaufgabestutzen, l Suspensionsabfluß, m Nockenwelle zum Steuern der Ablaßventile n.

Die gröbste Fraktion des bei k zugeführten Guts sinkt in der ersten Kammer ab und bildet über dem Siebboden eine Wirbelschicht, die feinen Teilchen werden vom Aufstromwasser mitgenommen und gelangen über das Überlaufwehr in die nächste Kammer, wo infolge der kleineren Wassergeschwindigkeit die Körner der zweitgrößten Kornfraktion zu Boden sinken. Dieser Klassiervorgang wiederholt sich bis zur letzten Kammer mit abnehmenden Teilchengrößen; das gesamte Aufstromwasser verläßt den Klassierer schließlich zusammen mit dem darin suspendierten Feinstaub durch den Ablaufstutzen l der Überlaufrinne. Die anderen Kornfraktionen werden periodisch durch die Bodenablässe i abgezogen.

Bei wasserempfindlichen (z. B. löslichen) Stoffen verwendet man zum Stromklassieren Luft oder Inertgase anstelle von Wasser. Die Abb. 6.7 gibt den Aufbau eines *Zickzacksichters* zum Klassieren körniger Substanzen zwischen 0,1 und 10 mm Korngröße wieder. Zickzacksichter für große Durchsätze weisen mehrere parallelgeschaltete Sichtkanäle auf.

6.413 Fliehkraft-Klassieren. Fliehkraft-Klassierer eignen sich für kleine Körner, die sich im Erdschwerefeld wegen ihrer (im Vergleich zu Wärmekonvektionsströmungen u. dgl.) zu geringen Schwebegeschwindigkeit schlecht oder überhaupt nicht klassieren lassen.

Auf ein mit der Umfangsgeschwindigkeit w_φ im Abstand r um eine Drehachse kreisendes Teilchen wirkt außer der Erdbeschleunigung $\vec{g}$ die Radialbeschleunigung $\overrightarrow{w_\varphi^2/r}$. In einem starken Fliehkraftfeld ($|w_\varphi^2/r| \gg |g|$) bewegt es sich auf einer Kreisbahn, wenn die (zur Achse gerichtete) Radialgeschwindigkeit des umgebenden Mediums betragsmäßig gleich der mit w_φ^2/r anstelle von g nach Gl. (2.32) berechneten Schwebegeschwindigkeit w_{sz} ($\gg w_s$) ist. Für kleine Teilchen gilt das STOKESsche Widerstandsgesetz Gl. (2.33), und man erhält

$$w_{sz} = \frac{\varrho_k - \varrho_u}{\varrho_u} \frac{k^2}{18\nu} \frac{w_\varphi^2}{r} = K w_{s,\,\mathrm{lam}}. \quad (6.6\mathrm{a,\ b})$$

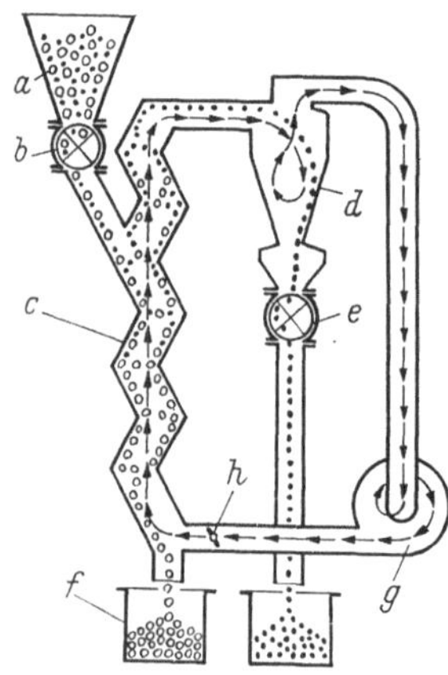

Abb. 6.7. Zickzacksichter
(Fa. Alpine/Augsburg).

a Aufgabetrichter, *b* Zellenradschleuse, *c* Zickzack-Sichtkanal, *d* Feinstaubabscheider, *e* Zellenradschleuse, *f* Grobgutsammler, *g* Ventilator, *h* Drosselklappe.

ϱ_k und ϱ_u bezeichnen die Dichten des Teilchens bzw. der Umgebung, k den Durchmesser der äquivalenten Kugel, ν die kinematische Viskosität des umgebenden Mediums und $w_{s,\,\mathrm{lam}}$ die Schwebegeschwindigkeit im Erdschwerefeld nach Gl. (2.34); der Faktor $K = w_\varphi^2/rg$ ist das Beschleunigungsvielfache des Zentrifugalkraftfelds.

Der mit Luft als Förder- und Sichtmedium betriebene *Spiralwindsichter* nach Abb. 6.8 bewährt sich zum Klassieren verschiedener Stäube bis zu Trennkorngrößen von etwa 2 bis 3 μm und für Feststoffdurchsätze bis etwa 6000 kg/h [6.17]. Im Sichtraum *e* herrscht praktisch eine ebene und (infolge der mitrotierenden Sichterwände) nahezu reibungsfreie Wirbelsenkenströmung ($rw_r \doteq$ const, $rw_\varphi \doteq$ const; r Achsabstand, w_r und w_φ Radial- bzw. Umfangsgeschwindigkeit). Die Trennkorngröße ergibt sich aus einer Gleichgewichtsbetrachtung für ein am Radius r_i der zentralen Öffnung (*o* inAbb. 6.8) kreisendes Korn bei Gültigkeit des STOKESschen Gesetzes zu

$$k_g = \sqrt{\frac{18\varrho_u\nu}{\varrho_k - \varrho_u}\left(\frac{w_r}{w_\varphi^2}\right)_i r_i}. \quad (6.7)$$

Kleinere Teilchen verlassen den Sichtraum zusammen mit der Luft als Feingut, größere wandern nach außen zur Grobgut-Austragseinrichtung. Der Druckabfall der Luft im Sichtraum läßt sich durch sinngemäßes Anwenden der in Abschnitt 5.22 (S. 196 ff.) angegebenen Formeln (5.13), (5.14a, b) abschätzen, die für den Fall verschwindend kleiner Staubkonzentration im Sichtraum gelten.

Im Abscheideraum eines *Zyklons* herrscht eine räumliche Wirbelsenkenströmung; Zyklone eignen sich somit auch als Fliehkraft-Klassierer, erreichen jedoch nur eine begrenzte Trennschärfe. *Hydrozyklone* mit Wasser als Sichtmedium verwendet man zum Klassieren feinkörniger Aufschwemmungen (Kaolin, Kreide, Stärke usw.), *Aerozyklone* setzt man dagegen im allgemeinen nur als Abscheider ein. Bezüglich Auslegung und Berechnung von Zyklonen sei auf den Abschnitt 6.523 (S. 267 ff.) verwiesen.

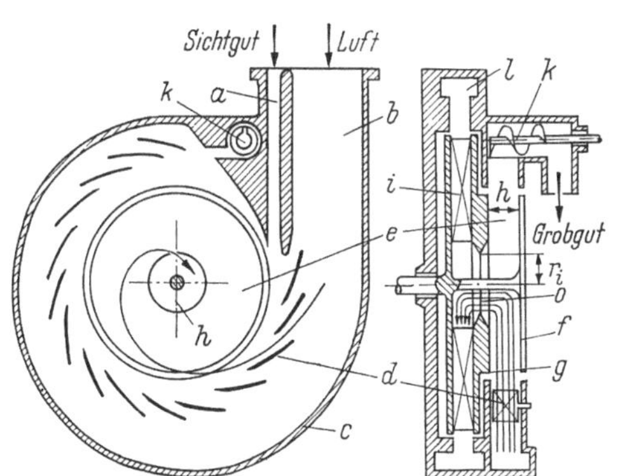

Abb. 6.8. Spiralwindsichter (Fa. Alpine/Augsburg).

a Sichtguteintritt, *b* Sichtlufteintritt, *c* Spiralgehäuse, *d* verstellbare Leitschaufeln, *e* Sichtraum, *f* und *g* rotierende Sichtraumwände, *h* Sichtraumaustritt, *i* Radialventilator, *k* Grobgutaustragschnecke, *l* Austrittsspirale.

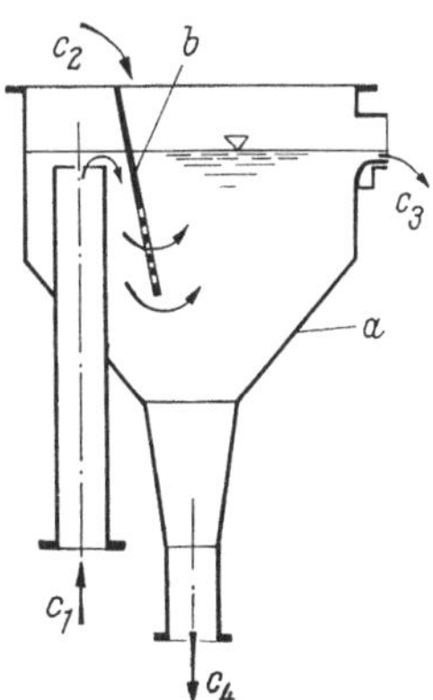

Abb. 6.9. Kastensinkscheider. (Fa. Klöckner-Humboldt-Deutz/Köln).

a Kasten, *b* Strömungslenkwand, c_1 Schwertrübe-Zulauf, c_2 Feststoffaufgabe, c_3 Schwimmgutentnahme, c_4 Sinkgutentnahme.

6.42 Sortieren

Das Zerlegen eines heterogenen Haufwerks in stofflich verschiedene Fraktionen ohne Beeinflussung der Kornform oder -größe nennt man Sortieren.

6.421 Sortieren nach der Dichte. Bringt man ein Feststoffgemisch in eine Flüssigkeit mit der Dichte ϱ_u, so steigen die spezifisch leichten Körner mit der Dichte $\varrho_{kI} < \varrho_u$ an die Oberfläche, während die spezifisch schweren Anteile mit der Dichte $\varrho_{kII} > \varrho_u$ zu Boden sinken. Dieses Prinzip liegt den *Sinkscheidern* zugrunde. Beim Schwertrübe-Sortieren grobkörniger Feststoffe über etwa 0,3 mm — namentlich zum Abtrennen der Steinkohle von den spezifisch schwereren „Bergen" —

verwendet man anstelle reiner Flüssigkeiten stabile oder quasistabile Suspensionen (z. B. feingemahlenen, in Wasser aufgeschlämmten Schwerspat, Sand, Magnetit oder Schiefer, evtl. mit Tonzusatz zum Stabilisieren), deren mittlere Dichte und Viskosität sich nach den Gln. (4.63a, b), (4.64) berechnen lassen.

Der Kastensinkscheider gemäß Abb. 6.9 bewältigt bei Mittel- und Grobkorn über etwa 3 mm je nach der Haufwerkzusammensetzung etwa 20 bis 40 t/h pro Quadratmeter Badoberfläche. Die Abb. 6.10 gibt einen *Heberadscheider* zum Aufbereiten von Kohle, Erzen usw. mit Korngrößen zwischen 3 und 120 mm wieder, der sich durch große Trennschärfe und Unempfindlichkeit gegenüber der Korngröße auszeichnet. Große Aggre-

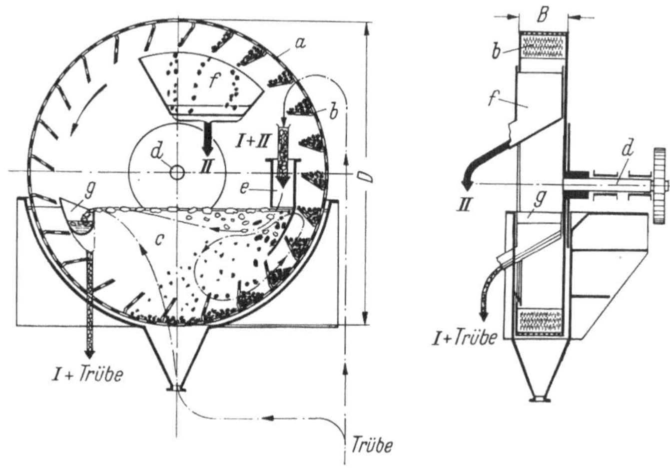

Abb. 6.10. Heberadscheider (Fa. WEDAG/Bochum).
a Schöpfrad, *b* Becherzellen, *c* Trübebad, *d* Schöpfradachse, *e* Sortiergut- und Trübe-Zufuhr, *f* Sinkgutaustrag, *g* Schwimmgut/Trübe-Überlauf, *I* Schwimmgut, *II* Sinkgut.

gate benötigen bei etwa 0,25 m/s Umfangsgeschwindigkeit eine auf den Durchsatz bezogene Antriebsleistung von etwa 0,025 kWh/t Aufgabegut und bewältigen einen spezifischen Schwimmgutdurchsatz (I) von 7,5 t/m³h sowie einen spezifischen Sinkgutdurchsatz (II) von 12,5 t/m³h, jeweils bezogen auf das Schöpfradvolum $BD^2\pi/4$ (B Schöpfradbreite, D Schöpfraddurchmesser). *Hydrozyklone* großen Durchmessers ($D = 350$ bis 600 mm) dienen zum Sortieren feinkörniger Feststoffgemische zwischen 0,3 und 10 mm Korngröße. Bei Feinkohle erreichen sie einen spezifischen Durchsatz von 100 bis 150 t/m²h, bezogen auf den Zyklonquerschnitt $D^2\pi/4$. Auslegung und Berechnung von Hydrozyklonen gehen aus Abschnitt 6.523 (S. 267 ff.) hervor.

Wirbelt man ein heterogenes Haufwerk periodisch auf und läßt es wieder absetzen, so stellt sich — da die innere Reibung zwischen den

Teilchen zeitweise aufgehoben ist — die Schichtung mit der kleinsten potentiellen Energie ein, d. h. die spezifisch schweren Körner reichern sich unten und die spezifisch leichten oben an. Diesen Effekt nützen die *Setzmaschinen* und die *Herde* zum Sortieren aus.

Die Abb. 6.11a zeigt einen Längsschnitt durch eine luftgesteuerte *Grob-* und *Mittelkornsetzmaschine* zur Kohleaufbereitung mit je einem Schwenkbett-Austrag für den Bergeanteil bzw. für das „Mittelprodukt", die Abb. 6.11b stellt einen Querschnitt durch ein „Setzfaß" der Setzmaschine dar. Im Setzfaß bewirkt periodisch durch die Drehkolbenschieber a und die Stutzen b ein- bzw. wieder ausströmende Druckluft Pulsationen der Wasserfüllung zwischen den Räumen c und d, die sich durch das Sieb e fortpflanzen. Bei jedem Setzhub wirbelt das durch e aufwärts strömende Wasser das darauf liegende, bei f zugeführte Gut auf,

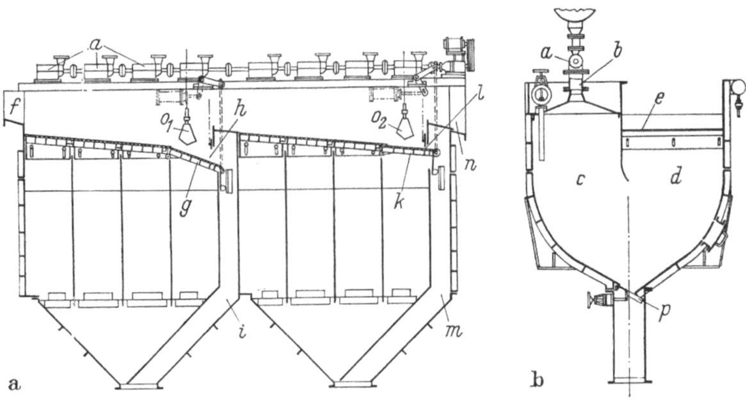

Abb. 6.11a u. b. Luftgesteuerte Grob- und Mittelkornsetzmaschine mit Schwenkbett-Austrag (Fa. WEDAG/Bochum).

a) Längsschnitt; b) Querschnitt.

a Drehkolbenschieber, b Steuerluft-Anschlußstutzen, c Pulsatorkammer, d Setzkammer, e Setzsieb, f Setzgutzufuhr, g und k Schwenkbett, h und l Austragschlitz, i und m Fallschacht, n Fertigprodukt-Überlauf, o_1 und o_2 Schwimmer, p Schlammabzugklappe.

und bei jedem Rückgang setzen sich die Körner wieder am Sieb ab, wobei sie sich nach ihrer Dichte schichten und gleichzeitig infolge der Siebneigung langsam von einem Setzfaß zum nächsten wandern. Die untere Feststoffschicht mit den spezifisch schweren „Bergen" fällt am Ende des Schwenkbetts g durch einen Austragschlitz h in den Fallschacht i, der überlaufende Feststoffanteil gelangt in den zweiten Abschnitt der Setzmaschine, wo sich in gleicher Weise die leichte Kohle und das schwerere, verwachsene „Mittelprodukt" voneinander trennen und schließlich am Ende des Schwenkbetts k durch den Austragschlitz l und den Mittelprodukt-Fallschacht m bzw. über den Reinkohle-Überlauf n die Setzmaschine verlassen. Die Schwimmer o_1, o_2 regeln die

Stellungen der Schwenkbetten g, k und damit die Breiten der Austrag-
schlitze h, l in Abhängigkeit von den Schichthöhen des Berge- bzw.
Mittelproduktanteils. Nicht dargestellte Becherwerke mit perforierten
Bechern führen Berge und Mittelprodukt stetig aus den Fallschächten i
bzw. m ab; den durch die Siebe in die einzelnen Zellen eingedrungenen
Feinstaub zieht man von Zeit zu Zeit als Schlamm über die Klappen p
ab. Die Pulsation des Wassers in den einzelnen Zellen kann man statt
durch Luftsteuerung auch durch mechanisch über Exzenter angetriebene
Kolben (*Kolben-Setzmaschinen*), Membranen (*Membran-Setzmaschinen*)

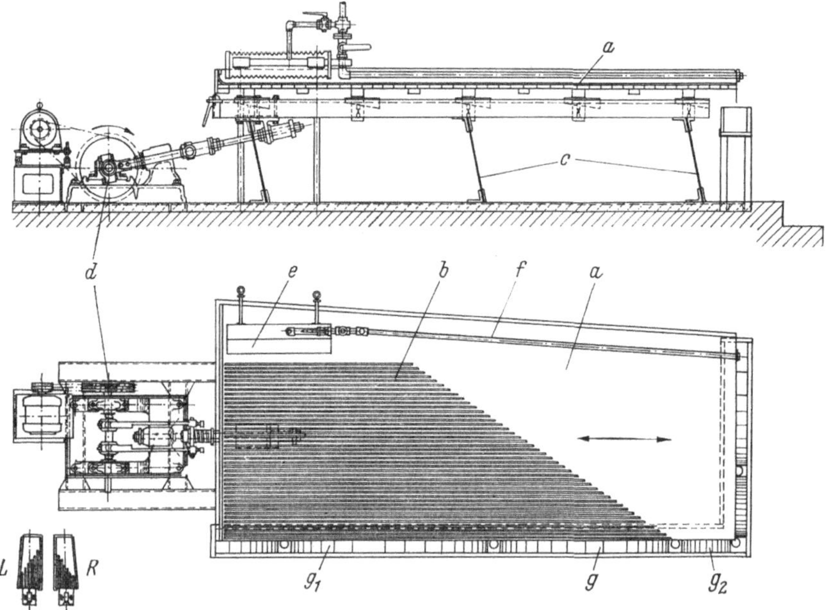

Abb. 6.12. Schnellstoßherd (Fa. Klöckner-Humboldt-Deutz/Köln).
a Herdtafel, *b* Belattung, *c* Tragfedern, *d* Exzenterantrieb, *e* Gutsaufgabe, *f* Brauserohr, *g* Auffangrinne; *L* Linksausführung, *R* Rechtsausführung.

oder Setzsiebe (*Stauchsieb-Setzmaschinen*) erzeugen. Für Grobkorn-Setz-
maschinen zur Kohlenaufbereitung (Körnung 5 bis 80 mm) gelten etwa
folgende Richtwerte: Querschnittsverhältnis Pulsatorkammer c : Setzkammer $d = 1,5 : 1$; 60 Setzhübe pro Minute; Durchsatz 10 bis 20 t/h pro
Quadratmeter Setzsiebfläche; durchsatzbezogene Antriebsleistung 0,15
bis 0,30 kWh/t; Wasserbedarf 0,4 m³/t. *Feinkornsetzmaschinen* arbeiten
nach dem „Durchsetzverfahren": Die Setzsieböffnungen sind größer als
das Setzgut (um den Strömungswiderstand des Siebs und damit die erforderliche Antriebsleistung gering zu halten), und das Sieb ist mit einer
Schicht grobkörnigen Materials bedeckt, das beim Setzhub gerade an-
gehoben wird. Beim Rückhub spült das zurückströmende Wasser die

spezifisch schwere Fraktion durch die Sieböffnungen in das „Unterfaß", von wo man sie als Schlamm abziehen kann. Das spezifisch leichte Gut verläßt die Setzmaschine über einen Überlauf. Feinkorn-Membransetzmaschinen (Körnung 2 bis 4 mm) erreichen Durchsätze von etwa 8 bis 12 t/m²h. Für trockene, wasserempfindliche Güter und in wasserarmen Gegenden bewähren sich mit Luft anstelle von Wasser betriebene *Luftsetzmaschinen* (120 bis 250 Hübe pro Minute; Luftbedarf etwa 600 m³/t; Durchsatz 2,5 bis 15 t/h pro Quadratmeter Setzbettfläche, je nach Korngröße; durchsatzbezogene Antriebsleistung 0,5 bis 1,2 kWh/t).

Zum Sortieren feinkörniger Schüttgüter unter 3 mm setzt man bei ausreichenden Dichteunterschieden ($\Delta\varrho > 1500$ kg/m³) *Herde* ein. Der *Schnellstoßherd* nach Abb. 6.12 („Rechtsausführung") eignet sich für Feingut unter 0,5 mm Korngröße. Eine Herdtafel *a* aus Sperrholz mit Linoleum-, Gummi- oder Kunststoffbelag und einer Belattung *b* aus Holz- oder Aluminiumleisten ist in Lattenlängsrichtung horizontal und quer dazu um etwa 3 bis 6° gegen die Horizontale geneigt auf schrägstehenden Tragfedern *c* elastisch gelagert. Sie wird durch einen Exzenterantrieb *d* in Schwingungen versetzt und stößt am Ende jeder Hubbewegung gegen einen Prellbock, so daß das bei *e* aufgegebene Gut infolge der plötzlichen Verzögerung ein Stückchen in Längsrichtung weitergleitet. Das mit dem Gut bei *e* aufgegebene bzw. durch ein Brauserohr *f* gleichmäßig aufgesprühte und in Querrichtung über die Herdtafel rieselnde Wasser nimmt das Gut gleichzeitig quer dazu mit. Bei spezifisch leichten Teilchen wirkt sich die Schleppwirkung des Wassers mehr und die Massenträgheit weniger aus als bei spezifisch schwereren, daher sammeln sich erstere im Abschnitt g_1, letztere im Abschnitt g_2 der Auffangrinne *g*. Schnellstoßherde bewältigen etwa 100 kg/m²h bei 330 Hüben pro Minute; die erforderliche Antriebsleistung ist etwa 0,2 bis 0,4 kW/m² und der Wasserbedarf 0,4 bis 0,8 m³/m²h. Bei den *Schüttelherden* für Produkte zwischen 0,2 und 3 mm erzeugt ein Schleppkurbelgetriebe die zum Längstransport nötige Beschleunigung. Schüttelherde erreichen einen Durchsatz von rund 200 kg/m²h (produktabhängig) bei 200 Hüben pro Minute und 15 bis 30 mm Hublänge. *Spülherde* dienen zum Sortieren feinster Schlämme, die sich durch mechanische Herdschwingungen nicht mehr weiterbewegen lassen. Die leicht zur Ablaufseite hin geneigte Herdfläche läuft stetig um und passiert dabei zunächst die Rohschlamm-Aufgabestelle, dann die Sortierzone mit entgegengesetzt oder quer zur Herdflächenbewegung strömendem Spülwasser und schließlich die Austragzone mit intensiv wirkender Spüleinrichtung. Man unterscheidet *Rundherde* mit rotierender, flachkegeliger Herdfläche (Kegelneigung 1 bis 5%, 0,2 bis 2 U/min) und festen Aufgabe-, Spül- und Produktsammeleinrichtungen, Rundherde mit feststehender, flachkegeliger Herdfläche und umlaufendem Spülrohr (Linkenbach-Herd) sowie *Bandherde* mit schwingendem, in der Sortierzone aufwärts laufendem, endlosem Gummiband als Herdfläche (Isbell-Vanner).

6.422 Sortieren nach der Benetzbarkeit (Flotation). Bei der Flotation verwertet man die unterschiedliche Benetzbarkeit stofflich verschiedener Bestandteile zum Sortieren feinkörniger Schüttgüter unter 0,2 mm. Mit Hilfe des Flotationsverfahrens lassen sich die meisten Erze — auch bei sehr geringer Konzentration — von der „Gangart" trennen; es eignet sich auch zum Gewinnen von Kaliumchlorid, Phosphaten, Flußspat usw., zum Entfernen von Druckerschwärze aus Altpapierbrei, zum Reinigen von Erbsen, zum Abtrennen von Mutterkorn von gesunden Roggen-körnern, zur Rückgewinnung von Silber aus gebrauchten Photobädern usw. Man suspendiert das Feststoffgemisch in einer Flüssigkeit, welche die zu trennenden Bestandteile unterschiedlich benetzt, vermischt diese Trübe in Flotationszellen mit Luft und streift den an der Oberfläche entstehenden Schaum mit Hilfe von Schaumabstreifern ab. Die schlecht benetzbare (bei Wasser als Flotationsflüssigkeit die hydrophobe) Kom-ponente sammelt sich im Schaum, die gut benetzbare (bei Wasser die hydrophile) Gemischfraktion verbleibt in der Trübe. Durch Zusatz ver-schiedener Chemikalien kann man die Benetzbarkeit einzelner Substanzen beeinflussen („Sammler") bzw. das Entstehen eines stabilen Schaums begünstigen („Schäumer"). Eine eingehende Darlegung würde den Rahmen des vorliegenden Buchs bei weitem sprengen, daher sei auf das einschlägige Schrifttum verwiesen [*6.18, 6.19, 9.23.8*].

6.423 Sortieren nach magnetischen und elektrischen Eigenschaften. In einem inhomogenen Magnetfeld werden ferromagnetische und para-magnetische Stoffe (z. B. Eisen, Nickel, Kobalt, Magnetit, Ilmenit, Magnetkies) in Richtung wachsender, diamagnetische Substanzen (z. B. Wismut, Gold, Kupfer) dagegen in Richtung abnehmender Feldstärke getrieben; erstere lassen sich daher mit Hilfe von Magnetscheidern von letzteren trennen [*6.20*]. *Trommelscheider* nach Abb. 6.13 scheiden Eisen-teile zwischen 1 und 100 mm aus unmagnetischen Schüttgütern aus. Sie erreichen etwa einen spezifischen Durchsatz von 4 t/m²h, bezogen auf die gesamte Trommeloberfläche. Zum Magnetisieren ist eine Leistung von etwa 3 bis 4 kW/m² magnetisierter Trommeloberfläche nötig. *Aushebe-scheider* verwendet man bei feinkörnigen, empfindlichen Produkten und schnellaufenden Förderbändern: Die über einer Schurre bzw. einem Transportband umlaufende Magnetwalze hebt große und kleine magneti-sierbare Teile nach oben aus dem Gut heraus; diese Scheider erzielen im allgemeinen eine hohe Trenngüte. *Naßmagnetscheider* trennen magneti-sierbare Feststoffe aus Suspensionen ab. *Polradscheider* mit einem inner-halb der langsam rotierenden, unmagnetischen Trommel exzentrisch an-geordneten, schnell umlaufenden Polrad (400 bis 600 U/min) eignen sich zum Trennen stark magnetischen, feinkörnigen Guts ($k < 10$ mm) von unmagnetischen Stoffen. Infolge des ständigen Polwechsels können sich an der Trommeloberfläche keine dichten „Bärte" mit Einschlüssen unmagnetischer Teilchen bilden, sondern das angezogene Material wird ständig aufgelockert und umgeschichtet, daher liefern Polradscheider bei ausreichender Magnetisierung scharf getrenute Fraktionen.

Die Unterschiede zwischen verschiedenen Stoffen hinsichtlich der Oberflächenleitfähigkeit und der Kornübergangswiderstände kann man zum elektrostatischen Scheiden trockener, feinkörniger Schüttgüter (z. B. Schleifstaub, Feinkohle, Roh-Schellack, verschiedene Salze) ausnützen [*6.21, 9.23.8*]. Der *Walzenscheider* („*Sutton-Scheider*") besteht aus einer langsam rotierenden, geerdeten Walze mit horizontaler Achse, auf die das Schüttgut (Korngröße 0,15 bis 1,5 mm) oben in dünner Schicht gleichmäßig aufgegeben wird. Eine drahtförmige, mit 15000 bis 40000 V Gleichstrom beschickte Sprühelektrode über der Walzenoberfläche lädt die in das elektrische Feld zwischen Elektrode und Walze geratenden Körner elektrisch gleichsinnig auf; diese geben anschließend ihre Ladung je nach ihrer Oberflächenleitfähigkeit und ihrem Übergangswiderstand (abhängig von Stoffart, Korngröße und Kornverteilung) wieder ab. Sie geraten an der Abwurfstelle in teilweise entladenem Zustand in den Einflußbereich einer streifenförmigen Ablenkelektrode anderer Polarität, die sie gemäß Gl. (1.26) proportional ihrer Restladung anzieht und in verschiedene Auffangkammern lenkt. Beim *Schlitzscheider* gleitet das Gut über eine als Elektrode dienende Rutsche, über der (parallel dazu) eine mit Schlitzen versehene Gegenelektrode angeordnet ist. Die aufgeladenen Teilchen springen von der Rutsche an die Gegenelektrode und durch die Schlitze in entsprechende Auffangbehälter.

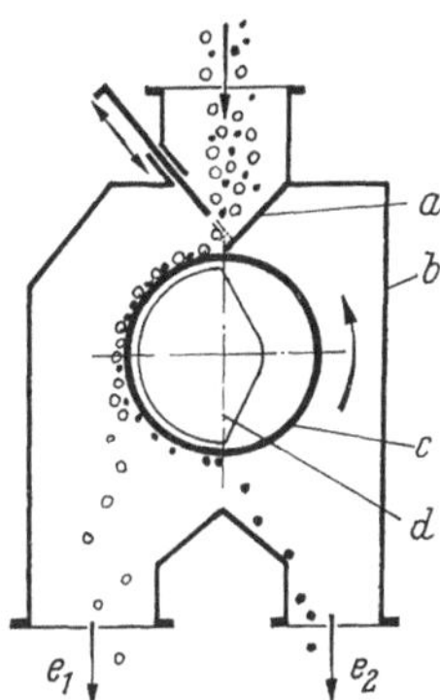

Abb. 6.13. Magnet-Trommelscheider.

a Aufgabeschurre, *b* Gehäuse, *c* rotierende Trommel, *d* feststehender Elektromagnet, e_1 und e_2 Auffangtrichter für unmagnetisches bzw. magnetisches Gut.

6.424 Sortieren nach optischen Eigenschaften. Grobkörnige Schüttgüter lassen sich manuell nach verschiedenen Merkmalen sortieren, beispielsweise nach ihrer Form, ihrer Farbe oder ihrem Glanz. Zum kontinuierlichen Sortieren dienen *Lesebänder* mit einer Bandgeschwindigkeit zwischen 0,2 und 1 m/s (Abschn. 4.522, S. 178 ff.), auf denen das Schüttgut so lose verteilt ist, daß jedes Korn einzeln liegt. Produkte aus annähernd gleich großen und gleich geformten Stücken (z. B. Mandelkerne bei der Marzipanherstellung) kann man auch automatisch nach der Farbe oder anderen optisch erfaßbaren Merkmalen sortieren, indem man die Teile einzeln durch den Strahlengang einer optischen Abtasteinrichtung (Lichtquelle—Photozelle, eventuell mit zwischengeschalteten Filtern) und anschließend durch eine von dieser gesteuerte Sortiereinrichtung leitet.

6.5 Trennen mehrphasiger Produkte

In mehrphasigen Produkten sind die einzelnen Komponenten durch Phasengrenzflächen voneinander getrennt. Das Verhalten des Gemischs hängt von den Aggregatzuständen der zusammenhängenden und der dispergierten Phase, dem Dispersionsgrad, der elektrostatischen Ladung usw. ab (vgl. dazu auch Abschn. 5.5, S. 223 ff.).

6.51 Trennen von Flüssigkeits/Gas- und Gas/Flüssigkeits-Gemischen

Flüssigkeits/Gas-Gemische mit zusammenhängender Gasphase lassen sich in Absetzkammern, Prallscheidern, Zyklonen, Elektrofiltern, Schalltürmen [9.23.8], Trennrohren [6.23] usw. in die flüssige und die gasförmige Komponente zerlegen. Zum Trennen von Gas/Flüssigkeits-Gemischen mit zusammenhängender flüssiger Phase eignen sich Gasabscheidebehälter, Entgasungskammern, Zyklone, Vollmantelzentrifugen und „Entgasungsmaschinen".

6.511 Absetzkammern. Absetzkammern gemäß Abb. 6.14 dienen zum Abscheiden grobdisperser Flüssigkeiten aus Flüssigkeits/Gas-Gemischen. In einem ruhenden oder laminar strömenden Gas sinken Flüssigkeitstropfen je nach ihrer Größe und Dichte verschieden schnell zu Boden. Sind $w_{s,\,min}$ die Schwebegeschwindigkeit des kleinsten abzuscheidenden Tropfens, n die Anzahl der Absetzkammern, L und B die Kammerlänge bzw. -breite, α der Neigungswinkel zwischen den Kammern und der Horizontalen sowie $L\,B\cos\alpha$ die abscheidewirksame horizontale Projektionsfläche einer Absetzkammer, so trennt sich pro Zeiteinheit das Gasvolum

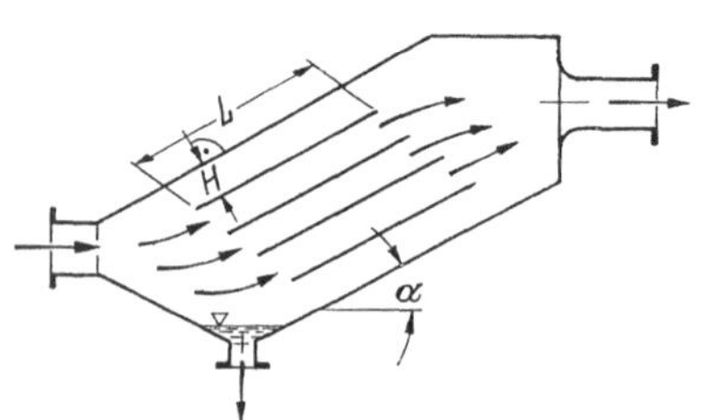

Abb. 6.14. Absetzkammer.

$$\dot{V}_G = n \left(1 - \xi\, \frac{L_0}{L} \right) L\,B\,w_{s,\,min}\cos\alpha \tag{6.8}$$

von der Flüssigkeit. Infolge der Einlaufstörung ist nur der Anteil $(1 - \xi L_0/L)$ des Strömungswegs L voll abscheidewirksam (L_0 Anlaufstrecke nach Abschn. 4.12, $0 \le \xi \le 1$). Die Höhe H der Absetzkammern wirkt sich auf den erzielbaren Gasdurchsatz $\dot{V}_G$ gemäß Gl. (6.8) nicht aus, deshalb wählt man sie möglichst klein und vermindert dadurch gleichzeitig L_0 und die den Absetzvorgang störende Wärmekonvektion. Die Rieselfilmströmung der abgeschiedenen Flüssigkeit (Abschn. 4.21, S. 124 ff.) darf jedoch keine Rückwirkungen auf die Gasströmung haben, H muß also wesentlich größer als die Rieselfilmdicke sein. Die Gasgeschwindigkeit ist begrenzt durch die für Laminarströmung höchstzulässige Reynoldszahl (Abschn. 4.1, S. 99 ff.) und die für einen einwandfreien Flüssigkeitsabfluß noch akzeptable Schleppkraft (Abschn. 4.2, S. 124 ff.). Der Druckabfall läßt sich nach Abschnitt 4.1 ermitteln. Er ist im allgemeinen sehr klein; den größten Anteil liefert die Beschleunigung des Gases beim Austritt. Der Abscheidegrad ist mindestens gleich dem (aus der Tropfenverteilungskurve zu entnehmenden) Gewichtsanteil der Tropfen mit Schwebegeschwindigkeiten $w_s \geqq w_{s,\,min}$ am gesamten Gemisch. Er steigt mit wachsender Tropfenkonzentration, da die Tröpfchen sich gegenseitig beeinflussen und bei Zusammenstößen vereinigen, wodurch w_s steigt.

Bei Satzbetrieb eignet sich jeder Gasbehälter als Tropfenabscheider. Zum Abscheiden aller Tropfen mit der Schwebegeschwindigkeit $w_s \geqq\, \geqq w_{s,\,min}$ aus dem Gasvolum V_G ist die Aufenthaltszeit

$$t_s = \zeta\, \frac{H_{\mathrm{max}}}{w_{s,\,min}} \qquad\qquad (6.9)$$

nötig. H_{max} ist die größte Höhe des Gasraums; der Faktor $\zeta > 1$ berücksichtigt den Einfluß der in großen Gasbehältern unvermeidbaren Wärmekonvektion. ζ hängt von der Behälterform und -größe sowie den Umweltbedingungen (Temperaturschwankungen, Wind, Sonneneinstrahlung usw.) ab und läßt sich daher nur experimentell näherungsweise bestimmen.

6.512 Prallscheider. Lenkt man ein schnell strömendes Flüssigkeits/Gas-Gemisch um, so können die Flüssigkeitstropfen infolge ihrer größeren Massenträgheit der Richtungsänderung nicht so rasch folgen wie das Gas, sie prallen daher an die Lenkwände; diesen örtlichen Trenneffekt nützen die Prallscheider zum Zerlegen des Gemischs bis zu Tropfengrößen von etwa 5 bis 10 μm aus, Abb. 6.15. Der Druckverlust des Gases (größenordnungsmäßig 300 mmWS) ist näherungsweise dem Quadrat des Volumdurchsatzes proportional (turbulente Strömung!). Der Proportionalitätsfaktor hängt von der Abscheiderbauart und -größe ab und ist experimentell zu ermitteln. Die Schluckfähigkeit der Fangtaschen sinkt mit wachsender Viskosität der Flüssigkeit. Der Abscheidegrad hängt weitgehend von der Abscheiderkonstruktion und den Betriebsbedingungen ab. Er läßt sich nicht theoretisch vorhersagen.

Von unten nach oben durchströmte Füllkörpersäulen eignen sich auch als wirksame Prallscheider für Flüssigkeitströpfchen. Bezüglich ihrer Auslegung sei auf den Abschnitt 4.233 (S. 137 ff.) verwiesen.

6.513 Fliehkraftscheider. Fliehkraftscheider nach Abb. 6.16 [*6.22*] ziehen die in einer Potentialwirbelströmung auftretende Fliehkraft zum Abscheiden der Flüssigkeitströpfchen heran. Sie gleichen in ihrer Wirkungsweise weitgehend den in Abschnitt 6.523 (S. 267 ff.) besprochenen Zyklonen und lassen sich mit Hilfe der dort angegebenen Formeln berechnen.

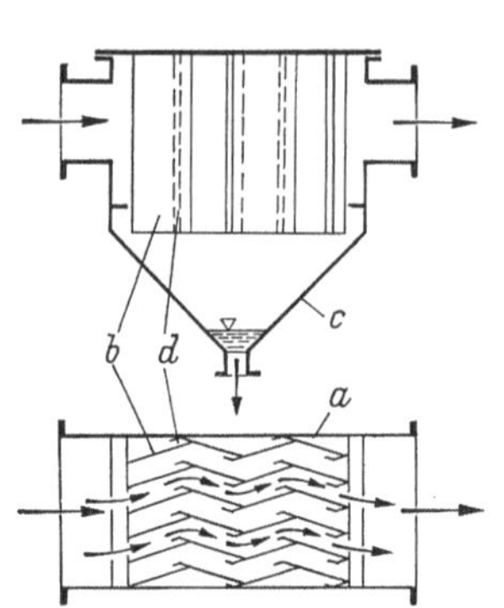

Abb. 6.15. Prallscheider.

a Gehäuse, *b* Prallbleche, *c* Flüssigkeits-Auffangtrichter, *d* Fangtaschen.

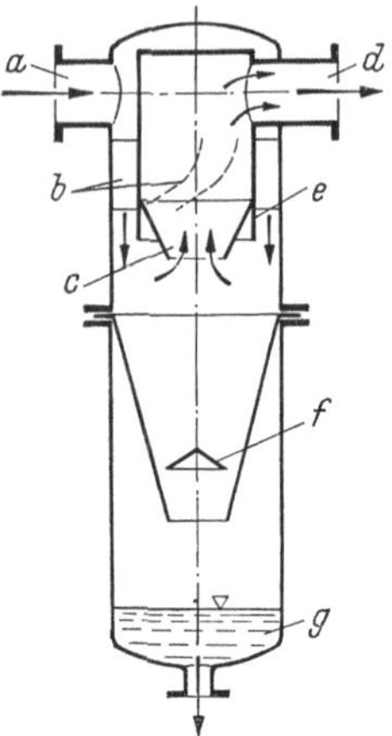

Abb. 6.16. Zyklonabscheider (nach W. Barth [*6.22*]).

a Gemischeintritt, *b* Leitschaufeln, *c* Tauchrohr, *d* Reingasaustritt, *e* Tropfkante, *f* Abschirmkegel, *g* Flüssigkeitssammelraum.

6.514 Elektrofilter. Elektrofilter eignen sich zum Abscheiden beliebig kleiner Flüssigkeitströpfchen aus Flüssigkeits/Gas-Gemischen. Ihr Aufbau (meist Röhrenfilter) und ihre Wirkungsweise gehen aus Abschnitt 6.524 (S. 270 ff.) hervor.

6.515 Abscheiden von Gasblasen aus Gas/Flüssigkeits-Gemischen. Zum Entfernen von Gasblasen aus nicht schäumenden Flüssigkeiten eignen sich Gasabscheidebehälter und Fliehkraftscheider mit freier Flüssigkeitsoberfläche; bei schäumenden Gemischen, gasreichen Schäumen und hochviskosen Substanzen setzt man Vakuum-Entgasungskammern ein.

Gasabscheidebehälter sind einfache Gefäße, durch die das Gemisch laminar mit freier (d. h. nicht von festen Wänden gebildeter) Oberfläche fließt. Die Blasen steigen an die Oberfläche und zerplatzen. Die in Abschnitt 6.511 (S. 262 ff.) für Absetzkammern angegebenen Zusammenhänge gelten sinngemäß auch für Abscheidegefäße; die Schwebegeschwindigkeit der Blasen folgt aus Abschnitt 5.51 (S. 231 ff.), die Maximalgeschwindigkeit der Flüssigkeit aus Abschnitt 4.2 (S. 124 ff.).

Zyklone mit lotrechter Achse bewähren sich als Fliehkraftscheider für Gemische mit niedrigviskoser Flüssigkeitskomponente. Das Gas/ Flüssigkeits-Gemisch strömt mit hoher Geschwindigkeit tangential einer Drallkammer zu und läuft an der Wand als dünner Film schrauben- bzw. spiralförmig herab in den Flüssigkeits-Sammeltrichter. Die Gasblasen streben unter dem Einfluß der Fliehkraft mit der Schwebegeschwindigkeit $w_{sz} = w_s K$ [vgl. Gl. (6.6a, b)] radial nach innen an die Oberfläche des Flüssigkeitsfilms und zerplatzen. $K = w_\varphi^2/rg$ ist das Beschleunigungsvielfache (w_φ Umfangsgeschwindigkeit, r Drallkammerradius, g Erdbeschleunigung). Flüssigkeiten beliebiger Viskosität kann man auch mit Hilfe von *Vollmantelzentrifugen* entgasen (Abschn. 6.543, S. 299 ff.), deren Trennwirkung im allgemeinen wesentlich größer ist als die von Zyklonen.

Stark schäumende Produkte und gasreiche Schäume, deren Flüssigkeitsanteil oberflächenaktive, schaumstabilisierende Stoffe enthält, leitet man in dünner Schicht in einen geschlossenen, evakuierten Behälter (*Entgasungskammer*) ein; infolge der plötzlichen, starken Expansion des Gases zerreißen die Schaumlamellen, und der Schaum verschwindet. Ein Dephlegmator in der Gasabsaugleitung kondensiert die (infolge der Druckabsenkung entstehenden) mit dem Gas abziehenden Flüssigkeitsdämpfe, das Kondensat fließt durch ein Tauchrohr wieder in den Flüssigkeitssumpf der Entgasungskammer zurück. Hochviskose und besonders intensiv schäumende Flüssigkeiten zerstäubt man in einer evakuierten Entgasungskammer mit Hilfe von Düsen oder Zerstäubungsscheiben, um alle Blasen möglichst schnell an die Oberfläche und zum Zerplatzen zu bringen. Die entgasten Flüssigkeitströpfchen sammeln sich im Sumpf. Entgasungskammern mit Zerstäubungsscheiben nennt man „*Entgasungsmaschinen*".

6.52 Trennen von Feststoff/Gas-Gemischen

Aus Feststoff/Gas-Gemischen lassen sich grobe Körner über etwa 100 bis 200 μm in Absetzkammern oder trockenen Prallscheidern, Feinstaub bis etwa $\geqq 3$ μm in Zyklonen und Teilchen von 0,1 bis 100 μm in nassen Prallscheidern oder Gaswaschern abscheiden. Elektrofilter und Schallkammern bewältigen Feinstaub unter etwa 10 μm. Siebe und Tuchfilter halten je nach ihrer Porengröße trockene Stäube verschiedener Körnung zurück. Um den Gasanteil feststoffreicher Ausgangsgemische mit breitem Korngrößenspektrum wirtschaftlich weitgehend von dem Feststoffanteil trennen und ein möglichst staubfreies Gas abziehen zu können, schaltet man einen Grob- und einen Feinstaubabscheider hintereinander in den Gasstrom und überträgt dem ersten (Absetzkammer, Zyklon, Sieb) die Vorreinigung und dem zweiten (Elektrofilter, Tuchfilter, Gaswascher) die Nachreinigung.

6.521 Absetzkammern. Absetzkammern zum Abscheiden grobkörniger Feststoffe aus Gasen gleichen in Aufbau und Wirkungsweise
weitgehend den Tropfen-Absetzkammern für Flüssigkeitstropfen gemäß
Abschnitt 6.511 (S. 262 ff.) und lassen sich auch mit Hilfe der Gln. (6.8) bzw.
(6.9) berechnen. Bei kontinuierlich durchströmten Absetzkammern muß
der Neigungswinkel der Absetzflächen (α in Abb. 6.14) größer als der
Böschungswinkel des abgeschiedenen Feststoffs sein, damit der Staub
abgleitet und der Strömungsweg sich nicht durch Staubanhäufungen verstopft. Das Abgleiten läßt sich durch Klopfvorrichtungen noch unter-
stützen. Um ein Wiederaufwirbeln der Teilchen beim Abrutschen zu vermeiden, kann man den Staub durch Fangtaschen in geschlossene, im
Staubsammeltrichter mündende Fallschächte leiten. Bei geringem Staubanfall kann man die Kammer auch mit horizontalen Absetzflächen ausstatten und den abgeschiedenen Staub von Zeit zu Zeit (nach Abschalten
der Kammer vom Gasstrom) entfernen.

6.522 Prallscheider. Prallscheider nach Abschnitt 6.512 (S. 263 ff.) eignen sich auch zum Abscheiden fester Teilchen aus Gasen. Infolge ihrer
höheren Strömungsgeschwindigkeiten zeichnen sie sich gegenüber den Absetzkammern durch kleinere Baumaße, aber größere Druckverluste aus.
Im Gegensatz zu Flüssigkeiten bleiben einmal abgeschiedene Staubteilchen
in „trockenen" Prallscheidern nicht an der Wand, sondern prallen daran
ab und gelangen somit erneut in den Gasstrom. Lediglich bei Feinstaub
reichen die Oberflächenkräfte der Wände zum Festhalten der Teilchen
aus. Um das Wiederaufwirbeln bereits abgeschiedener, gröberer Teilchen
zu vermeiden und damit den Abscheidegrad zu erhöhen, kann man die
Prallflächen mit einem nicht verdunstenden, praktisch geruchfreien
Staubbindeöl benetzen, das die Feststoffteilchen durch Grenzflächen-
kräfte an der Wand festhält („nasse" Prallscheider). Die Prallflächen
beladen sich im Verlauf einer Betriebsperiode, bis ihre Aufnahmefähigkeit erschöpft ist und die Reinigungswirkung nachläßt. Dann muß man
den Abscheider außer Betrieb nehmen und den Pralleinsatz in Waschöl
waschen. Statt der in Abb. 6.15 wiedergegebenen Zickzackbleche kann
man auch ölbenetzte Füllkörperschichten, Stahlwollefüllungen usw. als
Pralleinsätze verwenden. Prallscheider mit Blechpaketeinsätzen nennt
man *Streichfilter*, solche mit regellos angeordneten Füllkörpern *Schichtenfilter*. „Nasse" Prallscheider erreichen auch bei sehr feinen Stäuben hohe
Abscheidegrade und eignen sich somit zum Feinreinigen von Luft und
anderen Gasen, falls man den abgeschiedenen Staub nicht weiterverwerten will bzw. das Staubbindeöl dabei nicht stört. Der Staubgehalt des
Rohgases soll mit Rücksicht auf die begrenzte Staubaufnahmefähigkeit
der Pralleinsätze nicht höher als 30 bis 50 mg/m^3 sein. Für staubreichere
Gase kann man *Umlauffilter* aus einzelnen, zu einem endlosen Band

zusammengefaßten Streich- oder Schichten-Filterzellen einsetzen. Die Zellen durchlaufen nacheinander die Filtrationszone und ein Waschölbad. Es ist auch möglich, dem „nassen" Prallscheider einen „trockenen", gegen hohe Staubbeladungen unempfindlichen Prallscheider zur Vorreinigung vorzuschalten.

6.523 Zyklone. Aerozyklone sind einfache, robuste und leistungsfähige Fliehkraftscheider für Staub/Gas-Gemische bis zu Korngrößen $\geqq 10\ \mu\text{m}$ (Sonderausführungen bis etwa $\geqq 3\ \mu\text{m}$). Die in Abschnitt 6.513 (S. 264) erörterten Tropfenabscheider unterscheiden sich bei gleicher Wirkungsweise

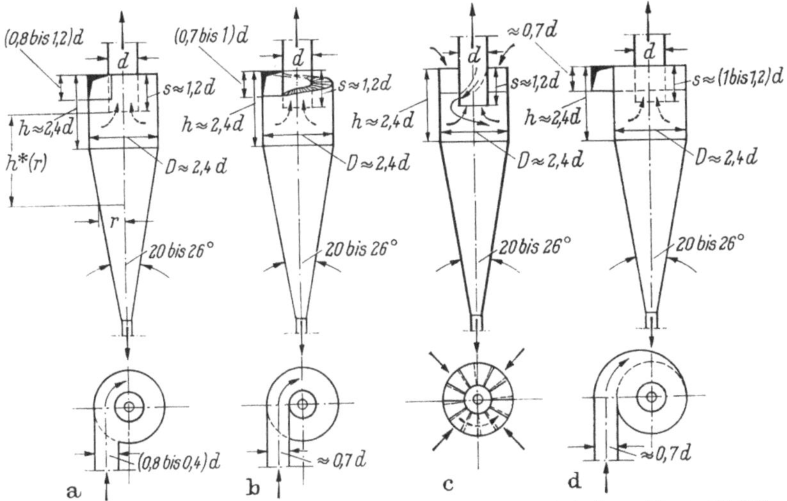

Abb. 6.17 a—d. Aerozyklon-Bauarten und -Hauptabmessungen (nach A. J. TER LINDEN [6.27]). D Zyklondurchmesser, s Tauchrohrlänge, d Tauchrohrdurchmesser.

von den Aerozyklonen praktisch nur durch eine Tropfkante am Tauchrohreintritt (e in Abb. 6.16). Die in Abschnitt 6.4 (S. 255 bzw. 256) erwähnten Hydrozyklone zum Klassieren verschiedener Aufschwemmungen bzw. zum Schwertrübe-Sortieren heterogener Feststoffgemische gleichen in Aufbau und Wirkungsweise ebenfalls weitgehend den im folgenden Abschnitt besprochenen Aerozyklonen, sind jedoch mit Rücksicht auf ihre (durch die höhere Schleppkraft der Flüssigkeit bedingte) größere Empfindlichkeit gegenüber den Abströmbedingungen meist mit verstellbaren Unterlauf-öffnungen (Apexdüsen) ausgestattet [6.24—6.26]. Aus Abb. 6.17 a—d gehen verschiedene Aerozyklon-Bauarten einschließlich der üblichen, auf den Tauchrohrdurchmesser d bezogenen Hauptabmessungen hervor [6.27], die Abb. 6.18 zeigt einen Hydrozyklon mit verstellbarer Apexdüse.

Im Abscheideraum des Zyklons herrscht eine räumliche Wirbelsenkenströmung. Die Mittelwerte der (zur Achse gerichteten) Radialgeschwindigkeit w_r und der Umfangsgeschwindigkeit w_φ folgen im

Bereich $d < 2r < D$ mit $\dot{V}$ als Gas-Volumdurchsatz, $h^* = h^*(r)$ als Höhe des Abscheideraums unterhalb der Tauchrohrmündung im Achsabstand r, r_1 und $w_{\varphi 1}$ als Achsabstand bzw. Umfangsgeschwindigkeit beim Gemischeintritt, d als Tauchrohrdurchmesser sowie D als Zyklondurchmesser aus

$$w_r = \frac{\dot{V}}{2r\pi h^*(r)}, \quad w_\varphi = w_{\varphi 1} \left(\frac{r_1}{r}\right)^n.$$

$$(6.10\,\mathrm{a},\ \mathrm{b})$$

Der Exponent n berücksichtigt die Wandreibung; er liegt etwa zwischen 0,5 und 0,7. In unmittelbarer Achsnähe (etwa im Bereich $2r < d$) tritt eine Wirbelströmung mit der Umfangsgeschwindigkeit

$$w_\varphi = r \cdot \mathrm{const} \approx w_{\varphi 1} \frac{2r}{d} \left(\frac{D}{d}\right)^n \qquad (6.10\,\mathrm{c},\ \mathrm{d})$$

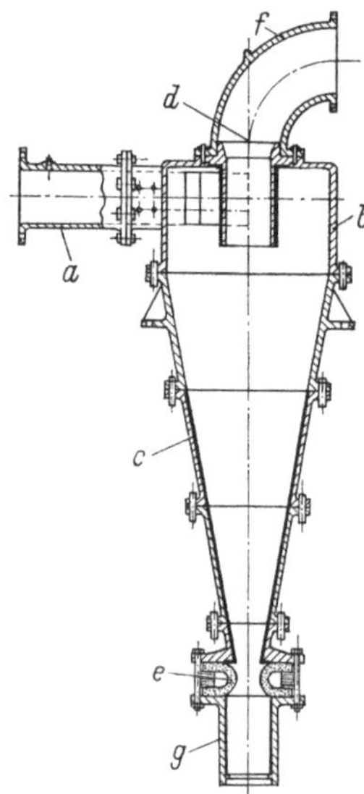

Abb. 6.18. Hydrozyklon (Fa. Dorr-Oliver/Wiesbaden).

a Zulaufstutzen, *b* Zulaufgehäuse, *c* Konusgehäuse, *d* Überlauf-(Vortex-)Düse, *e* verstellbare Unterlauf-(Apex-)Düse, *f* Überlaufrohr, *g* Unterlaufrohr.

auf; in Hydrozyklonen bildet sich infolge des niedrigen Drucks ein flüssigkeitsfreier Wirbelkern. Im Tauchrohr stellt sich bei ausreichender Länge eine Drallströmung mit auf die Außenzone beschränktem Durchfluß [Gln. (5.14a, b)] ein [*5.10, 5.11*]. Für die Schwebegeschwindigkeit und die Trennkorngröße kleiner, dem STOKESschen Gesetz gehorchender Teilchen gelten die Beziehungen (6.6a, b) bzw. (6.7). Kleinere Körner müßten somit (wie sich durch Einsetzen von w_r und w_φ aus den Gln. (6.10a, b) in Gl. (6.7) zeigen läßt) infolge Überwiegens der Schleppkraft mit dem Gas durch das Tauchrohr ausgetragen, größere dagegen wegen ihrer höheren Massenkraft am Zyklonmantel abgeschieden werden. Die turbulenten Geschwindigkeitsschwankungen stören den Trennvorgang jedoch erheblich, daher gibt man meist experimentell ermittelte Abscheidegrade A_k für verschiedene Kornfraktionen (Stufenentstaubungsgrade, Fraktionsentstaubungsgrade) an, Abb. 6.19 [*6.28*]; w_{sz}^* bezeichnet die mit der Trennkorngröße k_g beim Radius $r_i = d/2$ nach den Gln. (6.6a, b) und (6.7) berechnete Schwebegeschwindigkeit. Bei der Trennkorngröße ist praktisch $A_{\mathrm{kg}} \approx 50\%$.

Zum Erfassen des Gesamtdruckverlusts Δp sind verschiedene Verlustbeiwerte gebräuchlich. A. J. TER LINDEN [*6.27*] wählt als Bezugsgröße den Staudruck der mittleren Gemischeintrittsgeschwindigkeit w_1 gemäß

$$\Delta p = \zeta \frac{\varrho_u}{2} w_1^2 \qquad (6.11)$$

(ϱ_u Gasdichte) und erhält für den Verlustbeiwert der in Abb. 6.17a—d dargestellten Bauformen im Bereich $w_1 = 5$ bis 25 m/s (Luft) im Mittel $\zeta \approx 15$. W. BARTH [6.28] bezieht den Gesamtdruckverlust auf die Um-

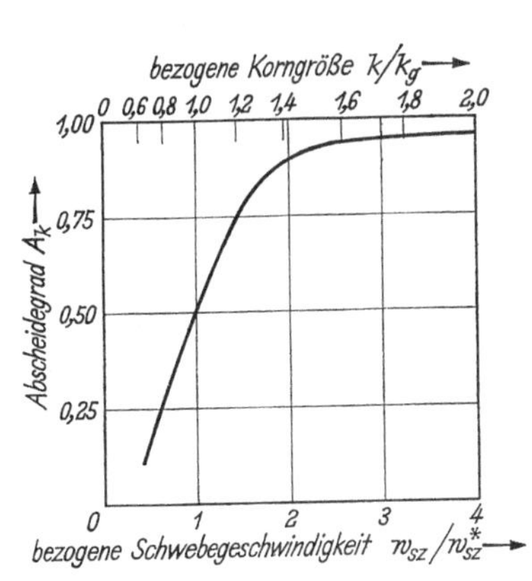

Abb. 6.19. Abscheidegrad A_k in Abhängigkeit von der auf $w_{sz}^* = (w_{sz})_{r=d/2}$ bezogenen Schwebegeschwindigkeit w_{sz} bzw. von der auf k_g bezogenen Korngröße k im Fliehkraftfeld (nach W. BARTH [6.28]).

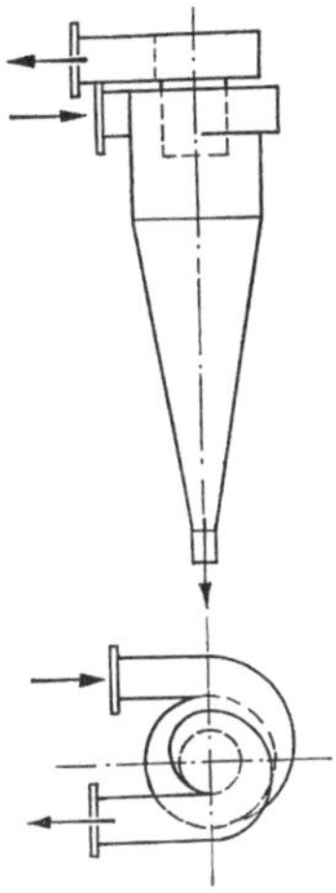

Abb. 6.20. Zyklon mit Austritts-Leitspirale.

fangsgeschwindigkeit $w_{\varphi i}$ am Tauchrohrradius $r_i = d/2$ und bekommt mit $w_{ai} = 4\dot{V}/\pi d^2$ als mittlerer Axialgeschwindigkeit am Zyklonaustritt und λ als Wandreibungsbeiwert

$$\Delta p = \varepsilon \frac{\varrho_u}{2} w_{\varphi i}^2, \tag{6.12a}$$

$$\varepsilon = 1 + \frac{K_z}{(w_{\varphi i}/w_{ai})^{2/3}} + \frac{d}{D}\left[\frac{1}{\left(1 - \frac{w_{\varphi i}}{w_{ai}} \frac{h^*(r_i)}{r_i} \lambda\right)^2} - 1\right]. \tag{6.12b}$$

Im Bereich $w_{\varphi i}/w_{ai} > 1$ ist für scharfkantige zylindrische Tauchrohre $K_z = 4{,}4$, und für abgerundete zylindrische Tauchrohre gilt $K_z = 3{,}4$. H. TRAWINSKI [6.24] empfiehlt für Hydrozyklone den Zusammenhang

$$\dot{V} \approx C d_1 d \sqrt{\frac{\Delta p}{\varrho_u}} \tag{6.13}$$

($\dot{V}$ Gemisch-Volumdurchsatz, d_1 Eintrittsdurchmesser, d Tauchrohrdurchmesser, ϱ_u Flüssigkeitsdichte, C empirischer Beiwert). Durch Ausnützen der Drallenergie am Tauchrohraustritt mit Hilfe von Leitschaufeln oder einer Austrittsleitspirale nach Abb. 6.20 läßt sich der Druckverlust erheblich vermindern, allerdings muß man dann einen niedrigeren Abscheidegrad hinnehmen.

Aus den Gln. (6.7), (6.10a) und (6.12a) folgt

$$k_g = \sqrt{\frac{18\varrho_u \nu}{\varrho_k - \varrho_u}} \sqrt{\frac{\dot{V}\varepsilon g \varrho_u}{4\pi h^*(r_i)\,\Delta p}}, \qquad (6.14)$$

und daraus ergibt sich nach Einsetzen von Gl. (6.13) mit $h^*(r_i) \sim d_1 \sim\ \sim d \sim D$

$$k_g \sim \frac{\sqrt{D}}{\sqrt[4]{\Delta p}}, \qquad (6.15)$$

die Trennkorngröße und damit der Abscheidegrad hängen also nur wenig vom Druckverlust ab. Mit sinkendem Zyklondurchmesser verringert sich auch k_g, daher schaltet man zum Erzielen hoher Abscheidegrade oft mehrere kleine Einzelzyklone als *Zyklonbatterie* bzw. *Multizyklon* parallel. Da man jedoch praktisch nie eine völlig gleichmäßige Beaufschlagung aller Abscheider erreicht, liegen die Gesamtabscheidegrade von Zyklonbatterien oder Multizyklonen immer unter den für die Einzelzyklone ermittelten Werten.

Um Ergebnisse von Modellversuchen auf Großausführungen oder Versuche an Hydrozyklonen auf Aerozyklone bzw. umgekehrt zu übertragen, kann man nach H. Trawinski [*6.24*] gleiche Reynoldszahlen $Re = wD/\nu$ und Beschleunigungsvielfache $K = 2w_{\varphi i}^2/gD$ wählen und erhält damit die Bedingungen

$$D \sim \nu^{\frac{2}{3}}, \quad w_{\varphi i} \sim \nu^{\frac{1}{3}}, \quad \Delta p \sim \varrho \nu^{\frac{2}{3}}, \quad \dot{V} \sim \nu^{\frac{5}{3}}, \quad k_g \sim \left(\frac{\varrho_u}{\Delta \varrho}\right)^{\frac{1}{2}} \nu^{\frac{2}{3}} \quad (6.16\,\text{a—e})$$

für dynamische Ähnlichkeit ($\Delta \varrho = \varrho_k - \varrho_u$). Fordert man dagegen gleiche Re-Zahl Re und gleiche Trennkorngröße k_g, so ergeben sich die Proportionalitäten

$$D \sim \left(\frac{\Delta \varrho}{\varrho_u}\right)^{\frac{1}{2}}, \quad w_{\varphi i} \sim \nu \left(\frac{\varrho_u}{\Delta \varrho}\right)^{\frac{1}{2}}, \quad \Delta p \sim \varrho_u \nu^2 \frac{\varrho_u}{\Delta \varrho}, \quad (6.17\,\text{a—c})$$

$$\dot{V} \sim \nu \left(\frac{\Delta \varrho}{\varrho_u}\right)^{\frac{1}{2}}, \quad K \sim \nu^2 \left(\frac{\varrho_u}{\Delta \varrho}\right)^{\frac{3}{2}}. \qquad (6.17\,\text{d, e})$$

6.524 Elektrofilter. In einem elektrischen Feld mit der Feldstärke $\mathfrak{E}$ (Vektor) wirkt auf jeden Ladungsträger mit der elektrischen Ladung Q gemäß Gl. (1.26) eine Kraft $\mathfrak{P}$, die ihn vom gleichnamigen Pol abstößt und zum ungleichnamigen hinzieht. Diese Kraft nützt man bei Elektrofiltern zum Abscheiden kleiner Staubteilchen und Flüssigkeitstropfen unter etwa 10 μm aus [*6.29—6.34, 9.31.12*].

Zwischen einer elektrisch positiv geladenen Fläche und einem negativ geladenen Draht bildet sich ein inhomogenes, elektrisches Feld aus. Überschreitet die Potentialdifferenz die „kritische Spannung" oder „Zündspannung", so reicht die kinetische Energie einzelner, im Feld beschleunigter Elektronen in der Nähe des Drahts (also im Bereich hoher Feldstärke) zur Stoßionisation des gasförmigen Dielektrikums aus. Die damit verbundenen Strahlungserscheinungen machen die Ionisierungszone als „Korona" der Sprühelektrode sichtbar, außerdem hört man ein Rauschen und Knistern. Die Elektronen und die negativ geladenen Ionen wandern von der negativen Sprühelektrode (Elektronenquelle) zur positiven Niederschlagselektrode, d. h. es tritt ein Entladungsstrom auf, dessen mechanische Wirkung man als „elektrischen Wind" bezeichnet. In einem zylindersymmetrischen Feld (Rohrelektrode mit zentralem Sprühdraht) erscheint die Korona in Luft bei der kritischen Spannung U_k bzw. bei der kritischen Feldstärke E_k

$$\frac{U_k}{[\text{kV}]} = 31 \left(\frac{p\,T_0}{p_0\,T}\right) \left(1 + \frac{0{,}308}{\sqrt{\left(\frac{p\,T_0}{p_0\,T}\right)\frac{r}{[\text{cm}]}}}\right) \frac{r}{[\text{cm}]} \ln\frac{R}{r}, \qquad (6.18\,\text{a})$$

$$E_k = \frac{U_k}{r\ln\frac{R}{r}}. \qquad (6.18\,\text{b})$$

Es bezeichnen p den Luftdruck, T die absolute Temperatur, $p_0 = 760$ Torr und $T_0 = 273\,°\text{K}$ den Bezugsdruck bzw. die Bezugstemperatur, r den Radius des Sprühdrahts und R den Rohrradius. In einem Sprühfeld bestimmt der Ladungstransport die Feldstärke. Bei Zylindersymmetrie gilt in ausreichendem Abstand von dem koronierenden Draht mit i als Sprühstrom pro Längeneinheit der Koronazone, U als Betriebsspannung und b als Ionenbeweglichkeit (bei N_2 groß, bei O_2, H_2O, Cl_2 klein) näherungsweise

$$E \doteq \sqrt{\frac{2i}{b}}, \quad i = \frac{2b(U - U_k)\,U}{R^2\ln\frac{R}{r}}. \qquad (6.19\,\text{a, b})$$

Bei Röhrenelektroden ist $i \approx 0{,}3$ bis $0{,}5$ mA/m Drahtlänge. Mit wachsender Feldstärke dehnt sich die Koronazone aus, bis das elektrische Feld bei der „Durchbruchsfeldstärke" durch Funkenüberschläge zusammenbricht. Praktisch wählt man die Betriebsspannung meist 2- bis 3mal so groß wie die Zündspannung; die Feldstärke liegt normalerweise unter 8 kV/cm.

In einem elektrischen Feld trennen sich die positiven und die negativen Ladungsteile neutraler Staubteilchen; infolge dieser Polarisation

verändert sich der Feldlinienverlauf, und es treten Anziehungskräfte
zwischen benachbarten Körnern auf, die zum Ausbilden nadelförmiger
Konglomerate führen. In einem inhomogenen elektrischen Feld — also
in der Nähe der Sprühelektroden — bewirkt die räumliche Ladungs-
trennung in Richtung zur größeren Feldstärke gerichtete Kräfte auf die
Staubkörner und verursacht dadurch die Entstehung nadelähnlicher,
verzweigter oder verästelter Staubabsätze an den Sprühelektroden.

In einem Sprühfeld laden sich Flüssigkeitstropfen und Staubteilchen
(bei negativer Sprühelektrode) durch Anlagern von Elektronen oder
negativen Gasionen sehr schnell bis zur Sättigung auf und wandern unter
dem Einfluß der elektrischen Anziehungs- bzw. Abstoßungskräfte
[Gl. (1.26)] zur positiven Niederschlagselektrode. Die theoretische
Wanderungsgeschwindigkeit w_s folgt für kleine Teilchen aus Gl. (2.34)
mit der Beschleunigung $b = 6QE/k^3\pi\varrho_k$ anstelle der Erdbeschleunigung g; die maximale Ladung Q ist für kleine Teilchen ($k < 2\ \mu m$)
proportional der Korngröße k, für größere proportional k^2, somit erhält
man für erstere $w_s \sim$ const und für letztere $w_s \sim k$. Elektrofilter
eignen sich also vornehmlich zum Abscheiden sehr feiner Stäube. Die
wirkliche Wanderungsgeschwindigkeit $\overline{w_s}$ weicht von dem theoretischen
Wert infolge der Einflüsse des „elektrischen Winds", der Elektroden-
form, der Agglomerationseffekte usw. oft beträchtlich ab, daher bestimmt man sie für jedes Staub/Gas-Gemisch (bzw. Tropfen/Gas-
Gemisch) experimentell. $\overline{w_s}$ liegt etwa zwischen 0,04 und 0,2 m/s [6.30].
Bei positiver Ladung der Sprühelektrode und negativer Ladung der
Niederschlagselektrode sind die Durchschlagsspannung, die Ionenbeweglichkeit und die mittlere Wanderungsgeschwindigkeit kleiner, deshalb
verwendet man diese Polung nicht.

Den Abscheidegrad A des Elektrofilters berechnet man nach W.
DEUTSCH [6.34] gemäß

$$A = 1 - \mathrm{e}^{F_s\overline{w_s}} \tag{6.20}$$

aus der „spezifischen Niederschlagsfläche" F_s und der mittleren Wanderungsgeschwindigkeit $\overline{w_s}$. Die spezifischen Niederschlagsflächen von Rohr-
und Plattenelektrofiltern sind nach D. O. HEINRICH [6.29]

$$F_{s,\text{Rohr}} = \frac{2L}{Rw_G}, \qquad F_{s,\text{Platte}} = \frac{L}{Dw_G}. \tag{6.21a, b}$$

Darin bedeuten L die Länge der Niederschlagselektrode in Richtung des
Gasstroms, R den Rohrradius (bei Rohrfiltern), D den Abstand zwischen
Sprüh- und Niederschlagselektroden (bei Plattenfiltern) und w_G die
mittlere Gasgeschwindigkeit des durchströmenden Gemischs ($w_G = 0,5$
bis 1,5 m/s).

Der elektrische Widerstand des Staubs wirkt sich erheblich auf den Abscheidevorgang aus [6.29]. Er hängt von der Stoffart, der Temperatur, der Feuchtigkeit und der Anwesenheit den Oberflächenwiderstand beeinflussender Substanzen ab und läßt sich im allgemeinen nur experimentell ermitteln. Sehr gut leitende Teilchen (Widerstand $< 10^4 \, \Omega$ cm, z. B. Kohlenstoff) verlieren ihre vom Sprühfeld aufgeprägte elektrische

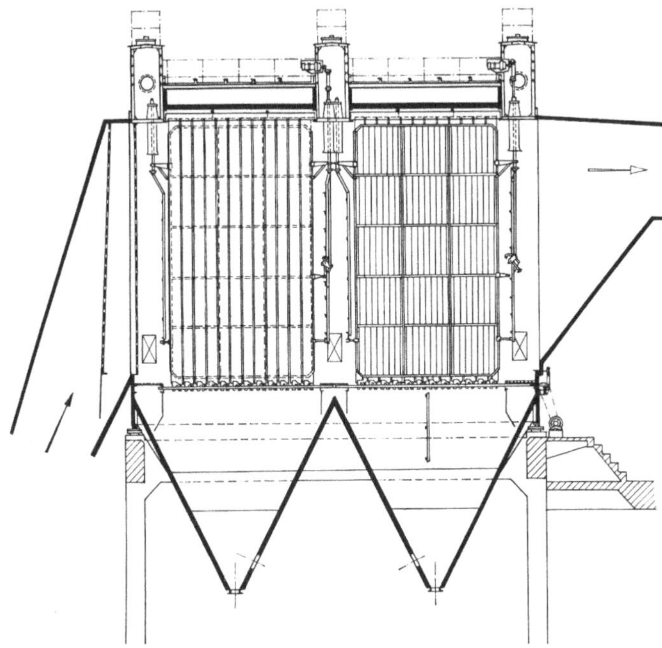

Abb. 6.21. Horizontal-Elektrofilter mit zwei elektrisch getrennten Feldern (Fa. Lurgi/Frankfurt a. M.).

Ladung praktisch augenblicklich beim Berühren der Niederschlagselektrode; sie nehmen deren Polarität an, werden wieder abgestoßen und gelangen zurück in den Gasraum, wo der Ionenstrom sie erneut auflädt, so daß sich der Vorgang wiederholt. Diese Körner scheiden sich daher nicht dauernd ab, sondern „hüpfen" an der Niederschlagselektrode entlang und verlassen das Filter schließlich zusammen mit dem Reingas. Teilchen mit einem Widerstand zwischen 10^4 und $2 \cdot 10^{10} \, \Omega$ cm lassen sich in Elektrofiltern sehr gut abscheiden. Sehr schlecht leitende Stäube (Widerstand $> 2 \cdot 10^{10} \, \Omega$ cm, z. B. Schwefelstaub) scheiden sich zwar an der Niederschlagselektrode ab, behalten aber ihre Ladung bei und verändern dadurch das elektrische Feld. Es können sogar in den Gasporen der abgeschiedenen Staubschicht elektrische Durchschläge auftreten; dabei entstehen positive Ionen, die zur Sprühelektrode wandern und die negative Ladung entgegenkommender Staubteilchen im Feld teilweise kompensieren, also

18 Ullrich, Mech. Verfahrenstechnik

den Abscheidevorgang stören („Rücksprühen" der Niederschlagselektrode). Außerdem sinkt die Durchbruchsfeldstärke, und es kommt zu elektrischen Überschlägen, die zum Vermindern der Stromstärke (und damit des Abscheidegrads) zwingen. Durch künstliches Befeuchten oder Zusatz von SO_3-Nebel läßt sich die Leitfähigkeit verschiedener Stäube erhöhen und damit in solchen Fällen der Abscheidegrad des Elektrofilters verbessern.

Hinsichtlich der Bauart unterscheidet man *Röhren-* und *Plattenelektrofilter.* Röhrenfilter bestehen aus lotrechten Rohren als Niederschlagselektroden, in deren Achsen Drähte als Sprühelektroden gespannt sind. Plattenfilter weisen lotrechte, ebene Niederschlagsplatten mit dazwischen angeordneten Sprühdrähten auf. Das Staub/Gas-Gemisch durchströmt das Plattenpaket lotrecht von unten nach oben (Vertikal-Elektrofilter) oder waagrecht (Horizontal-Elektrofilter, Abb. 6.21). Der an den Niederschlagselektroden abgeschiedene Staub wird mit Hilfe mechanischer Klopfvorrichtungen von Zeit zu Zeit abgeschüttelt und rutscht durch Fangtaschen in Fallschächte, die ihn außerhalb des Gasstroms in den Staub-Sammeltrichter und zu den Austrageinrichtungen leiten, Abb. 6.22. Plattenelektrofilter führt man derzeit mit bis zu 100 Gassen und Plattenhöhen bis 15 m für Gasdurchsätze über 500000 m³/h aus. Den Gleichstrom zum Aufrechterhalten

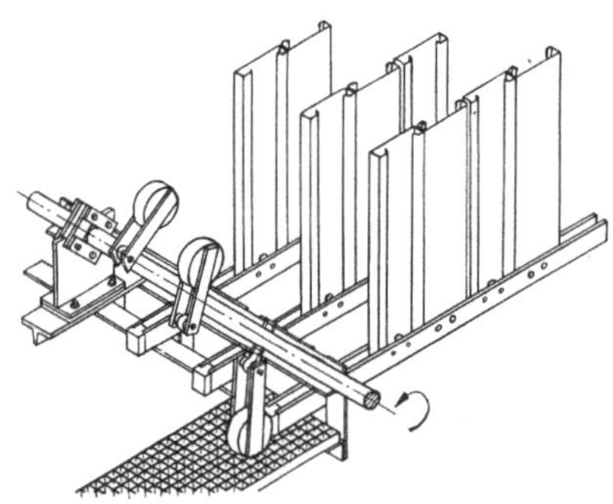

Abb. 6.22. Niederschlagselektrode (C-Elektrode) und Klopfvorrichtung eines Plattenelektrofilters (Fa. Lurgi/Frankfurt a. M.).

des Sprühfelds liefert ein von einem Transformator gespeister Gleichrichter (in USA häufig Röhren- oder Siliziumgleichrichter, in Deutschland meist Selengleichrichter). Ein Transduktor hält den Strom weitgehend unabhängig von der Spannung konstant. Die Betriebsspannung liegt meist zwischen 30 und 80 kV, der auf den Durchsatz bezogene Leistungsbedarf beträgt je nach Produkt etwa 0,05 bis 0,8 Wh/m³ Gas. Der Druckverlust (im allgemeinen $<$ 10 mmWS) läßt sich nach Abschnitt 4.1 (S. 99 ff.) ermitteln.

6.525 Siebe und Gewebefilter. *Gitter* und *Siebe* halten grobe, vom Gas mitgeführte Feststoffteilchen mechanisch zurück. *Gewebefilter (Tuchfilter)* gemäß Abb. 6.23 eignen sich zum Abscheiden von Feinstaub aus Staub/Gas-Gemischen mit einer Staubbeladung $\leq$ 100 g/m³. Als Filtermittel dienen Gewebe aus Wolle, Baumwolle, Kunstfasern, Glas usw., die bei den *Taschen-* oder *Rahmenfiltern* auf rechteckige Rahmen aufgespannt, bei den *Schlauchfiltern* als zylindrische oder ovale Schläuche (100 bis 300 mm $\varnothing$) mit eingenähten Versteifungsringen auf einer Seite an den Stutzen eines Schlauchbodens befestigt und auf der andern durch Deckel verschlossen sind. Das Gewebematerial muß mechanisch genügend fest (insbesondere wegen der wiederholten hohen Beanspruchungen beim Reinigen) und sowohl thermisch als auch chemisch ausreichend beständig sein. Die Tab. 6.1 gibt einen Überblick über die Einsatzgrenzen verschiedener Filtergewebe. Den spezifischen Gasdurchsatz (,,Anströmgeschwindigkeit") wählt man meist in der Größenordnung 0,02 m³/m²s. Der Abscheidegrad läßt sich theoretisch nicht vorhersagen; er liegt in der Regel zwischen 99,5 und 99,9%. Enthält das Gemisch auch Nebeltröpfchen, so verstopfen sich die Gewebe sehr schnell und lassen sich nicht mehr durch Abklopfen oder Spülluft reinigen, daher kann man Gewebefilter nur bei trockenen Staub/Gas-Gemischen einsetzen (Taupunkt-Unterschreitung vermeiden!).

6.526 Gaswascher. Gaswascher eignen sich zum Abscheiden feinen Staubs aus trockenen oder feuchten Gasen (sie bewähren sich außerdem zum Abkühlen und Befeuchten von Gasen, zum Absorbieren gasförmiger Bestandteile mittels Waschflüssigkeiten usw.). Die verschiedenen Bauarten unterscheiden sich hinsichtlich Aufbau, Konstruktion, Strömungsführung usw. weitgehend voneinander, arbeiten jedoch alle nach dem gleichen Grundprinzip: Das Rohgas passiert im Wascher einen Tropfenschleier; dabei prallen Staubkörner und Waschflüssigkeitstropfen zusammen und vereinigen sich zu größeren Feststoff/Flüssigkeits-Teilchen, die sich in einem anschließenden Flüssigkeitsabscheider leicht abscheiden lassen. Die Waschflüssigkeit fließt mit dem darin suspendierten Feststoff in den Sumpf zurück, wo der Feststoff sedimentiert und als Bodensatz oder Schlamm abgezogen werden kann, während man die geklärte Flüssigkeit erneut zerstäubt.

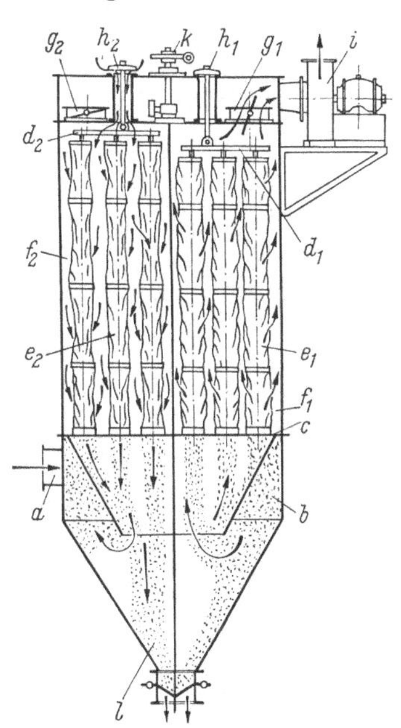

Abb. 6.23. Schlauchfilter (Fa. Intensiv-Filter-GmbH/Langenberg, Rhld.); rechte Kammer in Betrieb, linke Kammer beim Spülen).

a Rohgaseintritt, b Rohgaskammer, c Schlauchboden, d_1 und d_2 Hängeeisen, e_1 und e_2 Filterschläuche, f_1 und f_2 Reingaskammern, g_1 und g_2 Klappen, h_1 und h_2 Spülluftventile, i Ventilator, k Klopfvorrichtung, l Staubsammeltrichter.

Die Waschflüssigkeit soll dünnflüssig, leicht zu zerstäuben, ungefährlich und billig sein, nicht zum Schäumen neigen (auch nicht nach Einbringen des abzuscheidenden Feststoffs oder nach Absorbieren gasförmiger Gemischbestandteile) und als dampf- oder nebelförmige Verunreinigung des

18*

Tabelle 6.1. *Einsatzgrenzen verschiedener Filtergewebe* (nach Unterlagen der Fa. Intensiv-Filter-GmbH/Langenberg, Rhld.)

Faser	Qualität	Dicke [mm] nach DIN 53855	Luftdurchlässigkeit [m³/m²h] bei $\Delta p = 20$ mm WS] nach DIN 53801	Beständigkeit gegen			Materialtemperatur [°C]	
				Säuren	Alkalien	Insektenfraß, Bakterien	dauernd	kurz
Wolle	leicht mittel schwer	1,5 bis 2,2 2,2 bis 2,7 2,7 bis 3,3	2700 bis 2100 2100 bis 1800 1800 bis 1500	gut (kalte, schwache Säuren)	schlecht	unbehandelt schlecht	80 bis 90	100
Baumwolle	leicht mittel schwer	0,5 bis 1,2 1,2 bis 1,7 1,7 bis 2,5	>1500 1500 bis 900 900 bis 600	schlecht	gut	unbehandelt schlecht	75 bis 85	95
Polyamid (Nylon, Perlon)	leicht mittel schwer	0,5 bis 1,0 1,0 bis 1,5 1,5 bis 2,2	2100 bis 1800 1800 bis 1500 1500 bis 900	gut (kalte, schwache Säuren)	beständig	beständig	75 bis 85	95
Polyacrylnitril (Dralon, Redon, Orlon)	leicht mittel schwer	0,3 bis 0,8 0,8 bis 1,3 1,3 bis 1,9	2100 bis 1800 1800 bis 1500 1500 bis 900	gut	ausreichend (schwache Alkalien)	beständig	125 bis 135	150
Polyvinylchlorid				beständig	beständig	beständig	40 bis 50	65
Polyester (Trevira, Diolen)				gut	gut (kalte, schwache Alkalien)	beständig	140 bis 160	—
Polytetrafluoräthylen				beständig	beständig	beständig	200 bis 250	—
Glas				gut	ausreichend	beständig	250 bis 300	350

Reingases nicht stören. Für die meisten Entstaubungsprobleme eignet sich Wasser.

Die Abb. 6.24 zeigt einen *Ströderwascher* (*Kreuzschleierwascher*) [6.35]. Auch von oben nach unten durchströmte *Wasserstrahl-Vakuumpumpen* bzw. -Gebläse (Abschn. 4.333, S. 150 ff.) erweisen sich in Verbindung

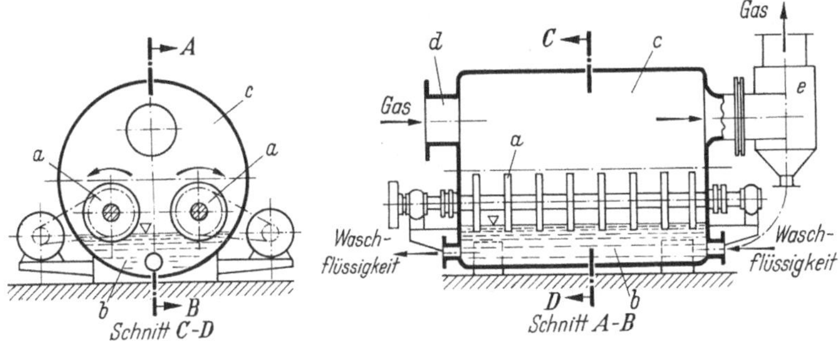

Abb. 6.24. Ströderwascher (Kreuzschleierwascher).

a Spritzscheiben, *b* Waschflüssigkeitssumpf, *c* Wascher-Gasraum, *d* Gaseintritt, *e* Tropfenabscheider.

mit einem Flüssigkeitsabscheider (Abschn. 6.51, S. 262 ff.) als wirksame Gaswascher. Das Treibwasser (d. h. die jeweilige Waschflüssigkeit) führt man im geschlossenen Kreislauf. Andere, häufig eingesetzte Wascher-Bauarten sind der *Feldwascher*, der *Tellerwascher* und der *Desintegrator* von THEISEN, der *Bamag-Trommelwascher* usw. [9.23.8].

6.53 Trennen von Emulsionen

Emulsionen sind Gemische ineinander unlöslicher Flüssigkeiten, bei denen eine flüssige Phase in der anderen dispers verteilt ist (vgl. Abschn. 5.53, S. 239 ff.). Nicht stabilisierte Emulsionen lassen sich mechanisch in ihre Bestandteile zerlegen, wenn die dispergierten Flüssigkeitströpfchen

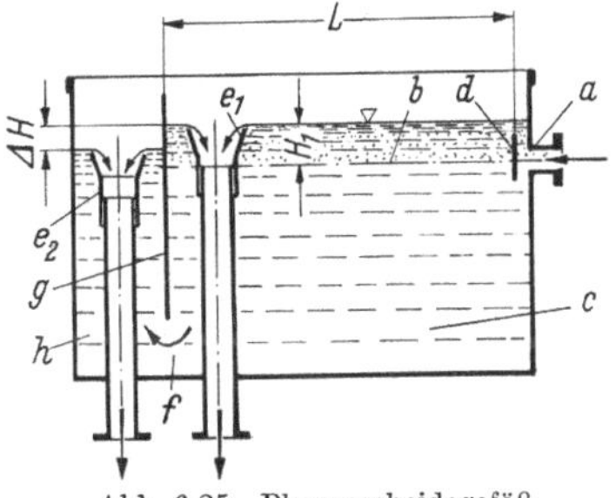

Abb. 6.25. Phasenscheidegefäß.

a Zulauf, *b* Phasengrenzfläche, *c* Scheidekammer, *d* Prallfläche, e_1 und e_2 Überlaufwehre für die leichte bzw. die schwere Phase, *f* Durchtrittsöffnung, *g* Trennwand, *h* Schwerphasen-Kammer.

eine andere Dichte als das Dispersionsmittel aufweisen; elektrostatisch oder durch Solvatation stabilisierte Emulsionen muß man vorher durch Zusatz geeigneter Substanzen „brechen".

6.531 Phasenscheidegefäße. Phasenscheidegefäße sind einfache Einrichtungen zum Trennen grobdisperser Emulsionen. Ihre Wirkungsweise entspricht weitgehend der von Absetzkammern gemäß Abschnitt 6.51 (S. 262 ff.). Das Phasenscheidegefäß nach Abb. 6.25 ermöglicht einen kontinuierlichen Betrieb. Der Volumdurchsatz $\dot{V}$ folgt mit $n = 1$, $\alpha = 0$ und $w_{s,\,\mathrm{min}}$ als Schwebegeschwindigkeit der kleinsten im Dispersionsmittel dispergierten Tropfen aus Gl. (6.8). Zwischen dem Höhenunterschied ΔH der beiden Wehr-Überlaufkanten (e_1 bzw. e_2), der Schichtdicke H_1 der

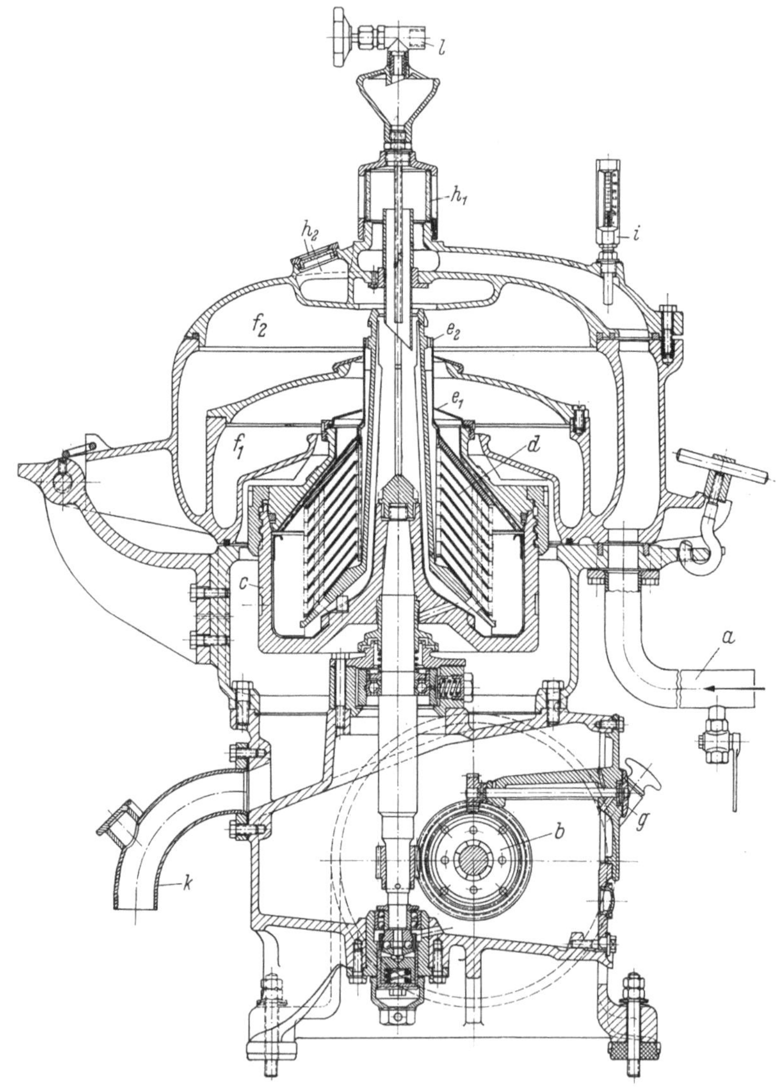

Abb. 6.26. Tellerseparator mit Trenntrommel (Fa. Westfalia-Separator/Oelde).
a Zulauf, b Schneckengetriebe, c Trenntrommel, d Tellerpaket, e_1 Regulierscheibe für die schwere Phase, e_2 Austritt der leichten Phase, f_1 und f_2 Sammelräume für die schwere bzw. die leichte Phase, g Umlauf-Kontrollscheibe, h_1 und h_2 Zulauf- bzw. Überlauf-Schauglas, i Thermometer, k Gestellablauf, l Zusatzwasser-Anschluß (beim Separieren von Öl zweckmäßig).

leichten Phase sowie den Dichten ϱ_1 und ϱ_2 der leichten bzw. der schweren Phase gilt unabhängig von der Zusammensetzung der Emulsion

$$\Delta H = H_1 \left(1 - \frac{\varrho_1}{\varrho_2}\right). \tag{6.22}$$

6.532 Separatoren. Separatoren gemäß Abb. 6.26 setzt man zum Zerlegen feindisperser Emulsionen ein, für die Phasenscheidegefäße (infolge zu kleiner Schwebegeschwindigkeiten der dispergierten Tröpfchen) unwirtschaftlich oder (wegen der den Absetzvorgang störenden, thermisch bedingten Konvektionsströmungen) ungeeignet sind. Darüber hinaus bewähren sie sich zum Klären feststoffhaltiger Flüssigkeiten, d. h. zum Abscheiden der festen Verunreinigungen (vgl. Abschn. 6.543, S. 299 ff.). Trommel und Tellerpaket sind in Abb. 6.27 nebst den für die Berechnung nötigen Abmessungen dargestellt. Die Löcher a in den Tellern b bilden achsparallele, durch das ganze Paket führende Steigekanäle c für die von unten zufließende Emulsion. Die Steigekanäle verteilen das Ausgangsprodukt im Separierraum. Der wichtigeren Flüssigkeitskomponente, auf deren Reinheit man besonderen Wert legt, stellt man die größere Absetzfläche zur Verfügung: Bei besonders wichtiger leichter Fraktion (z. B. beim Entwässern von Öl) ordnet man die Steigekanäle in der Nähe des Umfangs an, bei besonders wichtiger schwerer Phase (z. B. beim Entölen von Kondenswasser) in Achsnähe. Die Austrittsdurchmesser r_I, r_II der Regulierscheiben g_I, g_II bestimmen die Lage der Flüssigkeitsober

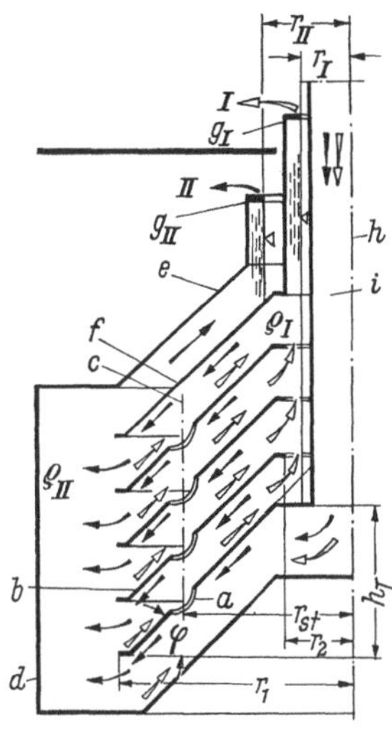

Abb. 6.27. Trenntrommel mit Tellerpaket und Regulierscheiben. a Löcher, b Teller, c Steigekanäle, d Trommel, e Trommeldeckel, f Abschlußteller, g_I und g_II Regulierscheiben für die leichtere bzw. die schwerere Phase, h Trommelachse, i Emulsionszulauf.

flächen beider Fraktionen in der Trommel. Sie müssen an den Achsabstand r_{st} der Steigekanäle und an die Dichten ϱ_I, ϱ_II ($> \varrho_\mathrm{I}$) der beiden Fraktionen angepaßt sein. Damit der Separator sauber trennt, muß die Trennzone im Bereich der Steigekanäle (richtig: im äußeren Drittel der Tellerlöcher) liegen. In diesem Fall gelten die Beziehungen

$$r_{st} = \sqrt{\frac{\varrho_\mathrm{II} r_\mathrm{II}^2 - \varrho_\mathrm{I} r_\mathrm{I}^2}{\varrho_\mathrm{II} - \varrho_\mathrm{I}}}, \quad r_\mathrm{I} = \sqrt{\frac{\varrho_\mathrm{II} r_\mathrm{II}^2 - (\varrho_\mathrm{II} - \varrho_\mathrm{I}) r_{st}^2}{\varrho_\mathrm{I}}}, \tag{6.23a, b}$$

$$r_\mathrm{II} = \sqrt{\frac{(\varrho_\mathrm{II} - \varrho_\mathrm{I}) r_{st}^2 + \varrho_\mathrm{I} r_\mathrm{I}^2}{\varrho_\mathrm{II}}}. \tag{6.23 c}$$

Schwere Phase und Sinkstoffe streben unter dem Einfluß der Fliehkraft nach außen; die Feststoffteilchen setzen sich am Umfang der Trommel d ab, die Flüssigkeit strömt zwischen Trommeldeckel e und Abschlußteller f der Regulierscheibe g_{II} zu und spritzt von deren Innenkante ab. Die leichte Phase wird zur Trommelachse h hin verdrängt und vom Innenrand der zweiten Regulierscheibe g_{I} abgeschleudert. Man kann auch eine oder beide Fraktionen durch „Greifer" abführen (Eingreifer- bzw. Zweigreifermaschinen). Greifer sind feststehende Bauteile mit tangential entgegen der Trommeldrehrichtung im Achsabstand r_{Gr} mündenden Kanälen, in denen sich die mit der Trommel rotierende Flüssigkeit anstaut. Bei Nullförderung stellt sich am Greiferaustritt der Gesamtdruck $p_{\mathrm{stat}} + \varrho\,(r_{\mathrm{Gr}}\omega)^2/2$ ein. Praktisch erlauben Greifer eine Entnahme der Fraktionen mit Drücken bis etwa 12 atü; in vielen Fällen machen sie Pumpen zum Weiterfördern überflüssig. Ihre Fördercharakteristik entspricht etwa der von Kreiselpumpen. Wirbel in der Abströmleitung usw. verursachen jedoch Druck- und Durchflußschwankungen, die sich bis in das Tellerpaket fortpflanzen und auf das Trennergebnis nachteilig auswirken können; für sehr schwer zerlegbare Emulsionen zieht man deshalb Separatoren mit Regulierscheiben vor. Im Zentrifugalkraftfeld der Separatortrommel gelten für die Schwebegeschwindigkeit w_{sz} kleiner Teilchen die Gln. (6.6a, b). Das Beschleunigungsvielfache $K_m = w_\varphi^2/rg$ $= r_m\omega^2/g$ (r_m mittlerer Radius des Tellerpakets, ω Winkelgeschwindigkeit), auch Beschleunigungskennzahl oder Schleuderzahl genannt, liegt meist zwischen 6000 und 12000. Die Trennkorngröße k_g des Separators folgt mit $w_\varphi = r\omega$ aus Gl. (6.7), Separatoren zeigen also eine durchsatzabhängige Klassierwirkung $(k_g \sim \sqrt{\dot{V}})$. Für den Volumdurchsatz $\dot{V}$ ergibt sich nach H. Hemfort [6.36] mit den in Abb. 6.27 eingetragenen Bezeichnungen

$$\dot{V} = w_s\,\frac{2\pi}{3g}\,z\omega^2(r_1^3 - r_2^3)\tan\varphi = w_s\Sigma_T. \qquad (6.24\,\mathrm{a,\ b})$$

Die Schwebegeschwindigkeit im Erdschwerefeld w_s charakterisiert das Verhalten der dispergierten Teilchen in der Flüssigkeit, der Faktor Σ_T kennzeichnet die Separatorkonstruktion. Weiter sind z die Tellerzahl, r_1 und r_2 der Außen- bzw. der Innenradius der Teller, φ die Neigung der Tellerflächen gegenüber einer achsnormalen Ebene und ω die Winkelgeschwindigkeit. Σ_T ermöglicht einen Vergleich verschiedener Separatoren und das Übertragen von Versuchsergebnissen auf Großausführungen; bei gleichen Σ_T-Werten und gleichem Produkt sind auch gleiche Separatorleistungen zu erwarten. Neben Σ_T verwendet man auch den aus der Absetzfläche F' des ganzen Tellerpakets und dem mittleren Beschleunigungsvielfachen K_m gebildeten Leistungsfaktor

$$L_f = F' K_m = \pi(r_1 + r_2) z h_T \frac{(r_1 + r_2)\omega^2}{2g} \qquad (6.25\,\text{a, b})$$

als Vergleichszahl für Separatoren; L_f unterscheidet sich von Σ_T im technisch bedeutsamen Bereich nur geringfügig ($< 10\%$). Es sei jedoch darauf hingewiesen, daß Fertigungsungenauigkeiten, Trommelvibrationen usw. das Verhalten eines Separators beträchtlich beeinflussen und seine Trennleistung stark vermindern können.

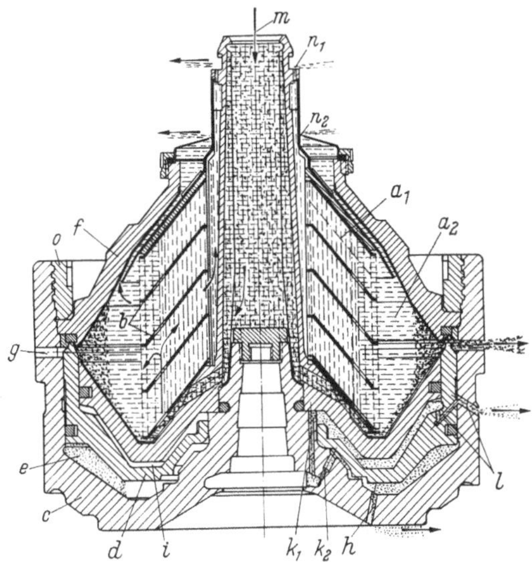

Abb. 6.28. Selbstreinigende Trommel (Fa. Westfalia-Separator/Oelde).

a Trennkammer (a_1 Separierraum, a_2 Schlammraum), b Tellerpaket, c Schiebergehäuse, d Kolbenschieber, e Schließkammer, f Trommeldeckel, g Schlamm-Austrittsschlitz, h Überlaufbohrungen, i Öffnungskammer, k_1 und k_2 Zulaufbohrungen für die Öffnungs- bzw. die Schließkammer, l Ablaufbohrungen, m Produktzulauf, n_1 und n_2 Austritte der leichten bzw. der schweren Phase, o Trommelverschlußring.

Bei Feststoffgehalten zwischen 0,1 und 2% verwendet man Tellerseparatoren mit „selbstreinigender" Trommel nach Abb. 6.28. Diese besteht aus einer Trennkammer a (a_1 Separierraum, a_2 Schlammraum) mit Tellerpaket b und einem Schiebergehäuse c mit doppelt wirkendem Kolbenschieber d. Im normalen Betrieb (linke Seite) drückt die Steuerflüssigkeit in der Schließkammer e den Schieber gegen eine Dichtung im Trommeldeckel f und schließt damit die Schlitze g am Trennkammerumfang. Der Flüssigkeitsdruck p in der Trommel bzw. in der Schließkammer wächst mit p_{II} als statischem Druck an der freien Oberfläche der schweren Phase in der Trommel bzw. der Steuerflüssigkeit in der Kammer, ϱ_{II} als zugehöriger Flüssigkeitsdichte und r als Achsabstand nach dem Gesetz

$$p = p_{\mathrm{II}} + \varrho_{\mathrm{II}}\,\omega^2\,\frac{r^2 - r_{\mathrm{II}}^2}{2}. \qquad (6.26)$$

Der Flüssigkeitsdruck in der Schließkammer und die Axialkraft auf den Kolbenschieber hängen also gemäß Gl. (6.26) von der Stärke des Zentrifugalfelds und von der Füllung mit Steuerflüssigkeit, d. h. vom Achsabstand r_{II} der Überlaufbohrungen h ab. Zum Entschlammen (rechte Seite) füllt man die Öffnungskammer i durch die Zulaufbohrungen k_1 mit Steuerflüssigkeit, so daß deren Druck und Axialkraft die entsprechenden Werte der Steuerflüssigkeit in der Schließkammer übersteigen, der Schieber d die Schlitze g freigibt und der Schlamm unter dem Einfluß des in der Trommel vor den Schlitzen herrschenden Drucks [Gl. (6.26)] abgeschleudert wird. Nach Schließen des Steuerflüssigkeitszulaufs entleert sich die Öffnungskammer über die Ablaufbohrungen l vollständig, und die Füllung der Schließkammer schiebt d wieder hydraulisch in die Schließstellung. Beim Vollentschlammen schließt man den Produktzulauf m und entleert anschließend die ganze Trommel; beim Teilentschlammen sperrt man den Produktzulauf nicht ab, sondern öffnet die Schlitze so kurz, daß nur ein Teil des Schlamms austritt und der in der Trommel verbleibende Rest ein Ausfließen der Flüssigkeit verhindert. Düsentrommeln mit ständig offenen Düsen am Trommelumfang eignen sich in Verbindung mit einer Konzentratrückführung (um ein starkes Aufkonzentrieren des Schlamms auch bei mäßigem Feststoffgehalt und großen, nicht zum Verstopfen neigenden Düsenbohrungen zu ermöglichen) zum Separieren von Emulsionen mit Feststoffgehalten zwischen 2 und 20% (produktabhängig). Damit der in der Trennkammer ausgeschleuderte Feststoff zu den Schlitzen bzw. Düsen abrutschen kann, führt man selbstreinigende und Düsen-Trommeln mit konischen Außenflächen aus, deren Konuswinkel über dem Böschungswinkel des Feststoffs liegt. Die Schlitz- bzw. Düsenzahl wählt man so, daß die dazwischen entstehenden Ablagerungen fast das Tellerpaket erreichen und folglich die Separation nicht stören, die Schlitze bzw. Düsen jedoch keinen unnötig großen Querschnitt freigeben.

Bei offenen Separatoren herrscht an der Flüssigkeitsoberfläche in der Trommel Atmosphärendruck; das Aufgabegut läuft in freiem Strahl axial zu und wird plötzlich auf die Umfangsgeschwindigkeit der Trommel-Innenwand beschleunigt, sobald es auf diese auftrifft. Dabei treten innerhalb der Flüssigkeit erhebliche Scherkräfte auf, die bei manchen Stoffen eine feindisperse Emulgierung bewirken und somit eine saubere Phasentrennung erschweren oder sogar unmöglich machen.

Separatoren mit Vollstromtrommeln sind hermetisch gegenüber der Umgebung abgeschlossen und völlig mit Flüssigkeit gefüllt, so daß das zugeführte Produkt schonend auf die Umfangsgeschwindigkeit beschleunigt und nicht weiter emulgiert wird. Sie eignen sich daher sowohl zum Separieren luftempfindlicher und gesundheitsschädlicher Substanzen, als auch zum Trennen und Klären leicht emulgierender Stoffe.

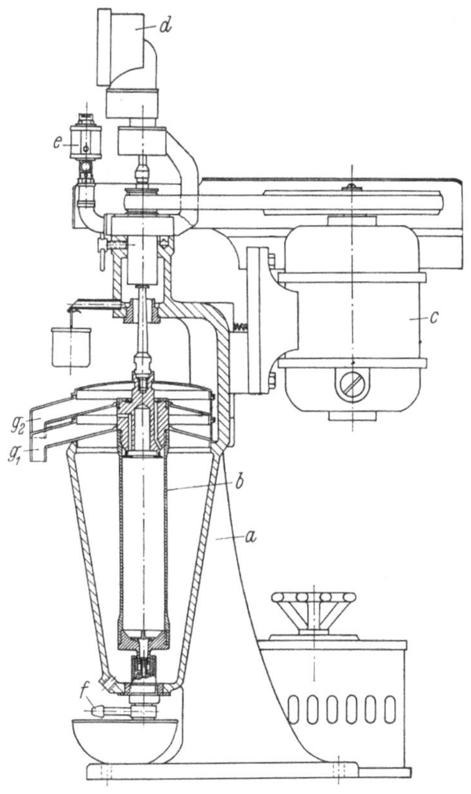

Abb. 6.29. Laboratoriums-Röhrenzentrifuge (Fa. Padberg/Lahr).
a Maschinenständer, *b* Röhrentrommel, *c* Antrieb, *d* Tourenzähler, *e* Tropföler, *f* Zulauf, g_1 und g_2 Abfluß der leichteren bzw. der schwereren Phase.

6.533 Röhrenzentrifugen. Zum Trennen sehr feindisperser, schwer zerlegbarer Emulsionen dienen Röhrenzentrifugen gemäß Abb. 6.29 mit einer schnell rotierenden, axial durchströmten Röhrentrommel geringen Durchmessers (Trommellänge : Trommeldurchmesser etwa 7 : 1), die festigkeitsmäßig besonders hohe Schleuderzahlen ($K_m = 10\,000$ bis $20\,000$, bei Labormaschinen bis $50\,000$) ermöglicht [6.37]. Der Volumdurchsatz ergibt sich in Anbetracht der relativ geringen Schichtdicke näherungsweise aus

$$\dot{V} = F w_{sz}, \tag{6.27}$$

wenn man als abscheidewirksame Fläche $F = 2r\pi L$ den Trommelmantel (L Trommellänge) und als Schwebegeschwindigkeit den mit $w_\varphi = r\omega$ aus Gl. (6.6a, b) für den Mantelradius r folgenden Wert von w_{sz} einsetzt; die Trennkorngröße k_g verschwindet gemäß Gl. (6.7) wegen $w_r = 0$, d. h. Röhrenzentrifugen weisen im Gegensatz zu Separatoren keinen Klassiereffekt, sondern eine reine Trennwirkung auf.

6.54 Trennen von Feststoff/Flüssigkeits-Gemischen

Klärbecken, Eindicker, Filter, Zentrifugen und *Scheidepressen* dienen zum mechanischen Trennen von Feststoff/Flüssigkeits-Gemischen, *Trockner* [*9.23.8, 9.25.7, 9.25.8, 9.31.12*] ermöglichen eine thermische Zerlegung, und *Naß-Magnetscheider* (vgl. Abschn. 6.42, S. 260) scheiden magnetische Teilchen aus Suspensionen aus.

Der Flüssigkeitsgehalt eines feuchten Haufwerks setzt sich nach W. BATEL [*6.38, 6.39*] zusammen aus der als Zellenflüssigkeit, Innenkapillarflüssigkeit usw. in den einzelnen Körnern gebundenen Innenflüssigkeit, der an der Kornoberfläche haftenden Haft- oder Adhäsionsflüssigkeit und der Zwischenraumflüssigkeit; letztere umfaßt die ringwulstartig an den Berührungsstellen der Teilchen festgesetzte Zwickelkapillarflüssigkeit und die Zwischenraumkapillarflüssigkeit in den Kanälen zwischen den Körnern. Die Innenflüssigkeit läßt sich mechanisch durch Scheidepressen teilweise entfernen; ein Abtrennen der Adsorptionsflüssigkeit und ein (fast) vollständiges Beseitigen der Innenflüssigkeit ist nur thermisch durch Trocknen oder Ausglühen möglich.

Ein Haufwerk mit der Porosität ψ (vgl. Abschn. 2.43, S. 63), dessen Poren ganz mit Flüssigkeit gefüllt sind, enthält den auf innenfeuchten Feststoff bezogenen Massenanteil

$$(W_h + W_z)_{\max} = \frac{\varrho_u}{\varrho_k} \frac{\psi}{1 - \psi} \tag{6.28}$$

an Haftflüssigkeit W_h und Zwischenraumflüssigkeit W_z. Kann die Flüssigkeit abfließen, so stellt sich ein Gleichgewicht zwischen den äußeren und den Grenzflächenkräften ein, daher bleibt etwa der Anteil

$$W_h + W_z = \frac{\varrho_u}{\varrho_k} \left[C_1 \frac{\sigma \cos\vartheta}{g\varrho_u} \frac{O\varrho_k}{Kk_m} \right]^{0,25} = \frac{\varrho_u}{\varrho_k} \left[C_2 \frac{O\varrho_k}{Kk_m} \right]^{0,25} \tag{6.29a, b}$$

im Haufwerk zurück. In den Gln. (6.28), (6.29a, b) sind ϱ_u und ϱ_k die Dichten der Flüssigkeit bzw. des Feststoffs, σ und ϑ die Oberflächenspannung bzw. der Randwinkel der Zwickelflüssigkeit, g die Erdbeschleunigung, $K = w_\varphi^2/rg$ das Beschleunigungsvielfache (im Erdschwerefeld ist $K = 1$), O die spezifische (auf die Masseneinheit bezogene) Oberfläche des Feststoffs sowie $k_m = \int_0^\infty k_* \, dR$ der aus der Kornverteilung $R = R(k_*)$ errechnete mittlere Korndurchmesser. Die Konstante C_1 enthält weitere Einflüsse der Kornform usw. Meist faßt man sie mit σ, $\cos \vartheta$, ϱ_u und g zu einem stoffabhängigen, dimensionsbehafteten Faktor C_2 zusammen (bei wasserfeuchter Steinkohle ist $C_2 = 0{,}334$ m², bei wasserfeuchtem Kalkstein gilt etwa $C_2 = 0{,}518$ m²).

Die kapillare Steighöhe $h_{s,\,\infty}$ in einem Kraftfeld mit der Beschleunigung $K\,g$ ergibt sich nach W. Batel [6.39] zu

$$h_{s,\,\infty} = \frac{2\sigma \cos \vartheta}{K g \varrho_u} \left(\frac{1}{r_{\min}} - \frac{1}{r_{\max}} \right). \tag{6.30}$$

$h_{s,\,\infty}$ ist der nach sehr langer Zeit erreichte Grenzwert der flüssigkeitserfüllten Schichthöhe $h_s = h_s(t)$, deren Zeitabhängigkeit aus dem Zusammenhang

$$t = C_3 \, \frac{\mu}{r_k^2 \varrho_u K g} \left(h_{s,\,0} - h_s + h_{s,\,\infty} \ln \frac{h_{s,0} - h_{s,\,\infty}}{h_s - h_{s,\,\infty}} \right) \tag{6.31}$$

folgt. Darin bedeuten $r_{\min}$, $r_{\max}$ bzw. r_k den kleinsten, größten bzw. mittleren Kapillarradius, μ die dynamische Viskosität der Flüssigkeit, t die Zeit und $h_{s,0}$ den Anfangswert von h_s zur Zeit $t = 0$. Für viele praktische Rechnungen kann man in Gl. (6.30) den Klammerausdruck $\left(\frac{1}{r_{\min}} - \frac{1}{r_{\max}} \right)$ mit ausreichender Genauigkeit proportional $2/k_m$ setzen. Bis zur Höhe h_s füllt die Zwischenraumflüssigkeit das ganze Porenvolum des Haufwerks aus, so daß man den Flüssigkeitsgehalt dieser Schicht aus Gl. (6.28) erhält; darüber gelten die Gln. (6.29a, b).

6.541 Absetzbehälter. Absetzbehälter dienen als *Klärbecken* zum Klären von Flüssigkeiten und als *Schwerkrafteindicker* zum Eindicken von Suspensionen. Hinsichtlich ihres Aufbaus, ihrer Wirkungsweise und der Berechnungsverfahren unterscheiden sich Klärbecken und Eindicker nicht voneinander.

Kontinuierlich durchströmte, offene Absetzbehälter haben in der Regel einen rechteckigen oder runden Grundriß (Längs- bzw. Rundbecken) und sind mit Räumwagen bzw. Krählwerken zum Austragen des Schlamms ausgestattet. Die Schlammschaber sind pendelnd aufgehängt und gewichtsbelastet, so daß auch beim Anfahren oder bei sehr starkem Schlammanfall keine Schäden durch Überlasten auftreten können. Bei manchen (kleineren) Rundbecken läßt sich das ganze Krählwerk hydraulisch über den Schlammspiegel anheben. Kleine Rundbecken (bis etwa 15 m $\varnothing$) führt man meist mit zentralem Krählwerksantrieb aus, große Becken (bis > 100 m $\varnothing$) mit Randantrieb. Die Umfangsgeschwindigkeit der Krählarme beträgt etwa 0,1 m/s. Sind w_s die Schwebegeschwindigkeit der kleinsten Teilchen bei verschwindender Feststoffkonzentration, ϱ_k die Feststoffdichte und F die Absetzfläche (also die horizontale Projektionsfläche des Absetzbehälters), so gelten für den zulässigen Klarflüssigkeits-Volumdurchsatz $\dot{V}_f$ und den maximal erreichbaren Feststoff-Massendurchsatz $\dot{S}$ die Beziehungen

$$\dot{V}_f \leqq F w_s, \qquad \dot{S} \leqq C_4 \varrho_k F w_s, \qquad\qquad (6.32\,\mathrm{a, b})$$

sofern der Feststoffanteil in der überlaufenden, klaren Flüssigkeit vernachlässigbar klein ist. Für Einkornsuspensionen ergibt sich $C_4 = 0{,}072$ (Maximalwert des Produkts $c_s w_{s,c}/w_{s,\,\mathrm{lam}}$ bei $c_s = 0{,}177$, $w_{s,c}/w_{s,\,\mathrm{lam}} = 0{,}407$, wenn man $w_{s,c}/w_{s,\,\mathrm{lam}}$ nach der Gl. (2.38a) von J. F. RICHARDSON einsetzt, vgl. Abschn. 2.43, S. 58).

Die in Abschnitt 3.32 (S. 82 ff.) beschriebenen Tanks mit schwenkbaren Entnahmerohren eignen sich zum chargenweisen Klären von Flüssigkeiten mit sehr geringem Feststoffgehalt, wenn der entstehende Schlamm noch fließfähig ist und sich von Zeit zu Zeit durch Schlammablaßöffnungen abführen läßt. Die erforderliche Klärzeit kann man nach Gl. (6.9) berechnen.

6.542 Filter. Mit Filtern kann man praktisch alle fließfähigen Feststoff/Flüssigkeits-Gemische (Trüben) in eine feststoffarme Flüssigkeit (Filtrat) und einen feuchten Feststoff (Filterkuchen) zerlegen [*6.40, 6.41*]. Ein poröses Filtermittel trennt den Trüberaum vom Filtratraum des Filters; es läßt die Flüssigkeit durch und hält die darin suspendierten Feststoffe je nach seiner Beschaffenheit sowie nach der Korngröße und den Eigenschaften der Teilchen durch Siebwirkung, Prallabscheidung in den Poren, Adsorption oder elektrische Kräfte zurück. Bei der Oberflächenfiltration ist der Siebeffekt maßgebend für den Trennvorgang, bei der Tiefenfiltration sind dagegen Prallabscheidung, Adsorption oder elektrische Kräfte entscheidend. Nach dem angestrebten Ziel unterscheidet man Klär-, Trenn- und Scheidefiltrationen. Die Klärfiltration dient zum Befreien wertvoller Flüssigkeiten von geringwertigen Feststoff-Beimengungen, die Trennfiltration zum Gewinnen wertvoller Feststoffe aus wertlosen Trüben und die Scheidefiltration zum Zerlegen eines Gemischs in zwei wertvolle Fraktionen. Nach der Betriebsweise unterscheidet man periodisch arbeitende Filter mit aufeinander folgenden Filtrations-, Wasch-, Trockensaug- und Reinigungsperioden, kontinuierlich betriebene Filter mit stetiger Trübe- und Waschflüssigkeitszufuhr sowie Filtrat- und Kuchenabnahme und schließlich Filtereindicker mit stetigem Zu- und Abfluß der Trübe bzw. des Filtrats und der eingedickten Trübe (Filtereindicker liefern also bei der Filtration *keinen* Kuchen!).

Klares, praktisch feststofffreies Filtrat liefert nur eine Tiefenfiltration mit ausreichender Schichtdicke, daher verwendet man zur Klärfiltration als Filtermittel lose Schüttungen (z. B. Sand, Koks), gesinterte Platten und (bei Reinigungsschwierigkeiten) Siebe oder Tücher mit „Anschwemmschichten" eines geeigneten, billigen Filterhilfsmittels (z. B. Sägespäne, Zellstoff, Papierbrei, Kieselgur). Anschwemmschichten stellt man durch Filtration einer Filterhilfsmittel/Filtrat-Aufschwemmung vor dem Filtrieren des Produkts her. Man kann das Filterhilfsmittel auch unmittelbar der Trübe beimischen, wenn man den ersten, trüb ablaufenden Teil des Filtrats (Vorlauf) dem Filter noch einmal zum zweiten Durchlauf zuführt. Flockungsmittel erzeugen große Feststoff-Flocken, die sich leichter zurückhalten lassen, allerdings ebenso wie solvatisierte, gallertartige Bestandteile der Trübe einen schlecht durchlässigen Kuchen liefern und folglich den Zusatz von Filterhilfsmitteln (z. B. 0,5 bis 5 g Kieselgur/Liter Trübe) zum Verbessern der Kuchendurchlässigkeit erforderlich machen. Bei der Trennfiltration strebt man einen möglichst flüssigkeitsarmen Feststoff an. Um das in den Zwickeln und Zwischenräumen des Kuchens zurückbleibende Filtrat zu entfernen, kann man es durch eine Waschflüssigkeit oder ein Gas (meist Luft) verdrängen, also den Kuchen „waschen" bzw. „trockensaugen". Risse im Filterkuchen verursachen eine ungleichmäßige Durchströmung und verschlechtern die Wasch- bzw. die Trockenwirkung, deshalb sieht man bei empfindlichen Produkten mechanische „Zustreicheinrichtungen" vor. Als Filtermittel dienen Siebe, Netze, Gewebe (vgl. Tab. 6.1) usw. mit überwiegendem Siebeffekt; eine Tiefenfiltration ist beim Trennen nur im Filterkuchen selbst möglich. Um Feststoffverluste zu vermeiden, schickt man das anfangs trüb durchlaufende Filtrat (Vorlauf) ein zweites Mal durch das Filter. Lose Filterschichten, Anschwemmschichten oder Filterhilfsmittel würden den anfallenden Feststoff verunreinigen. Sie sind daher zum Trennen grundsätzlich nicht geeignet. Auch bei der Scheidefiltration kann man keine Filterhilfsmittel einsetzen. Läßt sich ohne Filterhilfsmittel kein klares Filtrat erzeugen, so muß man die Scheidefiltration in eine Trennfiltration und eine nachfolgende Klärfiltration aufspalten.

Wegen der vielfältigen, im einzelnen nicht erfaßbaren Einflüsse auf den Filtrationsvorgang kann man Filter im allgemeinen nur verfahrenstechnisch vorausberechnen, nachdem man verschiedene Beiwerte experimentell bestimmt hat. Mit vereinfachenden Annahmen läßt sich eine „Filtergleichung" herleiten, die den Druckverlust Δp der Flüssigkeit beim Passieren des Filterkuchens mit dem spezifischen (d. h. auf die Filterflächeneinheit bezogenen) Trübedurchsatz $\dot{V}/F$, der dynamischen Flüssigkeitsviskosität μ_F, der spezifischen Kornoberfläche O, der Feststoffdichte ϱ_k, der Filterkuchenporosität ψ und dem Feststoff-Volumanteil Φ der Trübe verknüpft und die sich durch Einführen gemischabhängiger Parameter gut an die tatsächlichen Verhältnisse anpassen läßt. Die Filterkuchendicke δ wächst mit der Filtrationszeit t gemäß

$$\frac{d\delta}{dt} = \frac{\Phi}{1-\psi}\,\frac{\dot{V}}{F}, \tag{6.33}$$

wenn die Filterschicht den gesamten Feststoffanteil $\Phi\dot{V}$ zurückhält. Daraus folgt mit den Gln. (4.49a, b) bis (4.51) die Filtergleichung für NEWTONsche Flüssigkeiten und inkompressible Feststoffschichten:

$$\Delta p = 5\mu_F(\varrho_k O)^2\,\frac{1-\psi}{\psi^3}\,\Phi(1-\Phi)\,\frac{V\dot{V}}{F^2}. \tag{6.34}$$

V ist das seit Beginn der Filtration der Filterfläche F zugeführte Trübevolum; der Filtratanfall ergibt sich zu $(1-\Phi)\,V$. Bei konstantem Trübedurchsatz ($\dot{V} = \text{const}$) steigt der Druckverlust nach Gl. (6.34) mit wachsender Filtrationsdauer linear an, bei konstantem Druckverlust ergeben sich die Zusammenhänge

$$(\dot{V})_{\Delta p=\text{const}} = \frac{\text{const}}{V}, \quad (V)_{\Delta p=\text{const}} = \text{const}\,\sqrt{t}\,. \tag{6.35a, b}$$

Der Druckverlust des Filtermittels läßt sich bei Sieben oder Tüchern nach Abschnitt 4.154 (S. 122 ff.) ermitteln. Dienen lose Schüttungen, Anschwemmschichten oder poröse Filtersteine als Filtermittel, so kann man sich diese auch durch eine bezüglich des Druckverlusts Δp_0 äquivalente Filterkuchenschicht mit der Dicke δ_0 ersetzt denken, die sich nach der Filtrationszeit t_0 und Filtration der Trübemenge V_0 durch ein widerstandsloses Filtermittel einstellen würde, und den gesamten Druckverlust der Filterschicht und des Filterkuchens nach Gl. (6.34) berechnen; die tatsächlich durchgesetzte Trübemenge ist dann $V - V_0$, die wirkliche Filtrationszeit $t - t_0$. Die Filtergleichung (6.34) berücksichtigt indessen zahlreiche Einflüsse auf den Filtrationsvorgang nicht. So setzt sie unter anderem voraus, daß der Filterkuchen in seiner ganzen Dicke quasihomogen ist, also keine Schichten mit unterschiedlichen Körnungen und Porositäten aufweist, und daß die Kuchendicke proportional dem Trübedurchsatz wächst. Dies wäre richtig bei statistischer Verteilung und fehlender Eigenbewegung der Feststoffkörner in der Trübe. Tatsächlich sedimentieren die Teilchen jedoch infolge ihres Gewichts, so daß sich die räumliche Lage der Filterfläche auf die Ausbildung des Kuchens — namentlich bei Anwesenheit großer, schnell sedimentierender Körner — erheblich auswirkt. Beim Filtrieren von oben nach unten führt die Sedimentation zu einer Grobkornanreicherung im Kuchen und damit zu einer höheren Porosität bzw. Kuchendurchlässigkeit, beim Filtrieren von unten nach oben stellt sich dagegen eine Grobkornverarmung, also eine kleinere Kuchenporosität und ein entsprechend größerer Strömungswiderstand ein. Die Porosität des Filterkuchens vermindert sich auch infolge Tiefenfiltration durch Einlagern kleiner Teilchen. Sie hängt bei blättchen-, nadel- oder fadenförmigen Feststoffen wesentlich von der Art der Anlagerung und deshalb von den parallel und senkrecht zur Filterkuchenoberfläche gerichteten Komponenten der Flüssigkeitsgeschwindigkeit, von mechanischen Vibrationen des Filters usw. ab. Bei leicht verformbaren oder mit einer Solvathülle überzogenen Teilchen beeinflussen Oberflächenkräfte (Druckgefälle der Filtratströmung) und Massenkräfte (Erdschwere) die Durchlässigkeit; solche Filterkuchen nennt man „kompressibel". Schließlich wirken sich auch rheologische Eigenschaften des Filtrats auf den Druckverlust aus. Man berechnet den Druckverlust eines Filters daher besser aus der zu Gl. (6.34) analogen Beziehung

$$\Delta p = \mu_F \Phi (1 - \Phi) \frac{V \dot{V}}{F^2} f \tag{6.36}$$

und ermittelt die von der Produktzusammensetzung, dem Druckverlust Δp, der Beschleunigung b (bzw. der Erdbeschleunigung g), der Filtrationszeit t usw. abhängige Funktion $f = f(\text{Produkt}, \Delta p, b, t, \ldots)$ experimentell. Das Filtrationsverhalten läßt sich bei vielen kompressiblen Filterkuchen und bei zahlreichen nicht-NEWTONschen Flüssigkeiten bereits befriedigend wiedergeben, wenn man nur die Druckabhängigkeit berücksichtigt und für f eine der folgenden Näherungen

$$f = f_0 + f_1 (\Delta p)^{f_2} \quad \text{oder} \quad f = f_0 e^{f_1 \Delta p} \tag{6.37a, b}$$

mit an die Versuchsergebnisse angepaßten (dimensionsbehafteten) Konstanten f_0, f_1, f_2 einsetzt.

Mit wachsender Temperatur sinkt die Flüssigkeitsviskosität und damit nach den Gln. (6.34) bzw. (6.36) der Druckverlust des Filters, daher ist eine Filtration in möglichst warmem Zustand vorteilhaft, sofern keine unerwünschten Nebeneffekte (z. B. erhöhte Löslichkeit des Feststoffs, stärkeres Verdunsten des Filtrats, Beschleunigen chemischer Reaktionen) auftreten.

Bei reiner Oberflächenfiltration und runden Körnern gelangen nur jene Teilchen in das Filtrat, deren Abmessungen kleiner als die Poren des Filtermittels sind. Der Abscheidegrad ergibt sich in diesem Fall näherungsweise aus der Kornverteilung des Feststoffs in der Trübe als Massenanteil des Grobguts mit Korngrößen über dem Porendurchmesser. Bei Tiefenfiltration (praktisch immer bei hohem Feststoffgehalt der Trübe) sowie blättchen-, nadel- oder fadenförmigen Teilchen weicht der gemessene Abscheidegrad von dem berechneten oft stark ab, weil Filtermittel und Kuchen auch solche Teilchen zurückhalten, deren Abmessungen wesentlich kleiner sind als der Porendurchmesser. Der Feststoffgehalt φ des Filtrats („Durchschlag") sinkt dann mit wachsender Schichtdicke δ (des Kuchens einschließlich der äquivalenten Filtermittelschicht) etwa gemäß

$$\varphi = \varphi_0 e^{-C_5 \delta} = (1 - A)\,\Phi. \qquad (6.38\,\text{a, b})$$

φ_0 gibt den (aus der Kornverteilungskurve folgenden) Feststoffanteil in der Trübe an, der sich durch Oberflächenfiltration nicht abscheiden läßt; C_5 ist ein vom Filtermittel und vom Filterkuchen abhängiger Beiwert, und A ist der Abscheidegrad des Filters. Der Flüssigkeitsgehalt nasser Filterkuchen mit flüssigkeitsgefüllten Poren folgt aus Gl. (6.28). Trockengesaugte Kuchen enthalten nur noch Haft- und Zwickelflüssigkeit gemäß den Gln. (6.29a, b). Abgetropfte Kuchen sind bis zur kapillaren Steighöhe $h_{s,\infty}$ [Gl. (6.30)] bzw. bei kurzer Abtropfzeit t bis $h_s(t)$ [Gln. (6.30), (6.31)] voller Flüssigkeit, während sie darüber nur noch Haft- und Zwickelflüssigkeit aufweisen.

Siebfilter mit Stabrosten (Rechen), Lochplatten oder Siebgeweben als Filtermittel dienen zur reinen Oberflächenfiltration beliebiger Flüssigkeitsmengen. Zum mechanischen Vorreinigen des Kühl- und Betriebswassers einer Fabrik bringt man am Einlaufbauwerk Holz- oder Stahlrechen mit Abstreifvorrichtungen (zum Entfernen angeschwemmten Schmutzes) an. Dann leitet man das Wasser durch umlaufende Siebbänder oder Siebtrommeln, die feinere Verunreinigungen zurückhalten und durch Abstreifer, Bürsten oder Spritzrohre laufend gereinigt werden. Innerhalb verfahrenstechnischer Anlagen setzt man Siebfilter häufig vor Pumpen als Schmutzfänger ein, Abb. 6.30.

Spaltfilter verwendet man zum Klären großer Flüssigkeitsmengen bis etwa 100 m³/h bei sehr geringem Feststoffgehalt (z. B. flüssige Kraftstoffe, Heizöl). In einem druckfesten Gehäuse (bis 40 atü) ist als Filtermittel ein zylindrisches Blechlamellenpaket mit Spalten oder ein mit Profildraht in gleichmäßigen Abständen umwickelter, zylindrischer Tragkörper drehbar angeordnet. Beim Drehen bewegt sich die Filterfläche an einem feststehenden Abstreifer vorbei. Die Flüssigkeit strömt durch die Spalte des Einsatzes (Spaltweite $\geq 30\ \mu$m) von außen nach innen; die Feststoffteilchen werden mechanisch zurückgehalten (Oberflächenfiltration) und sammeln sich nach dem Abstreifen im Schlammraum, von wo man sie von Zeit zu Zeit abziehen kann. Der Strömungswiderstand liegt meist zwischen 0,2 und 0,3 at. Spaltfiltereinsätze aus Kunstharz, Preßholz oder Steinzeug setzt man als Auskleide- und Filterelemente (ohne Reinigungsmöglichkeit) in Bohrbrunnen ein. „*Meta-Filter*" sind Spaltfilter für kleine Durchsätze mit besonders guter Klärwirkung; in die keilförmigen Schlitzspalte (Spaltweite 12 bis 70 μm) kann man vor dem Filtrieren eine Anschwemmschicht einspülen (Tiefenfiltration). Zum Filtrieren größerer, feststoffarmer Flüssigkeitsmengen eignen sich *Kerzenfilter* gemäß Abb. 6.31 (Filterfläche bis 90 m²). Als Kerzen setzt man Spaltfilterelemente (drahtumwickelte, zylindrische Tragkörper) oder poröse, einseitig offene Keramik-, Graphit- oder Kunststoffzylinder mit Filterflächen bis 1 m² pro Element ein. Kerzenfilter ermöglichen sowohl Oberflächenfiltration als auch Tiefenfiltration mit

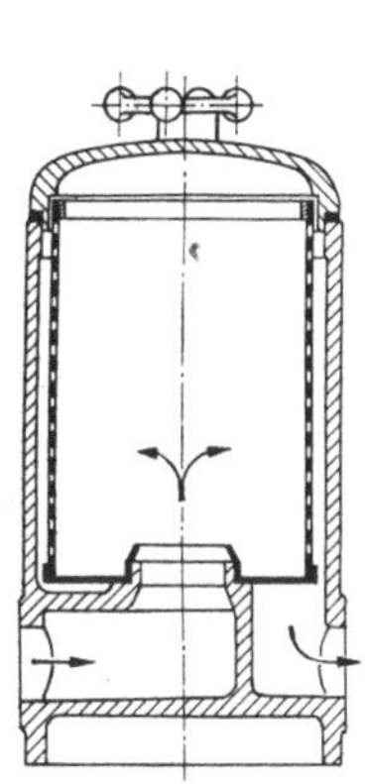
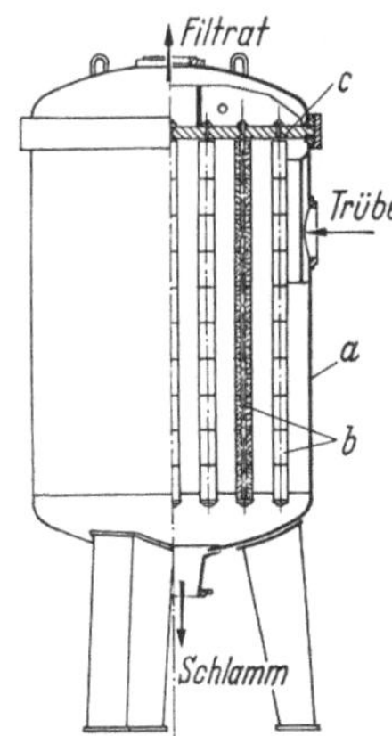

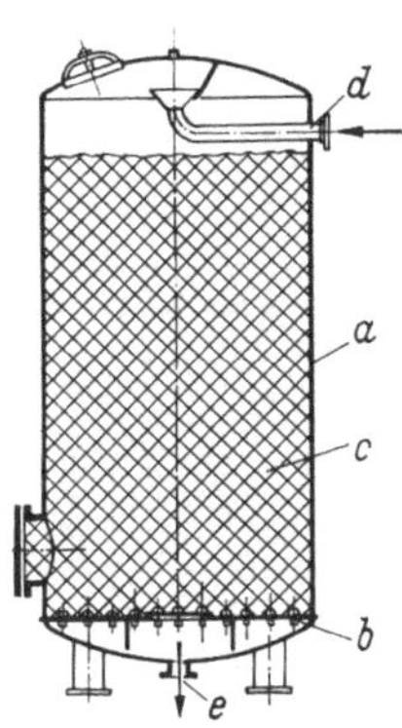

Abb. 6.30. Siebfilter (Fa. Westfalia-Separator/ Oelde).

Abb. 6.31. Kerzenfilter (Fa. Deutsche Filterbau GmbH/ Siegen).

a druckfestes Gehäuse, *b* Filterkerzen, *c* Kerzentragplatte.

Abb. 6.32. Druckfilter mit loser Schüttung als Filtermittel (Fa. Berkefeld/Celle).

a Gehäuse, *b* Düsenboden, *c* Filtermittelschicht, *d* Trübezulauf (Spülmittelablauf), *e* Filtratablauf (Spülmittelzulauf).

oder ohne Filterhilfsmittel (Anschwemmschicht). Zum Reinigen der Kerzen spült man sie von innen nach außen mit Spülflüssigkeit oder Druckluft.

Filter mit einer losen Schüttung aus Koks, Sand (bei Wasser, Säuren, Salzlösungen), Marmor oder Kalkstein (bei Laugen) als Filtermittel bewähren sich infolge ihrer geringen Anlage- und Wartungskosten zur Klärfiltration beliebiger Flüssigkeitsmengen mit sehr geringem Feststoffgehalt; weit verbreitet sind die offenen *Sandfilter* zur Wasserreinigung. Druckfilter dienen auch zur Filtration von Säuren, luftempfindlichen oder gesundheitsschädlichen Stoffen, Abb. 6.32. Zum Spülen verwandelt man die Schüttung durch von unten nach oben strömende Spülflüssigkeit in eine Wirbelschicht.

Nutschen (Abb. 6.33) setzt man vornehmlich zur chargenweisen Filtration kleiner und mittlerer Trübemengen beliebigen Feststoffgehalts ein. Bei offenen Nutschen kommt die Strömung nur unter der Wirkung

19*

der Erdschwere zustande, bei Saug- und Drucknutschen auch durch statische Druckdifferenzen zwischen Trübe- und Filtratraum. Saugnutschen mit evakuiertem Filtratraum und offenem, von außen frei zugänglichem Trüberaum sind im Gegensatz zu Drucknutschen (mit geschlossenem, unter Überdruck stehendem Trüberaum) leicht zu bedienen, eignen sich jedoch nicht zum Filtrieren leicht siedender, luftempfindlicher, gesundheitsschädlicher und feuergefährlicher Substanzen. Kippbare Nutschen und solche mit abklappbarem Unterteil lassen sich einfach und schnell reinigen. Nutschen mit Zustreichvorrichtungen (ähnlich den Balkenrührern, mit

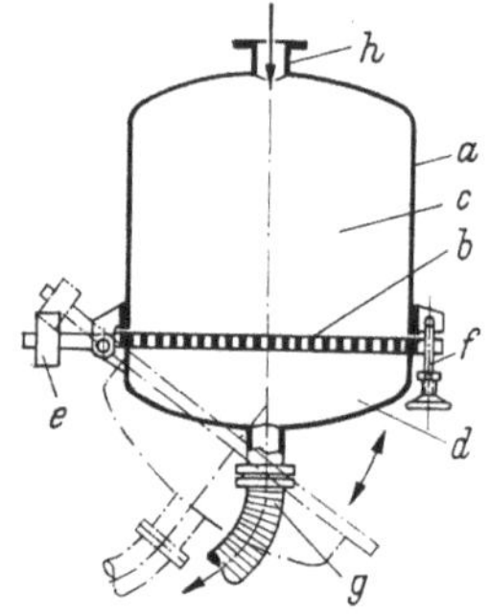

Abb. 6.33. Drucknutsche mit abkippbarem Boden.

a Behälter, *b* Nutschenboden, *c* Trüberaum, *d* Filtratraum, *e* Gegengewicht, *f* Verschluß, *g* Filtratablaufschlauch, *h* Trübezufluß.

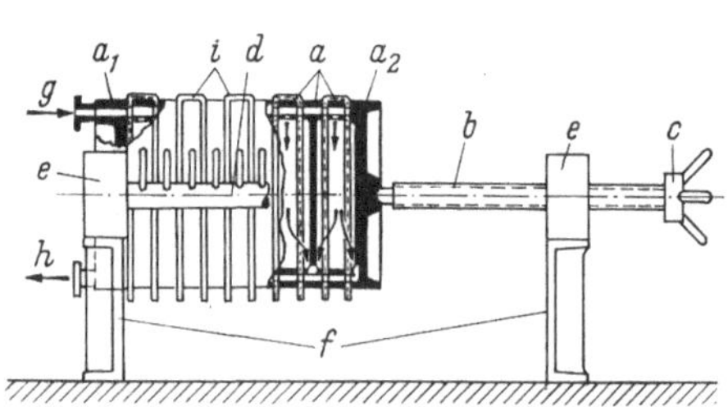

Abb. 6.34. Filterpresse.

a Filterelemente, a_1 Fußplatte, a_2 Kopfplatte, *b* Schraubenspindel, *c* Handrad, *d* Zuganker, *e* Pressenjoch, *f* Ständer, *g* Trübezufluß, *h* Filtratabfluß, *i* Filtertücher.

elastisch gegen die Kuchenoberfläche drückenden Streichblättern) verwendet man zum Waschen und Trockensaugen von Filterkuchen, die zu Rißbildung neigen.

Blattfilter bestehen aus einzeln auswechselbaren, mit Filtergewebe bespannten Rahmen (Filterblättern) in einem druckfesten Gehäuse (Filterfläche bis 275 m², Betriebsdruck bis 20 at). Das Filtrat durchströmt die Filterblätter von außen nach innen. Den Filterkuchen (und gegebenenfalls die Anschwemmschicht) entfernt man bei Klärfiltrationen von Zeit zu Zeit durch Rückspülen mit Spülflüssigkeit oder Luft und Ablassen des Schlamms. Bei Trenn- oder Scheidefiltrationen zieht man den Blättersatz aus dem Filtergehäuse heraus und löst den Kuchen manuell oder mit Hilfe mechanischer Klopf- bzw. Vibrationsvorrichtungen ab. Beim *Moore-Filter* (*Tauchnutsche*) hängt der Blättereinsatz an einem Flaschenzug; er wird zur Filtration in den (offenen) Trübebehälter, zum Waschen in den Waschflüssigkeitstrog und zum Reinigen in die Filterkuchenwanne gesenkt. Filtrat und Waschflüssigkeit strömen von außen ins Innere des evakuierten Blättersatzes; zum Abwerfen des Kuchens beaufschlagt man den Filtratraum mit Druckluft. *Scheibler-*

Beutelfilter weisen quadratische Filterblätter mit getrennt absperrbarem Filtratablauf für jedes Blatt auf. *Kelly-Filter* sind Blattfilter mit vertikalen, achsparallelen Filterblättern in einem liegenden Druckbehälter, die sich gemeinsam mit dem Behälterdeckel ausfahren lassen. *Sweetland-Filter* haben kreisrunde, feststehende Filterelemente mit einzeln absperr-

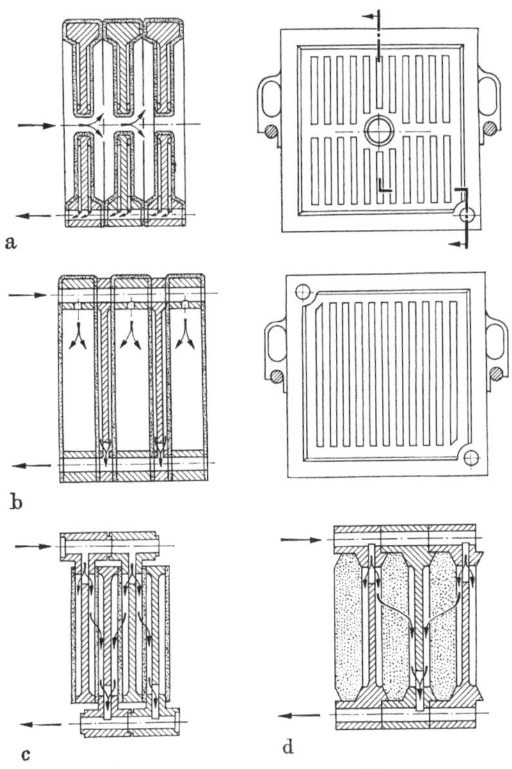

Abb. 6.35 a—d. Filterelemente von Filterpressen.

a) Kammerpresse; b) Rahmenpresse; c) Kammerschichtenfilter; d) Rahmenschichtenfilter.

baren Filtratabläufen in einem längsgeteilten, nach unten aufklappbaren Druckgehäuse. Die Filterflächen stehen senkrecht zur horizontalen Gehäuseachse. Beim *Vallez-Filter* sind kreisrunde Filterscheiben auf einer gemeinsamen, zwecks Filtratabfuhr hohlen Welle in einem liegenden, zylindrischen Behälter angeordnet und rotieren während der Filtration langsam, so daß auch sedimentierende Feststoffe einen gleichmäßigen Filterkuchen liefern. Zum Austragen des von Zeit zu Zeit mit Preßluft abgeworfenen Kuchens dient eine Schnecke.

    Filterpressen setzen sich aus mehreren parallel geschalteten und hydraulisch oder mit Hilfe einer Schraubenspindelpresse zu einem Paket zusammengepreßten Filterelementen zusammen, Abb. 6.34. Zum Entfernen des Kuchens öffnet man die Presse, rückt die Filterelemente voneinander ab und reinigt sie einzeln. Filterpressen lassen sich wie Blattfilter mit sehr großen Filterflächen ausführen; sie erreichen zwar infolge der umständlichen und zeitraubenden Reinigung nicht die gleiche spezifische (auf die Filterfläche und die Gesamtzeit bezogene) Leistung, sind jedoch robust und auch für schwer filtrierbare Stoffe geeignet. Die Filtertücher bzw. die Filterschichten lassen sich im Gegensatz zu Blattfiltern leicht und schnell auswechseln (wichtig bei häufig wechselnden Produkten oder Substanzen, die zum Verstopfen der Filtermittel neigen). Aus diesen Gründen setzt man Filterpressen in der chemischen und in der

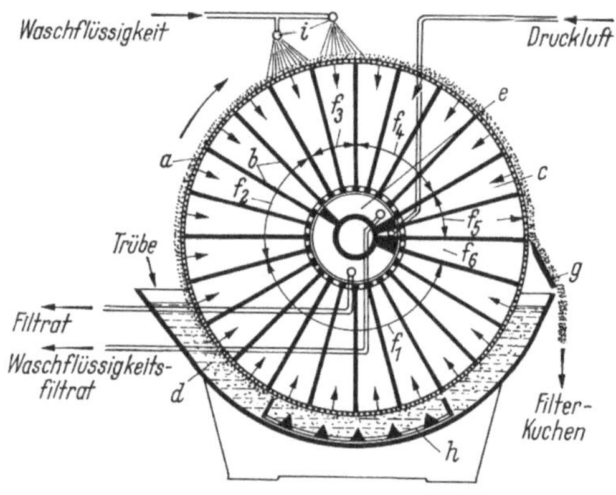

Abb. 6.36. Vakuum-Trommelfilter mit Schaberabnahme (Fa. Buckau-Wolf/Grevenbroich-Neuß). *a* Filtermittel, *b* Trennwände, *c* Trommel, *d* Trog, *e* Steuerkopf, f_1 Filtrationszone, f_2 und f_4 Trockenzonen, f_3 Waschzone, f_5 Kuchenlockerungszone, f_6 Kuchenabnahmezone, *g* Schaber, *h* Pendelrührwerk, *i* Waschflüssigkeitsdüsen.

Nahrungsmittelindustrie zum Klären, Trennen bzw. Scheiden zahlreicher Gemische ein; zum Waschen und Trockensaugen eignen sie sich nur bedingt. Nach den Filterelementen unterscheidet man *Kammerpressen* (Abb. 6.35a), *Rahmenpressen* (Abb. 6.35b), *Kammerschichtenfilter* (Abb. 6.35c) und *Rahmenschichtenfilter* (Abb. 6.35d). Rahmenfilterpressen sind bei gleicher Filterfläche teurer als Kammerfilterpressen, zeichnen sich gegenüber letzteren jedoch durch Schonen der Filtertücher (keine Gewebezerrungen am Rand), leichtere und schnellere Auswechselbarkeit der Tücher und einfache Einstellung der Kuchenstärke durch Wahl entsprechend breiter Rahmen aus (Kammerpressen erreichen mit Rücksicht auf die Beanspruchung der Filtertücher nur Kuchendicken bis etwa 30 mm). Schichtenfilter sind mit Filterschichten aus Papier, Zellstoff usw. als Filtermittel ausgestattet. Sie sind im Gegensatz zu Kammer- und Rahmenpressen nach außen hin dicht und ermöglichen daher auch die Filtration luftempfindlicher und gefährlicher Substanzen (z. B. Lösungsmittel).

Zum Filtrieren großer Trübemengen mit mittlerem bis hohem Feststoffgehalt setzt man aus Wirtschaftlichkeitsgründen *Drehfilter* oder *Bandfilter* mit kontinuierlicher Kuchenabnahme ein. Zu den Drehfiltern gehören die für die meisten Filteraufgaben geeigneten und daher weit verbreiteten *Trommelfilter* verschiedener Bauart, die *Scheibenfilter* und die *Planfilter*. Zu den Bandfiltern zählen die *Langsiebmaschinen*, die *Kapillarbandfilter* und die *Bandzellen-* oder *Kastenbandfilter*.

Die Abb. 6.36 zeigt ein offenes *Vakuum-Trommelfilter* mit Schaberabnahme. Die mit dem Filtermittel a (Lochblech oder Sieb, darüber Filtertuch und evtl. Drahtumwicklung als Befestigung) bespannte und durch radiale Trennwände b in 15 bis 30 Zellen unterteilte Filtertrommel

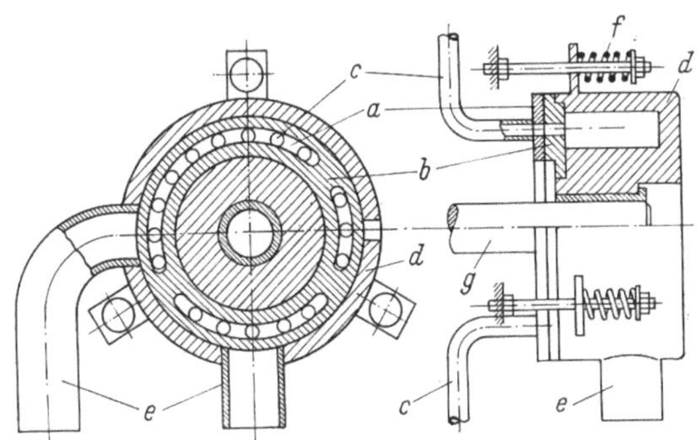

Abb. 6.37. Plansteuerkopf (Fa. Krauss-Maffei-Imperial/München).
a rotierende Dichtscheibe, b feststehende Steuerscheibe, c Filtratsammelrohre, d feststehender Steuerring, e feststehende Anschluß- bzw. Entnahmeleitungen, f Anpreßvorrichtung, g Trommelachse.

c taucht etwa zu einem Drittel in den mit der Trübe gefüllten Trog d ein und rotiert langsam (0,1 bis 3 U/min) um ihre Achse. Die einzelnen Zellen stehen über Verbindungsrohre mit den Kammern eines Steuerkopfs e (Abb. 6.37, 6.38) in Verbindung, der sie je nach ihrer jeweiligen Stellung mit Vakuumleitungen zum Absaugen des Filtrats, der Trocknungsluft bzw. der Waschflüssigkeit oder mit einer Druckluftleitung zum Lockern und Ablösen des Filterkuchens verbindet; jede Zelle durchläuft somit bei einer Trommelumdrehung nacheinander eine Filtratzone f_1, eine Trockenzone f_2, eine Waschzone f_3, eine zweite Trockenzone f_4, eine Kuchenlockerungszone f_5 und schließlich eine Kuchenabnahmezone f_6, in der ein Schaber g den Filterkuchen kontinuierlich von der Trommel abnimmt. Das Pendelrührwerk h verhindert das Sedimentieren grober Körner im Trog d. Schaber eignen sich zum Abschälen körniger, nicht zu fester, dicker Filterkuchen aus wenig schleißenden Substanzen. Zur Abnahme sehr dichter, schlecht durchlässiger Kuchen bis zu 2 mm Dicke bewähren sich gummierte Abnahmewalzen, die mit der gleichen Umfangsgeschwindigkeit wie die Filtertrommel rotieren und von denen man den Kuchen mittels eines Schabers entfernen kann. Die Walzenabnahme setzt allerdings völlig runde Trommeln ohne Drahtumwicklung (also geeignete Filtertuch-Befestigung!) sowie größere Adhäsion des Kuchens an der Abnahmewalze als am Filtertuch voraus. Plastische, dünne Filterkuchen lassen sich auch durch perforierte Walzen abnehmen: Das Gut drückt sich durch die Perforation ins Innere der Walze und wird dort mittels eines Schabers entfernt. Für fest zusammenhängende, dicke Filterkuchen (über 2 bis 3 mm) eignet sich die in Abb. 6.39 wiedergegebene Schnürenabnahme: In Abständen von 6 bis 25 mm laufen endlose Schnüre unmittelbar auf dem Filtertuch; sie werden beim Filtrieren in den Kuchen eingebettet. In der Abnahmezone heben sie

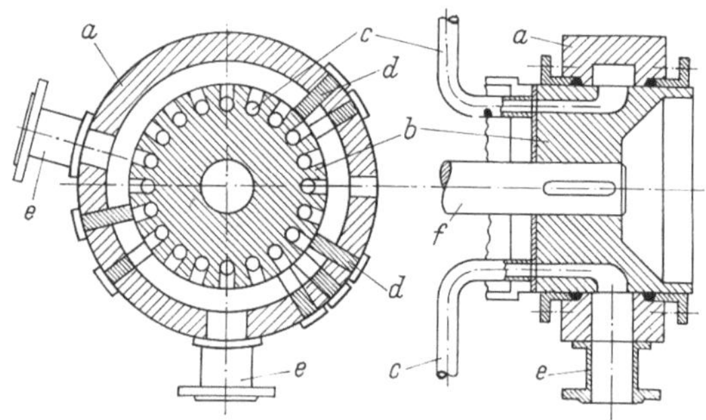

Abb. 6.38. Radialsteuerkopf (Fa. Krauss-Maffei-Imperial/München).
a feststehender Steuerring, *b* rotierender Steuerkern, *c* Filtratsammelrohre, *d* Trennstopfen, *e* Anschlußleitungen, *f* Trommelachse.

sich mit dem Kuchen von der Trommel ab, der Filterkuchen fällt beim Passieren der Umlenkwalzen ab, und kammartige Abstreifer beseitigen noch anhaftende Kuchenreste, bevor sich die Schnüre wieder an die Filtertrommel anlegen. Für sehr schwere und dicke Kuchen verwendet man anstelle der Schnüre auch Drähte oder Ketten sowie Sonderausführungen mit endlosem, von der Filtertrommel ablaufendem Filtertuch oder (bei pastösen Produkten) Siebgeflecht-Band. Beim „*Rillenfilter*" laufen die Schnüre in den Rillen zwischen je zwei in kleinem Abstand nebeneinander verlaufenden Drähten einer drahtumwickelten Trommel. Sie dienen in der Filtrations-, der Wasch- und der Trockensaugzone als Filtermittel (anstelle eines Filtertuchs) und in der Abnahmezone zum Abnehmen des Filterkuchens. Zur Rißbildung neigende Kuchen kann man mit Hilfe von Anpreßwalzen vergleichmäßigen. Auf Trommelfiltern mit Anpreß- und Waschband gemäß Abb. 6.39 kann man auch schwierige (z. B. krümelige) Stoffe waschen und trockensaugen. Für verschiedene Filtrationsaufgaben, bei denen kein Waschvorgang nötig ist, setzt man billigere, *zellenlose Trommelfilter* ohne Zelleneinteilung und Steuerkopf ein. Beim *Trommel-Innenfilter* strömt das Filtrat von innen nach außen durch das am inneren Umfang einer Hohltrommel angeordnete Filtermittel. Der Unterteil der Trommel dient gleichzeitig als Trog für die Trübe. Trommelinnenfilter eignen sich vornehmlich für schnell sedimentierende Trüben und leicht (durch Druckluft und Schaber) abnehmbare Kuchen. Die Abb. 6.40 zeigt ein *Scheibenfilter* für leicht filtrierbare Stoffe, die einerseits ausreichend haftfähige, andererseits aber auch leicht ablösbare Kuchen ergeben (Flotationskonzentrate, Zement- und Kohlenschlamm). Scheibenfilter lassen sich mit sehr großen Filterflächen (bis 150 m²) ausführen und brauchen verhältnismäßig wenig Platz. Zur Abnahme des Filterkuchens kommen Druckluftspülung, Schaber oder konische Walzen in Betracht. Trommelfilter und Scheibenfilter zum Filtrieren heißer, luftempfindlicher oder gesundheitsschädlicher Stoffe stattet man mit einem druckfesten, gasdichten Gehäuse und Einrichtungen zum Ausschleusen des

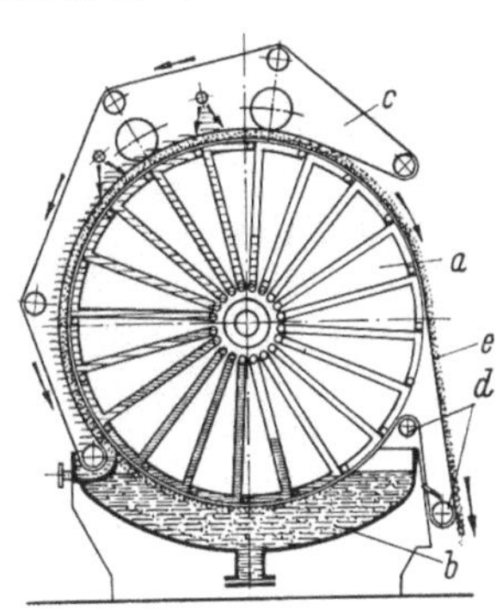

Abb. 6.39. Trommelfilter mit Anpreß- und Waschband sowie Schnürenabnahme (Fa. Krauss-Maffei-Imperial/München).

a Trommel, *b* Trog, *c* Anpreß- und Waschband, *d* Umlenkwalzen für Abnahmeschnüre *e*.

Filterkuchens (z. B. Schnecken) aus. Auch das *Planfilter* nach Abb. 6.41 mit langsam rotierendem, horizontalem Filterteller (Filterschüssel) entspricht hinsichtlich seiner Wirkungsweise weitgehend dem vorher beschriebenen

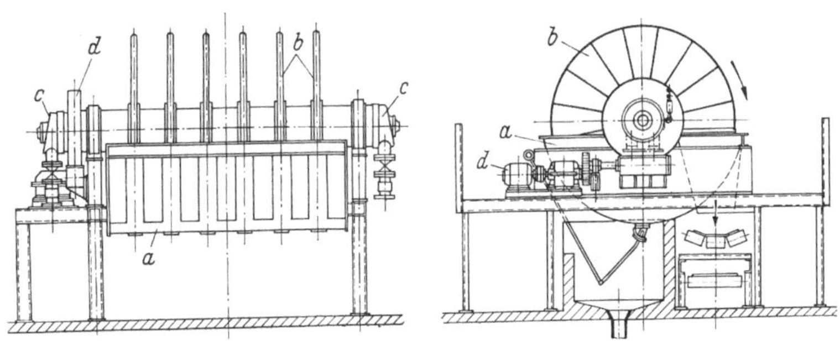

Abb. 6.40. Scheibendrehfilter (Fa. WEDAG/Bochum).
a Trog, *b* Filterscheiben, *c* Steuerkopf, *d* Antrieb.

Trommelfilter. Die Steuerung der einzelnen Teilvorgänge (Filtration, Waschen, Trockensaugen) erfolgt über einen Steuerkopf. Eine radial nach außen führende Austragschnecke nimmt den Filterkuchen ab. Planfilter setzt man zur Trennfiltration feststoffreicher Trüben mit grobkörnigen, kristallinen oder faserigen Teilchen ein, die gut durchlässige Filterkuchen bilden; sie erlauben sehr hohe Feststoffbelastungen und Kuchendicken (bis 300 mm) und eignen sich auch gut zum Waschen des Filterkuchens.

Langsiebmaschinen dienen in der Papier- und Holzfaserindustrie zum Entwässern des Papier- bzw. Faserbreis. Zwischen zwei Umlenkrollen läuft ein endloses, in seiner Ebene quer zur Bewegungsrichtung schwingendes Siebband um. Der Brei fließt über eine Beschickungsrinne gleichmäßig zu. Saugkästen unter dem Obertrum des Siebbands und Saugwalzen saugen die Flüssigkeit ab. Bei den ähnlich aufgebauten *Bandfiltern* für leicht filtrierbare Trüben entfällt die Schüttelbewegung, und an die Stelle des Siebbands tritt ein profiliertes, perforiertes Gummiband. Die Bandgeschwindigkeit beträgt je nach Produkt 0,1 bis 5,0 m/s. *Bandzellenfilter* bestehen aus vielen einzelnen Planfilterzellen (Nutschen), die durch Ketten oder dgl. zu einem endlosen Zellenband verbunden sind und entweder über zwei Trommeln nach Art eines Förderbands (*Bandnutschen*) oder auf einer kreisförmigen Rollenbahn (*Prayon-Filter*) um-

Abb. 6.41. Planfilter (Fa. Buckau-Wolf/Grevenbroich-Neuß).

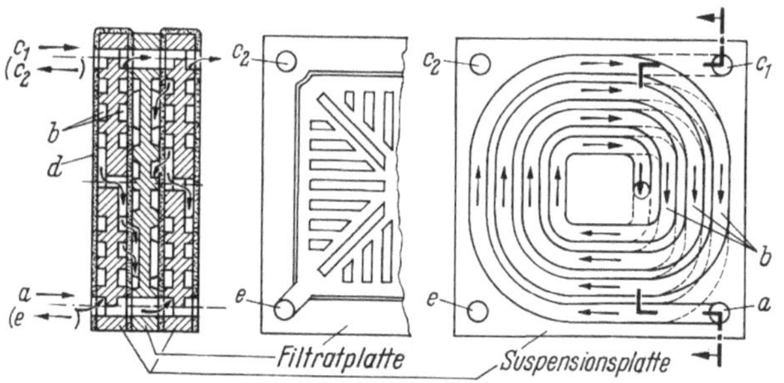

Abb. 6.42. Filterelement eines Plattenfiltereindickers.
a Zulauf, *b* Kanal, *c* Abfluß, *d* Filtertuch, *e* Filtratablauf.

laufen. Sie bewähren sich bei Trennfiltrationen, die ein gründliches Auswaschen des Filterkuchens (mehrfache Gegenstromwaschung) erfordern. *Kapillarbandfilter* entziehen dem Gemisch die Feuchtigkeit besonders schonend durch Kapillarwirkung. Sie dienen vornehmlich zum Trennen sehr empfindlicher Stoffe (z. B. Eiweißprodukte). Das Gemisch fließt auf ein mit ca. 1 m/s umlaufendes dünnes Band aus Filtertuch, das in der Filtrations-, Wasch- und Trockensaugzone auf mitlaufenden Filzbändern aufliegt. Der Filz entzieht dem Gut infolge seiner Kapillarwirkung die Feuchtigkeit. Die feuchten Filzbänder passieren auf dem Rückweg Walzenpaare, welche die Flüssigkeit wieder ausquetschen.

Um eine Trübe in ein feststoffarmes Filtrat und eine eingedickte Suspension mit höherem Feststoffgehalt zu zerlegen, verwendet man *Filtereindicker*. *Plattenfiltereindicker* gleichen in ihrem Aufbau den Filterpressen gemäß Abb. 6.34, ihre Filterelemente sind in Abb. 6.42 dargestellt. Die Trübe tritt durch den Zulauf a in das Filterelement ein, durchströmt den mäanderförmigen Kanal b zunächst auf der einen Seite von außen nach innen und danach auf der anderen Seite wieder von innen nach außen, wo sie das Element durch den Ablaß c als eingedickte Trübe wieder verläßt. Die Kanalführung ($a \to$ Filterelement $\to c_1 \to$ Kopfplatte $\to c_2$) sorgt für gleiche Widerstände aller parallel geschalteten Stromzweige und damit für eine gleichmäßige Beaufschlagung aller Filterelemente. Ein Teil der Flüssigkeit passiert das Filtertuch d und gelangt in die Kanäle der beiden angrenzenden Filtratplatten, aus denen er über die Filtratabläufe e abfließt. Weit verbreitet sind auch *Patronen-Eindicker*: Mehrere Filterkerzen oder Spaltfilterelemente tauchen in einen gemeinsamen, von der Trübe kontinuierlich durchströmten Behälter ein; eine Steuereinrichtung befreit sie periodisch durch Druckstöße, Erschütterungen oder Abstreifen von den angesetzten Feststoffen. Bei *Scheibeneindickern* treten an die Stelle der Spaltfiltereinsätze Filterblätter mit ebenen Filterflächen. *Zentripetaleindicker* eignen sich nur für sehr kleine Filtratdurchsätze und grobkörnige Feststoffe. Sie bestehen aus einem Hydrozyklon mit einer Filterkerze als Tauchrohr.

6.543 Zentrifugen und Hydrozyklone. Zentrifugen und Hydrozyklone nützen die Fliehkraft zum Zerlegen von Feststoff/Flüssigkeits-Gemischen aus [*6.24—6.26, 6.42, 6.43*]. Vollmantelschleudern sind hinsichtlich ihrer Wirkungsweise den Absetzbehältern (Abschn. 6.541, S. 285ff.), Siebmantelschleudern dagegen den Filtern (Abschn. 6.542, S. 286ff.) vergleichbar. In einer schnell rotierenden, teilweise produktgefüllten Zentrifugentrommel treten keine zur Achse gerichteten Kräfte auf, deshalb lassen sich auch sehr kleine Teilchen abscheiden, wenn man das Gut lange genug schleudert bzw. kontinuierlich arbeitende Maschinen mit kleinem Durchsatz betreibt. In Hydrozyklonen ist das Kraftfeld an die Wirbelsenkenströmung selbst gebunden; der Trübedurchsatz bestimmt sowohl die austragwirksame Schleppkraft als auch die abscheidewirksame Fliehkraft, daher haben Hydrozyklone eine durchsatzabhängige Klassierwirkung. Sie lassen sich als Trenngeräte nur verwenden, wenn ihre Trennkorngröße [Gln. (6.7), (6.14)] den Durchmesser der kleinsten abzuscheidenden Körner wesentlich unterschreitet. Zum Abscheiden feinster Teilchen (unter etwa 5 µm) sowie lockerer Feststoff-Flocken sind Hydrozyklone infolge der strömungsbedingten Turbulenz bzw. der hohen Geschwindigkeitsgradienten in der Trübe nicht geeignet, während Zentrifugen sich dafür durchaus einsetzen lassen.

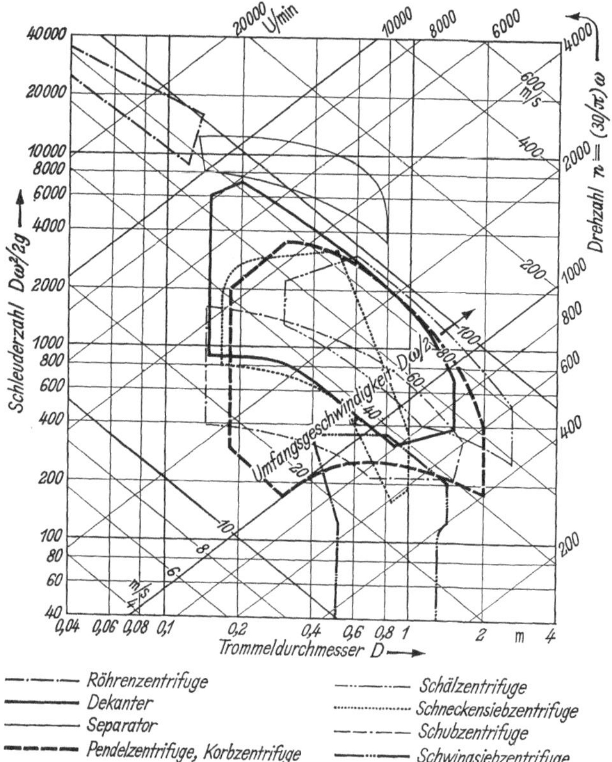

Abb. 6.43. Übliche Schleuderzahlen und Trommeldrehzahlen verschiedener Zentrifugenbauarten (nach H. TRAWINSKI [6.42]).

D Trommeldurchmesser, ω Winkelgeschwindigkeit, g Erdbeschleunigung.

Die Abb. 6.43 zeigt die derzeit üblichen Schleuderzahlen $K = D\omega^2/2g$ (D Trommeldurchmesser, ω Winkelgeschwindigkeit, g Erdbeschleunigung) in Abhängigkeit vom Trommeldurchmesser und von der Drehzahl n für verschiedene Zentrifugen-Bauarten nach H. TRAWINSKI [6.42].

Der Klarflüssigkeits-Volumdurchsatz durch eine kontinuierlich betriebene Vollmantel-Zentrifuge folgt aus

$$\dot{V}_F = \frac{1}{C}\, F_k K w_{s,\,\text{min}} \tag{6.39}$$

mit F_k als Mantelfläche der Zentrifugentrommel und $w_{s,\,\text{min}}$ als Schwebegeschwindigkeit der kleinsten noch abzuscheidenden Teilchen im Erdschwerefeld. C ist die sogenannte Separationskennzahl [*6.37*]. Sie berücksichtigt die Einflüsse der mit dem Achsabstand veränderlichen Querschnitte und Beschleunigungsvielfachen sowie der Zentrifugenbauart. C liegt meist zwischen 0,6 und 1,5 (bei Vollmantelschleudern mit zylindrischer Trommel ohne Einbauten und geringer Schichtdicke der Flüssigkeit ist $C \approx 1$). Das Produkt $F_k K$ nennt man „äquivalente Klärfläche". Absatzweise arbeitende Vollmantelzentrifugen benötigen zum Klären des Flüssigkeitsvolums V_F die Zeit

$$t_z = C\,\frac{V_F}{F_k K w_{s,\,\text{min}}}.\qquad(6.40)$$

Der Flüssigkeitsdruck auf die Trommelwand läßt sich nach Gl. (6.26) berechnen. Er ist bei relativ kleiner Schichtdicke $\delta = \dfrac{D}{2} - r_{\text{II}} \ll \dfrac{D}{2}$

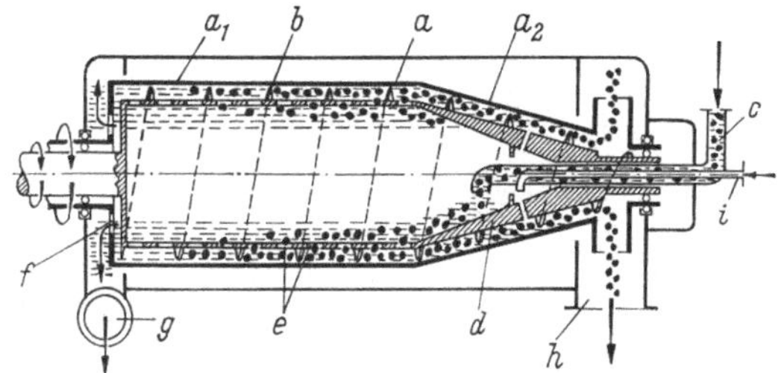

Abb. 6.44. Dekanter (Fa. Alfa-Laval/Stockholm).
a Vollwandtrommel, a_1 zylindrische Klärzone, a_2 konische Entfeuchtungszone, b Transportschnecke, c Trübezulauf, d Beschleunigungskegel, e Löcher, f Ringwehr, g Klarflüssigkeitsabfluß, h Feststoffaustrag, i Waschrohr.

näherungsweise um das Beschleunigungsvielfache K größer als der statische Flüssigkeitsdruck $\varrho g \delta$ einer gleich hohen Flüssigkeitssäule im Erdschwerefeld. Da die Schleuderzahl proportional $D\omega^2$, die Rotorbeanspruchung aber proportional $(D\omega)^2$ wächst [*6.37*], muß man Vollmantelzentrifugen mit hohen Drehzahlen und kleinen Durchmessern bauen, um hohe K-Werte zu erreichen (vgl. Abschn. 6.533, S. 283 ff.).

Für kontinuierlich betriebene Siebmantelschleudern folgt aus den Gln. (6.26) und (6.36) für $\delta \ll \dfrac{D}{2}$ die Näherungsformel

$$\frac{\Delta p}{\varrho\,\omega^2 D\delta} \approx v_F \Phi(1-\Phi)\,\frac{V\dot V f}{F^2 \omega^2 D\delta} \approx \frac{1}{2}.\qquad(6.41\,\text{a, b})$$

Die Filtrationsbedingungen in Siebmantelzentrifugen kommen etwa denen in Hochdruckfiltern gleich; man kann also nur Trüben verarbeiten, die keine kompressiblen Filterkuchen bilden, erreicht dann jedoch sehr hohe spezifische Trübedurchsätze $\dot V/F$. Die Antriebsleistung von Vollmantel- und Siebmantelschleudern ergibt sich mit N_0 als Verlustleistung zum Decken der Getriebe- und Lagerverluste, ϱ als Trübedichte und η_z als Zentrifugenwirkungsgrad (in der Größenordnung $\eta_z \approx 0{,}8$) aus

$$N = N_0 + \frac{\varrho\,\dot V\,(D\omega)^2}{8\eta_z}.\tag{6.42}$$

Bezüglich der Berechnung von *Schlammseparatoren* und *Hydrozyklonen* sei auf die Abschnitte 6.532 (S. 279 ff.) bzw. 6.523 (S. 267 ff.) verwiesen.

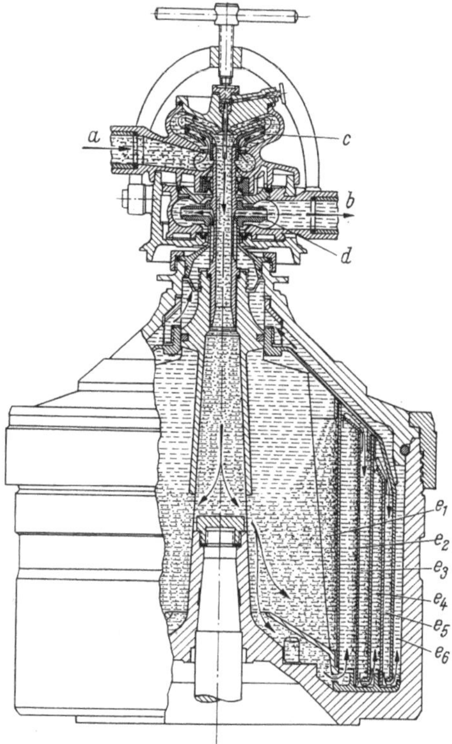

Abb. 6.45. Hermetische Sechskammer-Klärtrommel für Separatoren (Fa. Westfalia-Separator/Oelde). *a* Zulauf, *b* Klarflüssigkeitsablauf, *c* und *d* Zulauf- bzw. Ablaufpumpe, e_1 bis e_6 Absetzkammern.

Vollmantel-Schneckenschleudern (*Dekanter*) gemäß Abb. 6.44 eignen sich vornehmlich zum kontinuierlichen Trennen feststoffreicher, gut sedimentierender Trüben, die einen inkompressiblen und nicht schmierenden oder zum Ansetzen neigenden Schlamm liefern (z. B. Feinkohlenschlamm). Im Innern einer schnell rotierenden, horizontal gelagerten Vollwandtrommel *a* mit einer zylindrischen und einer konischen Zone a_1 bzw. a_2 läuft mit geringer (vielfach regelbarer) Differenzdrehzahl eine

Transportschnecke b. Die Trübe fließt durch das Zulaufrohr c dem mit der Transportschnecke verbundenen Beschleunigungskegel d zu und ge-

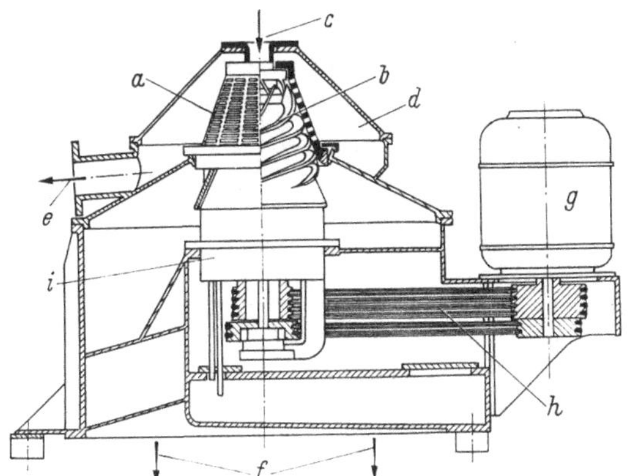

Abb. 6.46. Schneckensiebschleuder (Fa. Siebtechnik/Mülheim).
a Siebtrommel, b Schnecke, c Trübezulauf, d Flüssigkeits-Sammelraum, e Flüssigkeitsablauf, f Feststoffaustritt, g Antriebsmotor, h Keilriemen, i Cyclo-Getriebe.

langt anschließend durch die Löcher e in die Trenntrommel, an deren Innenwand sich die Feststoffteilchen abscheiden. Die Flüssigkeit verläßt die Klärzone a_1 über das Ringwehr f und fließt durch den Ablaufstutzen g ab, das Sediment wird von der Schnecke b durch die Entfeuchtungszone a_2 zum Feststoffaustrag h gefördert. Ein Waschrohr i ermöglicht die Zufuhr von Waschflüssigkeit in die Entfeuchtungszone a_2. Die Laufruhe hat einen erheblichen, nur für die einzelne Maschine durch Messungen erfaßbaren Einfluß auf die Klärleistung.

Trüben mit geringem, feinkörnigem Feststoffanteil (zulässiger Feststoffgehalt produktabhängig, im allgemeinen unter 20%) lassen sich in *Tellerseparatoren mit Düsentrommeln* (Tellerpaket ohne Steigekanäle bzw. Zulauf zu diesen durch Abschlußteller verschlossen) klären, vgl. Abschnitt 6.532 (S. 279 ff.). Für Trüben mit einem Feststoffgehalt unter 2% (Wein, Fruchtsäfte, Bierwürze) eignen sich auch

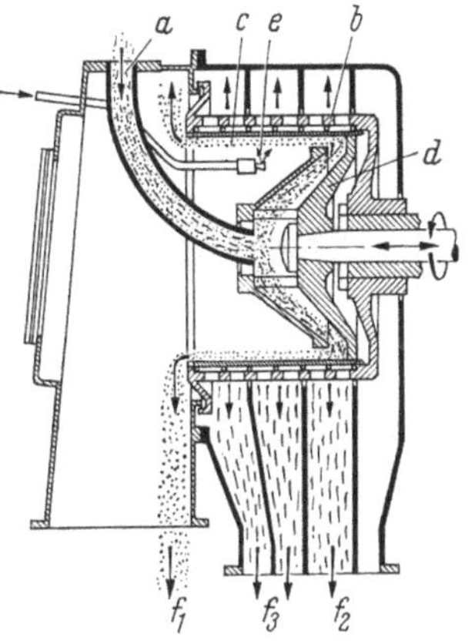

Abb. 6.47. Schubzentrifuge (Fa. Krauss-Maffei-Imperial/München).
a Zulauf, b Spaltsiebtrommel, c Feststoffschicht, d Schubboden, e Waschdüsen, f_1 Feststoffaustritt, f_2 Filtrataustritt, f_3 Waschflüssigkeitsaustritt.

Separatoren mit *selbstreinigenden Teller-Klärtrommeln* (Abb. 6.28) oder *Kammertrommeln* gemäß Abb. 6.45 und *Röhrenzentrifugen* nach Ab-

schnitt 6.533 (S. 283 ff.), deren Trommeln man von Zeit zu Zeit manuell
von dem abgesetzten Schlamm befreien muß.

   Siebmantel-Schneckenzentrifugen (*Schneckensiebschleudern*) mit horizontaler oder gemäß Abb. 6.46 mit vertikaler Trommelachse setzt man
zum Trennen, Waschen und Trockenschleudern kristalliner Feststoffe
zwischen 0,1 und 10 mm aus feststoffreichen Gemischen bis zu Feststoff-
durchsätzen von 100 t/h ein. Zum Klären sind sie wegen ihres unvermeid-

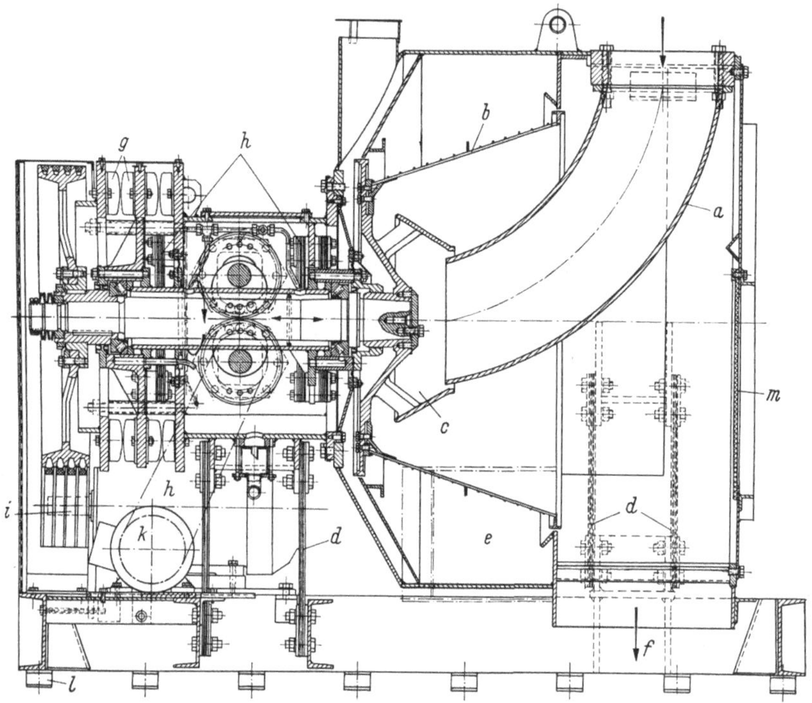

Abb. 6.48. Schwingsiebschleuder mit horizontaler Achse und rotierendem sowie gleichzeitig axial
schwingendem Spaltsiebkorb (Fa. Siebtechnik/Mülheim).

a Einlaufrohr, *b* Spaltsiebkorb, *c* Einlaufstück, *d* äußere Lenkerfedern, *e* Filtratauslauf, *f* Feststoffaustritt, *g* Gummifedern, *h* innere Lenkerfedern, *i* Haupt-Antriebsmotor (für Siebkorbrotation),
k Unwuchtantrieb, *l* Gummipuffer, *m* Gummischürze.

baren Abriebs beim Transport des Sediments und ihres „Durchschlags"
nicht verwendbar. Die Form der Siebtrommel richtet sich nach dem
Schleudergut: Für leicht schleuderbare Substanzen verwendet man
konische Trommeln (Kegelwinkel bis zu 40°), bei denen die Fliehkraft
den Feststofftransport unterstützt. Für schwierige Produkte bewähren
sich zylindrische Trommeln; bei diesen muß die Schnecke (deren Drehzahl von der Trommeldrehzahl abweicht) allein den Transport des
Schleuderguts bewältigen und dessen oft hohe Wandreibung überwinden

(hohe Schneckenantriebsleistung, starker Abrieb und Siebtrommel-verschleiß). Die in Abb. 6.47 dargestellte *Schubzentrifuge* eignet sich für Trüben mit mindestens 25% kristallinem, faserigem oder zellarem, leicht filtrierbarem Feststoff; der Abrieb ist auch bei empfindlichen Produkten gering, der Kuchen bleibt aller-dings infolge fehlender Umschich-tung feuchter als bei Schnecken-siebschleudern. Für abriebfeste, wenig schleißende, grobkörnige Feststoffe kann man auch *Schwingsiebschleudern* einsetzen, Abb. 6.48. Der Transport des in der Spaltsiebtrommel abgeschie-denen Feststoffs erfolgt wie bei Schwingförderern oder Schwing-sieben durch Axialschwingungen eines rotierenden, konischen Spaltsiebkorbs, vgl. die Abschnitte 4.521 (S. 177 ff.) bzw. 6.411

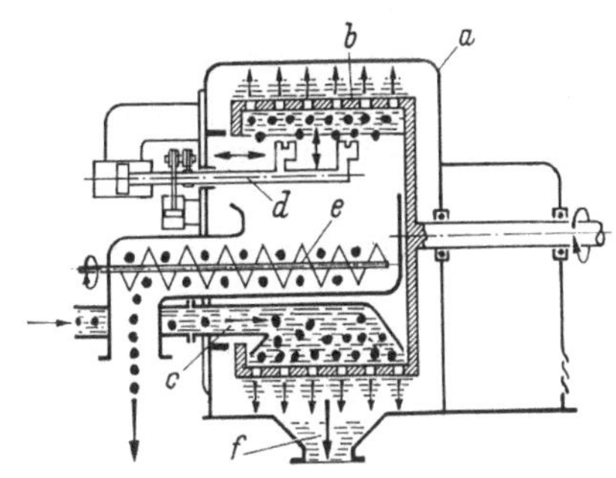

Abb. 6.49. Schälzentrifuge
(Fa. Alfa-Laval/Stockholm).

a Gehäuse, *b* Siebtrommel, *c* Füllkasten, *d* Aus-räumer mit Hydraulik, *e* Feststoff-Austrag-schnecke, *f* Filtratablauf.

(S. 246 ff.) und die dort — allerdings für das Erdschwerefeld, also mit g anstelle von $D\omega^2/2$ — angegebenen Formeln. Die größten Maschinen dieser Bauart bewältigen 120 t/h gewaschene Steinkohle (Körnung < 10 mm).

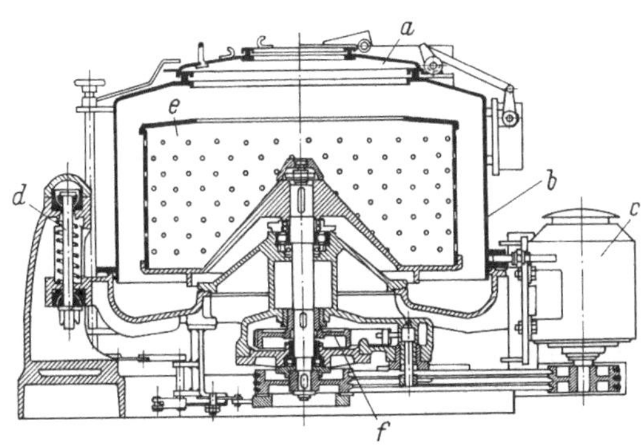

Abb. 6.50. Pendelzentrifuge mit Obenentleerung, explosionsgeschützte Ausführung
(Fa. Krauss-Maffei-Imperial/München).

a Gehäusedeckel, *b* Gehäuse, *c* Antriebsmotor, *d* Federsäule, *e* Trommel, *f* druckfest gekapselte Bandbremse.

Kleine Schwingsiebschleudern führt man auch mit taumelndem Spalt-siebkorb aus. Die in Abb. 6.49 wiedergegebene *Schälzentrifuge* dient zur Tiefenfiltration feststoffreicher Trüben, die auch bei hohen Fliehkräften noch einen genügend durchlässigen Filterkuchen liefern.

Am universellsten verwendbar sind *Pendelzentrifugen*, Abb. 6.50. Die Trommel läßt sich dem jeweiligen Trennproblem weitgehend anpassen und sowohl chargenweise als auch kontinuierlich beschicken. In Abb. 6.50 ist eine Lochsiebtrommel mit Obenentleerung zum chargenweisen Trennen grobkörniger Feststoffe wiedergegeben. Die Abb. 6.51 a zeigt eine Vollmanteltrommel mit Überlaufring zum Klären von Flüssigkeiten mit schwer abscheidbaren Feststoffteilchen. Die mit Filtertuch ausgekleidete Filtertrommel gemäß Abb. 6.51 b ermöglicht eine Tiefenfiltration im Fliehkraftfeld bei ausreichend durchlässigen Filterkuchen; die Innenfiltertrommel nach Abb. 6.51 c dient zum Vorklären der Trübe

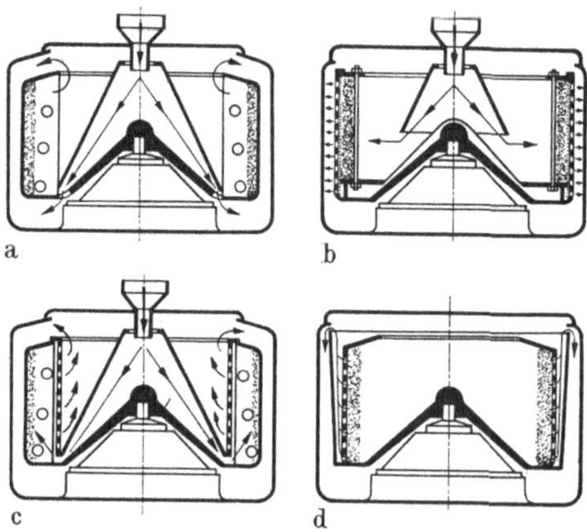

a   b

c   d

Abb. 6.51 a – d. Pendelzentrifugen-Trommeln (Fa. Padberg/Lahr).

a) Überlauftrommel; b) Filtertrommel; c) Innenfiltertrommel; d) Tränktrommel.

Absetzen grober Körner an der Innenseite der Vollwandtrommel) und zum Nachreinigen der Flüssigkeit (Filtrieren durch das herausnehmbare, von außen nach innen durchströmte Filter). Die Abb. 6.51 d gibt eine „Tränktrommel" wieder, in der man Feststoffe mit einer Flüssigkeit tränken und nach einer gewissen Tränkzeit die überflüssige Tränkflüssigkeit durch Abschleudern entfernen kann. Es gibt auch Pendelzentrifugen mit mechanischen Trommel-Ausräumvorrichtungen und solche mit Unten-Entleerung.

6.544 Scheidepressen. Nicht mehr fließfähige Flüssigkeits/Feststoff-Gemische kann man mit Scheidepressen mechanisch in eine feststoffarme Trübe und einen flüssigkeitsarmen Preßrückstand zerlegen. Gasfreie Flüssigkeits/Feststoff-Gemische sind ebenso wie homogene Flüssigkeiten näherungsweise volumbeständig. In einem geschlossenen produktgefüllten Behälter pflanzt sich jede Kraft unabhängig von ihrer Wirkungsrichtung als in allen Raumrichtungen gleicher Druck fort. Kann die Flüssigkeit jedoch durch Öffnungen in der Gefäßwand abströmen so leitet nur der Feststoffanteil die Kraft von Korn zu Korn weiter (Abschn. 3.11, S. 66 ff.); dabei verformen sich die Teilchen, die Porosität des Haufwerks sinkt, und die in den Poren vorhandene Flüssigkeit wird verdrängt. Verringert man das Behältervolum sehr langsam, so muß die Preßkraft nur der elastischen Gegenkraft des Feststoffanteils das Gleichgewicht halten. Mit wachsender Volumänderungsgeschwindigkeit, also zunehmendem Flüssigkeitsanfall $\dot{V}_F$, steigt auch der dem Preßvorgang entgegenwirkende hydrostatische Druck und damit die erforderliche Preßkraft, da Preßkuchen und poröse Begrenzungswände den Flüssigkeitsabfluß hemmen. Der Preßstempelbewegung wirken somit ein wegabhängiger, elastischer (vom Feststoff verursachter) und ein zeit-

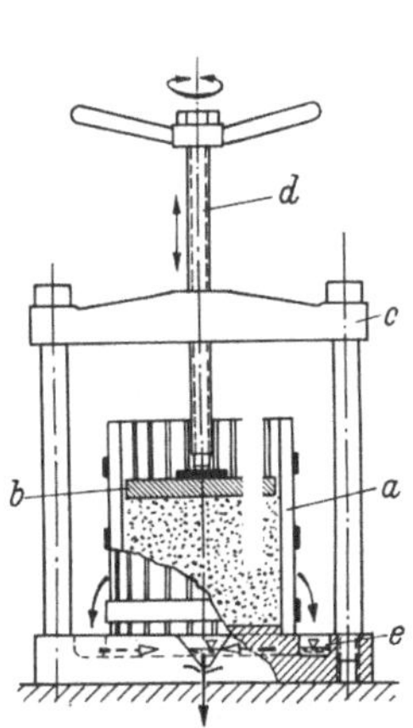
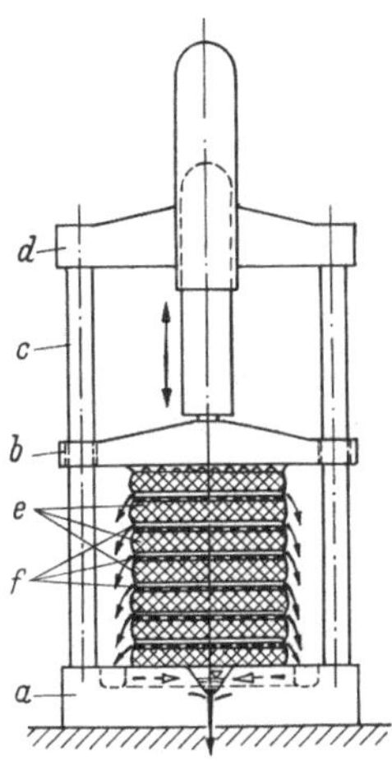

<table>
<tr><td>

Abb. 6.52. Korb-(Kelter-)presse.

a Spaltsiebkorb, *b* Preßstempel, *c* Pressenjoch, *d* Schraubenspindel, *e* Auffangrinne.

</td><td>

Abb. 6.53. Etagen-(Pack-)presse.

a Pressenboden, *b* Stempel, *c* Säulen, *d* Joch mit Preßzylinder, *e* Preßpakete, *f* Zwischenlagen.

</td></tr>
</table>

abhängiger (von der Flüssigkeit verursachter) Widerstandsanteil entgegen. Der Seitendruck des Gemischs auf die zur Preßrichtung parallelen Behälterwände setzt sich aus dem elastischen Seitendruck des Haufwerks und dem hydrostatischen Druck der Flüssigkeit zusammen.

Die Abb. 6.52 zeigt eine *Korbpresse* oder *Kelterpresse* für Chargenbetrieb zum Entsaften kleiner Mengen verschiedener Früchte (z. B. Äpfel, Weintrauben usw.). Für größere Mengen baut man *Doppel-Korbpressen* mit zwei Körben, die sich wechselweise unter den Preßstempel schwenken oder schieben und auspressen bzw. reinigen und neu beschicken lassen. Zum Verarbeiten großer Produktmengen und zum Erzielen kleiner Restfeuchten (industrielle Süßmostbereitung, Auspressen von Farbstoffen, Ölfrüchten usw.) eignen sich *Etagenpressen* oder *Packpressen* gemäß Abb. 6.53 mit hydraulisch betätigtem Stempel. Man schlägt das Preßgut unter Verwendung eines quadratischen Formkastens in Filtertücher ein, so daß flache Preßpakete entstehen. Etwa 10 bis 25 solche Preßpakete stapelt man mit flachen Holzrosten oder dgl. als Zwischenlagen (um den Flüssigkeitsabfluß zu verbessern) zwischen Boden und Stempel der Packpresse und preßt dann das ganze Paket zusammen. Etagenpressen führt man als Einfach- oder Doppelpackpressen und mit oben oder unten angeordneten Preßzylindern aus. Bei den *Kachel-, Trog-, Ring-* oder *Schachtelpressen* füllt man Preßtöpfe (Kacheln) mit beweglichem, perforiertem Boden mit dem Gut und legt zwischen je zwei Kolbenplatten einen Preßtopf ein. Der Pressenständer gleicht weitgehend dem Ständer der Etagenpresse (Abb. 6.53); die Säulen dienen gleichzeitig als Führungen für die Kolbenplatten. Da die Kacheln das Preßgut seitlich einschließen, ermöglichen Kachelpressen wesentlich

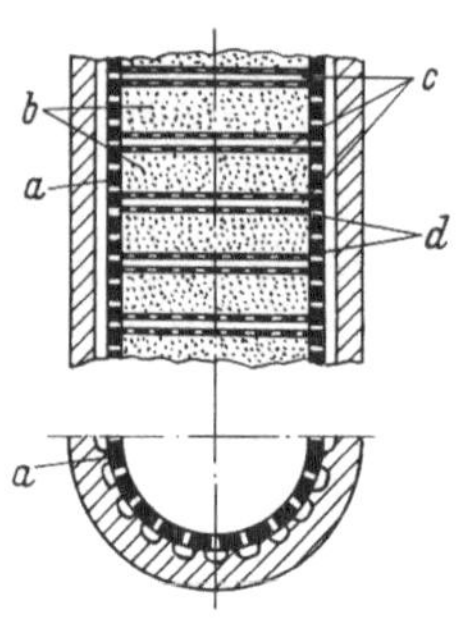

Abb. 6.54. Seiherkorb einer Seiherpresse.

a Seiherkorb, *b* Preßgut, *c* Zwischenlagen, *d* Filtertuch.

höhere Preßdrücke als Packpressen. *Seiherpressen* nehmen das Preßgut schichtweise, mit Zwischenlagen gerillter Preßdeckel und Filtertücher, in einem perforierten und evtl. beheizten Seiherkorb auf, Abb. 6.54. Nach

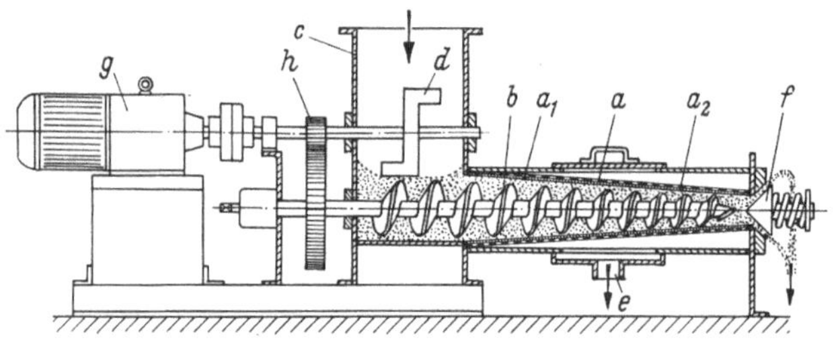

Abb. 6.55. Schneckenpresse (Fa. Krauss-Maffei-Imperial/München).

a Gehäuse (*a₁* Feinlochsieb, *a₂* grobgelochter Stützmantel), *b* Schnecke, *c* Einfallschacht, *d* Materialverteiler, *e* Flüssigkeitsablauf, *f* Mundstück, *g* Getriebemotor, *h* Zahnradvorgelege.

dem Auspressen drückt man den Rückstand und die Zwischenlagen mit Hilfe eines Ausdrückkolbens am Pressenboden aus dem Seiher und kann dann die nächste Charge einschichten.

Zum kontinuierlichen Auspressen kompaktdisperser Flüssigkeits/ Feststoff-Gemische dienen Schnecken- und Walzenpressen [6.44]. In Abb. 6.55 ist eine *Schneckenpresse* mit konischer Preßschnecke dargestellt. *Walzenpressen* setzt man vorwiegend in der Zellstoffindustrie zum Auspressen von Faserstoffen ein: Das Vlies oder der Strang läuft zwischen zwei elastisch aneinandergedrückten Walzen hindurch, welche die Flüssigkeit kontinuierlich vor der Druckzone (Walzenspalt) seitlich herauspressen.

6.6 Schrifttum zu Kapitel 6

[6.1] EDER, T.: Probleme der Trennschärfe. II. Folge. Aufbereitungstechnik 2 (1961) 136—148.

[6.2] GROTH, W.: Deutsche Verfahren zur Anreicherung der Uran-Isotope. Chemie-Ing.-Technik 31 (1959) 310—318.

[6.3] RAMM, W. M.: Absorptionsprozesse in der chemischen Technik, 2. dtsch. Ausg., Berlin: VEB Verlag Technik 1953.

[6.4] THORMANN, K.: Absorption, Berlin/Göttingen/Heidelberg: Springer 1959.

[6.5] KIRSCHBAUM, E.: Destillier- und Rektifiziertechnik, 3. Aufl., Berlin/Göttingen/Heidelberg: Springer 1960.

[6.6] HENGSTEBECK, R. J.: Destillation. Principles and Design Procedures. New York: Reinhold — London: Chapman & Hall 1961.

[6.7] BILLET, R.: Grundlagen der thermischen Flüssigkeitszerlegung. B.I.-Hochschultaschenbücher, Bd. 29, Mannheim: Bibliographisches Institut 1962.

[6.8] Destillieren und Rektifizieren, Laboratoriumstechnik. Dechema-Erfahrungsaustausch. Dechema, Frankfurt a. M. 1950.

[6.9] BILLET, R.: Verdampfertechnik. B.I.-Hochschultaschenbücher, Bd. 85, Mannheim: Bibliographisches Institut 1965.

[6.10] Flüssig-Flüssig-Extraktion. Dechema-Erfahrungsaustausch. Dechema, Frankfurt a. M. 1954.

[6.11] MATZ, G.: Die Kristallisation in der Verfahrenstechnik. Berlin/Göttingen/Heidelberg: Springer 1954.

[6.12] BATEL, W.: Untersuchungen zur Absiebung feuchter, feinkörniger Haufwerke auf Schwingsieben. Diss. T. H. Aachen 1954.

[6.13] BATEL, W.: Neue Erkenntnisse über Siebvorgänge. I. Teil: Eigenschaften feuchter Haufwerke. VDI-Z. 97 (1955) 393—400.

[6.14] RIEDEL, E. O.: Siebmaschinen. Techn. Mitt. 50 (1957) Nr. 11/12.

[6.15] BRÜNINGHAUS, P.: Feinsiebung mit Schallsiebmaschinen. Aufbereitungstechnik 1 (1960) 53—57.

[6.16] FONTEIN, F. J.: Wirkung des Hydrozyklons und des Bogensiebs sowie deren Anwendungen. Aufbereitungstechnik 2 (1961) 85—98.

[6.17] WOLF, K., u. H. RUMPF: Sichtwirkung einer ebenen spiralförmigen Luftströmung. Z. VDI, Beiheft Verfahrenstechnik 1941, Nr. 2, S. 29—38.

[6.18] GAUDIN, A. M.: Flotation, New York: McGraw-Hill 1957.

[6.19] STOLZE, F.: Der derzeitige Erfahrungsstand auf dem Gebiet der Erzflotation. Aufbereitungstechnik 4 (1963) 1—14; 5 (1964) 317—331.

[6.20] ULLRICH, G. S.: Elektromagnetische Scheider. Z. VDI, Beiheft Verfahrenstechnik 1941, Nr. 3, S. 63—69.

[6.21] v. SZANTHO, E., u. H. HILDENBRAND: Untersuchungen über die elektrische Leitfähigkeit von Mineralien und deren Ablenkung am Elektro-Walzenscheider. Aufbereitungstechnik 6 (1965) 637—645.

[6.22] BARTH, W.: Abscheidung von Flüssigkeitsnebeln und Flüssigkeitstropfen aus Gasen. Allg. Wärmetechnik 9 (1960) 252—256.

[6.23] CLUSIUS, K.: Staubabscheidung durch Thermodiffusion. Z. VDI, Beiheft Verfahrenstechnik 1941, Nr. 2, S. 23—24.

[6.24] TRAWINSKI, H.: Näherungsansätze zur Berechnung wichtiger Betriebsdaten für Hydrozyklone und Zentrifugen. Chemie-Ing.-Technik 30 (1958) 85—95.

[6.25] GUNDELACH, W., u. H. TRAWINSKI: Der Hydrozyklon. Chemie-Ing.-Technik 32 (1960) 279—284.

[*6.26*] TRAWINSKI, H.: Der Hydrozyklon als Hilfsgerät zur Grundstoff-Veredelung. Chemie-Ing.-Technik 25 (1953) 331—341.

[*6.27*] TER LINDEN, A. J.: Untersuchungen an Zyklonabscheidern. VDI-Tagungsheft Nr. 3 (1954) 7—10.

[*6.28*] BARTH, W.: Berechnung und Auslegung von Zyklonabscheidern auf Grund neuerer Untersuchungen. Brennstoff-Wärme-Kraft 8 (1956) 1—9.

[*6.29*] HEINRICH, D. O.: Die elektrische Gasreinigung. Grundlagen, Arbeitsweise und Erfahrungen. Brennstoff-Wärme-Kraft 7 (1955) 346—350, 389—394.

[*6.30*] SOLBACH, W.: Industrie-Entstaubung. ingenieur digest 3 (1964) Nr. 8, S. 47—69.

[*6.31*] KOGLIN, W.: Entstaubung mit Elektrofiltern. Aufbereitungstechnik 5 (1964) 580—605.

[*6.32*] KOGLIN, W.: Abscheidegrad eines Elektrofilters in Abhängigkeit von der Leistungsaufnahme und der Staubkörnung. Aufbereitungstechnik 6 (1965) 484—489.

[*6.33*] WINKEL, A.: Elektrische Polarisation der Stäube und ihre Bedeutung für die Elektrofilterung. Z. VDI, Beiheft Verfahrenstechnik 1941, Nr. 2, S. 25 bis 28.

[*6.34*] DEUTSCH, W.: Bewegung und Ladung der Elektrizitätsträger im Zylinderkondensator. Ann. Phys. 68 (1922) 335—344.

[*6.35*] ULLRICH, H.: Theoretische Untersuchung des Ströder-Wäschers. Dechema-Monographien Nr. 616—641, Bd. 40 (1962) 297—311.

[*6.36*] HEMFORT, H.: Über Zentrifugalseparation und den Vergleich von Separatoren. Motortechn. Z. 21 (1960) Nr. 3.

[*6.37*] TRAWINSKI, H.: Zentrifugen, Trenngeräte mit höchster Abscheidungswirkung. Chemie-Ing.-Technik 26 (1954) 189—201.

[*6.38*] BATEL, W.: Vorgänge bei der mechanischen Entwässerung. Chemie-Ing.-Technik 26 (1954) 497—502.

[*6.39*] BATEL, W.: Vorausberechnung der Restfeuchtigkeit bei der mechanischen Flüssigkeitsabtrennung. Chemie-Ing.-Technik 27 (1955) 497—501.

[*6.40*] ORLICEK, A. F., A. E. HACKL u. P. E. KINDERMANN: Filtration. Dechema-Erfahrungsaustausch. Dechema, Frankfurt a. M. 1964.

[*6.41*] DICKEY, G. D.: Filtration, New York: Reinhold — London: Chapman & Hall 1961.

[*6.42*] TRAWINSKI, H.: Zentrifugen, Hydrozyklone und Kläreindicker. Chemie-Ing.-Technik 36 (1964) 1276—1285.

[*6.43*] KIESSKALT, S.: Die Reibung des Gutes in den Trommeln stetig arbeitender Zentrifugen. Chemie-Ing.-Technik 34 (1962) 10—12.

[*6.44*] EVERS, W.: Die Schneckenpresse (Expeller) als mechanische Trenneinrichtung fest-flüssig in der mechanischen Industrie. Techn. Mitt. Krupp, Werks-Ber. 20 (1961) Nr. 1, S. 39—43.

[*6.45*] KAISER, F.: Der Zickzack-Sichter — ein Windsichter nach neuem Prinzip. Chemie-Ing.-Technik 35 (1963) 273—282.

[*6.46*] BREMER, G. I.: Flüssigkeitszentrifugen (Separatoren), Berlin: VEB Verlag Technik 1960.

7. Zerkleinern und Kompaktieren

Die Korngrößenverteilung fester Stoffe in Schüttgütern, Pasten, Teigen und Suspensionen bestimmt weitgehend deren Verhalten bei verfahrenstechnischen Prozessen. Sie läßt sich durch Zerkleinern und Kompaktieren beeinflussen. Beim Zerkleinern teilt man die Einzelkörner mechanisch in kleinere Stücke auf, beim Kompaktieren erzeugt man aus staubförmigem Gut grobkörnige Produkte mit höherer Schüttdichte oder aus pastösen Substanzen Granalien mit größerer spezifischer Oberfläche.

Brecher dienen zur Grobzerkleinerung, *Mühlen* zum Grieß- und Feinmahlen [*7.16, 9.23.8, 9.31.6, 9.31.9, 9.31.12, 9.31.16*]. *Granuliereinrichtungen* liefern Granulate aus unregelmäßig geformten Teilchen annähernd gleicher Größe durch Zerkleinern großer Stücke (z. B. Kunststoffe), Aufteilen einer Schmelze in einzelne Tropfen und anschließendes Abkühlen unter den Schmelzpunkt (z. B. Schlacke) oder Kompaktieren staubförmiger Stoffe (z. B. Futtermittel, Erze, Zement). *Brikettier-* und *Tablettiermaschinen* stellen — ausgehend von feinkörnigen Schüttgütern — regelmäßig geformte, gleich große Briketts bzw. Tabletten her.

7.1 Grundlagen

Das Zerkleinerungs- und Kompaktierverhalten fester Substanzen hängt von ihrer Zusammensetzung, der Verteilung, Größe und Form ihrer Einzelteile sowie ihrer Vorgeschichte ab.

7.11 Zerkleinerungsvorgänge

Das Gefüge fester Stoffe, ihr Verhalten bei mechanischer Beanspruchung und die Einflüsse der thermischen Zustandsgrößen gehen aus Abschnitt 2.4 (S. 49 ff.) hervor.

Spannungen infolge äußerer Kräfte begünstigen energetisch eine Richtung der thermisch bedingten molekularen Platzwechsel-(Diffusions-)Vorgänge, so daß sich auch Festkörper plastisch (bleibend) verformen. Die Verformungsgeschwindigkeit ist dem Diffusionskoeffizienten proportional und wächst mit steigender Temperatur. Als Faustregel kann man annehmen, daß sie sich bei einer Temperaturzunahme um rund 10 grd verdoppelt. Nach R. BECKER gilt

$$\frac{ds}{dt} = A\,\mathrm{e}^{-\frac{V(\tau_R - \tau)^2}{2GkT}} \tag{7.1}$$

mit ds/dt als (makroskopisch meßbarer) Verformungsgeschwindigkeit, V als beanspruchtem Volum, τ und τ_R als Schubspannung in Bewegungsrichtung bzw. deren theoretischem Maximalwert, G als Schubmodul, k als BOLTZMANNscher Konstante, T als absoluter Temperatur und A als Faktor [7.1]. An Fehlstellen des Gefüges kristalliner Stoffe (Versetzungen) ist τ_R wesentlich kleiner als in Gefügeteilen mit idealer Gitterstruktur; daher wandern die Versetzungen in Beanspruchungsrichtung durch den Körper, wodurch sich die Gitterebenen zueinander verschieben. In zähen Stoffen können letztere bis zum Trennen des Gefügezusammenhangs aneinander abgleiten, d. h. einen „Schubbruch" verursachen. In spröden Substanzen blockieren Korngrenzen und andere Strukturfehler den Gleitvorgang, so daß sich zwar zunächst schnell merkliche plastische Formänderungen, dann aber nur verhältnismäßig niedrige Verformungsgeschwindigkeiten einstellen. An den Fehlstellen treten jedoch wie bei makroskopischen Kerben örtliche Spannungskonzentrationen auf. Wenn die maximale Zugspannung am Kerbgrund den Grenzwert der molekularen Anziehung überschreitet, so kommt es zu einem „Sprödbruch" („Trennbruch"), bei dem die Gefügeteile ohne stärkere plastische Verformungen auseinanderreißen. Beim Zerkleinern vieler harter Güter wächst die Beanspruchung so schnell, daß die Verformungszeit zum Ausbilden eines Schubbruchs nicht ausreicht und daher auch zähe Stoffe spröde brechen.

Damit ein Trennbruch zustande kommt, muß die örtliche Zugbeanspruchung an der Bruchstelle größer als die Kohäsion sein (Kraftbedingung); außerdem muß nach H. A. GRIFFITH die im Gefüge gespeicherte und beim Fortschreiten des Bruchs freiwerdende elastische Energie ausreichen, um die zum Bilden neuer Bruchoberfläche nötige Grenzflächenenergie zu decken (Energiebedingung). Molekulartheoretische und elastizitätstheoretische Überlegungen führen schließlich zu der Bruchformel von A. SMEKAL

$$\sigma_{\mathrm{krit}} = \sqrt{\frac{4}{\pi}\,\frac{E\alpha_0}{\lambda_0}\,\frac{r_k}{r_0}}, \tag{7.2}$$

in der σ_{krit} die zum Bruch erforderliche Normalspannung in größerem Abstand von der Rißstelle, E den Elastizitätsmodul, α_0 die Grenzflächenenergie zum Erzeugen neuer Oberfläche, λ_0 die Anfangsrißlänge (also die Größe der bruchauslösenden Fehlstelle, bei Glas größenordnungsmäßig 1 μm), r_k den Krümmungsradius an der Rißfront und r_0 die molekulare Wirkungsreichweite bedeuten [7.2]. G. R. IRWIN [9.22.2, Bd. 6] erweiterte die SMEKALsche Bruchformel, indem er außer der Grenzflächenenergie α_0 auch alle anderen den Bruchfortschritt hemmenden Energiebeträge (plastische Verformung, Amorphisierung, elektrische Aufladung usw.) berücksichtigte. Er bezog den gesamten Energiebedarf zur Rißfortpflanzung auf die neu geschaffene Oberfläche und erhielt so eine Größe mit der Dimension einer Kraft je Längeneinheit der Rißfront, die sogenannte „Rißausbreitungskraft"

$$P_R = C\, \frac{\sigma^2}{E}\, \lambda_0. \tag{7.3}$$

Der Proportionalitätsfaktor C hängt von der Körperform ab. Die zur Bruchfortpflanzung nötige kritische Rißausbreitungskraft P_{krit} beträgt für Metalle etwa 10^8 dyn/cm, für Kunststoffe etwa 10^5 bis 10^6 dyn/cm und für Silikatglas 10^4 dyn/cm, die Grenzflächenenergie von Glas ist dagegen nur $\alpha_0 \approx 10^3$ dyn/cm.

Die Fortpflanzungsgeschwindigkeit v_B eines Sprödbruchs folgt nach MOTT, ROBERTS und WELLS [7.2] der Beziehung

$$v_B = 0{,}38 \sqrt{\frac{E}{\varrho}} \sqrt{1 - \frac{\lambda_0}{\lambda}}. \tag{7.4}$$

Darin sind λ die Rißlänge, λ_0 die kritische Rißlänge (ab der sich ein Bruch selbsttätig fortpflanzt) sowie E und ϱ der Elastizitätsmodul bzw. die Dichte; $\sqrt{E/\varrho}$ ist die lineare Fortpflanzungsgeschwindigkeit longitudinaler Schallwellen im Feststoff.

Der Beanspruchungsmechanismus eines Teilchens kennzeichnet die Art der Krafteinleitung bzw. der Energiezufuhr. Man unterscheidet [7.3]:

a) Beanspruchung zwischen zwei relativ zueinander bewegten Mahlflächen,

b) Beanspruchung durch Aufprall auf eine Mahlfläche oder auf ein anderes Teilchen,

c) Beanspruchung durch das umgebende Medium,

d) Beanspruchung durch Eigenschwingungen oder Fliehkraft,

e) Beanspruchung durch nicht mechanisch bedingte Eigenspannungen.

Das Bruchverhalten einzelner Körner (meist Kugeln, Zylinder, Quader oder Würfel) wurde von verschiedenen Forschern für die beiden wichtigsten Beanspruchungsmechanismen a und b untersucht [7.3]. Wenn auch die bisher vorliegenden Ergebnisse noch bei weitem nicht zum Auslegen technischer Zerkleinerungsmaschinen ausreichen, so liefern sie doch bereits wertvolle Beiträge dazu.

Eine Dimensionsanalyse ergibt bei statischer Beanspruchung nach dem Mechanismus a im elastischen Bereich den Zusammenhang

$$\frac{\sigma}{E} = C_1 \left(\frac{P}{E\, r^2} \right)^{n_1} \tag{7.5a}$$

zwischen der Kraft P, der Spannung σ, dem Elastizitätsmodul E und einer die Körperform kennzeichnenden Länge r; bei Prallbeanspruchung nach dem Mechanismus b erhält man mit v als Aufprallgeschwindigkeit

$$\frac{\sigma}{E} = C_2 \left(\frac{\varrho v^2}{E}\right)^{n_2}. \tag{7.5b}$$

C_1 und C_2 sind Proportionalitätsfaktoren. Für Kugeln (Kugelradius r) ergeben sich die Exponenten $n_1 = 1/3$, $n_2 = 1/5$, und für stabförmige Körper mit ebenen Druck- bzw. Stoßflächen gilt $n_1 = 1$, $n_2 = 1/2$. Den allgemeineren Zusammenhang

$$\frac{\sigma}{E} = \frac{\sigma}{E}\left(\frac{\varrho v^2}{E}\right) \tag{7.5c}$$

(σ/E ist eine beliebige Funktion von $\varrho v^2/E$) bezeichnet man als CRANZ-sches Modellgesetz.

Die für verschiedene Stoffe experimentell ermittelten Kraft-Weg-Kurven geben die Abhängigkeit der Kraft vom Verformungsweg bei kleiner Verformungsgeschwindigkeit (also quasistatischer Belastung ohne mechanische Schwingungen) wieder; auch Zerbröckeln des Gefüges, Abplatzen einzelner Stücke und Kompaktiereffekte (vor allem bei relativ großen Wegen) lassen sich aus dem Kurvenverlauf entnehmen.

Bei dynamischer Beanspruchung durch Stoß oder Schlag treten Körperwellen (Kompressions- und Scherwellen) sowie Oberflächenwellen auf, die den Körper durchlaufen und am Ende reflektiert werden bzw. sich zweidimensional auf seiner Oberfläche ausbreiten. Beim eindimensionalen Stoßvorgang zwischen zwei Stäben folgt die maximale Druckspannung an der Stoßstelle mit E_w und ϱ_w als Elastizitätsmodul bzw. Dichte des ruhenden sowie E und ϱ als den entsprechenden Werten des mit der Geschwindigkeit v aufprallenden Stabs aus [7.4]

$$\sigma_D = -\frac{\varrho v \sqrt{\dfrac{E}{\varrho}}}{1 + \sqrt{\dfrac{E}{E_w}\cdot\dfrac{\varrho}{\varrho_w}}}. \tag{7.6}$$

Ein Sprödbruch tritt bei Überschreiten der kritischen Querdehnung $\varepsilon_{q\,\mathrm{krit}}$ auf, der Riß pflanzt sich also in Laufrichtung der Kompressionswelle fort. Für die „kritische Aufprallgeschwindigkeit" folgt aus dem HOOKEschen Gesetz ($\sigma/E = -\varepsilon_q/\mu_q$) und Gl. (7.6)

$$v_{\mathrm{krit}} = \frac{\varepsilon_{q\,\mathrm{krit}}}{\mu_q}\left(1 + \sqrt{\frac{E}{E_w}\frac{\varrho}{\varrho_w}}\right)\sqrt{\frac{E}{\varrho}} \tag{7.7}$$

mit μ_q als Querdehnzahl. v_{krit} gibt nach E. REINERS auch die zur Prallzerkleinerung spröder Kugeln nötige Mindestgeschwindigkeit mit befriedigender Genauigkeit wieder [7.4]. Der Einfluß des Materials und der von Teilchen zu Teilchen statistisch schwankenden Festigkeitseigenschaften (Fehlstellengröße, -verteilung, -orientierung usw.) auf das Zerkleinerungsverhalten läßt sich durch Messen der Bruchwahrscheinlichkeit in Abhängigkeit von der Aufprallgeschwindigkeit erfassen. Man erhält logarithmische Normalverteilungen (d. h. Geraden im logarithmischen Wahrscheinlichkeitsnetz) [7.3, 7.5, 7.6].

Die beim Zusammenprall zweier Teilchen zum Zerkleinern verfügbare Energie hängt nur von den Teilchenmassen m_1, m_2 ($>m_1$) und der Aufprallgeschwindigkeit v ab. Die Gesetze des mechanischen Stoßes liefern die Beziehung

$$A^* = \frac{m_1 m_2}{m_1 + m_2} \frac{v^2}{2}. \tag{7.8a}$$

Infolge der endlichen Stoßfortpflanzungsgeschwindigkeit ist jedoch die Verdichtungsphase des kleinen Körpers bereits beendet, bevor die Kompressionswelle den größeren Körper ganz durchlaufen hat, daher steht effektiv nur etwa die Energie

$$A \approx \frac{m_1}{2} \frac{v^2}{2} \tag{7.8b}$$

zur Verfügung, die beim Stoß zweier gleich großer Körner mit den Massen m_1, $m_2 = m_1$ angeliefert würde.

Beim Beanspruchungsmechanismus c erfolgt die Zerkleinerung im Schubspannungsfeld einer Scherströmung. In einer elastischen Kugel stellt sich nach J. RAASCH [7.7] ein reiner Schubspannungszustand ein; das Verhältnis der maximalen Zugspannung σ_z zu der Schubspannung τ_F in dem umgebenden fluiden Medium beträgt theoretisch $\sigma_z/\tau_F = 2{,}5$; Messungen ergaben $\sigma_z/\tau_F \approx 1{,}95$, vgl. [7.3].

Nur ein verschwindend kleiner Teil der den Teilchen zugeführten Energie dient als Grenzflächenenergie zum Vergrößern der Oberfläche, der überwiegende Teil wandelt sich in Wärme um. Der physikalische Zerkleinerungswirkungsgrad

$$\eta = \frac{\alpha_0 \Delta O}{A} \tag{7.9}$$

(α_0 spezifische Grenzflächenenergie, ΔO Oberflächenzuwachs) liegt etwa zwischen 0,1 und 1%. Der technische, auf die Antriebsarbeit der Zerkleinerungsmaschine bezogene Zerkleinerungswirkungsgrad ist im allgemeinen 0,01 bis 0,1% [7.4].

Die sogenannten „Zerkleinerungsgesetze" von P. R. v. Rittinger, F. Kick oder F. C. Bond liefern empirische Zusammenhänge zwischen der technischen Zerkleinerungsarbeit A_t und den mittleren Korngrößen k_{m0}, k_{m1} des Schüttguts vor bzw. nach dem Zerkleinern. Sie lassen sich in folgender Form gemeinsam darstellen:

$$\frac{dA_t}{dk} = C\,k^j\,. \tag{7.10}$$

Der Exponent j ist nach P. R. v. Rittinger $j = -2$, nach F. Kick $j = -1$ und nach F. C. Bond $j = -3/2$, man erhält also nach Integration die Formeln

$$A_{\text{Rittinger}} = \text{const}\left(\frac{1}{k_{m1}} - \frac{1}{k_{m0}}\right), \tag{7.11a}$$

$$A_{\text{Kick}} = \text{const}\,(\ln k_{m0} - \ln k_{m1}), \tag{7.11b}$$

$$A_{\text{Bond}} = \text{const}\left(\frac{1}{\sqrt{k_{m1}}} - \frac{1}{\sqrt{k_{m0}}}\right). \tag{7.11c}$$

Diese „Zerkleinerungsgesetze" bewähren sich bei vielen technischen Problemstellungen, die man mit den bisher bekannten zerkleinerungsphysikalisch begründeten Grundlagen allein noch nicht bewältigen kann; allerdings muß man jeweils prüfen, ob sich ihre Aussagen qualitativ aus dem Bruchverhalten der Einzelteilchen erklären lassen (vgl. z. B. [7.8]).

Bei manchen Zerkleinerungsmaschinen und Mahlgütern haben sich der spezifische Mahlgutdurchsatz $\dot{M}_{sp}$, der spezifische Arbeitsaufwand A_{sp} und die Mahlbarkeit m gemäß

$$\dot{M}_{sp} = \frac{\dot{M}}{N}, \quad A_{sp} = \frac{1}{\dot{M}_{sp}}, \quad m = \frac{\dot{M}_{sp}}{\dot{M}_{sp,0}} \tag{7.12a—c}$$

als Kenngrößen eingebürgert. $\dot{M}$ gibt den Massendurchsatz des Mahlguts, N die Antriebsleistung der Zerkleinerungsmaschine und $\dot{M}_{sp,0}$ den spezifischen Mahlgutdurchsatz eines Vergleichs-Mahlguts bei gleichen Mahlbedingungen an. Diese Kenngrößen hängen weitgehend von der Mühlenbauart, den Betriebsbedingungen, den Anfangs- und Endkornverteilungen des Mahlguts usw. ab; sie sind jedoch gelegentlich, z. B. bei Wirtschaftlichkeitsbetrachtungen, brauchbare Vergleichswerte. Die Mahlbarkeitsprüfer nach H. G. Zeisel, R. M. Hardgrove usw. liefern Mahlbarkeitsindizes, die als Anhaltswerte für das technische Mahlverhalten verschiedener Güter in Zerkleinerungsmaschinen mit gleichem vorherrschendem Beanspruchungsmechanismus dienen [7.9, 7.10].

Der Zerkleinerungsgrad gibt das Verhältnis der spezifischen Mahlgutoberflächen nach dem Zerkleinern (O_1) bzw. vor dem Zerkleinern (O_0) an; vielfach begnügt man sich auch mit dem Verhältnis der mittleren Korngrößen k_{m1} bzw. k_{m0} (jeweils beim Durchgang $D = 0{,}5$ gemessen):

$$Z_0 = \frac{O_1}{O_0}, \quad Z_k = \frac{k_{m0}}{k_{m1}}. \qquad (7.13\,\text{a, b})$$

H. RUMPF [7.3] verwendet die Energieausnutzung $\Delta O/A$ als Maß für den Zerkleinerungseffekt.

7.12 Kompaktierungsvorgänge

Beim Kompaktieren muß man zwischen den einzelnen Körnern eines Haufwerks Bindungen herstellen. Die Tab. 7.1 gibt eine Übersicht über die verschiedenen möglichen Bindungsmechanismen.

H. RUMPF [7.11, 7.12] leitete für die Zugfestigkeit σ_z quasihomogener, kugelförmiger Granulatteilchen mit sehr vielen statistisch verteilten Bindungen zwischen den Einzelkörnern die Zusammenhänge

$$\sigma_z = \frac{(1 - \psi_h)\,Z_h}{\pi}\,\frac{H}{k_h^2} \approx \frac{2H}{k_h^2} \qquad (7.14\,\text{a, b})$$

her, in denen ψ_h die Porosität, Z_h die mittlere Koordinationszahl (d. h. die mittlere Zahl der Berührungspunkte eines Einzelkorns mit seinen Nachbarn), H die mittlere Haftkraft der Einzelbindung und k_h die für die Haftung maßgebende Korngröße bezeichnen. Für alle untersuchten Packungen ist nach O. W. SMITH

$$\psi_h Z_h \approx 3{,}1 . \qquad (7.15)$$

k_h bestimmt H. RUMPF aus der Bedingung, daß sich die Oberfläche aller größeren Körner ($k > k_h$) gerade einschichtig mit kleineren Körnern ($k < k_h$) belegen läßt. Er erhält dafür mit dO als Differential der spezifischen Oberfläche die Näherungsformel

$$\int_{k_{\min}}^{k_h} dO = 4 \int_{k_h}^{k_{\max}} dO , \qquad (7.16)$$

aus der man k_h bei bekannter Kornverteilung beispielsweise graphisch ermitteln kann. Die in Gl. (7.14 b) verwertete Beziehung $(1 - \psi_h)Z_h/\pi = 2$ gilt für gleichkörnige Kugelschüttungen und $\psi_h = 0{,}32$; für die dichteste Kugelpackung (bzw. für die lose Schüttung) ist $\psi_h = 0{,}26\ (0{,}45)$, $Z_h = 12\ (7)$ und $(1 - \psi_h)Z_h/\pi = 2{,}83\ (1{,}25)$.

Tabelle 7.1. *Bindungsmechanismen zwischen Feststoffkörnern*

Bindungsmechanismus	Ursache	Beispiel
Festkörperbrücken	*Sintern* durch Diffusion durch Verdampfen und Wiederkondensieren durch viskoses oder plastisches Fließen	Ag, Cu, Ni, Al_2O_3 NaCl Glas
	Chemische Reaktion, z. B. Oxydation	Magnetit (Hämatitbrücken)
	Lokales Verschmelzen durch Reibungswärme	S, Thermoplaste
	Verkleben durch erhärtende Bindemittel	Erze mit Kalkzusatz
	Zusammenkristallisieren durch Ausscheiden gelöster Stoffe beim Trocknen feuchter Haufwerke	feuchte Salze
Flüssigkeitsbrücken	*Grenzflächenkräfte* und *Kapillardruck* bei niedrigviskosen Zwickel- bzw. Zwischenraumflüssigkeiten	feuchte bzw. nasse Schüttgüter
	Adhäsion und *Kohäsion* bei zähen, benetzenden Zwickelflüssigkeiten	öl- und fetthaltige Substanzen
Elektrische Anziehungskräfte	*Elektrostatische Aufladung* der Teilchen	Agglomerate und Ansätze in Elektrofiltern
	Kohäsion zwischen trockenen Körnern zwischen dünnen, von den Feststoffteilchen adsorbierten Flüssigkeitsschichten	Pigment-Agglomerate feinkörnige, nicht völlig trockene Stoffe
Formschlüssige Bindungen	*Steifigkeit* ineinander verschlungener Fäden ineinandergefalteter Blättchen gegenseitig verhakter, unregelmäßiger Teilchen	Filze, Faserballen Laub Kleinholz

Die Haftkraft hängt von dem Bindungsmechanismus ab. Für die Flüssigkeitsbrücken in feuchten Schüttgütern ergibt sich bei niedrigviskosen Zwickelflüssigkeiten mit der Oberflächenspannung σ_0 näherungsweise

$$H_z \approx (2{,}2 \text{ bis } 2{,}7)\,\sigma_0\,k_h. \qquad (7.17\,\mathrm{a})$$

Der kapillare Unterdruck in den mit Zwischenraumflüssigkeit gefüllten Poren nasser Haufwerke verursacht die Haftkraft

$$H_D \approx 6{,}1\,\psi_h\,\sigma_0\,k_h. \qquad (7.17\,\mathrm{b})$$

Die VAN DER WAALSschen Kräfte zwischen zwei ebenen Platten bzw. zwischen zwei Kugeln folgen bei kleinen Abständen $a < 1000$ Å aus

$$H_{w,\,\text{Platte}} = \frac{A\,F}{6\pi a^3}, \quad H_{w,\,\text{Kugel}} = \frac{A\,k_h}{24\,a^2}. \qquad (7.17\,\mathrm{c,\,d})$$

bei größeren Abständen $a > 2000$ Å aus

$$H_{w,\,\text{Platte}} = \frac{B\,F}{6\pi a^4}, \quad H_{w,\,\text{Kugel}} = \frac{B\,k_h}{36\,a^3}. \qquad (7.17\,\mathrm{e,\,f})$$

In diesen Beziehungen bedeuten F die Plattenfläche, k_h den Kugeldurchmesser, a den Abstand der beiden Platten bzw. der Kugeloberflächen voneinander und $A = 10^{-12}$ erg, $B = 1{,}4 \cdot 10^{-19}$ erg cm zwei dimensionsbehaftete Faktoren [7.11]. Adsorbierte Flüssigkeitsfilme zwischen etwa 3 Å (monomolekulare Schicht) und 30 Å Dicke sind an der Feststoffoberfläche fest gebunden, also nicht frei beweglich; sie füllen Mikrorauhigkeiten an den Oberflächen der Einzelkörner aus und verringern dadurch den wirksamen Abstand a, erhöhen also nach den Gln. (7.17 c—f) die Haftkraft. Die maximal mögliche Haftkraft zwischen einander berührenden Kugeln mit Adsorptionsschichten ist nach H. RUMPF

$$H_A = \sigma_{\text{koh}}\,\frac{\pi}{2}\,s_k\,k_h, \qquad (7.17\,\mathrm{g})$$

mit σ_{koh} (≈ 100 kp/cm^2) als Kohäsionsfestigkeit der adsorbierten Flüssigkeit und s_k (≈ 30 Å) als maximaler Adsorptionsschichtdicke. Zwischen elektrisch geladenen, nichtleitenden Kugeln mit ungleichnamigen, gleich großen Ladungen $\pm Q$ wirkt im Haufwerk wegen der gegenseitigen Beeinflussung der Körner eine um den Faktor 0,2905 kleinere Haftkraft als zwischen zwei Einzelkugeln; für $a \ll k_h$ gilt somit

$$H_E = 0{,}2905\,\frac{Q^2}{k_h^2}\left(1 - 2\,\frac{a}{k_h}\right). \qquad (7.17\,\mathrm{h})$$

Durch Zusammenkristallisieren entstehende Festkörperbrücken liefern die Haftkraft

$$H_K \approx x\, f_G\, \frac{\varrho}{\varrho_k}\, \sigma_k\, \psi_h\, k_h^2. \tag{7.17i}$$

Dabei ist vorausgesetzt, daß die Kristallisation erst einsetzt, wenn das Schüttgut nur noch Zwickelkapillarflüssigkeit (also keine Zwischenraumkapillarflüssigkeit mehr, vgl. Abschn. 6.54, S. 284 ff., sowie [*6.38, 6.39*]) enthält und daß der gesamte brückenbildende Stoff auskristallisiert (also das ganze Lösungsmittel verdunstet). Es sind x der Massenanteil der auskristallisierenden Substanz in der Ausgangslösung, ϱ_k und σ_k die Dichte bzw. die Zugfestigkeit der Kristalle, f_G die Anfangsfeuchtigkeit des Granulats sowie ϱ und k_h die Dichte bzw. die Korngröße des granulatbildenden Feststoffs (dabei ist vorausgesetzt, daß die Zugfestigkeit der Festkörperbrüche kleiner als die des granulatbildenden Feststoffs ist). Die Haftkraft durch erhärtende Bindemittel folgt aus Gl. (7.17i) mit $x = 1$, f_G als Bindemittelgehalt und ϱ_k sowie σ_k als dessen Dichte bzw. Zugfestigkeit. Beim Sintern [*7.13*] entstehen je nach der Produktzusammensetzung durch viskose und plastische Fließvorgänge, Verdampfen und Wiederkondensieren, Volums-, Korngrenzen- und Oberflächendiffusion Festkörperbrücken zwischen den Einzelkörnern, deren Querschnitte q bei konstanter Temperatur mit der Zeit t im Anfangsstadium des Sintervorgangs gemäß

$$q = \text{const } t^m \tag{7.18}$$

wachsen. Für den Exponenten m gilt bei fließenden Substanzen (Glas) $m \approx 0{,}5$, bei leicht verdampfenden Stoffen (Kochsalz) $m \approx 0{,}33$ und bei stark diffundierenden Produkten (Silber, Kupfer, Nickel, Al_2O_3) $m \approx 0{,}20$. Die mittlere Haftkraft nimmt daher zu Beginn des Sinterns mit σ_z als Zugfestigkeit der Feststoffbrücke gemäß

$$H_s = q\,\sigma_z = \text{const } \sigma_z\, t^m \tag{7.17k, l}$$

zu. Gleichzeitig verkleinern sich im allgemeinen die Poren des Haufwerks, d. h. das Granulat schrumpft.

Die Abb. 7.1 zeigt größenordnungsmäßig die Granulatfestigkeit (Ordinate) in Abhängigkeit von der Größe k_h der granulatbildenden Einzelkörner (Abszisse) und vom Bindungsmechanismus (Parameter) nach H. Rumpf [*7.11*]. Die Festigkeit durch Flüssigkeitsbrücken (maßgebend beim Feuchtgranulieren) und durch van der Waalssche Kräfte (maßgebend beim Trockengranulieren durch Pressen) wächst mit abnehmender Korngröße, daher muß man das Schüttgut entweder vor dem Kompaktieren durch Mahlen oder während des Kompaktiervorgangs durch Pressen zerkleinern. Beim Zusammenkristallisieren oder Verkleben bestimmt der Mengenanteil des auskristallisierenden Salzes bzw. des Bindemittels die Granulatfestigkeit.

7.13 Zerkleinerungsverhalten der Feststoffe

Der molekulare Aufbau der Feststoffe und die aus deren Symmetrien
ableitbare Stoffeinteilung in verschiedene Kristallsysteme gehen aus dem
Abschnitt 2.41 (S. 49 ff.) hervor. Die kristallbedingte Anisotropie wirkt sich
bei kristallinen Substanzen nur selten makroskopisch merkbar auf das
Zerkleinerungsverhalten aus. Wesentlich stärker tritt sie bei Produkten
organischen Ursprungs (z. B. Holz, Knochen, Fleisch) infolge deren Zell-
struktur in Erscheinung. In der Regel muß man beim Zerkleinern jedoch
auch verschiedene andere Einflußgrößen und Effekte berücksichtigen:
Festigkeit, Elastizität, Oberflächenhärte, mögliche chemische oder physikalische Veränderungen (Ver-
färben, Schmelzen, Verdampfen
leichtflüchtiger Bestandteile, chemische Reaktionen), Korrosion
usw. Es ist daher zweckmäßig,
die Feststoffe in Gruppen mit
mahltechnisch ähnlichem Verhalten, im übrigen aber beliebigen
chemischen und physikalischen
Eigenschaften zu unterteilen. Eine
solche Gliederung ist im folgenden Absatz wiedergegeben (andere Stoffeinteilungen haben z. B.
H. Rumpf [7.14] und H. B. Ries
[7.15] vorgeschlagen):

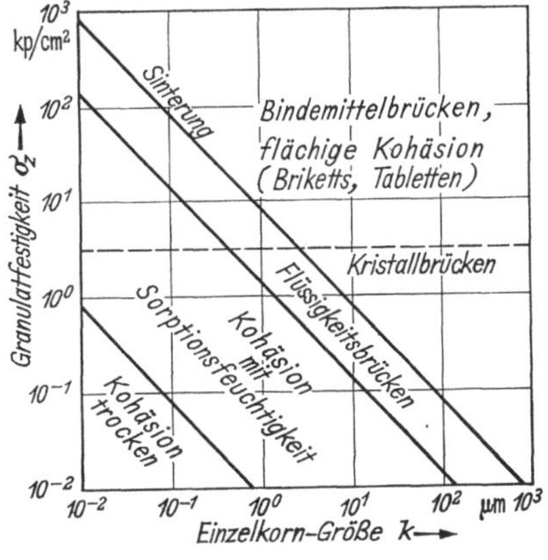

Abb. 7.1. Granulatfestigkeit in Abhängigkeit von
der Größe der granulatbildenden Körner (nach
H. Rumpf [7.11]).

I. Spröde Stoffe (z. B. Quarz,
Kalkstein, Gips, Kohle, Salz, Zuk-
ker) zeichnen sich durch verhält-
nismäßig viele große Fehlstellen im Gefüge und somit durch eine geringe
Bruchdehnung (relativ kleine σ_{krit}/E-Werte) aus. Sie zerfallen bei mechanischer Beanspruchung ohne nennenswerte bleibende Verformung durch
Sprödbrüche in Feingut mit einem breiten Korngrößenspektrum.

II. Zähe Stoffe (z. B. Metalle, Polyamide, Hartgummi, Horn, Knochen, Fruchtkerne) weisen eine große spezifische Bruchenergie σ_{krit}^2/E und
relativ kleine Gefügefehlstellen auf. Beim langsamen Verformen entstehen Schub- oder gemischte Brüche, bei großer Verformungsgeschwindigkeit Sprödbrüche. Zur Rißfortpflanzung ist infolge der erheblichen
plastischen Verformung viel Energie erforderlich. Der Feinstaubanfall
ist gering.

III. Gummielastische Stoffe (z. B. Gummi, Kautschuk, Vulkollan,
Kork, Polyäthylen) benötigen zum Zerkleinern wegen ihrer sehr großen

Bruchdehnung (σ_{krit}/E größenordnungsmäßig 1000%) sowie ihrer oft beträchtlichen Zerreißfestigkeit besonders viel Energie. Ihr Elastizitätsmodul ist im allgemeinen verhältnismäßig klein. Beim Zerkleinern bildet sich kein Feinstaub.

IV. Faserige Stoffe (z. B. Holz, Papier, Textilien, Asbest) bestehen aus mehr oder weniger zähen, biegeweichen Einzelfasern; ihre mechanischen Eigenschaften und ihr Verhalten in Zerkleinerungsmaschinen hängen weitgehend von der Beanspruchungsrichtung ab. Beim Zerkleinern zerfallen sie vorzugsweise in Faserbündel bzw. Einzelfasern.

V. Weichstoffe (z. B. Fleisch, Fisch, Gallerten, Pasten) haben keine definierte Korngröße. Sie verhalten sich vielfach wie zähe Flüssigkeiten. Der Zerkleinerungsvorgang dient zum Zerstören innerer Strukturen, zum Auflösen von Agglomeraten und zum Homogenisieren.

VI. Heterogene Stoffe zeichnen sich durch unterschiedliches Zerkleinerungsverhalten ihrer Gemischbestandteile aus. Beispielsweise bestehen Getreidekörner aus einer faserigen Hülle (IV) mit einem weichen Mehlkern (V). Bei sandhaltiger Kohle sind zwar beide Komponenten spröde (I), aber verschieden hart.

Ia bis VIa. Ansatzbildende Produkte der Stoffgruppen I bis VI (z. B. feuchte Substanzen, Thermoplaste und andere temperaturempfindliche Güter, öl- und fetthaltige sowie klebrige Stoffe, Feinststäube) neigen zur Bildung von Klumpen und Ansätzen sowie zum Verschmieren und Verstopfen von Dosiereinrichtungen, Sieben und Mahlwerkzeugen.

Die Oberflächenhärte (Abschn. 2.42, S. 52ff.) des Guts einerseits und der Mahlwerkzeuge andererseits ist maßgebend für den Verschleiß der letzteren. Die MOHSsche Härte (Tab. 2.3) aller verschleißgefährdeten Bauteile soll bei Betriebstemperatur mindestens um eine Stufe über der des Mahlguts liegen. Bei weichen Stoffen mit harten Beimengungen (z. B. Braunkohle mit Sand) kann man den wirtschaftlichsten Werkstoff nur auf Grund von Betriebserfahrungen auswählen.

Aus Tab. 7.2 geht hervor, welche Brecher- und Mühlenbauarten man zum Zerkleinern der verschiedenen genannten Stoffgruppen einsetzen kann und welcher Beanspruchungsmechanismus (vgl. Abschn. 7.11, S. 311 ff.) jeweils überwiegt. Beim „Trockenmahlen" führt man der Mühle nur das feste Mahlgut zu, beim „Naßmahlen" beschickt man sie mit einer Suspension oder Paste aus Mahlgut und Trägerflüssigkeit bzw. bespült die Mahlwerkzeuge mit der Zusatzflüssigkeit. Meist eignen sich für eine Zerkleinerungsaufgabe verschiedene Maschinen; jede hat gewisse Vorzüge und Mängel gegenüber den konkurrierenden Bauarten, so daß man die zweckmäßigste mit Hilfe eines Wirtschaftlichkeitsvergleichs (Abschn. 8.43, S. 439ff.) oder durch eine Punktbewertung (Abschn. 8.22, S. 399ff.) ermitteln muß.

Tabelle 7.2

Einsatzbereiche verschiedener Brecher- und Mühlenbauarten
Die Tabelle dient zur „negativen" Auswahl, d. h. zum Ausscheiden ungeeigneter Bauarten; sie eignet sich nicht zur „positiven" Auswahl, ersetzt also nicht Zerkleinerungsversuche im Labor- oder Technikumsmaßstab

Stoffgruppe: I = spröde, II = zäh, III = gummielastisch, IV = faserig, V = Weichstoff, VI = heterogen, a = ansatzbildend. Korngrößenspektrum: breit / mittel / schmal. Verschleißempfindlichkeit: groß / mittel / gering.

Gruppe	Bauart	Trockenmahlung	Naßmahlung	Beanspruchungsmechanismus	I spröde	II zäh	III gummielastisch	IV faserig	V Weichstoff	VI heterogen	a ansatzbildend	Endkorngröße [mm]	breit	mittel	schmal	groß	mittel	gering
Grobzerkleinerungsmaschinen	Backenbrecher	×		a	×							15 bis 400		×				×
	Rundbrecher	×		a	×							2 bis 120		×				×
	Walzenbrecher																	
	glatte Walzen	×		a	×	×						1 bis 10			×			×
	Zahnwalzen	×	×	a	×	×		×	×	×	×	10 bis 20			×		×	
	Prallbrecher																	
	mit Sieb	×		b	×	×						<30	×				×	
	ohne Sieb	×		b	×	×		×		×	×		×				×	
	Grobschneidmaschinen	×		a		×	×	×				1 bis 10			×	×		
	Granulatoren	×		a			×					2 bis 6			×	×		
Feinzerkleinerungsmaschinen	Kugelmühlen	×	×	a	×							<1	×					×
	Stabmühlen	×	×	a	×						×	<1		×				×
	Schwingmühlen																	
	mit Kugelfüllung	×	×	a	×							<1	×					×
	mit Stabfüllung	×	×	a	×						×	<1		×				×
	Rührwerks-Kugelmühlen		×	a	×						×	<0,05	×					×
	Kollergänge	×	×	a	×						×	<10	×					×
	Wälzmühlen	×		a	×						×	<1		×			×	
	Walzenmühlen	×	×	a	×	×		×	×	×		<1	×	×	×			×
	Prallmühlen mit Sieb	×		b	×	×		×		×		0,1 bis 1		×		×	×	
	Sieblose Prallmühlen	×		b	×	×		×		×	×	0,005 bis 1	×			×	×	
	Strahlmühlen	×		b	×	×						<0,01		×				×
	Feinschneidmaschinen	×		a				×	×			<1			×	×		
	Zahnscheibenmühlen	×	×	a	×	×	×	×	×	×	×	<1		×		×	×	
	Fleischwolf, Kutter		×	a					×		×			×		×		
	Stein-Kolloidmühlen		×	a	×	×			×		×	<0,1		×				×
	Zahn-Kolloidmühlen		×	a, b, c	×	×	×		×		×	<0,1		×		×		

7.2 Grobzerkleinern

Die Zerkleinerung spröder Stoffe auf Endkörnungen über 10 mm nennt man Grobbrechen, die Zerkleinerung auf Körnungen zwischen 1 und 10 mm bezeichnet man als Feinbrechen, Grießmahlen oder Schroten; bei zähen und gummielastischen Substanzen spricht man von Granulieren, bei Faserstoffen von Zerreißen und bei Holz von Zerspanen. Die Grobzerkleinerung erfolgt normalerweise trocken, nur in Sonderfällen (z. B. bei der Abwasseraufbereitung) naß.

7.21 Backenbrecher

Backenbrecher dienen zum Grobbrechen mittelharter bis harter, spröder Stoffe (z. B. Baumaterialien, Steine, Erze); für zähe, gummielastische, feuchte, klebrige, faserige und weiche Substanzen sind sie ungeeignet. Sie bewältigen je nach der Größe des Brechmauls (d. h. der oberen Arbeitsraumöffnung) kubische Einzelstücke bis 2 m³ und erreichen Durchsätze bis 1500 t/h.

Pendelschwingenbrecher mit Doppel-Kniehebelantrieb nach Abb. 7.2a bzw. mit Direktantrieb gemäß Abb. 7.2b setzt man für harte, schlei-

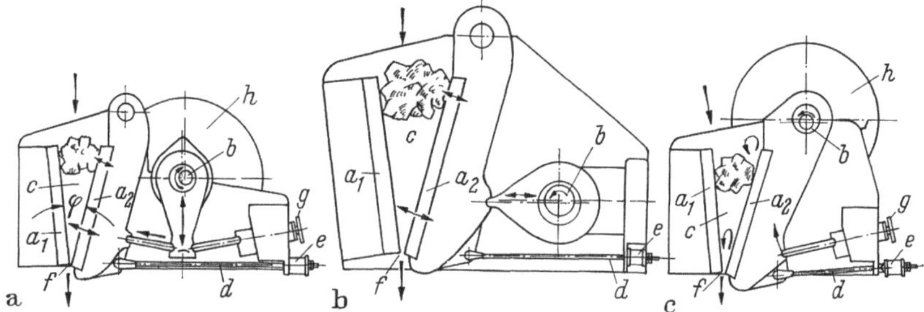

Abb. 7.2a–c. Backenbrecher (Fa. Klöckner-Humboldt-Deutz/Köln).
a) Pendelschwingenbrecher mit Doppel-Kniehebelantrieb; b) Pendelschwingenbrecher mit Direktantrieb; c) Kurbelschwingenbrecher.
a_1 feste Brechbacke, a_2 bewegliche Brechbacke, b Exzenterantrieb, c Arbeitsraum, d Zugstange, e Rückholfeder, f Austragspalt, g Spaltverstellung, h Schwungrad.

ßende Materialien mit Druckfestigkeiten über ca. 2000 kp/cm² ein; *Kurbelschwingenbrecher* (Abb. 7.2c) bewähren sich für mittelharte, wenig schießende Güter mit Druckfestigkeiten zwischen etwa 1000 und 2500 kp/cm². Die feste Brechbacke a_1 und die bewegliche, über einen Exzenterantrieb b angetriebene Brechbacke a_2 bilden einen keilförmigen Arbeitsraum c. Das oben eingefüllte Gut wird beim gegenseitigen Annähern der Backen zerkleinert und rutscht ein Stück abwärts, wenn diese sich — unterstützt durch die Zugstange d mit Rückholfeder e — wieder voneinander entfernen. Das fertige Feingut verläßt den Brecher durch den Austragspalt f. Die Endkörnung läßt sich mit Hilfe der Spaltverstellung g verändern, die Kornform kann man in begrenztem Maß durch die Form der Längsrillen in den Brechbacken a_1, a_2 beeinflussen. Ein Schwungrad h gleicht die starken Drehmomentschwankungen aus und entlastet damit den Antriebsmotor. Eine Rutschkupplung in der Schwungradnabe oder als Sollbruchstellen wirkende Scherbolzen schützen den Brecher vor mechanischer Überlastung.

Kurbelschwingenbrecher mit kreisender Brechbackenbewegung und kleinem Hub im Austragspalt liefern gleichmäßige Endprodukte (Endkörnung 15 bis 200 mm), Pendelschwingenbrecher mit hin- und hergehender Brechbacke sowie großem Hub im Spaltbereich ergeben ungleichmäßiges Gut (Endkörnung 40 bis 400 mm), erreichen jedoch einen hohen Durchsatz. Der Zerkleinerungsgrad entspricht etwa dem Verhältnis Maulweite (obere Mahlraumbreite) zu Spaltbreite; er liegt meist zwischen 5 und 8. Die Abb. 7.3 gibt Anhaltswerte für die Kornverteilung (Siebdurchgang D) des gebrochenen Guts in Abhängigkeit von der maximalen Austragspaltweite s_{max} (Abszisse) und der Sieböffnung k (Parameter) an.

Die Antriebsdrehzahl ist begrenzt durch die Forderung, daß nach jedem Brechhub das neu entstandene Feingut den Brecher verlassen

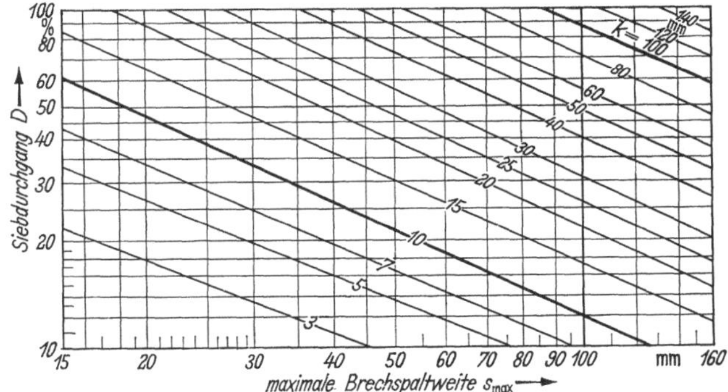

Abb. 7.3. Siebdurchgang D in Abhängigkeit von der maximalen Austragspaltweite s_{max} und der Sieb-Maschenweite k für mittelhartes Brechgut (nach Unterlagen der Fa. Klöckner-Humboldt-Deutz/Köln).

kann und nicht unnötig weiter zerkleinert wird. Man erhält näherungsweise

$$\omega = (0{,}9 \text{ bis } 0{,}95)\,\omega_{zul} = (0{,}9 \text{ bis } 0{,}95)\,\sqrt{\frac{\pi^2}{2}\,\frac{g\,\tan\varphi}{\Delta s}} \qquad (7.19\,\text{a, b})$$

mit ω und ω_{zul} als praktisch üblicher bzw. zulässiger Winkelgeschwindigkeit der Exzenterwelle, g als Erdbeschleunigung, φ als mittlerem Greifwinkel (Keilwinkel des Arbeitsraums, s. Abb. 7.2a) und Δs als Brechbackenhub (den Gln. (7.19a, b) liegt die Annahme $\varphi \doteq$ const zugrunde). φ darf nicht größer als der doppelte Wandreibungswinkel des Guts sein, damit dieses nicht beim Brechhub aus dem Brecher herausspringt; im allgemeinen wählt man $\varphi = 15$ bis $25°$.

Der Massendurchsatz $\dot{M}$ ergibt sich für $\omega \leqq \omega_{zul}$ mit l als Brechspaltlänge, ϱ_s als Schüttdichte des Materials im Arbeitsraum und C als produktabhängigem Beiwert zu

$$\dot{M} = C\,\frac{\varrho_s(s_{\max} - \Delta s/2)\,l\,\Delta s\,\omega}{2\,\pi\,\tan\varphi}. \tag{7.20}$$

Für Überschlagsrechnungen kann man $C \approx 0{,}5$ setzen. Die Antriebsleistung ermittelt man nach Abschnitt 7.11 (S. 311 ff.) als Quotient aus dem Oberflächenzuwachs pro Zeiteinheit $d(\Delta O)/dt$ und der Energieausnutzung $\Delta O/A$ oder als Produkt aus dem Massendurchsatz und dem spezifischen Arbeitsaufwand [Gln. (7.12a—c)]. A. G. KASSATKIN [9.31.12] gibt folgende Faustformeln für den Durchsatz und die Antriebsleistung an:

$$\frac{\dot{M}}{[\text{kg/h}]} = 15\,\frac{F}{[\text{cm}^2]}, \quad \frac{N}{[\text{PS}]} = \frac{1}{60}\,\frac{F}{[\text{cm}^2]}. \tag{7.21a, b}$$

F ist der Querschnitt des Brechmauls (größter Mahlraumquerschnitt).

7.22 Rund-, Kreisel- oder Kegelbrecher

Zum Grobzerkleinern großer Mengen spröder Güter (Steine, Erze usw.) eignen sich auch Rund-, Kreisel- oder Kegelbrecher (der zur Zeit größte Rundbrecher der Welt bewältigt bis 3500 t/h Erz; sein Brechmauldurchmesser beträgt 4400 mm, seine Brechmaulweite 1600 mm und seine Antriebsleistung 440 kW [7.17]).

Der Aufbau eines *Symons-Kegelbrechers* mit unten gelagertem, taumelndem Brechkegel geht aus Abb. 7.4 hervor. Das oben über einen Streuteller a zentral zugeführte Gut wird im Arbeitsraum b zwischen dem feststehenden Brechmantel c und dem taumelnden Brechkegel d durch Druck- und Schlagbeanspruchung zerkleinert. Beanspruchte und entlastete Zone des Arbeitsraums laufen in Umfangsrichtung um, so daß das Antriebsdrehmoment des Brechers zeitlich konstant bleibt und folglich auch kein Schwungrad nötig ist.

Die Breite des Brechspalts und damit die Feinheit des Endprodukts schwankt etwa zwischen 40 und 120 mm bei Grobbrechern bzw. zwischen 2 und 40 mm bei Feinbrechern; sie läßt sich meist durch Heben bzw. Senken des Brechmantels oder des Brechkegels verstellen. Der Kegelwinkel δ beträgt etwa 25° bei langsamlaufenden Grobbrechern (überwiegende Druckbeanspruchung des Guts) und 40 bis 90° bei Feinbrechern und schnellaufenden Symonsbrechern (überwiegende Schlagzerkleinerung), der Greifwinkel (Keilwinkel) des Arbeitsraums liegt zwischen 15 und 25°; der Zerkleinerungsgrad ist etwa 6 bis 8 (10 bis 25) bei groben (feinen) Endprodukten. Die Winkelgeschwindigkeit des Brechkegels folgt in erster Näherung aus den Gln. (7.19a, b) nach Multiplikation mit dem Faktor $\sqrt{\cos \delta/2}$, wenn man für Δs die Differenz zwischen der größten und der kleinsten Ringspaltbreite am Kegelumfang einsetzt. Für den Massendurchsatz gilt Gl. (7.20). Die Antriebsleistung ermittelt man wie bei Backenbrechern nach Abschnitt 7.11 (S. 311 ff.).

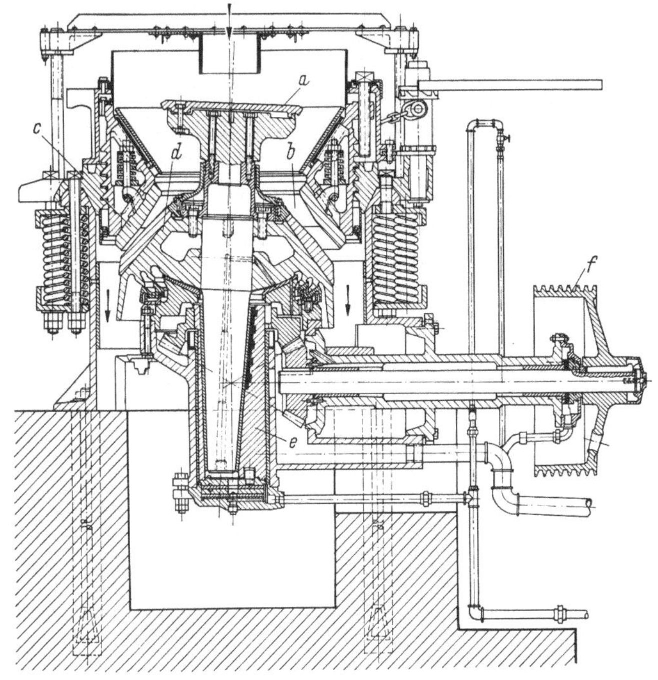

Abb. 7.4. Symons-Kegelbrecher (Fa. Krupp/Rheinhausen).
a Streuteller, *b* Arbeitsraum, *c* Brechmantel, *d* Brechkegel, *e* Exzenterbüchse, *f* Keilriemenantrieb.

7.23 Walzenbrecher

Zweiwalzenbrecher mit zwei horizontalen, gegenläufig rotierenden Walzen dienen zum Vorbrechen und Schroten spröder, beliebig harter Stoffe. *Einwalzenbrecher* mit einer gegen einen festen Rost oder eine Brechschwinge arbeitenden Walze eignen sich für spröde, nicht allzu harte Güter, zum Ansetzen neigende feuchte und klebrige Substanzen, faserige Stoffe und Weichstoffe. *Dreiwalzenbrecher* bestehen aus einem Einwalzenbrecher und einem Zweiwalzenbrecher zum Vor- bzw. zum Nachzerkleinern und einem Sieb zum Abtrennen des Feingutanteils nach der ersten Stufe; sie bewähren sich vor allem zur Kohlenaufbereitung.

7.231 Zweiwalzenbrecher. Die Abb. 7.5 zeigt eine Zweiwalzenmaschine zum Schroten spröder, beliebig harter und auch schleißender Stoffe (Endkorngröße zwischen 1 und 10 mm). Die Walzen a_1, a_2 sind im Gehäuse b horizontal verschiebbar gelagert. Die Spalteinstellung c

legt die Lage der Walze a_1 und damit die gewünschte Weite des Walzenspalts zwischen a_1 und a_2 fest, Pufferfedern d halten die andere Walze a_2 in der Arbeitsstellung. Der Walzenantrieb erfolgt über (nicht dargestellte) Riemenvorgelege. Das Gut fällt von oben zwischen die Walzen, die es durch die Reibung in den Spalt einziehen und dabei durch einmalige Druckbeanspruchung zerkleinern. Feine Teile können den Brecher ungehindert passieren, daher entsteht nur wenig Feinstaub. Beim Eindringen unbrechbarer Fremdkörper weicht die Walze a_2 aus, wobei die Parallelführung e ein Verkanten verhindert. Die elastischen Querbewegungen bewahren zwar die Maschine vor Lager- oder Walzenbrüchen, die dadurch bedingten Massenkräfte machen jedoch schwere Fundamente

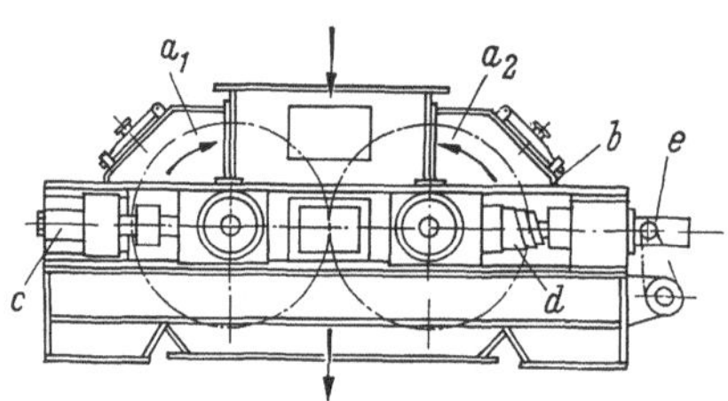

Abb. 7.5. Zweiwalzenbrecher (Fa. Klöckner-Humboldt-Deutz/Köln).
a_1 und a_2 Walzen, b Gehäuse, c Spalteinstellung, d Pufferfeder, e Parallelführung.

erforderlich. Dieser Nachteil läßt sich durch elastische Lagerung beider Walzen vermeiden (gegenläufige Walzenbewegungen, daher keine freien Massenkräfte).

Den Walzendurchmesser D, die Walzenlänge L und die Walzenoberfläche paßt man dem jeweiligen Brechgut an. Für harte, schleißende Produkte (z. B. Koks) verwendet man glatte, gedrungene Walzen ($D > L$). Damit diese auch die größten Mahlgutteilchen mit dem Durchmesser k_{max} noch in den Spalt einziehen, muß die Bedingung

$$k_{\mathrm{max}} \leqq \frac{D(1 - \cos \varrho_w) + s}{\cos \varrho_w} \approx D(1 - \cos \varrho_w) \qquad (7.22\,\mathrm{a, b})$$

erfüllt sein; s und ϱ_w bezeichnen die Spaltweite bzw. den Wandreibungswinkel des Brechguts. Praktisch wählt man meist $D = (20 \text{ bis } 25)\, k_{\mathrm{max}}$. Da im Walzenspalt nur eine Kalibrierung in einer Dimension erfolgt, muß man s in der Regel auf etwa 65 bis 85% der gewünschten Endkorngröße einstellen. Der Zerkleinerungsgrad liegt etwa zwischen 2 und 6.

Der Brechgutdurchsatz ergibt sich mit ω als Winkelgeschwindigkeit der Walzen und ϱ_s als Schüttdichte des Guts aus

$$\dot{M} = C L s \,\frac{D}{2}\, \omega \varrho_s. \qquad (7.23)$$

Der Faktor C (auch Leistungs- oder Auflockerungsfaktor genannt) hängt vom Produkt und von der Zudosierung ab; im Mittel ist $C \approx 0{,}3$. Mit wachsender Umfangsgeschwindigkeit steigt der Durchsatz, doch nehmen auch Walzenverschleiß und Staubanfall (infolge der größeren Reibarbeit zum Beschleunigen des Guts) zu. Meist betreibt man Walzenbrecher mit

Umfangsgeschwindigkeiten zwischen 2 und 6 m/s; bei schleißenden, harten Substanzen sind kleine Umfangsgeschwindigkeiten üblich, während man bei weichen, nicht schleißenden Stoffen auch Werte >10 m/s zuläßt. Der Bildung von Verschleißriefen bei schleißenden Substanzen kann man entgegenwirken, indem man eine Walze gegen die andere axial verschiebt. Verschlissene Walzen lassen sich bei ausreichender Wandstärke durch Abschleifen wieder glätten.

Die Antriebsleistung setzt sich aus den Anteilen zum Zerkleinern des Guts, zum Beschleunigen der Teilchen auf die Walzen-Umfangsgeschwindigkeit und zum Überwinden der Leerlaufverluste zusammen. Der Zerkleinerungsanteil läßt sich nach Abschnitt 7.11 (S. 311 ff.) ermitteln. Der Anteil N_B zum Beschleunigen des Guts ist bei vernachlässigbarer Auftreffgeschwindigkeit

$$N_B = \dot{M}\,(D\omega)^2/8\,. \tag{7.24}$$

A. G. Kassatkin [*9.31.12*] gibt für die gesamte Antriebsleistung folgende Näherungsformel an:

$$\frac{N}{[\text{PS}]} = \frac{1}{6500}\,\frac{L}{[\text{cm}]}\,\frac{D}{[\text{cm}]}\,\frac{n}{[\text{U/min}]}\left[\frac{1}{2}\,\frac{k_{m0}}{[\text{cm}]} + \frac{(D/[\text{cm}])^2}{24\,000}\right]. \tag{7.25}$$

k_{m0} ist die mittlere Korngröße des Aufgabeguts, n bezeichnet die Walzendrehzahl. Die Reaktionskräfte des Produkts auf die Walzen kann man auf Grund von Druckversuchen an Einzelkörnern aus der Kraft-Weg-Kurve abschätzen. Man erhält als grobe Näherung

$$P = C^* L D\,\frac{\varrho_s}{\varrho_k}\left(1 - \frac{s}{k_{m0}}\right). \tag{7.26}$$

ϱ_s und ϱ_k sind die Schüttdichte bzw. die Feststoffdichte. Der produktabhängige, dimensionsbehaftete Beiwert C^* steigt mit sinkendem k_{m0} und bei gruppenbildenden (nicht zerplatzenden, sondern zerbröckelnden) Stoffen mit zunehmendem Zerkleinerungsgrad stark an.

Für mittelharte Stoffe setzt man längsgeriffelte Walzen ($D \approx L$) ein und wählt $D = (10 \text{ bis } 12)\,k_{\max}$. Für weiche Produkte (z. B. Preßlinge von Kompaktiermaschinen) eignen sich schlanke Stachel-, Messer- oder Zahnwalzen ($D < L$) mit dem Durchmesser $D = (2 \text{ bis } 5)\,k_{\max}$. Zahnwalzenbrecher liefern ein würfeliges Brechgut und dienen daher auch zum Brechen verschiedener mittelharter Stoffe, bei denen es auf die Form der gebrochenen Körner ankommt und der im Vergleich zu glatten Walzen höhere Verschleiß und Staubanfall nicht stört.

7.232 Einwalzenbrecher. Die Abb. 7.6 gibt einen „*Daumenbrecher*" für Durchsätze bis zu 6000 kg/h (Endkörnung entsprechend der Rostbreite, etwa 10 bis 20 mm) wieder. Er eignet sich für spröde, nicht allzu harte, wenig schleißende Substanzen, feuchte und klebrige Produkte, Weichstoffe sowie verschiedene zähe oder faserige Güter. In dem Gehäuse a mit Brechrost b rotiert eine Welle c mit schraubenförmig gegeneinander versetzten Brechdaumen oder Schermessern d. Die Daumen passieren bei der Abwärtsbewegung die Rostspalte und zerkleinern das auf dem Rost liegende Gut durch Druck, Reibung und Abscheren (die Reib- und Scherzerkleinerung benötigt bei spröden Stoffen mehr Energie als die Druckzerkleinerung und ergibt auch mehr Feinstaub als jene). Bei der Aufwärtsbewegung der Daumen streifen die Roststäbe etwa anhaftende Produktreste ab.

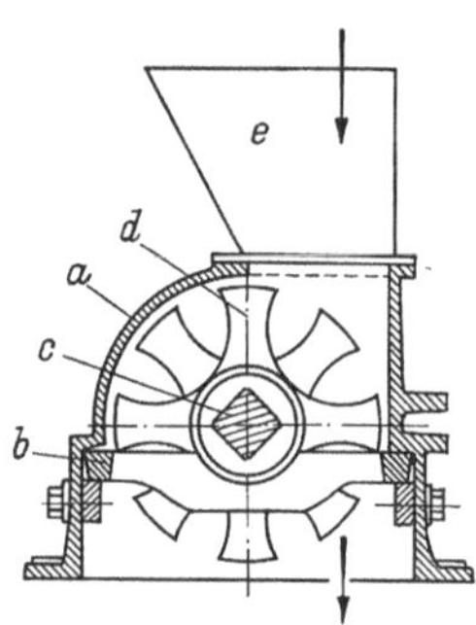

Abb. 7.6. Daumenbrecher (Fa. Alpine/Augsburg).

a Gehäuse, *b* Brechrost, *c* Welle, *d* Brechdaumen, *e* Aufgabetrichter.

Einwalzenbrecher mit gezahnter Brechwalze $[D = (2 \text{ bis } 3)\,k_{\max}]$ und über Federn elastisch in Arbeitsstellung gehaltener Brechschwinge dienen zum Vorbrechen und Schroten von Steinkohle, Braunkohle, Koks, Schlacke, Salz usw. Sie erreichen Zerkleinerungsgrade bis 30. Entsprechend geformte Zähne können auch sehr große Stücke einziehen und zerkleinern. Auch *Ballenreißer* zum Zerlegen von Faserstoffballen in Einzelfasern sind im allgemeinen mit Zahnwalzen ausgestattet. Der in der Ton- und Ziegelindustrie, in Salzbetrieben sowie in der Müll- und Kompostaufbereitung verwendete *Briopol-Brecher* (Fa. Polysius) besitzt anstelle einer Brechwalze ein Pendelhammer-Schlagwerk. *Abwasser-Grobstoffzerkleinerer* arbeiten im Gegensatz zu den bisher beschriebenen Brechern unter Wasser. Die Brechzähne an einer rotierenden Schlitztrommel mit vertikaler Achse greifen in die Lücken feststehender Brechroste ein, Abb. 7.7. Das Abwasser durchströmt die Schlitztrommel von außen nach innen und fließt axial ab. Mitgeführte Feststoffe (Holz, Obst- und Gemüsereste, Papier usw.) werden zurückgehalten und zwischen den Brechzähnen und den Rosten zerkleinert, bis sie mit dem Wasser die Schlitze passieren können.

Massendurchsatz und Lagerbelastung von Einwalzenbrechern lassen sich näherungsweise — allerdings mit anderen Zahlenwerten der Faktoren C bzw. C^* — nach den Gln. (7.23) und (7.26) errechnen, die Antriebsleistung folgt aus Abschnitt 7.11 (S. 311 ff.).

7.24 Prallbrecher

Prallbrecher setzt man zum Feinbrechen und Schroten spröder, verschieden harter Stoffe (MOHSsche Härte etwa zwischen 2 und 5) sowie verschiedener zäher, wärmeempfindlicher, klebriger und heterogener Substanzen (z. B. Müll) ein. Sie liefern auch bei grobem Aufgabegut verhältnismäßig viel Feinstaub, da die Beanspruchung des Brechguts nur von den Stoffeigenschaften und der Prallgeschwindigkeit (zwischen 15 und 40 m/s), aber nicht von der Korngröße abhängt und sich die Festigkeit im Arbeitsbereich der Brecher im allgemeinen nur wenig mit der Teilchengröße ändert.

7.241 Sieb-Prallbrecher. Sieb-Prallbrecher oder Sieb-Hammerbrecher nach Abb. 7.8 dienen zum Feinbrechen spröder, wenig schleißender, faserfreier und nicht klebender Produkte (klebrige oder faserige Bestandteile würden die Sieböffnungen verstopfen und dadurch Betriebsstörun-

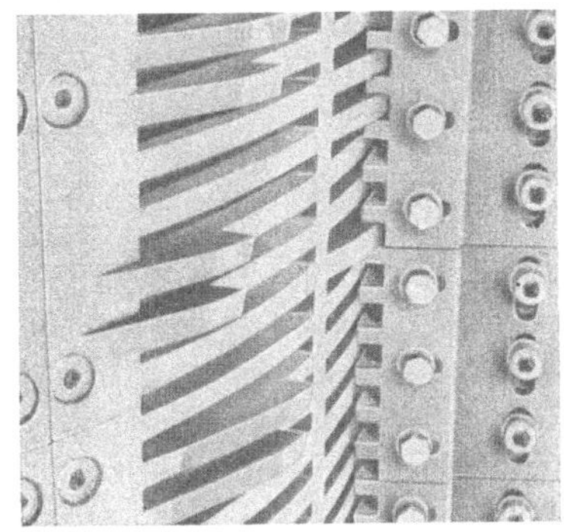

Abb. 7.7. Schlitztrommel-Segment und Kamm eines „Comminutors" zur Abwasser-Grobstoffzerkleinerung (Fa. Condux/Wolfgang bei Hanau).

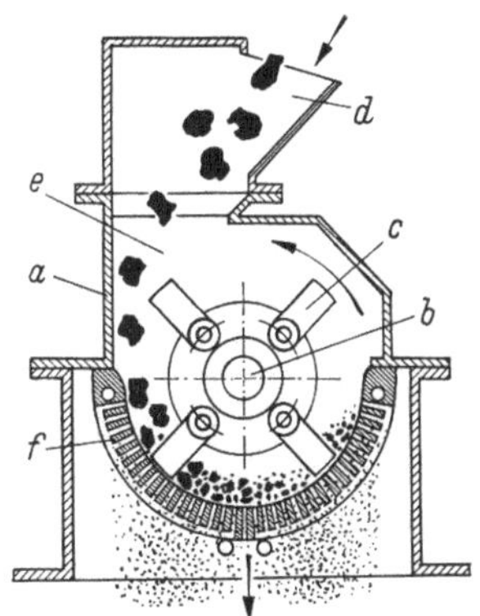

Abb. 7.8. Sieb-Hammerbrecher (Fa. Siebtechnik/Mülheim).

a gepanzertes Gehäuse, *b* Rotor, *c* Hammer (Schläger), *d* Brechgut-Einfüllöffnung, *e* Arbeitsraum, *f* Siebrost.

gen verursachen). In einem gepanzerten Gehäuse *a* rotiert ein Rotor *b* mit pendelnd aufgehängten Schlägern oder Hämmern *c*. Das Brechgut fällt durch die Einfüllöffnung *d* in den Arbeitsraum *e* und verläßt diesen durch den stabilen Siebrost *f* erst, wenn es bis auf die gewünschte (durch die Sieböffnungen vorgegebene) Feinheit zerkleinert ist. Der Siebrost besteht aus gelochten Platten oder Roststäben. Sonderausführungen für klebrige und faserhaltige Güter (z. B. Müll) haben selbstreinigende Roste aus parallel zur Rotorachse verlaufenden, langsam rotierenden Mehrkant-Roststäben mit einem gemeinsamen Kettenantrieb.

Sieb-Prallbrecher führt man etwa bis zu 2500 mm Schlagkreisdurchmesser (Rotor-Außendurchmesser) aus. Solche Brecher bewältigen bei mittelhartem Gestein kubische Aufgabestücke bis zu 2 m³ und erreichen bei 30 mm Rostspaltweite Durchsätze >500 t/h bei 500 kW Antriebsleistung.

7.242 Doppel-Prallbrecher. Doppel-Prallbrecher oder Doppel-Hammerbrecher mit zwei in einem Arbeitsraum gegensinnig umlaufenden

Rotoren und festem oder selbstreinigendem Stabrost erzielen besonders hohe Massendurchsätze. Sie bewähren sich auch bei sehr großen Aufgabestücken und heterogenen Materialien mit ungleichmäßiger, stark schwankender Zusammensetzung, daher setzt man sie vornehmlich zum Grobzerkleinern von Erzen, Steinkohle, Hochofenschlacke (mit festem Rost) sowie junger Braunkohle mit faserigen Beimengungen und Müll (mit selbstreinigendem Rost) ein.

7.243 Sieblose Prallbrecher. Sieblose Prallbrecher erreichen sehr große Durchsätze und sind weitgehend unempfindlich gegenüber ansatzbildenden oder faserhaltigen Substanzen. Sie unterscheiden sich von Sieb-Prallbrechern (Abb. 7.8) lediglich durch Fehlen des Siebrostes. Kleine unbrechbare Stücke verursachen keine Betriebsstörungen. Das fertig gebrochene Gut ist sehr ungleichmäßig, weist also ein breites Korngrößenspektrum auf.

7.25 Schneidmaschinen, Hackmaschinen und Granulatoren

Schneidmaschinen eignen sich zum Zerkleinern zäher, gummielastischer und faseriger Stoffe geringer Härte. *Hackmaschinen* (*Zerspaner*) dienen speziell zum Zerspanen von Holz, *Bandgranulatoren* erzeugen aus Kunststoffbändern oder Gummiwalzfellen würfelförmiges Granulat, und *Stranggranulatoren* liefern aus runden Kunststoffsträngen oder Schnüren zylindrische Granulatteilchen.

Als Mahlwerkzeuge verwendet man Messer, deren scharfkantige Schneide infolge örtlicher Spannungskonzentration leicht in das Gut eindringen kann und eine starke lokale Verformung verursacht, die auch in zähen und gummielastischen Substanzen zu Trennbrüchen führt. Entscheidend für die Schneidwirkung eines Messers ist der Krümmungsradius an der Schneidkante; diese ist mechanisch sehr hoch belastet, daher muß man sie verhältnismäßig oft nachschleifen. Alle Schneidmühlen, Hackmaschinen und Granulatoren sind empfindlich gegen harte und schleißende Teile (z.B. Nägel, Schrauben und andere Metallteile in Kunststoffen, Gummi oder Holz; harte Zuschlagstoffe in Kunststoffbändern und -strängen). Für die Wahl der Schneidwinkel, der Schnittgeschwindigkeit, der Schnittkräfte, der Antriebsleistung usw. gelten grundsätzlich die gleichen Gesichtspunkte wie bei den Werkzeugmaschinen zur spangebenden Holz- und Metallbearbeitung [*9.32.1, 9.32.4*].

7.251 Schneidmaschinen. Die Abb. 7.9 zeigt die Schneidkammer einer kleinen *Schneidmühle* mit vertikaler Rotorachse zum Granulieren dünnwandiger Kunststoffabfälle; der Gehäusedeckel ist abgenommen. In dem Arbeitsraum a rotiert ein Schneidrotor b mit einem Vorreißer c und zwei um 180° gegeneinander versetzten Messern d, die mit geringem, einstellbarem Spiel an feststehenden Statormessern e und mit größerem Spiel an einem Sieb f vorbeilaufen. Das Aufgabegut fällt von oben in den Arbeitsraum, wird zunächst vom Vorreißer erfaßt, grob gebrochen und anschließend zwischen den rotierenden und den feststehenden Messern granuliert, bis es die Sieböffnungen passieren und so die Mühle verlassen kann.

Große Schneidmühlen haben meist Rotoren mit horizontaler Achse. Sie können auch großflächige und sperrige, dünnwandige Teile (z. B. Kunststoffschüsseln, -wannen, -eimer) aufnehmen und in einem Arbeitsgang auf die gewünschte Korngröße granulieren.

Zum Vorschneiden von Gummiabfällen (Autoreifen usw.) setzt man *Gummischneidmaschinen* ein: Das Rohmaterial wird auf einem Arbeitstisch von Hand einem Kreismesser mit gegenläufiger Transportwalze oder zwei gegensinnig rotierenden Kreismessern unterschiedlicher Größe zugeführt. Zum Vorbrechen reiner oder faserhaltiger Gummiabfälle dienen *Gummivorbrecher*. Eine im Brechereinlauf angeordnete

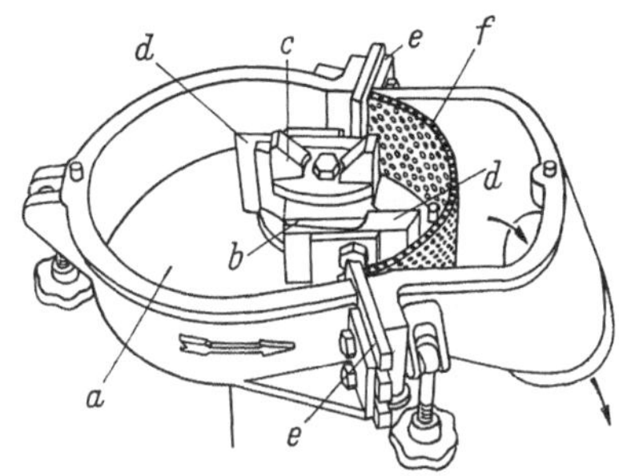

Abb. 7.9. Schneidmühle (Fa. Alpine/ Augsburg).

a Arbeitsraum, *b* Schneidrotor, *c* Vorreißer, *d* Rotormesser, *e* Statormesser, *f* Sieb.

Schnecke zieht das Material ein, bricht es und fördert es zwischen zwei zueinander verstellbare profilierte Kegelscheiben, von denen eine stillsteht und die andere rotiert.

Die Antriebsleistung von Schneidmaschinen läßt sich infolge der sehr ungleichmäßigen Belastung (bedingt durch die Form des Aufgabeguts und die unregelmäßige, manuelle Beschickung) nicht vorausberechnen, daher muß man den Antrieb sehr reichlich dimensionieren. Bei der in Abb. 7.9 dargestellten Schneidmühle beträgt die Umfangsgeschwindigkeit der Messer etwa 11 m/s, die installierte Leistung rund 200 W pro cm Schneidkantenlänge (bezogen auf ein Messer); bei zwei großen Schneidmühlen für Kunststoffe ergab die Nachrechnung Umfangsgeschwindigkeiten von 10 bzw. 13 m/s und installierte Leistungen von 350 bzw. 600 W pro cm gleichzeitig wirksamer Schneidkantenlänge.

Der spezifische Mahlgutdurchsatz hängt stark vom Produkt und von der Sieblochung ab. Für erste vorsichtige Schätzungen kann man bei Schneidmühlen für Kunststoffe $\dot{M}_{sp} \approx 10$ bis $20\,\mathrm{kg/kWh_{install.}}$ annehmen — dieser Wert wird in günstigen Fällen jedoch weit überschritten. Gummivorbrecher erreichen etwa $\dot{M}_{sp} \approx 80\,\mathrm{kg/kWh}$.

7.252 Hackmaschinen (Grobzerspaner). Hackmaschinen erzeugen aus Stamm- und Knüppelholz, Schwarten oder Spreißeln Hackschnitzel bzw. Holzspäne. Die Abb. 7.10 gibt den Aufbau eines *Scheibenhackers* wieder. Der im Gehäuse a umlaufende Hackrotor b besteht aus einer Scheibe mit zwei etwas schräg zur Radialrichtung eingesetzten Hackmessern c („ziehender Schnitt"!) und mehreren radialen Wurfrippen d. Die Zufuhr des Rohmaterials erfolgt seitlich durch die Aufgabeöffnung e, die Wurfrippen schleudern die entstehenden Späne durch die Auswurföffnung f heraus. Der spezifische Durchsatz beträgt etwa $\dot{M}_{sp} \approx 100$ kg Hackschnitzel/kWh.

7.253 Granulatoren. *Bandgranulatoren* verarbeiten 2 bis 5 mm dicke und bis 900 mm breite Kunststoff- oder Gummibänder bzw. Walzfelle zu würfel- oder quaderförmigem Granulat; *Stranggranulatoren* dienen zum Granulieren runder Kunststoffstränge zwischen etwa 2 und 6 mm Durchmesser. Die Abb. 7.11 zeigt die Arbeitsweise eines Bandgranulators. Die ineinanderkämmenden Kreismesserwellen a_1, a_2 erfassen das an-

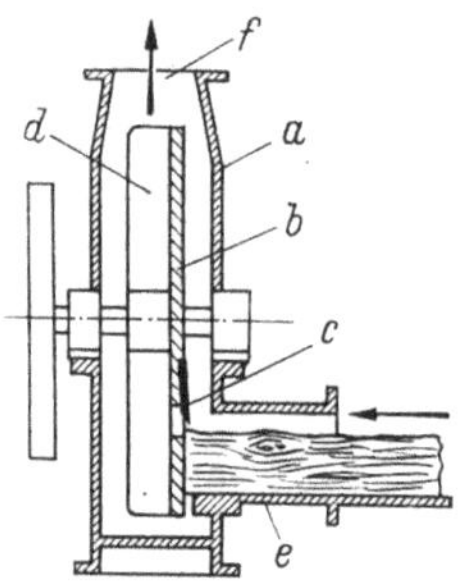

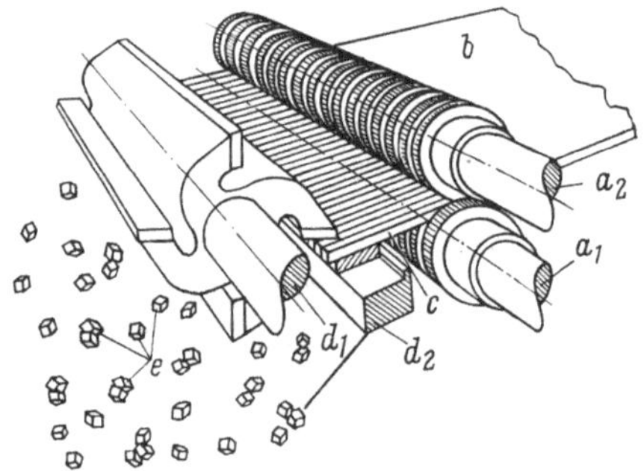

Abb. 7.10. Scheibenhacker (Fa. Pallmann/ Zweibrücken).

a Gehäuse, b Hackrotor, c Hackmesser, d Wurfrippen, e Aufgabeöffnung, f Auswurföffnung.

Abb. 7.11. Bandgranulator (Fa. Condux/Wolfgang bei Hanau).

a_1 und a_2 ineinanderkämmende Kreismesserwellen, b Band, c Streifen, d_1 Messerrotor, d_2 Statormesser, e Granulat.

kommende Band b, ziehen es ein (Einzugsgeschwindigkeit 1,5 bis 40 m/min) und schneiden es gleichzeitig in einzelne Streifen c, die anschließend von einem schnellaufenden Messerrotor d_1 und einem feststehenden Statormesser d_2 quer zu würfelförmigem Granulat e geschnitten werden. Stranggranulatoren haben statt der ineinanderkämmenden Kreismesser einzelne, durch Federn oder Gumminaben elastisch aneinandergedrückte, geriffelte Einzugswalzen für bis zu 24 Stränge (Einzugsgeschwindigkeit 2,5 bis 300 m/min). Bei manchen Stranggranulatoren läßt sich der Messerrotor axial verschieben, wodurch man immer neue Stellen der Schneidkanten zum Einsatz bringen und so die Standzeit der Messer wesentlich verlängern kann.

7.3 Feinzerkleinern

Feinzerkleinerungsmaschinen mahlen kleinstückige — gegebenenfalls vorgebrochene — Produkte auf Endkörnungen < 1 mm.

7.31 Mühlen mit losen Mahlkörpern

Mühlen mit losen Mahlkörpern (*Trommelmühlen, Schwingmühlen, Rührwerks-Kugelmühlen*) zerkleinern das Gut durch Schlag-, Druck- und Reibbeanspruchung beim Bewegen und Umschichten eines Mahlgut/ Mahlkörper-Gemischs. Sie eignen sich zum Trockenmahlen spröder Stoffe beliebiger Härte, zum Naßmahlen temperaturempfindlicher Substanzen und Agglomerate sowie zum Durchführen kombinierter verfahrenstechnischer Prozesse (Mahltrocknen, Mahlmischen usw.). Infolge ihrer einfachen, billigen und besonders leicht auswechselbaren Mahlkörper lassen sie sich auch bei sehr harten, stark schleißenden Materialien wirtschaftlich einsetzen. Nachteilig sind ihre verhältnismäßig großen Abmessungen und ihr relativ großer, spezifischer Arbeitsaufwand.

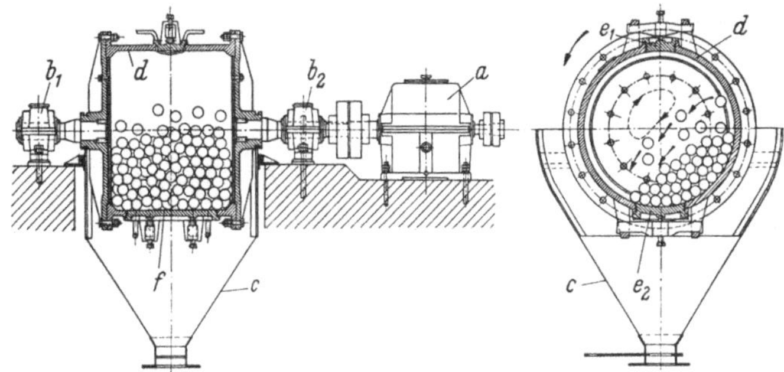

Abb. 7.12. Kugelmühle für Satzbetrieb (Fa. Krupp/Rheinhausen).
a Getriebe, b_1 und b_2 Lager, *c* Auffangtrichter, *d* Mahltrommel, e_1 und e_2 Beschickungs- bzw. Entnahmeöffnung, *f* Mahlgut/Mahlkugel-Füllung.

7.311 Trommelmühlen. Trommelmühlen weisen als wesentliches Bauelement eine innen gepanzerte, teilweise mit Mahlgut/Mahlkörper-Gemisch gefüllte, rotierende Trommel mit (etwa) horizontaler Achse auf. Als Mahlkörper verwendet man bei *Kugelmühlen* Kugeln oder kugelähnliche Gebilde (z. B. Flintsteine, Concavex-Körper), bei *Stab-* oder *Spindelmühlen* Stäbe (Rund- oder Vielkantstäbe, Spirolen, Helipeps usw.). Erstere berühren benachbarte Mahlkörper und Trommelwände in einem Punkt, letztere längs einer Linie. Da die Mahlstäbe normalerweise mehrere Mahlgutteilchen gleichzeitig erfassen und ihre Energie vorwiegend auf die größeren Körner übertragen, liefern Stabmühlen bei weichen bis mittelharten Stoffen (Ausgangskörnung im allgemeinen unter

25 mm) besonders gleichmäßige Endprodukte mit wenig Grobkorn und geringem Feinstaubanteil; sie eignen sich auch für temperaturempfindliche Substanzen (gute Wärmeableitung!) und zum Ansetzen neigende Stoffe. Kugelmühlen zieht man dagegen zum Feinstmahlen sehr harter Substanzen vor.

In Abb. 7.12 ist eine *Kugelmühle* zum chargenweisen Trocken- oder Naßmahlen verschiedener Güter (z. B. Schmirgel, Erz, Kalkstein, Kohle, Salze, Emaille, Farben, Drogen, Gewürze, Schellack) dargestellt. Ein (nicht gezeichneter) Elektromotor treibt über ein Untersetzungsgetriebe a die in den Lagern b_1, b_2 oberhalb eines Auffangtrichters c gelagerte, zylindrische Mahltrommel d mit Beschickungs- und Entnahmeöffnungen e_1 bzw. e_2 sowie Mahlgut/Mahlkugel-Füllung f. Die Trommel nimmt den

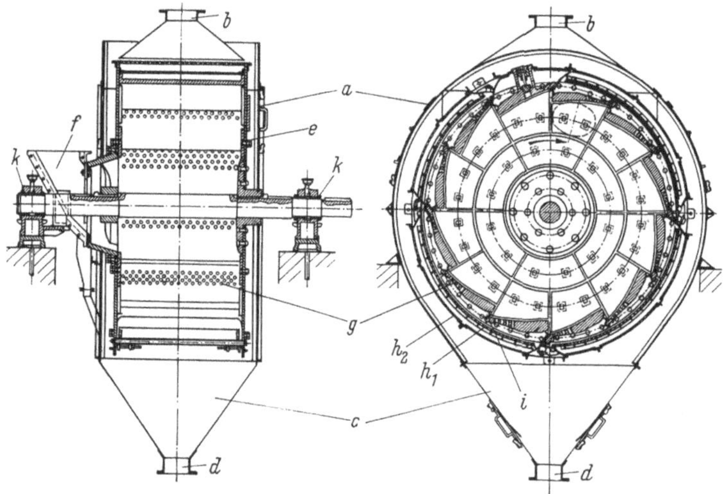

Abb. 7.13. Siebkugelmühle für kontinuierlichen Betrieb (Fa. Krupp/Rheinhausen).
a Gehäuse, b Entlüftung, c Auffangtrichter, d Entleeröffnung, e Mahltrommel, f Mahlgutaufgabe, g Umfangspanzerung, h_1 und h_2 Rundsiebe, i Schlitze, k Lager.

Inhalt beim Drehen durch Reibung in Umfangsrichtung mit, bis sich das Gemisch von der Wand löst und wieder in den unteren Trommelabschnitt fällt. Die Hauptzerkleinerung grober Körner erfolgt dort, wo die Kugeln wieder auf die Wand auftreffen; Relativbewegungen innerhalb des Haufwerks (insbesondere Gleit- und Abrollvorgänge an der Oberfläche der Schüttung) reichen nur zum Zerkleinern feiner Teilchen aus. Die Bewegung des Schüttguts verursacht eine (in Abb. 7.12 punktiert wiedergegebene) Luftströmung, die bei Normaldruck feines Mahlgut in die Hauptmahlzone fördert und dadurch den Mahleffekt verbessert [7.18]. Die Feinheit des Endprodukts hängt von der Mahlzeit ab. Sie ist durch die Ausgangskörnung bei der Mahlzeit null einerseits und durch die nach unendlicher Mahlzeit erreichbare Endfeinheit (bedingt durch wachsende Festigkeit und Agglomerationsneigung bei abnehmender Korngröße) andererseits begrenzt.

Siebkugelmühlen gemäß Abb. 7.13 eignen sich zum kontinuierlichen Trockenmahlen von Erzen, Kalkstein, Schamotte, Kohle usw. auf Endkörnungen zwischen 0,1 und 3 mm (je nach Größe der Sieböffnungen). In dem Gehäuse *a* mit Entlüftung *b*, Auffangtrichter *c* und Entleeröffnung *d* rotiert eine Mahltrommel *e* mit axialer Mahlgutaufgabe *f*. Das vorgemahlene Gut passiert die Löcher der Umfangspanzerung *g* und gelangt auf die Rundsiebe h_1, h_2; das Feingut fällt durch die Sieböffnungen in den Auffangtrichter *c*, der Siebrückstand rutscht im Verlauf der Trommeldrehung durch die Schlitze *i* in der Umfangspanzerung wieder in den Mahlraum zurück. Bei feuchten und klebrigen Mahlgütern empfiehlt sich eine Naßmahlung; Siebkugelmühlen zum Naßmahlen sind wasserdicht und korrosionsfest ausgeführt und haben zusätzlich eine Vorrichtung zum Abbrausen der Siebe (Wasserverbrauch beim Erzmahlen etwa 4 m³/t).

Rohrmühlen mit verhältnismäßig langer Trommel (Trommellänge: Durchmesser $= 4$ bis 6) ermöglichen ebenfalls eine kontinuierliche Feinmahlung. Das Mahlgut tritt an der Aufgabeseite axial ein, wandert langsam durch die Rohrtrommel und verläßt sie schließlich fertig gemahlen auf der Austrittsseite durch Siebe oder Schlitze. Um die Mahlkugelgröße an die axial veränderliche Produktfeinheit anpassen zu können, unterteilt man die Rohrtrommel durch radiale, gelochte Zwischenwände in zwei bis vier Kammern (*Verbundrohrmühlen* oder *Mehrkammermühlen*). Eine Unterteilung des Endkammer-Querschnitts — beispielsweise durch einen Concentra-Einsatz [*7.16*] — verbessert die Mahlwirkung und vermindert den Leistungsbedarf. Durch kugelsortierende Stufenpanzerungen (Umfangspanzerung mit Sägezahnprofil in Längsrichtung, Steilabfall zur Austrittsseite) lassen sich auch ohne Zwischenwände die großen Kugeln an der Aufgabe- und die kleinen an der Austrittsseite anreichern; solche Rohrmühlen benötigen in der Regel eine kleinere spezifische Antriebsleistung als Mehrkammermühlen. Die Trommel der *Konusmühle* (*Hardinge-Mühle*) besteht aus einem zylindrischen und einem konischen Abschnitt und ist mit Mahlkugeln unterschiedlicher Größe gefüllt; die größeren reichern sich bei der Rotation in der zylindrischen Vormahlzone, die kleineren in der konischen Feinmahlzone an. Das Mahlgut wandert kontinuierlich axial durch die Vormahlzone und dann durch die Feinmahlzone, die optimale Mahlkugelgröße ist daher jeweils an die Mahlfeinheit angepaßt. Da außerdem zum Feinmahlen eine kleinere relative Drehzahl [Gln. (7.27 a, b)] als zum Grobmahlen erwünscht ist [*7.18*], herrschen in beiden Zonen günstige Mahlbedingungen. Konusmühlen dienen zum Mahlen von Erzen, Zement, Kohle usw.

22 Ullrich, Mech. Verfahrenstechnik

Beim kontinuierlichen Feinmahlen entsteht manchmal unerwünscht viel Feinstaub. In solchen Fällen kann man den Leistungsbedarf und den Verschleiß durch Kreislaufmahlung senken: Man schickt einen Luftstrom axial durch die Trommel, der das Mahlgut austrägt und einem Windsichter zuführt. Das ausreichend zerkleinerte Feingut passiert den Sichter und scheidet sich in einem anschließenden Staubabscheider ab, der im Sichter abgetrennte Grieß wird zusammen mit frischem Mahlgut erneut der Mühle zugeleitet. Die Kreislaufmahlung eignet sich — genügend hohe Luft- bzw. Gastemperatur vorausgesetzt — auch zum Mahltrocknen feuchter Stoffe (z. B. Kohle mit einem Wassergehalt bis etwa 15%).

Sehr kleine Stoffmengen (z. B. in Laboratorien) kann man auch absatzweise in zylindrischen *Mahltöpfen* mit Bügelverschluß (Inhalt etwa 1 bis 25 Liter) mahlen, die man durch Auflegen auf einfache Rollenböcke in Rotation versetzt. Die Mahlwirkung derartiger Kleinmühlen ist jedoch sehr gering. Bei den *Planetenkugelmühlen* führen die Mahltöpfe eine Planetenbewegung aus, d. h. sie rotieren um ihre eigene und zusätzlich um eine dazu parallele Achse. Die dadurch verursachte Fliehkraft erhöht die Mahlkörperenergie und damit den Mahleffekt beträchtlich [*7.14*, *7.19*]. Planetenkugelmühlen setzt man vor allem in der pharmazeutischen Industrie und zum Herstellen von Pigmenten ein.

Die Gesetzmäßigkeiten der Mahlkörperbewegung bilden die Grundlage theoretischer Betrachtungen [*7.22*]. Die Bewegungsvorgänge hängen weitgehend von der relativen Drehzahl

$$z = \frac{\omega}{\omega_{\text{krit}}} = \sqrt{\cos \alpha_P} \qquad (7.27\,\text{a, b})$$

ab. ω und α_P bezeichnen die Winkelgeschwindigkeit der Trommel bzw. die Ablösestelle der Mahlkörper (Winkel zwischen der Ablösestelle und der nach oben gerichteten Lotrechten). Bei der kritischen Winkelgeschwindigkeit

$$\omega_{\text{krit}} = \sqrt{\frac{2g}{D}} \qquad (7.28)$$

(g Erdbeschleunigung, D Trommeldurchmesser) erreicht die Fliehkraft der äußersten Mahlkörper deren Gewicht, so daß sie sich überhaupt nicht mehr ablösen. Für die Auftreffgeschwindigkeit der frei auf die Trommelwand fallenden Mahlkörper gilt nach H. FISCHER und E. W. DAVIS [*7.22*]

$$w = \sqrt{8gD}\, z(1 - z^4). \qquad (7.29)$$

w weist bei $z_1 = 0{,}6687$ einen Maximalwert auf. Für die maximale kinetische Stoßenergie der Mahlkörper ergibt sich

$$A_{k,\,\mathrm{max}} \doteq \frac{2\,\pi}{3}\, \varrho_k g\, d^3 D z^2 (1 - z^4)^2. \tag{7.30}$$

ϱ_k und d sind die Dichte bzw. der Durchmesser der Mahlkugeln. Der maximal zulässige Füllungsgrad der Mahltrommel $f_{v,\,\mathrm{max}}$ (Verhältnis des Haufwerk-Schüttvolums zum Trommelvolum) steigt mit zunehmender relativer Drehzahl und beträgt bei $z = 0{,}665$ nach H. Fischer und E. W. Davis $f_{v,\,\mathrm{max}} = 0{,}37$. Die zum Zerkleinern verfügbare Mühlenleistung folgt bei maximal zulässigem Füllungsgrad nach den gleichen Verfassern mit ϱ_s als Schüttdichte der Füllung und L als Trommellänge aus

$$N \doteq \varrho_s g\, L D^2 \sqrt{\frac{g D}{32}}\, z^3 \left(z^8 - \frac{8}{3}\, z^4 + 2 \right). \tag{7.31}$$

Sie erreicht bei $z_2 = 0{,}81$ und $f_{v,\,\mathrm{max}} = 0{,}54$ den Maximalwert

$$N_{\mathrm{max}} \approx 0{,}1\, \varrho_s g\, L D^2 \sqrt{g D}. \tag{7.32a}$$

Die von E. C. Blanc [7.16] mitgeteilte Formel für die Antriebsleistung läßt sich durch Erweitern mit $\sqrt{g}$ in eine zu Gl. (7.32 a) analoge Form überführen; sie lautet dann

$$N = C\, G_k \sqrt{g D} \tag{7.32b}$$

mit G_k als Gewicht der Mahlkörperfüllung und $C \approx 0{,}24$ als dimensionslosem Beiwert (C hängt etwas vom Füllungsgrad ab!).

R. v. Steiger betrachtet die Bewegung der Mahlkörper nach dem Ablösen als Zwangsbewegung (beim Aufsteigen wegen der nachfolgenden Körper keine Geschwindigkeitsabnahme möglich) und erhält mit dieser Annahme modifizierte Formeln. Demnach liegen die Maxima der Auftreffgeschwindigkeit und der Mühlenleistung bei $z_1 = 0{,}46$ bzw. bei $z_2 = 0{,}67$.

F. Patat und Mitarbeiter [7.20—7.26] betrachten die Zerkleinerung in Kugelmühlen kinetisch und beschreiben den Mahlfortschritt mit dem (in der chemischen Reaktionskinetik üblichen) Ansatz

$$-\frac{d M}{d t} = K M^n, \tag{7.33}$$

in dem $-d M/d t$ die Zerkleinerungsgeschwindigkeit, M die Mahlgutmasse, K die Geschwindigkeitskonstante und n die „Ordnung" bedeuten. Diese Darstellung bewährt sich zum Ordnen und Auswerten verschiedener an Kugelmühlen gewonnener Versuchsergebnisse. n fällt bei differentieller Zerkleinerung und isodispersem Gut mit wachsender Mahlgutmenge zunächst langsam von $n = 1$ auf $n = 0$, um schließlich rasch hohe negative Werte ($n \ll 0$) anzunehmen, Abb. 7.14. Beim Zerkleinern normaler, polydisperser Produkte können auch Werte $n > 1$ auftreten. Im Proportionalitätsbereich ($n = 1$) trifft jeder Mahlkörper beim Stoß höchstens ein Mahlgutkorn; im Konstanzbereich ($n = 0$) ist die Mahlgutfüllung ausreichend hoch, die Mahlkugeln sind immer voll mit Mahlgut belegt, und die Zerkleinerungsgeschwindigkeit erreicht einen Maximalwert. Überschreitet die Mahlgutfüllung jedoch einen oberen Grenzwert (größenordnungsmäßig gleich dem Zwischenraumvolum der Mahlkörperfüllung), so sinkt die Zerkleinerungsgeschwindigkeit schnell ab ($n < 0$). Mit zunehmender Mahlkugelgröße steigt bei differentieller Zerkleinerung auch die Zerkleinerungsgeschwindigkeit.

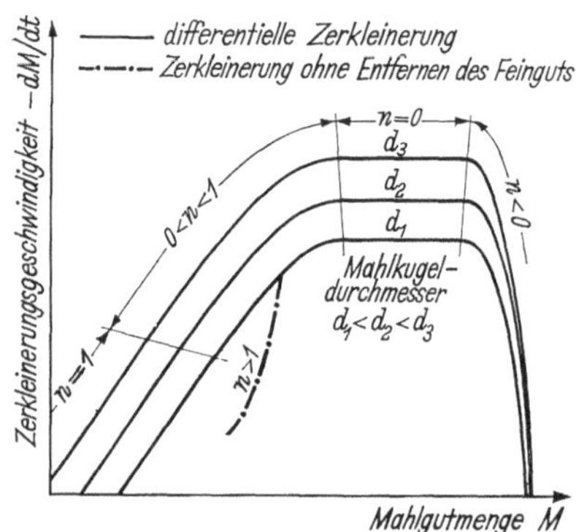

Abb. 7.14. Zerkleinerungsgeschwindigkeit $-dM/dt$ in Abhängigkeit von der Mahlgutmenge M (Abszisse) und dem Mahlkugeldurchmesser d (nach F. Patat u. G. Mempel [7.23]).

Praktisch wählt man Mahlkörperfüllungsgrade $f_{vk} = 0{,}25$ bis $0{,}35$ und Mahlgutfüllungsgrade $f_{vM} = 0{,}15$ bis $0{,}25$ (bezogen auf das gesamte Trommelvolum). Die Mahlkugelgröße paßt man der Korngröße des Produkts an: Zum Grobmahlen dienen große Kugeln mit hoher kinetischer Stoßenergie, zum Feinmahlen (durch Reibbeanspruchung) kleine Kugeln mit großer Oberfläche. A. G. Kassatkin [9.31.12] empfiehlt als obere Grenze $d_{\mathrm{max}}/D = 1/18$ bis $1/24$. Die relative Drehzahl liegt beim Grobmahlen üblicherweise bei $z = 0{,}80$ bis $0{,}85$, beim Feinmahlen bei $z = 0{,}50$ bis $0{,}70$.

Der Mahlgutdurchsatz kontinuierlich betriebener Trommelmühlen läßt sich mit Hilfe des spezifischen Arbeitsaufwands aus Gl. (7.12b) berechnen; für letzteren hat W. Anselm zahlreiche Meßwerte mitgeteilt [7.27].

Modellversuche an einer Planetenkugelmühle kann man nach G. John und F. Vock [7.19] mit Hilfe der „Hauptgleichung"

$$\frac{t_H}{t_M} = m\,\frac{\omega_M}{\omega_H} = m^2\sqrt{\frac{\varrho_{KH}}{\varrho_{KM}}}\left(1 \pm \sqrt{\frac{g}{R_p\,m\,\omega_H^2}}\right) \qquad (7.34\,\mathrm{a,\ b})$$

auf Schwerkraftkugelmühlen übertragen. In den Gln. (7.34a, b) bezeichnen t_H, t_M die Mahlzeiten, ω_H, ω_M die Winkelgeschwindigkeiten und

$\varrho_{KH}, \varrho_{KM}$ die Mahlkörperdichten der Schwerkraftkugelmühle (Index H) bzw. der Planetenkugelmühle (Index M), ferner sind R_p der Radius des Planetenarms und $m = D_H/D_M = d_H/d_M$ das geometrische Maßstabverhältnis (Verhältnis der Trommeldurchmesser D bzw. der Mahlkugeldurchmesser d). Das positive (negative) Vorzeichen gilt bei entgegengesetztem (gleichem) Drehsinn der Planetentrommel bzw. des Planetenarms.

7.312 Schwingmühlen. Schwingmühlen sind Feinstzerkleinerungsmaschinen für spröde Stoffe. Die Abb. 7.15 zeigt eine *Rohrschwingmühle* für kontinuierlichen Betrieb. Zwei mit Mahlgut/Mahlkörper-Gemisch gefüllte Rohre a_1, a_2 sind über Abstützpuffer b elastisch mit den Stützen c verbunden; sie werden durch rotierende Unwuchtmassen d in den Verbindungsstegen e zu Kreisschwingungen (quer zur Rohrachse) angeregt. Das durch die Aufgabeöffnung f dem Mahlrohr a_1 zugeführte Mahlgut passiert dieses axial und gelangt dann über ein (nicht wiedergegebenes) Verbindungsrohr in das Mahlrohr a_2; das fertige Produkt verläßt die Mühle nach Passieren des zweiten Rohrs durch eine (im Bild nicht sichtbare) Austragöffnung.

Trogschwingmühlen haben statt der Schwingrohre einen trogförmigen Mahlbehälter und dienen meist zum chargenweisen Feinstmahlen.

Bei einem Schwingungsradius $a = 1$ bis 2 mm und Aufgabekorngrößen von etwa 1 mm lassen sich End-

Abb. 7.15. Rohrschwingmühle für kontinuierlichen Betrieb (Fa. Klöckner-Humboldt-Deutz/Köln).

a_1 und a_2 Mahlrohre, b Abstützpuffer, c Stützen, d Unwuchtmasse, e Verbindungssteg. f Aufgabeöffnung.

körnungen unter 1 μm erreichen; zum Erzielen höchster Feinheiten empfiehlt es sich mit Rücksicht auf die Ansatzbildung und die Agglomerationsneigung von Feinstaub einerseits sowie auf den Mahlvorgang störende Blaseffekte zwischen den aufeinanderprallenden Mahlkörpern andererseits, das Gut entweder trocken im Vakuum oder naß bei Normaldruck zu mahlen. Schwingmühlen mit einem Schwingungsradius zwischen 12 und 15 mm bewältigen auch noch Aufgabekorngrößen bis zu 15 mm. In Verbindung mit einem Windsichter und einem Staubabscheider ist in der gleichen Weise wie bei Trommelmühlen eine Kreislaufmahlung möglich. Verschiedene Forscher haben die Mahlvorgänge in Schwingmühlen — ausgehend von den grundlegenden Erkenntnissen D. Bachmanns

[*7.28*, *7.29*] — theoretisch untersucht; in den letzten Jahren erschienen unter anderem Arbeiten von W. BATEL [*7.18*], H. E. ROSE [*7.30*] und J. RAASCH [*7.31*].

Die Mahlkörperbewegung hängt wesentlich von der Beschleunigungszahl

$$K = \frac{a\omega^2}{g} \qquad (7.35)$$

ab (a Schwingungsradius, ω Kreisfrequenz der Mahlbehälter-Schwingung, g Erdbeschleunigung). Damit eine Wurfbewegung und damit ein Mahleffekt zustande kommt, muß $K > 1$ sein. Die Auftreffgeschwindigkeit w der Mahlkörper auf die Behälterwand ist eine Funktion der Beschleunigungszahl; sie erreicht bei „statistischer Resonanz" (Wurfdauer der Mahlkugeln = Schwingungsdauer des Mahlbehälters) entsprechend

$$K = \sqrt{1 + p^2 \pi^2}, \qquad p = 1, 2, 3, \ldots \qquad (7.36)$$

relative Maximalwerte und fällt dazwischen nach D. BACHMANN bis auf null, praktisch aber (infolge verschiedener, in den Rechnungen nicht berücksichtigter Einflüsse) nur wenig ab; die Schlagenergie der Mahlkörper ist daher näherungsweise proportional $(a\omega)^2$ [*7.31*]. Die zeitliche Zunahme der spezifischen Oberfläche $\dot{O}$ folgt nach H. E. ROSE mit ϱ_s als Mahlgutdichte und C_1 als stoffabhängigem, dimensionslosem Beiwert aus

$$\frac{\varrho_s \dot{O} g}{\omega^3} = C_1 f(K). \qquad (7.37)$$

Die Funktion $f(K)$ steigt von $f(1) = 0$ bei $K = 1$ schnell auf $f(3,3) = 1,1$ bei der ersten statistischen Resonanz [$K = 3,3$, Gl. (7.36)]; bei weiterer Zunahme der Beschleunigungszahl gilt je nach dem Resonanzzustand $f(K) \approx 1 \pm 0,1$.

Die Größe des Mahlbehälters hat auf den Mahleffekt im allgemeinen keinen Einfluß, dagegen wirkt sich der Füllungsgrad sehr stark darauf aus: Die günstigsten Mahlbedingungen ergeben sich bei $f_{vk} = 0,80$ bis $0,90$ und $f_{vM} = (1,2$ bis $1,4)\psi f_{vk}$ (f_{vk} Mahlkörper-Schüttvolum : Behältervolum, f_{vM} Mahlgut-Schüttvolum : Behältervolum, ψ Porosität der Mahlkörperschüttung). Wenn die Schwingbewegung des Behälters von der Kreisbahn abweicht, so sinkt die Mahlwirkung ebenfalls (bei rein vertikaler Schwingung gleicher Amplitude auf $1/_3$, bei horizontaler Schwingung auf weniger als $1/_{10}$ des für Kreisschwingungen gültigen Werts).

Die Leistungsaufnahme der Schwingmühle läßt sich nach der Beziehung

$$N = C_2 M a^2 \omega^3 \qquad (7.38)$$

berechnen, in der M die Masse der gesamten Behälterfüllung (Mahlkörper und Mahlgut) und C_2 einen dimensionslosen Beiwert bedeuten [*7.31*]. Für die Leistungsaufnahme des Mahlbehälters gilt etwa $C_2 \approx 0{,}3$, für die ganze Schwingmühle (einschließlich Lagerverluste, Dämpfung in den Stützfedern usw.) ergibt sich im Mittel $C_2 \approx 0{,}6$.

7.313 Rührwerks-Kugelmühlen. Rührwerks-Kugelmühlen eignen sich zum Feinstmahlen kleiner, weitgehend vorzerkleinerter und in Flüssigkeiten suspendierter Feststoffmengen (Aufgabekorngröße im allgemeinen < 100 μm) [*7.32*]. Die Suspension fließt aus einem Vormischbehälter in das mit Mahlkörpern (Quarzsand zwischen 0,3 und 1,2 mm, Glas- oder Stahlkugeln) gefüllte Mahlgefäß. Eine Rühreinrichtung sorgt für die zum Zerkleinern nötigen Relativbewegungen zwischen Gut und Mahlkugel-Füllung. Das Fertigprodukt passiert einen Siebkorb und fließt durch eine Austragrinne ab. Die Rührer führt man als glatte Kreisscheiben oder Speichenscheiben (*Sandmill*), als Kreisscheiben mit Löchern (*Perlmill*), als konische, zum Behälterboden fördernde Schnecken (*Mikromat*) oder als Exzenterringscheiben (*Molinex*) aus.

7.32 Wälzmühlen

Bei den Wälzmühlen wälzen sich Kugeln, Zylinder oder autoreifenähnliche Wälzkörper auf einer Mahlbahn ab und zerkleinern das daraufliegende Gut durch wiederholte Druck- und Reibbeanspruchung. Die Wälzkörper können nur solche Mahlgutteilchen in den Mahlspalt einziehen und zerkleinern, die sie innerhalb des Greifwinkels φ erfassen. Für glatte, zylindrische Walzen und ebene Mahlbahn gilt mit k und D als Durchmesser des Mahlgutkorns bzw. der Walze [*9.31.12*]

$$\frac{k}{D} \leqq \frac{1 - \cos \varphi}{1 + \cos \varphi}. \tag{7.39}$$

φ liegt meist zwischen 25 und 30°, daraus folgt für die maximale Korngröße $k_{\max}/D = 1/15$ bis $1/20$. Für andere Wälzkörper — insbesondere für profilierte (z. B. geriffelte) Walzen — ergeben sich auch andere Maximalkorngrößen, oft bis zu $k_{\max} = D/4$. Der Durchsatz und der zeitliche Oberflächenzuwachs des Mahlguts sowie die Antriebsleistung der Mühle lassen sich mit produkt- und bauart-abhängigen Beiwerten nach Abschnitt 7.11 (S. 311 ff.) ermitteln.

7.321 Schwerkraft-Wälzmühlen, Kollergänge. Zum Schroten, Grobmahlen und gleichzeitig zum Mischen spröder, trockener, feuchter, nasser und klebriger Substanzen (Steine, Erden, Zementklinker, Farben, Ton, Lehm, Formsand usw.) bis zu Aufgabekorngrößen $k_{\max} = 50$ bis 80 mm kann man *Kollergänge* einsetzen. Ein bis drei große, schwere Mahlwalzen aus Stahl oder Stein (Granit, Marmor) rollen auf einer ebenen Kreismahlbahn ab. Der Abrollbewegung überlagern sich infolge der endlichen Walzenbreite Gleitvorgänge, so daß das Mahlgut zwischen Walzen und Mahlbahn zerdrückt und zerrieben wird. Zähen, harten Fremdkörpern weichen die Walzen nach oben aus. Schaber durchmischen und verteilen das Gut auf der Mahlbahn und sorgen so für eine gleichmäßige Zerkleinerung aller Teilchen. Aufgabe und Entnahme erfolgen absatzweise oder kontinuierlich. Das Fertigprodukt ist häufig blättchenförmig, enthält im allgemeinen viel Feinstaub und eignet sich gut zum Weiterverarbeiten in anderen Mühlen. Es gibt Kollergänge mit kreisenden Walzen und ruhender Mahlbahn und solche mit nur rotierenden, nicht umlaufenden Wälzkörpern und bewegter Mahlbahn; letztere sind vorzuziehen, da bei den zuerst beschriebenen die Fliehkräfte mit zunehmender Drehzahl schnell wachsen und die Konstruktion erheblich beanspruchen. Beim *Differentialkollergang* kreisen Walzen und Mahlbahn gegensinnig. Der *Stufenkollergang* (für unreinen, mit Kalkstein und harten Knollen vermischten Ton) weist mehrere konzentrische, stufenförmig abgesetzte Mahlbahnen auf; die Stufenwalzen laufen nur auf dem äußeren Ring, daher haben die übrigen Walzenstufen endliche Differenzgeschwindigkeiten gegenüber den jeweils zugeordneten Mahlbahnringen (starke Reib- und Scherbeanspruchung des zentral zugeführten Mahlguts).

7.322 Federkraft-Wälzmühlen. Federkraft-Wälzmühlen dienen zum kontinuierlichen Feinzerkleinern trockener, spröder Stoffe geringer bis mittlerer Härte (Kohle, Kalkstein, Mergel, Ton, Kreide, Phosphate, Bauxit, Düngemittel usw.). Sie bewältigen je nach Materialart und Feinheit Durchsätze bis 160 t/h und eignen sich in Verbindung mit einem Sichter auch zur Kreislaufmahlung und zum Mahltrocknen (Kohlemühlen in Dampfkraftwerken, Wassergehalt der Kohle < 15%). Die Mahlkörper werden durch Federkraft gegen die Mahlbahn gepreßt; sie lassen sich daher klein und leicht bauen und ermöglichen wegen der kleinen Massenkräfte wesentlich höhere Arbeitsgeschwindigkeiten als Kollergänge.

Aus Abb. 7.16 geht der Aufbau einer „*Walzenschüsselmühle*" mit Sichter hervor. Der Motor *a* treibt über das Getriebe *b* eine Mahlschüssel *c* an, in der drei durch Federn *d* angepreßte Wälzkörper *e* abrollen. Die Materialzufuhr erfolgt durch den Eintrittsstutzen *f*. Die von unten durch einen Düsenring *g* zuströmende Sichtluft reißt das vorgemahlene Produkt mit in den Sichter *h* (vgl. dazu Abschn. 6.41, S. 246 ff.); das Feingut verläßt ihn zusammen mit der abströmenden Sichtluft durch den Stutzen *i*, der unzureichend zerkleinerte Grieß wird abgeschieden und fällt wieder in die Mahlzone zurück.

Die *Loesche-Mühle* weist anstelle der autoreifen-ähnlichen Wälzkörper zwei konische Walzen auf. Die Mahlelemente der *Fuller-Peters-Mühle* (Modell E) gleichen einem robusten Axialkugellager mit feststehendem oberen und rotierendem unteren Ring. Bei den *Ringrollen-Mühlen* pressen sich eine (*Einrollenmühle*, Bauart Neuman & Esser) oder drei (Bauart Maxekon & Kent) ballige Zylinderrollen gegen die Innenbahn eines um eine horizontale Achse rotierenden Mahlrings.

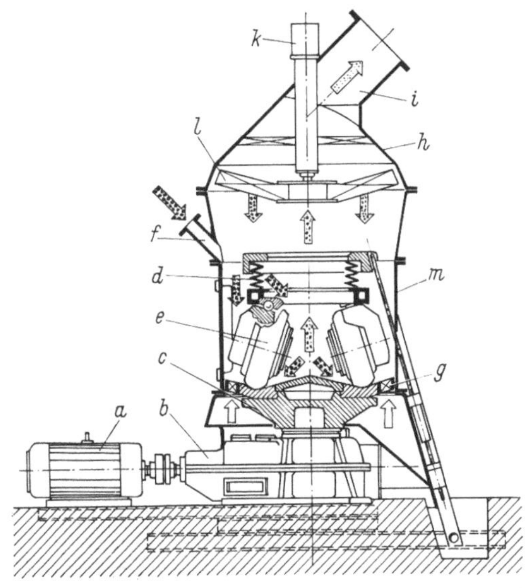

Abb. 7.16. Walzenschüsselmühle mit Windsichter (Fa. Pfeiffer, Barbarossawerke/Kaiserslautern). *a* Motor, *b* Getriebe. *c* Mahlschüssel, *d* Federn, *e* Wälzkörper, *f* Mahlgut-Eintrittsstutzen, *g* Düsenring, *h* Sichter, *i* Feinstaub/Luft-Austritt, *k* Sichterantrieb, *l* Sichter-Flügelrad, *m* Mühlengehäuse.

7.323 Fliehkraft-Wälzmühlen, Pendelmühlen. In Fliehkraft-Wälzmühlen mit durch Fliehkraft an die Mahlbahn gepreßten Wälzkörpern kann man sehr viele spröde, klebrige und temperaturempfindliche, jedoch wenig schleißende Substanzen feinmahlen; je nach Produkt und Mahlfeinheit erreicht man Durchsätze bis 30 t/h. Mahltrocknung feuchter Stoffe ist bis zu Wassergehalten $\leq 40\%$ möglich.

Die Abb. 7.17 zeigt eine *Pendelmühle.* Der Motor *a* treibt über ein Getriebe *b* ein Querhaupt *c*, an dem zwei Pendel *d* mit Mahlwalzen *e* gelenkig befestigt sind. Die Fliehkraft preßt die Mahlwalzen gegen einen im Gehäuse *f* festen Mahlring *g*. Das Mahlgut gelangt über eine Zellenschleuse *h* gleichmäßig dosiert in die Mühle. Die Sichtluft strömt von unten nach oben durch die Mahlzone und transportiert das vorgemahlene Produkt in den Windsichter *i*, der den Grieß vom Feingut trennt und wieder in die Mahlzone zurückleitet, während die Sichtluft zusammen mit dem Fertigprodukt durch das Rohr *k* abströmt.

Griffin-Mühlen mit nur einem Mahlpendel laufen infolge ihrer unausgeglichenen Massenkräfte unruhig und benötigen daher schwere Fundamente; heute baut man fast ausschließlich *Mehrpendelmühlen* (z. B. *Doppelpendelmühlen* gemäß Abb. 7.17 oder *Bradley-Mühlen* mit drei Pendeln).

7.33 Walzenmühlen

Walzenmühlen oder Walzenstühle setzt man zum Zerkleinern trockener, spröder und zäher Güter, zum (selektiven) Aufschließen heterogener Produkte (Getreidemahlung, Schälen von Mandeln und Aprikosenkernen) und zum Homogenisieren von Pasten (Schokoladenmasse, Marzipan, Farbpasten) ein. Ihr Aufbau entspricht im wesentlichen den in Abschnitt 7.231 (S. 327 ff.) beschriebenen Zweiwalzenbrechern mit glatten oder geriffelten Walzen. Mit zunehmender Mahlfeinheit steigen die Anforderungen an die Mühle hinsichtlich Laufgenauigkeit, Lagerung und Oberflächenqualität der Walzen. Bei *Walzenstühlen* zum Feinmahlen trockener Substanzen sorgen Speisewalzen oder Schwingförderrinnen für eine gleichmäßige Mahlgutaufgabe, um Kompaktiereffekte infolge örtlicher Produktanhäufungen zu vermeiden (vgl. dazu Abschn. 7.41, S. 359 ff.). Bürsten säubern die Walzenoberflächen von anhaftendem Staub. Bei *Pasten-Walzwerken* halten Schaber oder Abstreifer die Walzen sauber.

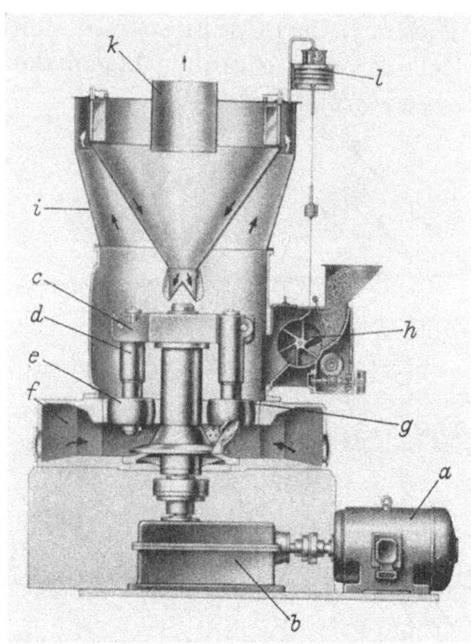

Abb. 7.17. Pendelmühle (Fa. Neuman & Esser/ Aachen).

a Motor, *b* Getriebe, *c* Querhaupt, *d* Pendel, *e* Mahlwalze, *f* Gehäuse, *g* Mahlring, *h* Zellenschleuse, *i* Windsichter, *k* Fertigstaub/Sichtluft-Austritt, *l* Regler.

Das Mahlgut wird — im Gegensatz zu Mühlen mit losen Mahlkörpern und Wälzmühlen — nur einmal (beim Passieren des Walzenspalts) beansprucht; bei gleicher Umfangsgeschwindigkeit der Walzen überwiegt die Druckbeanspruchung, bei unterschiedlichen Umfangsgeschwindigkeiten („Friktion") die Reib- und Scherwirkung. Zum Grobmahlen spröder, mittelharter und harter Güter bei möglichst geringem Feinstaubanfall verwendet man Zweiwalzenmühlen mit geriffelten, gegenläufig ohne Friktion rotierenden Walzen, zum Mahlen zäher Stoffe arbeitet man mit glatten Walzen und Friktion. Zum Aufschließen von Getreide setzt man mit Friktion laufende Riffelwalzen-Paare ein, die nur den Mehlkern der Körner zerkleinern und die faserigen Bestandteile grob lassen (und damit den anschließenden Sichtvorgang erleichtern). Quetschwalzenstühle mit glatten, ohne Friktion laufenden Walzen dienen zum Herstellen von Flocken. Walzwerke mit mehreren glatten Walzen und geringer Friktion bewähren sich zum Homogenisieren („Feinen") von Pasten, die nacheinander die Quetschspalte zwischen den einzelnen Walzen durchlaufen und von der letzten Walze mit Hilfe eines Schabers abgestreift werden. Zum Schälen von abgebrühten Mandeln, Aprikosenkernen und dgl. dienen Zweiwalzenstühle mit hochelastischen Gummiwalzen, von denen eine schraubenförmig und die andere in Achsrichtung geriffelt ist und die im Walzenspalt nur einen geringen Druck, aber eine starke Reib- und Scherwirkung auf das Gut ausüben; die leicht abschälbaren Häute der Kerne lösen sich daher ab, während die Kerne selbst unbeschädigt bleiben (Früchte, deren Schale mit dem Innern fest verwachsen ist, lassen sich in langsam rotierenden, mit Schmirgelflächen ausgestatteten Trommeln schälen).

Bei trockenen Mahlgütern gelten für die maximale Korngröße des Aufgabeguts, den Mahlgutdurchsatz, die Antriebsleistung und die vom Gut auf die Walzenausge übten Reaktionskräfte die in Abschnitt 7.231 (S. 327 ff.) erläuterten Gesetzmäßigkeiten [Gln. (7.22 a, b) bis (7.26)]. Bei Pasten hängt der Homogenisiereffekt von der Festigkeit der darin enthaltenen Strukturen (z. B. Agglomerate, zellare Stoffe pflanzlichen oder tierischen Ursprungs), den rheologischen Eigenschaften des Produkts (vgl. Abschn. 2.32, S. 46 ff.), den Verschiebungen der einzelnen Substanzballen und den Geschwindigkeitsgradienten ab; er läßt sich praktisch nur experimentell ermitteln.

7.34 Prallmühlen

In Prallmühlen lassen sich weitaus die meisten Mahlgüter — mit Ausnahme besonders harter und zäher sowie gummielastischer Substanzen — nach dem Beanspruchungsmechanismus b (Abschn. 7.11, S. 313) zerkleinern.

Mit abnehmender Teilchengröße vermindern sich im allgemeinen mittlere Größe und Häufigkeit der Fehlstellen im Gefüge, so daß die kritische Rißausbreitungskraft [Gl. (7.3)] und die zum Bruch nötige Mindestaufprallgeschwindigkeit [Gl. (7.7)] steigen bzw. bei konstanter Aufprallgeschwindigkeit die Bruchwahrscheinlichkeit sinkt [*7.3*, *7.5*, *7.6*]; in *Schlägermühlen* rotieren die Mahlwerkzeuge daher mit hohen Umfangsgeschwindigkeiten zwischen 40 und 120 m/s (je nach Produkt und Mahlfeinheit), während in *Strahlmühlen* Luft-, Dampf- oder Gasstrahlen mit Strömungsgeschwindigkeiten bis 500 m/s für ausreichende Aufprallgeschwindigkeiten zwischen den Mahlgutteilchen sorgen. Mit wachsenden

Geschwindigkeiten der Mahlwerkzeuge, der Gasstrahlen und des Mahlguts steigen auch die Strömungskräfte schnell an, deshalb kann man das Mahlverhalten von Prallmühlen im Gegensatz zu dem langsamlaufender Mühlen und Brecher grundsätzlich nicht unabhängig von ihrem Strömungsverhalten betrachten. Letzteres ist bei unbelasteten Schlägermühlen etwa dem von Ventilatoren, bei unbelasteten Strahlmühlen dem von Drosselventilen oder Zyklonen (je nach Bauart) vergleichbar.

Die Antriebsleistung belasteter Prallmühlen läßt sich näherungsweise durch die Beziehung

$$N = N_0 + a_1 \varrho_G D^2 u^3 + a_2 \dot{M} u^2 \tag{7.40}$$

wiedergeben, in der N_0 die Leistung zum Decken der Verluste in Lagern, Getrieben, Stopfbüchsen usw., ϱ_G die Gasdichte, D den Rotor- bzw. den Strahldüsendurchmesser, u die Umfangsgeschwindigkeit des Rotors bzw. die Strahlaustrittsgeschwindigkeit und $\dot{M}$ den Mahlgutdurchsatz bezeichnen. a_1 und a_2 sind von der Mühlenbauart und vom Gasdurchsatz bzw. vom Gas/Mahlgut-Verhältnis abhängige Faktoren. Die Energieausnutzung $\Delta O/A$ ist unterhalb der kritischen Aufprallgeschwindigkeit v_{krit} sehr klein; mit wachsender Aufprallgeschwindigkeit $v > v_{\mathrm{krit}}$ steigt sie zunächst schnell an, durchläuft ein Maximum bei der Optimalgeschwindigkeit v_{opt} und fällt dann wieder ab [7.3]. Die optimale Umfangsgeschwindigkeit u_{opt} ist beim Grobmahlen wegen der proportional u^3 wachsenden Ventilationsverluste kleiner als v_{opt}; beim Feinmahlen nimmt sie zu, da die Grenzschicht der Schlagwerkzeuge kleine Teilchen stärker abbremst als große Körner, so daß die Differenz zwischen Umfangs- und Aufprallgeschwindigkeit zunimmt. Feinstaub unter etwa 5 μm läßt sich wegen des Grenzschichteinflusses nur in Strahlmühlen wirtschaftlich weiter zerkleinern. Die Düsen-Austrittsgeschwindigkeit u der Gasstrahlen muß man so wählen, daß die Mahlgutteilchen innerhalb der (durch die Mahlkammerabmessungen vorgegebenen) Beschleunigungsstrecke s die gewünschte Aufprallgeschwindigkeit v ($v_{\mathrm{krit}} < v < v_{\mathrm{opt}}$) erreichen. Für s gilt nach H. RUMPF [7.33] im Bereich $600 < Re_k < 200\,000$, $Ma < 0{,}56$, Teilchen-Anfangsgeschwindigkeit null mit k als Teilchendurchmesser, ϱ_G und ϱ_k als Dichten des Gases bzw. der Teilchen sowie $c_w \approx 0{,}5$ als Widerstandsbeiwert

$$s = \frac{4k}{3c_w} \frac{\varrho_G}{\varrho_k} \left(\frac{v}{u-v} - \ln \frac{u}{u-v} \right). \tag{7.41}$$

Beschränkt man sich auf einzelne Prallmühlen-Bauarten, so kann man die Luft- bzw. Gasströmung, die Bewegung des Mahlguts und die Prallvorgänge genauer analysieren und so einen detaillierten Überblick über das Strömungs- und Mahlverhalten dieser Mühlen gewinnen [7.8, 7.33, 7.34, 7.35].

Besondere Aufmerksamkeit muß man bei allen Prallmühlen den Verschleißfragen widmen. Für die Mahlwerkzeuge wählt man verschleißfeste Werkstoffe (z. B. Mangan-Hartstahl oder Stahl mit harten Auftrag-Schweißschichten), deren MOHS-sche Härte mindestens einen Grad über der des Mahlguts liegt. Dem Strahlverschleiß durch Staub/Gas-Gemisch ausgesetzte Teile führt man je nach Mahlgut und Anstrahlwinkel aus spröden, harten oder zähen, weichen Materialien mit hohem Verschleißwiderstand aus [*7.36, 7.37*].

7.341   Sieb-Schlägermühlen. *Sieb-Schlägermühlen* und *Siebschleudermühlen* dienen zum Grobmahlen, Zerfasern und Zerspanen trockener, nicht klebender und wenig schleißender Stoffe (Endkörnung im allgemeinen > 0,1 mm, Durchsätze bis 10 000 kg/h).

Die Abb. 7.18 zeigt eine Siebschleudermühle mit auswechselbaren Mahlorganen (Abb. 7.19 a—c). In dem Gehäuse *a* rotiert ein über Keilriemen angetriebener Rotor *b*. Das Gut gelangt aus dem Trichter *c* durch den Zuführungsschacht *d* in der Mühlentür *e* axial im Bereich der Rotornabe in den Mahlraum, verläßt ihn nach ausreichender Zerkleinerung

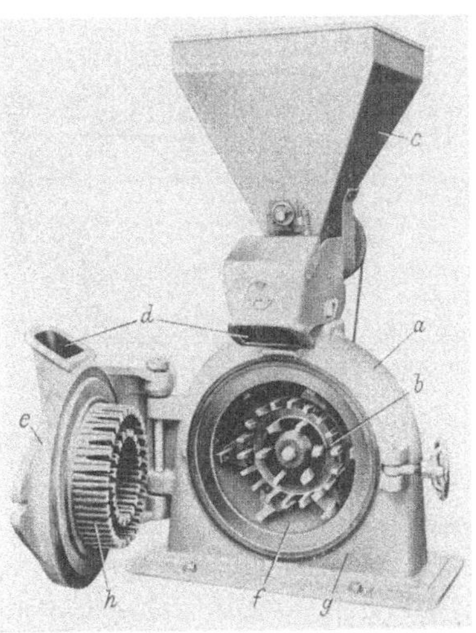

Abb. 7.18. Sieb-Schleudermühle mit auswechselbaren Mahlorganen (Fa. Alpine/Augsburg).

a Gehäuse, *b* Rotor, *c* Einfülltrichter, *d* Zuführungsschacht, *e* Mühlentür, *f* Sieb, *g* Mühlenfuß, *h* Statorscheibe.

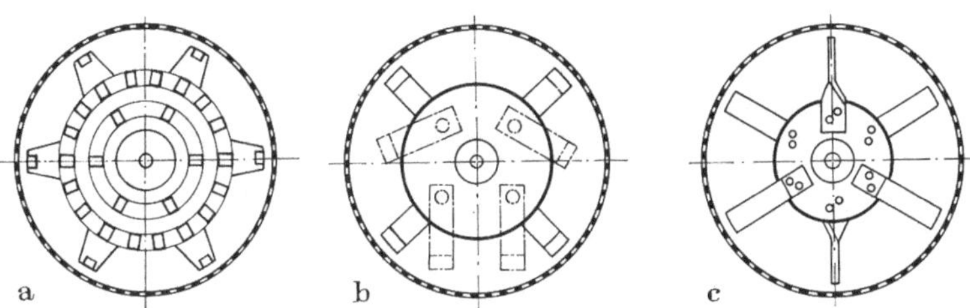

Abb. 7.19 a—c. Mahlorgane für Siebschleudermühlen (Fa. Alpine/Augsburg).
a) Schlagscheibe für grobstückige Güter; b) Pendelschlägerwerk für weiche und faserige Produkte; c) Schlagkreuz zum Schroten.

durch Siebe *f* und tritt durch den Mühlenfuß *g* aus. Die in Abb. 7.18 abgebildete und schematisch in Abb. 7.19 a wiedergegebene Schlagscheibe verwendet man zum Feinmahlen grobstückiger, mittelharter Produkte,

Pendelschläger nach Abb. 7.19b eignen sich zum Feinmahlen weicher und faseriger Substanzen, und Schlagkreuze mit starren Schlagorganen gemäß Abb. 7.19c setzt man zum Schroten und zum Aufschließen faseriger

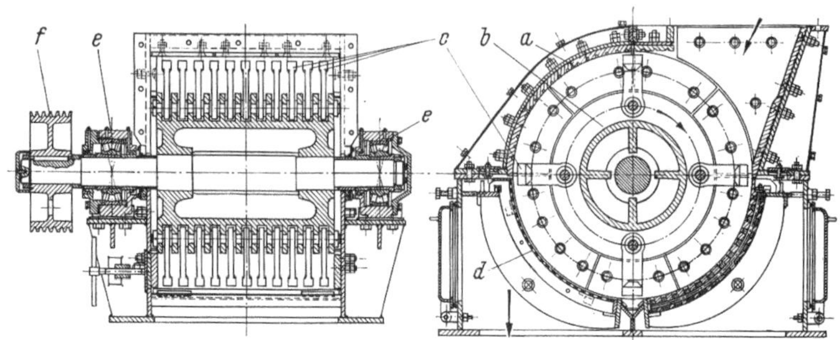

Abb. 7.20. Sieb-Hammermühle (Fa. Krupp/Rheinhausen).
a Gehäuse, *b* Rotor, *c* Hämmer, *d* Siebkorb, *e* Lager, *f* Keilriemenscheibe.

Materialien ein. Den Siebkorb rüstet man bei trockenen, körnigen Stoffen mit Rundlochsieben aus; für leicht verstopfende Güter wählt man Siebe mit zur Feingutseite konisch erweiterten Bohrungen (geringere Ver-

Abb. 7.21. Kühlstrommühle für wärmeempfindliche Mahlgüter (Fa. Alpine/Augsburg).

stopfungsneigung, aber kleinere freie Siebfläche und daher auch geringerer Durchsatz) oder mit Querschlitzen. Für feuchte, wärmeempfindliche, zum Schmieren neigende und faserige Stoffe bewähren sich Längsschlitz-Siebe. Riffeltrapez-Siebe mit raspelartig aufgerauhter Arbeitsfläche empfehlen sich zum Feinmahlen faseriger und zäh-elastischer Substanzen.

Die Abb. 7.20 gibt eine *Sieb-Hammermühle* mit gelenkig aufgehängten Schlagwerkzeugen (Hämmern) für große Durchsätze mittelharter, spröder Stoffe (Kohle, Gips, Düngemittel usw.) wieder.

Bei der „*Kühlstrommühle*" gemäß Abb. 7.21 zum Feinmahlen wärmeempfindlicher Materialien ist der Mahlkammer-Mantel als Prallrippen-Mahlbahn ausgebildet. Die Siebe sind seitlich angeordnet und daher nur wenig beansprucht, so daß man auch feindrähtige Siebgewebe verwenden kann. Das Pendelschlägerwerk wirkt gleichzeitig als Ventilator-Laufrad und erzeugt einen starken Luftstrom, der auch wärmeempfindliche Stoffe während des Mahlens ausreichend kühlt und durch die Siebe austrägt.

7.342 Sieblose Schlägermühlen. Sieblose Schlägermühlen eignen sich zum Grob-, Fein- und Feinstmahlen spröder, temperaturempfindlicher und klebriger Substanzen, zäher Stoffe mit geringer Härte sowie hetero-

Abb. 7.22. Sieblose Weitkammer-Stiftmühle mit zwei angetriebenen, unterschiedlich schnell rotierenden Stiftscheiben (Fa. Alpine/Augsburg).

gener Produkte. Das Feingut weist nach einmaligem Durchgang im Gegensatz zu Sieb-Schlägermühlen ein sehr breites Korngrößenspektrum (unter Umständen auch unzerkleinerte, grobe Körner) auf, daher arbeiten sieblose Mühlen meist in Kreislaufmahlanlagen mit Sichtern zusammen: Das im Sichter abgeschiedene, noch nicht genügend feine Gut wird als „Grießrücklauf" wieder zur Mühle zurückgeführt und weiter zerkleinert.

Zum Fein- und Feinstmahlen wenig schleißender Produkte auf Endkörnungen bis etwa 5 µm verwendet man besonders häufig *Stiftmühlen*, deren Aufbau weitgehend dem von Sieb-Schleudermühlen (Abb. 7.18) ohne Siebkorb gleicht. Als Mahlorgane dienen zwei Mahlscheiben mit vielen runden Schlagstiften, deren Stiftreihen ineinanderkämmen (Abb. 7.22). Je zwei aufeinander folgende, relativ zueinander bewegte Stiftreihen der Rotor- bzw. der Statorscheibe bilden eine Mahlzone. Die

Relativgeschwindigkeit der Stifte wächst von Mahlzone zu Mahlzone und kompensiert so die mit fortschreitender Zerkleinerung abnehmende Bruchneigung des Mahlguts. Die Festigkeit der Werkstoffe setzt der erreichbaren Umfangsgeschwindigkeit eine obere Grenze; zur Zeit führt man Stiftmühlen bis etwa $u = 160$ m/s aus. Die rotierende Stiftscheibe baut ein Druckfeld mit radial nach außen zunehmendem Druck auf und erzeugt dadurch einen Luft- bzw. Gasstrom durch die Mühle, der den Mahlguttransport zwischen den Mahlscheiben unterstützt sowie für Kühlung des Guts und der Mahlorgane sorgt. Bei leicht mahlbaren, jedoch sehr

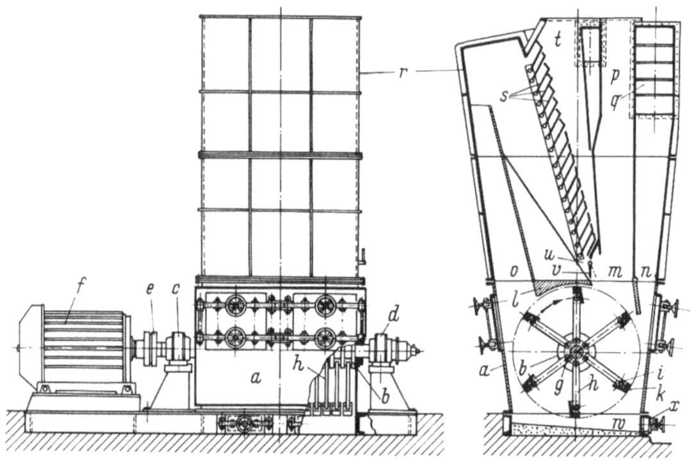

Abb. 7.23. Steinkohlen-Schlägermühle mit tangentialer Luftzuführung und Gittersichter (Fa. Steinmüller/Gummersbach).

a gepanzertes Gehäuse, *b* Rotor, *c* und *d* Lager, *e* Kupplung, *f* Motor, *g* und *i* Bolzen, *h* Schlägerarme, *k* Schlägerköpfe, *l* Sattel, *m* und *n* Kohlen- bzw. Lufteintritt, *o* Gemischaustritt, *p* Kohlenfallschacht, *q* Luftzuführungskanal, *r* Sichter, *s* Leitbleche, *t* Austragschacht, *u* Grießrücklauf, *v* Verstellklappe. *w* Sumpf, *x* Reinigungstür.

wärmeempfindlichen, klebrigen und besonders stark zum Ansetzen neigenden Produkten (z. B. Schellack) bewähren sich *Weitkammer-Stiftmühlen* gemäß Abb. 7.22 mit gleichsinnig, aber unterschiedlich schnell rotierenden Mahlscheiben, an denen sich infolge der Fliehkräfte keine Ansätze bilden können und die bei schonender Mahlung (kleine Relativgeschwindigkeiten) eine besonders starke Ventilationswirkung aufweisen. In dem großen Feingutraum werden die von der letzten Mahlzone abgeschleuderten Teilchen abgekühlt und verzögert, so daß an den Mahlkammerwänden keine Ansätze entstehen. Stiftmühlen mit gegensinnig rotierenden Mahlscheiben (Relativgeschwindigkeit zwischen benachbarten Stiftreihen bis 220 m/s) eignen sich für besonders schwer mahlbare Güter und zum Feinstmahlen. Diese Mühlen weisen allerdings eine geringe Ventilationswirkung und — infolge des kleinen Luftdurchsatzes — eine höhere Mahlkammertemperatur auf als Maschinen mit einer feststehenden Mahlscheibe oder mit gleichsinnig umlaufenden Scheiben; sie benötigen auch eine größere Antriebsleistung. Vorläufer der Stiftmühlen mit gegensinnig rotierenden Scheiben sind die *Desintegratoren*; diese vorwiegend zum Grießmahlen geeigneten Zerkleinerungsmaschinen (Relativgeschwindigkeiten 60 bis 80 m/s) haben verhältnismäßig lange, auf einer Seite in der Mahlscheibe und auf der anderen in (zur Rotorachse konzentrischen) Ringen befestigte Schlagstifte (teuer!), gleichen aber im übrigen weitgehend den vorher beschriebenen Stiftmühlen.

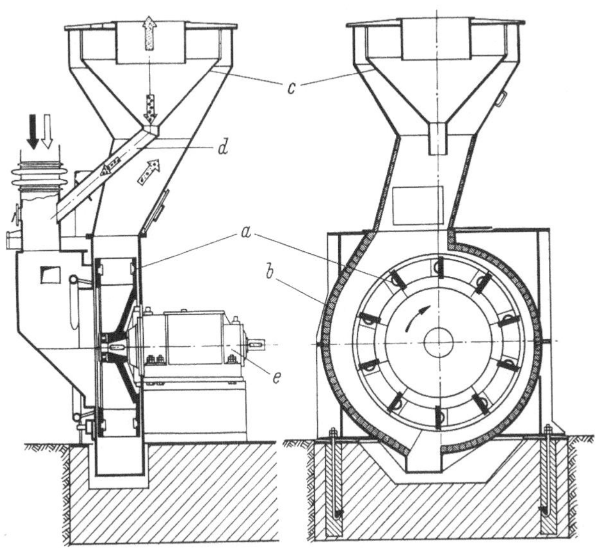

Abb. 7.24. Schlagradmühle mit Windsichter (Fa. KSG/Stuttgart).
a Schlagrad, *b* gepanzertes Spiralgehäuse, *c* Windsichter, *d* Grießrücklauf, *e* Antriebsmotor.

Robuste *Schlägermühlen* mit einem schweren Hammerschlagwerk setzt man in Dampfkraftwerken zum Mahlen und Mahltrocknen von Steinkohle und Braunkohle ein (Umfangsgeschwindigkeit 50 bis 90 m/s; Durchsätze bei Braunkohle bis etwa 90 t/h, bei Steinkohle bis 35 t/h; Anfangswassergehalt bei Rauchgasrücksaugung bis etwa 60%). Die Abb. 7.23 gibt eine Steinkohlen-Schlägermühle mit tangentialer Luft- bzw. Kohlezuführung und Gittersichter wieder [7.8].

Schlagradmühlen nach Abb. 7.24 zeichnen sich durch besonders gute Ventilationseigenschaften (hoher Luftdurchsatz, hoher Druckaufbau) aus und dienen daher vorwiegend zum Mahlen nasser Braunkohle in thermischen Kraftwerken.

In *Pralltellermühlen* kann man zahlreiche wenig schleißende Güter (MOHSsche Härte ≤ 4) trocken oder naß feinmahlen. Die Abb. 7.25a, b zeigen eine Pralltellermühle mit umlaufendem Schleuderrad *a* und feststehendem, geriffelten Prallteller *b* in geöffnetem Zustand (Abb. 7.25a) bzw. schematisch im Längsschnitt (Abb. 7.25b). Mahlgut und Luft treten durch die Mühlentür *c* axial in den Mahlraum *d* ein. Das aus-

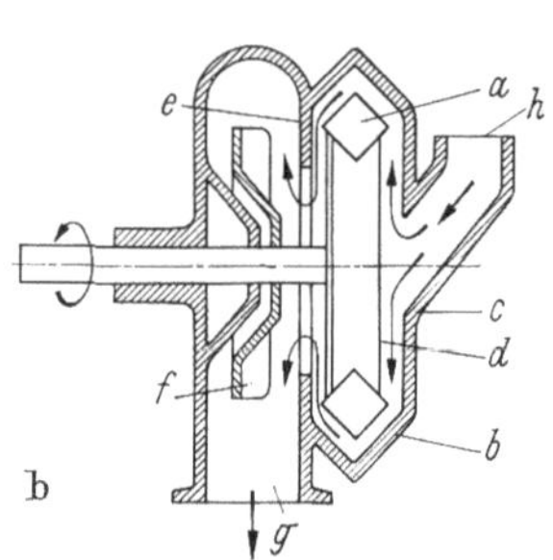

Abb. 7.25a u. b. Pralltellermühle (Fa. Pallmann/Zweibrücken).
a) Ansicht der geöffneten Mühle; b) Längsschnitt (schematisch).
a Schleuderrad, *b* geriffelter Prallteller, *c* Mühlentür, *d* Mahlraum, *e* Stauring, *f* Ventilatorrad, *g* Staub/Luft-Austritt, *h* Mahlgut- und Lufteintritt.

reichend zerkleinerte Fertigprodukt strömt mit der Luft zwischen dem Schleuderrad *a* und dem Stauring *e* nach innen und verläßt die Mühle nach Passieren des Ventilatorrads *f* durch die Öffnung *g*. Die dargestellte Mühle dient zum trockenen Fein- und Feinstmahlen weicher bis mittelharter, spröder, wärmeempfindlicher und faseriger Substanzen (z. B. Mineralien, Kohle, Salz, Zellstoff, Leder). Bei der Bauart nach Abb. 7.26 mit einem feststehenden und einem gegensinnig koaxial zum Schleuderrad umlaufenden Prallteller begrenzt der einstellbare Spalt zwischen den Feinzerfaserungsringen der beiden Prallteller die Korngröße des Fertigprodukts; diese Mühle bewährt sich zum Aufschließen und Zerfasern weicher, nasser, faseriger Stoffe (z. B. Papier, Stroh, Hobelspäne).

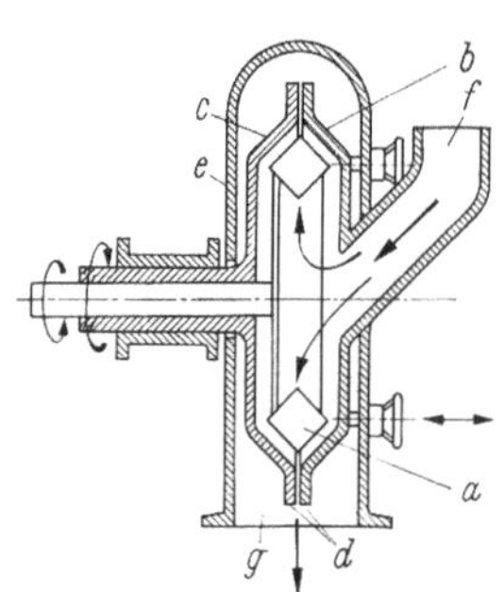

Abb. 7.26. Schema einer Pralltellermühle mit rotierendem Prallteller (Fa. Pallmann/Zweibrücken).
a Schleuderrad, *b* feststehender Prallteller, *c* gegensinnig zum Schleuderrad rotierender Prallteller, *d* geriffelte Feinzerfaserungsringe, *e* Gehäuse, *f* Mahlguteintritt, *g* Austritt.

7.343 Strahlmühlen. Strahlmühlen sind Feinstzerkleinerungsmaschinen ohne bewegte Bauteile zum Feinstmahlen von Pigmenten, Arzneimitteln usw. auf Endkörnungen unter 1 μm [*7.33, 7.38, 7.39*]. Die Mahlgutkörner zerkleinern sich gegenseitig durch Zusammenstöße der in Luft-, Gas- oder Dampfstrahlen auf hohe Geschwindigkeiten beschleunigten Teilchen mit solchen, die radial von außen in den Strahl eindringen; dabei bleibt die Struktur des Guts weitgehend erhalten (Blättchen bleiben Blättchen usw.). Die Abb. 7.27a, b geben die Ansicht einer *Spiralstrahlmühle* und den Strömungsverlauf in der Mahlkammer wieder. Das Treibmedium (Luft, Dampf, Gas) strömt mit hoher Geschwindigkeit (bis 500 m/s) durch die Düsen *c* in die kreisrunde Mahlkammer *e*, das Mahlgut wird von einer Schwingförderrinne *f* zudosiert und mit Hilfe eines Injektors *g* von oben zugeführt. In der Mahlkammer stellt sich eine Wirbelsenkenströmung mit einer ausgeprägten Sichtwirkung ein, so daß grobe Körner so lange darin verweilen, bis sie genügend zerkleinert sind und mit dem Treibmedium

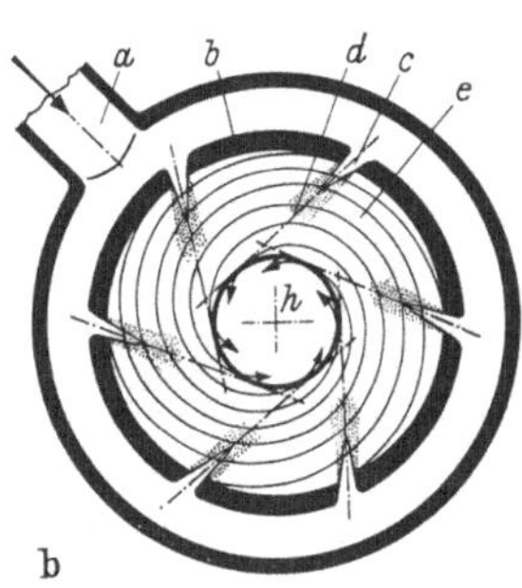

Abb. 7.27a u. b. Spiralstrahlmühle (Fa. Alpine/Augsburg).
a) Ansicht; b) Mahlkammer (Strömungsverlauf).
a Treibgaseintritt, *b* Düsenring, *c* Düsen, *d* Treibstrahlen, *e* Mahlkammer, *f* Schwingförderrinne, *g* Injektor, *h* Staub/Gas-Austritt.

abströmen können. Zum Abscheiden des Feinstaubs dienen meist Gewebefilter. Der Treibmittelbedarf beträgt je nach Produkt etwa 1 bis 10 kg Preßluft (6 atü) pro kg Mahlgut.

Die *Wheeler-Mühle* [7.33] und der *Jet-O-Mizer* besitzen einen aufrecht stehenden, ovalen Ringraum als Mahlkammer. Mahlgut-Injektor und Treibluftdüsen münden annähernd tangential im Bereich der unteren Umlenkung. In der *Blaw-Knox-Mühle* [7.33] blasen mehrere Treibstrahlen die Mahlgutteilchen in der Mitte einer zylindrischen Mahlkammer gegeneinander. Blaw-Knox-Mühlen hat man in USA auch zum Mahltrocknen feuchter, bituminöser Kohle bis etwa 20% Wassergehalt für Kohlenstaubfeuerungen eingesetzt (Durchsatz 10 t/h, Treibluft 400 °C bei 7 atü, spezifischer Arbeitsaufwand 16 bis 18 kWh/t); in Europa konnte sich diese Bauart nicht einführen.

Erwähnt sei noch die *Anger-Prallmühle* zur Kohlemahlung, bei der die Kohle von der Treibluft gegen eine feststehende Prallplatte geschleudert und dadurch zerkleinert wird (Durchsatz 2 t/h, Treibluft

23*

250 °C bei 0,25 atü(!), spezifischer Arbeitsbedarf 19 bis 31 kWh/t je nach Kohle und Mahlfeinheit) [*7.40*].

7.35 Feinschneidmaschinen

Zähe, gummielastische und faserige Substanzen geringer Härte sowie Weichstoffe lassen sich in Feinschneidmaschinen durch Scherbeanspruchung (Beanspruchungsmechanismus a, Abschn. 7.11, S. 313) weitgehend zerkleinern.

7.351 Schneidmühlen. *Schneidmühlen* zum Trocken-Granulieren zäher Kunststoffe, Gummi, Metallfolien, Leder und anderer zäher oder

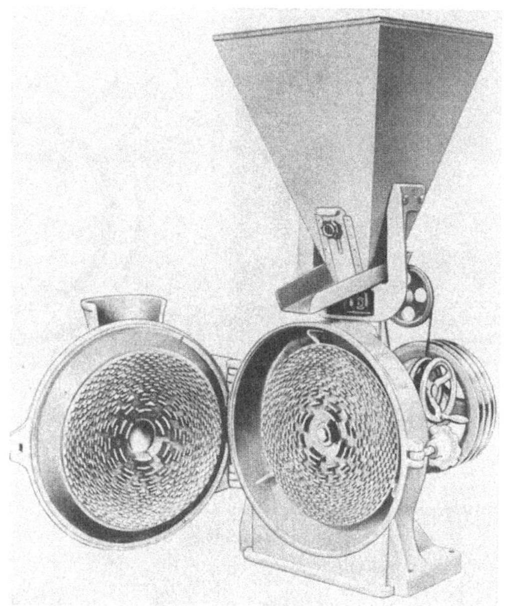

Abb. 7.28. Zahnscheibenmühle (Fa. Condux/Wolfgang bei Hanau).

gummielastischer Produkte unterscheiden sich von den Schneidmühlen zur Grobzerkleinerung (Abschn. 7.25, S. 332 ff.) lediglich durch kleinere Sieböffnungen.

In *Zahnscheibenmühlen* gemäß Abb. 7.28 kann man weiche, nicht schleißende oder klebende Güter aller Art (spröde, zäh, gummielastisch, faserig) trocken oder naß feinmahlen; sie eignen sich für Gummi, Knochen, Horn, Leim, Kunststoffe, Nahrungs- und Genußmittel, Futtermittel, Kork, Holz, Papier, Leder, Asbest usw. Als Mahlorgane dienen eine feststehende und eine rotierende Zahnscheibe, deren Zähne längs konzentrischer Kreise angeordnet sind und mit geringem (durch Axialverschieben einer Scheibe einstellbarem) Spiel ineinanderkämmen. Das axial zugeführte Mahlgut passiert das Scheibenpaar von innen nach außen, das Feingut fällt durch den als Austrittsöffnung ausgebildeten Mühlenfuß heraus.

7.352 Weichzerkleinerungsmaschinen. Zum Homogenisieren von Weichstoffen mit inneren Strukturen (z. B. Fleisch) setzt man Fleischwölfe und Kutter ein. Der *Fleischwolf* besteht aus einer Förderschnecke (Abschn. 4.433, S. 172 ff.) mit tiefen Gängen, die den Weichstoff durch eine Lochplatte preßt. Ein unmittelbar vor den Durchtrittslöchern mit der Schnecke rotierendes Messer zerstört diejenigen Strukturelemente des Weichstoffs, die sich bei Aufteilen in Einzelstränge nicht auflösen.

Beim *Kutter* läuft eine horizontale Ringmulde unter einem feststehenden Schneidaggregat mit rotierenden Sichelmessern um. Der Kutter dient im wesentlichen zum Zerkleinern, Homogenisieren und Mischen von Fleisch und Fett.

Das rheologische Verhalten von Fleisch (strukturviskos, thixotrop) sowie Auslegungsunterlagen für Fleischförderschnecken und Schneidsätze kann man einer Arbeit von P. Pilz [*7.41*] entnehmen.

7.353 Holländer. Holländer verwendet man in der Papierindustrie zum chargenweisen Aufschließen des Papierbreis, vor allem zum Beseitigen von Faserknoten und zum Erzeugen ausgefranster, leicht verfilzender Faserenden. Auf einer Seite eines offenen, ovalen Ringtrogs rotiert eine große Messertrommel um eine horizontale Achse. Der Trogboden ist unterhalb der Trommel mit Messern bestückt (Grundwerk). Der Papierbrei läuft in dem Ringkanal um und wird zwischen den feststehenden und den rotierenden Messern so lange zerfasert, bis der gewünschte Aufschlußgrad erreicht ist.

7.36 Steinmahlgänge

Die Steinmahlgänge zählen neben den technisch nicht mehr verwendeten Stampfwerken zu den ältesten Feinzerkleinerungsmaschinen. Das trockene, zentral zugeführte Mahlgut wird zwischen einem feststehenden und einem langsam rotierenden Mahlstein mit eingehauenen Schärfen (zum Verstärken der Scherwirkung) zerrieben. Steinmahlgänge setzt man heute nur noch zum Aufschließen von Faserstoffen ein; als Getreidemühlen wurden sie von den Walzenstühlen völlig verdrängt.

7.37 Kolloidmühlen

Kolloidmühlen dienen zum Feinstmahlen weitgehend vorzerkleinerter Produkte, zum Zerteilen von Agglomeraten sowie zum Homogenisieren und Feinen von Pasten, Suspensionen und Emulsionen. Die Abb. 7.29 zeigt eine *Steinmühle* in geschlossener (rechts von der Mittellinie) bzw. offener (links von der Mittellinie) Ausführung mit wassergekühltem Gehäuse. Als Mahlorgane dienen eine feststehende und eine schnell (Drehzahl etwa 3000 U/min) rotierende Korundscheibe mit einstellbarem Spalt, zwischen denen das von oben zugeführte Gut zerrieben wird. Solche *Korundscheibenmühlen* bewältigen auch harte Beimengungen und erreichen Endfeinheiten unter 10 μm. Sie werden für Durchsätze zwischen 10 und 20000 l/h und Antriebsleistungen bis 75 kW ausgeführt und lassen Innendrücke bis 10 atü zu.

Zahnkolloidmühlen weisen anstelle der Korund-Reibscheiben gezahnte Mahlkörper und meist einen breiteren Mahlspalt auf; die Zähne erzeugen in dem Spalt intensive Flüssigkeitswirbel, in denen leicht mahlbare Stoffe (z. B. Agglomerate) nach dem Mechanismus c (Abschn. 7.11, S. 313) zerkleinert werden. Die Zahnscheiben weisen im übrigen die gleiche Mahlwirkung wie die in Abschnitt 7.351 (S. 356) beschriebenen Zahnscheibenmühlen auf. Zahnkolloidmühlen sind besonders vorteilhaft zum Herstellen feindisperser Emulsionen und Suspensionen nicht schleißender Feststoffe, zum Benetzen schwer benetzbarer Stäube und zum Zerteilen von Agglomeraten.

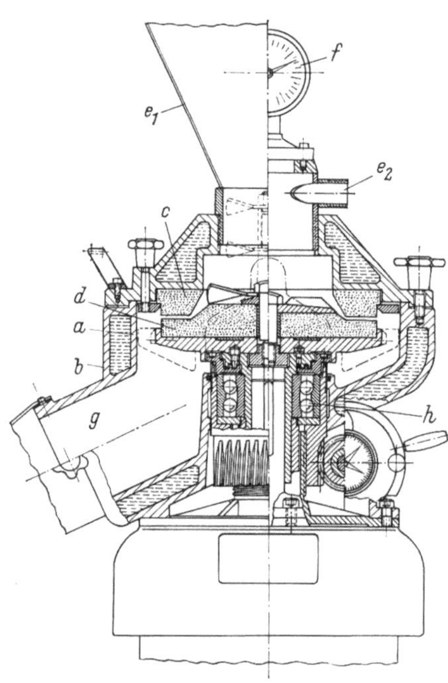

Abb. 7.29. Steinmühle (Fa. Fryma/Rheinfelden). Offene Ausführung (links von der Mittellinie) und geschlossene Ausführung (rechts von der Mittellinie). *a* Gehäuse, *b* Kühlmantel, *c* feststehende Korund-Mahlscheibe, *d* rotierende Korund-Mahlscheibe, e_1 Einfülltrichter, e_2 Zuführstutzen, *f* Manometer, *g* Produktaustritt, *h* Lagerung.

7.4 Kompaktieren

Staubförmige Güter lassen sich durch Walzen, Brikettieren, Tablettieren, Krümeln, Pelletisieren und Sintern kompaktieren. Dabei steigen die Schüttdichte und (infolge der Kornvergrößerung) die Gasdurchlässigkeit des gesamten Haufwerks. Die Dichtezunahme wirkt sich günstig auf Verpackungs-, Speicher- und Transportkosten aus; die höhere Gasdurchlässigkeit erweist sich bei verschiedenen verfahrenstechnischen Prozessen (beispielsweise beim Verhütten von Eisenerzen im Hochofen) als vorteilhaft oder notwendig. Das Kompaktierverfahren richtet sich nach der Art und dem Zustand des Ausgangsstoffs sowie nach den angestrebten Eigenschaften des Fertigprodukts.

7.41 Wälzdruck-Kompaktiermaschinen

Preßt man feinkörnige Schüttgüter zwischen zwei Flächen zusammen, so erfolgt bei ausreichender Preßkraft eine Zerkleinerung innerhalb des Haufwerks (Beanspruchungsmechanismus a, Abschn. 7.11, S. 313). Die Bruchstücke füllen die Poren aus und verdrängen die darin vorhandene Luft (bzw. das Gas), so daß sich die Schüttdichte des Guts erhöht. Mit zunehmendem Feinstaubanteil wachsen auch die Haftkräfte zwischen den Teilchen (Abschn. 7.12, S. 317 ff.), und schließlich halten diese den Kornverband auch nach Aufhören der Preßkraft zusammen. Die Form der so entstehenden Preßlinge ist bei Wälzdruck-Kompaktiermaschinen nur

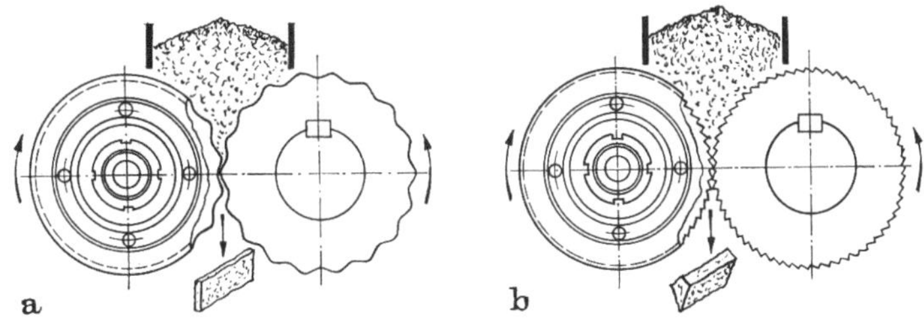

Abb. 7.30a u. b. Verschiedene Kompaktierwalzenpaare (Fa. Hutt/Schluchtern-Heilbronn).

teilweise durch die Preßwerkzeuge vorgegeben; das Preßgut kann seitlich ausweichen, daher schwankt die Granulatfestigkeit des Fertigprodukts beträchtlich.

Wälzdruck-Kompaktiermaschinen bestehen aus zwei langsam, ohne Friktion rotierenden Kompaktierwalzen (Umfangsgeschwindigkeit 0,05 bis 0,2 m/s), von deren Profil die Querschnittsform der Preßlinge abhängt, Abb. 7.30a, b. Im Gegensatz zu Walzenmühlen muß man durch eine geschlossene Schüttgutschicht — nötigenfalls auch durch eine Beschickungsschnecke — über dem Walzenspalt stets für eine ausreichende Produktzufuhr zur Kompaktierzone sorgen. Der Massendurchsatz läßt sich nach Gl. (7.23) berechnen; der produktabhängige Leistungsfaktor C ist größenordnungsmäßig $C \approx 1$. Der spezifische Arbeitsaufwand beträgt bei Produkten mit einer Schüttdichte zwischen 400 und 700 kg/m³ durchschnittlich 0,05 bis 0,1 kWh/kg (bezogen auf die installierte Leistung).

Zum Erzeugen annähernd gleichkörnigen Granulats kompaktiert man staubförmiges Gut zunächst zu Preßlingen, deren Abmessungen über der gewünschten Granaliengröße liegen. Die Preßlinge zerkleinert man mit Messerwalzen-Feinbrechern (Abschn. 7.23, S. 327ff.), und das Brechgut klassiert man mittels Sieben (Abschn. 6.41, S. 246ff.) in fertiges Granulat und Feingut; letzteres führt man zusammen mit frischem Staub wieder der Kompaktiermaschine zu.

7.42 Brikettier- und Tablettiermaschinen

Brikettier- und Tablettiermaschinen formen die Preßlinge bei Preßdrücken bis zu mehreren tausend Kilopond pro Quadratzentimeter in geschlossenen Formen, liefern also regelmäßig geformte, gleich große Briketts bzw. Tabletten mit verhältnismäßig hoher Festigkeit. Manche Stoffe lassen sich ohne Flüssigkeits- oder Bindemittelzusatz brikettieren bzw. tablettieren, wenn sie genügend fein sind und ihre Feuchtigkeit innerhalb gewisser Grenzen (z. B. bei Rohbraunkohle etwa zwischen 8 und 12%) liegt. Durch Zusatz von Bindemitteln kann man die Festigkeit erhöhen (z. B. Pechzusatz beim Kohlebrikettieren) und oft gleichzeitig andere, für anschließende Verfahrensstufen wesentliche Granulateigenschaften beeinflussen (z. B. bei der Erzbrikettierung). Zum Brikettieren verwendet man *Walzenpressen*, *Ringwalzenpressen* und *Stempelpressen*; zum Tablettieren eignen sich mit Rücksicht auf die dabei erforderliche Massen- und Formgenauigkeit nur Stempelpressen.

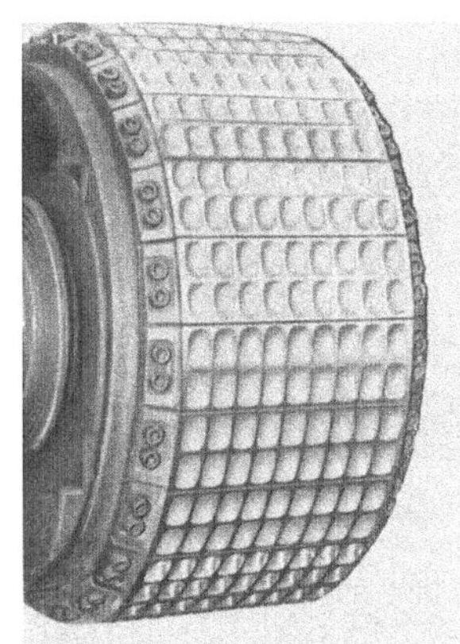

Abb. 7.31. Brikettpressenwalze (Werkfoto Fa. Klöckner-Humboldt-Deutz/Köln).

Walzenpressen setzt man für Kohle, Eisenerze und verschiedene Produkte der chemischen Industrie (z. B. Kunststoff-Vorprodukte) ein. Ihre Wirkungsweise gleicht der von Wälzdruck-Kompaktiermaschinen, die Walzen tragen jedoch anstelle einer Profilierung auswechselbare Brikett-Preßformen am Umfang, Abb. 7.31. Die Umfangsgeschwindigkeit liegt etwa zwischen 0,2 und 1,0 m/s, den Optimalwert sowie die zweckmäßigste Brikettform und die erforderliche Antriebsleistung legt man auf Grund von Versuchen fest. Der spezifische Arbeitsaufwand großer Walzenpressen beträgt durchschnittlich (je nach Produkt) 5 bis 8 kWh/m³.

Der Aufbau einer Ringwalzenpresse zur Braunkohlebrikettierung geht aus Abb. 7.32 hervor. Das Schleuderrad *a* führt das Rohmaterial der Preßzone *b* zwischen dem umlaufenden Preßring *c* und dem exzentrisch dazu gelagerten Preßrad *d* zu. Die Kohle verläßt die Preßzone als endloser, in kurzen Abständen durch Stege *e* des Preßrads *d* gekerbter

Strang, der im Bereich der Umlenkung f an den Kerbstellen in einzelne Briketts bricht. Der Preßdruck beträgt etwa 1500 bis 2000 kp/cm². Für schwer brikettierbare Produkte und große Briketts (z. B. 7″-Salonbriketts, Abmessungen 180 · 60 · 54 mm³) verwendet man auch Stempelpressen mit offener Form (*Schubkurbelpressen, Zweigelenkpressen*). Bei jedem Stempelhub entsteht ein Brikett am Ende eines Brikettstrangs. Der erforderliche Gegendruck kommt durch die Reibung des Brikettstrangs in dem anschließenden Kanal zustande; er läßt sich durch Verstellen einer „Zunge" verändern und an das Produkt anpassen.

Zum Tablettieren dienen Stempelpressen mit geschlossener Form. Das Gut wird zwischen zwei gegeneinander bewegten Stempeln zu Preßlingen hoher Festigkeit verpreßt und anschließend vom Unterstempel ausgestoßen. Bei den *Exzenterpressen* (für große Preßlinge bis 150 mm ⌀ und 150 mm Fülltiefe sowie hohe Preßkräfte bis 200 Mp) steht der Preßtisch mit den Matrizen fest, und die Preßstempel bewegen sich in vertikalen, mit dem Ständer fest verbundenen Führungen. Bei den *Rundlaufpressen* (zur Massenfabrikation kleinerer Tabletten bis etwa 30 mm ⌀ bei niedrigen Preßkräften (meist < 10 Mp)) dreht sich der Preßtisch mit den Matrizen, den Ober- und Unterstempeln sowie deren Vertikalführungen an feststehenden Füll-, Preß- und Ausstoßstationen vorbei (6 bis 50 U/min), wobei

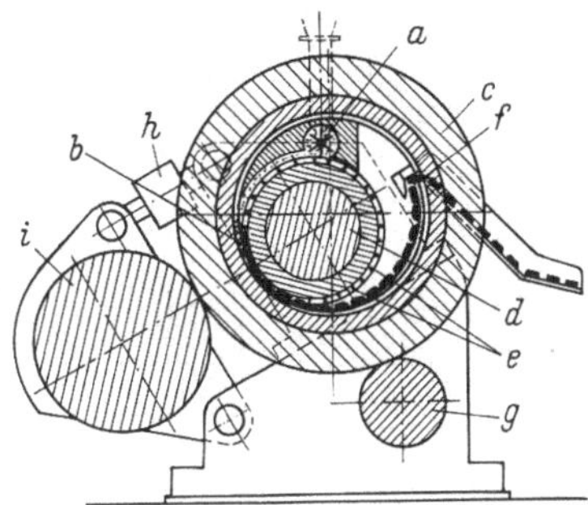

Abb. 7.32. Ringwalzen-Brikettierpresse (Fa. Lurgi/Frankfurt a. M.—Humboldt/Köln).
a Schleuderrad, *b* Preßzone, *c* Preßring, *d* Preßrad, *e* Stege, *f* Brikettstrang-Umlenkung, *g* Stützrolle, *h* hydraulische Vorspanneinrichtung, *i* Druckrolle.

ebenfalls stillstehende Gleitkurvenbahnen die Stempelbewegung steuern. Die Abb. 7.33 gibt eine Rundlauf-Tablettenpresse wieder.

7.43 Krümel- und Pellet-Formeinrichtungen

Mischt man Flüssigkeiten oder Pasten mit trockenem Staub, so bilden sich im Verlauf des Mischvorgangs Klumpen, Brocken oder Krümel, in denen — bedingt durch den örtlichen Feuchtigkeitsgehalt — besonders hohe Haftkräfte wirken. Der Flüssigkeitsgehalt von Krümeln und „grünen" Pellets bei maximaler Festigkeit folgt näherungsweise aus Gl. (6.28) [*7.11*], die Haftkraft ergibt sich aus Gl. (7.17b).

Zum Krümeln eignen sich Trogmischer gemäß Abschnitt 5.42, (S.219ff.), insbesondere Schneckenmischer. Bei trockenen, feinkörnigen Schüttgütern sprüht man die erforderliche Flüssigkeit (etwa 80 bis 100% der nach Gl. (6.28) für das Gesamtgemisch berechneten Menge, abzüglich der im

Ausgangsprodukt enthaltenen Feuchtigkeit) durch Zerstäubungsdüsen in den Mischtrog; bei pastösen Ausgangssubstanzen führt man die zum Erzielen optimaler Feuchtigkeit nötige Trockenstaubmenge beispielsweise mittels einer Dosierschnecke oder einer Schwingförderrinne zu. Die entstehenden Krümel weisen im allgemeinen sehr unterschiedliche Größen und Formen sowie eine lockere Struktur mit vielen Hohlräumen auf; sie lassen sich daher schlecht transportieren und erreichen auch durch thermisches Härten nur eine geringe Festigkeit.

In Pellet-Formeinrichtungen [*7.42* bis *7.44*] rollen die Granalien dauernd auf der Oberfläche des ständig umgeschichteten, rieselfähigen Haufwerks. Dadurch erhalten sie eine kugelige Gestalt und eine gleichmäßige Struktur ohne größere Hohlräume. Die so geformten „grünen" (d. h. feuchten) Pellets kann man gut transportieren und durch Trocknen und Brennen thermisch härten.

Langsam rotierende, zylindrische *Pelletisiertrommeln* (um 2 bis 5° gegen die Horizontale geneigte Achse, Länge: Durchmesser $\approx$ 3 : 1, Füllungsgrad 2 bis 3%) mit Sprüheinrichtungen zur Flüssigkeitszufuhr und Schabern zum Beseitigen von Ansätzen haben keine Klassierwirkung. Sie liefern daher Pellets mit einem breiten Größenspektrum, aus dem man die gewünschte Fraktion durch Klassieren abtrennen muß. Zwischen dem Trommelradius R, der Winkelgeschwindigkeit ω und der Erdbeschleunigung g besteht der Zusammenhang

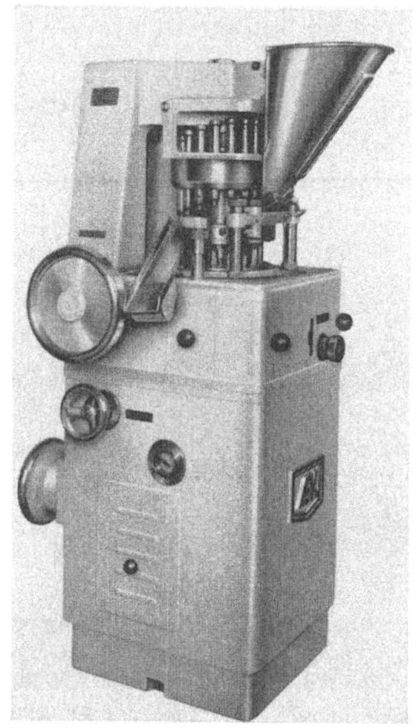

Abb. 7.33. Rundlauf-Tablettenpresse (Fa. Korsch/Berlin).

$$K_P = \frac{R\omega^2}{g} = 0{,}05 \text{ bis } 0{,}16\,; \qquad (7.42)$$

mit wachsender Kennzahl K_P nimmt der Pelettdurchmesser ab. Den Massendurchsatz $\dot{M}_P$ erhält man mit ϱ_s als Schüttdichte aus

$$\dot{M}_P = C_P \varrho_s R^3 \omega\,. \qquad (7.43)$$

Der Faktor C_P enthält die Einflüsse der Trommellänge, der Trommelneigung, des Schüttwinkels usw.; für Eisenerz-Pellets gilt etwa $C_P \varrho_s \approx \approx 5\ \mathrm{kg/m^3}$. Einzelheiten über das Schüttgut-Förderverhalten von Hohltrommeln lassen sich aus dem Schrifttum entnehmen [*4.63, 4.64*]. Zum Berechnen der Antriebsleistung kann man Gl. (7.32b) heranziehen.

Pelletisierteller gemäß Abb. 7.34 erzeugen einheitliche Pellets, die den langsam rotierenden Teller nach Erreichen einer von dem Produkt, der Feuchtigkeit, dem Ort der Staub- bzw. Flüssigkeitszugabe, der Drehzahl, der Tellerneigung und der Tellerrandhöhe (etwa $0{,}4\,R$) abhängigen Größe verlassen. Oberflächenfeuchte Granalien kann man beim Passieren des (mit Trockenstaub beschickten) Puderrands „pudern'' bzw. mit einem anderen Material überziehen. Die Tellerdrehzahl folgt mit R als Tellerradius, β als Neigungswinkel der Tellerachse (ca. 40°, gemessen gegen die Horizontale), ω als Winkelgeschwindigkeit und g als Erdbeschleunigung aus

$$K_T = \frac{R\omega^2}{g\cos\beta} \approx 0{,}3 \text{ bis } 0{,}5 \,. \qquad (7.44)$$

Der auf die Telleroberfläche $R^2\pi$ bezogene spezifische Durchsatz ist nach H. KLATT [*7.45*] bei Zement-Rohmehl etwa 2000 kg/m²h, bei Bauxit und Kalkhydrat 1600 kg/m²h, bei Superphosphat und Mischdünger etwa 1400 kg/m²h

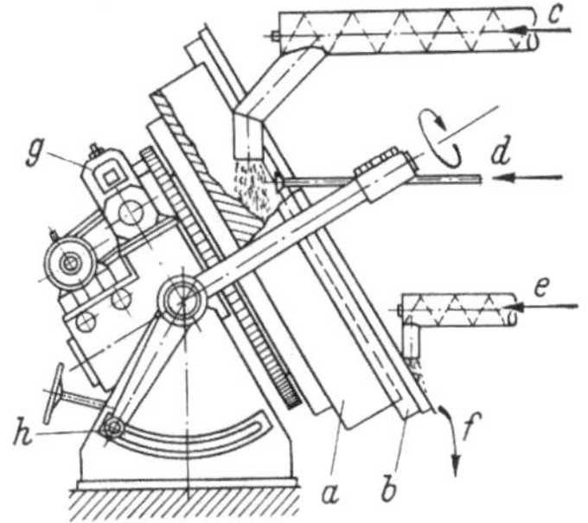

Abb. 7.34. Pelletisierteller mit Puderrand für oberflächenfeuchte Granalien (nach H. KLATT [*7.45*]).

a Granulierteller, *b* Puderrand, *c* Schüttgutzuführung, *d* Wasserzufuhr, *e* Trockenstaubzufuhr, *f* Granalienablauf, *g* Antrieb, *h* Schwenkeinrichtung.

und bei Eisenerzen 750 bis 1000 kg/m²h. Die erforderliche Antriebsleistung beträgt etwa 1,3 bis 1,5 kW/m² Telleroberfläche, vgl. [*7.46*].

Erwähnt sei noch der vor allem in USA verwendete *Pelletisierkonus* (um die Kegelachse rotierender Kegelstumpf, untere Erzeugende etwa horizontal), der ebenfalls Pellets annähernd gleicher Größe liefert.

7.44 Pasten-Granuliereinrichtungen

Staubförmige Schüttgüter lassen sich auch in Granalien verwandeln, indem man sie zunächst in einem Mischer mit Flüssigkeit zu einer Paste anteigt, diese mit Hilfe einer Strangpresse durch die Öffnungen einer Matrize preßt und die austretenden Stränge mit Schabern in kurzen Abständen abstreift. Die so erzeugten Granalien erreichen jedoch erst nach dem Trocknen und evtl. Brennen eine zum Weiterverwerten ausreichende Festigkeit.

Trogmischer gemäß Abschnitt 5.42 (S. 219 ff.) eignen sich zum Mischen, Durchlaufmischer nach Abschnitt 5.32 (S. 199 ff.) mit einer Lochplatte (Matrize) an der Austrittsseite arbeiten gleichzeitig als *Strangpressen*. Fällt das Gut bereits als Paste an (z. B. bei der Farbstoffherstellung), so kann man neben *Schneckenstrangpressen* auch *Kolbenstrangpressen* oder *Wälz-druck-Apparate* zum Granulieren einsetzen. Kolbenstrangpressen ähneln weitgehend den Brikett-Stempelpressen mit offener Form. Sie pressen bei jedem Kolbenhub ein Stück endlosen Strangs aus einem Mund-stück. Messer zerteilen den Strang anschließend in gleich große Stücke. Wälzdruck-Apparate bestehen aus zwei gegensinnig mit gleicher Um-fangsgeschwindigkeit rotierenden gelochten Walzen oder ineinander-kämmenden Zahnrädern (Umfangsgeschwindigkeit etwa 0,2 bis 0,4 m/s) mit Löchern im Zahngrund, Abb. 7.35. Das von oben zugeführte Gut

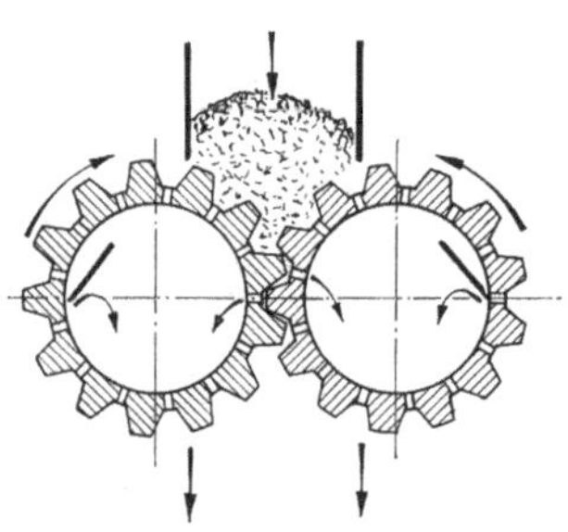

gelangt in den Spalt zwischen die Zähne, wird durch die Öffnungen gepreßt und anschließend von Schabern abgestreift. Die Abb. 7.36 zeigt einen *Pastengranulator* mit Schwingdüse. Die gegensinnig synchron umlaufenden Zahnwalzen a_1, a_2 mit gleich vielen Zähnen fördern das oben aufgege-bene Produkt in den „Granulierraum" b und pressen es durch die Bohrungen c der Schwingdüse d (Rundgranulat mit 5 bis 10 mm Durchmesser; Länge materialab-hängig, zwischen 30 und 60 mm). Die

Abb. 7.35. Zahnrad-Pastengranulator.

Dichtleisten e_1, e_2 der Schwingdüse dienen gleichzeitig als Abstreifer für das an den Zahnwalzen haftende Gut.

Bei luft- oder gashaltigen Pasten verwendet man Schneckenstrang-pressen (also Schnecken-Durchlaufmischer mit Lochplatte am Austritt) mit evakuierter Entlüftungs- bzw. Entgasungszone, um gleichmäßige Stränge zu erzielen.

7.45 Einrichtungen zum Pellet-Brennen und zum Sintern

Die durch Zwischenraumflüssigkeit bewirkten Haftkräfte geben „grünen", d. h. feuchten Pellets meist die zum Transport und zum Klassieren nötige Druckfestigkeit (etwa 1 kp/cm², bezogen auf den maxi-malen Pelletquerschnitt). Zum Verhütten sind jedoch Druckfestigkeiten um 200 kp/cm² und darüber erforderlich [*7.43*]. Um diese Werte zu erreichen, setzt man dem Gut vor dem Pelletisieren „Bindemittel" (Bentonit, Löschkalk, Kalkstein, Calciumchlorid) zu und verfestigt die Pellets nach dem Formen durch Brennen bei Temperaturen zwischen 1000 und 1400 °C; dabei bilden sich zwischen den Einzelkörnern sehr haltbare Feststoffbrücken.

Zum Brennen verwendet man verschiedene Einrichtungen [*7.42*]. Die wärmewirtschaftlich besonders günstigen *Schachtöfen* kommen mit einem Wärmebedarf zwischen 80 und 200 kcal/kg gebrannte Pellets aus.

Da die grünen Pellets dabei jedoch plötzlich hohen Temperaturen ausgesetzt werden, müssen sie gegenüber Wärmeschocks unempfindlich sein. Beim *„grate kiln"-Verfahren* passieren die Pellets nacheinander einen Wanderrost (grate) zum Trocknen und Aufheizen auf 800 bis 1000 °C, einen Drehofen (kiln) zum Härten bei 1200 bis 1300 °C und einen Kühler zum Abkühlen. Der Wärmebedarf beträgt dabei etwa 200 bis 300 kcal/ kg gebrannte Pellets. Bei den *Bandverfahren* (Drucksinterverfahren der Fa. Cleveland Cliff Iron Ore Co., Verfahren der Fa. Reserve Mining Co., Lurgi-Verfahren) bleiben die Granalien während des ganzen Prozesses in Ruhe, daher kann man auch grüne Pellets mit geringer Anfangsfestigkeit verarbeiten.

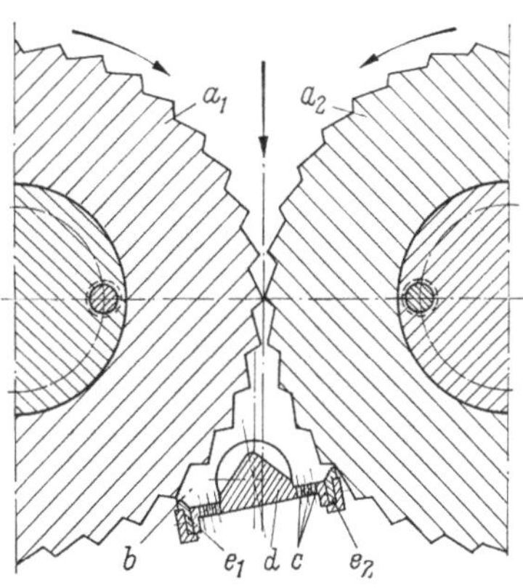

Abb. 7.36. Feuchtstoff- und Pastengranulator mit Schwingdüse (Fa. Hutt/Schluchtern-Heilbronn).

a_1 und a_2 Zahnwalzen, b Granulierraum, c Düsenbohrungen, d Schwingdüse, e_1 und e_2 Dichtleisten und Abstreifer.

Krümelige Ausgangsprodukte lassen sich durch *Sintern* verfestigen. Entzündet man eine poröse, brennstoffhaltige Schicht an der Oberfläche des Guts und saugt anschließend Luft hindurch, so wandert die „heiße Zone" in Strömungsrichtung weiter, wobei der Brennstoffanteil verbrennt und zwischen den nicht brennbaren Einzelkörnern Feststoffbrücken durch Schmelzen, Diffusion usw. entstehen. Technisch führt man diesen Prozeß chargenweise auf *Sinterpfannen* oder kontinuierlich auf *Sinterbändern* aus. Nach diesem sogenannten Saugzug-Sinterverfahren sintert man vornehmlich mit Koksgrus als Brennstoff vermischte und gekrümelte Eisenerze. Zement brennt man dagegen meist ohne Brennstoffzusatz in direkt beheizten Drehrohröfen oder mit Brennstoffzusatz in Schachtöfen.

7.5 Schrifttum zu Kapitel 7

[7.1] WERNER, O.: Einige Gedanken zum Problem des Sprödbruches. Materialprüfung 1 (1959) 189—200.

[7.2] RUMPF, H.: Zur Entwicklungsgeschichte der Physik der Brucherscheinungen. A. Smekal zum Gedächtnis. Chemie-Ing.-Technik 31 (1959) 697—705.

[7.3] RUMPF, H.: Die Einzelkornzerkleinerung als Grundlage einer technischen Zerkleinerungswissenschaft. Chemie-Ing.-Technik 37 (1965) 187—202.

[7.4] REINERS, E.: Der Mechanismus der Prallzerkleinerung beim geraden, zentralen Stoß und die Anwendung dieser Beanspruchungsart bei der Zerkleinerung, insbesondere bei der selektiven Zerkleinerung von spröden Stoffen. Forschungsberichte des Landes Nordrhein-Westfalen, Nr. 1059. Köln/Opladen: Westdeutscher Verlag 1962.

[7.5] PRIEMER, J.: Untersuchungen zur Prallzerkleinerung von Einzelteilchen. Z. VDI, Fortschrittberichte Reihe 3, Nr. 8 (1965).

[7.6] BEHRENS, D.: Über die Prallzerkleinerung von Glaskugeln und unregelmäßig geformten Teilchen aus Schwerspat, Kalkstein und Quarzsand im Korngrößenbereich zwischen 0,1 und 1,5 mm. Z. VDI, Fortschrittberichte Reihe 3, Nr. 5 (1964).

[7.7] RAASCH, J.: Beanspruchung und Verhalten suspendierter Feststoffteilchen in Scherströmungen hoher Festigkeit. Diss. T. H. Karlsruhe 1961.

[7.8] ULLRICH, H.: Schlägermühlen zur Kohlemahlung. VDI-Forschungsheft 504. Düsseldorf: VDI-Verlag 1964.

[7.9] ZEISEL, H. G.: Mahlbarkeitsuntersuchungen. VDI-Z. 101 (1959) 483—484.

[7.10] Fa. L. &. C. Steinmüller: Wärmetechnische Tabellen. Erweiterte 21. Folge, Gummersbach 1958.

[7.11] RUMPF, H.: Grundlagen und Methoden des Granulierens. Chemie-Ing.-Technik 30 (1958) 144—158, 329—336.

[7.12] RUMPF, H.: Das Granulieren von Stäuben und die Festigkeit der Granulate. Staub 19 (1959) 150—160.

[7.13] FISCHMEISTER, H., u. E. EXNER: Theorien des Sinterns. 3 Teile. Metall 18 (1964) 932—940; 19 (1965) 113—119; 19 (1965) 941—946.

[7.14] RUMPF, H.: Die moderne Entwicklung der Zerkleinerungstechnik zur Herstellung feinster Nutzstäube. VDI-Berichte 26 (1958) 7—23.

[7.15] RIES, H. B.: Verfahrenstechnische und technologische Probleme bei der Zerkleinerung weicher bis mittelharter Stoffe. Aufbereitungstechnik 5 (1964) 166—178.

[7.16] MITTAG, C.: Die Hartzerkleinerung, Berlin/Göttingen/Heidelberg: Springer 1953.

[7.17] N. N.: Größter Kreiselbrecher der Welt zerkleinert 3500 t/h. Konstruktion u. Entwicklung 5 (1963) Nr. 10, S. 9.

[7.18] BATEL, W.: Über die Zerkleinerung zwischen Mahlhilfskörpern in Schwing- und Rohrmühlen und über die Kennzeichnung und Analyse des Mahlgutes. Forschungsberichte des Landes Nordrhein-Westfalen, Nr. 745. Köln/ Opladen: Westdeutscher Verlag 1959.

[7.19] JOHN, G., u. F. VOCK: Modelluntersuchungen an einer Planetenkugelmühle. Chemie-Ing.-Technik 37 (1965) 411—417.

[7.20] PATAT, F., u. H. LANGEMANN: Kinetik der Hartzerkleinerung. Chemie-Ing.-Technik 31 (1959) 561—568.

[7.21] PATAT, F., u. H. LANGEMANN: Kinetik der Hartzerkleinerung. Teil II: Die Temperaturabhängigkeit der Zerkleinerungsgeschwindigkeit. Chemie-Ing.-Technik 34 (1962) 15—20.

[7.22] LANGEMANN, H.: Kinetik der Hartzerkleinerung. Teil III: Die Kinematik der Mahlvorgänge in der Fallkugelmühle. Chemie-Ing.-Technik 34 (1962) 615—627.

[7.23] PATAT, F., u. G. MEMPEL: Kinetik der Hartzerkleinerung. Teil IV: Zur Zerkleinerung in Kugelmühlen. Chemie-Ing.-Technik 37 (1965) 933—939.

[7.24] MEMPEL, G.: Kinetik der Hartzerkleinerung. Teil V: Bruchenergie des Mahlgutes in Kugelmühlen. Chemie-Ing.-Technik 37 (1965) 1146—1153.

[7.25] MEMPEL, G.: Kinetik der Hartzerkleinerung. Teil VI: Abhängigkeit der Bruchenergie spröder Mahlgüter von der Korngröße. Chemie-Ing.-Technik 37 (1965) 1259—1263.

[7.26] MAIER, H.: Kinetik der Hartzerkleinerung — Versuche zur Naßmahlung und zur Mahlbarkeitsgrenze. Aufbereitungstechnik 6 (1965) 1—6.

[7.27] ANSELM, W.: Zerkleinerungstechnik und Staub, Düsseldorf: VDI-Verlag 1949.

[7.28] BACHMANN, D.: Bewegungsvorgänge in Schwingmühlen mit trockener Mahlkörperfüllung. Z. VDI, Beiheft Verfahrenstechnik 1940, Nr. 2, S. 43—55.

[7.29] BACHMANN, D.: Untersuchung von naß arbeitenden Schwingmühlen. Z. VDI, Beiheft Verfahrenstechnik 1940, Nr. 3, S. 82—89.

[7.30] ROSE, H. E.: Hochleistungs-Schwingmühlen. Chemie-Ing.-Technik 34 (1962) 411—417.

[7.31] RAASCH, J.: Zur Mechanik der Schwingmühle. Chemie-Ing.-Technik 36 (1964) 125—130.

[7.32] KRAUS, W., u. G. GIERSIEPEN: Technische Informationen über weitere Naßmahlaggregate vom Typ der Sandmühle. Chemie-Ing.-Technik 35 (1963) 671.

[7.33] RUMPF, H.: Prinzipien der Prallzerkleinerung und ihre Anwendung bei der Strahlmahlung. Chemie-Ing.-Technik 32 (1960) 129—135.

[7.34] NEUROTH, K.: Die Prallmahlung von Braunkohle und ihr Zusammenhang mit der Trocknung. Braunkohle 16 (1964) 21—30, 65—77, 167—174.

[7.35] SCHÜLER, U.: Untersuchung des Zerkleinerungsvorgangs in Prallmühlen und Hammermühlen. Diss. T. H. Aachen 1964.

[7.36] WELLINGER, K., u. H. UETZ: Gleitverschleiß, Spülverschleiß, Strahlverschleiß unter der Wirkung von körnigen Stoffen. VDI-Forschungsheft 449 (1955).

[7.37] BRAUER, H.: Untersuchungen über den Verschleiß von Kunststoffen und Metallen. Chemie-Ing.-Technik 35 (1963) 750.

[7.38] RUMPF, H.: Versuche zur Bestimmung der Teilchenbewegung in Gasstrahlen und des Beanspruchungsmechanismus in Strahlmühlen. Chemie-Ing.-Technik 32 (1960) 335—342.

[7.39] KAUFMANN, W.: Über Jet-Mühlen und ihren Einsatz in verschiedenen Industriezweigen. Dtsch. Farben-Z. 10 (1956) Nr. 4, S. 118—122.

[7.40] RAMMLER, E., u. J. ENGEL: Erfahrungen mit Prallmühlen. Braunkohle 40 (1941) 413—421.

[7.41] PILZ, P.: Über spezielle Probleme der Zerkleinerungstechnik von Weichstoffen. Forschungsberichte des Wirtschafts- und Verkehrsministeriums Nordrhein-Westfalen, Nr. 136. Köln/Opladen: Westdeutscher Verlag 1955.

[7.42] MEYER, K.: Entwicklung der Eisenerz-Pelletisierung. Stahl u. Eisen 76 (1956) 588—595.

[7.43] RAUSCH, H.: Pelletisieren feinkörniger Eisenerze. Chemie-Ing.-Technik 36 (1964) 1011—1019.

[7.44] v. STRUVE, G.: Grundlegende Betrachtungen über das Pelletisieren von Erzen. Chemie-Ing.-Technik 36 (1964) 1019—1027.

[7.45] KLATT, H.: Die betriebliche Einstellung von Granuliertellern. Zement-Kalk-Gips 11 (1958) 144—154.

[7.46] PIETSCH, W.: Die Beeinflussungsmöglichkeiten des Granuliertellerbetriebs und ihre Auswirkungen auf die Granulateigenschaften. Aufbereitungstechnik 7 (1966) 177—191.

8. Projektieren

Unter Projektieren versteht man Planen und Auslegen größerer technischer Anlagenkomplexe (Projekte). Die Projektierung geht von einer technisch-wirtschaftlichen Idee aus, zu deren Verwirklichung verschiedene technische Mittel nötig sind. Sie umfaßt alle technischen Arbeiten vom Entschluß zum Verwirklichen der Idee bis zum Fertigstellen des Projekts, Terminplanung und Terminüberwachung, Vorkalkulation des Kapitalbedarfs und der Kosten sowie Rentabilitätsuntersuchungen. Das Ziel ist im allgemeinen die durch maximale Rentabilität gekennzeichnete, wirtschaftlich optimale Lösung der Projektierungsaufgabe im Rahmen der gestellten Anforderungen; manchmal tritt das Streben nach höchster Rentabilität allerdings gegenüber den Bemühungen zum Erfüllen besonderer technischer oder Terminforderungen zurück.

Die mit der Projektierung verbundenen Probleme lassen sich nicht einem begrenzten Fachgebiet der Technik zuordnen, sondern erfordern das Zusammenwirken von Spezialisten verschiedener Fachrichtungen. Der Projektabteilung fallen im wesentlichen folgende Aufgaben zu:

a) Festlegen der technischen Gesamtkonzeption,

b) Übertragen von Teilaufgaben an die jeweils fachlich zuständigen Stellen,

c) Koordinieren der Arbeiten an den Teilaufgaben im Sinne einer funktionellen Abstimmung aufeinander im Rahmen der vorgesehenen Gesamtkonzeption,

d) Planen und Koordinieren der verschiedenen Arbeiten hinsichtlich ihres zeitlichen Ablaufs (Terminplanung und -überwachung),

e) Ausführen aller Arbeiten, die nicht an andere Stellen weitergegeben werden können (Standortwahl, Anordnungsplanung usw.),

f) Vorkalkulation des Anlage- und Umlaufkapitalbedarfs sowie der Kosten,

g) Durchführen von Rentabilitätsberechnungen für das Gesamtprojekt.

Je nach dem Stadium unterscheidet man Vor- und Ausführungsprojektierung. Die *Vorprojektierung* umfaßt alle Arbeiten bis zur Investitionsentscheidung. Zunächst prüft man die Durchführbarkeit einer technisch-wirtschaftlichen Idee und die Patentlage, dann schätzt man überschlägig Kapitalbedarf, Kosten und Termine ab. Es schließen sich ein eingehendes Literaturstudium, Laborversuche, Berechnungen und Entwürfe an, die ein genaueres Ausarbeiten des Vorprojekts ermöglichen. Durch laufende Vorkalkulationen lassen sich wirtschaftlich ungünstige Versionen ausscheiden und die Forschungsarbeiten auf wirtschaftlich optimale Lösungen hinlenken (Zweckforschung). Liegt die technische Konzeption fest, so setzen Entwicklungsversuche in größerem Maßstab (Technikums- und Pilotanlagen) ein, welche die zum Auslegen der Verfahrensstufen bzw. der Anlagenteile nötigen technischen Daten sowie die Unterlagen für Vorkalkulation, Rentabilitätsberechnungen und Terminplanung mit der für die Ausführungsprojektierung erforderlichen Genauigkeit liefern. Da eine negative Investitionsentscheidung die bereits für ein Projekt aufgewendeten Arbeiten weitgehend entwertet, sollten sich diese im Vorprojekt-Stadium auf das unbedingt nötige Maß zum Klären und Abgrenzen des Projektumfangs und zum Durchführen der Terminplanung sowie der Rentabilitätsrechnungen beschränken; vor allem sollte man aufwendige Untersuchungen von Detailproblemen sowie Konstruktionsarbeiten der Ausführungsprojektierung vorbehalten.

Durch eine positive Investitionsentscheidung geht das Projekt in das Stadium der *Ausführungsprojektierung* über. Hat der Auftraggeber eine Projektierungsfirma eingeschaltet, so kommt dies durch den Abschluß eines Vertrags zum Ausdruck. Die Ausführungsprojektierung umfaßt bei Einzelverfahren im wesentlichen das Ausarbeiten des technologischen Fließbilds nebst allen erforderlichen Ergänzungszeichnungen (Rohrleitungsschema, Instrumentierungsschema, Übersichtsschaltplan), der Planstellenliste, der Konstruktionszeichnungen und Schaltpläne (soweit diese nicht von den Unterlieferanten angefertigt werden) sowie der Dokumentation (Betriebs-, Wartungs-, Reparaturanweisungen usw.). Bei vollständigen Anlagen kommen im allgemeinen noch die Wahl des Standorts, das Festlegen der Gesamtanordnung, die Einplanung aller Apparate und Anlagenteile, das Anfertigen der Bauzeichnungen, Aufstellungs- und Fundamentspläne, Rohrleitungspläne usw. sowie gegebenenfalls auch Montage und Inbetriebnahme der Anlage hinzu. Besonders wichtig ist die technische und die zeitliche Koordinierung aller Arbeiten. Der Anlagekapitalbedarf und die Kosten lassen sich in diesem Projektstadium meist ohne Schwierigkeiten nebenbei bestimmen. An die Stelle der Vorkalkulation tritt die Zwischenkalkulation bzw. nach Fertigstellen des Projekts die Nachkalkulation.

8.1 Verfahren

Die Gesamtheit der Operationen zum Erreichen eines gewünschten Produktionsziels bezeichnet man als Verfahren, die einzelnen Teiloperationen nennt man Verfahrensschritte. Die funktionell aufeinander abgestimmten Anlagenteile zum Durchführen einzelner Verfahrensschritte sind die Verfahrensstufen. Bauteil, Fundamente, Hilfseinrichtungen zum Bereitstellen von Roh- und Hilfsstoffen und Energie sowie zum Aufarbeiten anfallender Nebenprodukte, Reparaturwerkstätten, Betriebslaboratorien und sonstige Nebenanlagen (Werkstraßen, Kanalisation, Aufenthalts- und Sozialräume für das Personal usw.) zählen dagegen nicht zum Verfahren.

Nach der Betriebsform unterscheidet man kontinuierliche, diskontinuierliche und teilweise kontinuierliche Verfahren. Der kontinuierliche oder Fließbetrieb einer Verfahrensstufe ist durch eine zeitlich (nahezu) konstante, stetige Zu- bzw. Abfuhr von Stoffen und Energie, also einen (quasi-)stationären Stoffmengen- und Energiefluß gekennzeichnet. Beim diskontinuierlichen, Chargen- oder Satzbetrieb wiederholt sich nacheinander eine Reihe verschiedener Betriebszustände mit unterschiedlichen Stoffmengen- und Energieflüssen. Die Zeit zwischen zwei aufeinander folgenden gleichen Betriebszuständen (z. B. Einfüllen- ... -Einfüllen) ist die Chargenzeit. Werden einzelne Stoffe einer Verfahrensstufe kontinuierlich zu- bzw. abgeführt, andere jedoch absatzweise, oder läßt sich eine Stufe nur eine begrenzte Zeit kontinuierlich betreiben und muß dann — noch während der Betriebsperiode des Gesamtverfahrens — z. B. gereinigt oder regeneriert werden, so spricht man von teilweise kontinuierlichem oder Teilfließbetrieb.

Die Anlagenteile kontinuierlicher Verfahren sind (bedingt durch den Wegfall unproduktiver Zeiten zum Füllen, Entleeren usw. einerseits und durch die Erfordernisse einer kontinuierlichen Stoffzufuhr und -abfuhr andererseits) meist kleiner, aber technisch komplizierter als gleichwertige Einrichtungen für Chargenbetrieb. Die zeitlich konstanten Betriebsbedingungen des Fließbetriebs kommen den Bedürfnissen der automatischen Regelung entgegen und ermöglichen das Einhalten einer stets gleichbleibenden Produktqualität. Beim Verarbeiten gesundheitsschädlicher, brennbarer oder explosiver Substanzen sind kontinuierliche Verfahren hinsichtlich ihrer Betriebssicherheit den vergleichbaren Chargenprozessen im allgemeinen überlegen; auch bei luftempfindlichen Gütern und bei strengen hygienischen Anforderungen an den Produktionsgang erweist sich der Fließbetrieb als vorteilhafter. Kontinuierliche Anlagen sind jedoch normalerweise weitgehend auf *ein* Verfahren und *eine* Kapazität abgestimmt. Sie lassen sich meist sehr schlecht an einen anderen Verfahrensablauf oder andere Betriebsbedingungen anpassen, während solche Umstellungen bei absatzweise betriebenen Anlagen in der Regel verhältnismäßig einfach sind. Störungen können bei Fließbetrieb unter Umständen zum Ausfall einer ganzen Anlage führen, bei Satzbetrieb bleiben sie dagegen normalerweise auf die betroffene Verfahrensstufe beschränkt; kontinuierliche Anlagen benötigen daher unabhängig von ihrer Kapazität mehr Reserve-aggregate.

Die vorteilhafteste Betriebsform kann man jeweils durch Rentabilitätsrechnungen unter Beachtung aller wesentlichen technischen Gesichtspunkte ermitteln. Der Kapitalbedarf kontinuierlicher Verfahren ist im allgemeinen bei kleiner Kapazität höher und bei großer Kapazität niedriger als der gleichwertiger Chargenprozesse. Der Fließbetrieb erweist sich daher meist erst bei großer Kapazität dem Satzbetrieb als wirtschaftlich überlegen, und letzterer ist durchaus nicht eine technisch weniger wertvolle oder gar überholte Betriebsform! Der wachsende Bedarf an Großanlagen führt allerdings aus wirtschaftlichen Gründen in zunehmendem Maß zum Einsatz kontinuierlicher und weitgehend automatisierter Verfahren.

8.11 Verfahrensschema oder Fließbild

Das Verfahrensschema oder Fließbild gibt das funktionelle Zusammenwirken der einzelnen Stufen in einem Verfahren unmaßstäblich zeichnerisch wieder. Nach dem Grad der Ausarbeitung und der Wiedergabe von Einzelheiten unterscheidet man das Blockschema, das schematische Fließbild, das Verfahrensfließbild und das technologische oder konstruktive Fließbild.

8.111 Blockschema. Die Projektierung eines Verfahrens beginnt mit dem Entwurf eines Blockschemas auf Grund dem Schrifttum entnommener Unterlagen und eigener Forschungsergebnisse. Das

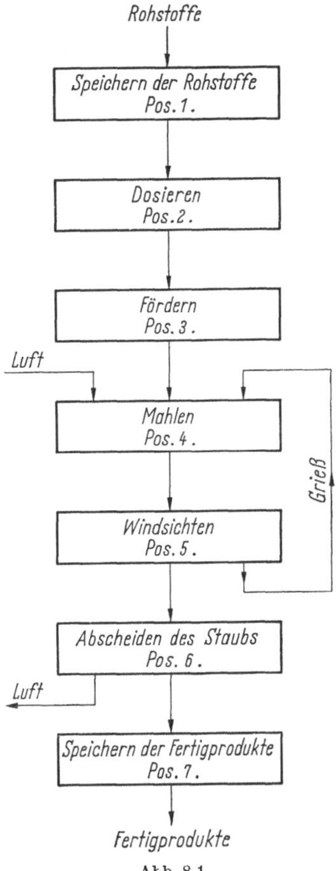

Abb. 8.1.
Blockschema eines Mahlverfahrens.

Blockschema zeigt die einzelnen Verfahrensstufen ohne jegliche Differenzierung symbolisch als „Blöcke" (meist Rechtecke, manchmal auch Kreise oder Quadrate) und kennzeichnet sie durch Eintragen der zugeordneten Verfahrensschritte, Abb. 8.1. Positionsgruppen-Nummern bilden eine erste, grobe Gliederung des Verfahrens und erleichtern Aufteilung sowie Koordinierung der Projektierungsarbeiten. Striche mit Richtungspfeilen zwischen den einzelnen Blöcken geben die Wege der wichtigsten Sub-

24*

stanzen durch die einzelnen Verfahrensstufen an. Das Blockschema enthält üblicherweise keine Angaben über Stoffmengen und Energiebedarf, sagt nichts über Ausführung und Bemessung der Verfahrensstufen aus und läßt auch im allgemeinen nicht erkennen, ob einzelne Stufen bzw. das ganze Verfahren kontinuierlich oder diskontinuierlich ablaufen.

Stoffe

Benennung	Symbol
Feststoff, grob verteilt	
—, fein verteilt	
Flüssigkeit	
Gas	
Dampf	
Suspension	
Emulsion	
Schaum	
Nebel	
nasser Dampf	
Feststoff in Flüssigkeit gelöst	
Flüssigkeit in Flüssigkeit gelöst	
Gas in Flüssigkeit gelöst	
Dampf in Gas	

Energieformen und –wege

Benennung	Symbol
mechanische Energie	$A.$
Wärmeenergie	$Q.$
elektrische Energie	$W_e.$
magnetische Energie	$W_m.$
Lichtenergie	$W_l.$
Schallenergie	$W_{ak}.$
Energieweg (z.B. elektrisch)	$W_e.$

Stoffwege

Benennung	Symbol
Hauptweg der Fertigung	
Nebenwege der Fertigung	
Kreuzungen ohne Verbindung	
— mit Verbindung	
Abzweig, Zusammenfluß	
Verzweigung mit rhythmischer Umschaltung	

Verfahrensstufen

Benennung	Symbol
Fertigungsstelle, Normaldruck	
—, Überdruck	
—, Unterdruck (Vakuum)	
Speicher, Normaldruck	
—, Überdruck	
—, Unterdruck (Vakuum)	
Fertigung mit Wärmezufuhr oder -abfuhr	
— mit zeitweisem Festhalten eines Bestandteils	

Beispiele

Benennung	Symbol
kontinuierlich Mischen	
diskontinuierlich Trennen	
Trennen durch Ad- und Desorption	

Abb. 8.2. Symbole zum Darstellen des schematischen Fließbilds (nach DIN 7091). Die auszugsweise Wiedergabe erfolgt mit Genehmigung des Deutschen Normenausschusses. Maßgebend ist die jeweils neueste Ausgabe des Normblattes im Normformat A 4, das bei der Beuth-Vertrieb GmbH, 1 Berlin 30 und 5 Köln, erhältlich ist.

8.112 Schematisches Fließbild. Aufbau und Symbole des vor allem in der chemischen Technik üblichen schematischen Fließbilds sind nach DIN 7091 genormt und daher allgemein verständlich. Das Zeichenfeld

ist in sechs horizontale Streifen gegliedert. In den beiden obersten
Streifen sind die den einzelnen Verfahrensstufen zugeführten Energien
bzw. die Lager für Ausgangs- und Hilfsstoffe eingetragen. Der dritte
Streifen enthält die Fertigungsstellen, die man nach Möglichkeit entsprechend einem Produktfluß von links nach rechts anordnet. Der vierte,
fünfte und sechste Streifen ist den Zwischenproduktlagern, den Lagern
für End- und Nebenprodukte bzw. den abgeführten Energien vorbehalten.
Die Abb. 8.2 gibt die Symbole zum Darstellen des schematischen Fließ-

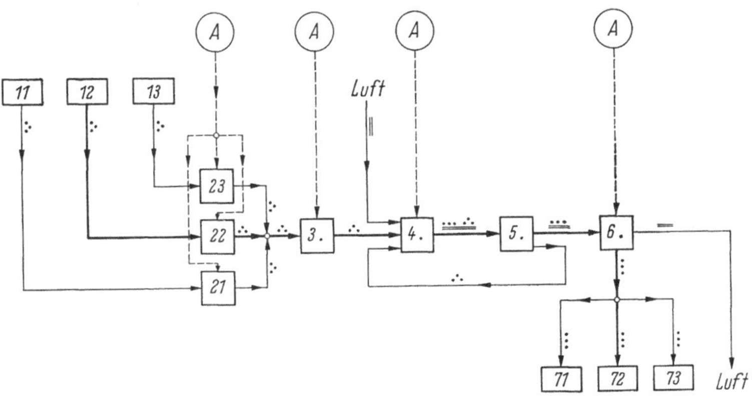

Abb. 8.3. Schematisches Fließbild des Mahlverfahrens gemäß Abb. 8.1.
11, 12, 13 Rohstoffspeicher; *21, 22, 23* Dosiereinrichtungen; *3* Fördereinrichtung; *4* Mühle; *5* Windsichter; *6* Staubabscheider; *71, 72, 73* Fertigproduktspeicher.

bilds wieder. Alle Lager und Fertigungsstellen des Schemas versieht man
mit Positionsnummern, die man am Blattrand näher bezeichnet. Die
Abb. 8.3 zeigt das schematische Fließbild des in Abb. 8.1 als Blockschema dargestellten Mahlverfahrens.

8.113 Verfahrensfließbild. Zum Erfassen von Einzelheiten eines Verfahrens eignet sich das schematische Fließbild infolge seiner wenigen
Symbole nicht, daher muß man im weiteren Verlauf der Projektierung
zu dem ausführlicheren Verfahrensfließbild übergehen. Das Verfahrensfließbild („Process Flowsheet", „Process Flow Diagram") berücksichtigt
bereits die apparative Konzeption der Anlagenteile. Während der erste
Entwurf noch in vielem dem schematischen Fließbild ähnelt, entspricht
die letzte Ausarbeitung bereits weitgehend dem konstruktiven Fließbild.
Das Verfahrensfließbild ist jedoch im allgemeinen nur hinsichtlich der
wichtigsten, größten und teuersten Anlagenteile vollständig, aber nicht
hinsichtlich der Hilfsaggregate, des Rohrleitungssystems, der Pumpen
und Armaturen sowie der Meß- und Regeltechnik. Es zeigt einzelne Einrichtungen schematisch, andere symbolisch unter Verwendung weitgehend differenzierter Sinnbilder. Die Abb. 8.4 enthält einen Auszug aus

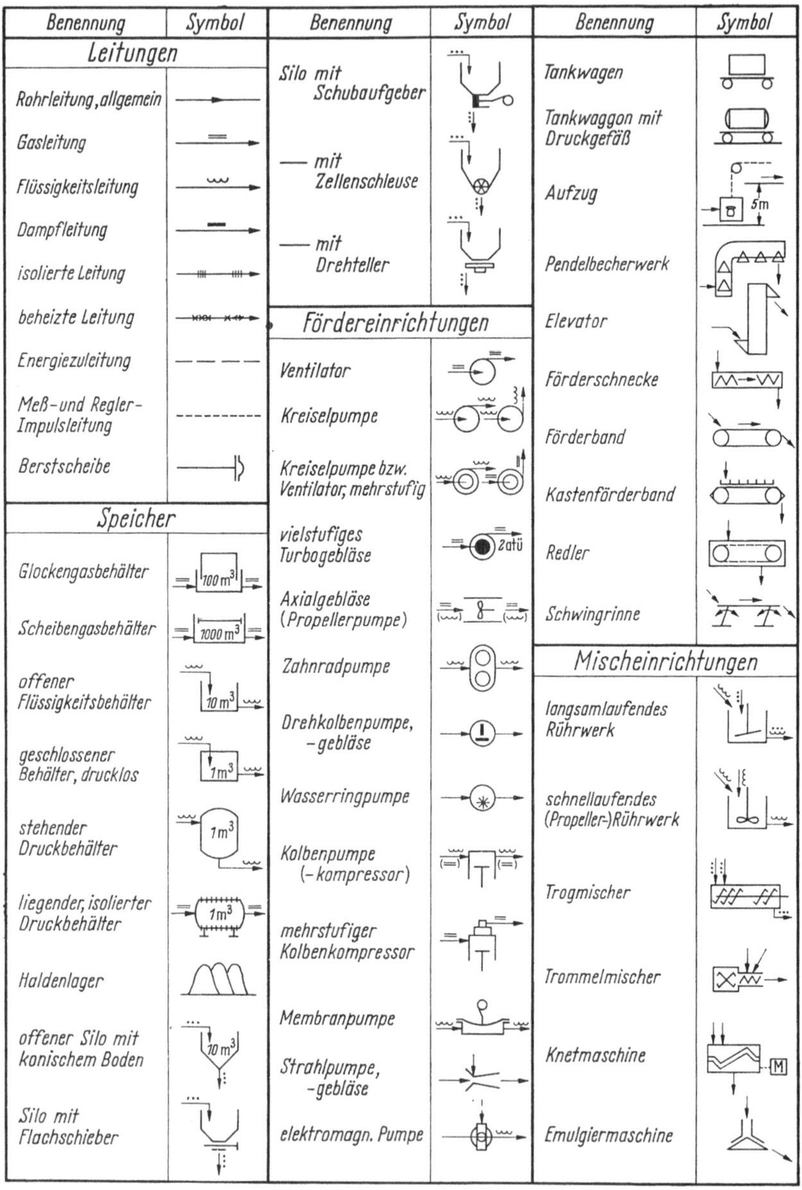

Benennung	Symbol	Benennung	Symbol	Benennung	Symbol
Leitungen		Silo mit Schubaufgeber		Tankwagen	
Rohrleitung, allgemein				Tankwaggon mit Druckgefäß	
Gasleitung		— mit Zellenschleuse			
Flüssigkeitsleitung				Aufzug	
Dampfleitung		— mit Drehteller			
isolierte Leitung				Pendelbecherwerk	
beheizte Leitung		**Fördereinrichtungen**		Elevator	
Energiezuleitung		Ventilator		Förderschnecke	
Meß- und Regler-Impulsleitung		Kreiselpumpe			
Berstscheibe		Kreiselpumpe bzw. Ventilator, mehrstufig		Förderband	
Speicher		vielstufiges Turbogebläse		Kastenförderband	
Glockengasbehälter		Axialgebläse (Propellerpumpe)		Redler	
Scheibengasbehälter		Zahnradpumpe		Schwingrinne	
offener Flüssigkeitsbehälter		Drehkolbenpumpe, -gebläse		**Mischeinrichtungen**	
geschlossener Behälter, drucklos		Wasserringpumpe		langsamlaufendes Rührwerk	
stehender Druckbehälter		Kolbenpumpe (-kompressor)		schnellaufendes (Propeller-)Rührwerk	
liegender, isolierter Druckbehälter		mehrstufiger Kolbenkompressor		Trogmischer	
Haldenlager		Membranpumpe		Trommelmischer	
offener Silo mit konischem Boden		Strahlpumpe, -gebläse		Knetmaschine	
Silo mit Flachschieber		elektromagn. Pumpe		Emulgiermaschine	

Abb. 8.4. Symbole zum Darstellen des Verfahrensfließbilds (nach Vorschlägen der Dechema [8.1]).

einer Blattfolge der Dechema [8.1], in der Symbole für zahlreiche Maschinen, Apparate und Einrichtungen zusammengestellt sind. Das Leitungsnetz weist getrennte Leitungen für verschiedene Substanzen und

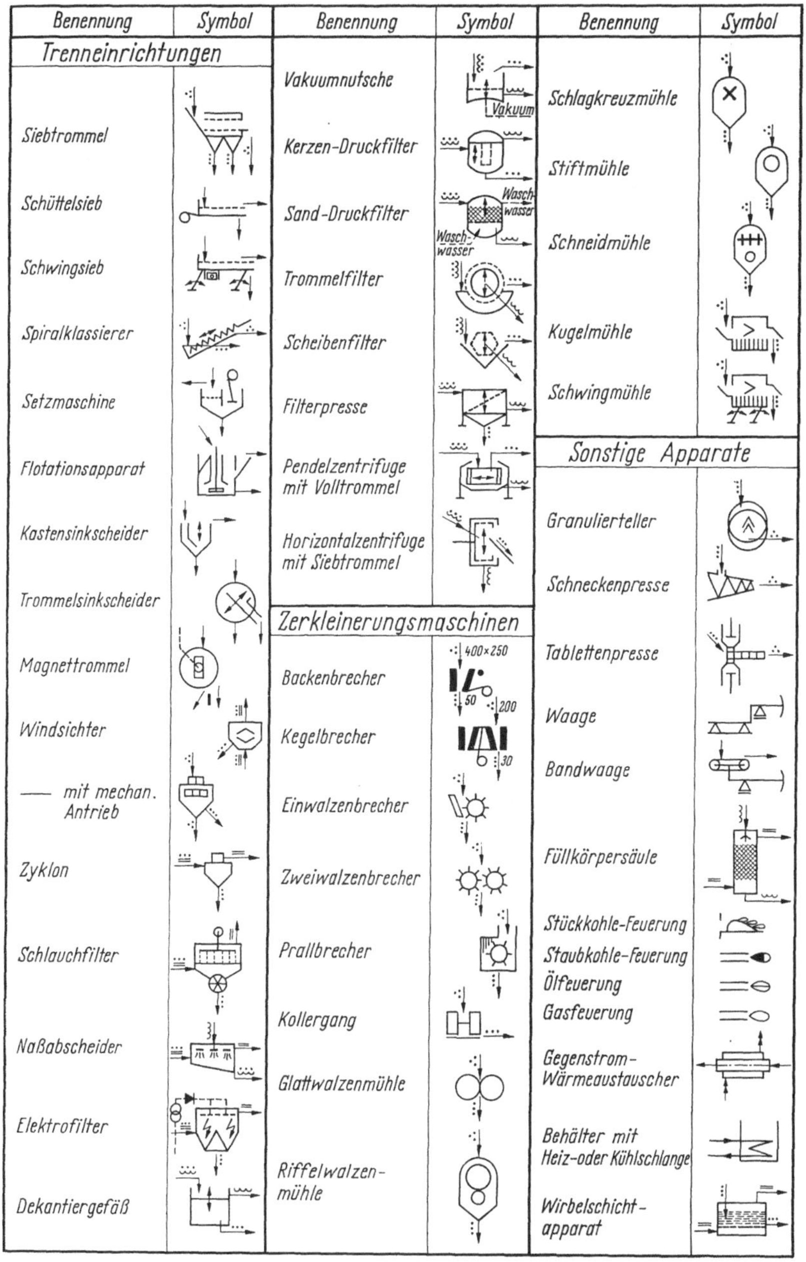

Benennung	Symbol	Benennung	Symbol	Benennung	Symbol
Trenneinrichtungen					
Siebtrommel		Vakuumnutsche		Schlagkreuzmühle	
Schüttelsieb		Kerzen-Druckfilter		Stiftmühle	
Schwingsieb		Sand-Druckfilter		Schneidmühle	
Spiralklassierer		Trommelfilter		Kugelmühle	
Setzmaschine		Scheibenfilter		Schwingmühle	
Flotationsapparat		Filterpresse		**Sonstige Apparate**	
Kastensinkscheider		Pendelzentrifuge mit Volltrommel		Granulierteller	
Trommelsinkscheider		Horizontalzentrifuge mit Siebtrommel		Schneckenpresse	
Magnettrommel		**Zerkleinerungsmaschinen**		Tablettenpresse	
Windsichter		Backenbrecher		Waage	
— mit mechan. Antrieb		Kegelbrecher		Bandwaage	
Zyklon		Einwalzenbrecher		Füllkörpersäule	
Schlauchfilter		Zweiwalzenbrecher		Stückkohle-Feuerung	
Naßabscheider		Prallbrecher		Staubkohle-Feuerung	
		Kollergang		Ölfeuerung	
Elektrofilter		Glattwalzenmühle		Gasfeuerung	
				Gegenstrom-Wärmeaustauscher	
		Riffelwalzenmühle		Behälter mit Heiz- oder Kühlschlange	
Dekantiergefäß				Wirbelschicht-apparat	

Abb. 8.4 (Fortsetzung). Symbole zum Darstellen des Verfahrensfließbilds (nach Vorschlägen der Dechema [8.1]).

Benennung	Symbol	Benennung	Symbol	Benennung	Symbol
Leitungen		**Absperrorgane**		**Ausgleicher**	
Grundleitung		Absperrorgan, allgemein		Längenausgleicher, allg.	
Impulsleitung		—, geschlossen		U-Bogen-Ausgleicher	
Wirkleitung		—, offen			
Erweiterungsleitung		— mit Handrad		Lyra-Ausgleicher	
bewegliche Leitung		— mit Handkurbel		Linsen-Ausgleicher	
Leitung mit Mantelrohr		— mit Kraftantrieb		Expansionsbalg	
— mit Begleitheizung		— mit Kolbenantrieb		Metallschlauch	
Kreuzung ohne Verbindung		— mit Magnetantrieb		Stopfbuchs-Ausgleich	
— mit Verbindung		— mit Motorantrieb		**Zubehör**	
Abzweigstellen		— mit Membran-steuerung		Abscheider	
Leitung mit Durchfluß-richtungsangabe		— mit Schwimmer-steuerung		Kondensatableiter	
Verbindungen		Ventil		Kondensat-Sammler und -Ableiter	
Rohrverbindung, allgemein		Sicherheitsventil, gewichtsbelastet		Sieb	
Flanschverbindung		—, federbelastet		Regenhaube	
Blindflansch		Rückschlagventil, absperrbar		Abflußtrichter	
Muffenverbindung		—, nicht absperrbar		Durchfluß-Schauglas	
Kugelmuffe		Saugkorb mit Fußventil		**Rohrhalterungen**	
Einsteckmuffe		Druckminderventil		Rohrhalterung, allgemein	
Klammerverbindung		Eckventil		Rohrgleitlager mit Führung	
Schraubverbindung		Schieber		— auf Rollen	
Kupplung		Hahn		— auf Kugeln	
Schweiß- bzw. Lötverbindung		Dreiwegehahn		—, stehend	
geschweißte Einsteckmuffe		Klappe		—, hängend	
eingeschweißte Armatur		Absperrklappe		—, federnd aufgehängt	
		Drosselklappe		—, federnd gestützt	
		Rückschlagklappe		—, Ausgleich-unterstützung	
		Fußklappe		Festpunkt	

Abb. 8.5. Symbole für Rohrleitungsanlagen (nach DIN 2429).
Die auszugsweise Wiedergabe erfolgt mit Genehmigung des Deutschen Normenausschusses. Maßgebend ist die jeweils neueste Ausgabe des Normblattes im Normformat A 4, das bei der Beuth-Vertrieb GmbH, 1 Berlin 30 und 5 Köln, erhältlich ist.

stoffgebundene Energien (Dampf usw.) auf. Die Sinnbilder für Rohrleitungsanlagen sind nach DIN 2429 genormt und auszugsweise in Abb. 8.5 wiedergegeben. Weitere für einzelne Fachgebiete erforderliche

Sinnbilder kann man folgenden Normen entnehmen: DIN 1986 Grundstücksentwässerungsanlagen, DIN 1988 Wasserversorgungsanlagen, DIN 2403 Kennzeichnung von Rohrleitungen nach dem Durchflußstoff, DIN 2425 Richtlinien für Rohrnetzpläne der Gas- und Wasserversorgung, DIN 2430 Formstücke für Rohrleitungen, DIN 2481 Wärmekraftanlagen, DIN 4050 Bestandspläne öffentlicher Abwasserkanäle, DIN 6654 Haus-, Fern- und Stadtrohrpost, DIN 43609 Elektrische Schaltanlagen, Sinnbil-

Benennung	Symbol	Benennung	Symbol	Benennung	Symbol
Meßleitungen		1. Kennbuchstabe (Meßgröße)		2. bzw. 3. Kennbuchstabe (Instrumenten – Kennzeichen)	
Verbindungslinien zur Instrumentierung	——	Analyse	A..	Alarmgeber	.A
Meßluftleitung	—#—#—#—	Leitfähigkeit	C..	Regler	.C
elektr. Meßleitung	-------	Dichte	D..	Meßelement, Fühler	.E
Kapillarleitung	—×—×—×—	Druckdifferenz	dP..	Glasbeobachtung	.G
Instrumente	am Meßort / an Tafel	Temperaturdifferenz	dT..	Anzeige-Instrument	.I
		Durchsatz, Menge	F..	Schreiber	.R
		Höhe, Stand	L..	Hülse	.W
Einfachinstrument*	○ ⊖	Feuchtigkeit	M..		
		Druck	P..	Beispiel	
Doppelinstrument*	8 ⊜	pH–Wert	pH..	Durchflußschreiber an Tafel, Position 1, pneumatisch, mit Meßwertumformer	⊗—#—#—(FR/1)
Meßwertumformer	⊗ ⊗	Drehzahl, Geschwindigkeit	S..		
		Temperatur	T..		
*Kreisdurchmesser 10 mm obere Hälfte: Kennbuchstaben untere Hälfte: Positionsnummer		Viskosität	V..		
		Gewicht	W..		
		sonstige Meßgröße	X..		

Abb. 8.6. Symbole für Meß- und Regeleinrichtungen (nach dem Vorschlag der Instrument Society of America (ISA) [9.32.3]).

der für Druckluftschaltpläne. Sinnbilder zur Darstellung von Maschinenfunktionen gehen aus einem Aufsatz von O. A. HERRMANN [8.2] hervor.

Zum Eintragen der Meß- und Regeleinrichtungen in das Verfahrensfließbild kann man beispielsweise die Sinnbilder der Normenarbeitsgemeinschaft für Meß- und Regeltechnik in der Chemischen Industrie (NAMUR) oder die auch in Deutschland gebräuchlichen Symbole der Instrument Society of America (ISA) heranziehen [9.32.3]. Nach dem ISA-Vorschlag gemäß Abb. 8.6 kennzeichnet man alle Geräte durch Kreise und Kennbuchstaben. Die Kreise zeichnet man entweder unmittelbar in die Leitung ein (wenn zum Einbau eine Leitungsunterbrechung nötig ist, z. B. bei der Durchflußmessung) oder verbindet sie durch einen Strich mit dem Meßort (wenn zum Einbau Stutzen, Hülsen oder andere Bauteile erforderlich sind). Die Kennbuchstaben für die Meßgröße und für die Gerätefunktion trägt man in die obere Kreishälfte, die Positionsnummer des Geräts in die untere Kreishälfte ein.

Wegen der zentralen Bedeutung des Verfahrensfließbilds für die technische Koordinierung des Projekts ist das Kennzeichnen aller Anlagenteile durch Positionsnummern besonders wichtig. Dabei empfiehlt es sich, mit Rücksicht auf spätere Ergänzungen, Aufgliederungen usw. jeder Verfahrensstufe eine unabhängig von den übrigen erweiterungsfähige Reihe von Positionsnummern zuzuordnen (man kann beispielsweise vierstellige Positionsnummern einführen, in denen die ersten beiden Ziffern die Positionsgruppe des Blockschemas und die letzten beiden den Anlagen-

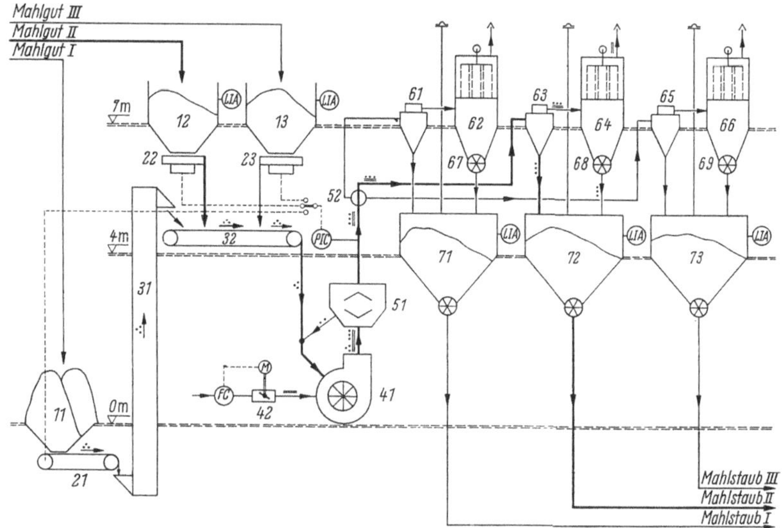

Abb. 8.7. Verfahrensfließbild des Mahlverfahrens gemäß Abb. 8.1.

11 Freilager I, *12* Bunker II, *13* Bunker III, *21* Austragband, *22* Drehteller II, *23* Drehteller III, *31* Elevator, *32* Förderband, *41* Schlagradmühle, *42* Drosselklappe, *51* Windsichter, *52* Umschaltklappe (3 Stellungen), *61* Zyklon I, *62* Tuchfilter I, *63* Zyklon II, *64* Tuchfilter II, *65* Zyklon III, *66* Tuchfilter III, *67* bis *69* Zellenschleusen I bis III, *71* bis *73* Staubbunker I bis III mit Zellenradschleusen.

teil festlegen). Die einzelnen Positionen erläutert man wie beim schematischen Fließbild am Blattrand oder in einer besonderen Liste. Um Mißverständnissen vorzubeugen, sollte man am Blattrand auch alle nicht allgemein üblichen und bekannten Symbole erklären. Die Abb. 8.7 zeigt ein bereits weitgehend ausgearbeitetes Verfahrensfließbild des Mahlverfahrens, dessen Blockschema und schematisches Fließbild in den Abb. 8.1 bzw. 8.3 wiedergegeben sind.

8.114 Technologisches oder konstruktives Fließbild. Die detaillierteste Form des Verfahrensschemas ist das technologische oder konstruktive Fließbild („Engineering Flowsheet" oder „Engineering Flow Diagram"). Es wird erst bei der Ausführungsprojektierung, also nach einer positiven Investitionsentscheidung ausgearbeitet und zeichnet sich gegenüber dem Verfahrensfließbild durch Vollständigkeit hinsichtlich der Anlagenteile, des Leitungssystems, der Meß- und Regeleinrichtungen und der Positionierung aus. Die wichtigsten Aggregate stellt man in nur wenig schematisierter Form individuell mit allen verfahrenstechnisch wesentlichen Konstruktionsmerkmalen dar und zeichnet sie bei ausreichender Größe maßstäblich in der vorgesehenen Höhe einschließlich der Bedienungsbühnen in das Fließbild ein; Maße gibt man jedoch nur dann an, wenn sie den Verfahrensablauf oder den Personalbedarf beeinflussen. Kleine Spezialapparate trägt man üblicherweise in größerem Maßstab, im übrigen aber nach den gleichen Grundsätzen wie große Einrichtungen ein. Zur Wiedergabe des Leitungsnetzes, der Armaturen, der Meß- und Regelgeräte sowie kleiner, häufig benötigter Aggregate (z. B. Kreiselpumpen) verwendet man die in Abb. 8.4 bis 8.6 angegebenen Sinnbilder. Leitungen für Roh-, Zwischen- und Fertigprodukte führt man etwa in der vorgesehenen Höhe von Aggregat zu Aggregat; Leitungen für Hilfsstoffe und zugeführte stoffgebundene Energien (z. B. Dampf, Preßluft) bzw. für Nebenprodukte und abgeführte, stoffgebundene Energien (z. B. Kondensat, verbrauchtes Kühlwasser) faßt man im oberen bzw. unteren Teil des Fließbilds zu „Sammelleitungen" zusammen. Für jeden Leitungsabschnitt gibt man üblicherweise die Nennweite, die Strömungsrichtung und mit Hilfe von (am Blattrand erläuterten) Kennbuchstaben oder dgl. die Art der durchfließenden Substanz an. Außerdem erhalten alle Leitungsteile und Armaturen Positionsnummern, die man meist aus denen der jeweils vorhergehenden bzw. nachfolgenden Aggregate durch Zusatzzahlen oder -buchstaben ableitet, so daß man auch aus der Positionierung zusammengehörige Anlagen- und Leitungsteile erkennen kann. Betriebsdaten (z. B. Druck, Temperatur) sollte man in das konstruktive Fließbild nicht aufnehmen, da diese sich oft auf Grund von Optimierungsrechnungen oder Versuchen auch dann noch ändern, wenn das Fließbild bereits endgültig festliegt.

Bei komplizierten Verfahren verzichtet man gelegentlich im Interesse der Übersichtlichkeit auf die detaillierte Wiedergabe des Leitungsnetzes und der Instrumentierung im konstruktiven Fließbild und fertigt als Ergänzungszeichnungen ein *Rohrleitungsdiagramm* und ein *Instrumentierungsdiagramm* an. In diesen Diagrammen stellt man die Anlagenteile stark vereinfacht dar und beschränkt sich beim Ausarbeiten von Einzelheiten auf das Leitungsnetz bzw. die Meß- und Regeleinrichtungen. Es sei jedoch darauf hingewiesen, daß man bei einer solchen Aufteilung etwaige Änderungen unter Umständen in mehreren Zeichnungen durchführen muß und daß daher Übertragungsfehler auftreten können.

8.115 Schaltpläne elektrischer Einrichtungen. Die elektrischen Einrichtungen und ihre Schaltung gehen aus den Schaltplänen hervor, deren Ausarbeitung normalerweise besonderen Fachabteilungen obliegt. Die

Projektabteilung entwirft lediglich an Hand des Fließbilds einen Übersichtsschaltplan (bzw. bei Gesamtanlagen einen Netzplan), der dann die Grundlage für die Arbeiten der Fachabteilungen an dem Projekt bildet. Nach DIN 40719 unterscheidet man den Übersichtsschaltplan, den Stromlaufplan, den Wirkschaltplan, den Netzplan, den Leitungsplan, den Bauschaltplan und den Installationsplan. Die verschiedenen Bauelemente elektrischer Einrichtungen symbolisiert man in den Schaltplänen durch die nach DIN 40708 bis 40719 genormten und auszugsweise in Abb. 8.8 wiedergegebenen Schaltzeichen.

Der *Übersichtsschaltplan* gibt die Schaltung aller elektrischen Einrichtungen eines Verfahrens in einer vereinfachten, meist einpoligen und auf die Hauptstromkreise beschränkten Darstellung wieder. Er enthält alle zum Ausarbeiten von Einzelheiten nötigen technischen Daten (Stromart, Spannung, Frequenz, Anschlußleistung usw.). Der *Stromlaufplan* zeigt die nach Stromwegen aufgelöste Schaltung mit allen Einzelheiten und Leitungen, aber ohne Rücksicht auf die räumliche Lage und den mechanischen Zusammenhang der Teile. Im *Wirkschaltplan* stellt man dagegen zusammengehörige Teile eines Geräts auch zusammenhängend dar und deutet vielfach die räumliche Anordnung verschiedener Geräte ungefähr an. Aus dem *Netzplan* geht die Streckenführung eines Netzes (beispielsweise zum Versorgen eines ganzen Werks) hervor; die einzelnen Strecken trägt man maßstäblich in eine Landkarte bzw. einen Lageplan ein. Die Leitungen innerhalb eines Geräts, zwischen verschiedenen Geräten oder zwischen verschiedenen Anlagenteilen kann man einschließlich der Anschlußstellen aus dem *Leitungsplan* entnehmen. Der Leitungsplan geht durch lagerichtiges Darstellen aller Einzelteile in den *Bauschaltplan* über, den man für den Zusammenbau elektrischer Einrichtungen benötigt. Der *Installationsplan* zeigt den lagerichtig in Bau- bzw. Gebäudezeichnungen eingetragenen Leitungsverlauf.

8.116 Verfahrensablaufplan. Bei teilweise kontinuierlichem oder Chargenbetrieb ist es zweckmäßig, den zeitlichen Ablauf der Vorgänge in einem Verfahrensablaufplan darzustellen, Abb. 8.9. Man trägt in einem Balkendiagramm von links nach rechts fortschreitend die „Chargenzeit" (beginnend mit null, wenn die erste Maßnahme zum Herstellen einer neuen Produktcharge eingeleitet wird) und untereinander die einzelnen Verfahrensstufen bzw. Anlagenteile mit ihren Positionsnummern ein, ordnet also jedem Anlagenteil einen Balken mit einem (allen gemeinsamen) Zeitmaßstab zu. In jedem Balken markiert man die einzelnen, zeitlich aufeinander folgenden Betriebszustände durch verschiedenfarbige oder unterschiedlich schraffierte Blöcke.

8.117 Verfahrensbeschreibung. Die Verfahrensbeschreibung ergänzt und erläutert das Fließbild. Für das Blockschema und das schematische

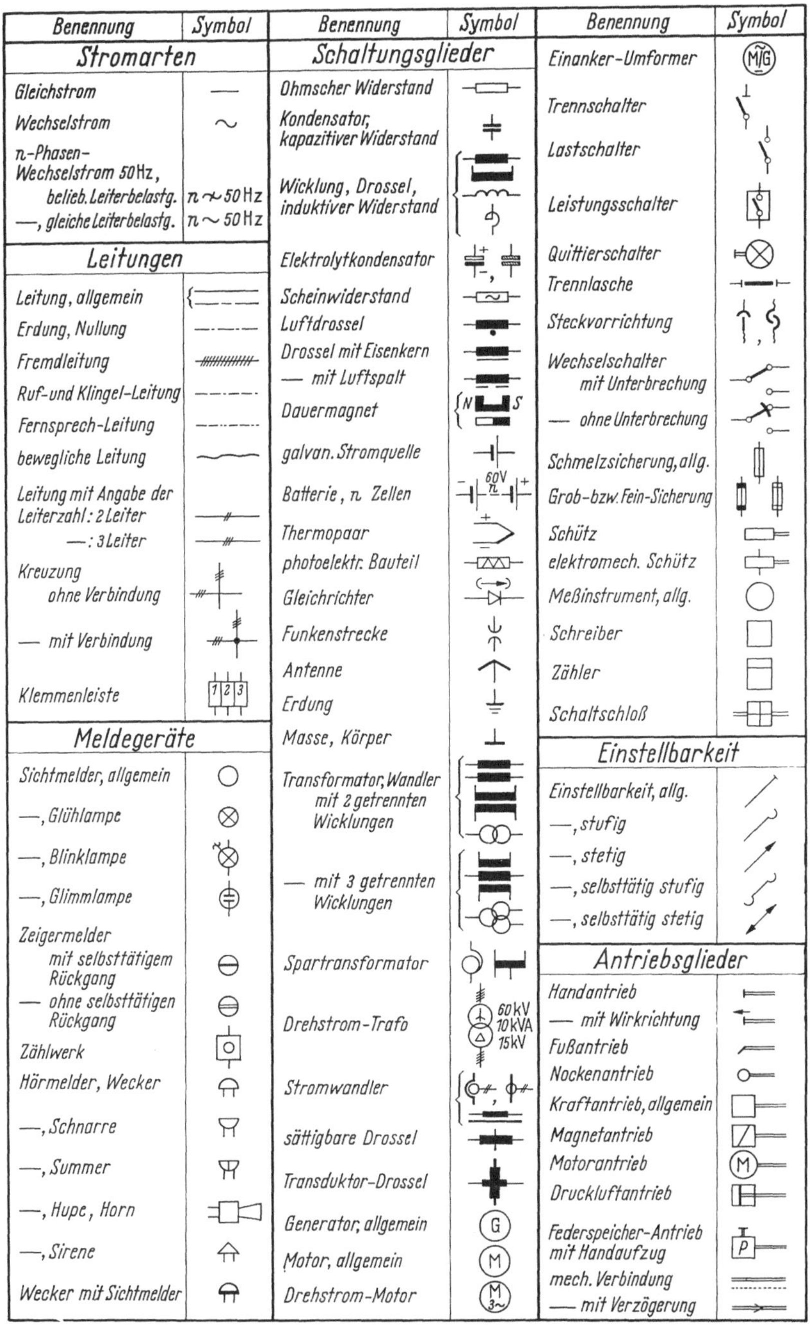

Benennung	Symbol	Benennung	Symbol	Benennung	Symbol
Stromarten		**Schaltungsglieder**		Einanker-Umformer	
Gleichstrom		Ohmscher Widerstand		Trennschalter	
Wechselstrom		Kondensator, kapazitiver Widerstand		Lastschalter	
n-Phasen-Wechselstrom 50 Hz, belieb. Leiterbelastg.	$n \sim 50$ Hz	Wicklung, Drossel, induktiver Widerstand		Leistungsschalter	
—, gleiche Leiterbelastg.	$n \sim 50$ Hz	Elektrolytkondensator		Quittierschalter	
Leitungen		Scheinwiderstand		Trennlasche	
Leitung, allgemein		Luftdrossel		Steckvorrichtung	
Erdung, Nullung		Drossel mit Eisenkern		Wechselschalter mit Unterbrechung	
Fremdleitung		— mit Luftspalt		— ohne Unterbrechung	
Ruf- und Klingel-Leitung		Dauermagnet		Schmelzsicherung, allg.	
Fernsprech-Leitung		galvan. Stromquelle		Grob- bzw. Fein-Sicherung	
bewegliche Leitung		Batterie, n Zellen		Schütz	
Leitung mit Angabe der Leiterzahl: 2 Leiter		Thermopaar		elektromech. Schütz	
—: 3 Leiter		photoelektr. Bauteil		Meßinstrument, allg.	
Kreuzung ohne Verbindung		Gleichrichter		Schreiber	
— mit Verbindung		Funkenstrecke		Zähler	
Klemmenleiste		Antenne		Schaltschloß	
Meldegeräte		Erdung		**Einstellbarkeit**	
Sichtmelder, allgemein		Masse, Körper		Einstellbarkeit, allg.	
—, Glühlampe		Transformator, Wandler mit 2 getrennten Wicklungen		—, stufig	
—, Blinklampe				—, stetig	
—, Glimmlampe		— mit 3 getrennten Wicklungen		—, selbsttätig stufig	
Zeigermelder mit selbsttätigem Rückgang				—, selbsttätig stetig	
— ohne selbsttätigen Rückgang		Spartransformator		**Antriebsglieder**	
Zählwerk		Drehstrom-Trafo	60 kV / 10 kVA / 15 kV	Handantrieb	
Hörmelder, Wecker				— mit Wirkrichtung	
—, Schnarre		Stromwandler		Fußantrieb	
—, Summer		sättigbare Drossel		Nockenantrieb	
—, Hupe, Horn		Transduktor-Drossel		Kraftantrieb, allgemein	
—, Sirene		Generator, allgemein		Magnetantrieb	
Wecker mit Sichtmelder		Motor, allgemein		Motorantrieb	
		Drehstrom-Motor		Druckluftantrieb	
				Federspeicher-Antrieb mit Handaufzug	
				mech. Verbindung	
				— mit Verzögerung	

Abb. 8.8. Schaltzeichen elektrischer Einrichtungen (nach DIN 40708 bis 40719; Auszug). Die auszugsweise Wiedergabe erfolgt mit Genehmigung des Deutschen Normenausschusses. Maßgebend ist die jeweils neueste Ausgabe des Normblattes im Normformat A4, das bei der Beuth-Vertrieb GmbH, 1 Berlin 30 und 5 Köln, erhältlich ist.

Fließbild genügt meist ein allgemeiner Überblick über das Verfahren, die Betriebsform und die für den Entwurf wesentlichen Gesichtspunkte.

Die Beschreibung des Verfahrensfließbilds ist bereits ebenso gegliedert wie die des konstruktiven Fließbilds, aber noch unvollständig und nicht so ausführlich. Häufig beschränkt man sich mit Rücksicht auf den ständigen Wandel des Verfahrensfließbilds während der Projektierung auf das

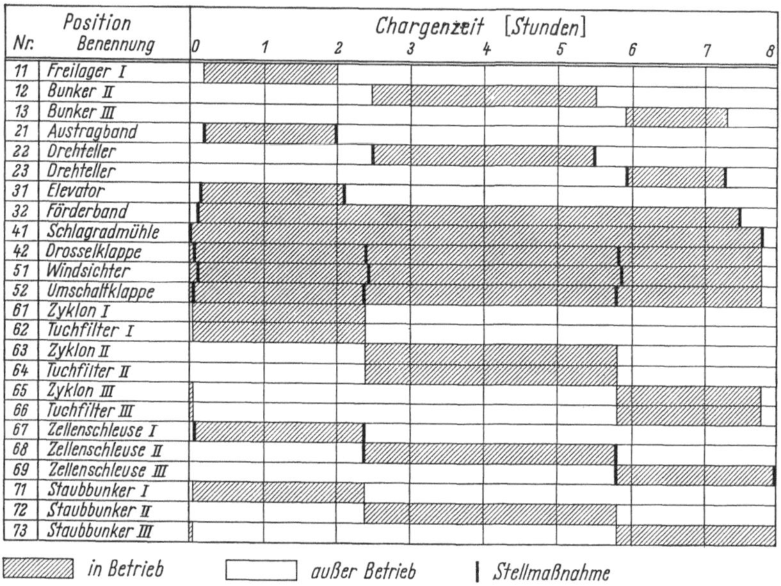

Nr.	Position Benennung	Chargenzeit [Stunden] 0–8
11	Freilager I	
12	Bunker II	
13	Bunker III	
21	Austragband	
22	Drehteller	
23	Drehteller	
31	Elevator	
32	Förderband	
41	Schlagradmühle	
42	Drosselklappe	
51	Windsichter	
52	Umschaltklappe	
61	Zyklon I	
62	Tuchfilter I	
63	Zyklon II	
64	Tuchfilter II	
65	Zyklon III	
66	Tuchfilter III	
67	Zellenschleuse I	
68	Zellenschleuse II	
69	Zellenschleuse III	
71	Staubbunker I	
72	Staubbunker II	
73	Staubbunker III	

in Betrieb   außer Betrieb   Stellmaßnahme

Abb. 8.9. Verfahrensablaufplan des Mahlverfahrens nach Abb. 8.7.

Zusammenstellen der jeweils vorliegenden, für die weitere Arbeit erforderlichen technischen Daten.

Die ausführlichste Verfahrensbeschreibung ist dem konstruktiven Fließbild zugeordnet. Sie soll im wesentlichen folgendes enthalten:

a) Projektierungsaufgabe und Auslegungsrichtlinien,

b) Leistungs- und Qualitätszusagen (Garantien),

c) sonstige zum Auslegen nötige Stoffwerte,

d) wissenschaftliche Grundlagen des Verfahrens,

e) Erläuterung der gesamten Konzeption,

f) Angaben über Ausführung und Wirkungsweise der einzelnen Verfahrensstufen,

g) Verfahrensablauf,

h) Anforderungen an die Betriebssicherheit (vgl. Abschn. 8.241, S. 404 ff.),

i) Betriebsdaten.

8.118 Stücklisten, Apparatelisten, Lieferumfang. *Stücklisten* benötigt man für verschiedene Projektierungsarbeiten, bei denen es auf das Erfassen aller Anlagenteile, aber nicht auf ihr technologisches Zusammenwirken ankommt (z. B. Vorkalkulation, Bestellwesen, Terminplanung). In der *Apparateliste* sind alle Aggregate eines Verfahrens nach Positionsnummern geordnet; für jede Position sind Stückzahl, Bezeichnung, Gewicht sowie alle für Vorkalkulation und Bestellwesen bedeutsamen technischen Angaben (Werkstoff, Antriebsleistung, Drehzahl, Betriebsdruck und -temperatur, Ex-Schutz usw.) eingetragen. Der *Lieferumfang* ist ein nach kommerziellen Gesichtspunkten ausgewählter Teil der Apparateliste; er legt die auf Grund eines Vertrags zu liefernden Anlagenteile fest und bildet die Grundlage der Angebotskalkulation.

8.12 Material-, Energie- und Exergiefluß

Zum Auslegen einer Verfahrensstufe muß man ihre technologische Funktion sowie den Material- und den Energiefluß kennen. Die Funktion geht aus dem Fließbild und seinen Ergänzungszeichnungen sowie der Verfahrensbeschreibung hervor. Material- und Energiefluß kann man berechnen, indem man sich — bei vorgegebener Rohstoff-Schluckfähigkeit von der ersten, bei vorgeschriebenem Produktausstoß dagegen von der letzten Verfahrensstufe ausgehend — jeden Anlagenteil von einer geschlossenen Bilanzfläche umgeben denkt und für alle diese Bilanzgebiete Material- und Energiebilanzen (vgl. Abschn. 1.21 bzw. 1.22, S. 7 ff.) aufstellt. Der Massenerhaltungssatz liefert für jede „Schlüsselsubstanz", d. h. für jede das Verfahren unverändert passierende Materialkomponente eine Beziehung. Aus dem Energiesatz erhält man wegen der Gleichwertigkeit aller Energieformen für jedes Bilanzgebiet nur eine Gleichung, in der man praktisch lediglich jene Energieformen zu berücksichtigen braucht, die sich im Laufe des Verfahrens ineinander umwandeln. Die bei (quasi-) stationärem Betrieb ermittelten Werte für den Materialfluß (Menge/Zeiteinheit) und den Energiefluß (Energie/Zeiteinheit) gibt man in branchenüblichen Einheiten an. Bei Satzbetrieb verwendet man meist die Chargenzeit, bei Fließbetrieb und Teilfließbetrieb eine Stunde oder einen Tag als Bezugszeit; dadurch kennzeichnet man die Angaben gleichzeitig als Langzeit-Mittelwerte. Verwechslungen mit wirklichen Momentanwerten (wesentlich z. B. für Satzbetrieb oder für Anfahr- und Regelvorgänge bei Fließbetrieb) lassen sich vermeiden, wenn man letztere im technischen, CGS- oder MKS-System mit der Sekunde als Zeiteinheit festlegt.

Material- und Energietransport erfolgen überwiegend auf den im Fließbild eingetragenen Stoff- bzw. Energiewegen. Daneben muß man jedoch auch unerwünschte Stoff- und Energieströme abschätzen und in Rechnung stellen: Einzelne Substanzen können aus dem Verfahrensgang

entweichen (z. B. Leckverluste, Umschaltverluste bei Teilfließ- oder Satzbetrieb) oder in diesen eindringen (z. B. Leckluft bei Vakuumanlagen);
der Energiefluß kann sich durch Leitungsverluste, Reibung und bei stoff-
gebundenen Energien auch durch Leckverluste des Energieträgers ändern.

Bei (quasi-)stationärem Fließbetrieb kann man in einer Tabelle für
jede einzelne Position des Verfahrens die Mengen aller zugeführten
Materialkomponenten bzw. Schlüsselsubstanzen sowie etwa eindringender
Stoffe (z. B. Leckluft bei Vakuumaggregaten) auf der linken Seite eintragen — gegebenenfalls jede Schlüsselsubstanz in einer eigenen Spalte —
und die Mengen aller abgeführten Zwischen-, Neben- und Endprodukte
sowie die Substanzverluste (z. B. Leckverluste, Umschaltverluste) in
gleicher Weise auf der rechten Seite. Dann muß auf Grund des Massenerhaltungssatzes sowohl für jede einzelne Position als auch für das ganze
Verfahren die Summe aller zugeführten Stoffmengen (= Summe der
linken Tabellenseite) gleich der Summe aller abgeführten Stoffmengen
(= Summe der rechten Tabellenseite) sein. Auch für jede einzelne
Schlüsselsubstanz, die ja das Verfahren ohne chemische Veränderung
durchläuft, müssen sich auf der linken und der rechten Tabellenseite
jeweils gleiche Summen ergeben. Man nennt dies Bilanzierungsprinzip
und eine nach diesem Grundsatz erstellte Tabelle *Materialbilanz*.

Ebenso kann man auch eine *Energiebilanz* aufstellen, indem man
in einer Tabelle alle den einzelnen Positionen zugeführten Energiebeträge
auf der linken und alle abgeführten Energiebeträge auf der rechten Seite
einträgt. Auf Grund der Energiebilanzgleichung gilt auch in diesem Fall
das Bilanzierungsprinzip (Summe aller links stehenden Energiebeträge
= Summe aller rechts stehenden Energiebeträge). Meist ist es für die
Projektierung zweckmäßig, die verschiedenen Energieformen in eigenen
Spalten in den jeweils üblichen Einheiten (z. B. elektrische Energie in
kWh, Wärmeenergie in kcal, Dampf und Druckluft in kg unter Voraussetzung eines bestimmten spezifischen Energieinhalts) einzutragen und
am Schluß der Tabelle die Summen der einzelnen Spalten sowohl in den
üblichen als auch in kohärenten Einheiten des MKSA-Systems an-
zugeben. Nach dem Bilanzierungsprinzip müssen sich in kohärenten Einheiten links und rechts die gleichen Gesamtsummen ergeben.

Bei Satzbetrieb genügen die auf die Chargenzeit bezogenen Mittelwerte zwar meist zur Vorkalkulation und für Rentabilitätsrechnungen,
aber zum Auslegen der Anlagenteile und der Energieversorgung benötigt
man die Momentanwerte, die man ebenfalls mit Hilfe der Erhaltungssätze (Abschn. 1.21 und 1.22, S. 7ff.) berechnen kann, für die jedoch das
Bilanzierungsprinzip (wegen der zeitlich wechselnden Stoff- und Energiespeicherung der einzelnen Verfahrensstufen) nicht mehr gilt.

Eine andere Möglichkeit zur Wiedergabe des Material- und des
Energieflusses ist das *quantitative Fließbild*. In einem Blockschema,

einem schematischen oder einem Verfahrens-Fließbild schreibt man den Materialfluß an die Stoffwege zwischen den einzelnen Blöcken. Zu- und abgeführte Energiebeträge vermerkt man im Blockschema durch entsprechend beschriftete Pfeile, im schematischen bzw. im Verfahrensfließbild an den Energiewegen (gestrichelte Linien). Das quantitative Fließbild orientiert den Verfahrenstechniker unmittelbar über den Material-

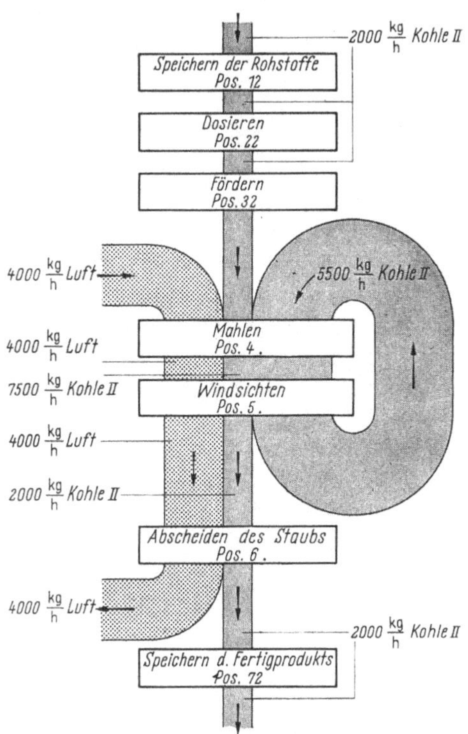

Abb. 8.10. Materialfließbild des Mahlverfahrens gemäß Abb. 8.1 für die Mahlung des Guts II.

und den Energiefluß; es ermöglicht allerdings keine einfache Rechnungskontrolle mehr, da jeder Wert darin nur einmal vorkommt und das Bilanzierungsprinzip daher nicht mehr anwendbar ist. Bezüglich verschiedener Kombinationsmöglichkeiten zwischen Material- und Energiebilanz einerseits und Blockschema bzw. schematischem Fließbild andererseits sei auf das Schrifttum verwiesen [9.33.1]; die meisten derartigen Kombinationen bewähren sich nur für einfache, übersichtliche Verfahren.

Material- und Energiefluß lassen sich auch mit Hilfe eines *Materialfließbilds* bzw. eines *Energiefließbilds* oder *Sankey-Diagramms* wiedergeben: Man stellt die einzelnen Anlagenteile wie beim Blockschema durch rechteckige Blöcke dar und zeichnet den Material- bzw. den Energiefluß als Band mit einer dem jeweiligen Fluß proportionalen Breite ein. Im Materialfließbild kann man das Band noch in Streifen für die verschiedenen Materialkomponenten bzw. Schlüsselsubstanzen gliedern. Die Breite des in einen Block einmündenden Bands ist infolge des Massen- bzw. Energieerhaltungssatzes immer gleich der Breite des austretenden Bands. Da die Zeichengenauigkeit im allgemeinen nicht zum verfahrenstechnischen Berechnen der einzelnen Anlagenteile ausreicht, trägt man die Material- bzw. die Energieflüsse zusätzlich zahlenmäßig ein und ordnet sie mit Hilfe von Hinweislinien den entsprechenden Streifen zu. Material- und Energiefließbilder stellen hohe Ansprüche an die zeichnerische Gestaltung, sind aber sehr anschaulich; sie eignen sich daher besonders für Lehr- und Demonstrationszwecke. Die Tab. 8.1 zeigt die Material- und Energiebilanz und die Abb. 8.10 das Materialfließbild für das Mahlverfahren gemäß Abb. 8.1.

Die Energiebilanzgleichung basiert auf der physikalischen Gleichwertigkeit aller Erscheinungsformen der Energie. Wirtschaftlich haben die verschiedenen Energieformen jedoch durchaus unterschiedliche Nutzwerte, was auch in den Energiepreisen zum Ausdruck kommt. Auch physikalisch lassen sie sich nach ihrer Umwandlungsfähigkeit in andere Energieformen bewerten, wenn man den 2. Hauptsatz der Thermodynamik und damit die Entropie als Maß für den thermodynamischen Zustand eines Systems in die Betrachtungen einbezieht. Vollständig „geordnete" Energie (mechanische, elektrische Energie) läßt sich in beliebige andere Energieformen umwandeln und ist daher wertvoller als „ungeordnete" Energie (Wärme, chemische Energie), die sich nur zum Teil in „geordnete" Energie überführen läßt. Ein Maß für den in eine geordnete Form umwandelbaren Anteil stoffgebundener Energie ist die technische Arbeitsfähigkeit oder Exergie Ex des Energieträgers [*8.3—8.5, 9.31.10*]

$$Ex = I - I_u - T_u(S - S_u). \tag{8.1}$$

I und S bezeichnen die Enthalpie bzw. die Entropie des Stoffs bei dem betrachteten thermodynamischen Zustand; I_u und S_u sind seine Enthalpie bzw. seine Entropie beim Umgebungszustand (Umgebungstemperatur T_u). Die Differenz zwischen der Energie und der Exergie heißt Anergie; sie läßt sich technisch nicht ausnützen. Bei reversiblen Vorgängen bleibt die Exergie erhalten, bei irreversiblen Prozessen verwandelt sich dagegen ein Teil der Exergie in Anergie; diesen Anteil nennt man Exergieverlust, da es nicht möglich ist, Anergie wieder in Exergie zu verwandeln (vielfach bezeichnet man diesen Verlust unkorrekt als „Energieverlust", obwohl ja die Energie als solche erhalten bleibt und nur entwertet wird). Technische Verfahren benötigen nicht Energie in beliebiger

Tabelle 8.1. *Material- und Energiebilanz des Mahlverfahrens nach Abb. 8.1 für die Mahlung des Guts II*

| Energiezufuhr | | Stoffzufuhr | | | Position | | Stoffabfuhr | | | Energieabfuhr | |
Betrag [kW]	Energie-form	von Pos.	Stoff	Menge [kg/h]	Nr.	Benennung	nach Pos.	Stoff	Menge [kg/h]	Betrag [kW]	Energieform
		(—	Kohle II	2000)	12	Bunker II	22	Kohle II	2000		
2,0	elektr.	12	Kohle II	2000	22	Drehteller	32	Kohle II	2000	2,0	Wärme (verl.)
3,0	elektr.	22	Kohle II	2000	32	Förderband	41	Kohle II	2000	3,0	Wärme (verl.)
24,0	elektr.	32	Kohle II	2000	41	Schlagradmühle	51	Kohle II	7500	~22,0	Wärme (verl.)
		51	Kohle II	5500				Luft	4000		
		42	Luft	4000							
		(—	Luft	4000)	42	Drosselklappe	41	Luft	4000	~ 0,1	Wärme (verl.)
		41	Kohle II	7500	51	Windsichter	41	Kohle II	5500	~ 0,5	Wärme (verl.)
			Luft	4000			52	Kohle II	2000		
								Luft	4000		
		51	Kohle II	2000	52	Umschaltklappe	63	Kohle II	2000	~ 0,1	Wärme (verl.)
			Luft	4000				Luft	4000		
		52	Kohle II	2000	63	Zyklon II	64	Kohle II	100	~ 0,7	Wärme (verl.)
			Luft	4000				Luft	4000		
							72	Kohle II	1900		
		63	Kohle II	100	64	Tuchfilter II	68	Kohle II	100	~ 0,6	Wärme (verl.)
			Luft	4000			(—	Luft	4000)		
0,3	elektr.	64	Kohle II	100	68	Zellenschleuse	72	Kohle II	100	0,3	Wärme (verl.)
		63	Kohle II	1900	72	Staubbunker II	(—	Kohle II	2000)		
		68	Kohle II	100							
29,3			$\Sigma =$	51200					$\Sigma = 51200$	29,3	

Form, sondern technisch nutzbare Energie, d. h. also Exergie. Es empfiehlt sich daher besonders bei energieintensiven Verfahren, deren Wirtschaftlichkeit wesentlich von Energiebedarf und -erzeugung abhängt, neben dem Energiefluß auch den Exergiefluß zu ermitteln und z. B. tabellarisch oder in Form eines *Exergiefließbilds* (analog dem Sankey-Diagramm) darzustellen. Das Exergiefließbild zeigt, wo verwertbare Energie ungenützt entwertet wird, wo also Verbesserungen möglich und sinnvoll sind.

Den Betriebswirtschaftler und den Kaufmann interessieren besonders Material- und Energiebedarf sowie Nebenproduktanfall, jeweils bezogen auf den Ausstoß des gewünschten Fertigprodukts. Diese *„spezifischen"* *Verbrauchs-* und *Erzeugungszahlen* sind jedoch vom Ausstoß abhängig. Man stellt sie daher in einer Tabelle zusammen oder gibt ihre Abhängigkeit in einem Kurvenblatt (Abszisse: Ausstoß, Ordinate: spezifische Verbrauchs- bzw. Erzeugungszahlen) wieder.

8.13 Personalbedarf

Der Personalbedarf hängt weitgehend vom Mechanisierungsgrad des Verfahrens ab. Automatisch geregelte bzw. gesteuerte Verfahren erfordern nur wenig Bedienungspersonal, aber infolge ihrer Kompliziertheit viel hochqualifiziertes Wartungs- und Reparaturpersonal. Handbediente Chargenprozesse benötigen dagegen viele Arbeitskräfte zum Bedienen, aber nur wenige für Reparaturen. Häufig läßt sich der Personalbedarf durch Vergleich mit bekannten Verfahren abschätzen. Bei neuen Verfahren kann man an Hand des Fließbilds und der Verfahrensbeschreibung mit Hilfe von Richtzahlen für den Arbeitskräftebedarf je Anlagenteil das nötige Bedienungspersonal bestimmen, Tab. 8.2. Bei umfangreichen und komplizierten Verfahren sowie bei Satzbetrieb empfiehlt es sich, zum genauen Ermitteln des Personalbedarfs einen Arbeitsablaufplan (Abschn. 8.131, S. 388 ff.) und einen Personaleinsatzplan (Abschn. 8.132, S. 390 ff.) auszuarbeiten.

Das Ausmaß der voraussichtlichen Reparaturarbeiten läßt sich nur grob voraussagen. Weil die dazu nötigen Arbeitskräfte (Elektriker, Maurer, Mechaniker, Schlosser, Schreiner, Schweißer usw.) alle Anlagen eines Werks betreuen, beschränkt man sich bei einzelnen Verfahren auf die Angabe der in einem längeren Zeitraum (z. B. in einem Jahr) ungefähr zu erwartenden Reparaturstunden und ihrer Verteilung auf die verschiedenen Handwerker.

8.131 Arbeitsablaufplan. An Hand des Fließbilds, des Verfahrensablaufplans und der Verfahrensbeschreibung kann man alle für den Verfahrensablauf nötigen Bedienungs-, Kontroll- und Wartungsarbeiten festlegen und in einem Arbeitsablaufplan zusammenstellen. Der Arbeitsablaufplan ist wie der Verfahrensablaufplan ein Balkendiagramm. Man trägt horizontal von links nach rechts fortschreitend die Zeit auf. Bei kontinuierlichen Verfahren und mehrschichtigem Betrieb erfaßt man einen vollen Tag (24 Stunden), beginnend mit dem Arbeitsbeginn einer

Tabelle 8.2
Arbeitskräftebedarf je Anlagenteil (nach H. KÖLBEL u. J. SCHULZE [*9.33.1*])

Anlagenteil	Bedarf [Arbeiter/Einheit]
Dampfkesselanlagen, je 50 t/h	3
Destillations- und Rektifikationsanlage	0,5 bis 1,0
Filter:	
Filterpressen	2
Blattfilter	0,5
kontinuierliche Filter	0,125 bis 0,2
Förderanlagen:	
Bandförderer	0,25
Redler, Schnecken	0,5
Becherwerke	1,0
Kristallisierapparate	0,15 bis 0,25
Reaktoren	0,33 bis 1,0
Separatoren	0,05 bis 0,25
Trockner:	
Trommel-, Schaufeltrockner	0,2 bis 0,33
Walzen-, Kammertrockner	0,5
Zerstäubungstrockner	0,5 bis 1,0
Verdampfer	0,25
Zentrifugen:	
Röhren-, Schneckenzentrifugen	0,05 bis 0,25
Pendelzentrifugen	0,2 bis 1,0
Zerkleinerungsmaschinen	0,25 bis 1,0

Schicht als Nullpunkt. Bei unterbrochenem, einschichtigem Betrieb oder bei einem für alle Arbeitsschichten gleichen Arbeitsanfall genügt auch das Erfassen einer Schicht. Die einzelnen Tätigkeiten schreibt man untereinander und numeriert sie zum Erleichtern der späteren Auswertung. Dabei ist es zweckmäßig, sie nach der erforderlichen Qualifi-

kation der Arbeitskräfte und bei räumlich sehr ausgedehnten Verfahren
auch nach dem Ort zu gliedern. In dem jeder Tätigkeit zugeordneten
Balken vermerkt man Kontroll- und Überwachungsarbeiten, Bedienungsmaßnahmen und sonstige Verrichtungen zeitrichtig durch verschiedenfarbige oder unterschiedlich schraffierte Blöcke. Bei Teilfließbetrieb
untersucht man die Betriebsperioden mit kontinuierlicher Fahrweise und
jene mit Umschaltvorgängen usw. getrennt.

8.132 Personaleinsatzplan. Ausgehend vom Arbeitsablaufplan entwickelt man den Personaleinsatzplan. Darunter versteht man ein Balkendiagramm mit einer vom Arbeitsablaufplan unmittelbar übernommenen
horizontalen Zeiteinteilung. Jeder Balken kennzeichnet eine Arbeitskraft mit der davor angegebenen Qualifikation. Hinsichtlich ihrer Kenntnisse gliedert man die Arbeitskräfte in solche mit technischer, kauf-
männischer, handwerklicher und ohne Fachausbildung sowie Spezialisten; hinsichtlich der körperlichen Belastung unterscheidet man leichte
und schwere körperliche Arbeit sowie Tätigkeiten unter außergewöhn-
lichen Bedingungen (Hitze, Kälte, ungesunde Atmosphäre). Außerdem
vermerkt man mit einem besonderen Risiko verbundene Arbeiten (Montage, Sprengstoffherstellung, Giftverarbeitung).

Im ersten Entwurf des Personaleinsatzplans ordnet man die bereits
im Arbeitsablaufplan nach der Qualifikation gegliederten Tätigkeiten je
einer entsprechend qualifizierten Arbeitskraft zu, soweit dies ihre zeitliche
Aufeinanderfolge erlaubt. Die übrigen Verrichtungen weist man einer
zweiten Arbeitskraft gleicher Qualifikation zu. Wenn auch bei der zweiten
Arbeitskraft verschiedene Tätigkeiten miteinander kollidieren, muß man
eine dritte Arbeitskraft dafür vorsehen usw., bis alle Tätigkeiten des Ar-
beitsablaufplans auf einzelne Arbeitskräfte aufgeteilt sind. Anschließend
prüft man, ob sämtliche Verrichtungen bei Ausfall des dafür zuständigen
Arbeiters von anderen vorübergehend miterledigt werden können, da
jeder Mitarbeiter während der Arbeitszeit durch persönliche Bedürfnisse,
Betriebsunfälle usw. kurzzeitig ausfallen, aber auch infolge Krankheit
oder Urlaub längere Zeit fehlen kann (insgesamt muß man dafür derzeit
etwa 10 bis 15% der jährlichen Arbeitszeit veranschlagen). Bei allen
gefährlichen Arbeiten sorgt man aus Sicherheitsgründen dafür, daß sich
der Einzelne immer in Seh- und Rufweite anderer befindet (Zwei-Mann-
Gruppen). Schließlich muß man bei Bedienungsmaßnahmen an verschiedenen Stellen und Kontrollgängen auch den Zeitbedarf für den Weg berücksichtigen. Diese Erwägungen machen oft den Einsatz weiterer
Arbeitskräfte erforderlich. Unter Beachtung aller genannten Gesichtspunkte teilt man nunmehr die Tätigkeiten neu auf das vorgesehene
Personal auf, wobei man auf eine möglichst gleichmäßige Arbeits-
belastung aller Arbeitskräfte achtet und eventuell auch vorübergehende

Aushilfsarbeiten beim Ausfall des zuständigen Arbeiters durch gestrichelte Blöcke, Pfeile oder dgl. andeutet.

8.133 Planstellenliste. Den gesamten Personalbedarf eines Verfahrens stellt man in einer Planstellenliste zusammen, aus der die Zahl und die Qualifikation der Arbeitskräfte für Überwachung, Bedienung, Kontrolle und Wartung, die den vorgesehenen Arbeitsplätzen (Planstellen) zugeordneten Aufgaben sowie der voraussichtliche Aufwand an Reparaturstunden und die Qualifikation des dafür nötigen Personals hervorgehen. Die Zahl und die Aufgabenabgrenzung der für das Bedienungspersonal vorgesehenen Planstellen sowie die jeweils erforderliche Qualifikation kann man dem Personaleinsatzplan entnehmen. Bei Schichtbetrieb unterscheidet man Tagpersonal mit täglich gleichbleibender Arbeitszeit und Schichtpersonal mit einer im allgemeinen von Woche zu Woche unterschiedlichen Arbeitszeit. Für samstags und sonntags durchgehenden Drei-Schicht-Betrieb ist bei einer mittleren Arbeitszeit von 42 Wochenstunden eine vierfache Schichtbesetzung nötig.

8.14 Auslegung der Anlagenteile

Dem Fließbild und der (in diesem Stadium noch unvollständigen) Verfahrensbeschreibung kann man die technologische Aufgabe und Funktion eines Anlagenteils sowie die Stoffwerte der zu- und abgeführten Substanzen entnehmen, aus der Material- und der Energiebilanz oder aus einem quantitativen Fließbild folgen Material- und Energiefluß. Alle zur Auswahl bzw. zum Festlegen der Konzeption, der Werkstoffe und der Abmessungen eines Aggregats nötigen technischen Angaben stellt man in einem *Auslegungsgrundlagenblatt* zusammen, das je nach den Erfordernissen des Einzelfalls etwa folgendes enthalten soll:

a) Positionsnummer im Fließbild,

b) Bezeichnung des Anlagenteils,

c) Aufgabe bzw. technologische Funktion,

d) Betriebsbedingungen und Stoffdaten für die verfahrenstechnische Auslegung,

e) Anforderungen an die Werkstoffe,

f) Auslegungsvorschriften für die Festigkeitsberechnung (beispielsweise gelten in Deutschland für Druckbehälter die von der Arbeitsgemeinschaft Druckbehälter herausgegebenen „AD-Merkblätter" als im Sinn der Unfallverhütungsvorschriften der VBG allgemein anerkannte Regeln der Technik),

g) Hinweise auf einschlägige Sicherheitsvorschriften (S. 404 ff.),

h) besondere Wünsche und Anforderungen, denen das Aggregat zusätzlich genügen soll (z. B. leichte Demontierbarkeit bestimmter Teile).

Für viele Aggregate (Armaturen, Elektromotoren, Filter, Gebläse,
Mühlen, Pumpen, Meß- und Regelgeräte usw.) wurden von einschlägigen
Spezialfirmen Typenreihen entwickelt, die am Markt angeboten werden
und den Verfahrensingenieur der Notwendigkeit eines eigenen Entwurfs
entheben; die Auslegung beschränkt sich dann auf die Auswahl des jeweils zweckmäßigsten Aggregats.

Ist für den Bedarfsfall kein geeignetes Aggregat am Markt, so legt
der Verfahrensingenieur in einer *Apparateskizze* (Handskizze) Konzeption und Hauptabmessungen des Anlagenteils fest, wenn dafür verfahrenstechnische Überlegungen maßgebend sind und der Entwurf
Gesichtspunkte verschiedener naturwissenschaftlich-technischer Fachgebiete berücksichtigen muß. Die Apparateskizze bildet zusammen mit
dem Auslegungsgrundlagenblatt die Arbeitsgrundlage für die mit der
Konstruktion einzelner Anlagenteile bzw. mit der Einplanung betrauten
Stellen; sie muß daher alle technologisch wesentlichen Einzelheiten sowie
die für Konstruktion und Einplanung erforderlichen Abmessungen enthalten. Der Verfahrensingenieur bestimmt auch Konzeption und Hauptabmessungen jener Einrichtungen, bei denen weder technologische noch
konstruktive Schwierigkeiten auftreten (z. B. einfache Behälter). Ergeben
sich bei einem Apparat überwiegend konstruktive Entwurfsprobleme, so
übernimmt die zuständige Fachabteilung das Festlegen der Konzeption
und der Hauptabmessungen an Hand des Auslegungsgrundlagenblatts;
sie stellt dann ihrerseits der Projektabteilung eine Apparateskizze für die
Einplanungsarbeiten zur Verfügung. Die eigentlichen Konstruktionsarbeiten obliegen grundsätzlich den einzelnen Fachabteilungen.

Zum Ermitteln der jeweils wirtschaftlich günstigsten Version eignen
sich folgende (in den Abschnitten 8.222, S. 399ff., bzw. 8.43, S. 439ff.,
näher erläuterte) Methoden:

a) Punktbewertung (Abschn. 8.222, S. 399ff),
b) konventioneller Vergleich des Jahresüberschusses,
c) Annuitätsmethode,
d) Diskontierungsmethode (Kapitalwertvergleich),
e) Rentabilitätsmethode.

Jeder Wirtschaftlichkeitsvergleich setzt die technologisch gleichwertige Abgrenzung konkurrierender Anlagenteile einschließlich zu-
geordneter Armaturen, elektrischer Einrichtungen, Meß- und Regelgeräte, Fundamente usw. voraus. Gegebenenfalls muß man auch unterschiedliche Kosten für die Ersatzteilhaltung berücksichtigen. Schwierig
ist meist das Abschätzen der voraussichtlichen Nutzungsdauer und des
Restwerts. Schließlich darf man nie vergessen, daß auch die eigene Arbeit
und die Arbeiten aller am Gestalten des Projekts Beteiligten Kosten
verursachen!

8.15 Betriebsunterlagen

Eine der letzten Arbeiten bei der Verfahrensprojektierung ist das Zusammenstellen der Betriebsunterlagen. Dazu gehören:

a) Betriebsanweisungen,

b) Pflege- und Wartungsvorschriften einschließlich Wartungsplan,

c) Reparaturanleitungen,

d) Angaben über Sicherheit und Unfallverhütung sowie Arbeitsschutz.

Die *Betriebsanweisungen* beschreiben ausführlich alle Bedienungs- und Kontrollmaßnahmen für verschiedene Betriebszustände. Sie belehren das Betriebspersonal über die erste Inbetriebnahme einschließlich der vorhergehenden mechanischen und gegebenenfalls auch chemischen Reinigung aller Anlagenteile, die späteren Inbetriebnahmen nach Stillständen, den normalen Betrieb, das planmäßige Abstellen und schließlich die Bedienungsmaßnahmen in verschiedenen Störungsfällen. Die *Pflege-* und *Wartungsvorschriften* beschränken sich im allgemeinen auf komplizierte Aggregate, deren fachmännische Behandlung besondere Spezialkenntnisse verlangt. Das Ausarbeiten dieser Vorschriften obliegt in der Regel den zuständigen Fachabteilungen. Für Reparaturen benötigt man bei komplizierten Aggregaten *Reparatur* und *Montageanleitungen*. Zum Nachbestellen von Ersatzteilen braucht man bei einfachen Apparaten (z. B. Behälter) Ersatzteillisten, bei komplizierten Anlagenteilen (z. B. Zentrifugen) außerdem Schnittzeichnungen mit genauer Positionierung aller Einzelteile. In dem Abschnitt über Sicherheit und Unfallverhütung sowie Arbeitsschutz erörtert man die mit dem Betrieb verbundenen mechanischen, thermischen, chemischen, elektrischen, Strahlungs-, Infektions-, Vergiftungs-, Brand- und Explosionsgefahren, die einschlägigen, am Aufstellungsort gültigen Sicherheits- und Unfallverhütungsvorschriften der Polizei, der Berufsgenossenschaften usw. und gegebenenfalls auch das empfehlenswerte Verhalten in Schadensfällen.

8.2 Anlagen

Die Gesamtheit der Bauten und der technischen Einrichtungen zum Erreichen eines gewünschten Produktionsziels bezeichnet man als Anlage.

8.21 Technische Projektierungsgrundlagen

Die Projektierung einer Anlage beginnt mit dem Entwurf des Anlagenschemas, dem Ermitteln des Material- und des Energieflusses, des Personal- und des Platzbedarfs sowie dem Ausarbeiten der Anlagenbeschreibung.

8.211 Anlagenschema. Das Anlagenschema entspricht hinsichtlich seiner Darstellungsform weitgehend dem Blockschema eines Verfahrens. Die einzelnen Blöcke (Rechtecke, Quadrate) symbolisieren größere, räumlich voneinander getrennte Baugruppen der Anlage. Die Einrichtungen des einzelnen Verfahrens stellt man meist als einzigen Block dar. Mittels weiterer Blöcke erfaßt man die Hilfseinrichtungen zum Bereitstellen von Hilfsstoffen und Energie, zum Weiterverarbeiten von Nebenprodukten und zum Beseitigen von Abfällen; Speicher für Ausgangssubstanzen und Fertigprodukte trägt man ebenfalls als eigene Blöcke ein (zählt sie also nicht zu den Anlagenteilen eines Verfahrens), da die Speicheranordnung den Kunden-, den Lieferanten- und den innerbetrieblichen Verkehr im Werk bestimmt. Auch Werkstätten, Betriebs- und Forschungslaboratorien, Verwaltungsgebäude, Sozialeinrichtungen (Kantine, Unfallstation, Toiletten, Aufenthalts-, Umkleide- und Waschräume), Werksfeuerwehr, Garagen, Parkplätze usw. gibt man im Anlagenschema als Blöcke wieder. Erweiterungsmöglichkeiten vermerkt man gestrichelt. Jeden Block bezeichnet man durch Eintragen der zugeordneten Baugruppe bzw. eines am Blattrand näher erläuterten Symbols.

Ausgezogene, gestrichelte, punktierte bzw. strichpunktierte Linien mit Richtungspfeilen geben die Flüsse für Material, Energie und Personal sowie sonstige wesentliche Verbindungen zwischen den Blöcken an. Jene Verbindungen, die aus betrieblichen oder wirtschaftlichen Gründen eine räumlich benachbarte Anordnung einzelner Baugruppen nahelegen, hebt man durch besonders dicke Linien hervor.

8.212 Material- und Energiefluß, Personalbedarf, Platzbedarf. Dividiert man die in das Werk ein- bzw. aus diesem ausgeführten Stoffmengen, den Fertigproduktausstoß, den Bedarf an elektrischer Energie, Dampf und Wasser sowie den Flächenbedarf und die Gebäudekubatur durch die Zahl der Beschäftigten, so erhält man bezogene Größen, die sich beim Projektieren neuer Anlagen vielfach als Richtwerte zum überschlägigen Abschätzen des Material- und des Energieflusses, des Personal- und des Platzbedarfs eignen. Solche Richtwerte wurden von W. OSTROWSKI veröffentlicht [*8.6*, *9.31.2*]; sie sind auszugsweise in Tab. 8.3 wiedergegeben.

Genauere Werte für den *Material-* und den *Energiefluß* liefert die Anwendung der Erhaltungssätze für Masse bzw. Energie auf alle Baugruppen (vgl. die Abschn. 1.21, 1.22 und 8.12, S. 7ff. bzw. S. 383ff.). Dabei muß man neben dem verfahrensbedingten Energiebedarf auch den für Beleuchtung, Heizung und Lüftung bzw. Klimatisierung abschätzen und in Rechnung stellen. Zur Wiedergabe der Ergebnisse eignen sich die in Abschnitt 8.12 (S. 383ff.) erläuterten Darstellungsformen.

Zum genauen Festlegen des *Personalbedarfs* einer Anlage geht man vom Bedarf der einzelnen Verfahren aus (vgl. Abschn. 8.13, S. 388 ff.) und faßt die Arbeitskräfte für Kontroll-, Bedienungs- und Wartungsmaßnahmen sowie Reparaturen in einer nach Verfahren (Zeilen) und Qualifikationen (Spalten) gegliederten Tabelle zusammen. Durch Summieren der einzelnen Spalten erhält man die Zahl der für den Betrieb unmittelbar nötigen Arbeitskräfte mit den jeweils im Spaltenkopf angegebenen Qualifikationen, die Gesamtsumme ergibt das insgesamt erforderliche Betriebs- und Reparaturpersonal. Zusätzlich braucht man noch Arbeitskräfte für betriebsneutrale Arbeiten (z. B. Gärtner, Hofkolonne für Reinigungs- und sonstige Arbeiten); ihre Zahl ist verhältnismäßig klein, so daß sich Fehlschätzungen auf das Gesamtergebnis meist nicht nennenswert auswirken. Das Betriebs- und Reparaturpersonal besteht im allgemeinen fast ausschließlich aus Arbeitern, während die Angestellten das Überwachungs-, Verwaltungs- und Vertriebspersonal bilden. In der chemischen Industrie Deutschlands ist das Verhältnis Arbeiter : Angestellte nach H. ANTOINE [*8.7, 9.33.1*] im Mittel 2,5 : 1.

Zum Bestimmen des *Platzbedarfs* einzelner Baugruppen sind eine grobe Auslegung und ein Aufstellungsentwurf nötig. Allgemein sollte man die erforderlichen Flächen möglichst großzügig festlegen, da der Mehraufwand zum Installieren, Ändern oder Erweitern einer Baugruppe bei beengten Platzverhältnissen die Einsparungen an Grundstückskosten meist weit übertrifft und man immer mit späteren Erweiterungen und Umbauten rechnen muß. Die Grundfläche aller vorgesehenen Bauten soll nicht mehr als 15 bis 20% des gesamten Werksgeländes bedecken. Einen beträchtlichen Teil der gesamten Grundfläche beanspruchen Parkplätze und Fahrradstände für die im Werk Beschäftigten (1 bis 2 m²/ Fahrrad, 25 bis 30 m²/Pkw [*9.33.3*]). Die Zahl der unterzubringenden Fahrzeuge richtet sich nach den örtlichen Verhältnissen (Entfernung zwischen dem Werk und den Wohnsiedlungen, Zufahrtsmöglichkeiten usw.), ist aber grundsätzlich sehr großzügig zu schätzen (1 Stellplatz für etwa 2 bis 4 Beschäftigte).

8.213 Anlagenbeschreibung. Die Anlagenbeschreibung soll im wesentlichen folgendes enthalten:

a) Projektaufgabe und Auslegungsrichtlinien (Produktionsziel, klimatische Verhältnisse, einschlägige Gesetze und Polizeiverordnungen usw.),

b) Leistungs- und Kapazitätsangaben (Verbrauch von Ausgangs- und Hilfsstoffen, Energiebedarf, Ausstoß von Fertig- und Nebenprodukten, Speicherkapazitäten),

c) Erläuterung der gesamten Konzeption (kontinuierlich oder diskontinuierlich, Ein- oder Mehrschichtbetrieb),

d) Besprechung der Erweiterungsmöglichkeiten.

Tabelle 8.3. *Richtwerte für den Gütertransport, den Fertigproduktausstoß sowie den Bedarf an elektrischer Energie, Dampf, Wasser, Grundstücksfläche und Gebäudekubatur (umbautem Raum) je Beschäftigten (nach W. OSTROWSKI [8.6, 9.31.2])*

| Industrieart | Kapazität | auf 1 Beschäftigten bezogener | | auf 1 Beschäftigten bezogener Bedarf an | | | | |
		Güter-transport	Fertigprodukt-ausstoß	elektr. Energie [kWh/a]	Dampf [t/a]	Wasser [m³/d]	Grund-fläche [m²]	Gebäude-kubatur [m³]
Eisen- und Stahlhütten	1 000 000 t/a	750 t/a	125 t/a	60 000	—	10	375	500
Steinkohlengruben	1 300 000 t/a	515 t/a	500 t/a	10 000	83	0,8	100	50
Kokschemische Industrie	300 000 t/a	2400 t/a	1000 t/a	22 000	—	5	300	—
Elektroenergiewerke	200 MW	1000 t/a	0,3 MW	—	—	25 [1]	360	300
Sodawerke	250 000 t/a Soda 50 000 t/a Ätz-natron	500 t/a 700 m³/a Salzsole	125 t/a 25 t/a	—	350	50	250 [2]	300
Anlagen für die Gewinnung von Stickstoffdünger	100 000 t/a	150 t/a	50 t/a	50 000	100	7,5	250	150
Zementwerke	300 000 t/a	1700 t/a [3]	500 t/a [3]	50 000 [3]	—	3 [3]	330 [3]	500 [3]
Ziegeleien	20 000 000 Stck./a	1000 t/a	150 000 Stck./a	7000	—	0,4	225 [4]	350
Glashütten (automatische Flaschenherstellung)	20 000 t/a	125 t/a	50 t/a	10 000	—	1,0 [5]	125	200

Tabelle 8.3 (Fortsetzung)

Industrieart	Kapazität	auf 1 Beschäftigten bezogener		auf 1 Beschäftigten bezogener Bedarf an				
		Güter-transport	Fertigprodukt-ausstoß	elektr. Energie [kWh/a]	Dampf [t/a]	Wasser [m³/d]	Grund-fläche [m²]	Gebäude-kubatur [m³]
Papier- und Zellulosefabriken	100000 t/a	350 t/a	50 t/a	12500	—	100	350	—
Spinnereien, Webereien	20000000 m Stoff = 3850 t/a	12,8 t/a	4650 m Stoff = 0,9 t/a	7000	37 Gas 120	1,86	70	116
Bekleidungswerke	9000 Kleidungs-stücke/d 34000 m Woll- und Baumwollgewebe/d	2 t/a	2,25 Stck./d 8,5 m/d	360	—	—	8	35
Speicher und Kornmühlen	150 t/a Weizen 5000 t Speicher	800 t/a	1 t/a 33 t	15000	—	2	200	370
Molkereien	60000 t/a	400 t/a	400 t/a	1300	20	2	166	200
Seifenfabriken und Herstellung kosmetischer Artikel	10000 t/a	50 t/a	20 t/a	600	—	1	50	120

[1] Bei geschlossenem Kreislauf des Kühlwassers.
[2] Einschließlich der Fläche, auf der sich Sammelbecken für Schmutzwasser befindet.
[3] Ohne Anzahl der Beschäftigten in Steinbrüchen.
[4] Ohne Lehmgruben, die 30 ha einnehmen.
[5] Bei fließendem Wasserverbrauch.

8.22 Standort

Um den günstigsten Standort für eine Anlage zu ermitteln, muß man viele Einflüsse beachten und gegeneinander abwägen.

8.221 Standortfaktoren. Die Standortwahl hängt im wesentlichen von den Auswirkungen folgender Einflüsse ab:

a) Rohstoffversorgung,
b) Energieversorgung,
c) Wasserversorgung,
d) Arbeitskräfteversorgung,
e) Absatzmöglichkeiten,
f) Verkehrsverhältnisse,
g) Klima,
h) Geländebeschaffenheit und -preis,
i) Gesetze und Bestimmungen,
k) sonstige Gesichtspunkte.

Für *rohstofforientierte* Industrien, die Massengüter oder größere Mengen leicht verderblicher Stoffe verarbeiten, sind nahe Rohstoffquellen zum Vermeiden hoher Transportkosten günstig. Anlagen zum Gewinnen und Verwerten von Bodenschätzen (z. B. Bergwerke) sind zwangsläufig an deren natürliche Lagerstätten gebunden. Für *energieintensive* Betriebe strebt man Standorte in der Nähe von thermischen oder Wasserkraftwerken bzw. günstigen Brennstoffquellen (Kohlengruben, Öl- oder Erdgasfernleitungen) an. Eine ausreichende *Wasserversorgung* ist für fast alle Industriezweige sehr wichtig. Trinkwasser kann man vielfach einem öffentlichen Versorgungsnetz entnehmen, als Nutzwasser verwendet man Grundwasser aus Brunnen und Oberflächenwasser aus Flüssen, Seen usw. Hinsichtlich der *Arbeitskräfteversorgung* sind Standorte in Ballungsgebieten der einschlägigen Industrie vorteilhaft. Regionaler Arbeitskräfteüberschuß bedingt niedrige Löhne und Gehälter; er ist daher für lohnintensive, wenig automatisierte Betriebe günstig. Gegenden mit Arbeitskräftemangel und entsprechend hohem Lohn- bzw. Gehaltsniveau eignen sich vornehmlich für materialintensive Industrien und weitgehend automatisierte Anlagen. Die Nähe des *Absatzmarktes* ist mit Rücksicht auf die Transportkosten für solche Werke erstrebenswert, die große Mengen von Halbfabrikaten oder leicht verderblichen, empfindlichen Produkten herstellen (Baustoffindustrie, Lebensmittelindustrie); sie ist also wie die Rohstoffversorgung besonders für materialintensive Industrien wichtig. Die *Verkehrsverhältnisse* bestimmen den Personen- und den Güterverkehr mit dem Werk. Verkehrsgünstige Standorte erleichtern das Anpassen an die jeweiligen Marktverhältnisse und sind daher unabhängig von der geplanten Versorgung des Werks anzustreben. Menge, Wert und Empfindlichkeit des Transportguts, Entfernung und

Transportzeit legen das wirtschaftlichste Transportmittel·und die Transportkosten fest. Die Arbeitskräfte sollen für den Weg zwischen ihren Wohnungen und dem Werk möglichst nicht mehr als 30 bis 45 Minuten benötigen, daher sind bei Entfernungen über etwa 2 bis 3 km bis zum Wohngebiet der Arbeitskräfte bzw. zum nächsten Bahnhof gute Verbindungen durch öffentliche Nahverkehrsmittel (Straßenbahnen usw.) oder durch werkseigene Autobusse unerläßlich. Das *Klima* beeinflußt die Verkehrsverhältnisse sowie die Fertigung und die Lagerung vieler Produkte; es bestimmt den Aufwand für Heizung, Lüftung und Klimatisierung des Werks. Schnee, Eis und Nebel können den Verkehr und damit die gesamte Versorgung des Werks sowie den Absatz zeitweise erheblich stören. Die örtlichen Windverhältnisse (Windrichtung und -stärke) sind zum Beurteilen einer etwaigen Belästigung oder Gefährdung der Umgebung durch Staub und Abgase, aber auch im Hinblick auf den Brandschutz von Bedeutung. Das *Werksgelände* soll nach Möglichkeit einen annähernd rechteckigen Grundriß ohne ein- und ausspringende Ecken aufweisen, ausreichend groß (vgl. Abschn. 8.212, S. 394 ff.), nicht besonders schmal und lang sowie möglichst eben (höchstens nach einer Richtung abfallend) sein. Für die Fundamente ist ein tragfähiger Baugrund in günstiger Tiefe (etwa 1 m, bei unterkellerten Bauten 3 bis 4 m) erwünscht; liegt die tragfähige Schicht des Bodens sehr tief, so muß man hohe Gründungskosten in Kauf nehmen, bei sehr geringer Tiefe verteuert sich die Kanalisation. Der Grundwasserspiegel soll auch beim höchsten (nur einmal in mehreren Jahren auftretenden) Stand noch etwa 0,2 m unter der Kellersohle liegen, da sonst teure Abdichtungsmaßnahmen nötig sind. Schließlich soll das Werk möglichst wenig durch Naturereignisse (Überschwemmungen, Lawinen) gefährdet sein. *Gesetze und Bestimmungen* können die Freizügigkeit der Planung erheblich einschränken. Auflagen und Vorschriften richten sich nach den örtlichen Verhältnissen und gelten gegebenenfalls nur für ein spezielles Grundstück. Die zuständigen Behörden erteilen die Baugenehmigung für eine Anlage nur, wenn die Umgebung durch den Betrieb weder belästigt noch gefährdet wird. Der Urheber haftet auch für alle durch Staub, Rauchgase oder andere stark riechende bzw. schädliche Abgase, Verunreinigung von Gewässern, Lärm, Erschütterungen, Infektionen, Explosionen, Strahlungen usw. verursachten Schäden der Anlieger [*8.7—8.13, 9.33.3*]. Schließlich spielen oft noch verschiedene *andere Gesichtspunkte* bei der Standortwahl eine beträchtliche Rolle; dazu gehören insbesondere die Tradition, politische Erwägungen, steuerliche Vorteile, günstige Finanzierungsmöglichkeiten, Zuschüsse usw.

8.222 Bewertung. Nach Untersuchungen der verschiedenen Standortfaktoren kann man für einige besonders geeignet erscheinende Standorte Kosten und Erträge bestimmen und dann durch Rentabilitätsvergleich den günstigsten Standort ermitteln. Diese theoretisch allein richtige Methode liefert indessen trotz erheblichen Aufwands keine verläßlichen Resultate, da man einerseits die zukünftigen wirtschaftlichen Verhältnisse abschätzen muß und andererseits manche Standortfaktoren (Tradition, politische Verhältnisse usw.) nicht in Form von Kosten und Erträgen erfassen kann.

Man begnügt sich daher vielfach mit einer *Punktbewertung*, die man im übrigen nicht nur bei der Wahl des Standorts, sondern auch bei zahlreichen anderen Auswahlproblemen (z. B. beim Vergleich verschiedener Apparatekonstruktionen oder verfahrenstechnischer Alternativlösungen) mit Erfolg anwenden kann. Nachdem man alle Versionen ausgeschieden hat, die den unerläßlichen Mindestanforderungen nicht genügen, legt man für alle Einflußgrößen (bei der Standortwahl z. B. die im letzten Abschnitt genannten Standortfaktoren) die gleiche Bewertungsskala fest, beispielsweise 5 oder 6 Bewertungsstufen (5 bzw. 6 Punkte = ausgezeichnet, 1 Punkt = sehr schlecht). Außerdem ordnet man jeder Einflußgröße einen ihrer Bedeutung entsprechenden Gewichtsfaktor zu. Dann ergibt sich die Gesamtpunktzahl nach Bewerten der derzeitigen Gegebenheiten und der angenommenen zukünftigen Entwicklung durch Multiplizieren der gewählten Bewertungsstufen mit den jeweiligen Gewichtsfaktoren und Summieren der Punktzahlen aller Einflußgrößen. Die Höhe der Gesamtpunktzahl ist ein Maß für den Wert einer Version (also z. B. eines Standorts). Man kann auch auf die Gewichtsfaktoren verzichten und jeder Einflußgröße von vornherein eine ihrer Bedeutung entsprechende Höchstpunktzahl zuweisen; das Ergebnis bleibt gleich, der ständig wechselnde Bewertungsmaßstab erschwert jedoch das Bewerten. Als Einflußgrößen eignen sich alle Faktoren, die bei einem Auswahlproblem die Entscheidung zugunsten einer Version beeinflussen können, sofern sie voneinander unabhängig und gleichrangig sind.

Die Punktbewertungsmethode liefert zwar ein vom subjektiven Ermessen des Einzelnen abhängiges Resultat, erzwingt aber das Aufgliedern eines Problems in verschiedene Einflußgrößen und deren detaillierte Betrachtung; dadurch verhindert sie weitgehend gefühlsbetonte, unsachliche Pauschalurteile. Hinsichtlich der Standortwahl ist sie dem eingangs erwähnten Rentabilitätsvergleich kaum unterlegen, da dieser durch das Abschätzen zukünftiger Entwicklungen auch in erheblichem Maße subjektiv beeinflußt ist.

8.23 Gesamtanordnung

Ausgehend von dem Anlagenschema, der Anlagenbeschreibung, dem Material- und dem Energiefluß, dem Personal- und dem Grundflächenbedarf der einzelnen Baugruppen sowie dem verfügbaren Gelände legt man die Gesamtanordnung in einem *Lageplan* fest. Der vollständige Lageplan soll im wesentlichen folgendes enthalten:

a) Geländebeschaffenheit und Windverhältnisse,

b) Grundstücks- und Werksbegrenzung,

c) Hafen- und Kaianlagen,

d) Eisenbahngleise,

e) Werksstraßen,

f) Begrenzungslinien für die Baugruppen des Anlagenschemas,

g) wichtige Leitungen (Hauptrohrbrücken, Abwasserkanäle und Kabeltrassen),

h) wichtige ortsfeste Transporteinrichtungen (Kranbrücken, Hängebahnen),

i) Werkseingänge, Parkplätze und Haltestellen öffentlicher Verkehrsmittel,

k) Bezeichnungen und Zeichenerklärung.

Man beginnt mit dem Darstellen des Werksgeländes und seiner unmittelbaren Umgebung nach Art einer Landkarte einschließlich angrenzender Bauten, öffentlicher Straßen, Eisenbahnlinien, Gewässer usw. und trägt zum Kennzeichnen der Geländeform Höhenschichtenlinien ein. Bereiche mit minderwertigem oder ungeeignetem Baugrund (tragfähiger Grund erst in sehr großer Tiefe, Überschwemmungsgebiet) deutet man durch eine Schraffur an. In diesen Situationsplan trägt man die Grundstücksgrenzen (Besitzgrenzen) und die Werksgrenzen (Zaun) ein. Ein Richtungspfeil zeigt die Nordrichtung. Die Windverhältnisse gibt man in Form zweier Polardiagramme für die Windrichtung und die Windgeschwindigkeit am Rande des Lageplans wieder. In diesen Diagrammen bezeichnen die Richtungen der Radiusvektoren jeweils die Windrichtung und ihre Längen die dieser Richtung zugeordneten Werte der relativen Häufigkeit (Windrichtungsdiagramm) bzw. der mittleren Windgeschwindigkeit (Windgeschwindigkeitsdiagramm). Die Kenntnis der Windverhältnisse ist zum Beurteilen der Brandgefahr und einer etwaigen Belästigung oder Gefährdung der Anlieger durch Staub und Abgase nötig.

Die eigentliche Anordnungsplanung geht von den Hafen- und Kaianlagen aus, deren Lage weitgehend von den natürlichen Gegebenheiten abhängt. An diese schließen sich die Speicher für Massengüter an. Gleisanschlüsse sind für Speicher und solche Baugruppen zweckmäßig, in denen besonders große oder schwere Teile montiert oder gefertigt werden. Normalspurgleise (Spurweite in Europa: 1435 mm) sind infolge der großen Mindesthalbmesser (180 m für Hauptbahnlokomotiven, 140 m für Nebenbahnlokomotiven und Wagen über 4,5 m Radstand, 100 m

26 Ullrich, Mech. Verfahrenstechnik

für Wagen unter 4,5 m Radstand) und der geringen zulässigen Trassen-
neigung (auf Abstellgleisen normalerweise maximal 2,5⁰/₀₀) verhältnismäßig starr in ihrer Linienführung, weshalb man die Lage der verschiedenen Baugruppen weitgehend an den Gleisverlauf anpassen muß. Ein-
und zweispurige Eisenbahntrassen (Normalspur) erfordern im Niveau
eine Breite von 5,3 bzw. 8,8 m und zwischen Böschungen etwa 6 bzw. 10 m.
Das Lichtraumprofil ist etwa $5 \cdot 5\ m^2$. Bei beengten Platzverhältnissen
kann man auch Drehscheiben oder Schiebebühnen vorsehen; diese sind
allerdings teuer und erschweren den Rangierbetrieb. Bei sehr vielen
innerbetrieblichen Transporten ist oft neben dem üblichen gleislosen
Werksverkehr eine Schmalspurbahn (übliche Spurweiten: 1 m, 0,75 m,
0,60 m) vorteilhaft, bei der man erheblich kleinere Krümmungsradien
ausführen (bei Straßenbahnen mit 1 m Spurweite bis 13 m [*9.33.3*]) und
nach dem Rollbocksystem auch Normalspurwagen transportieren kann.

Anschließend entwirft man die Anordnung der einzelnen Baugruppen
und der Werksstraßen. Im Anlagenschema zeigen dicke Linien die aus
betrieblichen oder wirtschaftlichen Gründen erstrebenswerte räumliche
Zuordnung der Baugruppen. Für große, schwere Gebäude und Anlagenteile wählt man mit Rücksicht auf die Baukosten möglichst Gelände-
abschnitte mit gutem Baugrund (Tragfähigkeit, Grundwasserspiegel,
Gefährdung durch Hochwasser usw. beachten!). Ausgedehnte Planie-
rungsarbeiten sind kostspielig und daher zu vermeiden. Verwaltungs-
und Sozialgebäude sowie Baugruppen mit besonders starkem Außen-
verkehr sieht man am Rand des Werksgeländes so vor, daß sie von
öffentlichen Straßen ohne Belastung des werksinternen Verkehrs leicht
erreichbar sind. Das Kraftwerk legt man in die Nähe des Brennstoff-
lagers und der wichtigsten Verbraucher. Auch für Betriebswerkstätten
und Laboratorien wählt man eine möglichst zentrale Lage. Erweiterungsmöglichkeiten trägt man gestrichelt in den Lageplan ein. Kraftwerk,
Betriebswerkstätten und Laboratorien dürfen keinesfalls die Erweiterung
der Hauptproduktionsbetriebe erschweren!

Zwischen den einzelnen Gebäuden ist baupolizeilich ein Mindest-
abstand (in der Regel arithmetischer Mittelwert aus den Höhen benach-
barter Bauten) vorgeschrieben. Es empfiehlt sich jedoch, größere Abstände zu wählen und die Gesamtanordnung großzügig zu planen, da
der durch beengte Platzverhältnisse bedingte Mehraufwand für eine Baugruppe die durch eine Platzersparnis möglichen Einsparungen im allgemeinen bei weitem übersteigt. Eine großzügige Planung erlaubt auch
die Anlage ausreichend breiter Straßen, die alle Baugruppen miteinander
verbinden, das Werksgelände vorzugsweise in rechteckige Blöcke unterteilen und feuergefährdete Bauten für Löschfahrzeuge von allen Seiten
zugänglich machen. Man benötigt eine Breite von 3 m pro Fahrspur,
2,5 m pro Parkspur und 1 bis 1,5 m pro Gehsteig.

Anschließend legt man den Verlauf der wichtigsten Leitungen, Hauptrohrbrücken, Abwasserkanäle und Kabeltrassen fest. Dabei paßt man sich weitgehend dem Straßenverlauf an (Grünstreifen neben der Straße!), vermeidet aber grundsätzlich eine Leitungsführung unter Fahrbahnen oder Gleistrassen, da die Reparatur- und Instandhaltungsarbeiten durch das Aufreißen und Erneuern befestigter Fahrbahnschichten den werksinternen Verkehr behindern und hohe Kosten verursachen würden, und bei Wasserleitungen im Falle eines Rohrbruchs die Gefahr einer Fahrbahn- bzw. Gleisunterspülung bestünde. Wichtige ortsfeste Transporteinrichtungen (Drahtseilbahnen, Portalkrane, Kranbrücken) vermerkt man ebenfalls im Lageplan.

Die Anordnung der Werkseingänge richtet man nach der Lage der einzelnen Baugruppen, der Parkplätze (die man wegen ihres großen Flächenbedarfs gleichzeitig mit den übrigen Baugruppen des Werks einplanen muß) sowie der öffentlichen und der Werksstraßen. Man strebt einen geringen innerbetrieblichen Personenverkehr, also kurze Wege zwischen Eingängen und Arbeitsplätzen an. Bei Werken mit mehreren, räumlich weit voneinander entfernten Baugruppen sieht man meist auch mehrere Werkseingänge vor (jeweils mit benachbarten Parkplätzen und Fahrradständen). Die Haltestellen öffentlicher Verkehrsmittel trägt man in den Lageplan nur ein, wenn sie sich nicht ohne Schwierigkeiten in die Nähe der Werkseingänge verlegen lassen (z. B. U-Bahn-Stationen).

Alle Baugruppen des Werks und die wichtigsten Bauten in seiner Umgebung kennzeichnet man durch Beschriften oder durch Symbole, deren Bedeutung man in einer Legende am Blattrand erläutert.

8.24 Einplanung eines Verfahrens

Beim Einplanen eines Verfahrens muß man zunächst die in technischer, sicherheitstechnischer und wirtschaftlicher Hinsicht vorteilhafteste Bauweise ermitteln. *Freianlagen* erfordern im allgemeinen weniger Anlagekapital als umbaute Anlagen; sie sind hinsichtlich der Brand-, Explosions- und Vergiftungsgefahr günstiger, hinsichtlich der Betriebs- und Wartungsbedingungen jedoch ungünstiger, daher eignen sie sich vorzugsweise für weitgehend automatisierte Verfahren mit mäßiger Instrumentierung. *Umbaute Anlagen* sind bei witterungsempfindlichen Einrichtungen, umfangreichen Bedienungs- und Wartungsmaßnahmen sowie großem meß- und regeltechnischem Aufwand (wenn die Meß- und Regelgeräte keinen besonderen Sicherheitsansprüchen genügen müssen und daher billiger als wetterfeste Ausführungen sind) vorzuziehen; bei offener Prozeßführung und witterungsempfindlichen Stoffen (Textilindustrie) sind sie unumgänglich notwendig.

Die *Niedrigbauweise* einer Anlage erleichtert Fundamentausführung, Montage und später Bedienung, Wartung sowie Instandhaltungsarbeiten. Sie setzt allerdings viel Platz und ebenes Gelände mit gleichmäßig gutem Baugrund voraus. Freianlagen erstellt man in der Regel in Niedrigbauweise. Die *Hochbauweise* erlaubt eine platzsparende Einplanung und häufig auch verfahrenstechnische Vereinfachungen durch Ausnützen von Höhenunterschieden zum Materialtransport. Bei umbauten Anlagen begünstigt sie auch Wärmehaltung und Klimatisierung.

Liegt die Bauweise fest, so entwirft man die zweckmäßigste räumliche Anordnung der Anlagenteile, der wichtigsten Rohrstränge, Kanäle und Kabeltrassen sowie bei umbauten Anlagen die Grundform und die Größe des verfahrenstechnisch nötigen Gebäudeteils (die Nebenflächen — Treppen, Gänge, Toiletten, Wasch- und Umkleideräume usw. — beanspruchen zusätzlich etwa 30 bis 65% der für ein Verfahren erforderlichen Nutzfläche). Auf Grund dieses Entwurfs arbeitet die Bauabteilung den *Gebäudeplan* (Abschn. 8.243, S. 408) aus, der dann die Grundlage für den endgültigen *Aufstellungsplan* (Abschn. 8.242, S. 406 ff.) und die *Fundamentpläne* bildet. Die Einplanung der Rohre und Kanäle (Abschn. 8.244, S. 408 ff.) baut auf dem Gebäudeplan, dem Aufstellungsplan und den Fundamentplänen auf.

8.241 Sicherheitsfragen. Verfahrenstechnische Einrichtungen können ihre Umgebung erheblich belästigen oder gefährden. Sie müssen daher den zum Schutz der Allgemeinheit erlassenen Gesetzen, Verordnungen usw. genügen.

Alle Bauten unterliegen den Baugesetzen und den regionalen Bauordnungen. Sie müssen von den jeweils zuständigen Baubehörden vor Baubeginn genehmigt sein. Gewerbliche Anlagen darf man nur in Industriegebieten und in beschränktem Maß (keine Belästigung oder Schädigung der Umgebung durch Lärm, Rauch, Geruch usw.) in geschützten Gebieten, jedoch nicht in Wohngebieten errichten. Vielfach ist auch die Größe des umbauten Raums pro Quadratmeter Grundstücksfläche begrenzt [*9.32.4*, Bd. III]. Brandschutz, Abwasser- und Abgasfragen sind ebenfalls durch örtliche Bestimmungen geregelt. Schließlich unterliegt auch die technische Ausführung des Baues bestimmten Vorschriften (z. B. Knick- und Beulvorschriften für Baustahl). Die Baubehörde beschäftigt sich nicht mit verfahrenstechnischen Problemen, sie verlangt jedoch im allgemeinen die Zusage der Gewerbeaufsichtsbehörde.

Der gewerblichen Nutzung dienende Einrichtungen dürfen erst nach der Genehmigung seitens der Gewerbeaufsichtsbehörde in Betrieb gehen. Sie müssen den einschlägigen gesetzlichen Bestimmungen (Gewerbeordnung, Sprengstoffgesetz, Polizeiverordnungen über Giftstoffe, Lösungsmittel, Dampfkessel, Druckgas, Azetylen, brennbare Flüssigkeiten usw.) und den gültigen Sicherheitsvorschriften genügen. Dazu gehören in Deutschland vor allem die Unfallverhütungsvorschriften der gewerblichen Berufsgenossenschaften (VBG-Vorschriften) und die Vorschriften des Verbandes Deutscher Elektrotechniker (VDE-Vorschriften). Von den als „Regeln der Technik" im Sinne der VBG-Vorschriften anerkannten Richtlinien, beispielsweise im Apparatebau den Merkblättern der Arbeitsgemeinschaft Druckbehälter (AD-Merkblätter), kann man dagegen erforderlichenfalls abweichen, wenn man die Zulässigkeit dieser Abweichung durch Rechnungen bzw. Versuche nachweist.

Besondere Bedeutung kommt wegen der Explosionsgefahr in vielen verfahrenstechnischen Anlagen dem Explosionsschutz [*8.14—8.19, 9.32.3*] zu, für den in Deutschland gesetzliche Bestimmungen [*8.14, 8.15*] und verschiedene VDE-Vorschriften (0051/X. 43, 0165/8. 60, 0166/11. 58, 0170/0171/2. 61, 0191/VI. 43, 0660/4. 62) gelten. Explosionsgefährdete Räume sind Bereiche, in denen sich Gase, Dämpfe, Nebel oder Stäube, die mit Luft explosionsfähige Gemische bilden, in gefahrdrohender Menge ansammeln (d. h. bei einer Explosion Personen- oder Sachschaden verursachen) können. Brennbare Flüssigkeiten unterteilt man nach ihrer Wasserlöslichkeit und ihrem Flammpunkt in die in Tab. 8.4 wiedergegebenen Gruppen und Gefahrenklassen [*8.15*]. Der Flammpunkt ist die niedrigste (mit einer genormten Apparatur bestimmte) Temperatur, bei der sich bei 760 Torr über der Flüssigkeitsoberfläche ein entflammbares Dampf/Luft-Gemisch bildet. In den VDE-Vorschriften VDE 0165, VDE 0170/171 b teilt man die Stoffe nach ihrer Zündtemperatur in Zündgruppen ein und ordnet jeder Zündgruppe eine höchstzulässige Wandtemperatur zu, Tab. 8.5. Die Zündtemperatur ist die (nach DIN 51794 bestimmte) niedrigste Temperatur einer erhitzten Wand, an der sich das zündwilligste Stoff/Luft-Gemisch bei 760 Torr gerade noch entzündet. Die Explosionsklasse (VDE 0165) gibt an, bei welcher Spaltweite ein Zünddurchschlag durch einen 25 mm langen Spalt erfolgt (Ex-Klasse 1: Spaltweite $> 0{,}6$ mm; Ex-Klasse 2: Spaltweite 0,4 bis 0,6 mm; Ex-Klasse 3: Spaltweite $< 0{,}4$ mm). Alle elektrischen Einrichtungen, Meß- und Regelgeräte in explosionsgefährdeten Räumen müssen in einer für die jeweils vorliegenden Bedingungen ausreichenden Schutzart ausgeführt sein. Die verschiedenen Schutzarten sind in DIN 40050 niedergelegt. Man unterscheidet im wesentlichen „Erhöhte Sicherheit" (Ex e), „Fremdbelüftung" (Ex f), „Druckfeste Kapselung" (Ex d), „Ölkapselung" (Ex o), „Eigensicherheit" (Ex i) und „Sonderschutzarten" (Ex s).

Gesundheitsschädliche Substanzen dürfen auch nach Jahren nicht zu Gesundheitsschäden des Bedienungspersonals führen, ihre Konzentration darf daher die maximal zulässige Arbeitsplatzkonzentration (MAK-Wert) nicht überschreiten. Die MAK-Werte verschiedener Stoffe kann man dem einschlägigen Schrifttum entnehmen [*8.20, 9.31.2*].

Die gesundheitsschädlichen Wirkungen radioaktiver Substanzen hängen von der Stärke ihrer Radioaktivität bzw. von der Strahlungsdosis ab, die der menschliche Körper aufnimmt. Die Einheit der Radioaktivität ist das Curie (c); 1 c gibt die Menge eines radioaktiven Nuklids an, in der pro Sekunde $3,7 \cdot 10^{10}$ Atomkerne zerfallen [8.21]. Die Einheit der physikalischen Strahlungsdosis ist das Röntgen (r); 1 r ist die Dosis Röntgenstrahlen, die durch völlige Ionisation in Luft bei 0 °C und 760 Torr eine Ladung von 1 el.-stat. CGS-Einheit pro cm³ bestrahltes Volum erzeugt. Es gilt $1\,r = 6,76 \cdot 10^{10}$ eV/Nm³ Luft $\triangleq$ 83,7 erg/g Luft $\triangleq$ $\triangleq$ 93 erg/g Wasser bzw. Gewebe [9.31.2]. 1 rep (roentgen equivalent physical) ist die Dosis einer beliebigen ionisierenden Strahlung, bei der eine Energieabsorption von 93 erg/g Gewebe (entsprechend 1 r) erfolgt. 1 rem (roentgen equivalent mammal) ist die Strahlungsdosis, die den gleichen biologischen Effekt wie 1 r Röntgenstrahlen hervorruft (1 rem

Tabelle 8.4. *Gruppen und Gefahrenklassen brennbarer Flüssigkeiten* [8.15]

Gruppe	Gefahrenklasse	Flammpunkt [°C]
A (bei 15 °C *nicht* in jedem beliebigen Verhältnis in Wasser *löslich*)	I II III keine einschränkenden Bestimmungen	< 21 21 bis 55 55 bis 100 >100
B (bei 15 °C in jedem beliebigen Verhältnis in Wasser *löslich*)	— keine einschränkenden Bestimmungen	< 21 > 21

entspricht bei Röntgen- und Betastrahlen 1 rep, bei langsamen Neutronen 0,2 rep, bei Protonen und schnellen Neutronen 0,1 rep und bei Alphastrahlen 0,05 rep). Für den menschlichen Organismus erachtet man z. Z. eine Strahlungsdosis von 0,3 rem/Woche bzw. 200 rem/Lebenszeit als zulässig [8.9]. Die zulässigen Konzentrationen verschiedener radioaktiver Isotope und die am meisten gefährdeten Organe des menschlichen Körpers kann man dem Schrifttum entnehmen [8.22, 9.31.2].

8.242 Aufstellungsplan. Der Aufstellungsplan entsteht in zwei Etappen: In der ersten Etappe arbeitet man den *Aufstellungsentwurf* als Grundlage für den *Gebäudeplan* (Abschn. 8.243, S. 408) aus, in der zweiten Etappe stellt man an Hand des Aufstellungsentwurfs und des Gebäudeplans den *endgültigen Aufstellungsplan* fertig. Beim Entwurf des Aufstellungsplans sollte man folgende Richtlinien beachten:

a) Anforderungen hinsichtlich Sicherheit der Anlage und Arbeitsschutz berücksichtigen!

b) Bei umbauten Anlagen im Bauwesen übliche Grundmaße (DIN 4171) einhalten!

c) Anlage in Abschnitte mit unterschiedlichen Anforderungen hinsichtlich Ex-Schutz, Säureschutz, Klimatisierung usw. unterteilen!

d) Große und schwere Anlagenteile ebenerdig aufstellen!

e) Für gute Zugänglichkeit aller Anlagenteile sorgen!

f) Ausreichende Transportwege für Betriebsmittel, Rohstoffe und Fertigprodukte sowie Reparaturmaterial und Ersatzteile schaffen!

g) Breite und kurze Fluchtwege sicherstellen!

h) Möglichst kurze Wege für den Material- und den Energiefluß vorsehen!

Tabelle 8.5

Zündgruppen und höchstzulässige Wandtemperaturen brennbarer Stoffe
(nach den VDE-Vorschriften [*9.32.3*])

Zündtemperatur [°C] nach DIN 51794	Zündgruppe	Höchstzulässige Wandtemperatur [°C]	Stoffbeispiele
>450	G_1	360	Stadtgas, Benzol
300 bis 450	G_2	240	Äthylalkohol
200 bis 300	G_3	160	Benzin, Erdöl
135 bis 200	G_4	110	Äthyläther
100 bis 135	G_5	80	Schwefelkohlenstoff

Im Aufstellungsentwurf trägt man alle zum Ausarbeiten des Gebäudeplans nötigen Einzelheiten ein. Dazu gehören die Richtmaße für Stützen- und Pfeilerabstände sowie Geschoßhöhen im Produktionsteil, die Anordnung größerer Anlagenteile und deren Katastrophengewichte (Maximalgewichte unter den ungünstigsten Betriebsverhältnissen), die Größen und die Angriffspunkte der nur bei der Montage auftretenden Lasten, die Verkehrslasten der einzelnen Decken (Mindestwert für Fabriken: 500 kp/m²; bei stoßweise auftretenden Belastungen Stoßzuschläge zwischen 25 und 100% in Rechnung stellen!) und die Mauerdurchbrüche über etwa 0,5 m² für Rohrleitungen und Kanäle. Außerdem vermerkt man alle Anforderungen an die einzelnen Räume bezüglich des Wand- und Fußbodenbelags (z. B. abwaschbar, säurefest), der Beleuchtung (etwa 40 Lux bei grober Arbeit und Verkehr, zwischen 80 und 300 Lux bei feinen Arbeiten), der Belüftung und der Beheizung bzw. der Klimatisierung. Der Aufstellungsentwurf enthält nur die großen und schweren Anlagenteile, ist also praktisch nicht vollständig.

Liegt der Gebäudeplan vor (Abschn. 8.243, S. 408), so kann man den endgültigen Aufstellungsplan ausarbeiten. Man entnimmt dem Gebäudeplan Lage und Hauptabmessungen der Stützen, Pfeiler, Decken, Träger, Fenster, Türen, Mauerdurchbrüche usw., jedoch keine nur für die Bauausführung wichtigen Angaben. Die Maße der Anlagenteile gehen aus den Maßblättern der Lieferfirmen (bei am Markt erhältlichen Aggregaten) bzw. aus den Apparateskizzen (bei den übrigen Einrichtungen) hervor. Ausgehend von den bereits im Aufstellungsentwurf eingetragenen großen und schweren Anlagenteilen zeichnet man alle verfahrenstechnischen Einrichtungen maßstäblich mit allen für die Aufstellung und die Montage erforderlichen Maßen ein. Die für größere Anlagenteile nötigen Fundamente gibt man in besonderen Fundamentplänen wieder.

8.243 Gebäudeplan. An Hand des Aufstellungsentwurfs (Abschn. 8.242, S. 406 ff.) arbeitet die Bauabteilung den Gebäudeplan für die Bauausführung aus. Dabei genießt das Verfahren den Vorrang gegenüber dem Bauteil, wenn die voraussichtliche wirtschaftliche Nutzungsdauer der Anlage etwa der Lebensdauer des Gebäudes gleichkommt. Meist ist letztere jedoch wesentlich größer; in diesen Fällen muß man bei der Gebäudegestaltung zwar auf die Einplanung der Anlagenteile Rücksicht nehmen, vor allem aber einen möglichst universell verwendbaren Industriebau anstreben. Dieser zeichnet sich gegenüber dem auf ein Verfahren abgestimmten Einzweck-Gebäude durch einheitliche Größe aller (durch Pfeiler und Stützen begrenzten) Baufelder, gleiche Geschoßhöhen, hohe Tragfähigkeit aller Decken und gegebenenfalls ausbaubare Deckenplatten in allen Baufeldern aus. Eine Wirtschaftlichkeitsanalyse zeigt, ob der höhere Kapitalaufwand für solche Bauten unter Berücksichtigung eventueller Einflüsse auf die verfahrenstechnischen Einrichtungen (insbesondere auf das Leitungsnetz) durch ihre längere Lebensdauer wirtschaftlich gerechtfertigt ist. In jedem Fall soll das Gebäude aber nicht nur den verfahrenstechnischen Zweck als Witterungsschutz erfüllen, sondern auch äußerlich gefällig aussehen und sich gut in seine Umgebung einfügen.

Der Gebäudeplan umfaßt Produktionsräume, Büroräume, Betriebslaboratorien, Aufenthaltsräume und Nebenflächen (Treppen, Gänge, Flure, Toiletten, Wasch- und Umkleideräume usw.); er enthält sämtliche Angaben für die Bauausführung. Die Installationen für Beleuchtung, Heizung, Lüftung und Klimatisierung des Gebäudes (einschließlich der Produktionsräume) stellt man meist in besonderen Ergänzungszeichnungen, den sogenannten *Installationsplänen* dar.

8.244 Rohrleitungen, Kanäle und Kabeltrassen. Rohrleitungen, Kanäle und Kabeltrassen verursachen einen beträchtlichen Teil der Anlagenkosten und beeinflussen die Zugänglichkeit der Anlagenteile, die Betriebssicherheit, das Ausmaß der Instandsetzungsarbeiten usw., daher empfiehlt sich immer eine sehr sorgfältige Planung des innerbetrieblichen

Leitungs-, Kanal- und Kabelnetzes. Den dafür zuständigen Fachabteilungen stehen als Arbeitsgrundlagen das konstruktive Fließbild bzw. das Rohrleitungsschema, der endgültige Aufstellungsplan und der Übersichtsschaltplan der elektrischen Einrichtungen zur Verfügung.

Im Freien verlegt man Wasserleitungen für Trink- und Nutzwasser, Abwasserkanäle und elektrische Leitungen im Erdboden. Wasserleitungen müssen in frostfreier Tiefe (in Mitteleuropa mindestens 1 m tief) liegen. Kabel für Stark- und Schwachstrom ordnet man (um Verwechslungen bei Reparaturarbeiten zu vermeiden) in ausreichendem Abstand voneinander an. Für die Leitungsführung eignen sich besonders Grünstreifen längs der Werksstraßen. Leitungen für Chemikalien, Dampf, Druckluft und Gase verlegt man entweder an den Gebäudewänden oder längs der Werksstraßen auf (meist begehbaren) Rohrbrücken; diese dürfen den Werksverkehr nicht behindern und sollen daher für Kraftfahrzeuge eine freie Durchfahrtshöhe von 4 m, für Normalspur-Eisenbahnen eine solche von 5 m freigeben. Große und schwere Rohre bringt man auf Rohrbrücken außen, leichte dagegen innen an; heiße Leitungen führt man oberhalb von kälteren. Bei Einfriergefahr versieht man die gefährdete Leitung mit einer elektrischen oder Dampf-Begleitheizung.

In Gebäuden faßt man die Rohrleitungen und die elektrischen Kabel zu Rohr- bzw. Kabeltrassen mit jeweils gemeinsamen Stützkonstruktionen und Halterungen zusammen; Rohrbrücken bzw. Kabeltrassen führt man längs der Wände, in abgedeckten Schächten unter dem Boden oder frei unterhalb der (Zwischen-)Decken. Den Anschlüssen der Anlagenteile muß man besondere Sorgfalt widmen, da davon deren Zugänglichkeit abhängt.

Jede Rohrleitung kennzeichnet man durch ihre (dem konstruktiven Fließbild entnommene) Positionsnummer, Pfeile zur Angabe der Durchflußrichtung und Kennfarben-Anstrich oder Farbringe nach DIN 2403 zum Bezeichnen des durchströmenden Mediums (rot = Dampf, grün = Wasser, blau = Luft, gelb = Gas, orange = Säure, violett = Lauge, braun = sonstige Flüssigkeiten, grau = Vakuum).

Zum Zeichnen des *Rohrplans* empfiehlt es sich, die nach DIN 2429 genormten und in Abb. 8.5 auszugsweise wiedergegebenen Sinnbilder für Leitungen, Verbindungen, Absperrorgane, Ausgleicher, Zubehör und Rohrhalterungen zu verwenden. Beim Darstellen des Leitungsverlaufs beschränkt man sich weitgehend auf die bereits im Aufstellungsplan vorhandenen Risse (Grundriß, Aufriß, Seitenriß), die man zum Erfassen von Einzelheiten noch durch zusätzliche Schnitte oder axonometrische Darstellungen gemäß Abb. 8.11 ergänzen kann. Der Rohrplan muß alle für die Fertigung und die Montage nötigen Angaben und Maße enthalten. Die Positionsnummern sorgen für eine Zuordnung einander entsprechender Leitungsabschnitte im Rohrplan bzw. im konstruktiven Fließbild.

Stücklisten ergänzen den Rohrplan und erleichtern das Ermitteln des Materialbedarfs für das Leitungsnetz sowie die Materialdisposition. Sie sind je nach dem Verwendungszweck in Rohrleitungs-Stücklisten, Armaturen-Stücklisten, Isolierungs-Stücklisten usw. gegliedert.

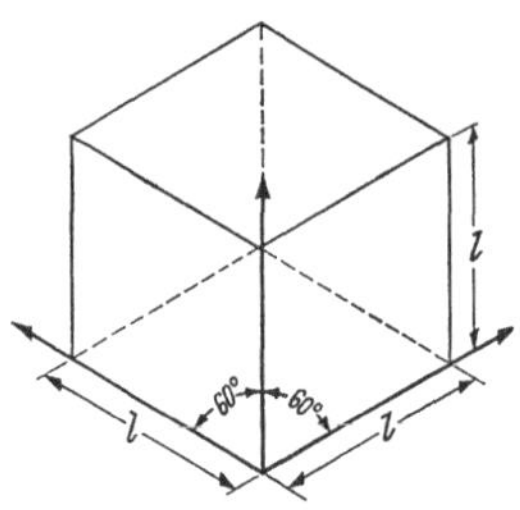
Abb. 8.11. Isometrische Darstellung eines Würfels mit der Kantenlänge *l*.

Für die elektrischen Einrichtungen arbeitet die zuständige Fachabteilung an Hand des Übersichtsschaltplans den Installationsplan und die zugehörigen Stücklisten aus (Abschn. 8.115, S. 379 ff.); der Installationsplan läßt sich wegen der größeren Freizügigkeit beim Verlegen der Kabel leichter erstellen als der Rohrplan und sei daher nicht näher erörtert.

Bei besonders einfachen Anlagen kann man manchmal auf den Rohrplan und den Installationsplan verzichten und Verrohrung bzw. elektrische Installation unmittelbar an Hand des Fließbilds bzw. des Stromlaufplans ausführen. Bei komplizierten Anlagen kommt dies nur für manche Einzelheiten in Betracht, deren genaue Erfassung im Rohrplan bzw. im Installationsplan sich nicht lohnt.

8.25 Modelle

Zum Ermitteln der günstigsten Gesamtanordnung verschiedener Baugruppen innerhalb des Werksgeländes oder der zweckmäßigsten Einplanung eines Verfahrens innerhalb einer Baugruppe (Freianlage, Gebäude) muß man in der Regel verschiedene Entwürfe ausarbeiten und deren Vor- und Nachteile gegeneinander abwägen. Diese Arbeit läßt sich wesentlich erleichtern und beschleunigen, indem man die verschiedenen Anordnungsmöglichkeiten nicht zeichnerisch in allen erforderlichen Rissen und Schnitten darstellt, sondern mit Hilfe von Modellen nachbildet [*8.23—8.26, 9.33.1*]. Modelle sind anschaulich, so daß praktisch keine Irrtümer infolge von Vorstellungsschwierigkeiten auftreten können. Sie sind auch für Mitarbeiter ohne zeichentechnische Kenntnisse (z. B. Kaufleute) unmittelbar verständlich, daher läßt sich der zum Beurteilen herangezogene Personenkreis erweitern und damit die Gefahr einer einseitigen Bewertung verringern. Zum Bewerten eignet sich wieder die in Abschnitt 8.222 (S. 399 ff.) näher beschriebene Punktbewertungsmethode.

Jeden brauchbaren Modellentwurf der Gesamtanordnung bzw. der Apparateaufstellung hält man in Form konventioneller Entwurfskizzen (Lageplan bzw. Grund-, Auf- und Seitenriß sowie unter Umständen nötige Schnitte bei der Aufstellungsplanung) fest, bevor man etwas ändert oder einen neuen Entwurf ausarbeitet. Noch besser und zeitsparender ist es, überhaupt keine konventionelle Entwurfskizze anzufertigen und dafür jeden Modellentwurf (möglichst von verschiedenen Seiten) zu photographieren. Erst die endgültige, mit Hilfe der Modelltechnik als beste erkannte Lösung bildet die Projektierungsgrundlage für verschiedene Fachabteilungen und ist daher in einem herkömmlichen Lageplan (Abschn. 8.23, S. 400ff.) bzw. Aufstellungsentwurf (Abschn. 8.242, S. 406 ff.) maßstäblich wiederzugeben und zu vermaßen. Von einem sorgfältig ausgearbeiteten Modell kann man auch photographische Reproduktionen anfertigen [8.25] und diese anstelle herkömmlicher Rohrpläne unmittelbar als Grundlage für die Rohrleitungsmontage verwenden.

In nahezu allen Fällen bewährt sich die Modelltechnik zum Festlegen des Lageplans größerer Anlagen. Dabei verwendet man als Baugruppenmodelle einfache Pappstücke oder Holzklötze, deren Grundflächen maßstäblich denen der einzelnen Baugruppen entsprechen. Durch Verschieben dieser Modelle auf dem Situationsplan, der gemäß Abschnitt 8.23 (S. 400 ff.) das Werksgelände einschließlich seiner unmittelbaren Umgebung mit Höhenschichtenlinien, Baugrund- und Windverhältnissen wiedergibt, kann man die günstigste Gesamtanordnung mit Hilfe der Punktbewertungsmethode meist rasch finden.

Zum Einplanen eines Verfahrens eignet sich die Modelltechnik in der Regel für Freianlagen sowie für umbaute Anlagen in Niedrigbauweise. Bei umbauten Anlagen in Hochbauweise sind ihre Vorteile gegenüber der konventionellen Methode dagegen erheblich geringer; vor allem erschweren Zwischenwände und Decken das modellmäßige Nachbilden des Leitungsnetzes.

Die Modelle der einzelnen Aggregate fertigt man maßstäblich, jedoch weitgehend vereinfacht und schematisiert aus Holz oder Kunststoff. Dächer, Wände und Zwischendecken macht man durchsichtig (z.B. aus Plexiglas) und mit Rücksicht auf die Zugänglichkeit aller Teile abnehmbar. Für Rohrleitungen und Armaturen sind zahlreiche Modellbauteile am Markt erhältlich. Zum Nachbilden der Leitungen verwendet man gleich dicke Drähte mit farbigen Kunststoffhüllen und verschieden große, seitlich aufschiebbare Scheiben zum Kennzeichnen des äußeren Leitungsdurchmessers (einschließlich Isolierung) oder Drähte unterschiedlicher Dicke bzw. verschiedene Kunststoffröhrchen. Armaturenmodelle lassen sich meist einfach von der Seite an die Drähte bzw. Röhrchen anstecken. Auch im Modell sollte man die nach DIN 2403 genormten Kennfarben der Leitungen (S. 409) einhalten.

8.3 Terminplanung und -überwachung

Dem Fertigstellungstermin eines Projekts kommt wegen der hohen Kapazitätskosten verfahrenstechnischer Anlagen eine große wirtschaftliche Bedeutung zu. Die Terminplanung und -überwachung umfaßt das

Abschätzen und Vorgeben des Zeitbedarfs und der Termine für alle Teilaufgaben, das Überwachen ihres zeitlichen Ablaufs im Rahmen des Gesamtprojekts sowie das Ermitteln des Fertigstellungstermins für letzteres.

8.31 Zeitbedarf

Die Terminplanung beginnt mit dem Bestimmen des Zeitbedarfs aller Dienstleistungen, Fertigungsvorgänge, Bau- und Montagearbeiten usw. für ein Projekt. Der Terminplaner muß sich dabei weitgehend auf die Angaben der verschiedenen Fachabteilungen stützen, da nur Fachleute zu verläßlichen Schätzungen in der Lage sind. Dabei ist allerdings zu beachten, daß die Schätzwerte gelegentlich „stille Reserven" einschließen, wenn der Schätzende später auch für die Ausführung zuständig ist.

8.311 Zeitbedarf der Ingenieurleistungen. Überschlägig kann man den gesamten Arbeitsstundenbedarf für die Ingenieurleistungen bei einem Projekt über die Kosten abschätzen: In USA lassen sich nach J. P. O'Donnell [8.27] nur etwa 55% (bei 100000 $ Anlagekosten) bis 72% (bei 5000000 $ Anlagekosten) der gesamten Anlagekosten unmittelbar einzelnen Anlagenteilen als Kostenträger zuordnen (direkte Kosten), bei den restlichen 45 bis 28% ist eine solche Zuordnung nicht möglich (indirekte Kosten). Zu letzteren zählen die Kosten für Ingenieurleistungen, Fertigung, Montage, Verwaltung, Vertrieb, Versicherungen usw. — Auslegung, Berechnung und Konstruktion der Anlagenteile nehmen ohne allgemeine Ingenieurleistungen (Überwachung, Koordinierung) etwa 25% (bei 100000 $ Anlagekosten) bis 14% (bei 5000000 $ Anlagekosten) der indirekten Kosten in Anspruch und erfordern durchschnittlich 11, 9, 7, 6, 5 bzw. 4% der Anlagekosten, wenn diese 100000, 200000, 500000, 1000000, 2000000 bzw. 5000000 $ betragen. Für die gesamten Ingenieurleistungen sind im Mittel 18, 16, 12, 10, 9 bzw. 7% der genannten Anlagekosten nötig. Die Werte gelten für nur einmal erstellte, kontinuierliche, vollautomatische chemische Anlagen; für Anlagen der Erdölindustrie und für Dampferzeuger ergeben sich nur etwa halb so hohe Prozentsätze. Wenn man die so aus den Anlagekosten ermittelten Kosten für die Ingenieurleistungen durch den mittleren Stundenlohn der daran beteiligten Mitarbeiter dividiert, so erhält man den ungefähren Arbeitsstundenbedarf. Beim Übertragen auf deutsche Verhältnisse ist jedoch mit Rücksicht auf das unterschiedliche Lohn- und Gehaltsniveau in USA und Deutschland Vorsicht geboten.

Nach R. Adams [8.28] verteilen sich die Konstruktionsstunden bei Projekten für chemische Anlagen durchschnittlich folgendermaßen auf die verschiedenen Objektgruppen: Fundamente 6%, Gebäude und Stahlkonstruktionen 15%, Maschinen und Apparate 14%, Rohrleitungen 50%, Instrumentierung 8%, elektrische Einrichtungen 7%.

Eine andere Möglichkeit zum Bestimmen des Zeitaufwands bieten Richtwerte für den Arbeitsstundenbedarf pro Position des Fließbilds, wenn die Zahl der Positionen ungefähr bekannt ist. So ergaben sich beim Projektieren von Anlagen etwa folgende Richtwerte: Ausarbeiten der verfahrenstechnischen Projektunterlagen (Fließbild, Material- und Energiebilanz, Personalbedarf, technologische Auslegung der Anlagenteile) 25 Arbeitsstunden/Position des konstruktiven Fließbilds, Konstruktion der Anlagenteile (Maschinen und Apparate) 40 bis 50 Arbeitsstunden/Position (einschließlich der fertig bezogenen Aggregate, die etwa 50% aller Positionen ausmachten), Einplanung (Aufstellungs-, Fundament- und Rohrpläne) 150 Stunden/Position, Meß- und Regeltechnik sowie Elektrotechnik je 16 Stunden/Position, Bauplanung einschließlich Klimaanlagen 30 Stunden/Position. Es sei jedoch ausdrücklich darauf hingewiesen, daß diese Werte keinesfalls betriebseigene Daten ersetzen können.

8.312 Zeitbedarf der Beschaffung und der Montage. Das Beschaffen der Baumaterialien und der Anlagenteile erfordert Zeit zum Einholen der Angebote, zum Verhandeln mit den Lieferanten zwecks Klärung technischer und kommerzieller Einzelheiten und zum Ausarbeiten der Bestellungen. Die Lieferanten benötigen ihrerseits Zeit zum Ausführen der Bestellungen (Lieferfristen). Letztere sind im allgemeinen entscheidend für die Terminplanung eines Projekts; sie werden zwischen dem Käufer und dem Lieferanten vertraglich festgelegt.

Der Zeitbedarf für die Montage läßt sich überschlägig aus dem Gewicht der montierten Anlagenteile errechnen; für deutsche Verhältnisse sind 40 bis 60 Arbeitsstunden/Tonne Apparategewicht und 200 Arbeitsstunden/Tonne Rohrleitung brauchbare Durchschnittssätze. Zum genauen Vorherbestimmen der Montagezeiten für verschiedene Maschinen, Apparate, Rohrleitungen usw. sei auf die sehr ausführliche Richtwertesammlung von H. HERKIMER [8.29] hingewiesen.

8.32 Konventionelle Planungstechnik

Die konventionelle Planungstechnik beschränkt sich auf das Festlegen und Überwachen der zeitlichen Folge aller Projektierungsarbeiten; sie verzichtet auf eine *formale* Erfassung der funktionellen Zusammenhänge zwischen den Teilaufgaben. Die als Planungshilfsmittel verwendeten Balken- oder Stabliniendiagramme lassen nicht erkennen, ob der Anfangszeitpunkt für eine bestimmte Tätigkeit durch vorhergehende und anschließende Arbeiten bestimmt ist oder willkürlich bzw. nur mit Rücksicht auf den Personaleinsatz festgelegt wurde und bei Bedarf ohne Schwierigkeiten verschoben werden könnte. Die konventionelle Terminplanung erfordert daher einen erfahrenen Planer, der die Projekt-

414   8. Projektieren

struktur überblickt und beim Entwurf des Terminplans, der Arbeitsfortschrittspläne und der Beschäftigungspläne berücksichtigt.

Der *konventionelle Terminplan* zeigt die zeitliche Aufeinanderfolge
aller Projektierungsarbeiten unter Berücksichtigung der funktionellen
Zusammenhänge und der jeweils verfügbaren Arbeitskapazität. Man stellt
ihn üblicherweise als Balkendiagramm dar, dessen Aufbau weitgehend
dem Arbeitsablaufplan eines Verfahrens (Abschn. 8.131, S. 388 ff.) entspricht. Horizontal trägt man von links nach rechts fortschreitend die
Zeit auf; dabei erfaßt man die ganze Projektierungszeit und unterteilt
sie je nach der Genauigkeit der Planungsunterlagen in verschiedene Zeitabschnitte (Monate, Dekaden, Wochen, Tage). Untereinander schreibt
man links alle im Rahmen der Projektierung nötigen Arbeiten. Damit

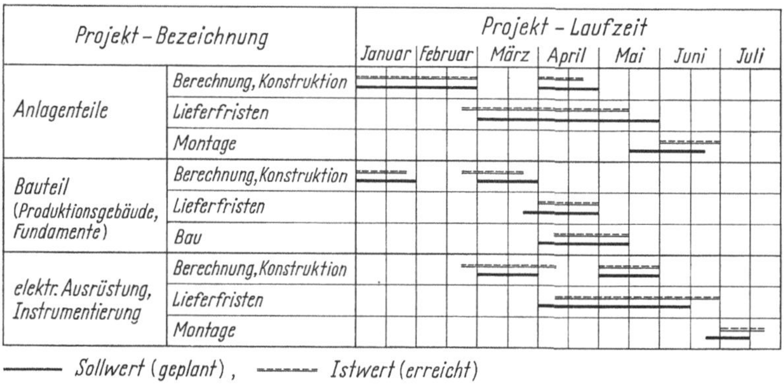

Projekt – Bezeichnung		Projekt – Laufzeit						
		Januar	Februar	März	April	Mai	Juni	Juli
Anlagenteile	Berechnung, Konstruktion							
	Lieferfristen							
	Montage							
Bauteil (Produktionsgebäude, Fundamente)	Berechnung, Konstruktion							
	Lieferfristen							
	Bau							
elektr. Ausrüstung, Instrumentierung	Berechnung, Konstruktion							
	Lieferfristen							
	Montage							

——— Sollwert (geplant) , – – – – Istwert (erreicht)

Abb. 8.12. Konventioneller Terminplan (Stabliniendiagramm) für das Mahlverfahren nach Abb. 8.1.

ordnet man jeder Aufgabe einen Balken zu, in dem man Anfangszeitpunkt
und Dauer verschiedener Tätigkeiten (z. B. Berechnung, Konstruktion,
Montage, Transport) durch verschiedenfarbige oder unterschiedlich
schraffierte Blöcke wiedergeben kann. Wichtige Termine (z. B. Investitionsentscheidung, Genehmigung, Übergabe von Unterlagen) markiert
man durch vertikale Striche, die man durch (am Blattrand näher erläuterte) Symbole kennzeichnet.

Das Stabliniendiagramm eignet sich ebenfalls zum Darstellen des
Terminplans. Es entsteht aus dem Balkendiagramm, wenn man auf eine
unterschiedliche Kennzeichnung der Blöcke in einem Balken verzichtet
und sie zu einfachen Linien zusammenschrumpfen läßt. Es ist zweckmäßig, in jedem Balken zwei Stablinien für den vorgesehenen bzw. den
tatsächlichen Zeitbedarf einzutragen, Abb. 8.12.

Die *Arbeitsfortschrittspläne* zeigen für die verschiedenen Teilaufgaben
der Projektierung jeweils das Verhältnis der verbrauchten zu den insgesamt nötigen (vorgegebenen) Arbeitsstunden (Ordinate) in Abhängigkeit

von der Projektlaufzeit (Abszisse). Für die Projektierung verfahrenstechnischer Anlagen gilt die Erfahrungsregel, daß die Bau- und Montagearbeiten nach 25 bis 30% der gesamten Projektlaufzeit beginnen und die Konstruktionsarbeiten nach 75% dieser Zeit abgeschlossen sein sollen.

Die *Beschäftigungspläne* geben die Auslastung des Mitarbeiterstabs mit den verschiedenen, gleichzeitig laufenden Projekten wieder. Horizontal ist die Zeit (in der Regel ein Kalenderjahr) aufgetragen und in kleinere Zeitabschnitte (Monate, Dekaden oder Wochen) unterteilt, die vertikale Koordinate ist mit einer Skala für die Mitarbeiterzahl versehen. Für jeden Zeitabschnitt trägt man die insgesamt verfügbare Mitarbeiterzahl als Säule mit entsprechender Höhe ein. Diese Säule unterteilt man je nach dem Personalbedarf für die einzelnen Projekte in unterschiedliche schraffierte Blöcke.

8.33 Netzwerktechnik

Die konventionelle Planungstechnik bewährt sich bei kleineren Projekten, deren Struktur der Planer gedanklich noch in allen Einzelheiten erfassen und beim Ausarbeiten des Terminplans berücksichtigen kann. Die funktionellen Zusammenhänge großer Projekte mit sehr vielen Teilaufgaben lassen sich nicht mehr vollständig überblicken, so daß man Zeitreserven in den Terminplan einbeziehen muß, um beim Entwurf übersehene Koordinierungsnotwendigkeiten ohne Terminänderung überbrücken zu können. Diese mit der Projektgröße wachsenden Schwierigkeiten vermeidet die in den letzten Jahren in Amerika entwickelte Netzwerktechnik dadurch, daß sie die Planungsarbeiten in eine formale *Strukturplanung* und eine davon völlig unabhängige formale *Zeitplanung* aufteilt. Die Strukturplanung erfolgt mit Hilfe eines Netzwerks, das zusammen mit Schätzwerten für den Zeitbedarf aller Teilaufgaben die Grundlage für die (meist mit elektronischen Digitalrechnern durchgeführte) Zeitplanung bildet [*8.30—8.36*].

8.331 Netzwerk. Das Netzwerk (arrow-diagram) spiegelt die Projektstruktur, also die funktionellen Zusammenhänge aller Teilaufgaben eines Projekts unabhängig von ihrem Zeitbedarf wider: Es gibt an, welche Ergebnisse vorliegen müssen, damit die gerade betrachtete Arbeit beginnen kann. Pfeile symbolisieren die verschiedenen „Tätigkeiten" (activities, jobs), die im allgemeinen eine endliche Zeitspanne für die Ausführung benötigen. Kreise stellen für den Projektablauf wesentliche „Ereignisse" (events), also Zeitpunkte dar. Die Ereignisse bestimmen den Anfang und das Ende jeder Tätigkeit; sie sind normalerweise zunächst nicht festgelegt. Ereignisse mit Festwertcharakter haben für das Projekt eine besondere Bedeutung (z. B. genau vorgeschriebener Abschluß von Konstruktionsarbeiten); man bezeichnet sie als Meilensteine (milestones).

Durch Verknüpfen aller für ein Projekt wesentlichen Tätigkeiten und Ereignisse entsteht das Netzwerk des Projekts, das man etwa mit dem Fließbild eines Verfahrens vergleichen kann. Zum Entwurf des Netzwerks geht man am besten von einer Liste aller Teilaufgaben (Tätigkeiten) und aller Meilensteine aus und baut das Diagramm rückläufig (d. h. beim Schlußereignis beginnend) auf. Dabei sind im wesentlichen folgende Regeln zu beachten:

a) Jeder Pfeil symbolisiert eine Tätigkeit, jeder Kreis ein Ereignis.

b) Länge, Richtung, Krümmung oder Knicke eines Pfeils sowie Schnittpunkte zwischen verschiedenen Pfeilen haben im Netzwerk keinen Aussagewert.

c) Die räumliche Lage eines Kreises ist für den Zeitpunkt des Ereignisses ohne Bedeutung.

d) Jeder Pfeil (Tätigkeit) muß von einem Kreis (Anfangsereignis) ausgehen und in einem anderen Kreis (Endereignis) münden.

e) Das ganze Netzwerk darf nur einen Startkreis (origin, Ereignis ohne einmündende Tätigkeiten) und nur einen Schlußkreis (terminus, Ereignis ohne davon ausgehende Tätigkeiten) aufweisen.

f) Zwei Kreise dürfen nur durch einen einzigen Pfeil unmittelbar miteinander verbunden sein.

g) Das Netzwerk muß ein „reines Kaskadendiagramm" ohne „Zyklen" sein, d. h. es darf kein Pfad existieren, auf dem man von einem beliebigen Ereignis ausgehend in Pfeilrichtung wieder zu diesem zurückkehren kann.

h) Zum Erfassen funktioneller Zusammenhänge und zur Wiedergabe verschiedener, zwischen den gleichen Ereignissen parallel verlaufender Tätigkeiten sind Scheintätigkeiten (dummies) mit dem Zeitbedarf null einzuführen. Sollen beispielsweise zwei voneinander unabhängige Tätigkeiten (3, 9) bzw. (10, 12) nacheinander von denselben Leuten oder mit denselben Maschinen ausgeführt werden, so verknüpft man das Endereignis (9) der ersten Tätigkeit mit dem Anfangsereignis (10) der folgenden durch eine Scheintätigkeit (9, 10) mit dem Zeitbedarf null. Bei parallel zwischen den gleichen Ereignissen (3), (9) verlaufenden Tätigkeiten muß man für jede entweder einen eigenen Anfang [(3, 9), (4, 9), (5, 9), Dummies: (3, 4), (3, 5)] oder ein eigenes Ende [(3, 7), (3, 8), (3, 9), Dummies: (7, 9), (8, 9)] vorgeben und die Anfangs- bzw. die Endereignisse durch Scheintätigkeiten in das Netzwerk einbeziehen, da sonst die eindeutige Kennzeichnung gemäß k nicht möglich wäre.

i) Die einzelnen Kreise sind so zu numerieren, daß eine eindeutige Zuordnung zwischen jedem Ereignis und der zugehörigen Nummer besteht und daß für alle Tätigkeiten die Nummer des Anfangsereignisses kleiner ist als die des Endereignisses ($\widehat{i}$—►—$\widehat{j}$, $0 < i < j$; nur möglich bei reinen Kaskadendiagrammen).

k) Die Tätigkeiten sind in der Form i, j durch die Nummern ihres Anfangsereignisses i bzw. ihres Endereignisses j zu kennzeichnen.

l) Der Zeitbedarf jeder Tätigkeit ist in für das ganze Netzwerk geltenden Zeiteinheiten (meist Tage oder Wochen) unmittelbar an den entsprechenden Pfeil zu schreiben.

Die Abb. 8.13 zeigt das Netzwerk für das Projekt einer Mahlanlage nach Abb. 8.7 mit willkürlich angenommenen Werten für den Zeitbedarf (Wochen). Die einzelnen Tätigkeiten sind in Tab. 8.6 zusammengestellt.

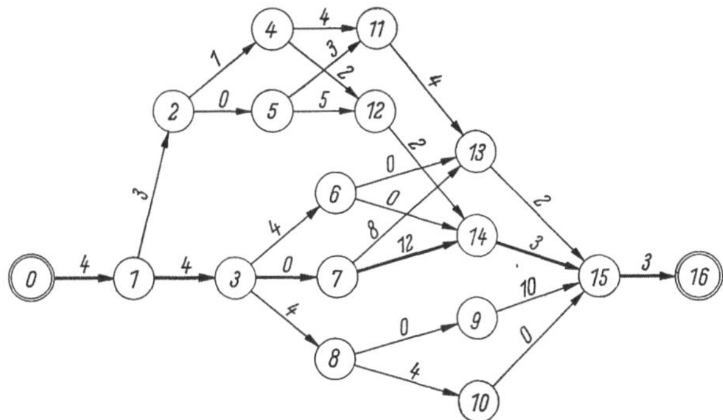

Abb. 8.13. Netzwerk für das Projekt einer Mahlanlage nach Abb. 8.7.

8.332 Critical Path Method (CPM). Eine bewährte Methode zur Zeitplanung mit Hilfe der Netzwerktechnik ist die von den Firmen E. I. du Pont de Nemours and Co., Inc. und Sperry Rand Corp. entwickelte, 1957 erstmals erfolgreich auf Planungsprobleme angewendete „Critical Path Method" (CPM). Sie ist auch unter den Namen CPS (Critical Path Scheduling), CPPS (Critical Path Planning and Scheduling) und LESS (Least Cost Estimating and Scheduling) bekannt.

Ausgehend vom Netzwerk als Strukturplan des Projekts und von Schätzwerten für den Zeitbedarf der einzelnen Tätigkeiten liefert die CP-Methode den frühesten Fertigstellungstermin für das Gesamtprojekt, die frühesten und spätesten Anfangs- und Endtermine sowie die „Pufferzeiten" für alle Tätigkeiten und den „kritischen Pfad". Die Pufferzeiten geben an, wie weit man eine Arbeit hinausschieben oder verzögern kann, ohne den Fertigstellungstermin des Gesamtprojekts zu gefährden. Der „kritische Pfad" ergibt sich als ununterbrochene Folge von Tätigkeiten mit den Pufferzeiten null vom Beginn (origin) bis zum Abschluß (terminus) des Projekts; bei diesen „kritischen Tätigkeiten" fallen die frühest- und die spätestmöglichen Termine zusammen, so daß jede Verschiebung oder Verzögerung auch den Projekttermin verschiebt. Zum Aufstellen des

Tabelle 8.6. *Tätigkeiten des Netzwerks gemäß Abb. 8.13*

(a) Anfangsereignis i	(b) Endereignis j	(c) Tätigkeit i, j	(d) Dauer $\Delta t_{i,j}$	(e) Frühester Beginn $t_i^{(0)}$	(f) Spätester Beginn $t_j^{(1)} - \Delta t_{i,j}$	(g) Frühestes Ende $t_i^{(0)} + \Delta t_{i,j}$	(h) Spätestes Ende $t_j^{(1)}$	(i) Totale Pufferzeit $t_j^{(1)} - (t_i^{(0)} + \Delta t_{i,j})$	(k) Freie Pufferzeit $t_j^{(0)} - (t_i^{(0)} + \Delta t_{i,j})$	(l) Kritischer Pfad $t_j^{(1)} = t_j^{(0)} + \Delta t_{i,j}$
0	1	Projektentwurf, erste Auslegung	4	0	0	4	4	0	0	+
1	2	Festlegen des Baumaterialbedarfs	3	4	9	7	12	5	0	
1	3	Apparateberechnung und Konstruktion	4	4	4	8	8	0	0	+
2	4	Ausarbeiten der Bauunterlagen	1	7	12	8	13	5	0	
2	5	Bestellung des Baumaterials	0	7	13	7	13	6	0	
3	6	Ausarbeiten der Montageunterlagen	4	8	16	12	20	8	0	
3	7	Bestellung der Anlagenteile	0	8	8	8	8	0	0	+
3	8	Ausarbeiten der elektrischen Ausrüstung und Instrumentierung	4	8	9	12	13	1	0	
4	11	Erdarbeiten, Fundamente (Bunker)	4	8	13	12	17	5	0	
4	12	Erdarbeiten, Fundamente (übrige Anlagenteile)	2	8	16	10	18	8	2	
5	11	Lieferfrist Baumaterial (Bunker)	3	7	14	10	17	7	2	
5	12	Lieferfrist Baumaterial (übrige Anlagenteile)	5	7	13	12	18	6	0	
6	13	Übergabe der Montageunterlagen (Bunker)	0	12	21	12	21	9	4	
6	14	Übergabe der Montageunterlagen (übrige Anlagenteile)	0	12	20	12	20	8	8	
7	13	Lieferfrist für Bunker	8	8	13	16	21	5	0	
7	14	Lieferfrist für übrige Anlagenteile	12	8	8	20	20	0	0	+
8	9	Bestellung der elektrischen Ausrüstung und Instrumentierung	0	12	13	12	13	1	0	
8	10	Ausarbeiten der Schaltpläne	4	12	19	16	23	7	0	
9	15	Lieferfrist für elektrische Ausrüstung und Instrumentierung	10	12	13	22	23	1	1	
10	15	Übergabe der Schaltpläne	0	16	23	16	23	7	7	
11	13	Erstellen des Bauteils für Bunker	4	12	17	16	21	5	0	
12	14	Erstellen des Bauteils für übrige Anlagenteile	2	12	18	14	20	6	6	
13	15	Montage Bunker	2	16	21	18	23	5	5	
14	15	Montage übrige Anlagenteile	3	20	20	23	23	0	0	+
15	16	elektrische Installation und Instrumentierung	3	23	23	26	26	0	0	+

Zeitplans verwendet man bei mehr als etwa 100 Tätigkeiten fast ausschließlich elektronische Digitalrechner, für die meist bereits fertige Rechenprogramme vorliegen. Bei kleineren Projekten kann man die gewünschten Daten auch von Hand berechnen, wobei man sich zum Erleichtern und Schematisieren der Rechnung vorteilhafterweise der von K. WEBER [8.30] näher beschriebenen Matrizenschreibweise bedient. Dies sei nun an dem Beispiel der bereits mehrfach erwähnten Mahlanlage näher erläutert, vgl. Abb. 8.13 und Tab. 8.6. Die einzelnen Spalten der Tab. 8.6 haben folgende Bedeutung:

Spalte a: i, Nummer des Anfangsereignisses,

Spalte b: j, Nummer des Endereignisses ($i < j$),

Spalte c: i, j, Tätigkeit vom Anfang i zum Ende j,

Spalte d: $\Delta t_{i,j}$, Zeitbedarf der Tätigkeit i, j,

Spalte e: $t_i^{(0)}$, frühestmöglicher Anfangstermin für die Tätigkeit i, j (zu diesem Zeitpunkt können frühestens alle Voraussetzungen für diese Tätigkeit erfüllt sein),

Spalte f: $t_j^{(1)} - \Delta t_{i,j}$, spätestmöglicher Anfangstermin für die Tätigkeit i, j (zu diesem Zeitpunkt muß die Tätigkeit i, j spätestens beginnen, wenn der Fertigstellungstermin des Gesamtprojekts gewahrt bleiben soll),

Spalte g: $t_i^{(0)} + \Delta t_{i,j}$, frühestmöglicher Endtermin für die Tätigkeit i, j,

Spalte h: $t_j^{(1)}$, spätestmöglicher Endtermin für die Tätigkeit i, j (ohne Verschiebung des Fertigstellungstermins für das Gesamtprojekt),

Spalte i: $t_j^{(1)} - (t_i^{(0)} + \Delta t_{i,j})$, gesamte oder totale Pufferzeit (mögliche Verschiebung oder Verlängerung der Tätigkeit i, j ohne Einfluß auf den Endtermin des Gesamtprojekts, wenn alle vorhergehenden Tätigkeiten so früh wie möglich und alle folgenden so spät wie möglich beginnen),

Spalte k: $t_j^{(0)} - (t_i^{(0)} + \Delta t_{i,j})$, freie Pufferzeit (mögliche Verschiebung oder Verlängerung der Tätigkeit i, j ohne Einfluß auf den Endtermin des Gesamtprojekts, wenn alle vorhergehenden und alle folgenden Tätigkeiten so früh wie möglich beginnen),

Spalte l: $+$, Tätigkeit i, j gehört dem kritischen Pfad durch das Netzwerk an (Pufferzeiten null, d. h. $t_j^{(1)} = t_i^{(0)} + \Delta t_{i,j}$).

Der Zeitbedarf (Spalte d) und die Pufferzeiten (Spalten i und k) sind in „Wochen" als Zeiteinheiten angegeben, die Termine (Spalten e bis h) in „Wochen nach dem Projektbeginn". Die Abb. 8.14 zeigt das Rechenschema. Der Zeilenindex eines Matrixglieds i, j kennzeichnet jeweils den Anfangsknoten i, der Kolonnenindex den Endknoten j; der Zahlenwert gibt den Zeitbedarf $\Delta t_{i,j}$ der Tätigkeit i, j an. Beispielsweise stellt das

27*

Matrixglied in der 7. Zeile und in der 14. Kolonne mit dem Zahlenwert 12 die Tätigkeit 7,14 (Lieferfrist für übrige Anlagenteile, vgl. Tab. 8.6) mit dem Zeitbedarf 12 Wochen dar. Die linke Kolonne des Schemas gibt $t_i^{(0)}$ an; man beginnt mit $t_0^{(0)} = 0$ und schreitet von Zeile zu Zeile nach unten fort, indem man jeweils von dem diagonal durchgestrichenen Feld ($i = j$) nach oben geht, die Zahlenwerte der Matrixglieder in dieser Kolonne und die ihnen zugeordneten, bereits berechneten $t_i^{(0)}$-Werte der gleichen Zeile summiert und die größte Summe als neuen $t_i^{(0)}$-Wert links einträgt. Beispielsweise ergeben sich für $i = 14$ die Summen $12 + 2 = 14$, $8 + 12 = \underline{20}$, $12 + 0 = 12$, also $t_{14}^{(0)} = 20$ als frühester Anfangstermin der Tätigkeit 14, 15. Der Mindestzeitbedarf des Gesamtprojekts beträgt $t_{16}^{(0)} = 26$ Wochen. Die vorletzte Zeile des Zahlenschemas gibt $t_j^{(1)}$ an; diese Werte berechnet man — ausgehend von der Annahme $t_n^{(0)} = t_n^{(1)}$, also im vorliegenden Beispiel $t_{16}^{(0)} = t_{16}^{(1)} = 26$ Wochen — fortschreitend von rechts nach links(!), wobei man für jede Kolonne wieder von dem diagonal durchgestrichenen Feld ausgeht und die Matrixglieder rechts davon jeweils von den ihnen zugeordneten, bereits vorher ermittelten $t_j^{(1)}$-Werten der gleichen Kolonne abzieht. Die kleinste von diesen Differenzen ist der gesuchte $t_j^{(1)}$-Wert. In dem Beispiel ergeben sich für $j = 7$ die Differenzen $21 - 8 = 13$, $20 - 12 = 8$, also $t_7^{(1)} = 8$ als spätester Endtermin der Tätigkeit 3,7. Mit $\Delta t_{i,j}$, $t_i^{(0)}$ und $t_j^{(1)}$ lassen sich alle übrigen in Tab. 8.6 angegebenen Werte berechnen. Die letzte Zeile gibt die bedingt verfügbaren Pufferzeiten $t_j^{(1)} - t_j^{(0)}$ ($= t_j^{(1)} - t_i^{(0)}$ für $i = j$) an; alle Ereignisse j, für welche die bedingt verfügbare Pufferzeit null wird, liegen auf dem kritischen Pfad.

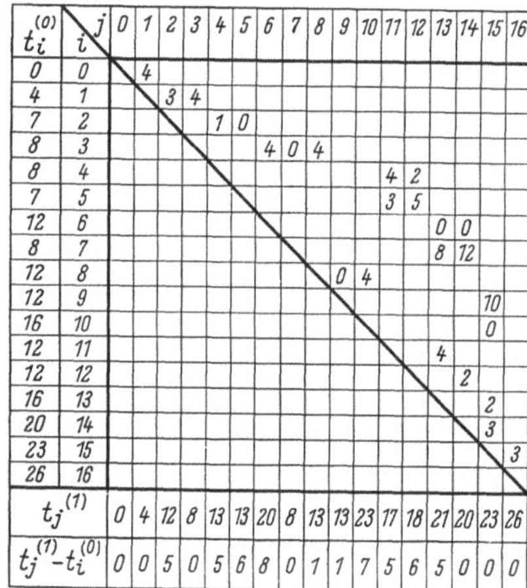

$t_i^{(0)}$	$i\,\backslash\,j$	0	1	2	3	4	5	6	7	8	9	10	11	12	13	14	15	16
0	0		4															
4	1			3	4													
7	2					1	0											
8	3							4	0	4								
8	4												4	2				
7	5												3	5				
12	6														0	0		
8	7														8	12		
12	8										0	4						
12	9																10	
16	10																0	
12	11														4			
12	12															2		
16	13																2	
20	14																3	
23	15																	3
26	16																	
$t_j^{(1)}$		0	4	12	8	13	13	20	8	13	13	23	17	18	21	20	23	26
$t_j^{(1)} - t_i^{(0)}$		0	0	5	0	5	6	8	0	1	1	7	5	6	5	0	0	0

Abb. 8.14. Rechenschema zum Bestimmen der Anfangs- und Endtermine sowie der Pufferzeiten.

Die Laufzeit eines Projekts läßt sich durch Beschleunigen der kritischen Tätigkeiten verkürzen, wenn man die dadurch bedingten Mehrkosten (vermehrter Arbeitskräfte- bzw. Materialeinsatz) in Kauf nimmt. Dabei verringern sich auch die Pufferzeiten anderer Tätigkeiten, bis schließlich neue kritische Pfade entstehen. Daher muß man das Projekt nach jeder Maßnahme zum Verkürzen des Endtermins neu durchrechnen. Mit Hilfe elektronischer Digitalrechner lassen sich die Untersuchungen auch auf die Kostenplanung ausdehnen und der mit den niedrigsten Projektkosten verbundene Zeitplan ermitteln. Dabei nimmt man üblicherweise an, daß die Kosten beim Beschleunigen einer Tätigkeit näherungsweise linear wachsen und letztere eine nicht unterschreitbare Mindestzeit (crash duration) erfordert. Bezüglich näherer Ausführungen sei auf das einschlägige Schrifttum verwiesen [*8.30—8.36*].

Andere Weiterentwicklungen der CP-Methode berücksichtigen Kapazitätsbeschränkungen, insbesondere hinsichtlich der verfügbaren Arbeitskräfte (manpower scheduling), und gleichen Personalbedarfsschwankungen aus (manpower smoothing, manpower leveling). Zum simultanen Bearbeiten mehrerer Projekte kann man das als ,,Resource Allocation and Multi-Projekt Scheduling" (RAMPS) bezeichnete Rechenverfahren heranziehen.

8.333 Program Evaluation and Review Technique (PERT).

Eine andere Planungsmethode ist die 1958 in USA von der Marine im Zusammenhang mit der Raketenentwicklung ausgearbeitete ,,Program Evaluation and Review Technique" (PERT). Auch sie geht von dem in Abschnitt 8.331 (S. 415 ff.) erläuterten Netzwerk als Strukturplan des Projekts aus. Im Gegensatz zu der CP-Methode berücksichtigt PERT jedoch, daß man den Zeitbedarf verschiedener Tätigkeiten (z. B. Forschungs- und Entwicklungsarbeiten) nicht sicher vorhersagen kann und daß daher Terminschwankungen möglich sind.

Zur Zeitplanung benötigt man drei Schätzwerte für den Zeitbedarf jeder Tätigkeit: die wahrscheinliche Zeitdauer m, eine optimistische Schätzung a und eine pessimistische Schätzung b (letztere sollte in 100 Fällen höchstens einmal überschritten werden). Damit ergeben sich, wenn man für die Wahrscheinlichkeit eine Beta-Verteilung zugrunde legt, der erwartete Zeitbedarf t_e (expected time) einer Tätigkeit i, j und die (tätigkeitsbezogene) Standardabweichung σ_{te}:

$$t_e = \frac{a + 4m + b}{6}, \qquad \sigma_{te} = \frac{b - a}{6}. \qquad (8.2\,\text{a, b})$$

Mit den t_e-Werten kann man wie bei der CP-Methode mit $\Delta t_{i,j}$ den frühesten und den spätesten Zeitpunkt T_E bzw. T_L sowie die totale Pufferzeit $T_D = T_L - T_E$ für jedes Ereignis berechnen. Die Quadrate $\sigma^2_{T_E}$ und $\sigma^2_{T_L}$ der ereignisbezogenen Streuungen erhält man durch Addieren der entsprechenden σ^2_{te}-Werte längs der für die Bestimmung von T_E bzw. T_L maßgebenden Pfade. Bei $T_D = 0$ darf man mit einer Wahrscheinlichkeit $W(x) = 50\%$ erwarten, daß sich tatsächlich eine positive Pufferzeit einstellt, der vorgeplante Termin also unterschritten wird. Bei $T_D \neq 0$ gibt

$$x = \frac{T_D}{\sqrt{\sigma^2_{T_E} + \sigma^2_{T_L}}} \qquad (8.3)$$

die Abweichung der totalen Pufferzeit vom Medianwert einer GAUSSschen
Normalverteilung als Vielfaches der mittleren, ereignisbezogenen Streuung an. Die Wahrscheinlichkeit für eine positive Pufferzeit (Terminunterschreitung) beträgt bei $x = -2$ etwa 3%, bei $x = -1$ etwa 15%,
bei $x = +1$ etwa 85% und bei $x = +2$ etwa 97%. Ein Ereignis mit
großer positiver Pufferzeit, aber auch großer Streuung kann demnach
durchaus ungünstiger sein (d. h. eine kleinere Wahrscheinlichkeit dafür
ergeben, daß der erwartete Termin eingehalten bzw. unterschritten wird)
als ein Ereignis mit kleiner positiver Pufferzeit und kleiner Streuung.
Die Wahrscheinlichkeit $W(x)$ ist ein brauchbares Maß für das Terminrisiko: Nach den PERT-Rapporten der US-Luftwaffe [8.31] sind Wahrscheinlichkeiten unter 25% gleichbedeutend mit einem beträchtlichen
Risiko, während Wahrscheinlichkeiten über 60% auf einen zu großen
Material-, Personal- und Zeitaufwand hindeuten.

8.4 Vorkalkulation und Wirtschaftlichkeitsanalyse

Die Vorkalkulation dient im Rahmen der Projektierung zum Ermitteln des Kapitalbedarfs und der Kosten. Die Wirtschaftlichkeitsanalyse verwertet die Ergebnisse der Vorkalkulation zur Auswahl der
wirtschaftlich vorteilhaftesten aus verschiedenen technisch möglichen
Lösungen, zum Festlegen der wirtschaftlich günstigsten Reihenfolge verschiedener Forschungs- oder Investitionsvorhaben und zum Fällen von
Investitionsentscheidungen. Während Kalkulation und Wirtschaftlichkeitsanalyse bestehender und produzierender Anlagen keine technischen
Kenntnisse erfordern, sind sie bei Projekten untrennbar mit den technischen Problemen verknüpft und gehören daher zum Aufgabenbereich
der Projektabteilung. Vorkalkulation und Wirtschaftlichkeitsanalyse
müssen weitgehend gleichzeitig mit den technischen Projektierungsarbeiten ablaufen, wenn sie letztere wirksam beeinflussen und nicht nur
nachträglich bewerten sollen.

8.41 Vorkalkulation des Kapitalbedarfs

Die zum Bau einer Anlage und zum Bereitstellen der Betriebsmittel
erforderlichen Geldwerte nennt man Anlage- bzw. Umlaufkapital, ihre
Summe Gesamtkapital. Das Abschätzen des Kapitalbedarfs ist eine
Aufgabe der Vorkalkulation. Ihre Ergebnisse können nicht verläßlicher
sein als die jeweils verfügbaren technischen Unterlagen, sie sollen aber
auch nicht wesentlich unsicherer sein als jene. Die Auswahl der zweckmäßigsten Vorkalkulationsmethode richtet sich daher weitgehend nach
dem Stand der technischen Projektierungsarbeiten.

8.411 Kapitalbedarfs-Vorkalkulationsmethoden. Überschlägig kann
man den *Anlagekapitalbedarf* K_A auf Grund des gewünschten Jahres-

umsatzes U mit dem „Anlagekapital-Umschlagkoeffizienten" $k_A = U/K_A$ oder dessen Reziprokwert $k_A^* = K_A/U$ (Capital Ratio) bestimmen. k_A bzw. k_A^* lassen sich bei Werkserweiterungen aus der Bilanz herleiten; bei neuen Anlagen muß man auf veröffentlichte statistische Mittelwerte zurückgreifen. So beträgt k_A beispielsweise im Mittel 0,35 für Soda,

Tabelle 8.7

Vorkalkulationsschema I (zweckmäßige Mindestgliederung) [*9.33.1*]

	Kapitalposition	Betrag [DM]
(1)	Hauptpositionen: Apparate und Maschinen frei Baustelle	
(2a)	Errichtung der Apparate und Maschinen unter (1) (Fundamente, Stahlkonstruktionen, Montage)	
(2b)	Rohrleitungen und Rohrleitungsarmaturen	
(2c)	Instrumente	
(2d)	Isolierungen	
(2e)	Elektrische Einrichtungen	
(2f)	Grundstücke, Geländeerschließung und Nebenanlagen	
(2g)	Gebäude	
(2h)	Hilfsbetriebe	
(2)	Direkte Nebenpositionen (Materialkosten plus direkte Montagelöhne) (2a) + (2b) + (2c) + (2d) + (2e) + + (2f) + (2g) + (2h)	
(3)	Haupt- und direkte Nebenpositionen (1) + (2)	
(4)	Konstruktions- und Baustellengemeinkosten	
(5)	Zwischensumme (3) + (4)	
(6)	Allgemeine Geschäftskosten (evtl. Gewinn der Projektierungsfirma)	
(7)	Sicherheitszuschläge	
(8)	Gesamter Anlagekapitalbedarf (5) + (6) + (7)	

0,82 für Papier, 1,00 für Zement, 1,80 für Kalk und 8,30 für Kunstharze; der Mittelwert für die gesamte chemische Industrie liegt etwa bei $k_A = 1{,}0$ [*9.33.1*].

Genauere Resultate erhält man durch Berücksichtigen der Anlagengröße. Für viele Produkte findet man im Schrifttum Angaben über den Anlagekapitalbedarf in Abhängigkeit von der Kapazität [*9.33.1*].

Sind die einzelnen Anlagenteile eines Projekts (Maschinen und Apparate) bereits spezifiziert, so kann man deren Preise gemäß Abschnitt 8.412 (S. 429 ff.) abschätzen und den gesamten Anlagekapitalbedarf durch Multiplikation dieser als Bezugsbasis dienenden Preise mit sogenannten Zuschlagfaktoren ermitteln. Diese Methode liefert wesentlich verläßlichere Vorkalkulationsergebnisse als die vorher erläuterten globalen Schätzmethoden. Zum Erzielen genauer Resultate gliedert man das Projekt üblicherweise in Hauptpositionen (alle Verfahrensstufen des

Tabelle 8.8

Vorkalkulationsschema II für Eigenausführung eines Projekts oder schlüsselfertige Erstellung durch eine Projektierungsfirma (ohne Berücksichtigung von Grundstücken, Nebenanlagen und Hilfsbetrieben) [9.33.1]

	Kapitalbedarfsposition	Betrag [DM]
(1)	Hauptpositionen: Apparate und Maschinen frei Baustelle	
(2a)	Rohrleitungen und Armaturen (Material)	
(2b)	Instrumente (Material)	
(2c)	Isolierungen (Material)	
(2d)	Elektrische Leitungen (Material)	
(2)	Materialkosten der direkten Nebenpositionen, soweit nicht Bauteil (2a) + (2b) + (2c) + (2d)	
(3)	Kosten des gesamten Materials frei Baustelle (1) + (2)	
(4)	Gesamt-Montagekosten (direkte Montagelöhne plus Baustellengemeinkosten)	
(5)	Gesamter Bauteil (Fundamente, Stahlkonstruktionen, Gebäude, Geländeerschließung)	
(6)	Zwischensumme (3) + (4) + (5)	
(7)	Konstruktionskosten, allgemeine Geschäftskosten (und evtl. Gewinn der Projektierungsfirma), Sicherheitszuschläge	
(8)	Gesamter Anlagekapitalbedarf (6) + (7)	

Fließbilds), direkte Nebenpositionen (z. B. Rohrleitungen, elektrische sowie meß- und regeltechnische Einrichtungen, Isolierungen) und indirekte Nebenpositionen (z. B. Konstruktionskosten, Baustellengemeinkosten). Nach H. KÖLBEL und J. SCHULZE [*9.33.1*] verwendet man in USA vorwiegend das in Tab. 8.7 wiedergegebene Kalkulationsschema I, während der deutschen Projektierungspraxis die in den Tab. 8.8 und 8.9 dargestellten Schemata II bzw. III besser gerecht werden. Die Tab. 8.10 gibt einen Überblick über Zuschlagfaktoren, die das Verhältnis verschiedener Anlagekostenanteile zu den Kosten aller Maschinen und Apparate (Hauptpositionen) frei Baustelle kennzeichnen.

Den *Umlaufkapitalbedarf* K_U kann man überschlägig analog dem Anlagekapitalbedarf auf Grund des gewünschten Jahresumsatzes U mit dem „Umlaufkapital-Umschlagkoeffizienten" $k_U = U/K_U$ abschätzen. Nach H. E. WESSEL lieferte eine Bilanzanalyse 100 amerikanischer

Tabelle 8.9

Vorkalkulationsschema III für Projekte mit auf die Apparatelieferung beschränktem Auftragsumfang der Projektierungsfirma (ohne Berücksichtigung von Grundstücken, Nebenanlagen und Hilfsbetrieben) [9.33.1]

	Kapitalbedarfsposition	Betrag [DM]
(1)	Hauptpositionen: Apparate und Maschinen frei Baustelle	
(2a)	Rohrleitungen und Armaturen (Material)	
(2b)	Instrumente (Material)	
(2c)	Isolierungen (Material)	
(2d)	Elektrische Einrichtungen (Material)	
(2)	Materialkosten der direkten Nebenpositionen, soweit nicht im Bauteil (2a) + (2b) + (2c) + (2d)	
(3)	Kosten des gesamten Materials frei Baustelle (1) + (2)	
(4)	Konstruktionskosten, allgemeine Geschäftskosten, Gewinn und Sicherheitszuschläge der Projektierungsfirma	
(5)	Angebotspreis der Projektierungsfirma für die gesamte Apparatur frei Baustelle (3) + (4)	
(6)	Gesamt-Montagekosten (direkte Montagelöhne plus Baustellengemeinkosten)	
(7)	Gesamter Bauteil (Fundamente, Stahlkonstruktionen, Gebäude, Geländeerschließung)	
(8)	Gesamter Anlagekapitalbedarf (5) + (6) + (7)	

Chemiefirmen den Mittelwert $k_U \approx 4$ [*9.33.1*]. Eine andere Möglichkeit zum Ermitteln des Umlaufkapitals bieten sogenannte Kapitalstrukturkennzahlen, die das Verhältnis des Anlagekapitals (Neuwert) zum Umlaufkapital (K_A/K_U) sowie des Anlage- und des Umlaufkapitals zum Gesamtkapital ($K_A/(K_A + K_U)$ bzw. $K_U/(K_A + K_U)$) festlegen. In USA gilt im Durchschnitt $K_A/(K_A + K_U) = 0{,}85$ bis $0{,}90$ bzw. $K_U/(K_A + K_U) = 0{,}10$ bis $0{,}15$ [*9.33.1*].

Tabelle 8.10

Zuschlagfaktoren für direkte Nebenpositionen (z. B. Rohrleitungen, Instrumente, Maschinen) (nach H. KÖLBEL

Gegenstand	Basis: Apparate und Maschinen frei Baustelle			
	J. HAPPEL u. a.			H. J. LANG
	Material	Montage	gesamt	gesamt
I. *Errichtung der Apparate und Maschinen*	—	—	—	43
a) Fundamente	4 bis 8	3 bis 12	7 bis 20	—
b) Stahlkonstruktion	2 bis 10	0,6 bis 5	2,6 bis 15	—
c) Montage	—	—	—	—
II. *Rohrleitungen und Armaturen* Aggregatzustand der durchgesetzten Medien:				
fest	} 20 bis 50	} 14 bis 50	} 34 bis 100	14,3
fest-fluid				35,3
fluid				85,7
III. *Instrumente* Instrumentierungsgrad:				
gering	—	—	—	
mittel	—	—	—	
hoch	—	—	—	
IV. *Isolierungen*	5 bis 15	6 bis 22,5	11 bis 37,5	je nach Aggregat- zustand der durch- gesetzten Medien entspr. Zeile II:
V. *Elektrische Einrichtungen*	7 bis 15	10 bis 30	17 bis 45	78,5 89,2 oder 114,0
VI. *Produktionsgebäude:*				
wenig	—	—	—	
mittelmäßig	—	—	—	
hoch	—	—	—	
VII. *Hilfsbetriebe:*				
wenig	—	—	—	
mittelmäßig	—	—	—	
hoch	—	—	—	

Isolierungen) in % der Anschaffungskosten der Hauptpositionen (Apparate und u. J. SCHULZE [9.33.1])

Basis: Apparate und Maschinen frei Baustelle							Basis: Apparate und Maschinen installiert (einschließlich Zeilen I a bis c)	
R. S. ARIES und R. D. NEWTON			H. W. ASHTON und G. T. MEIKLE-JOHN	H. KÖLBEL und J. SCHULZE			H. J. LANG	C. H. CHILTON
Mate-rial	Mon-tage	gesamt	gesamt	Material	Montage	gesamt	gesamt	gesamt
11	32	43	—	—	—	25 bis 40	—	—
4	3	7	10	—	—	5 bis 20	—	—
7	4	11	—	5 bis 10	2 bis 5	7 bis 15	—	—
—	25	25	20 bis 50	—	15	15	—	—
8	6	14	} 50 bis 70	10	5	15	10	7 bis 10
21	15	36		20	10	30	25	10 bis 30
49	37	86		30 bis 50	15 bis 25	45 bis 75	60	30 bis 60
4	1	5	} 10 bis 12	3	1	4		2 bis 5
12	3	15		11	4	15		5 bis 10
24	6	30		22	8	30		10 bis 15
3	5	8	5 bis 10	5	5	10	je nach Aggregat-zustand der durch-gesetzten Medien entspr. Zeile II:	—
—	—	10 bis 15	5	5 bis 15	5 bis 15	10 bis 30		—
—	—	30 bis 50	} 50 bis 100	—	—	—	55	5 bis 20
—	—	40 bis 65		—	—	—	62,5	20 bis 60
—	—	50 bis 80		—	—	—	oder 80	60 bis 100
—	—	25	—	—	—	—		0 bis 5
—	—	40	—	—	—	—		5 bis 25
—	—	75	—	—	—	—		25 bis 100

Tabelle 8.11

Kilogrammpreise verschiedener Apparateklassen in Westdeutschland 1957 (nach
H. KÖLBEL u. J. SCHULZE [*9.33.1*])

Apparateklasse	Kilogrammpreis [DM/kg]
Autoklaven und Rührwerksbehälter	
Stahl	4
Stahl emailliert	6 bis 9
Glockenbodenkolonnen	
Stahl	2,50 bis 4
V_2A-Stahl massiv	14 bis 17
Füllkörperkolonnen ohne Füllkörper	
Stahl	2 bis 3
V_2A-Stahl massiv	12 bis 15
V_2A-Stahl plattiert	7 bis 10
Röhrenbündel-Wärmeaustauscher, Stahl	3 bis 5
Absorptionstürme, Stahl	1,5 bis 2,50
Liegende zylindrische Tanks	
Stahl, drucklos, nach DIN 6608	1,30 bis 1,80
Stahl, nach Zeichnung	1,80 bis 2,50
Stahl, gummiert	2,50 bis 3,50
Stahl, emailliert	4 bis 10
V_2A-Stahl, massiv	12 bis 15
V_2A-Stahl, plattiert	7 bis 10
Aluminium	6 bis 7
Stehende zylindrische Tanks, mit Festdach, Stahl, fertig montiert	1,20 bis 1,80
Gasometer, fertig montiert (Scheiben- u. Glockengasbehälter)	1,50 bis 2,00
Kugeldruckbehälter	2,50 bis 3,30
Sämtliche Apparate im Durchschnitt	
Stahl	3
Stahl, gummiert	4,50
V_2A-Stahl, massiv	15
V_2A-Stahl, plattiert	9

Um den Umlaufkapitalbedarf genauer zu bestimmen, muß man seine
verschiedenen Anteile einzeln berechnen und summieren. Häufig findet
man etwa folgende Aufgliederung:

a) Rohstoffvorräte: Einstandspreis für einen Monatsbedarf,

b) Fertigproduktlager: Herstellkosten eines Monats,

c) Zwischenprodukte: Herstellkosten der halben Herstellungsdauer für das Fertigprodukt,

d) Barmittel: Herstellkosten eines Monats,

e) Forderungen: Umsatz eines Monats.

8.412 Anlagekapitalbedarf einzelner Anlagenteile. Um die Anschaffungskosten eines Anlagenteils zu berechnen, kann man sein Gewicht mit einem vom Material und von der Verarbeitung abhängigen

Tabelle 8.12

Vorkalkulationsschema IV zum Ermitteln der Herstellkosten eines Anlagenteils [8.37]

	Kostenart	Betrag [DM]
(1)	Brutto-Materialkosten $V_b\,k_{V0}\,k_M$	
(2)	Materialgemeinkosten	
(3)	Zulieferungskosten	
(4)	Zulieferungsgemeinkosten	
(5)	Materialkosten $M = (1) + (2) + (3) + (4)$	
(6)	Lohnkosten für Teile $\Sigma t_L\,l$	
(7)	Lohnkosten für Montage und Prüfung	
(8)	Lohnkosten $L = (6) + (7)$	
(9)	Fixe (zeitproportionale) Fertigungsgemeinkosten	
(10)	Veränderliche (produktmengenproportionale) Fertigungsgemeinkosten	
(11)	Fertigungsgemeinkosten $G = (9) + (10)$	
(12)	Fertigungskosten $F = L + G = (8) + (11)$	
(13)	Herstellkosten $H = M + F = (5) + (12)$	

„Kilogrammpreis" multiplizieren. Nach H. KÖLBEL und J. SCHULZE [*9.33.1*] galten 1957 in Deutschland die in Tab. 8.11 zusammengestellten Kilogrammpreise. Daraus lassen sich mit Hilfe von Preisindizes (Abschn. 8.414, S. 431 ff.) die jeweils gültigen Tagespreise ermitteln.

An Hand vollständiger Konstruktionszeichnungen kann man einen Anlagenteil auch nach den VDI-Richtlinien VDI 2225 [*8.37*] genauer vorkalkulieren. Der darin erläuterten Methode liegt das Kalkulationsschema IV gemäß Tab. 8.12 zugrunde. Man berechnet die Brutto-Materialkosten als Produkt $V_b\,k_{V0}\,k_M$ aus dem (um die Bearbeitungszugaben und den Verschnitt vermehrten) Brutto-Materialvolum V_b [cm³] des Anlagenteils, den spezifischen Volumskosten k_{V0} [DM/cm³ St. 37] für St. 37 und den „relativen Materialkosten" k_M [DM/cm³ Werkstoff : : DM/cm³ St. 37]. Die Lohnkosten ergeben sich als Summe der Produkte Zeitaufwand t_L [h] mal Stundenlohn l [DM/h] für alle Fertigungsvorgänge. Spezifische Volumskosten, relative Materialkosten und verschiedene Bearbeitungsrichtwerte kann man aus den genannten VDI-Richtlinien entnehmen. Lohnkosten und vor allem Material- sowie Fertigungsgemeinkosten sind nur den Maschinen- und Apparateherstellern genau bekannt. Projektierungsfirmen müssen diese Kosten daher schätzen, wodurch sich die Genauigkeit und damit die Brauchbarkeit der Methode für die Projektvorkalkulation seitens solcher Firmen weitgehend vermindert. Auch die für einzelne Fachgebiete gültige Erfahrungsregel, wonach sich die Kostenstruktur eines technischen Erzeugnisses — also das Verhältnis $M : L : G : F : H$ der in Tab. 8.12 enthaltenen Kostenanteile — bei der Weiterentwicklung nicht nennenswert ändert, sofern Funktionsprinzip und Art der Fertigung im wesentlichen erhalten bleiben, ist bei verfahrenstechnischen Anlagen nur mit Vorsicht anwendbar. Die in den VDI-Richtlinien zusammengestellten Richtwerte für prozentuale Materialkostenanteile (beispielsweise für Apparate: $M/H = 0{,}39$ bis $0{,}58$) stellen praktisch Verarbeitungsfaktoren dar.

Betriebseigene Datensammlungen und veröffentlichte Preisdaten eignen sich gut zur schnellen und verhältnismäßig genauen Vorkalkulation des Anlagekapitalbedarfs neuer Anlagen. Dabei genügt meist die verfahrenstechnische Auslegung und Dimensionierung der einzelnen Anlagenteile, man benötigt also keine konstruktiven Unterlagen, und es entfällt demnach auch das Abschätzen des Gewichts bzw. des Materialvolums. Eine sehr ausführliche Datensammlung auf der Preisbasis Sommer 1957 haben H. KÖLBEL und J. SCHULZE veröffentlicht [9.33.1]; sie geben für ihre Preiskurven durchschnittliche Fehlergrenzen von 10 bis 20% (bei $^2/_3$-Sicherheit) an. Bezüglich amerikanischer Preise sei auf die Veröffentlichungen von C. H. CHILTON und W. L. NELSON sowie in der Zeitschrift „Chemical Engineering" verwiesen [8.38—8.41].

Die genauesten und verläßlichsten Preise erhält man durch Anfragen bei Lieferanten; diese verlangen jedoch zur Abgabe verbindlicher Angebote im allgemeinen detaillierte Angaben, die erst in einem weit fortgeschrittenen Projektierungsstadium zur Verfügung stehen.

8.413 Kapitalbedarfsdegression. Der Preis P eines Anlagenteils oder einer ganzen Anlage steigt meist nicht proportional mit der Kapazität X, sondern folgt in einem weiten Bereich näherungsweise der in Abb. 8.15 wiedergegebenen Potenzfunktion

$$\frac{P_1}{P_2} = \left(\frac{X_1}{X_2}\right)^m . \tag{8.4}$$

Die Indizes 1 und 2 bezeichnen Anlagen bzw. Anlagenteile gleicher Bauart, aber unterschiedlicher Kapazität; m ist der Degressionsexponent. H. KÖLBEL und J. SCHULZE haben für zahlreiche Verfahren, Maschinen und Apparate m-Werte veröffentlicht [*9.33.1*]. Danach kann man als Mittelwert bei einzelnen Anlagenteilen unter westdeutschen Verhältnissen $m = 0{,}6$ annehmen; der gleiche Mittelwert gilt nach R. WILLIAMS und C. H. CHILTON auch in USA, während R. E. JOHNSTONE für britische Verhältnisse $m = 0{,}67$ angibt. Für vollständige Anlagen empfehlen H. KÖLBEL und J. SCHULZE $m = 0{,}67$ als Mittelwert, C. H. CHILTON vertritt dagegen auch dafür die Gültigkeit der „6/10-Regel" ($m = 0{,}6$).

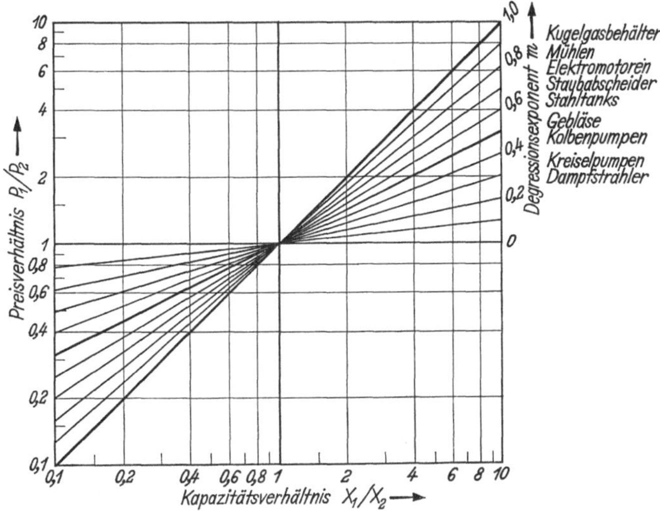

Abb. 8.15. Preisverhältnis P_1/P_2 in Abhängigkeit vom Kapazitätsverhältnis X_1/X_2 (Abszisse) und vom Degressionsexponenten m (Parameter) nach Gl. (8.4).

8.414 Preisindizes. In der Wirtschaft sozialistischer bzw. kommunistischer Staaten findet man vorgeschriebene und für längere Zeit unveränderliche „Industrieabgabepreise" [*9.31.2*], in der freien Marktwirtschaft unterliegen die Preise dagegen ständigen Schwankungen. Diese muß man bei der Kalkulation berücksichtigen, wenn man Preisdatensammlungen, Richtwerte für Kilogrammpreise usw. sowie ältere Angebote von Lieferanten verwerten will. Die Preisangaben lassen sich durch Multiplizieren mit Preisindexzahlen an das jeweils herrschende Preisniveau angleichen. Ist P_1 der Preis und I_1 der Preisindex zu einem beliebigen Zeitpunkt, so ergibt sich der Preis P_2 für einen anderen Zeitpunkt mit dem zugehörigen Index I_2 aus

$$P_2 = P_1 \frac{I_2}{I_1}. \tag{8.5}$$

In Deutschland kann man den laufenden Veröffentlichungen des Statistischen Bundesamts in Wiesbaden u. a. verschiedene Einzelindizes entnehmen. Für die Anlagenteile eines Verfahrens empfehlen H. KÖLBEL und J. SCHULZE [8.42] einen gemeinsamen Preisindex für Apparate und Maschinen, den man als gewogenen Mittelwert aus dem Index für Apparate und Behälter (66,7%) und dem für gewerbliche Arbeitsmaschinen (33,3%) erhält. Die prozentualen Anteile der Einzelindizes am Gesamtindex sind jeweils in Klammern angegeben. Für vollständige chemische Anlagen schlagen die gleichen Verfasser einen aus folgenden Anteilen zusammengesetzten Gesamtindex vor: Apparate und Behälter (23,3%), gewerbliche Arbeitsmaschinen (11,7%), Formstahl (10,0%), Instrumente (5,0%), Bau- und Montagelöhne (15,0%) sowie Fabrikgebäude (35,0%). Dieses Wägungsschema weicht von ihrem ursprüng-

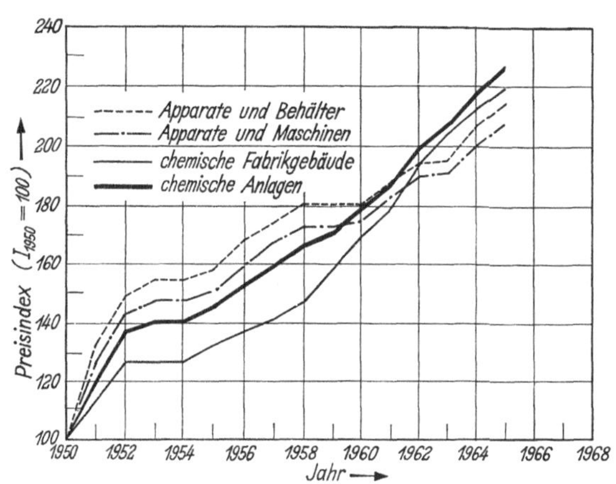

Abb. 8.16. Preisindizes in Deutschland (nach H. KÖLBEL u. J. SCHULZE [8.42, 8.43]).

lichen, in [9.33.1] wiedergegebenen Vorschlag zwar hinsichtlich der letzten drei Einzelanteile ab, unterscheidet sich aber hinsichtlich des Gesamtergebnisses nur wenig von ersterem. Dem Index für Fabrikgebäude liegen die vom Statistischen Bundesamt 1950 angegebenen relativen Kostenanteile (Erdarbeiten 8%, Maurerarbeiten 5,5%, Beton- und Stahlbetonarbeiten 76,8%, Zimmererarbeiten 2,4%, Dachdeckerarbeiten 0,6%, Klempnerarbeiten 1,3%, Baustahl für Stahlfenster und -türen 5,4%) zugrunde. Seit 1962 erscheinen nach dem angegebenen Schema von H. KÖLBEL und J. SCHULZE berechnete Preisindizes für Apparate und Behälter, Apparate und Maschinen, chemische Fabrikgebäude und chemische Anlagen in der Zeitschrift „Chemische Industrie" [8.43]. Die Abb. 8.16 spiegelt den Verlauf dieser Indizes seit 1950 wider. Bezüglich der Preisindizes in anderen Ländern sei auf das einschlägige Schrifttum verwiesen [8.41, 8.42, 9.33.1].

8.42 Vorkalkulation der Kosten

Die Kosten kennzeichnen den Wert des Aufwands an Gütern und Dienstleistungen zum Herstellen eines Produkts. Die zeitproportionalen Kosten sind unabhängig vom Ausstoß durch die Kapazität der Anlage bestimmt und heißen daher auch „fixe Kosten", während die produktmengenproportionalen oder „veränderlichen" Kosten mit dem Ausstoß schwanken.

8.421 Kosten-Vorkalkulationsmethoden. In der Verfahrenstechnik herrscht die *Divisionskalkulation* vor: Man berechnet zunächst die Gesamtkosten einer willkürlich gewählten Betriebsperiode (meist Periodenkosten eines Jahres) und dividiert sie anschließend durch den Produktausstoß in dieser Zeit, um die Produktkosten zu erhalten. Die Gesamtkosten einer Betriebsperiode ergeben sich formal aus nachstehender Beziehung

$$K_P = (1 + a)K_M + (1 + b)K_L + cK_A + dK_U + eU + K_E. \qquad (8.6)$$

Darin bezeichnen K_P die gesamten Periodenkosten, K_M die Materialkosten, K_L die Lohnkosten, K_A das Anlagekapital (Neuwert), K_U das Umlaufkapital, U den Umsatz, K_E sonstige Einzelkosten sowie a, b, c, d und e die Zuschlagsätze zum Erfassen der indirekten Kosten proportional dem Materialverbrauch (Materialgemeinkosten), dem Lohn (Lohnnebenkosten, Werksgemeinkosten), dem Anlage- bzw. dem Umlaufkapital (Kapitalkosten, Steuern, kalkulatorische Zinsen) und schließlich dem Umsatz (Verwaltungs- und Vertriebsgemeinkosten). Beim Herstellen verschiedener Sorten gleichartiger Erzeugnisse (z. B. mehrerer Mehlqualitäten in einer Getreidemühle) kann man die Mehr- oder Minderkosten der einzelnen Sorten gegenüber einer Standardqualität durch „Äquivalenzziffern" berücksichtigen und gelangt damit zu der *Äquivalenzzifferkalkulation*. Fallen beim Betrieb einer Anlage gleichzeitig mehrere verschiedenartige Produkte an, so muß man die Kosten auf diese aufteilen, also eine *Kuppelproduktrechnung* durchführen. Die Aufteilung ' kann proportional den erzeugten Produktmengen oder proportional ihren Marktwerten erfolgen. Sehr einfach ist auch die *Restwertrechnung*, bei der man die Marktwerte der erzeugten Nebenprodukte von den Periodenkosten abzieht und dann die Kosten für die Einheit des Hauptprodukts durch eine Divisionskalkulation ermittelt. Im Maschinen- und Apparatebau ist infolge der oft sehr großen Zahl verschiedener Produkte bei der Einzel- und Serienfertigung die *Zuschlagkalkulation* nach dem in Tab. 8.12 wiedergegebenen Kalkulationsschema IV üblich. Dabei geht man von den direkten, für das Einzelstück aufgewendeten Material- und Lohnkosten aus und berücksichtigt die übrigen, indirekten Kosten (Arbeitsplatzkosten, Material-, Verwaltungs- und Vertriebsgemeinkosten) in Form prozentualer Zuschläge. Die Herstellkosten umfassen die direkten Material- und Lohnkosten sowie die Material- und die Fertigungsgemeinkosten einschließlich der Konstruktionskosten. Durch Hinzufügen der allgemeinen Verwaltungs- und Vertriebsgemeinkosten sowie der Forschungs- und Entwicklungskosten erhält man daraus die Selbstkosten.

Im ersten Projektierungsstadium ist infolge der noch unvollständigen technischen Unterlagen eine Vorkalkulation der Kosten unmöglich, man muß sich daher mit Schätzungen begnügen. Ist auf Grund von Erfahrungen mit vergleichbaren Anlagen die Kostenstruktur bekannt, so kann man die gesamten Periodenkosten K_P durch Multiplizieren einer geeigneten „Schlüsselkostenart" mit einem *Globalfaktor* errechnen. Als Schlüsselkostenart eignet sich vor allem der Materialeinsatz, den man bereits in einem sehr frühen Projektierungsstadium detailliert ermitteln kann und der in der Verfahrenstechnik meist einen verhältnismäßig großen Anteil an den Gesamtkosten hat. K. MELLEROWICZ [*8.44*] gibt für die chemische Industrie Westdeutschlands im Jahre 1956 folgende mittlere Kostenstruktur an: Materialeinsatz 52%, Löhne und Gehälter 15%, Kapital- und sonstige Kosten 33%. Nach M. G. DYSON [*9.33.1*] betragen die Gesamtkosten meist etwa das 1,5- bis 3fache der Rohmaterialkosten.

8.422 Kapitalkosten. Die Kapitalkosten setzen sich aus *Abschreibungen, Kapitalwagnissen, kalkulatorischen Zinsen* und *Kapitalsteuern* zusammen.

Die Abschreibungen A erfassen kalkulatorisch die allmähliche Entwertung eines Anlagenteils bzw. der gesamten Anlage. Sie hängen vom Neuwert K_A, von der voraussichtlichen wirtschaftlichen Nutzungsdauer n (in Jahren), vom Restwert R und von der Abschreibungsmethode ab. Der Neuwert ergibt sich als Anlagekapitalbedarf nach Abschnitt 8.41 (S. 422 ff.) Die wirtschaftliche Nutzungsdauer richtet sich nach dem produktionsbedingten Verschleiß und der zeitbedingten wirtschaftlichen Entwertung durch Veralten des Produkts, der Produktionseinrichtungen oder des Verfahrens. Als Anhaltswerte können die jeweils steuerlich zulässigen maximalen Abschreibungssätze dienen; meist liegt n etwa zwischen 5 und 15 Jahren. Der Restwert gibt den Wert des Anlagenteils bzw. der Anlage nach Ablauf der wirtschaftlichen Nutzungsdauer abzüglich der Abbruchkosten an. Bei der Vorkalkulation komplizierter Aggregate kann man ihn vielfach ohne nennenswerten Fehler vernachlässigen.

Die jährliche Wertminderung A eines Anlagenteils bzw. einer Anlage ergibt sich bei der zur Vorkalkulation überwiegend verwendeten *linearen Abschreibung* zu

$$A = \frac{K_A - R}{n}, \tag{8.7a}$$

bleibt also von Jahr zu Jahr gleich. Bei der *Digitalmethode* vermindert sich die Abschreibung jährlich um den gleichen Betrag $(K_A - R)/\sum\limits_1^n i$, so daß für das i-te Nutzungsjahr

$$A_i = (K_A - R)\,\frac{n + 1 - i}{\sum\limits_1^n i} \tag{8.7b}$$

gilt. Bei der *geometrisch degressiven Abschreibung* vermindert sich A jährlich um den gleichen Prozentsatz $a = 1 - \sqrt[n]{R/K_A}$, und man erhält für den Abschreibungsbetrag des i-ten Jahrs

$$A_i = K_A a (1 - a)^{i-1} = K_A \left(1 - \sqrt[n]{\frac{R}{K_A}}\right)\left(\frac{R}{K_A}\right)^{\frac{i-1}{n}}. \tag{8.7c}$$

Die *progressive Abschreibung* liefert statt des jährlichen Abschreibungsbetrags den sogenannten Kapitaldienst J, der den Zeitwert des Gelds berücksichtigt. Der Kapitaldienst ist die jeweils am Jahresende zahlbare („nachschüssige") und von Jahr zu Jahr gleichbleibende Annuität zum Tilgen und Verzinsen der Abschreibungssumme im Laufe der Nutzungsdauer (da der zu verzinsende Anlagenwert von Jahr zu Jahr sinkt, nimmt der in der Annuität enthaltene Anteil der Abschreibung um die jeweils ersparten Zinsen zu). Mit dem Zinssatz p ergibt sich mit Hilfe der Zinseszinsrechnung

$$J = (K_A - R)\,\frac{p(1 + p)^n}{(1 + p)^n - 1} + pR. \tag{8.7d}$$

Die bisher genannten Methoden erfassen nur die Zeitabhängigkeit des Anlagenwerts und somit die wirtschaftliche Entwertungsgefahr durch Veralten sowie den produktionsbedingten Verschleiß bei gleichbleibenden Betriebsbedingungen. Die *Leistungsabschreibung* geht dagegen von einer maximalen, mit dem Anlagenteil bzw. der Anlage erreichbaren Menge $M_{\max}$ als Maß für die wirtschaftliche Nutzungsdauer aus und setzt die Abschreibung der jeweils im Berechnungszeitraum (meist 1 Jahr) verarbeiteten Menge M proportional:

$$A = (K_A - R)\,\frac{M}{M_{\max}}. \tag{8.8}$$

Als „Menge" kann man die seit der Inbetriebnahme durchgesetzte Masse (beispielsweise beim pneumatischen Transport oder beim Zerkleinern stark schleißender Materialien) oder andere dafür geeignete Größen verwenden (z. B. bei Fahrzeugen die Fahrleistung in km). Diese Abschreibungsmethode berücksichtigt also die produktionsbedingte Ent-

28*

wertung einzelner Anlagenteile auch bei zeitlich stark schwankenden
Betriebsbedingungen. Man kann auch Zeit- und Leistungsabschreibung
kombinieren, d. h. einen Teil der Abschreibungssumme zeitabhängig und
den anderen Teil leistungsabhängig abschreiben.

Ist die Gefahr einer wirtschaftlichen Entwertung durch Veralten
besonders groß, so bevorzugt man zeitabhängige Sammelabschreibungen
für die gesamte Anlage, da sich durch Stillegen einer Gesamtanlage auch
der Wert ihrer einzelnen Teile — unabhängig von deren wirtschaftlichen
Einzelnutzungsdauern — beträchtlich vermindert. Gebäude schreibt
man im allgemeinen unabhängig von der Einrichtung ab.

Die jährlichen *Wagniskosten* für das mit jedem Betrieb verbundene
technische und kommerzielle Risiko, Katastrophen usw. berechnet man
als Prozentsatz vom Anlagekapital (Neuwert). Dieser Prozentsatz liegt
nach H. Kölbel und J. Schulze [*9.33.1*] bei westdeutschen chemischen
Fabriken etwa zwischen 0,2 und 1%.

Bei der linearen Abschreibung, der Digitalmethode und der geometrisch degressiven Abschreibung muß man als weiteren Teil der
Kapitalkosten die *kalkulatorischen Zinsen* vom Zeitwert der Anlage(n-
teile) ermitteln. Den Zinsfuß p setzt man dem landesüblichen Satz für
langfristiges, risikofreies Fremdkapital gleich. Bei linearer Abschreibung
rechnet man üblicherweise mit einem während der ganzen Nutzungsdauer
konstanten Durchschnittswert Z_A für die kalkulatorischen Zinsen:

$$Z_A = \frac{K_A - R}{2}\, p\, \frac{n+1}{n} + pR. \tag{8.9a}$$

Das Umlaufkapital ist konstant, so daß die Bestimmung der zugeordneten kalkulatorischen Zinsen

$$Z_U = pK_U \tag{8.9b}$$

keine Schwierigkeiten bereitet. Im Kapitaldienst J der progressiven Abschreibung sind die kalkulatorischen Zinsen bereits berücksichtigt.

Vermögenssteuer, Gewerbesteuer usw. sind weitere kapitalabhängige
Kosten. Bei ihrer Vorkalkulation ist zu beachten, daß sich das Umlaufkapital während der gesamten Betriebsdauer praktisch nicht ändert
(gleichbleibende Kapazitätsausnützung vorausgesetzt), während das
Anlagekapital und damit auch verschiedene Steuern infolge der Entwertung (Abschreibungen) abnehmen.

8.423 Material-, Energie- und Personalkosten. Die Mengen der unmittelbar stofflich in das Endprodukt eingehenden Roh- und Hilfsstoffe
kann man aus der Materialbilanz der Anlage entnehmen und unter
Berücksichtigung der Anlagenkapazität sowie der voraussichtlichen

Kapazitätsausnutzung für den gewählten Berechnungszeitraum (im allgemeinen 1 Jahr) berechnen. Daraus erhält man die *Roh-* und *Hilfsmaterialkosten* durch Multiplizieren mit den Materialeinstandspreisen (Preise einschließlich Transportkosten, Transportversicherung usw. frei Werk). Betriebsstoffe (z. B. Schmiermittel, Waschmittel) gehen nur wertmäßig, aber nicht stofflich in die erzeugten Produkte ein. Die Betriebsstoffkosten betragen etwa 0,5 bis 1% jährlich vom Anlagekapital-Neuwert bzw. 5 bis 20% von den Reparaturkosten bzw. 5 bis 20% von den Betriebspersonallöhnen [*9.33.1*], sie sind demnach in Gl. (8.6) in den Zuschlägen c bzw. b enthalten. Der Materialgemeinkostenzuschlag zu den direkten Roh- und Hilfsstoffkosten (Zuschlagsatz a in Gl. (8.6)) erfaßt den Aufwand zum Bereitstellen des Materials, also für Bestellung, Eingangsprüfung, innerbetrieblichen Transport, Lagerung usw. Aus anderen Anlagen des gleichen Werks stammende Materialien bewertet man mit Verrechnungspreisen, beispielsweise mit ihren durchschnittlichen Marktwerten.

Wie die Materialkosten aus der Materialbilanz, so kann man aus der Energiebilanz die *Energiekosten* eines Anlagenteils bzw. einer Gesamtanlage bestimmen. Die folgenden Richtwerte geben einen Überblick über die Verrechnungspreise verschiedener Energieformen [*9.33.1*]: Strom 4 bis 8 Dpf/kWh, Mitteldruckdampf (15 bis 40 atü) 9 bis 16 DM/t, Oberflächenwasser 1 bis 3 Dpf/m³, Grundwasser 3 bis 10 Dpf/m³, Leitungswasser (Trinkwasser) 10 bis 40 Dpf/m³, Druckluft (3 bis 5 atü) 8 bis 12 DM/1000 Nm³.

Zum überschlägigen Abschätzen der *Betriebspersonalkosten* verwendet man gelegentlich statistisch ermittelte Richtzahlen für den Anlagekapitalbedarf je Arbeitsplatz; dividiert man K_A durch diese Richtzahl, so erhält man die Zahl der Arbeitsplätze und daraus nach Multiplizieren mit den mittleren jährlichen Lohnkosten je Beschäftigten die Betriebspersonalkosten. Diese Methode ist indessen nicht zu empfehlen infolge der außerordentlich starken Streuungen der Richtzahlen. Bessere Ergebnisse liefert eine vom Arbeitsstundenbedarf ausgehende Rechnung. Aus einem Diagramm von H. E. WESSEL kann man den Arbeitsstundenbedarf je Tonne Produkt und je Verfahrensstufe in Abhängigkeit vom Produktausstoß der Anlage entnehmen, Abb. 8.17 [*8.45*]. Für Chargenbetrieb mit Handbedienung gelten die oberen, für kontinuierlichen und weitgehend automatisierten Betrieb die unteren Grenzwerte des schraffierten Bereichs. Bei vielen bekannten Verfahren und normaler Kapazität der Anlage läßt sich der Arbeitsstundenbedarf auch aus der Kapazität mit Hilfe von Richtwerten für die Arbeitsstunden pro Tonne Fertigprodukt abschätzen. Aus dem Arbeitsstundenbedarf kann man die Betriebspersonalkosten berechnen, indem man die Arbeitsstunden mit dem durchschnittlichen Gesamtlohn (Grundlohn plus Zulagen für Nacht-, Sonntags- und Feiertagsarbeit, Feiertags- und Urlaubslöhne sowie gesetzliche und freiwillige Sozialleistungen) bewertet. Genauere Werte ergeben sich, wenn man den Personalbedarf nach den in Abschnitt 8.13 (S. 388ff.) dargelegten Methoden ermittelt und daraus durch Multiplikation mit dem durchschnittlichen Gesamtlohn die direkten Betriebspersonalkosten errechnet. Die Gehaltskosten für das technische Überwachungs- und Verwaltungspersonal (Meister, Betriebsingenieure, Betriebschemiker) folgen in gleicher Weise aus der Zahl dieser Mitarbeiter und deren Durchschnittsgehalt (mit einem Zuschlag für Urlaub, Sozialleistungen usw.), man kann sie aber auch unter Verwendung von Erfahrungswerten unmittelbar anteilig zu den Betriebspersonalkosten abschätzen. In westdeutschen Chemiefirmen machen sie im Mittel etwa 30% der Betriebspersonalkosten aus.

8.424 Sonstige Kosten. Die jährlichen *Instandhaltungskosten* steigen mit zunehmender Automatisierung der Anlage; sie setzen sich aus Materialkosten, Lohnkosten sowie Werkstätten-Gemeinkosten — durchschnittlich etwa im Verhältnis 1 : 1 : 0,6 — zusammen und lassen sich als Prozentsatz vom Anlagekapital (Neuwert) angeben. Im Mittel kann man dafür 5 bis 10% von K_A annehmen. Die Kosten laufender Betriebsanalysen schätzt man üblicherweise anteilig zu den Lohnkosten; ihr Anteil beträgt in chemischen Fabriken etwa 10 bis 20% von letzteren.

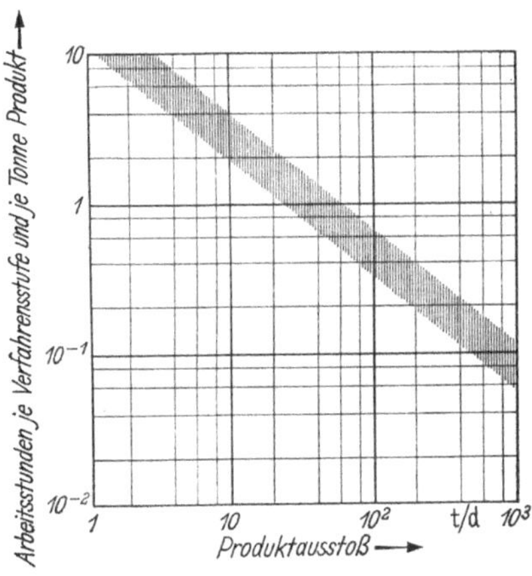

Abb. 8.17. Arbeitsstundenbedarf je Verfahrensstufe und je Tonne Fertigprodukt in Abhängigkeit vom Fertigproduktausstoß (nach H. E. WESSEL [8.45]).

Verpackungskosten setzt man dem Umsatz oder den Materialkosten proportional. Die übrigen unmittelbar betriebsnotwendigen Kosten (Werksleitung, Werksverkehr, Sozialeinrichtungen, Unfallstationen usw.) faßt man in den *Werksgemeinkosten* zusammen und verrechnet sie meist anteilig zu den Lohnkosten (durchschnittlich 15 bis 40% der Lohn- und Gehaltssumme). Die allgemeinen *Vewaltungs-* und *Vertriebskosten* sowie die *Kosten für Forschung und Entwicklung* lassen sich durch Zuschläge zu den Herstellkosten oder zum Umsatz erfassen. Im Schrifttum findet man folgende Mittelwerte, bezogen auf den Umsatz als Zuschlagsbasis [9.33.1]: Verwaltungskosten 1,7 bis 3%, Vertriebskosten 2 bis 7% (ohne Sonder-Einzelkosten des Vertriebs, Umsatzsteuer, Provisionen, Frachten und Lizenzgebühren), Forschungs- und Entwicklungskosten 0 bis 5 (10)%.

8.43 Wirtschaftlichkeitsanalyse

Das Ziel jeder Projektierung ist es, alle technischen und zeitlichen Anforderungen an ein Projekt in der wirtschaftlich günstigsten Weise zu erfüllen. Die Vorkalkulation liefert bereits im Entwurfsstadium den Kapitalbedarf und die Kosten des Projekts bzw. seiner Teile, die Marktanalyse ermöglicht das Vorausschätzen der Erträge. Vorkalkulation und Marktanalyse bilden die Grundlage der Wirtschaftlichkeitsanalyse, deren Ergebnisse für Investitionsentscheidungen, Auswahl von Anlagenteilen, Verfahren usw. maßgebend sind.

8.431 Methoden der Wirtschaftlichkeitsanalyse. Die Wirtschaftlichkeitsanalyse stellt die betriebsbedingten Einnahmen (Betriebsertrag) den Ausgaben (Betriebsaufwand) gegenüber. Man verwendet im wesentlichen folgende Methoden, die sich hinsichtlich der Berechnung dieser Werte voneinander unterscheiden:

a) Konventioneller Vergleich des Jahresüberschusses,

b) Annuitätsmethode,

c) Diskontierungsmethode,

d) Rentabilitätsmethode (interne Zinsfußmethode).

Beim *konventionellen Vergleich des Jahresüberschusses D* ermittelt man die Differenz

$$D = E - B \tag{8.10}$$

zwischen den betriebsbedingten Jahreseinnahmen E und den Jahreskosten B, ohne den Zeiteinfluß zu berücksichtigen. Die Alternative mit dem größten Überschuß nach Gl. (8.10) gilt als wirtschaftlichste Lösung. Die Jahreseinnahmen ergeben sich als Produkt aus dem jährlichen Ausstoß und dem durch eine Marktanalyse vorausgeschätzten Preis je Einheit. Die Jahreskosten erhält man durch eine Vorkalkulation gemäß Abschnitt 8.42 (S. 433 ff.). Bei linearer Abschreibung folgt B einschließlich der kalkulatorischen Zinsen mit K_A als Anlagekapitalbedarf (Neuwert), K_U als Umlaufkapitalbedarf, R als Restwert, n als wirtschaftlicher Nutzungsdauer, p als Zinsfuß und B_{eff} als effektiven jährlichen Betriebskosten (Material, Löhne, Gehälter, Energie usw.) aus

$$B = \frac{K_A - R}{n} + \frac{K_A - R}{2}\, p\, \frac{n+1}{n} + (K_U + R)p + B_{\text{eff}}. \tag{8.11}$$

Der konventionelle Vergleich des Jahresüberschusses liefert jedoch nur bei kurzer Nutzungsdauer und niedrigem Zinsfuß brauchbare Resultate; er eignet sich deshalb vornehmlich zur Wirtschaftlichkeitsanalyse konkurrierender Einzelaggregate, die meist nur unterschiedliche Anlagekosten verursachen, aber den Betriebsertrag nicht beeinflussen. Nimmt man in solchen Fällen gleichbleibende Einnahmen E an und vergleicht lediglich die Jahreskosten nach Gl. (8.11), so geht die Methode in den *konventionellen Kostenvergleich* über, bei dem man der Alternative mit den geringsten Kosten den Vorzug gibt.

Bei der *Annuitätsmethode* berechnet man den Jahresüberschuß

$$D_A = E - S \tag{8.12}$$

als Differenz zwischen den betriebsbedingten Jahreseinnahmen E und den erforderlichen jährlichen Ausgaben S. Die Jahresausgaben enthalten auch den Kapitaldienst zum Amortisieren und Verzinsen des investierten Kapitals, berücksichtigen also den Zeitwert des Gelds. Die Alternative mit dem größten Jahresüberschuß ist in wirtschaftlicher Hinsicht am vorteilhaftesten. Mit den oben erläuterten Formelzeichen gilt

$$S = (K_A - R)\,\frac{p(1 + p)^n}{(1 + p)^n - 1} + (K_U + R)\,p + B_{\text{eff}}. \tag{8.13}$$

Als Kalkulationszinsfuß p empfiehlt E. SCHNEIDER [*9.33.1*] den gewogenen Mittelwert

$$p = x p_f + (1 - x) p_e \tag{8.14}$$

aus dem Zinsfuß p_f des Fremdkapitalanteils x und dem Zinsfuß p_e des Eigenkapitalanteils $(1 - x)$. Beim Wirtschaftlichkeitsvergleich einzelner Anlagenteile kann man im allgemeinen gleiche Einnahmen voraussetzen und sich daher auf einen Ausgabenvergleich beschränken, also die mit den geringsten Jahresausgaben verbundene Lösung auswählen.

Bei der *Diskontierungsmethode* ermittelt man die gegenwärtigen Kapitalwerte C konkurrierender Projekte oder Projektteile:

$$C = (E - B_{\text{eff}})\,\frac{(1 + p)^n - 1}{p(1 + p)^n} + \frac{K_U + R}{(1 + p)^n} - K_A \tag{8.15a}$$

mit dem aus Gl. (8.14) folgenden Zinsfuß p. Positive Kapitalwerte zeigen an, daß die Verzinsung des investierten Kapitals den Kalkulationszinsfuß überschreitet. Je höher der Kapitalwert, desto vorteilhafter ist das Projekt. Die Diskontierungsmethode eignet sich auch zur Wirtschaftlichkeitsanalyse, wenn die jährlichen Einnahmen und Ausgaben in unterschiedlicher Höhe vorkalkuliert wurden, also für das i-te Jahr die Werte E_i bzw. $B_{i,\,\text{eff}}$ annehmen. In diesem Fall ergibt sich der Kapitalwert aus

$$C = \sum_1^n \frac{E_i - B_{i,\,\text{eff}}}{(1 + p)^i} + \frac{K_U + R}{(1 + p)^n} - K_A. \tag{8.15b}$$

Das Verhältnis des Ertrags zum investierten Kapital bezeichnet man als Rentabilität. Bei der *Rentabilitätsmethode* bestimmt man die finanzmathematische Rentabilität r der Investition; darunter versteht man jenen internen Zinsfuß $p_r = r$, mit dem die Beziehungen (8.15a) bzw. (8.15b) den Kapitalwert $C = 0$ liefern. Das investierte Kapital verzinst sich demnach während der wirtschaftlichen Nutzungsdauer des Projekts mit dem internen Zinsfuß r, dessen Höhe ein unmittelbares Maß für die Zweckmäßigkeit der Investition ist. r läßt sich aus den Gln. (8.15a) bzw. (8.15b) iterativ berechnen. Die finanzmathematische Rentabilitätsrechnung enthält nur effektive, betriebsbedingte Einnahmen und Ausgaben, aber keine Abschreibungen. Beim Wirtschaftlichkeitsvergleich einzelner Anlagenteile bevorzugt man eine einfache, konventionelle Form der Rentabilität, indem man die Einnahmen außer Betracht läßt und die Kostenersparnis ΔB beim Übergang von der billigsten Version 1 zu einer teureren Version 2 aus den Differenzen $\Delta A = A_2 - A_1$ und $\Delta B_{\text{eff}} = B_{2,\,\text{eff}} - B_{1,\,\text{eff}}$ der (nach der linearen Methode gemäß Gl. (8.7a) berechneten) Jahresabschreibungen A bzw. der jährlichen effektiven Betriebskosten B_{eff} ohne Zinsendienst ermittelt [*9.33.1*]:

$$\Delta B = -(\Delta A + \Delta B_{\text{eff}}) = \left(\frac{K_{A1} - R_1}{n_1} + B_{1,\,\text{eff}}\right) - \left(\frac{K_{A2} - R_2}{n_2} + B_{2,\,\text{eff}}\right).$$

$$(8.16\,\text{a, b})$$

Eine Mehrinvestition $\Delta K_A = K_{A2} - K_{A1}$ gegenüber der billigsten Ausführung lohnt sich nur dann, wenn der dadurch erzielte Mehrertrag — d. h. bei gleichen Einnahmen die jährliche Kostenersparnis ΔB — einen durch die Mindestrentabilität r_{min} dieser Differenzinvestition festgelegten Kleinstwert überschreitet:

$$r_\Delta = \frac{\Delta B}{\Delta K_A} \geqq r_{\text{min}}. \qquad (8.17\,\text{a, b})$$

Den Grenzwert für sehr kleine Differenzinvestitionen

$$r_g = \lim_{\Delta K_A \to 0} r_\Delta = \lim_{\Delta K_A \to 0} \frac{\Delta B}{\Delta K_A} \qquad (8.17\,\text{c})$$

nennt man Grenzrentabilität. Bezüglich der absoluten Höhe von r_{min} bzw. r_g sei auf den Abschnitt 8.433 (S. 445ff.) verwiesen.

8.432 Optimierungsprobleme. Eines der ersten Probleme beim Projektieren ist das Ermitteln der wirtschaftlich optimalen Betriebsgröße. Für diese Aufgabe eignet sich vor allem die Rentabilitätsmethode. Man trägt in einem Diagramm nach Abb. 8.18 über der Kapazität als Abszisse den Ertrag (Kurve a), die Kosten (Kurve b) und den Gesamtkapitalbedarf (Kurve d) oder die entsprechenden, jeweils auf die Einheit des Fertigprodukts bei voller Kapazitätsausnutzung bezogenen Größen (Kurven a_1, b_1, d_1) in gleichem Ordinatenmaßstab auf. Dann ergibt sich der Bruttogewinn vor Abzug der Gewerbeertrags- und Körperschaftssteuer (Kurve c) bzw. der Bruttogewinn je Produkteinheit (Kurve c_1) als Differenz zwischen den Kurven a und b bzw. a_1 und b_1. Der Quotient aus den Kurven c und d bzw. c_1 und d_1 liefert jeweils das Verhältnis

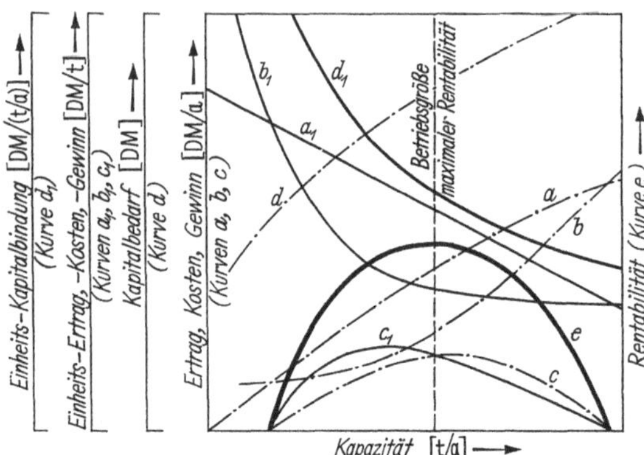

Abb. 8.18. Ermittlung der optimalen Betriebsgröße.

a Ertrag, b Kosten, c Bruttogewinn, d Gesamtkapitalbedarf, e Gesamtkapitalrentabilität, a_1 Einheitsertrag, b_1 Einheitskosten, c_1 Einheitsgewinn, d_1 Einheits-Kapitalbindung.

Bruttogewinn : Gesamtkapitalbedarf, also die Gesamtkapitalrentabilität (Kurve e, rechter Maßstab). Je nach Wahl der Rentabilitätskenngröße (Abschn. 8.433, S. 445 ff.) erhält man etwas voneinander abweichende Absolutwerte, die Form der Kurven bleibt jedoch weitgehend erhalten. Als optimal betrachtet man im allgemeinen den Bereich zwischen der maximalen Durchschnittsrentabilität $r_{\max}$ (größter Gewinn, bezogen auf den Gesamtkapitalbedarf) und der Durchschnittsrentabilität r^*, bei der die Grenzrentabilität r_g (Rentabilität einer sehr kleinen zusätzlichen Investition [Gl. (8.17 c)] den zulässigen Grenzwert $r_{\min}$ erreicht. r_g läßt sich als Steigung der Gewinnkurve aus einem anderen Diagramm entnehmen, in dem der Gewinn (Ertrag minus Kosten) über dem Kapitalbedarf aufgetragen ist, Abb. 8.19; die Linien konstanter Durchschnittsrentabilität erscheinen darin als Strahlen durch den Koordinatenursprung. Im Maximum der Gewinnkurve ist die Grenzrentabilität $r_g = 0$.

Oft muß man beim Projektieren von verschiedenen, technologisch gleichwertigen Anlagenteilen die wirtschaftlichste Version auswählen. Für dieses praktisch weitaus häufigste wirtschaftliche Optimierungsproblem eignen sich alle in Abschnitt 8.431 (S. 439 ff.) erläuterten Methoden. Dabei braucht man im allgemeinen nur jene Kostenarten zu berücksichtigen, die sich bei den untersuchten Alternativen wesentlich voneinander unterscheiden. Besonders wichtig ist die technologisch gleichwertige Abgrenzung der verschiedenen Versionen. Der Ertrag ist meist weitgehend unabhängig von der Ausführung eines Anlagenteils und daher für den Wirtschaftlichkeitsvergleich unwesentlich. Somit beschränkt sich der konventionelle Vergleich des Jahresüberschusses auf einen konventionellen Kostenvergleich bzw. die Annuitätsmethode auf einen Ausgabenvergleich. Bei der Rentabilitätsmethode bezieht man üblicherweise die Kostenersparnis (ohne Zinsendienst) auf die dazu nötige Differenzinvestition (nur Anlagekapitalbedarf) und entscheidet je nach dem Zahlenwert der so gebildeten Rentabilitätskenngröße. Als Beispiel sei angenommen, daß bei dem bereits öfter erwähnten Mahlverfahren nach Abb. 8.1 zwei Lieferanten I und II Mühlen anbieten und daß für den Wirtschaftlichkeitsvergleich die in den ersten fünf Zeilen der Tab. 8.13 wiedergegebenen Ausgangsdaten vorliegen. Die folgenden Zeilen geben die Jahreskosten B, die jährlichen Ausgaben S und die Rentabilität der Differenzinvestition r_Δ sowie die verwendeten Gleichungen an. Die Diskontierungsmethode würde bei Vernachlässigen der Einnahmen ($E = 0$) für die zweite Version einen ungünstigeren Wert liefern, da sie dann den Kapitalwert der Gesamtausgaben für verschiedene Nutzungsdauern angäbe. Setzt man jedoch als Einnahmen willkürlich $E = 48\,500\ \text{DM/a}$ (entsprechend $C_\text{I} = 0$ für die erste Version) ein, so erhält man die in der letzten Zeile angeführten, für die zweite Version günstigeren Werte. Die teurere Mühle des Lieferanten II ist also wirtschaftlich vorzuziehen.

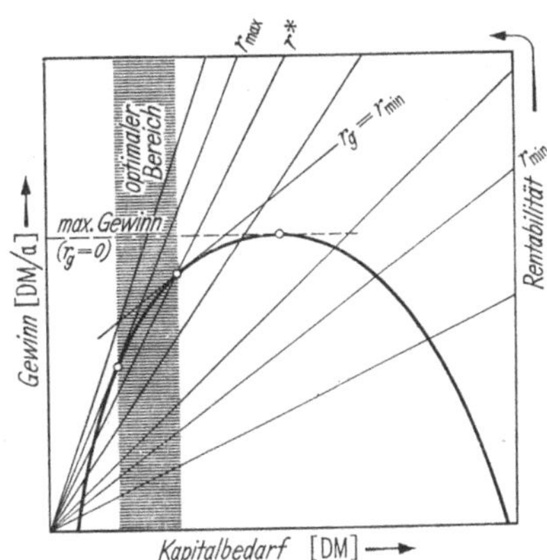

Abb. 8.19.
Gewinn als Funktion des Kapitalbedarfs.

In manchen Fällen hängen nur die Kapitalkosten von der Dimensionierung ab, während die Betriebskosten gleich bleiben und daher ohne Einfluß auf die Optimierung sind. Beispielsweise bestimmt bei einfachen zylindrischen Lagerbehältern vorgegebener Größe ausschließlich deren Form (Verhältnis Durchmesser/Zylinderhöhe) die Behälterkosten. Meist beeinflußt die Dimensionierung allerdings die Kapitalkosten und die Betriebskosten, wobei eine Kostenart abnimmt, wenn die andere wächst („Anlagekosten/Betriebskosten-Schere"). Das wirtschaftliche Optimum zeichnet sich dann durch die kleinsten Gesamtkosten (Anlage- plus Betriebskosten) aus. Als Beispiel dafür sei die optimale Auslegung einer Rohrleitung an Hand der Abb. 8.20 erläutert: Mit wachsender Nennweite

(Abszisse) steigen die Kapitalkosten (Abschreibungen, Kurve a), während die Betriebskosten (Energiekosten, verursacht durch den Gesamtdruck- bzw. Exergieverlust des durchströmenden Mediums, Kurve b) sinken. Die Gesamtkosten (Kurve c) ergeben sich als Summe der Kurven a und b; die Nennweite NW_{opt} beim Minimum der Kurve c ist wirtschaftlich am günstigsten.

Ein weiteres Optimierungsproblem ist die zweckmäßigste Wahl der Einheitenzahl. Mit wachsender Größe der Maschinen und Apparate sinken die auf den Ausstoß bezogenen Kapitalkosten infolge der Kapital-

Tabelle 8.13. *Beispiel eines Wirtschaftlichkeitsvergleichs nach verschiedenen Methoden*

Ausgangsdaten			Version I	Version II
Anlagekapitalbedarf	K_A	$=$	85 000 DM	100 000 DM
Restwert	R	$=$	5 000 DM	6 000 DM
Nutzungsdauer	n	$=$	8 Jahre	10 Jahre
Effektive jährl. Betriebskosten	B_{eff}	$=$	35 000 DM/a	34 000 DM/a
Zinssatz bzw. Mindestrentabilität	p, $r_{\min}$	$=$	0,06	0,06
Methode:	**Gleichung:**			
konventioneller Kostenvergleich	(8.11)	$B \quad =$	48 000 DM/a	46 862 DM/a
Annuitätsmethode	(8.13)	$S \quad =$	48 500 DM/a	47 360 DM/a
Rentabilitätsmethode	(8.16a, b), (8.17a)	$r_\Delta \quad =$		0,107
Diskontierungsmethode ($E = 48500$ DM/a)	(8.15a)	$C \quad =$	0	9 880 DM

bedarfsdegression und die bezogenen Betriebskosten infolge des relativ kleineren Bedienungsaufwands sowie des besseren Wirkungsgrads, dagegen wächst das Risiko eines Betriebsausfalls. Um dieses in vertretbaren Grenzen zu halten, muß man Reserveaggregate vorsehen, deren Kosten mit zunehmender Größe ebenfalls ansteigen. Batterien aus mehreren parallelgeschalteten Aggregaten lassen sich auch (im Gegensatz zu großen Einheiten) leicht an Teillastbedingungen anpassen. Zum Festlegen der zweckmäßigsten Einheitenzahl ist ein Wirtschaftlichkeitsvergleich nötig, der alle davon beeinflußten Kostenarten und die durch einen Betriebsausfall verursachten Ertragseinbußen erfaßt. J. G. WILSON [9.33.1] untersuchte die optimale Zahl parallelgeschalteter Einheiten unter Beschränkung auf die Degression des Anlagekapitalbedarfs. Er gelangte zu folgendem Resultat: Wenn für das einzelne Aggregat der Degressionsexponent m gilt, so ist eine Batterie aus $n+1$ gleichen Einheiten (von denen sich jeweils n in Betrieb und 1 in Reserve befinden) hinsichtlich des Anlagekapitalbedarfs dann am vorteilhaftesten, wenn n (ganzzahlig) möglichst nahe an den rechnerischen Optimalwert

$$n_{\text{opt}} = \frac{m}{1-m} \qquad (8.18)$$

herankommt. Für den Degressionsexponenten $m = 0{,}6$ ergibt sich daraus $n_{\text{opt}} = 1{,}5$, also $n = 1$ oder 2 Betriebseinheiten und 1 Reserveeinheit. Verzichtet man dagegen auf Reserveeinheiten, so ist in allen Fällen (vom Standpunkt der Kapitalbedarfsdegression) das Installieren einer einzigen großen Einheit für jeden Verfahrensschritt am wirtschaftlichsten.

Die Wirtschaftlichkeitsanalyse ermöglicht auch das Festlegen der optimalen Betriebsform und des günstigsten Automatisierungsgrads. Meist ist bei großer Kapazität die kontinuierliche Betriebsform, bei kleiner Kapazität dagegen der Satzbetrieb wirtschaftlicher. Die Vorteile einer weitgehenden Automatisierung (bessere Kapazitätsausnützung, höhere Wirkungsgrade und Ausbeuten, kleinerer Personalbedarf, geringere Unfallgefahr usw.) erkauft man durch höhere Kapital- und Instandhaltungskosten. Man sollte sich

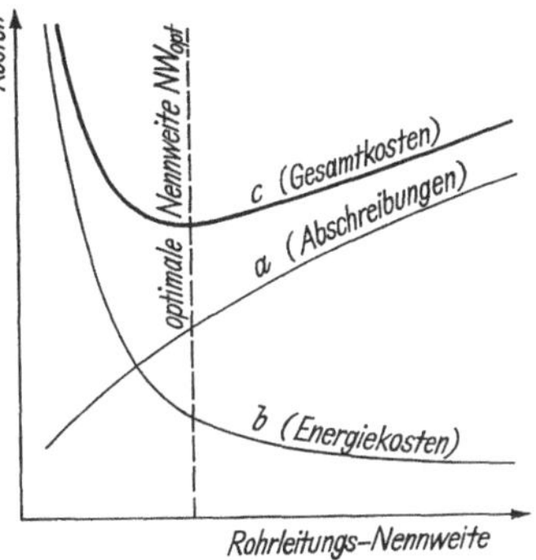

Abb. 8.20. Optimale Auslegung einer Rohrleitung als Beispiel der „Anlagekosten/Betriebskosten-Schere".

a Anlagekosten (Abschreibungen), b effektive Betriebskosten (Energiekosten), c Gesamtkosten (Abschreibungen + Energiekosten).

somit davor hüten, einem weitverbreiteten Trend folgend ohne Prüfung wirtschaftlicher Gesichtspunkte der kontinuierlichen, vollautomatischen Anlage immer den Vorzug zu geben!

8.433 Kenngrößen. Zur Wirtschaftlichkeitsanalyse verwendet man weitgehend verschiedene „Kennziffern", „Kennzahlen" oder „Kenngrößen". Da es sich fast durchwegs um dimensionsbehaftete Größen handelt (also nicht um reine Zahlenwerte im Sinne echter Kennzahlen gemäß Abschnitt 1.32, S. 17 ff.), ist dafür die Bezeichnung „Kenngrößen" vorzuziehen.

Reine *Produktivitätskenngrößen* entstehen durch willkürliches Verknüpfen verschiedener technischer, mit der Produktion einer Anlage zusammenhängender Mengenangaben (Material- und Energieverbrauch einschließlich Beheizung, Beleuchtung usw. je Einheit des Fertigprodukts, durchschnittliche Kapazitätsausnützung). Sie liefern Beziehungen, die sich aus Naturgesetzen überhaupt nicht oder nur mit großem Aufwand und dann meist (infolge der oft unübersehbar großen Zahl von Nebeneinflüssen) nicht mit der nötigen Genauigkeit herleiten lassen. Diese Kenngrößen erleichtern die Betriebsüberwachung bestehender und die Planung neuer Anlagen, das Abschätzen des Energie- und des Personalbedarfs usw. sowie die Vorkalkulation. In der Wirtschaft sozialistischer bzw. kommunistischer Staaten bewertet man die Produktivitätskenngrößen besonders hoch. Die „Arbeitsproduktivität" nach der Zeitsummenmethode gibt das Verhältnis des Zeitaufwands zum Erzeugen einer Produktmenge (Istwert) zu einem Vergleichswert (Sollwert, Soll) an [*9.31.2*].

Die *Wirtschaftlichkeitskenngrößen der Produktionssphäre* setzen wirtschaftliche Werte der Produktionssphäre zueinander oder zu Mengenangaben ins Verhältnis. Als Kenngrößen findet man die Ausdrücke „Betriebsertrag : Betriebsaufwand", „100 · (Betriebsertrag — Aufwand) : Betriebsertrag = prozentualer Umsatzgewinn" und vor allem „Gewinn : Jahresumsatz" sowie „Jahresumsatz : Zahl der Beschäftigten". Das Verhältnis des Reingewinns zum Jahresumsatz lag 1964 in USA durchschnittlich bei 9,7%, in Deutschland dagegen bei 3,4% (Großchemie: 5,4%). Für den Jahresumsatz pro Beschäftigten ergaben sich im gleichen Jahr in USA 37 000 $/Person und in Deutschland 63 000 DM/Person (Großchemie: 71 000 DM/Person) als Mittelwerte.

Die „Arbeitsproduktivität" nach der Bruttoproduktionsmethode ist das Verhältnis der Bruttoproduktion (Wert der Produktion nach den z. B. in der DDR existierenden „unveränderlichen Planpreisen") zur Arbeitskräftezahl. Die auf diese Art berechnete Arbeitsproduktivität erlaubt im Gegensatz zu dem nach der Zeitsummenmethode ermittelten Wert auch Vergleiche zwischen artverschiedenen Erzeugnissen.

Für die Wirtschaftlichkeitsanalyse des Unternehmens, Investitionsentscheidungen usw. sind die *Wirtschaftlichkeitskenngrößen der Finanzsphäre* maßgebend, mit denen man die Gewinnchancen, die Rentabilität und das Risiko einer Investition abschätzen kann. Dazu gehören im wesentlichen Liquiditäts- und Rentabilitätskenngrößen.

Die „*kürzeste Amortisationszeit*" (*Payout*- oder *Payoff-Time*) ist das Verhältnis des Kapitalbedarfs zum jährlichen Kapitalrückstrom (Jahreseinnahmen). Diese vor allem in USA sehr viel verwendete Risikokenngröße gibt die Mindestzeit zum Liquidisieren des investierten Kapitals unter bestimmten Voraussetzungen (keine Verzinsung und kein Gewinn bis zur vollständigen Amortisation) an. Je kleiner die kürzeste Amortisationszeit, desto geringer ist das Investitionsrisiko. Die einfachste und am häufigsten verwendete konventionelle Form der kürzesten Amortisationszeit T lautet

$$T = \frac{K_A}{G_B + A}. \tag{8.19}$$

Darin sind K_A der Anlagekapitalbedarf (das Umlaufkapital ist praktisch meist liquid und daher risikofrei), G_B der jährliche Bruttogewinn (vor Abzug der Körperschaftssteuer und der Fremdkapitalzinsen) und A die Jahresabschreibungen. Verschiedene Varianten der kürzesten Amortisationszeit berücksichtigen Körperschaftssteuer und Fremdkapitalzinsen. J. HAPPEL und R. S. ARIES geben für die nach Gl. (8.19) berechnete kürzeste Amortisationszeit je nach der Branche Werte zwischen $T = 1$ bis 2 Jahre bei hohem Risiko und $T = 3$ bis 5 (bis 8) Jahre bei niedrigem Risiko an [*9.33.1*]. Die finanzmathematische Form der „kürzesten Amortisationszeit" (*Economic Payout Time*)

$$T = - \frac{\ln\left(1 - \dfrac{p\,K_G}{E - B_{\text{eff}}}\right)}{\ln(1 + p)} \tag{8.20}$$

bezeichnet die Zeit, nach der die Summe der jährlichen Einnahmen-Ausgaben-Überschüsse bei Berücksichtigung einer jährlichen Verzinsung mit dem Zinsfuß p gleich dem investierten Kapital einschließlich dessen Zinsen wird. In Gl. (8.20) bedeuten p den als Mindestverzinsung geforderten Kalkulationszinsfuß, K_G den Gesamtkapitalbedarf (Neuwert), E die jährlichen Einnahmen und B_{eff} die Jahresausgaben (ohne Abschreibungen und Fremdkapitalzinsen, aber mit Körperschaftssteuer).

Zur Liquiditätsplanung und zum Beurteilen des Investitionsrisikos dient auch die „*Summe des Kapitalrückstroms*" (*Cash Position*)

$$H = i[G_V(1 - t) + A] - K_A \qquad \text{für} \qquad i \leqq n, \tag{8.21a}$$

$$H = n[G_V(1 - t) + A] - K_A + (G_V + A)(1 - t)(i - n) \quad \text{für} \quad i > n, \tag{8.21b}$$

in der H die Summe des Kapitalrückstroms, G_V den Jahresgewinn vor Abzug der Körperschaftssteuer, t den Körperschaftssteuersatz, i die Zahl der Betriebsjahre und n die geplante Nutzungsdauer in Jahren bezeichnen. Die Summe des Kapitalrückstroms stellt den Überschuß des frei verfügbaren Kapitals über den investierten Betrag nach i Betriebsjahren dar, ist also eine Liquiditätskenngröße. Solange die Anlage noch nicht amortisiert ist, ergeben sich negative Werte für H, die dem noch in der Investition gebundenen Kapital entsprechen.

Die „*Rentabilitätskenngröße*" oder „*Rentabilität*" ist das Verhältnis des Jahresgewinns zum Kapitaleinsatz; sie gibt unmittelbar den durch eine Investition erzielbaren wirtschaftlichen Gewinn an und bildet daher zusammen mit den Liquiditäts- und Risikokenngrößen die wichtigste Grundlage für die gesamte Finanzplanung eines Unternehmens. Kon-

ventionelle Rentabilitätskenngrößen bestimmt man nach den in der
Nachkalkulation üblichen Methoden ohne Zinseszinsrechnung. Je nach
der Abgrenzung des Gewinns und des investierten Kapitals sind verschiedene Varianten möglich. Man kann den Gewinn vor oder nach Abzug der Körperschaftssteuer oder auch die Summe aus Gewinn und
Fremdkapitalzinsen sowie gegebenenfalls Abschreibungen zum Berechnen der Rentabilität heranziehen. Eine mit der Summe aus Gewinn
und Abschreibungen gebildete Kenngröße heißt „*Bruttorentabilität*"
(*Cash Return, Cash Generated*). Als Investitionssumme kann man das
gesamte investierte Kapital oder nur das Anlagekapital in Rechnung
stellen; auch das investierte Eigenkapital dient gelegentlich als Bezugsgröße. Ferner kann man den Gewinn auf die anfängliche oder auf die
durchschnittliche Kapitalbindung beziehen. Für letztere gilt bei Beschränkung auf das Anlagekapital mit dem Neuwert K_A und linearer
Abschreibung $\dfrac{K_A}{2}\dfrac{n+1}{n}$. Weiter kann man eine Durchschnittsrentabilität ermitteln oder die Rentabilitätskenngrößen getrennt nach einzelnen
Jahren bestimmen. Schließlich gibt es verschiedene Möglichkeiten hinsichtlich der Erfassung von Hilfs- und Nebenanlagen. Infolge dieser
zahlreichen Varianten läßt sich der Absolutbetrag einer Rentabilitätskenngröße schwer bewerten, dagegen eignet sie sich als Relativmaß für
Investitionsentscheidungen. R. S. ARIES und R. D. NEWTON verwenden
als Rentabilitätskenngröße r den Ausdruck

$$r = \frac{G_V}{K_A}, \tag{8.22}$$

also das Verhältnis des Gewinns G_V (vor Abzug der Körperschaftssteuer)
zum Neuwert des Anlagekapitals K_A. Für amerikanische Verhältnisse
geben sie als Mindestrentabilität $r_{\min} = 0{,}10$ bis $0{,}20$ bei niedrigem
Risiko und $r_{\min} = 0{,}40$ bis $0{,}50$ bei hohem Risiko an [*9.33.1*].

Die *finanzmathematische Rentabilität* ist der jährliche Zinsfuß r, bei
dem die auf einen einheitlichen Bezugszeitpunkt auf- bzw. abgezinsten
Kapitalwerte aller Einnahmen und Ausgaben im Rahmen eines Projekts
einander gleich werden, bei dem also die Summe der Kapitalwerte gemäß
den Gln. (8.15a, b) verschwindet. Die finanzmathematische Rentabilität
läßt sich iterativ aus diesen Beziehungen berechnen.

Zum Berücksichtigen aller Kenngrößen beim Auswerten einer Wirtschaftlichkeitsanalyse und beim Vergleich konkurrierender Projekte ist
ihre übersichtliche Wiedergabe unerläßlich. Tabellen nach Art der
Tab. 8.13 eignen sich vorzüglich zum Gegenüberstellen der Ausgangsdaten und der errechneten Kenngrößen für verschiedene Versionen in
beliebiger Reihenfolge. Funktionelle Zusammenhänge zwischen ver-

schiedenen Kenngrößen und sonstigen Daten lassen sich in Form von Diagrammen und — bei einer größeren Zahl unabhängiger Veränderlicher — von Nomogrammen darstellen.

Die Genauigkeit einer Wirtschaftlichkeitsanalyse und die Verläßlichkeit der Kenngrößen ist durch zahlreiche Einflüsse begrenzt, die sich entweder überhaupt nicht wertmäßig erfassen oder nur ungefähr vorhersagen lassen (z. B. die politischen Verhältnisse und deren Entwicklung). Wie die technischen Berechnungen die Intuition und das ,,technische Gefühl'' des Konstrukteurs zwar ergänzen, aber nicht ersetzen können, so kann die Wirtschaftlichkeitsanalyse auch die Erfahrung und das ,,Gefühl'' des für wirtschaftliche Entscheidungen Verantwortlichen nicht ersetzen, sondern nur ergänzen. Gleichwohl erleichtert sie weitgehend die dazu nötigen Überlegungen und trägt wesentlich dazu bei, Fehlentscheidungen zu vermeiden.

8.5 Schrifttum zu Kapitel 8

[8.1] Fließbilder der chemischen Technik. Dechema-Erfahrungsaustausch. Dechema, Frankfurt a. M. 1957.

[8.2] HERRMANN, O. A.: Sinnbilder im Maschinenbau. Konstruktion-Elemente-Methoden, April 1964, S. 6—12.

[8.3] BAEHR, H. D.: Definition und Berechnung von Exergie und Anergie. Brennstoff-Wärme-Kraft 17 (1965) 1—6.

[8.4] GRASSMANN, P.: Freie Enthalpie, maximale technische Arbeit und Exergie. Brennstoff-Wärme-Kraft 17 (1965) 78—79.

[8.5] FRATZSCHER, W., u. G. GRUHN: Die Bedeutung und Bestimmung des Umgebungszustands für exergetische Untersuchungen. Brennstoff-Wärme-Kraft 17 (1965) 337—341.

[8.6] OSTROWSKI, W.: Standortbestimmung und Planung von Industriebetrieben. Die Technik 10 (1955) 477—484.

[8.7] ANTOINE, H.: Kennzahlen, Richtzahlen, Planungszahlen. Wiesbaden: Gabler 1956.

[8.8] Richtzahlenkatalog für Industriestandorte. Deutsche Bauenzyklopädie. Berlin: VEB Verlag Bauwesen 1959, Kap. 313.2.

[8.9] Die Verunreinigung der Luft. Ursachen, Wirkungen, Gegenmaßnahmen. Hrsg. v. d. World Health Organization (engl.), übers. v. W. H. K. SCHLADITZ u. Mitarb., Weinheim: Verlag Chemie 1964.

[8.10] THIEM, E.: Störfaktoren der Industriebetriebe und ihre schädlichen Auswirkungen, Berlin: Deutsche Bauakademie, Sektion Städtebau und Architektur 1960.

[8.11] SCHWARZ, K.: Der Staub- und Gasauswurf aus Dampferzeugern und seine Verteilung in der Atmosphäre. VDI-Berichte 15 (1956).

[8.12] SIERP, F.: Die gewerblichen und industriellen Abwässer, 3. Aufl., Berlin/Heidelberg/New York: Springer 1967.

[8.13] Richtlinien Nr. 3 des Österreichischen Arbeitsringes für Lärmbekämpfung: Schalltechnische Grundlagen für die Beurteilung von Lärmbelästigungen.

[8.14] Verordnungen über elektrische Anlagen in explosionsgefährdeten Räumen vom 15. 8. 63. Bundesgesetzblatt 1963 Nr. 52; S. 697 ff.

[*8.15*] Verordnung über die Errichtung und den Betrieb von Anlagen zur Lagerung, Abfüllung und Beförderung brennbarer Flüssigkeiten zu Lande, Köln/Berlin: Carl Heymann 1960.

[*8.16*] NABERT, K., u. G. SCHÖN: Sicherheitstechnische Kennzahlen brennbarer Gase und Dämpfe, 2. Aufl., Berlin: Deutscher Eich-Verlag 1963.

[*8.17*] MÜLLER-HILLEBRAND, D.: Grundlagen der Errichtung elektrischer Anlagen in explosionsgefährdeten Betrieben, Berlin: Springer 1940.

[*8.18*] KAEHNE, R.: Elektrische Anlagen und Betriebsmittel in explosionsgefährdeten Räumen, Bielefeld: Erich Schmidt 1950.

[*8.19*] FREYTAG, H.: Handbuch der Raumexplosionen, Weinheim: Verlag Chemie 1965.

[*8.20*] MOESCHLIN, S.: Klinik und Therapie der Vergiftungen, 3. Aufl., Stuttgart: Thieme 1959.

[*8.21*] PERELMAN, W. I.: Taschenbuch der Chemie, 2 Bände (Orig. russ., Moskau 1954), 2. dtsch. Aufl., Berlin: VEB Deutscher Verlag der Wissenschaften 1959.

[*8.22*] RAJEWSKY, B.: Strahlendosis und Strahlenwirkung, 2. Aufl., Stuttgart: Thieme 1956.

[*8.23*] KOPPE, A., u. G. J. DE HORN: Dreidimensionale Industrieplanung. Chem. Ind. 11 (1959) 310.

[*8.24*] SHUKIS, S. P., u. R. C. GREEN: Reduce Costs with Scale Models. Chem. Engng. 64 (1957) Nr. 6, S. 235.

[*8.25*] TUCKER, T. S.: How Photo-Drawings Work with Models. Petr. Proc. 12 (1957) 94.

[*8.26*] REUTER, H.: Die Planung technischer Anlagen mit Modellen. Umschau Wiss. Techn. 21 (1964) 665—669.

[*8.27*] O'DONNELL, J. P.: New Correlation of Engineering and other Indirect Project Costs. Chem. Engng. 60 (1953) Nr. 1, S. 188—190.

[*8.28*] ADAMS, R.: The Analysis and Future Use of Project Records, in Joint Symposium on the Organisation of Chemical Engineering Projects, Institution of Chemical Engineers, London 1958.

[*8.29*] HERKIMER, H.: Cost Manual for Piping and Mechanical Construction, Loseblattausgabe, New York: Chemical Publ. Comp. 1958.

[*8.30*] WEBER, K.: Planung mit der „Critical Path Method" (CPM). Industrielle Organisation 1963, Heft 1.

[*8.31*] WEBER, K.: Planung mit der „Program Evaluation and Review Technique" (PERT). Industrielle Organisation 1963, Heft 2.

[*8.32*] WEBER, K.: Planung mit CPM und PERT. Verfeinerungen und Weiterentwicklungen. Industrielle Organisation 1964, Heft 6.

[*8.33*] THUMB, N.: Netzplantechnik — Die neue Methode der Terminplanung und Terminüberwachung. AWF-Mitt. 39 (1964) 25—32, 50—58; 40 (1965) 23—34.

[*8.34*] KATTWINKEL, W., u. H. J. WILD: IBM-Programme für Projektplanung und -überwachung mit Hilfe der Netzwerktechnik (Verfahren des kritischen Weges). IBM Deutschland, Form Nr. 78093.

[*8.35*] KATTWINKEL, W., u. H. J. WILD: Planung und Überwachung von Bauprojekten mit Hilfe der Netzwerktechnik. Baupraxis 1963, Heft 11.

[*8.36*] KATTWINKEL, W., u. H. J. WILD: Netzwerktechnik — Praktische Erfahrungen. Neue Betriebswirtsch. 1963, Heft 8; 1964, Heft 1.

[*8.37*] VDI-Richtlinien 2225 „Technisch-wirtschaftliches Konstruieren". Anleitung und Beispiele. Blatt 1 u. 2, Düsseldorf: VDI-Verlag.

[*8.38*] CHILTON, C. H.: Cost Data Correlates. Chem. Engng. 56 (1949) Nr. 6, S. 97.

[*8.39*] NELSON, W. L.: Cost-imating, A Collection of Articles from Oil Gas J. 1948/49. Petroleum Publishing Comp., Tulsa 1957.
[*8.40*] NELSON, W. L.: Cost-imating, New Series, A Collection of Articles from Oil Gas J. 1955/57. Petroleum Publishing Comp., Tulsa 1957.
[*8.41*] Chemical Engineering Cost File (laufende Veröffentlichung von Preisdaten). Chem. Engng., Juni 1958 ff.
[*8.42*] KÖLBEL, H., u. J. SCHULZE: Preisindices chemischer Anlagen als Hilfsmittel für Wirtschaftlichkeitsrechnungen. Chem. Ind. 14 (1962) 201—213.
[*8.43*] KÖLBEL, H., u. J. SCHULZE: Preisindices chemischer Anlagen. Chem. Ind., April 1962 ff.
[*8.44*] MELLEROWICZ, K.: Betriebswirtschaftslehre der Industrie, 2 Bände, 4. Aufl., Freiburg: Haufe 1958.
[*8.45*] WESSEL, H. E.: New Graph Correlates Operating Labor Data for Chemical Processes. Chem. Engng. 59 (1952) Nr. 7, S. 209.

9. Allgemeines Schrifttum

Der folgende Abschnitt enthält eine Zusammenstellung verschiedener Fachbücher und Standardwerke, die man beim Bearbeiten verfahrenstechnischer Probleme häufig benötigt. Angesichts des großen für die Verfahrenstechnik bedeutsamen Bereichs der Technik und der nahezu unübersehbaren Literatur auf diesem Gebiet läßt sich nur eine kleine, willkürliche Auswahl aus dem Schrifttum wiedergeben. Der Verfahrenstechniker findet jedoch in den genannten Werken mit großer Wahrscheinlichkeit entweder unmittelbar die gesuchten Angaben oder einen ausführlichen Literaturnachweis über das betreffende Fachgebiet.

9.1 Nachschlage- und Tabellenwerke

9.11 Alphabetisch geordnete Lexika

[9.11.1] BLÜCHER, H.: Auskunftsbuch für die chemische Industrie, 18. Aufl., Neubearb. v. A. ERNST u. L. NEUMANN, Berlin: de Gruyter 1954.

[9.11.2] Firmenhandbuch Chemische Industrie. Adressen- und Produktenverzeichnis der Chemie-Betriebe in der Bundesrepublik Deutschland und Westberlin. In vier Sprachen bearb. v. W. BARTH, Düsseldorf: Econ 1952.

[9.11.3] HAYES, W.: Chemical Trade Names and Commercial Synonyms, 2. Aufl., New York: Van Nostrand 1955.

[9.11.4] Lexikon der Physik. Unter Mitarb. von E. v. ANGERER u. a. hrsg. v. H. FRANKE, 2. Aufl., Stuttgart: Franckh 1959.

[9.11.5] LUEGER: Lexikon der Technik, hrsg. v. A. EHRHARDT u. H. FRANKE, 4. Aufl., Stuttgart: Deutsche Verlags-Anstalt 1960 ff.

[9.11.6] RÖMPP, H.: Chemie-Lexikon, 4 Bände, 6. Aufl., Stuttgart: Franckh 1966.

[9.11.7] WESTPHAL, W. H.: Physikalisches Wörterbuch, Berlin/Göttingen/Heidelberg: Springer 1952.

9.12 Tabellenwerke

[9.12.1] D'ANS, J., u. E. LAX: Taschenbuch für Chemiker und Physiker, 2. Aufl., Berlin/Göttingen/Heidelberg: Springer 1949; 3. Aufl. 1964 (bisher erschienen: Bd. II. Organische Verbindungen).

[9.12.2] EMDE, F.: Tafeln elementarer Funktionen, 2. Aufl., Leipzig: Teubner 1948.

[9.12.3] GRÖBNER, W., u. N. HOFREITER: Integraltafel, 4. Aufl., 1. Teil: Unbestimmte Integrale, 2. Teil: Bestimmte Integrale, Wien: Springer 1965, 1966.

[9.12.4] Handbook of Chemistry and Physics. A ready-reference book of chemical and physical data. Hrsg. v. C. D. HODGMAN, 45. Aufl., Cleveland: The Chemical Rubber Co. 1964—1965.

[9.12.5] HAYASHI, K.: Fünfstellige Tafeln der Kreis- und Hyperbelfunktionen, Berlin: de Gruyter 1960.

[*9.12.6*] JAHNKE/EMDE/LÖSCH: Tafeln höherer Funktionen, 6. Aufl., Stuttgart: Teubner 1960.

[*9.12.7*] LANDOLT-BÖRNSTEIN: Zahlenwerte und Funktionen aus Physik, Chemie, Astronomie, Geophysik und Technik, 6. Aufl., 4 Bände, Berlin/Göttingen/Heidelberg: Springer 1950 ff.

[*9.12.8*] MEYER ZUR CAPELLEN, W.: Integraltafeln, Berlin/Göttingen/Heidelberg: Springer 1950.

[*9.12.9*] RABALD, E., u. H. BRETSCHNEIDER: Dechema-Erfahrungsaustausch/ Dechema-Werkstoff-Tabelle. Mehrere Lieferungen, Frankfurt: Dechema 1953 ff.

[*9.12.10*] SCHULZ Tabellenbücher. 15 Bände. Düsseldorf: Triltsch 1959 ff.

9.2 Grundlagenwissenschaften

9.21 Mathematik

[*9.21.1*] BATUNER, L. M., u. M. J. POSIN: Mathematische Methoden in der chemischen Technik, 1. Bd., Berlin: VEB Verlag Technik 1958; 2. Bd., Leipzig: VEB Verlag für Grundstoffindustrie 1961.

[*9.21.2*] BAULE, B.: Die Mathematik des Naturforschers und Ingenieurs, 7 Bände, Zürich: Hirzel 1947.

[*9.21.3*] BRONSTEIN, I. N., u. K. A. SEMENDJAJEW: Taschenbuch der Mathematik, Leipzig: Teubner 1958.

[*9.21.4*] COLLATZ, L.: Numerische Behandlung von Differentialgleichungen, Berlin/ Göttingen/Heidelberg: Springer 1955.

[*9.21.5*] DOETSCH, G.: Handbuch der Laplace-Transformation, 3 Bände, Stuttgart: Birkhäuser 1950, 1955, 1956.

[*9.21.6*] DUSCHEK, A.: Vorlesungen über höhere Mathematik, 4 Bände, Wien: Springer 1965 (1. Bd., 4. Aufl.), 1963 (2. Bd., 3. Aufl.), 1960 (3. Bd., 2. Aufl.), 1961 (4. Bd., 1. Aufl.).

[*9.21.7*] FRANK, P., u. R. v. MISES: Die Differential- und Integralgleichungen der Mechanik und Physik, 2 Bände, Braunschweig: Vieweg 1961.

[*9.21.8*] HORT, W., u. A. THOMA: Die Differentialgleichungen der Technik und Physik, 7. Aufl., Leipzig: Barth 1956.

[*9.21.9*] JOOS, G., u. T. KALUZA: Höhere Mathematik für den Praktiker, 10. Aufl., Leipzig: Barth 1963.

[*9.21.10*] KAMKE, E.: Differentialgleichungen, Lösungsmethoden und Lösungen, 2 Bände, Leipzig: Akad. Verlagsges. Geest & Portig 1942, 1948.

[*9.21.11*] LINDER, A.: Statistische Methoden, 2. Aufl., Basel: Birkhäuser 1951.

[*9.21.12*] LOHR, E.: Vektor- und Dyadenrechnung, 2. Aufl., Berlin: de Gruyter 1950

[*9.21.13*] MADELUNG, E.: Die mathematischen Hilfsmittel des Physikers, 7. Aufl., Berlin/Göttingen/Heidelberg: Springer 1964.

[*9.21.14*] ROTHE, R.: Höhere Mathematik für Mathematiker, Physiker und Ingenieure, 7 Bände, Stuttgart: Teubner — Bielefeld: Verlag f. Wissenschaft u. Fachbuch 1948 ff.

[*9.21.15*] SAUER, R.: Anfangswertprobleme bei partiellen Differentialgleichungen, 2. Aufl., Berlin/Göttingen/Heidelberg: Springer 1958.

[*9.21.16*] Mathematik für die Praxis, hrsg. v. K. SCHRÖDER, 3 Bände, Frankfurt a. M./Zürich: Harri Deutsch 1964.

[*9.21.17*] SCHWANK, F.: Randwertprobleme, Leipzig: Teubner 1951.

[*9.21.18*] SMIRNOW, W. I.: Lehrgang der höheren Mathematik, 5 Bände, Berlin: VEB Deutscher Verlag der Wissenschaften 1962—1964.

[9.21.19] WAGNER, K. W.: Operatorenrechnung und Laplacesche Transformation nebst Anwendungen in Physik und Technik, 2. Aufl., Leipzig: Barth 1950.

[9.21.20] ZURMÜHL, R.: Matrizen und ihre technischen Anwendungen, 4. Aufl., Berlin/Heidelberg/New York: Springer 1964.

[9.21.21] ZURMÜHL, R.: Praktische Mathematik für Ingenieure und Physiker, 5. Aufl., Berlin/Heidelberg/New York: Springer 1965.

[9.21.22] SCHMETTERER, L.: Einführung in die mathematische Statistik, 2. Aufl., Wien/New York: Springer 1967.

9.22 Allgemeine Physik

[9.22.1] BAUER, H. A.: Grundlagen der Atomphysik, 4. Aufl., Wien: Springer 1951.

[9.22.2] Handbuch der Physik, hrsg. v. S. FLÜGGE, 54 Bände, Berlin/Göttingen/Heidelberg: Springer 1955 ff.

[9.22.3] FRAUENFELDER, P., u. P. HUBER: Einführung in die Physik. 1. Band: Mechanik, Hydromechanik, Thermodynamik. 2. Band: Elektrizitätslehre, Wellenlehre, Akustik, Optik. München/Basel: Ernst Reinhardt 1951, 1958.

[9.22.4] GERTHSEN, CHR.: Physik, 8. Aufl., Berlin/Göttingen/Heidelberg: Springer 1964.

[9.22.5] HUND, F.: Theoretische Physik, 2. Aufl., 3 Bände, Stuttgart: Teubner 1956 ff.

[9.22.6] JOOS, G.: Lehrbuch der theoretischen Physik, 10. Aufl., Leipzig: Akad. Verlagsges. 1959.

[9.22.7] KOHLRAUSCH, F.: Praktische Physik zum Gebrauch für Unterricht, Forschung und Technik, 21. Aufl., 2 Bände, Stuttgart: Teubner 1960, 1962.

[9.22.8] POHL, R. W.: Einführung in die Physik, 3 Bände; 1. Bd.: Mechanik, Akustik und Wärmelehre, 16. Aufl. 1964; 2. Bd.: Elektrizitätslehre, 19. Aufl. 1964; 3. Bd.: Optik und Atomphysik, 11. Aufl. 1963; Berlin/Göttingen/Heidelberg: Springer.

[9.22.9] SOMMERFELD, A.: Vorlesungen über theoretische Physik, 6 Bände, Leipzig: Akad. Verlagsges. Geest & Portig 1945—1960.

[9.22.10] WESTPHAL, W. H.: Physik, 22./24. Aufl., Berlin/Göttingen/Heidelberg: Springer 1963.

9.23 Chemie und physikalische Chemie

[9.23.1] BEILSTEINS Handbuch der organischen Chemie, 4. Aufl., hrsg. vom Beilstein-Institut für Literatur der organischen Chemie, bearb. v. F. RICHTER, Berlin/Göttingen/Heidelberg: Springer 1918 ff.

[9.23.2] EUCKEN, A.: Lehrbuch der chemischen Physik, 3. Aufl., 3 Bände, Leipzig: Akad. Verlagsges. Geest & Portig 1949—1950.

[9.23.3] EUCKEN, A., u. E. WICKE: Grundriß der physikalischen Chemie, Leipzig: Akad. Verlagsges. Geest & Portig 1959.

[9.23.4] FUCHS, O.: Physikalische Chemie als Einführung in die chemische Technik, 2 Bände, Aarau/Frankfurt a. M.: Sauerländer 1957.

[9.23.5] GMELINS Handbuch der anorganischen Chemie, hrsg. vom Gmelin-Institut für anorganische Chemie und Grenzgebiete, 8. Aufl., Weinheim: Verlag Chemie 1950 ff.

[9.23.6] HOUBEN-WEYL: Methoden der organischen Chemie, 4. Aufl., hrsg. v. E. MÜLLER, Stuttgart: Thieme 1953.

[9.23.7] ULICH, H., u. W. JOST: Kurzes Lehrbuch der physikalischen Chemie, 13. Aufl., Darmstadt: Steinkopff 1960.

[9.23.8] ULLMANNS Enzyklopädie der technischen Chemie, 3. Aufl., 13 Bände, München: Urban & Schwarzenberg 1951 ff.

[9.23.9] NÄSER, K.-H.: Physikalische Chemie für Techniker und Ingenieure, 6. Aufl., Leipzig: VEB Deutscher Verlag für Grundstoffindustrie 1963.

[9.23.10] REMY, H.: Lehrbuch der anorganischen Chemie, 7. Aufl., 2 Bände, Leipzig: Akad. Verlagsges. Geest & Portig 1954.

[9.23.11] KARRER, P.: Lehrbuch der organischen Chemie, 14. Aufl., Stuttgart: Thieme 1963.

[9.23.12] BEYER, H.: Lehrbuch der organischen Chemie, Leipzig: Hirzel 1953.

[9.23.13] BRANDENBERGER, E.: Chemie des Ingenieurs, Grundlagen zur Anwendung in der Technik, 2. Aufl., Berlin/Heidelberg/New York: Springer 1967.

9.24 Mechanik und Strömungslehre

[9.24.1] ECK, B.: Technische Strömungslehre, 7. Aufl., Berlin/Heidelberg/New York: Springer 1967.

[9.24.2] KAUFMANN, W.: Technische Hydro- und Aeromechanik, 3. Aufl., Berlin/Göttingen/Heidelberg: Springer 1963.

[9.24.3] OSWATITSCH, K.: Gasdynamik, Wien: Springer 1952.

[9.24.4] PRANDTL, L.: Strömungslehre, 5. Aufl., Braunschweig: Vieweg 1957.

[9.24.5] RICHTER, H.: Rohrhydraulik. Ein Handbuch zur praktischen Strömungsberechnung, 4. Aufl., Berlin/Göttingen/Heidelberg: Springer 1962.

[9.24.6] SCHLICHTING, H.: Grenzschicht-Theorie, 3. Aufl., Karlsruhe: Braun 1958.

[9.24.7] SZABÓ, I.: Einführung in die technische Mechanik, 6. Aufl., Berlin/Göttingen/Heidelberg: Springer 1963.

[9.24.8] TERZAGHI, K.: Theoretische Bodenmechanik, 5. amerikan. Aufl., übers. v. R. JELINEK, Berlin/Göttingen/Heidelberg: Springer 1954.

[9.24.9] WOLF, K.: Lehrbuch der technischen Mechanik starrer Systeme, 2. Aufl., Springer: Wien 1947.

[9.24.10] HERNING, F.: Stoffströme in Rohrleitungen, 4. Aufl., Düsseldorf: VDI-Verlag 1966.

[9.24.11] PARKUS, H.: Mechanik der festen Körper, 2. Aufl., Wien/New York: Springer 1967.

[9.24.12] SAUER, R.: Nichtstationäre Probleme der Gasdynamik, Berlin/Heidelberg/New York: Springer 1967.

9.25 Thermodynamik einschließlich Wärme- und Stoffaustausch

[9.25.1] BOŠNJAKOVIČ, F.: Technische Thermodynamik, 2 Bände, 4. Aufl., Dresden: Steinkopff 1965.

[9.25.2] ECKERT, E.: Einführung in den Wärme- und Stoffaustausch, 3. Aufl., Berlin/Heidelberg/New York: Springer 1966.

[9.25.3] GREGORIG, R.: Wärmeaustauscher, Aarau/Frankfurt a. M.: Sauerländer 1959.

[9.25.4] GRÖBER/ERK: Die Grundgesetze der Wärmeübertragung, 3. Aufl. v. U. GRIGULL, Berlin/Göttingen/Heidelberg: Springer 1957.

[9.25.5] HAUSEN, H.: Wärmeübertragung im Gegenstrom, Gleichstrom und Kreuzstrom, Berlin/Göttingen/Heidelberg: Springer 1950.

[9.25.6] Kältetechnische Arbeitsmappe. Arbeitsblätter des Deutschen Kältetechnischen Vereins, Karlsruhe: Müller 1950 ff.

[9.25.7]   KNEULE, F.: Das Trocknen. Aarau/Frankfurt a. M.: Sauerländer 1959.

[9.25.8]   KRISCHER, O., u. K. KRÖLL: Die wissenschaftlichen Grundlagen der Trocknungstechnik, 2. Aufl., Berlin/Göttingen/Heidelberg: Springer 1963.

[9.25.9]   LEDINEGG, M.: Dampferzeugung, Dampfkessel, Feuerungen einschließlich Atomreaktoren, 2. Aufl., Wien/New York: Springer 1967.

[9.25.10] NESSELMANN, K.: Die Grundlagen der angewandten Thermodynamik, Berlin/Göttingen/Heidelberg: Springer 1950.

[9.25.11] PLANCK, M.: Vorlesungen über Thermodynamik, 10. Aufl., Berlin: de Gruyter 1954.

[9.25.12] SCHACK, A.: Der industrielle Wärmeübergang. Für Praxis und Studium mit grundlegenden Zahlenbeispielen, 6. Aufl., Düsseldorf: Verlag Stahleisen 1962.

[9.25.13] SCHMIDT, E.: Einführung in die technische Thermodynamik und in die Grundlagen der chemischen Thermodynamik, 10. Aufl., Berlin/Göttingen/ Heidelberg: Springer 1963.

[9.25.14] VDI-Wärmeatlas. Berechnungsblätter für den Wärmeübergang. Hrsg. vom Verein Deutscher Ingenieure, Fachgruppe Verfahrenstechnik. Loseblattsammlung, Teil 1—2, Düsseldorf: VDI-Verlag 1954—1957.

[9.25.15] Wärmetechnische Arbeitsmappe. Berechnungsunterlagen für den Entwurf und den Betrieb von Kraftanlagen. Hrsg. vom Verein Deutscher Ingenieure, Arbeitsgemeinschaft Deutscher Kraft- und Wärmeingenieure, 8. Aufl., Teil 1—2, Düsseldorf: VDI-Verlag 1960.

[9.25.16] BAEHR, H. D.: Thermodynamik, 2. Aufl., Berlin/Heidelberg/New York: Springer 1966.

[9.25.17] Berechnung thermodynamischer Stoffwerte von Gasen und Flüssigkeiten. Hrsg. vom Autorenkollektiv des VEB Leuna-Werke „Walter Ulbricht", Leipzig: VEB Deutscher Verlag für Grundstoffindustrie 1966.

9.3 Ingenieurwissenschaften

9.31 Allgemeine Verfahrenstechnik, chemische Technik

[9.31.1]   BADGER, W. L., u. J. T. BANCHERO: Introduction to Chemical Engineering, New York: McGraw-Hill 1955.

[9.31.2]   BAYERL, V., u. M. QUARG: Taschenbuch des Chemietechnologen, Leipzig: VEB Deutscher Verlag für Grundstoffindustrie 1963.

[9.31.3]   BERL, E.: Chemische Ingenieurtechnik, 3 Bände, Berlin: Springer 1935.

[9.31.4]   BRÖTZ, W.: Grundriß der chemischen Reaktionstechnik, Weinheim: Verlag Chemie 1958.

[9.31.5]   Chemical Engineers' Handbook. Hrsg. v. J. H. PERRY, C. H. CHILTON u. S. D. KIRKPATRICK, 4. Aufl., New York/Toronto/London: McGraw-Hill 1963.

[9.31.6]   COULSON, J. M., u. J. F. RICHARDSON: Chemical Engineering, 2 Bände, Oxford/London/New York/Paris: Pergamon Press 1964 (1. Bd., 2. Aufl.), 1962 (2. Bd., 5. Nachdr.).

[9.31.7]   Der Chemie-Ingenieur. Ein Handbuch der physikalischen Arbeitsmethoden in chemischen und verwandten Industriebetrieben. Unter Mitarb. zahlr. Fachgen. hrsg. v. A. EUCKEN u. M. JAKOB, 3 Bände (in 13 Teilen), Leipzig: Akad. Verlagsges. 1933—1940.

[9.31.8]   Encyclopedia of Chemical Technology. Hrsg. v. R. E. KIRK u. D. F. OTHMER, 15 Bände u. 2 Erg.-Bände, New York: Interscience 1947—1960.

[9.31.9] Fortschritte der Verfahrenstechnik. Hrsg. v. d. Ing.-wissenschaftl. Abt. d. Farbenfabriken Bayer AG Leverkusen, Weinheim: Verlag Chemie 1954ff.

[9.31.10] GRASSMANN, P.: Physikalische Grundlagen der Chemie-Ingenieur-Technik, Aarau: Sauerländer 1960.

[9.31.11] HENGLEIN, F. A.: Grundriß der chemischen Technik, 10. Aufl., Weinheim: Verlag Chemie 1959.

[9.31.12] KASSATKIN, A. G.: Chemische Verfahrenstechnik (aus d. Russ.), 2 Bände, 4. Aufl., Leipzig: VEB Deutscher Verlag für Grundstoffindustrie 1961.

[9.31.13] KIESSKALT, S.: Verfahrenstechnik (Auszug aus WINNACKER-KÜCHLER, Chemische Technologie, 1. Band, 2. Aufl.), 3. Aufl., München: Hanser 1958.

[9.31.14] MELDAU, R.: Handbuch der Staubtechnik, 2 Bände (Grundlagen, Staubtechnologie), Düsseldorf: VDI-Verlag 1956, 1958.

[9.31.15] ORLICEK, A. F., H. PÖLL u. H. WALENDA: Hilfsbuch für Mineralöltechniker, 2 Bände, Wien: Springer 1951, 1955.

[9.31.16] VAUCK, W., u. H. A. MÜLLER: Grundoperationen chemischer Verfahrenstechnik, Dresden: Steinkopff 1962.

[9.31.17] WINNACKER, K., u. E. WEINGAERTNER: Chemische Technologie, 5 Bände, München: Hanser 1950—1954.

[9.31.18] WINNACKER, K., u. L. KÜCHLER: Chemische Technologie, 3 Bände, München: Hanser 1958, 1959.

[9.31.19] BESKOW, S. D.: Technisch-chemische Berechnungen, Leipzig: VEB Deutscher Verlag für Grundstoffindustrie 1962.

[9.31.20] SIEMES, W.: Grundbegriffe der Verfahrenstechnik, Heidelberg: Hüthig 1966.

[9.31.21] FOUST, A. S., L. A. WENZEL, C. W. CLUMP, L. MAUS u. L. B. ANDERSEN: Principles of Unit Operations, London/New York: John Wiley 1962.

9.32 Maschinen- und Apparatebau sowie Meß- und Regeltechnik

[9.32.1] DUBBELS Taschenbuch für den Maschinenbau, 2 Bände, 12. Aufl. (2. Neudruck), Berlin/Heidelberg/New York: Springer 1966.

[9.32.2] GRAMBERG, A.: Technische Messungen bei Maschinenuntersuchungen und zur Betriebskontrolle, 7. Aufl., Berlin/Göttingen/Heidelberg: Springer 1963.

[9.32.3] HENGSTENBERG, J., B. STURM u. O. WINKLER: Messen und Regeln in der chemischen Technik, 2. Aufl., Berlin/Göttingen/Heidelberg: Springer 1964.

[9.32.4] Hütte, des Ingenieurs Taschenbuch, 8 Bände, besonders Bd. I: Theoretische Grundlagen, und Bd. II A u. B: Maschinenbau, Berlin: Ernst & Sohn 1954.

[9.32.5] KANTOROVIČ, Z. B. (KANTOROWITSCH, S. B.): Die Festigkeit der Apparate und Maschinen für die chemische Industrie (aus d. Russ.), Berlin: VEB Verlag Technik 1956. Von diesem Werk ist 1960 in der Sowjetunion die 3. Auflage erschienen.

[9.32.6] NIEMANN, G.: Maschinenelemente, 2 Bände, Berlin/Göttingen/Heidelberg: Springer 1961.

[9.32.7] OPPELT, W.: Kleines Handbuch technischer Regelvorgänge, 4. Aufl., Weinheim: Verlag Chemie 1964.

[9.32.8] TITZE, H.: Elemente des Apparatebaues, Berlin/Göttingen/Heidelberg: Springer 1963.

9.33 Gesamtanlagen

[9.33.1] KÖLBEL, H., u. J. SCHULZE: Projektierung und Vorkalkulation in der chemischen Industrie, Berlin/Göttingen/Heidelberg: Springer 1960.

[9.33.2] MALZACHER, H.: Planung, Führung und Sicherung industrieller Unternehmungen, Wien/New York: Springer 1965.

[9.33.3] MOSCH, H. P., u. G. KOSSATZ: Betriebseinrichtung, Berlin: VEB Verlag Technik 1964.

[9.33.4] PETERS, M.: Plant Design and Economics for Chemical Engineers, New York: McGraw-Hill 1958.

[9.33.5] TRUTTWIN, H.: Die chemische Fabrik. Aufbau, Betrieb, Führung. Stuttgart: Enke 1955.

[9.33.6] HEISER, C. H.: Budgetierung. Grundsätze und Praxis der betriebswirtschaftlichen Planung. Berlin: de Gruyter 1964.

[9.33.7] ILLETSCHKO, L. L.: Unternehmenstheorie, 2. Aufl., Wien/New York: Springer 1967.

[9.33.8] BAUR, W.: Neue Wege der betrieblichen Planung, Berlin/Heidelberg/New York: Springer 1967.

9.4 Dokumentationsstellen in der Bundesrepublik Deutschland

Dechema. Deutsche Gesellschaft für chemisches Apparatewesen zur Förderung der chemischen und Verbrauchsgüter-Technik e. V., 6 Frankfurt a. M., Rheingau-Allee 25.

Deutsches Museum, Bibliothek, 8 München 26, Museumsinsel 1.

Dokumentation der Technik, 8 München 8, Zweibrückenstraße 24.

Gesellschaft Deutscher Metallhütten- und Bergleute e. V., 3392 Clausthal-Zellerfeld 1, Paul-Ernst-Straße 10.

Gmelin-Institut für anorganische Chemie und Grenzgebiete, 3392 Clausthal-Zellerfeld 1, Altenauer Straße 24.

Kunststoff-Institut, 61 Darmstadt, Schloßgartenstraße 6r.

VDI. Verein Deutscher Ingenieure, Bücherei, 4 Düsseldorf, Prinz-Georg-Straße 77.

Vereinigung der Technischen Überwachungsvereine e. V., 43 Essen, Herkulesstraße 1—5.

Namenverzeichnis

Das Namenverzeichnis berücksichtigt die in den Kapiteln 1 bis 8 zitierten, aber nicht die nur im 9. Kapitel (Allgemeines Schrifttum) angegebenen Autoren.

Sachverzeichnis